民國建築工程期刊匯編

MINGUO JIANZHU GONGCHENG QIKAN HUIBIAN

46

《民國建築工程期刊匯編》編寫組 編

廣西師范大學出版社
GUANGXI NORMAL UNIVERSITY PRESS
·桂林·

第四十六册目録

建築月刊

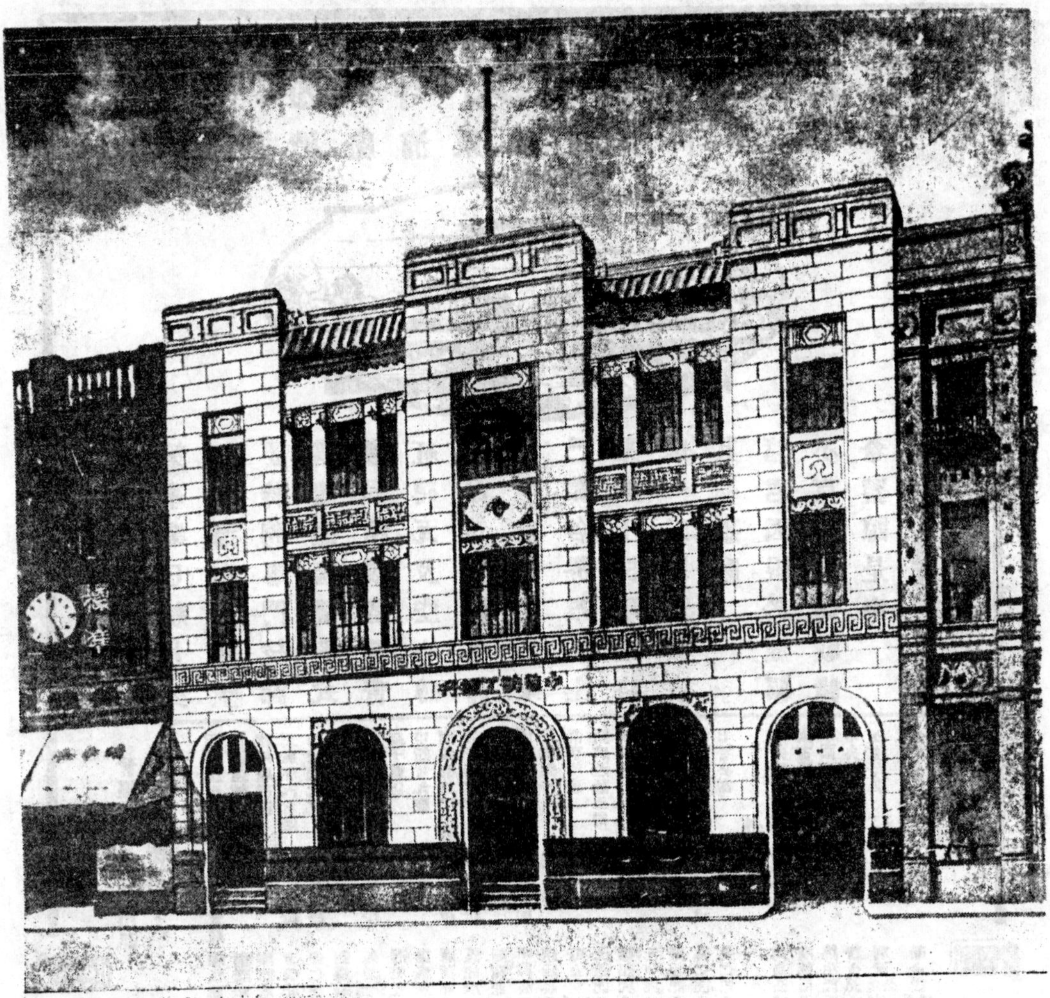

建築月刊

THE BUILDER

VOL. 3 NO. 3 第三卷第三期

50¢

22991

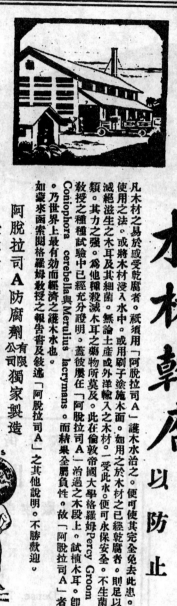

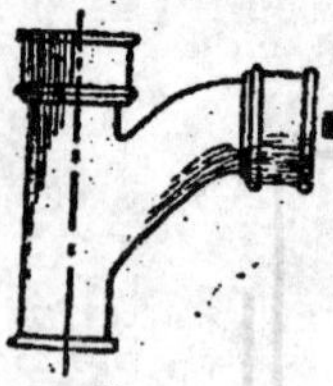

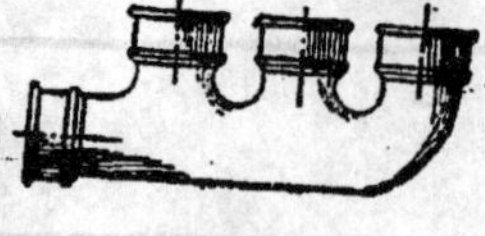

長城機製磚瓦
股份有限公司
註冊商標
TRADE MARK
貨價比普通磚廉
貨品較任何機器磚高
總公司 製造廠 騰越路一四四號 電話五一一七九
事務所 牛莊路七四二一號 電話九〇九八〇
証明
壓力、吸水量、耐久性
均經上海工部局
詳細化驗負責証明
成績超越一切磚瓦
出品
堅韌硬磚
輕硬空心磚
瀉水瓦片
如蒙垂詢價格及索閱貨樣請電話通知即當送奉

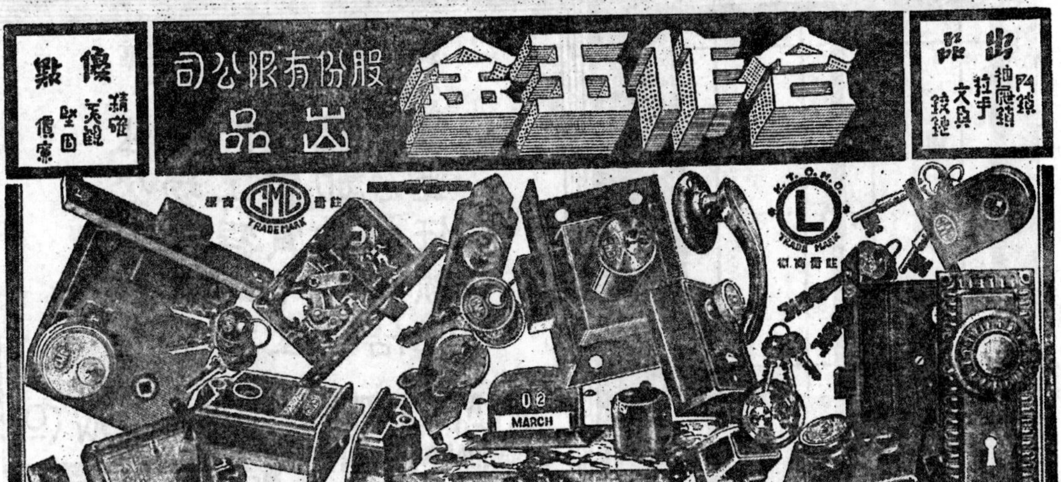
優點
精確 美觀 堅固 價廉
合作五金
股份有限公司
出品
出品
門鎖 抽屜鎖 拉手 文具 鉸鏈
CMC
註冊商標
TRADE MARK
K.T.O.M.C.
L
TRADE MARK
註冊商標
02
MARCH
製造廠 總務處 發行所

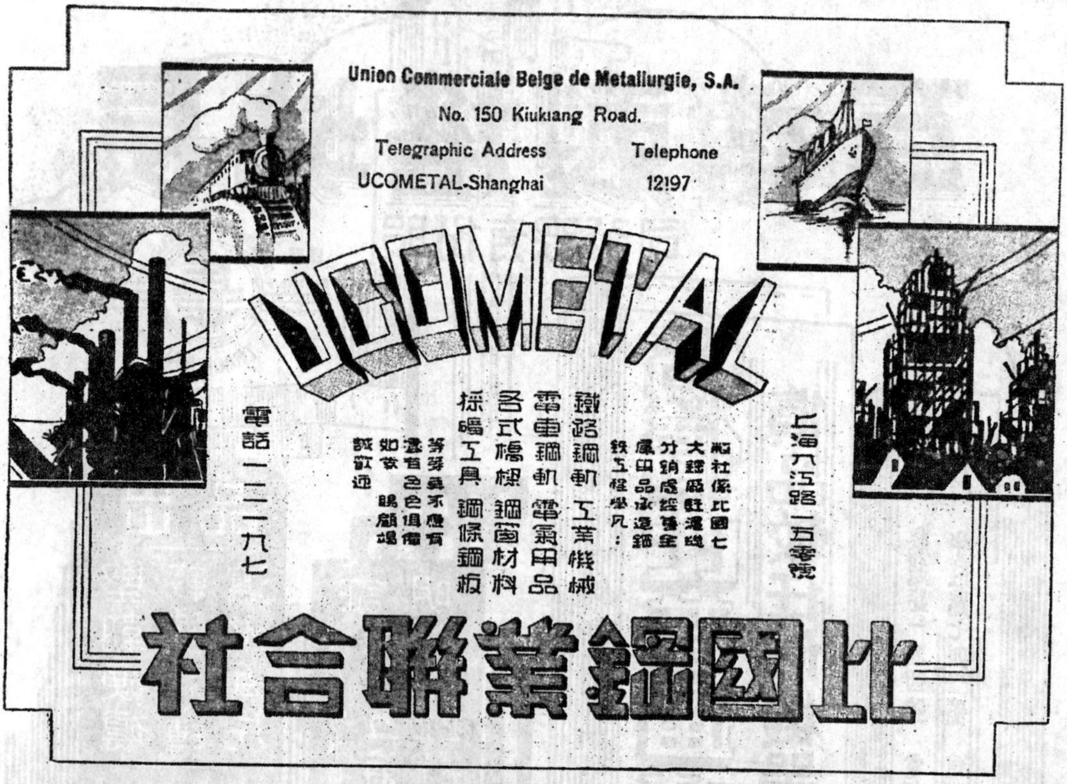
Union Commerciale Belge de Metallurgie, S.A.
No. 150 Kiukiang Road.
Telegraphic Address
UCOMETAL-Shanghai
Telephone
12197
UCOMETAL
上海九江路一五零號
敝社係比國七大鋼廠駐滬總分銷處經售全廠出品承造鋼鐵工程舉凡：
鐵路鋼軌 工業機械
電車鋼軌 電氣用品
各式橋樑 鋼窗材料
採礦工具 鋼條鋼板
等等無不應有盡有色色俱備如蒙 賜顧竭誠歡迎
電話一二一九七
比國鋼業聯合社

大東鋼窗公司
事務所：上海河南路四九五號
電話九二四〇〇
本公司專辦一切鋼窗鋼門工程式樣新穎質地堅固如蒙 惠顧及委託估價無任歡迎
GREAT EASTERN STEEL WINDOW Co
SHANGHAI MERCANTILE
BANK BUILDING
495 HONAN RD. TEL. 92400

The Robert Dollar Co.,

Wholesale Importers of Oregon Pine Lumber, Piling and Philippine Lauan.

美商

大來洋行

本行專售大宗洋松椿木及
菲律濱柳安烘乾企口板等

各種裝修如門窗等以及考究器具請
貴主顧須要認明大來洋行獨家經理
之菲律濱柳安有I.L.CO.標記者爲最優
美並請勿貪價廉而採購其他不合用
之劣貨統希
貴主顧注意爲荷

大來洋行木部謹啓

目錄

第二卷第三號

插圖

論著

廣告索引

22999

本會建築叢書之一

英華 華英 合解建築辭典發售預約

▲備有樣本 函索卽寄▼

英華 華英 合解建築辭典

建築界之顧問

英華華英合解建築辭典，是「建築」之從業者·研究者·學習者之顧問，指示「名詞」「術語」之疑義，解決「工程」「業務」之困難。爲

建築師及土木工程師所必備 藉供擬訂建築章程承攬契約之參考，及探索建築術語之釋義。

營造廠及營造人員所必備 倘簽訂建築章程承攬契約而發現疑難名辭時，可以檢閱，藉明含義，如以供練習生閱讀，尤能增進學識。

土木專科學校教授及學生所必備 學校課本，輒遇冷僻名辭，不易獲得適當定義，無論教員學生，均同此感，倘備本書一冊，自可迎刃而解。

公路建設人員及鐵路工程人員所必備 公路建設倘發軔於近年，鐵路工程則係特殊建築，兩者所用術語，類多艱澀，從事者苦之；本書對於此種名詞，亦蒐羅詳盡，以應所需。

律師事務所所必備 人事日繁，因建築工程之糾葛而涉訟者亦日多，律師承辦此種訟案，非購置本書，殊難順利。

此外如「地產商」，「翻譯人員」，「著作家」，以及其他有關建築事業之人員，均宜手置一冊。蓋建築名詞及術語，普通辭典掛一漏萬，卽或有之，解釋亦多未詳，英華華英合解建築辭典則彌補此項缺憾之最完備之專門辭典也。

預約辦法

一、本書用上等道林紙精印，以布面燙金裝訂。書長七吋半，闊五吋半，厚計四百餘頁。內容除文字外，並有銅鋅版附圖及表格等，不及備述。

二、本書在預約期內，每冊售價八元，出版後每冊實售十元，外埠函購，寄費依照書價加一收取。

三、凡預約諸君，均發給預約單收執。出版後函購者依照單上地址發寄，自取者憑單領書，

四、本書在出版前十日，當登載申新兩報，通知預約諸君，準備領書。

五、本書成本昂貴，所費極鉅，凡書店同業批購，或用圖書館學校等名義購取者，均照上述辦理。恕難另給折扣。

六、預約在上海本埠本處爲限，他埠及他處暫不代理。

七、預約處上海南京路大陸商場六樓六二〇號。

"Picardie Apartment", Shanghai.

Messrs. Minutti & Co., Architects.

Lee-Yuen Construction Co., Contractors.

上海萬國儲蓄會新建之"Picardie"公寓，位於貝當路及汶林路之角。設計者爲法商營造公司，承造者爲利源建築公司 。本刊下期准將詳細建築圖樣刊出。

New Apartment House on Route Fergusson, Shanghai.

Mr. G. Rabinovich, Architect.

建築中之上海福開森路一公寓

羅平建築師設計

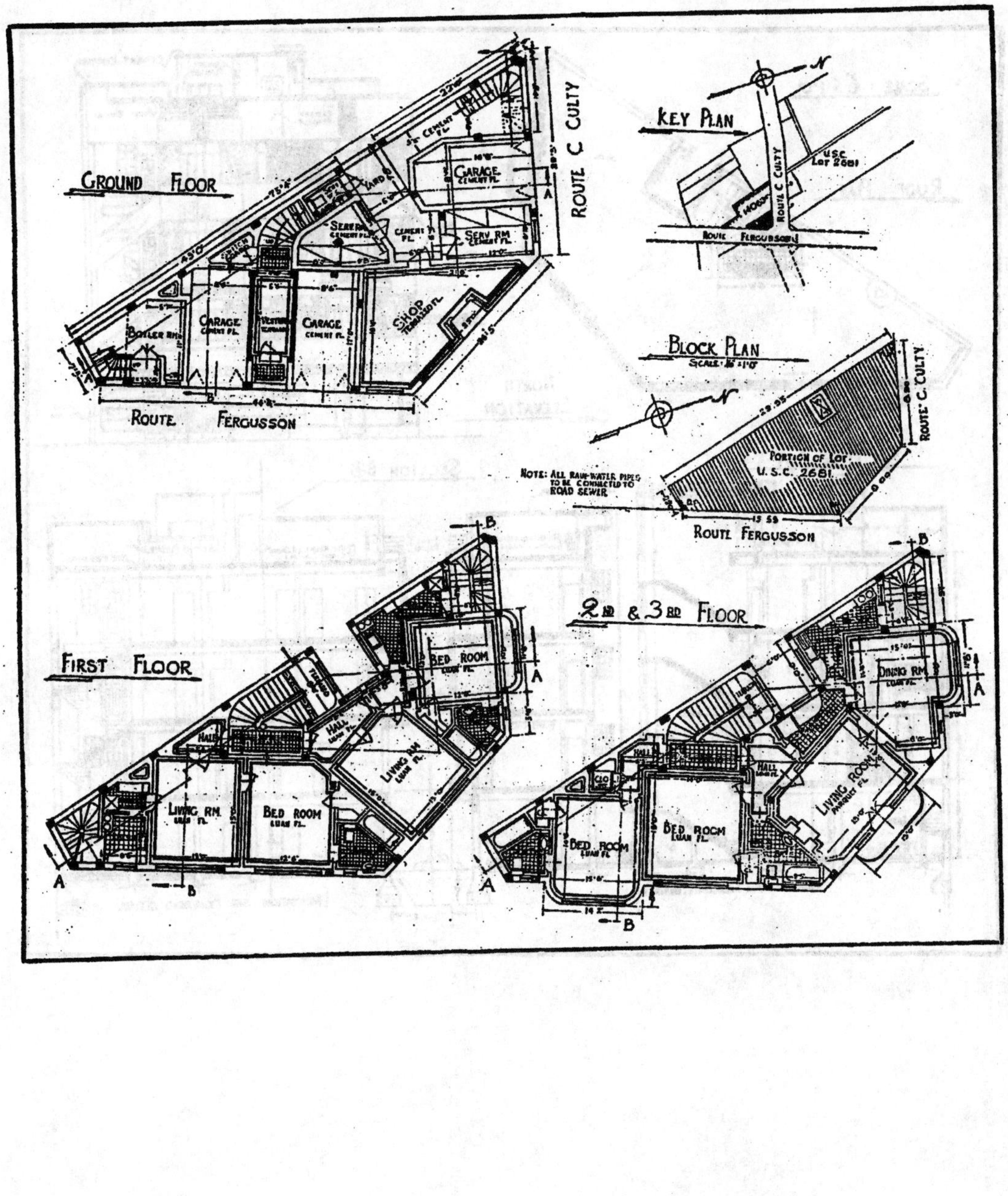

New Apartment House on Route Fergusson, Shanghai.

福開森路一公寓平面圖

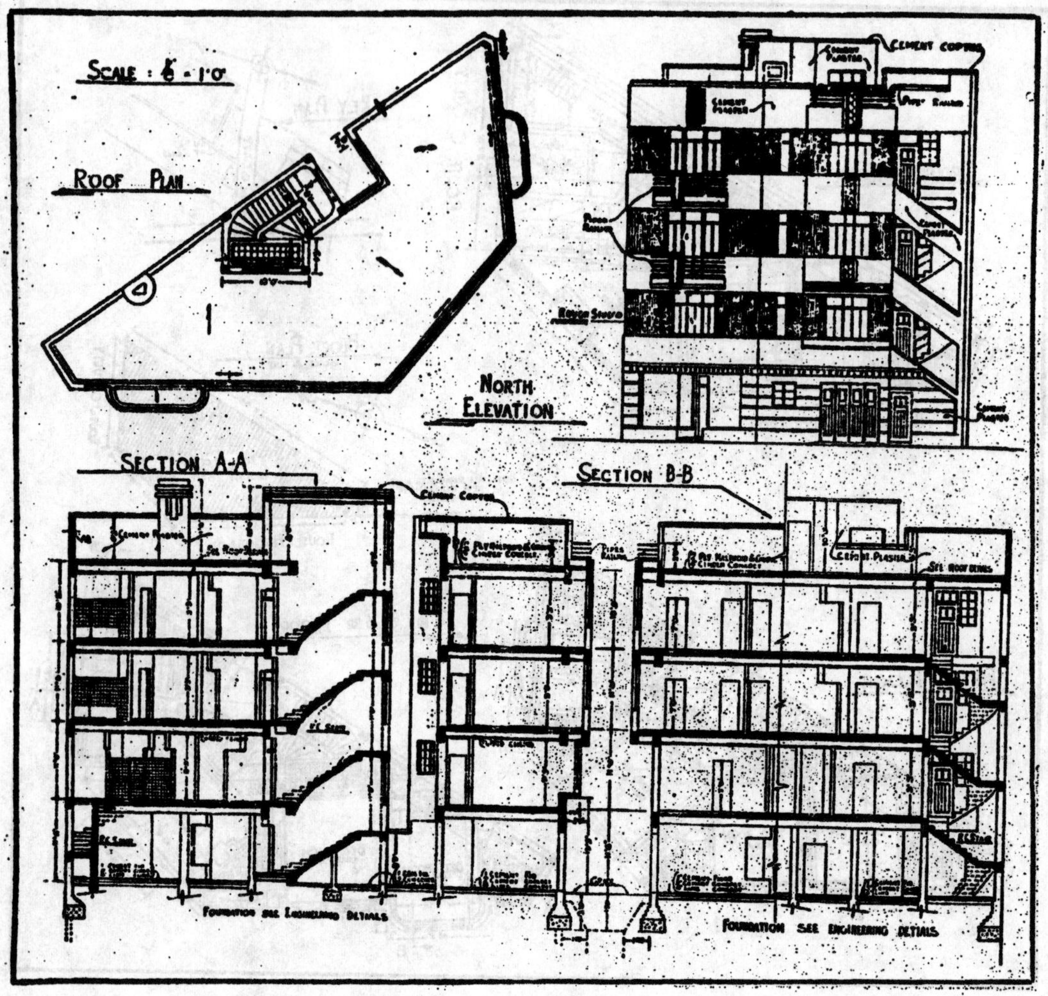

New Apartment House on Route Fergusson, Shanghai.

福開森路一公寓立面圖及剖面圖

紐約之橋梁

林同棪

1

2

3

4

紐約人口繁庶，各河上舟楫，往來復多，故其橋梁，跨度均頗長，茲繪圖示橋之位置並分述之如下：一

（1）Harlem River Bridges （圖1-10）。哈冷河上，有旋轉橋數座（圖1-4），其建築均較舊，無善足述。外有拱橋兩座。一爲華盛頓（圖5-8），跨度509'。一爲高橋，係載水管者，建造較新焉。

（2）East River Bridges（圖11-17）。東河之上，有大橋四座。一曰金斯保勞橋（圖11-13），爲臂式鋼橋，最大之跨度1182'，成於1909年、餘均爲懸橋，曰部克林橋（圖14）跨度1595'6"，成於1883年。曰威廉斯勃橋（圖15），跨度1600'，成於1904年。曰曼哈滕橋（圖16-17），跨度1470'，成於1909年。皆世界名橋也。

（3）Hudson River Bridge（圖18）。華盛頓紀念橋，跨度3500'，爲世界之冠。（參看本刊第三卷第二號）。

（4）Hell Gate Bridge鬼門橋（圖19）。此爲二鉸鏈鋼架拱橋，跨度977'6"，載古柏氏E-60共四軌，成於1917年。用款約美金一千二百萬元。

（5）Bayonne Bridge北安橋（圖20）。跨度1652'，爲世界最長之拱橋，工款一千六百萬美金，成於1932年。

（6）Authur Kill Bridges。一爲外渡橋（圖21），其主要橋梁爲臂式，中孔長750'。一爲各鎖橋，中孔長672'。均成於1928年，共用一千四百萬元。

（7）Triborough Bridge三區橋。正在建造中，全橋長17710呎，含有各種滿式。跨度最長者，爲一1380'之懸橋。預算用欵四千四百萬元。

（8）Liberty Bridge自由橋。或建議造此懸橋，跨度4500'，預算六千萬元焉。

(1) Willis Bridge。哈冷河上之旋轉橋，成於1901年。

(2) Third Avenue Bridge。此旋轉橋計有桁梁四架。

(3) 鐵路旋轉橋。

(4) Madison Avenue Bridge。旋轉橋之護橋設備。

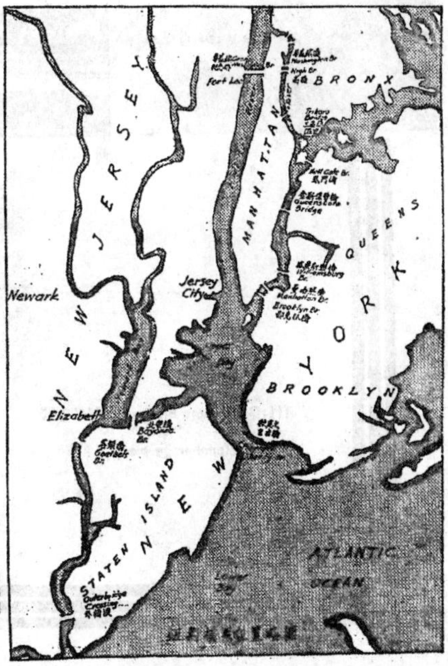

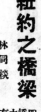

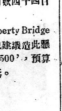

5

(5) Washington Bridge，華盛頓橋，一八八九年造成之鋼鈑拱橋，跨度五〇九呎。

6

(6) Washington Bridge。橋之趨附拱橋。

7

(7) Washington Bridge。拱橋之鉸鏈。

8

(8) Washington Bridge。橋之下面。

9

(9) High bridge高橋，1928年建成之三鉸鏈鋼拱。

(10) High bridge。橋之鉸鏈。

11

(11) Queensboro Bridge。金斯保勞臂橋之錨墩(anchorage pier)

10

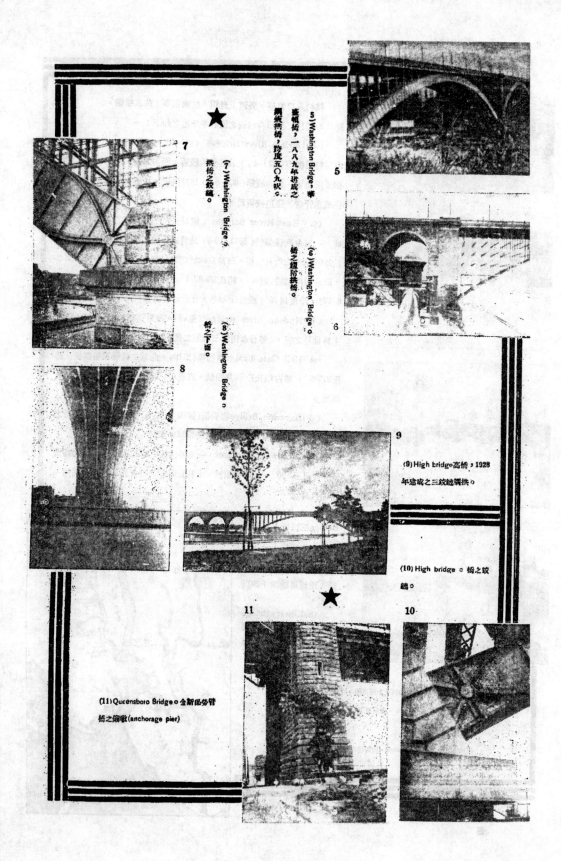

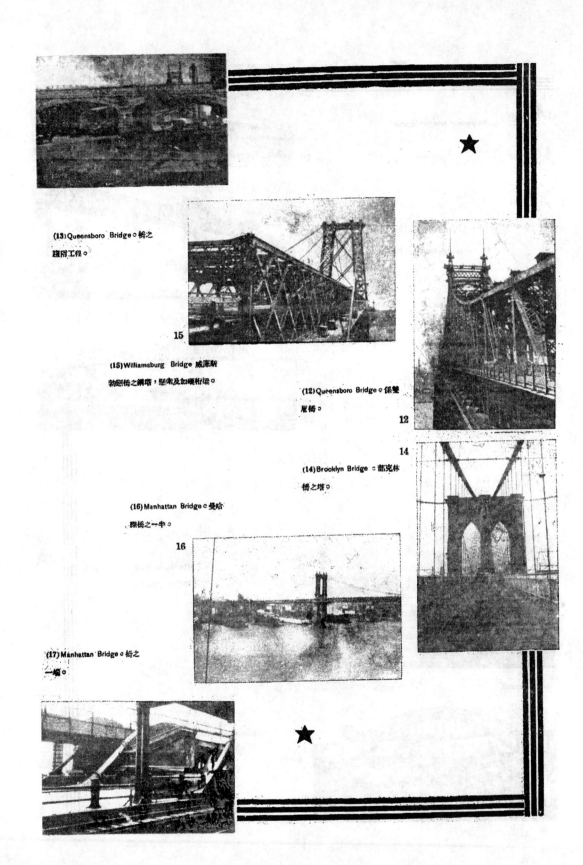

(13) Queensboro Bridge。橋之趨附工程。

15

(15) Williamsburg Bridge 威廉斯勃懸橋之鋼塔，懸索及加硬桁梁。

(12) Queensboro Bridge。保雙屋橋。

12

14

(14) Brooklyn Bridge 。部克林橋之塔。

(16) Manhattan Bridge。曼哈顛橋之一半。

16

(17) Manhattan Bridge。橋之一端。

(20) Bayonne Bridge。北安橋。

20

(21) Outerbridge Crossing。外渡橋。

21

(22) Goethals Bridge。各鐵橋。

22

18

(18) George Washington Bridge。

華盛頓紀念橋。

(19) Hell Gate Bridge。鬼門橋。

8

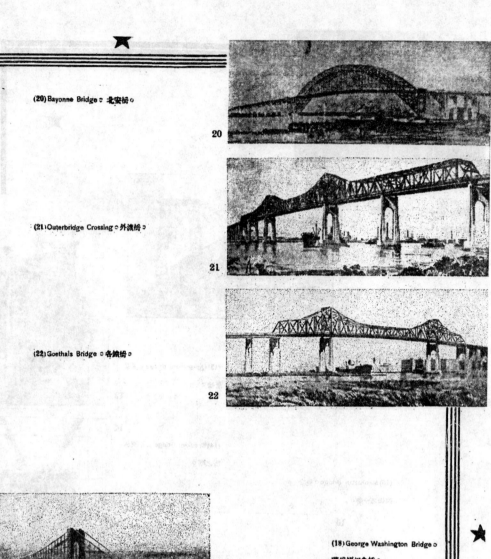

1

3

(3)粵漢路株韶段第二總段隧道之二：岐門隧道之留影

(1)粵漢鐵路株韶段第二總段隧道之一：由洞內北望大源水隧道

2

(2)粵漢路株韶段第二總段隧道之一：大源水隧道（長三百二十英尺）竣工後留影

4

(4)粵漢路株韶段第二總段隧道之二：岐門隧道（長三百英尺）完工後留影

(5)株韶段第二總段隧道之三：楊山隧道（南口）留影

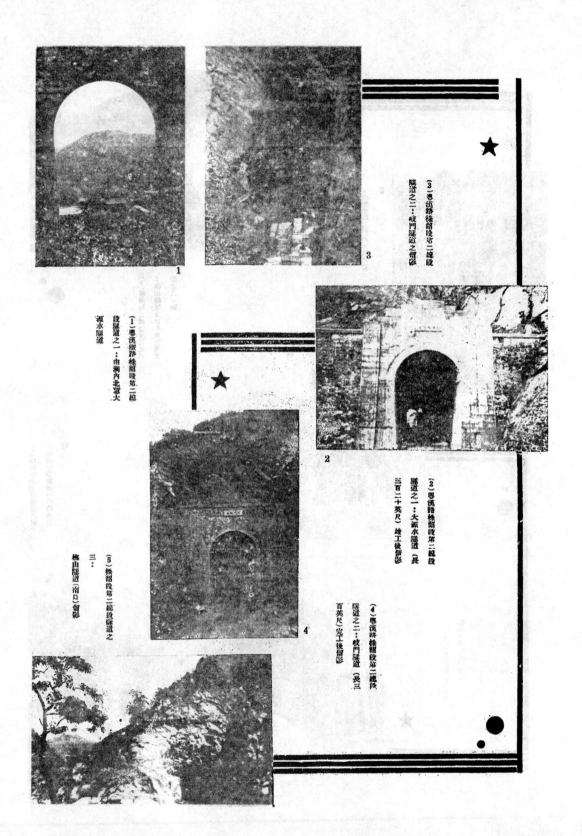

6

(6)株韶第二總段隧道之三：樵山隧道及口外片石護土牆之又一影

8

(8)株韶第二總段隧道之一：大源水隧道門頭木壳之留影

7

(7)株韶第二總段隧道之三：樵山隧道揭洞門時留影

(9)株韶第二總段隧道之四：新桑隧道旋襯砌前撑架留影

10

(10)株韶第二總段隧道之四新桑隧道之襯砌留影

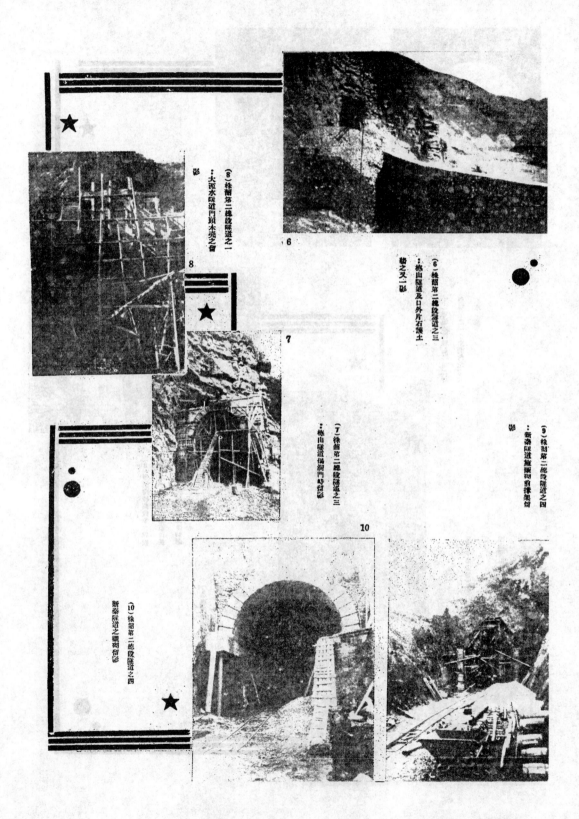

11

(11)粵漢鐵路株韶第二總段隧道之四：新築隧道（長二百五十英尺）

12

(12)株韶第二總段隧道之五：迴蠍角隧道（長七五〇英尺）完工後南洞口留影

14

13

(13)株韶第二總段護土牆留影之二（按此種護土牆每座短者數十英尺，長者七八百尺）

(14)株韶第二總段護土牆留影之一（按第二總段路全綫沿粵北武水（即北江）而行，全段護土牆有二百座之譜

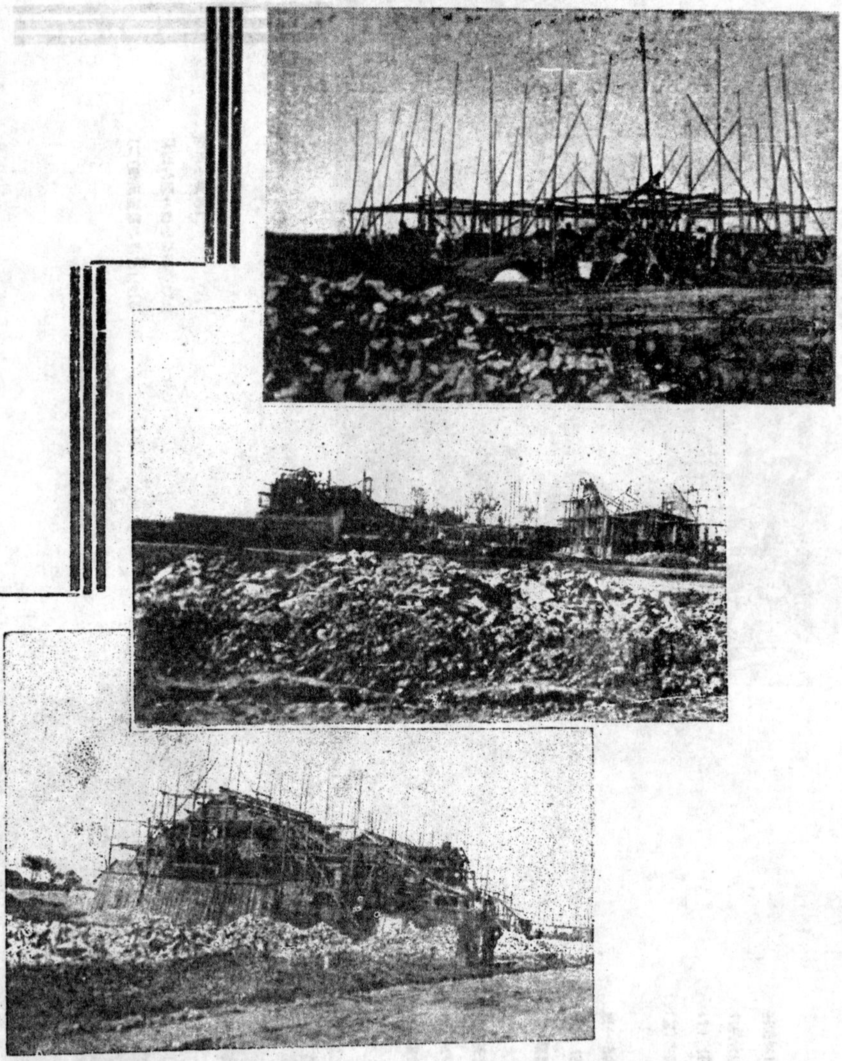

薔薇園新村建築情形

Yuen Yuen Farm Building, Lincoln Road, Shanghai.

Mr. T. P. Chang, Architect.

To be erected during summer, 1935.

上海林肯路將建之元元煉乳農場

張琮佩建築師設計

23013

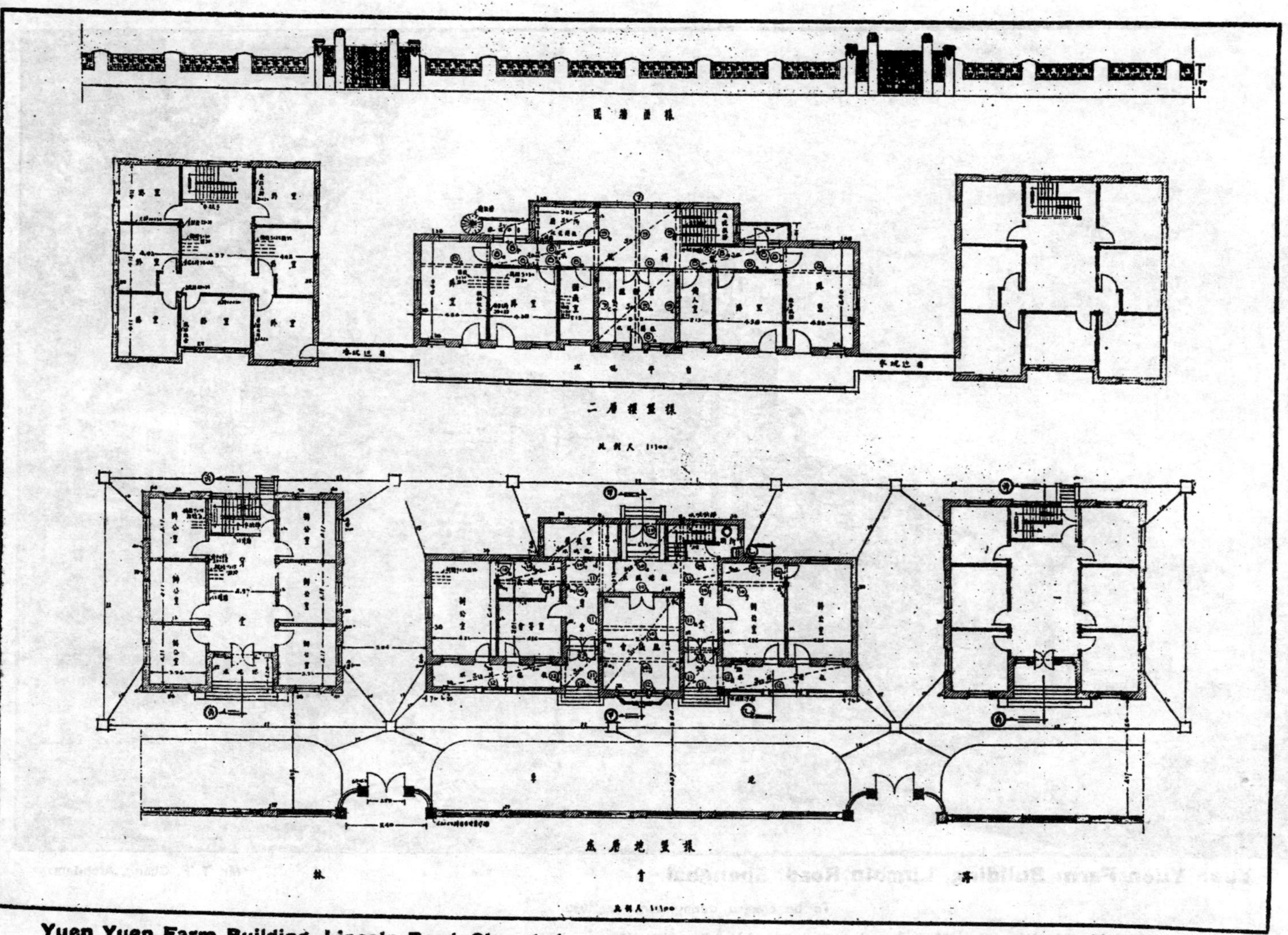

Yuen Yuen Farm Building, Lincoln Road, Shanghai. 元元煉乳農場

Ground and first floor plans

A Residence on Yu Yuen Road, Shanghai. (Block A)

Wah Sing, Architects.

Kow Kee Construction Co., Contractors.

上海愚園路人和地產公司新建之小住宅房屋（甲種）

華信建築師設計　　久記營造廠承造

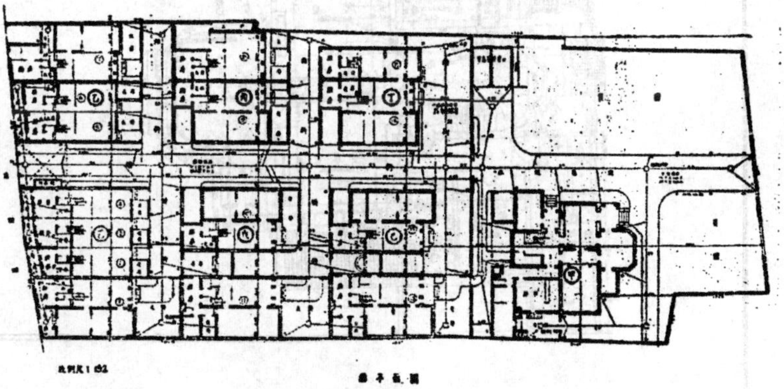

Block Plan.

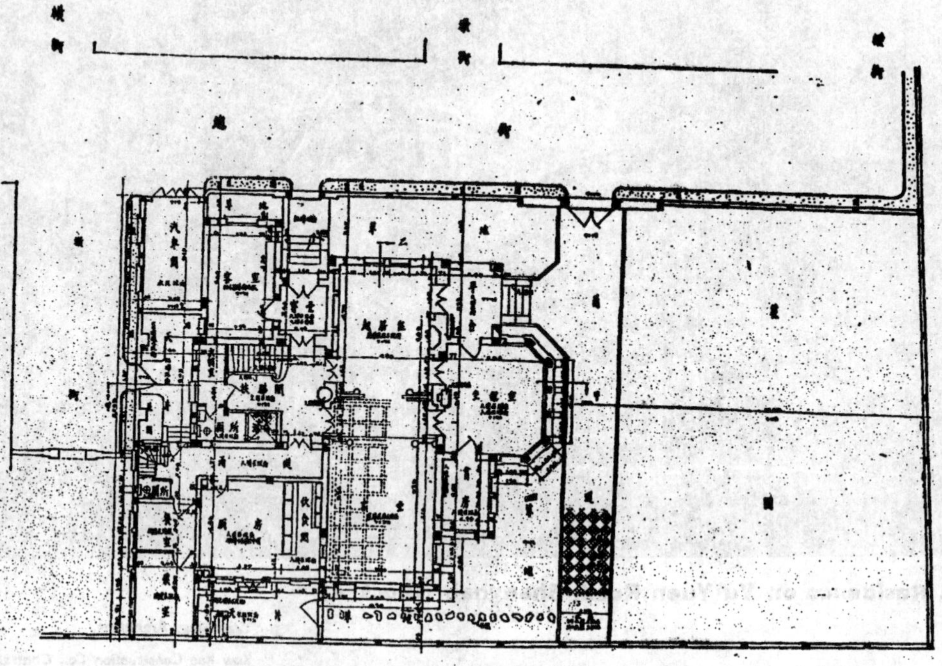

下層平面圖

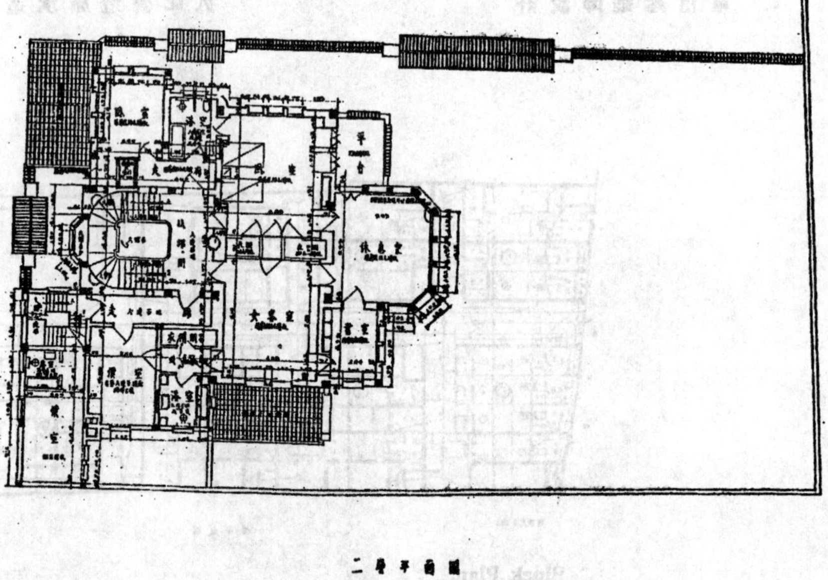

二層平面圖

A Residence on Yu Yuen Road, Shanghai. **愚園路一住宅**

Ground and First Floor Plans.

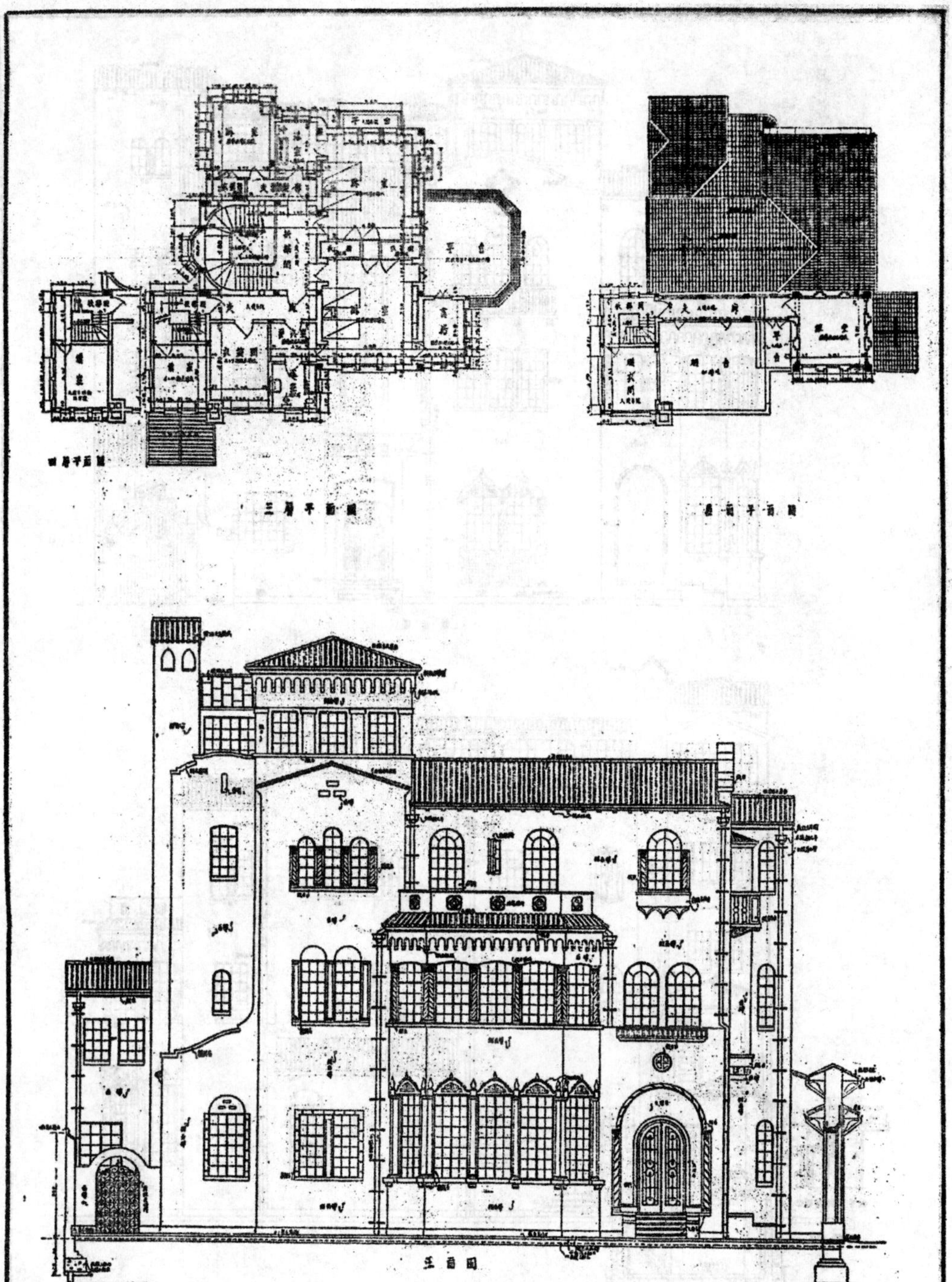

A Residence on Yu Yuen Road, Shanghai. 愚園路——住宅

Elevation, Second Floor and Roof Plans.

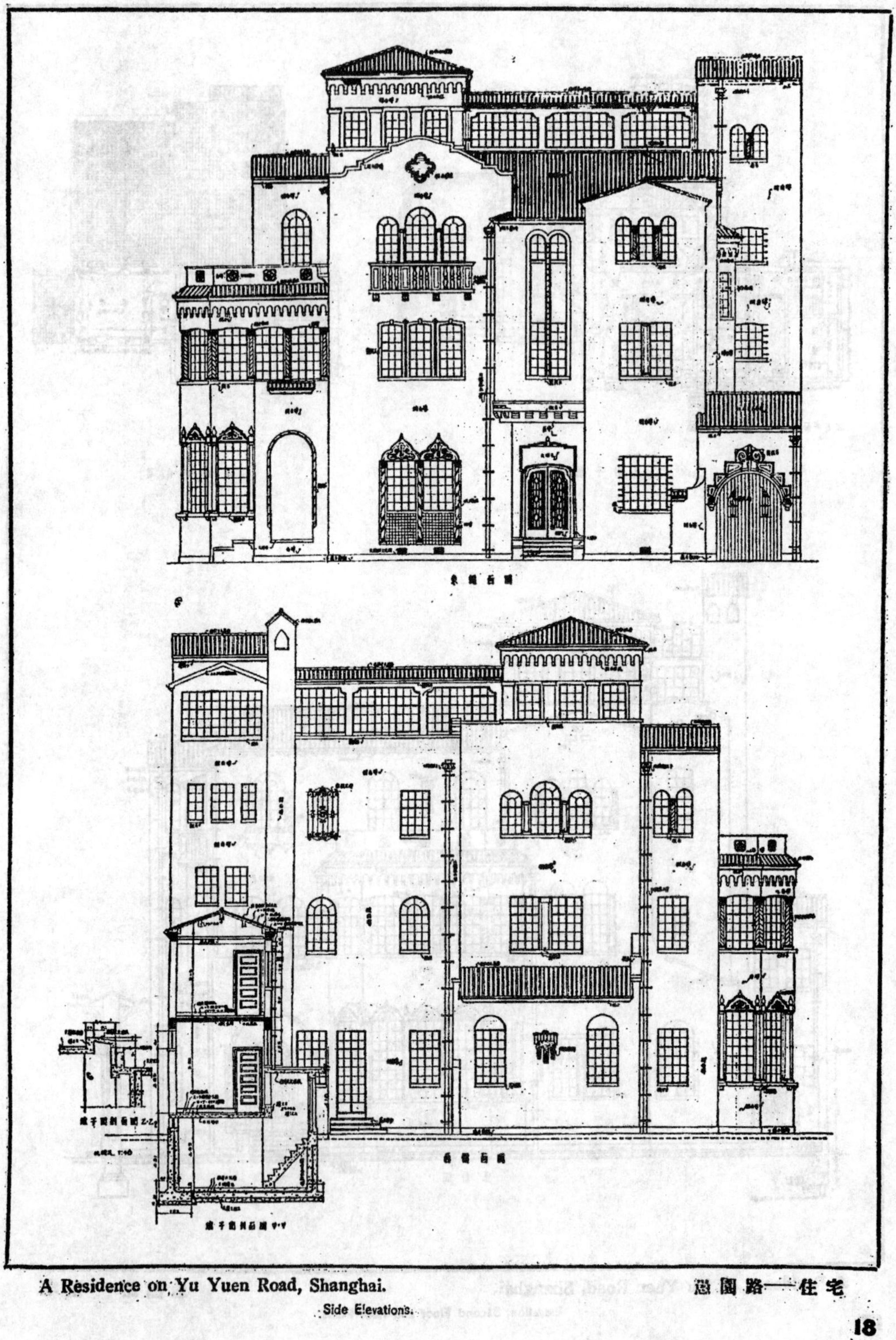

A Residence on Yu Yuen Road, Shanghai. 愚園路一住宅

Side Elevations.

A Residence on Yu Yuen Road, Shanghai. **愚園路一住宅**

Back Elevation and Section.

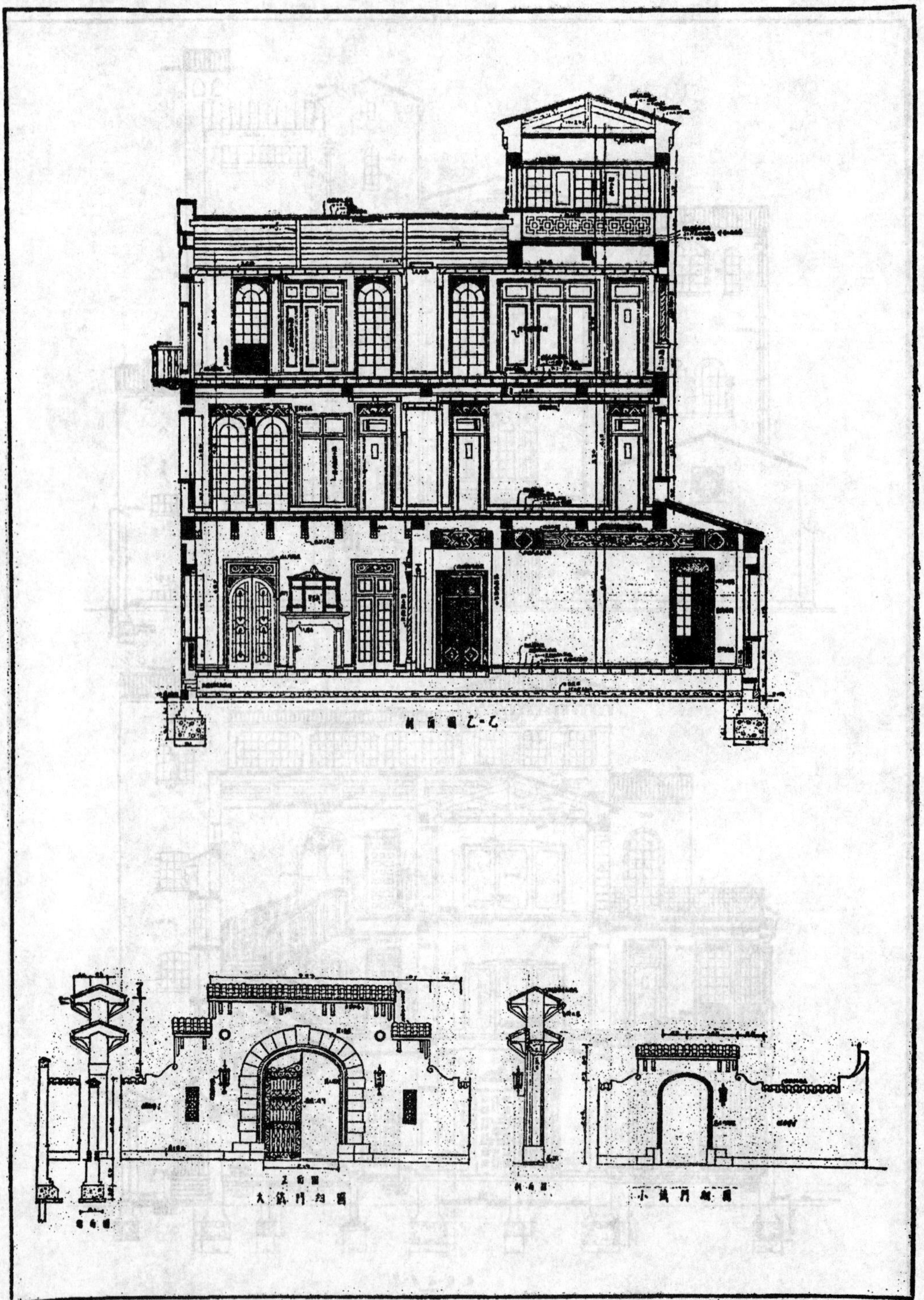

A Residence on Yu Yuen Road, Shanghai. 愚園路一住宅

Section-Entrance Gate

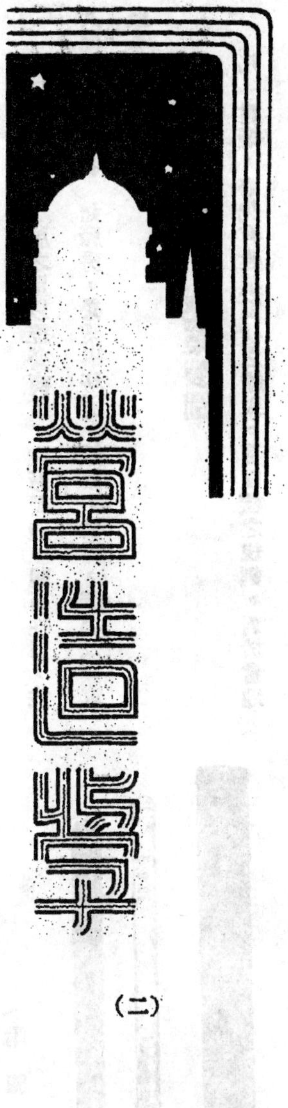

（二）

杜彥耿

第一章

第二節　建築分類

建築物之種類，材料之品質，樓板之負重，荷重量之規定，以及其他種種，舉凡關於房屋建築上之必要章則，重要市區，均有建築章程之規訂，故凡在各該市區境內，建築必須遵循該區之章程。

重要市區，人煙稠密，故必須有建築章程之規訂；其原意不外公共路綫寬度之限制，建築物之安全，空氣及光線之通暢，與衞生之設備等。蓋若無章程與工務機關之管轄，則市中路政勢必紊亂；如內地城鎮之街道狹溢，平時交通已感不便，設遇火患，則更不堪設想矣。是故必有統轄路政之機關，頒訂章程，以資遵循；然章程之修訂，在經濟力不甚充裕之市區，不可太嚴。玆將房屋之種類，依照建築用料，分別如下：

一、木架房屋

二、不耐火建築

甲、普通建築

乙、半耐火建築

三、耐火建築

木架房屋　房屋外牆之全部或一部用木或竹；亦有用木柱子間砌單壁，壘石；或製泥壁外粉粉刷，毛粉刷或釘鐵皮。

不耐火建築　房屋外牆全用磚石所砌，樓板與分間牆之全部或一部係用木者。此種房屋之內部木樓板與分間牆，容易着火，謂之普通建築。內部樓板欄柵及大料等，如經詳爲設計，且用灰幔平頂，不易着火者，謂之半耐火建築。

耐火建築　房屋之用磚石，鋼鐵或鋼筋水泥構架者，爲耐火建築。然此中亦有少數木料需用者，如門，門堂子，踢脚板，門頭線，度頭板與釘線脚之木版瓶等。亦有完全摒棄木料者，則門窗全用鋼製，樓地板亦用耐火材料。所謂耐火材料者，其建築材料如鋼大料，梁架，柱子及鋼筋等，應加蓋護；因鋼鐵如遇强烈火燄之炙逼，即易失去鋼之堅强力，故須用混凝土等材料，將其遮護，俾互依爲用，而構成完全之耐火建築。

房屋如依照構造方法之不同，亦可分別之爲牆垣建築與構架建築。蓋牆垣建築者，重量由牆垣負擔而傳至牆基者也。構架建築者，重量由連絡組成之鋼架或鋼筋混凝土傳至礎基，而每一層之外牆或內部分間牆，均建着於每一層大料之上。

除上述以材料分類與式別分類外，更有以用途之不同，而分類者，如下：

一、公共建築

二、住宅建築

三、營業建築

公共建築 房屋之爲公衆所用者，包含內務，政治，教育，宗教，娛樂及運輸等；例如屋之用以教育，佈道，保安，刑罰，檢驗，管理等者，若學校，廟宇，警察署，戲院，醫院，法院，車站等，皆爲公共建築。

住宅建築 屋之供作住宿者，如私人住宅，出租住房，公寓，旅館。

營業建築 屋之用以經營商業，設廠製造，關畜牲口，或其他實業所需者 如廠房，營業事務所，飯館，棧房，工場及發電廠等。

第三節 建築製圖

凡一建築，必先有建築圖樣之繪製。蓋圖樣之規劃，對於當地市區建築章程之附合，屋主人之需用滿足，與夫美觀及經濟，均須顧及，且能示建築工人以建造方針。因知圖樣之於建築，至爲重要。茲將關於繪圖所用之儀器，紙張及顏色等，分述如下。

儀器 在購置儀器時，唯一經濟辦法，卽爲選擇應用之數件，不必整盒購買；因原盒全套儀器，有數件並不適用，故可向著名製造廠家或經售商店選購數件卽足。若以零件儀器攜帶不便，則可將羊皮或鷄皮製成皮套，分夾儲藏，在攜帶時自覺便利。

應購備之幾種儀器 六寸圓規一具，伸長桿，分度針，鉛筆頭與墨筆頭都須齊全，如：（圖一）墨線筆（圖二）及分度儀（圖三）。

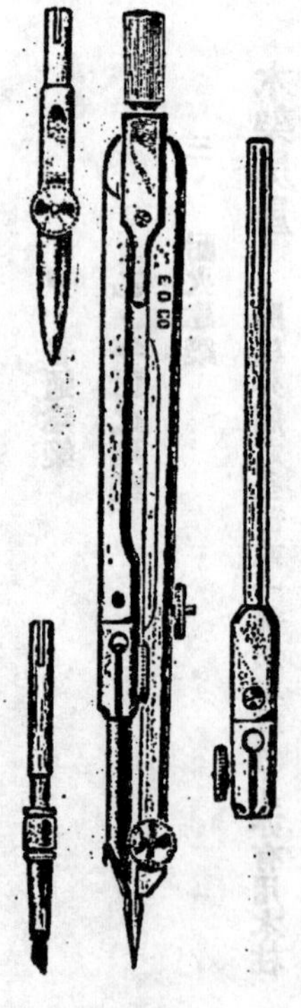

（附圖一）

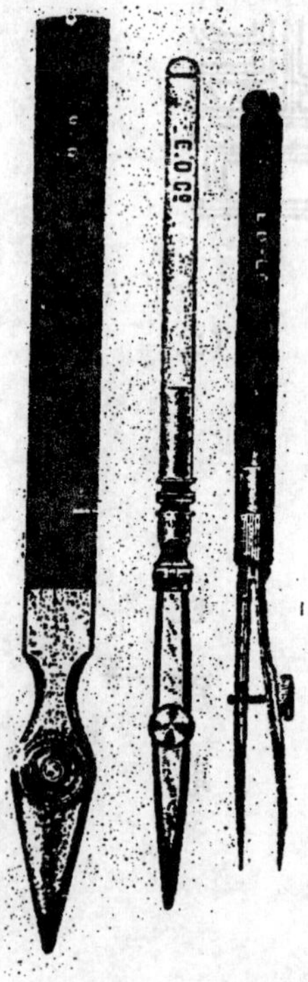

（附圖二）

（附圖三）

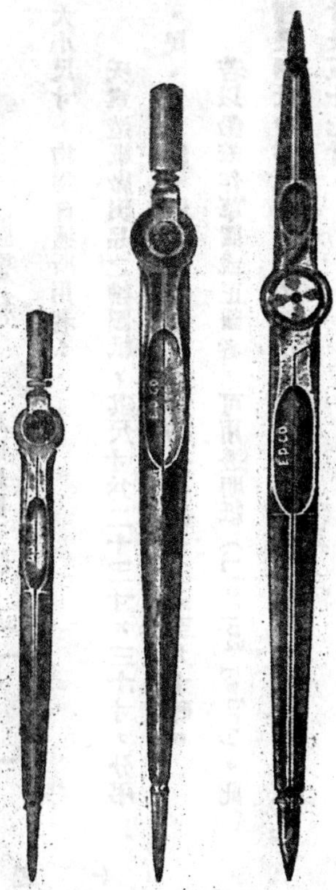

三角板二塊，一爲四十五度，一爲六十度。三角板以木板，雪羅榕特（Celluloid）及樹膠等製者爲最佳。堅實之木不易收縮，雪羅榕特平正不曲。凡製圖者大概均採用此種三角板，因其體質透明，利於視線也。樹膠製者雖屬平正，但並不透明，故爲用較狹。小彈弓規一副（分度針，墨筆頭及鉛筆頭。）（圖四）

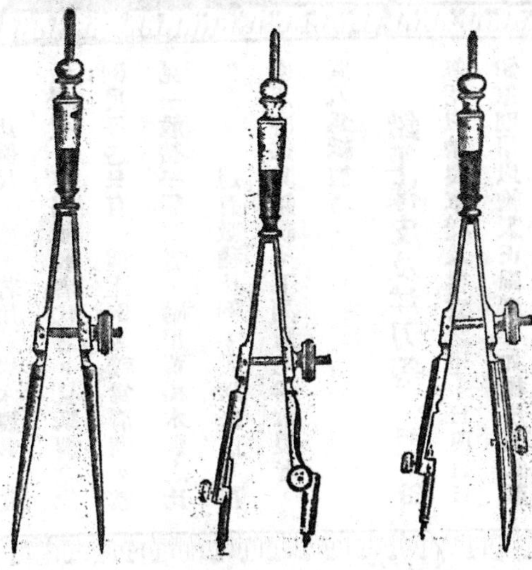

（附圖四）

此種儀器雖云爲非必需物，但在繪製細圖時，爲用亦巨。因若採用大號規儀，針眼粗大，以致正確中點不能辨別；若用小彈弓規便無此種弊病。上項儀器用後務須揩擦清潔，妥爲保藏，以防損銹。

畫圖板以黃松木製者爲佳。大小大概以二十四吋×八吋厚六分爲最普通。板後用木條釘搭，以防收縮離縫。（圖五）

（附圖五）

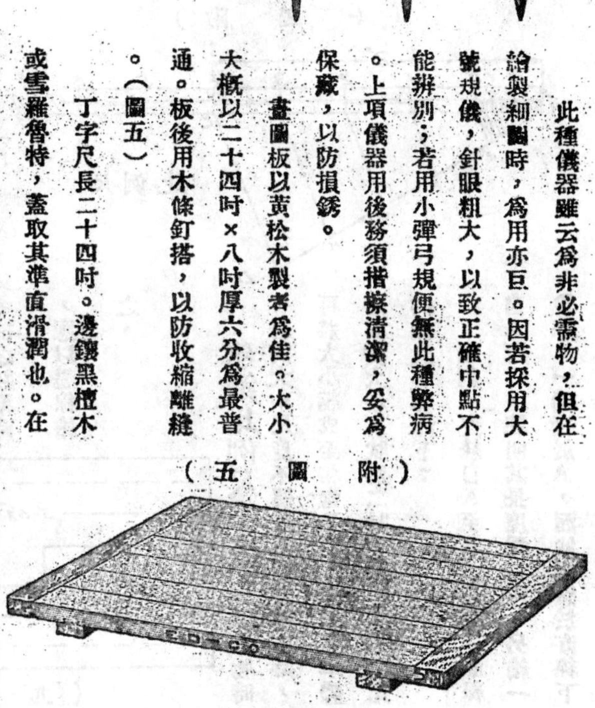

丁字尺長二十四吋。邊鑲黑檀木或雪羅榕特，蓋取其準直滑潤也。在製圖時將三角板擱置丁字尺邊口，俾移動時輕捷便利。（圖六）

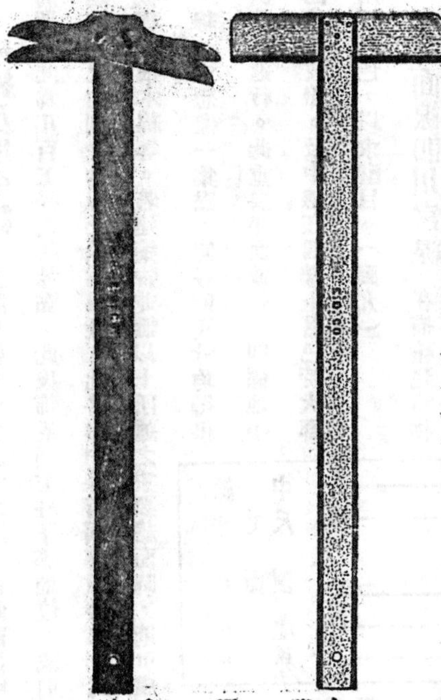

（附圖六）

比例尺一副，若用黃楊木製者，其價嫌貴，可用紙製者代之。且紙製之比例尺每邊只有一種比例，較爲清晰。常見一般初學製圖者，購用黃楊木製之比例尺，一邊有數種比例，頗爲繁複，在使用時每易錯誤。下列圖七爲木製者，圖八爲紙製者。

（附圖七）

鉛筆橡皮及洋刀等

HB鉛筆用以繪製草樣及書寫之用，H與HH鉛筆則用以繪製正圖者。如橡皮圖釘顏色膠水等，均爲繪圖時必需之物。此外如銳利之洋刀及其他細緻之銼刀，用以將鉛筆削成尖端形者。但在劃直線或用硬鉛筆時，則應削成如鑿之形。

（附圖八）

圖畫紙

下列所舉圖畫紙，其大小尺寸，均爲普通所用者：

吠章造紙廠出品之繪圖紙，其尺寸爲二十三寸×三十寸，分弔、民、伐、罪、周、發各號，每令磅份自四十五磅至九十磅。

若以鉛筆作草圖或正圖者，可用透明紙（Tracing Paper）。此種透明紙均爲原捲，每捲二十碼或五十碼，闊有三十六寸，四十二寸及五十七寸。

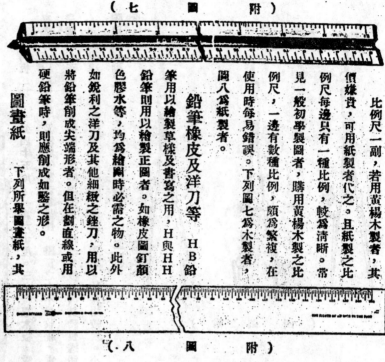

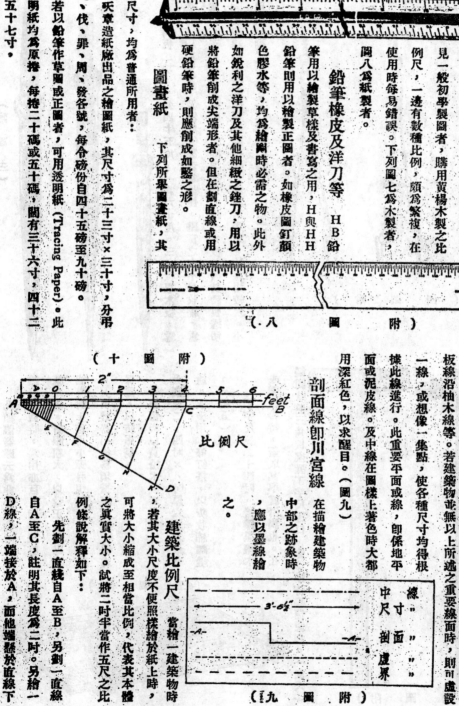

中線及地平線

繪製圖樣時首應注意之點，即爲設置中線問題。此爲凡百工程之開始點，此後佈置門窗柱子等地位，或別種建築物之向別，均以此線爲根據。此外與中線有同等重要者則爲地板線沿柚木線等。若建築物並無以上所述之重要線面時，則可虛設一線，或想像一集點，使各種尺寸均得根據此線進行。此重要平面或線，即係地平面或泥皮線。及中線在圖樣上著色時大都用深紅色，以求醒目。（圖九）

剖面線即川宮線

在描繪建築物中部之跡象時，應以墨線繪之。

（附圖九）

（附圖十）

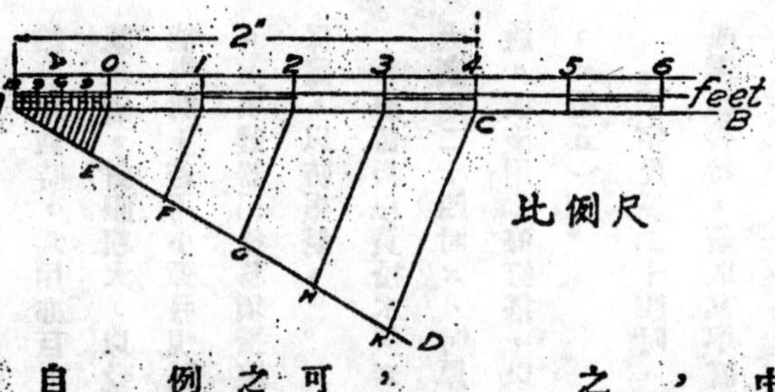

建築比例尺

當繪一建築物時，若其大小尺度不便照樣繪於紙上時，可將大小縮成至相當比例，代表其本體之眞實大小。試將二吋半當作五尺之比例係說解釋如下：

先劃一直綫自A至B，另劃一直線自A至C，註明其長度爲二吋。另繪一D線，一端接於A，而他端懸於直線下，成一任何度之三角形。再將分度儀平均分爲五格，成AEFGHK，A至E之首格再平均分爲十二格，將KC平行銜接。其A至C亦平均分爲五格，使F與1，G與2相聯接，比例已成。(見圖十)

若於繪製圖樣時採用此法分割，非但不拘原有尺度之大小，而分段亦可不用分度儀矣。

任何圖樣製就後，應於左下角或下方任何空白處繪一比例尺圖，以求明白。繪圖樣收縮，尺寸不準，可於此比例尺圖內重復審核，以免錯誤。

墨及墨線之繪劃　繪圖時所用之墨，亦應注意及之。用上等徽墨磨成墨汁，須求勻淨；若用毛筆繪畫黑影，墨汁應宜稀淡，不可太濃。現在市上有已製成之墨汁出售，使用時極稱便利，惟用後須將瓶塞緊蓋，否則墨汁容易乾燥。平常所用之次等墨汁，性質易燥，蘸至筆頭時易於滯阻，頗不便利。

若顏色圖樣在水漬未乾時，切勿以墨汁繪劃其上，不然則墨漬勢必至於融化汚損，有礙瞻觀。此時應速以清水洗之，再以潔淨未用過之吸墨水紙將水漬吸乾。

繪墨線時應將墨筆握緊，略靠偏面；若係太直，則墨線曲折不一，易汚圖紙。在繪劃墨線時非但宜小心從事，而且應加注意下列二事：

(一)原瓶墨汁雖係上品，若價格嫌貴，可用墨自磨墨汁。

(二)每劃一線，祇應謹愼小心，不使中斷；墨汁濃淡，亦宜平勻，隨勢下流，若一停滯，線即粗汚不勻。若筆內墨汁不足，劃至中段時墨即告罄，在添加墨汁繼續劃下時，其銜接處必現曲折。筆內若含墨汁太多，則易於外溢，弄汚圖樣。故筆內應含之墨汁分量，宜酌量線之長短而注意及之。

刪除不用之墨線法　墨線若有錯誤，應當刪去者，可取紙一方，中裂一縫，其大小與欲刪去之線相等，覆置圖上。另用清潔之海綿，醮水從所覆之紙上慢慢揩擦，使其他部份不致受損。或用銳利之刀鋒，將不用之墨線輕輕括去，或用硬橡皮擦去。但用第二法者，在紙面發毛處應用光滑之骨或象牙擦抹平潔，然後劃線其上，或於其上塗繪顏色。若用軟橡皮擦去圖上之鉛筆線時，切勿來回擦拭，否則圖樣易受損壞也。

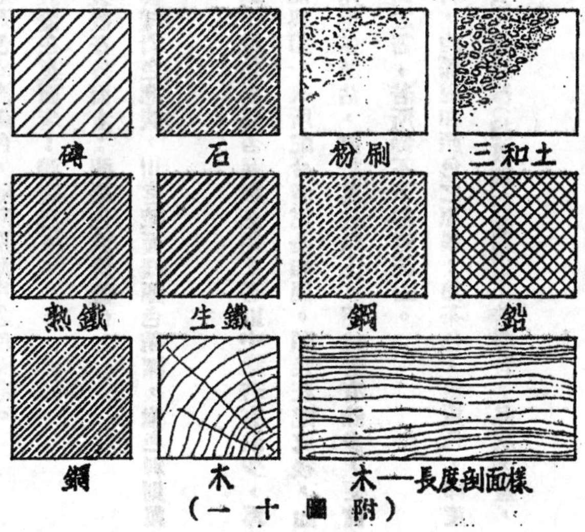

(附圖十一)

剖面分別線　圖樣剖面若不以顏色分別其應用之材料時，可以線劃分別之。(圖十一)

顏　色　若圖樣分著顏色者，自無線劃區別之必要；其剖面之顏色，應較面樣(Elevation)之色加深。現在將應用之顏料，列舉如下：

主要顏料

老　黃(Gamboge)
生　黃(Raw Sienna)
焦　黃(Burnt Sienna)
焦　茶(Burnt Umber)
濃焦茶((Vandyke Brown)
煤青色(Sepia)
赤茶色(Venetian Red)
深紅色(Crimson Lake)
金青色(Cobalt)
錠青色(Indigo)
藍　色(Prussian Blue)
青灰色(Neutral Tint)

磚牆：面樣用赤茶色，或鼻烟色，剖面樣用深紅色。
石料：斬光者用煤青色，粗燥者或硬石則塗着藍色。
粉刷：面樣用深青色，剖面用青灰色。
三和土：用青灰色。
熟鐵：青色。
生鐵：碧色。
鋼：紫色。（深紅與藍青合）
青鉛：藍色。
銅：老黃。
亞克木：煤青與淡黃合。
松木與樓板：淡黃色。川宮用深黃色，畧帶焦色。
磁磚：粉紅色。
玻璃之裝置在裏面者：淡青色。
瓦片：紅茶色或淡墨色，隨所用瓦片之色而定。
玻璃之裝置在外面者：淡墨色或淡藍色。
總略：面樣着色應淡，川宮較面樣顏色稍深，惟色別則與面樣同。

在配合顏料時，應估量是否足敷應用？否則中途若有缺少，再行配合，則恐不能與第一次所配合者完全相同。顏色在配成後，如欲試看濃淡，可用毛筆醮沾，塗於其他紙上。用後若有餘多，便儲於畫碟，以備不時之需，若所餘不多即可洗去。

下述各種顏料，均係配和顏色之原素：焦茶色，焦黃色，印度黃，老黃，白焦黃，霍克綠(繪玻璃側面用)，普魯青，品灰，藍，印度黑，大紅。

塗着顏色及用筆　在墨線之建築圖樣塗着顏色時，切勿在線上頻加揩擦，不然墨線受過分之潮濕，反使全圖污損，模糊不清。故最好在顏色乾後，再將墨線劃蓋其上，使可免除上述弊病。再者，著色時應先用淡色，若嫌太淡，再行填着深色。

毛筆之選擇，要以貂毛為最佳，其價亦最貴；此外如狼毛羊毛毗毛製者均可，惟應擇其筆端之尖銳者。

尺　寸　尺寸之大小，應於圖樣上詳細註明。每見一圖樣因未將詳細尺寸註明，致有鑄成大錯者。此點宜加注意。其註示尺寸處，應於其兩端繪一箭形針，再劃一藍色直線，使其中斷，於斷處填寫尺碼。其字碼與排列應同一方向，不宜亂置，否則閱覽時殊不便當。

開間之大小，當以牆身至牆身，或石面至石面爲準則，其欄面亦以地板至樓板，樓板至平頂爲簽訂尺碼之標準。

字　體　築築圖樣上之字體，種類繁多。現姑舉數種，以爲例樣。（圖十二）

尺度之符號　圖樣上普通所用之符號，計有三種，即以（，）代表尺數，以（"）代表吋數，以（0）表表度數。

地盤樣　設有一地，四週爲界線，於界線之中下端劃一直線，縱線直立於此線之上，並分劃其他多數應需之線，縱橫交錯，表明開間之大小，牆身之厚度，庭院之位置，何處爲客廳，何處爲書室等，名之曰地盤樣。照此則有樓盤樣屋頂樣及地窖樣等，種類頗多。

面　樣　圖之顯示門窗之大小寬闊，及其位置，並示建築物之高低及式樣等者曰面樣。照此則有正面樣後面樣及側面樣等。

川宮樣　圖之示建築物之內部門窗，踢脚板，畫鏡線，樓地板，擱柵，扶梯，及屋頂等之結構者曰川宮樣。照此則有進深川宮樣橫川宮等。

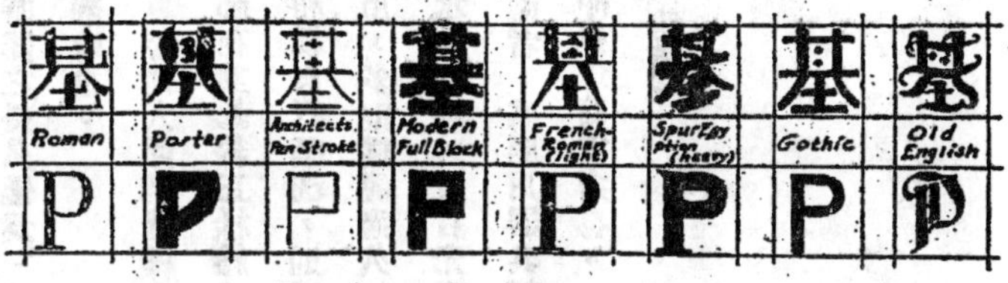

（附圖十二）

川宮及面樣　圖之一部示內部剖面，而另一圖示面樣者，曰川宮及面樣。

內部裝修於面樣上不能顯示而屬必須顯示者，則劃虛線於面樣，以顯內部裝修之地位，如扶梯踏脚步烟囱眼等。

透視或鳥瞰圖　此種圖樣係示建築物完成後之式　者。圖內充分表現建築物之如何偉觀，使與鄰近屋宇作一比較。此外並略加點綴樹木車馬等，成一美術圖樣。故繪畫藝術在建築學上亦佔重要之地位。

複　印　正式圖樣繪製完成後，若需用多張同樣之圖樣時，可於正張上照樣晒印，或晒白線藍樣，或黑線白紙。

繪製建築圖樣，手續至繁，需用印繪紙（Tracing Paper）亦夥。但有許多重要工程，均以蠟布印繪圖樣，以其保存耐久，不易破碎也。此種蠟布在其光滑之面繪劃黑線，若欲着色，須塗於布之後面。若布面光滑如玻片者，墨線不易着筆，可於墨汁中加置牛膽少許；或用細布做袋，中貯白粉，在布面上拭抹，使粉質粘凝，則玻光自減，在繪劃墨線時自可免除溜滑之弊。

印晒墨線白底圖樣　既用印繪紙或蠟布從草圖上印繪墨線後，即可將此墨線紙印晒；不拘多少，均可照樣印晒。其法用黃色照相紙舖放預置晒圖箱上，將墨線正樣放於黃紙之下，背面裝以厚絨呢，再裝彈弓木板等，不使鬆動。然後再行移置日光下，俟黃紙漸變白色時，開啓箱子，將照相紙用水冲洗，則墨線自現，而黃色漸變白色矣。

感光之久暫，要視日光之强弱爲依歸。在烈日下約需時一分至五分鐘，若在陰濕天氣則需一小時左右。雖然時間之長久僅爲一種參攷，而圖樣晒成後清晰與否，全視晒圖者之經驗也。

印晒圖樣，現在均採用上述方法。現更有專替他人印晒圖樣之晒圖者，其辦法殊爲便利。蓋一建築師或工程師在其墨線正樣繪成後，勢須複印副張多紙，以備應用。若購選照相紙自行晒洗，則以照相紙在購買時以原捲起購，是故少則不敷應用，多則擱置過久，必致走光耗損。且自行晒圖，並須備置晒圖箱水盤之類，及日光强烈之地位；時間經濟，兩不便利，至於專門晒圖者，其應用器具既已齊備，同時不拘於天氣陰晴關係，蓋其晒洗冲烘均藉電力也。

（待續）

建築師與小住宅建築

蔡寶昌

按本文原著者爲美國哥倫比亞大學建築學院講師薩克斯氏(Alexander T. Saxe)。薩氏爲紐傑賽州註冊建築師，並爲該州房產顧問會會員。此文所述，胥爲其經驗之談，故亟譯之。

建築師能專一於小住宅之工作，以獲得經濟上之成功，此實與一般建築師之意見相左。余(薩氏自稱下做此)就已往三年經驗言，在此時期中專心致一於小住宅之工作，實覺此業發展之範圍綦廣，獲得成功之機會極多，而建築師又爲最適宜於此項工作者也。

但僅從事於住宅之工作，亦不能獲得事業上之成功。爲欲謀此途之進展計，建築師應知其作品及作風如何始能獲得外界之好評。彼不僅應有優良之設計學識，對於工程造價，材料等級與質地，建築用具，與全部設計之觀感，均應熟習者也。

適應(Adaptability)與選擇(Selectivity)爲現今建築師謀進業務之兩大主旨。建築師因具有豐富學識與高深訓練，若能全部發揮，對於工程事宜，自可應付裕如。就余之經驗言，余在住宅事業之創造工作，即在指示業主，意謂建築師有職業上及顧問之專才，代表業主，最堪勝任。並指導其自開工以至完成，如何撙節費用，力求經濟。總之，務期博得其信仰心而後已也。

因欲進行工作不受阻礙起見，故一人同時兼任兩職，即爲業主購置材料之代理人，與設計監工之建築師是。建築法規對於建築師職務之限制，解釋頗廣，故建築師在權限上足可有伸縮之餘地。就余之情形言，迨圖樣及說明書完成後，並不召集總承包商估價投標，逕請業主核定，而將一切所需者，分給小包商(Sub-contractor)投標。迨將標價齊集後，逕送業主取決，將各個得標者之數，加以本人服務費，即成爲「保證的」全部造價矣。

建築師本身地位之重要，果如齒之於輪乎？回溯已往，建築師之責任，殊見平平；現時除其本身能掌握全權外，不然亦僅爲建築商之僱員而已！現時各種連貫性之職務及營業，漸向建築師之園地侵佔，如工程師，營造商，承包商，小包商，甚至業主等，視之固屬一建築師也。此種競爭，實由於建築師習於固守職務，拘束一隅所致。一旦建築師除單純的繪製圖樣與厘訂說明書外，能兼顧其他，則其職務範圍將隨之擴大，外界之需求亦廣矣。試觀現在之建築師，所貢獻於業主之職務，較其友人承包商固有不同乎？

余自就業爲建築師職務以來，即立志竭盡我力，自建築工程之開始以至完成，繼續行使其職務。在往昔建築師在工程進行時所處地位，猶如「山羊」(Goat)，此或因建築師認爲繪製圖樣或草訂說明書已畢，工作可告一段落；或以承包商在工程中機警能幹，耐勞工作，以博得業主之信仰。余深信現時建築師應即取代「工頭」(boss)之地位，自設計開始以及工程完成，始終從事，親歷指導。彼具有職業上之顧問才幹，自應自始至終，取得業主之信仰，不宜中途輕離，致予他人涉足庖代之機也。

業主與小包商所生直接關係，利益頗多。試就造價而言，其數確定限制，並無加服制(Cost-plus System)之麻煩，不知造價總數，究有若干者。其次則既無總承包商獨人承攬，信用危險分散於各小包商間，自覺穩妥可靠。往昔承包商似爲一居間人，在工程上每易引起經濟上之糾紛，爭議結果，業主常拒予照付。覩夫小包商每遇經濟上之爭執，輒越承包商之手，直接向業主交涉照付，此即足資明證者也。且業主與小包商一經直接發生關係，實可撙節造價不少，此實因小包商既與業主接近，願以較低之利潤，盡其服務之職也。此外總承包商之利潤及雜項費用既可免除，所省亦屬不貲也。

此種業主與小承包商直接聯絡之結果，在採用建築材料與用具，頗感自由。此蓋因建築師連續其職務，以至於工程之完成，其間彼充任業主代表，直接與各承包人接洽，免被居間人操縱，可省利潤之外溢。由建築師全部管理之結果，以其經驗學識，應付工作，自可將建材料及工具，使用得宜，無懈可擊。而業主在工程進行中，可將式樣酌改，不需增加費用，尤覺便利也。在此種工程制度之下，業主直接支付費用於小承包商，不經總承包商之手，如此可免總承包商抑留應予轉付之貨價，致使業主受無謂之糾紛。此種工程手續，一切經濟責任，由各個小包商分散負担，故頗穩妥可靠。不若歸集於一承包商之手，營業失敗，破產隨之，其危機殊不堪設想也。

建築師如能適應環境，參照上述方法，經營住宅建築，前途必具無限厚望。多數之人最後必信住屋建築爲安全之投資，非爲冒險之嘗試。現時之視爲投機觀念者，將來必掃除無遺；蓋視住屋建築爲投機事業者，此種惡魔絕對不許其存在者也。試就余最近主持之一住宅言，若將投機者之出售價格，與自住者之造價兩相比較，爲數懸殊，相差甚多。玆列表如左，以證余言之不謬：

出售者	費用項目	自住者
$900	基地	$750
4,850	工料及造價	4,500
200	第一次押款	160
750	第二次押款	175
110	建築過程中之拆息	100
300	空租	………
75	出售廣告	………
450	出售佣金	………
100	建築師公費	675
1,200	利潤及雜項	………
$8,935	投資總數	$6,360

上述表格，吾人須加注意者，即在自用者之住宅建築中，購置工料，係由業主直接辦理，並未經過任何人之手，此即與造成後投機出售者不同之點。蓋投機商人每擬將最少數之現金，購入多數之材料，不足之數則記賬宕欠，俾將餘資週轉。若彼有一萬元現金，必能分配於十所住宅之建築工程，獲利可得十倍；若將此現金投資於一二住宅，則得益必不可觀矣！此外尤須注意者，即在自用者之住宅中，建築師之公費佔數頗巨，進益甚豐。依余之已往三年經驗言，始終負責於工事之設計及進行，所得公費常能在百分之十二至十五也。

框架用撓角分配法之解法

趙　國　華

第一節　本計算法之基本意義

解析框架之問題中，假因剪力等所起之影響較彎冪(Bending Moment)所起者爲微，故從撓角式出發之種種解法以求框架中諸不靜定量時，頗多簡易特性可以發揮。茲篇所述爲用撓角分配法*。就彎冪所起之影響爲主體以求框架中諸不靜定量之解法。茲爲求讀者充分明瞭起見，先用具有直線材框架(Rigid Framed Structure of straight members)，由撓度而誘起之撓角(Slope)之解法加以說明。至于非對稱性框架及曲材框架以及受有水平載重等之計算方法暫不列入，容後再講。

凡框架與連架(Contunous beam)等構造物受有載重時，應用彈性理論以求諸不靜定量，其方法全同。例如第一圖之一爲一框架，之二爲一連梁，將兩者之間取出AB梁，設兩端所起之彎冪爲Mab, Mba,一若在第一圖之三中之兩端固定梁所起者然。唯所異者，前兩者之A,B兩點皆具撓角，後者則撓角爲零耳。爲圖之四。因此凡框架及連梁中AB梁之節點彎冪Mba或Mab,乃爲兩端固定梁之端彎冪(普通以C_{ba}或C_{ab}表示之)附加或減去由撓角所誘起之若干彎冪$\triangle M_{ba}$而已。

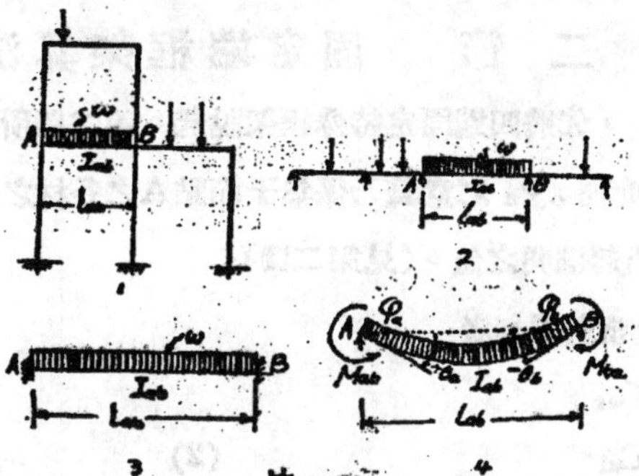

第一圖

凡習過撓角撓度之解法(Slope-deflection mothod)者皆所習知之撓角方程式爲

$$M_{ba}=\frac{2I_{ab}}{l_{ab}}E(2\theta b+\theta a)+C_{ba}.$$

如置

$$\frac{I_{ab}}{l_{ab}}=K_{ab},\qquad \varphi_a=2E\theta_a,\qquad \varphi_b=2E\theta_b$$

則上式改寫成　$M_{ba}=K_{ab}(2\varphi_b+\varphi_a)+C_{ba}=\triangle M_{ba}+C_{ba}.$

同樣得　$M_{ab}=\triangle M_{ab}=C_{ab}.$

但　$\triangle M_{ab}=K_{ab}(2\varphi_a+\varphi_b).$

上式中之C_{ab},C_{ba}諸值，依載重之不同及跨度之長短其值各異。惟常遇者不過數種形式，如第一表所示。

附表一

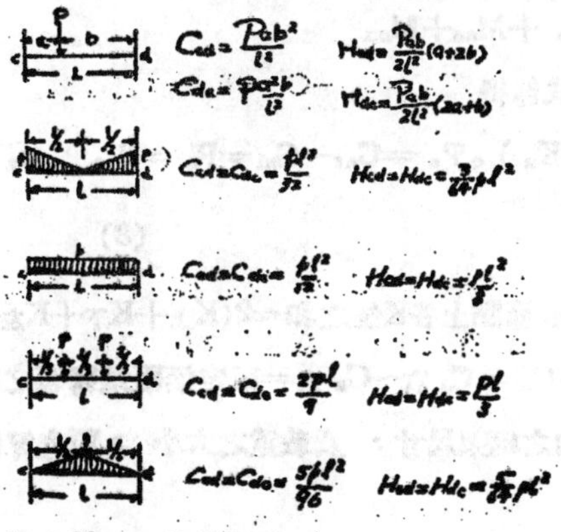

* 英文曰 Method of Slope distribution.

23031

M_{ab}, M_{ba} 之第一近似值為$-C_{ab}$, C_{ba}, 其正確值，則需另從 A, B 兩點所起之撓角，用以上兩式求之，既因φ_a ,φ_b 皆依環境之載重，材之長度及其斷面二次冪等而異，並非為一定之常數。苟各值求得，則M_{ba}, M_{ab}皆得之矣。此即框架，連梁等解法之根基。

為求明晰起見，並表示其重要性，再將以上兩式重錄如次。

$$M_{ab}=K_{ab}(2\varphi_a+\varphi_b)-C_{ab}$$

$$M_{ba}=K_{ab}(2\varphi_b+\varphi_b)+C_{ba}.$$

凡φ及M皆依時針之方向為正，不依時針進行方向者為負。

$2E\theta_a$,$2E\theta_b$ 簡稱之曰撓角。

第二節　固定端框架算法

茲在說明撓角分配法之前，先將四端固定特殊框架說起。第二圖所示為一四固定端之框架，設中央節點A之撓角為 ${}_{o}\varphi_a$ 。此種 ${}_{o}\varphi_a$ 之意義乃係集于節點A之各材之他端皆為固定節點，亦即各端之撓角為零，致中央節點所起撓角之值。(見第二圖)

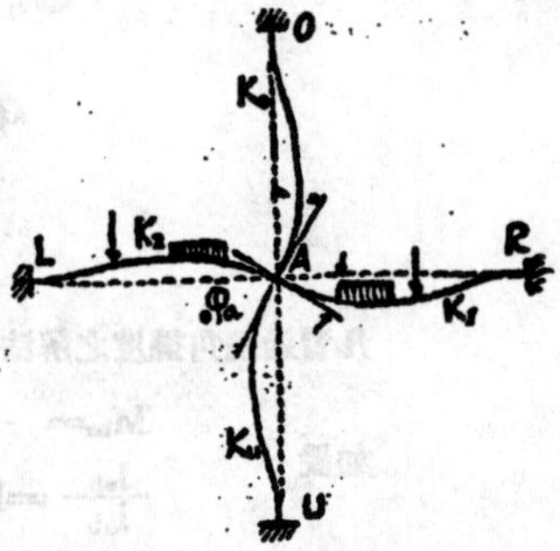

第二圖

節點A之彎冪式，皆為通常所習知者

$$M_{ar}=2\,{}_{o}\varphi_a K_r - C_{ar}$$

$$M_{al}=2\,{}_{o}\varphi_a K_l + C_{al} \qquad (2)$$

$$M_{ao}=2\,{}_{o}\varphi_a K_o$$

$$M_{au}=2\,{}_{o}\varphi_a K_u$$

以上各式之來源，茲畧為說明如次。

由第(2)圖得AR材對于A點成時針方向作用，故用 (1) 式之第一式將M_{ar}代M_{ab},K_{ab}代K ,φ_b因為固定端之撓角為零,即φ' 為零，φ^a為A端之撓角，茲以 ${}_{o}\varphi_a$ ，表示之,C_{ab}以C_{ar}代之即得(2)式中之第一式。

同樣寫出其他三式。

四材會合于A點既成平衡則必成立次式

$$\Sigma M=0=M_{ar}+M_{al}+M_{ao}+M_{au}$$

將(2)式中之各值代入上式即得

$$2(K_r+K_l+K_o+K_u)\,{}_{o}\varphi_a=C_{ar}-C_{al}=P_a=2\,{}_{o}\varphi_a\,p_a$$

$$\varphi_a=\frac{P_a}{p_a} \qquad (3)$$

但 $p_a=2\Sigma K$=兩倍集合節點上各K值之和$=2(K_{上}+K_{下}+K_{左}+K_{右})$

P_a =載重項$=C_{ar}-C_{al}=C_{a右}-C_{a左}$=固定梁兩端彎冪之總和。

P_a ,p_a 之值，皆可由已知之框架尺寸，及載重之大小，預先算得。結果由 (3) 式即可定出 ${}_{o}\varphi_a$ 值。

如固定端框架中之一固定端知其撓角之量，對于中央節點 A 上所起撓角之影響如何。亦應知道。

設在第（3）圖中之固定端R已知其正量撓角爲φ_r結果中央節點上所起之撓角φ_a因之變動，（見第三圖）

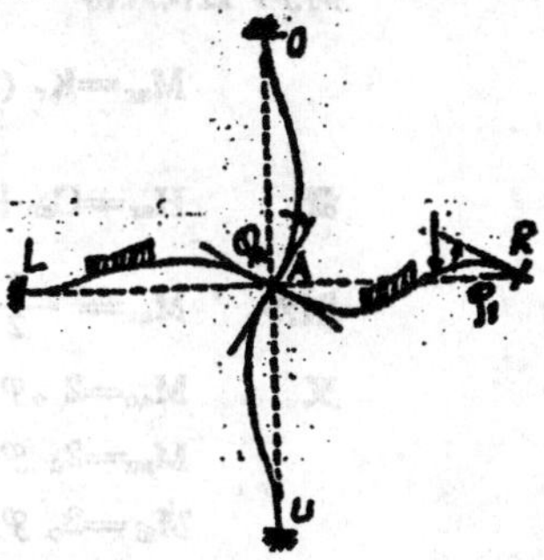

第三圖

今節點A之各彎冪式由(1)式得

$$M_{ar}=K_r(2\varphi_a+\varphi_r)-C_{ar}$$

$$M_{al}=2\varphi_a K_l+C_{al}.$$

$$M_{ao}=2\varphi_a K_o$$

$$M_{au}=2\varphi_a K_u.$$

依平衡條件得 $$\varphi_a=\frac{P_a}{p_a}-\varphi_r\frac{K_r}{p_a} \qquad (4)$$

（即 $2\varphi_a(K_r+K_l+K_a+K_u)+C_{al}-C_{ar}+K_r\varphi_r=0.$

$$\varphi_a=\frac{C_{ar}-C_{al}}{p_a}-K_r\frac{\varphi_r}{p_a}.\quad).$$

(4)式之意義，用語言表示之，即凡已知節點R之正量撓角φ_r，對于中央節點A所起之影響爲負，其値爲已知撓角之$\frac{K_r}{p_a}$倍。如已知之撓角爲負則節點A所起之影響爲正量撓角。

如若固定端框架中之全部固定端之撓角爲已知時，對于中央節點A所起撓角之影響如何，在本計算法中亦需知道。

設節點A之上下左右諸固定端之撓角爲已知，其値爲φ_o, φ_u, φ_r, φ_l，其量爲正。與求(4)式之方法同様。此時置 A 點撓角之値以表$_n\varphi_a$示之。見（第四圖）。

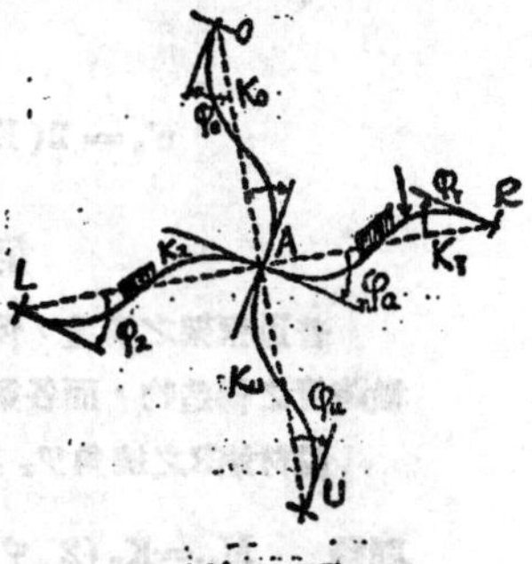

第四圖

$$_n\varphi_a={}_o\varphi_a-(\varphi_o y_o+\varphi_r y_r+\varphi_u y_u+\varphi_l y_l) \qquad (5)$$

上式中之

$_o\varphi_a$爲四端完全固定時之A點撓角。而

$$y_o=\frac{K_o}{p_a},\quad y_r=\frac{K_r}{p_a},\quad y_u=\frac{K_u}{p_a},\quad y_l=\frac{K_l}{p_a},$$

$$p_a=2(K_o+K_r+K_u+K_l).$$

上式中之y爲各材之撓角分配率。

如是，由固定端框架出發，用正量撓角φ_o, φ_r, φ_l, φ_u乘以相當之撓角分配率，得中央節點A之撓角影響，其量爲負，再與固定端所起之撓角而總和之卽得。

第 三 節　有 阶 (Hinge) 框架算法

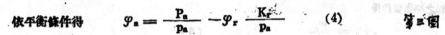

設材端R為一有階節點見(第五圖)。

則 $M_{ra}=K_r(2\varphi_r+{}_o\varphi'_a)+C_{ra}=0$

∴ $\varphi_r=-\frac{{}_o\varphi'_a}{2}-\frac{C_{ra}}{2K_r}$

又 $M_{ar}=K_r(2\,{}_o\varphi'_a+\varphi_r)-C_{ar}$

將φ_r值代入得

$$M_{ar}=K_r(2\,{}_o\varphi'_a-\frac{1}{2}\,{}_o\varphi'_a)-(C_{ar}+\frac{C_{ra}}{2})。$$

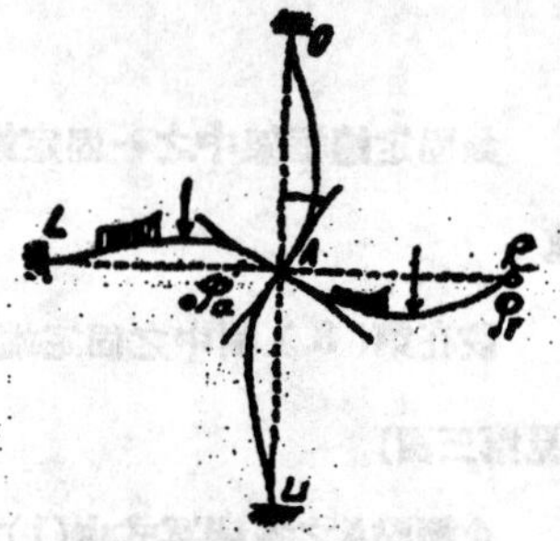

第五圖

置 $H_{ar}=C_{ar}+\frac{C_{ra}}{2}$

則得 $M_{ar}=\frac{3}{2}\,{}_o\varphi'_a K_r-H_{ar}$

又 $M_{ao}=2\,{}_o\varphi'_a K_o$

$M_{au}=2\,{}_o\varphi'_a K_u$

$M_{al}=2\,{}_o\varphi'_a K_l+C_{al}$

由節點之平衡條件得

$${}_o\varphi'_a=\frac{P'_a}{p'_a} \qquad (6)$$

但 $P'_a=H_{ar}-C_{al}$，

$p'_a=p_a-\frac{K_r}{2}$。

本式為求固定端框架中有一階節點構造對于中心節點之撓角所起之影響值。

如一階節點框架中之周圍各節點之撓角為已知，其對于中央節點所起撓角之影響，在本解法中，甚為要緊。見(第六圖)。

設材端R為一有階之節點，其他為固定，各材之撓角皆為已知，與以上所述之方法同樣得

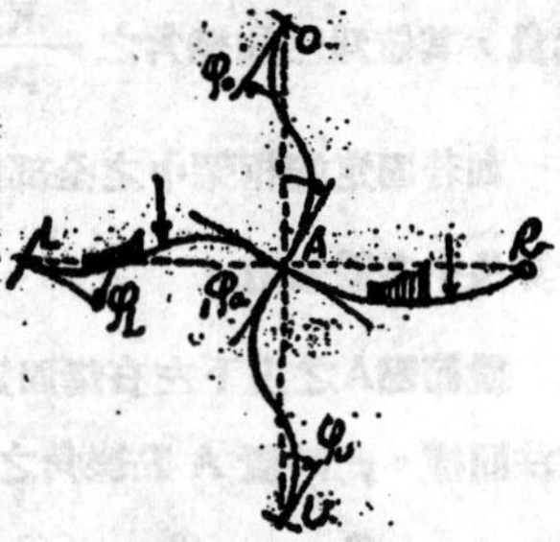

第六圖

$${}_1\varphi'_a=\frac{P'}{p'_a}-(\varphi_o y'_o+\varphi_u y'_u+\varphi_l y_l) \qquad (7)$$

令 $y'_o=\frac{K_o}{p'_a},\ y'_u=\frac{K_u}{p'_a},\ y'_l=\frac{K_l}{p'_a}$

$p'_a=2(K_o+K_r+K_u+K_l)-\frac{K_r}{2}$

第四節　對稱性框架之修正算法。

普通框架之構造，恆與其中心軸成對稱的關係。凡中心軸通過中央跨度之中心點，亦即具有奇數跨度之構造物，而各梁所負之載重具對稱性者，可用本節所述之方法。

設材端R之撓角φ_r與節點A之撓角${}_o\varphi_a$間之關係為$\varphi_r=-{}_o\varphi_a$(見第七圖)

則得 $M_{ar}=K_r(2\,{}_o\varphi_a-{}_o\varphi_a)-C_{ar}$

與求(6)式同法得

$${}_o\varphi_a=\frac{P_a}{(p_a)}。 \qquad (8)$$

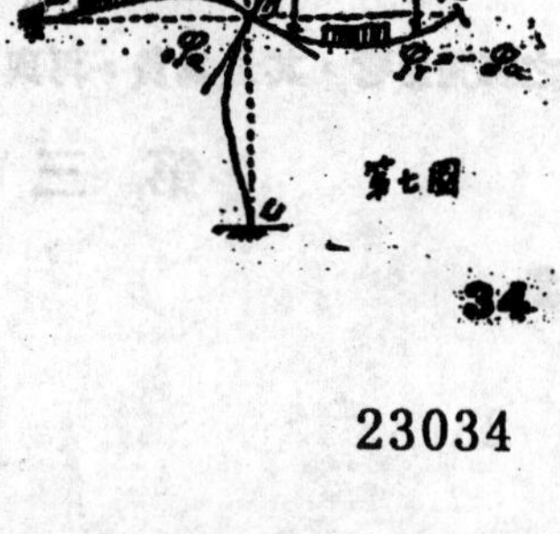

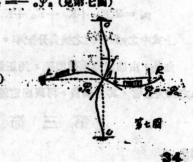

第七圖

但 $P_a=C_{ar}-C_{al}$

$(p_a)=p_a-K_r$。

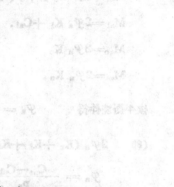

又如鄰接--節點之撓角其大相等，方向相反，且四週各節點之撓角皆爲已知時，其修正方法如次。

設材端R之撓角 φ_r 與節點 A 之撓角 φ_a 間之關係爲 $\varphi_r = -{}_1\varphi_a$，見（第八圖）且假定其他各節點之撓角爲已知，照以前所述之方法同樣求出

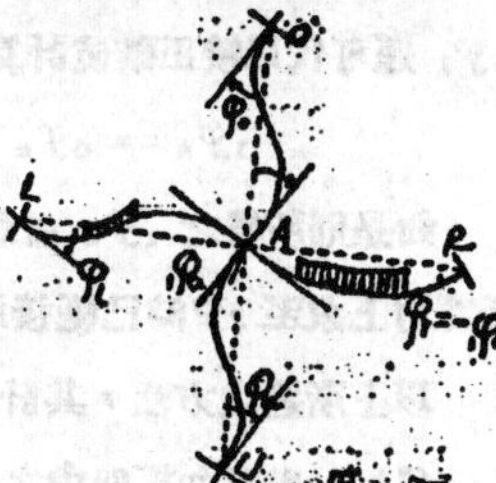

第八圖

$$
\begin{aligned}
{}_1\varphi_a &= \frac{P_a}{(p_a)} - \{\varphi_a(y_o)+\varphi_u(y_u)+\varphi_l(y_l)\} \\
\text{但}\quad P_a &= C_{ar} - C_{al}, \\
(p_a) &= p_a - K_r, \qquad\qquad (9) \\
(y_o) &= \frac{K_o}{(p_a)},\quad (y_u) = \frac{K_u}{(p_a)},\quad (y_l) = \frac{K_l}{(p_a)},
\end{aligned}
$$

第　五　節　　撓角分配法之特徵與其計算之方法及順序。

本方法之特徵甚多，玆先述之，以明其計算方法之根基。

(1)。凡含有未知數之聯立方程式，可以完全不用。以上各式不過爲本法理論之根據，計算時只消依照前式在圖上用一定規則，機械式的逐步進行可也。

(2)。解時僅須將框架圖載重項，與撓角分配率記上，作爲計算之準備。

(3)。計算時，即在框架圖上行之，只用加減乘計算之。乘法又可利用計算尺。

(4)。計算所用之節點，從任何處開始皆可。普通可從左側最下之偶節點開始向上行之。

(5)。框架圖中不見一方程式，僅見載重項，與撓角分配率諸値用乘法，加減法，即可求得各節點之撓角而在圖中記入之。此項計算之値，即作爲逐次計算之資料，使不平衡之撓角 (Unbalanced slope)逐次保持平衡而後已。

(6)。此種方法不受聯立方程式之聯立的解法之束縛，至多在特別節點上對于他節點重複多算幾次而已。

(7)。中途計算如發生差誤時，可立卽看出，凡同行之內如爲不發現正負號者卽屬差誤。極小數之差誤在計算途程中發生時，儘可繼續進行。

(8)。計算之最初目的爲撓角之決定，再由已經決定之撓角用撓角式(1)求出各節點之彎冪，乃得最終之目的。

(9)。查驗計算之正確與否及正確之程度，將可各節點上之彎冪依平衡條件以試驗之。

本法之計算方法如次。

設如第九圖所示之對稱性框架其中節點O之周圍四節點假定爲固定端。如是用固定框架中央點所起之撓角式(卽由（2）式求之)求得 ${}_o\varphi_o$。

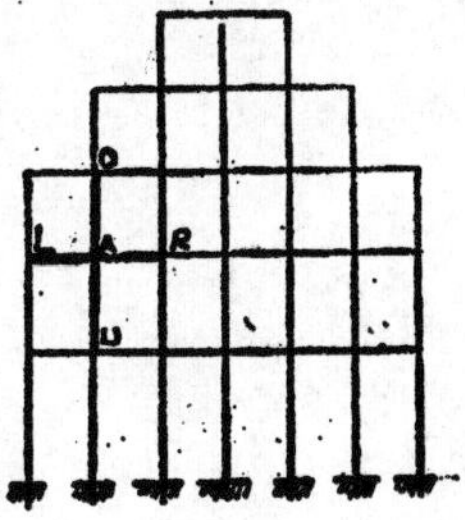

第九圖

卽　　${}_o\varphi_o = P_o / p_o$

同樣以節點R作固定框架之中央點求出 ${}_o\varphi_r \left(= \frac{P_r}{p_r}\right)$.

依次求出L,R,等節點之撓角。如是A節點之四周節點O,U,L,R之撓角皆爲已知卽由次列各式定出。

$$
{}_o\varphi_o = \frac{P_o}{p_o},\quad {}_o\varphi_r = \frac{P_r}{p_r},\quad {}_o\varphi_u = \frac{P_u}{p_u},\quad {}_o\varphi_l = \frac{P_l}{p_l},
$$

此種數值皆爲所負之載重，構造之狀態等之函數。故可直接求出之。

今己知四週各節點O,R,U,L撓角之大，卽用以代入(5)式而得節點A所生之撓角，卽

$$ {}_{1}\varphi_{a} = {}_{0}\varphi_{a} - ({}_{0}\varphi_{o} y_{o} + {}_{0}\varphi_{r} y_{r} + {}_{0}\varphi_{u} y_{u} + {}_{0}\varphi_{l} y_{l}) $$

設若四節點中有一或二或三個節點己經算出其較正確值，例如 ${}_{1}\varphi_{u}$，${}_{1}\varphi_{l}$，則于上式中之 ${}_{0}\varphi_{u}$ ${}_{0}\varphi_{l}$ 逕可代以較正確值計算之，卽

$$ {}_{1}\varphi_{a} = {}_{0}\varphi_{a} - ({}_{0}\varphi_{o} y_{o} + {}_{0}\varphi_{r} y_{r} + {}_{1}\varphi_{u} y_{u} + {}_{1}\varphi_{l} y_{l}). $$

如是則所得之 ${}_{1}\varphi_{a}$ 值愈異。從 ${}_{0}\varphi$ 值算出 ${}_{1}\varphi$，再由 ${}_{1}\varphi$ 值算出 ${}_{2}\varphi$，則撓角之較異值亦愈近，在實用上求至 ${}_{2}\varphi$ 時己極接近。

以上所述之方法，其計算之步驟如次。

(1)。將己知框架中之長度，高度及佈置逐一正確繪出，留其空白處作爲計算草稿之用。

(2)。在各節點處將 $\frac{P}{p}$（$= {}_{0}\varphi$）值分別記上。

(3)。將各材之撓角分配率y值記上，此值卽在各材之兩端(卽各材節點之上下左右)記上。

(4)。計算時可由左側下首開始用(5)式求φ值。

(5)。由以上計算所得之 ${}_{1}\varphi$ 與其他各節點之 ${}_{0}\varphi$，求出其直上節點之 ${}_{1}\varphi$。

(6)。同樣計算其他各節點之φ值。約三四次卽得。

(7)。由各節點上已定得之撓角用(1)式卽可算出各節點上諸彎冪。

第六節　計算例題

本節所示之例題盡將步驟加以說明，故不免冗長，但對于習者可以完全明瞭其方法。學貴致用，故應存之不删。

例題1。求框架橋之節點B，C諸彎冪。(見第十圖之一)

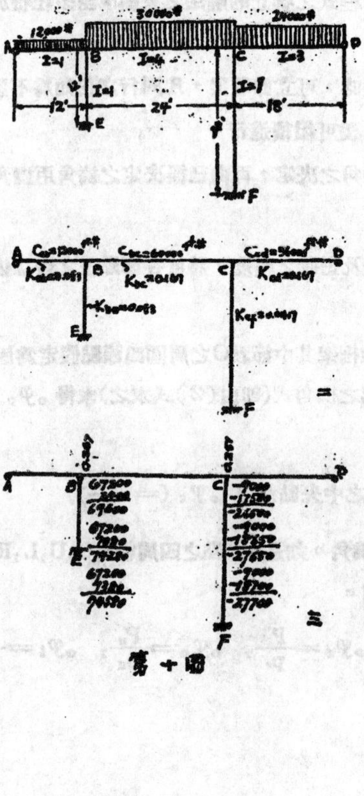

第十圖

23036

(1) 計算之準備。

先就框架之各材之 K值分別求出得($K=\frac{I}{l}$ 及 $\frac{I}{h}$)

$$K_{ab}=\frac{1}{12}=0.833,\qquad K_{bc}=\frac{4}{24}=0.167\quad (免寫單位)$$

$$K_{cd}=\frac{3}{18}=0.167,\quad K_{be}=\frac{1}{12}=0.083\quad K_{cf}=\frac{1}{24}=0.0417$$

其次就載重項求出各材之C值如次

$$C_{bc}=C_{cb}=\frac{wl^2}{12}=\frac{30000\times24}{12}=60,000\text{ft.※}.\ (\because \frac{wl^2}{12}=\frac{wl}{12},\ W=30,000,\ l=24)。$$

$$C_{ba}=C_{ab}=\frac{wl^2}{12}=12,000\text{ft.※}$$

$$C_{cd}=C_{dc}=36,000\text{ft.※}$$

又 $$p_b=2(K_{ab}+K_{bc}+K_{be})=2(0.083+0.167+0.083)=0.666。$$

∴ $$p'_b=p_b-\frac{K_{ab}}{2}=0.666-\frac{0.083}{2}=0.625$$

$$p_c=2(K_{bc}+K_{cd}+K_{cf})=2(0.167+0.167+0.0417)=0.75$$

$$p'_c=p_c-\frac{K_{cd}}{2}=0.75-\frac{0.167}{2}=0.666。$$

A,D兩節點爲鉸構造，故各材之C值如次

$$P'_b=C_{bc}-H_{ba}=C_{bc}-(C_{ba}+\tfrac{1}{2}C_{ab})=60000-(12000+6000)=42000\text{ft.井}$$

$$P'_c=H_{cd}-C_{cb}=(C_{cd}+\tfrac{1}{2}C_{dc})-C_{cb}=(36000+18000)-60000=-6000\text{ft.井}$$

將以上所得之C,K等值寫在各材之左近如第十圖之二所示。此種數字直至求各節點彎冪時尙需應用，在此圖上卽可一索卽得，甚爲便利。

今用計算尺先求 $_0\varphi$,因節點B&C之他端爲鉸構造，故應用 $_0\varphi'$式計算之。卽

$$_0\varphi'_b=\frac{P'_b}{p'_b}=\frac{42000}{0.625}=67200\text{井}/\text{ft}^2$$

$$_0\varphi'_c=\frac{P'_c}{p'_c}=-\frac{6000}{0.666}=-9000\text{井}/\text{ft}^2$$

又撓角分配率，亦因爲有鉸構造，故用r^1 之值，其值如次，

$$y'_{bc}=\frac{K_{bc}}{p'_b}\ \frac{0.167}{0.625}=0.267$$

$$y'_{cb}=\frac{K_{bc}}{p'_c}=\frac{0.167}{0.666}=0.251。$$

各材如AB,CD,BE,CF等之y'值，因其材端有鉸或爲固定故可不必計算。

再將 $_0\varphi'$及y'等值寫入框架中圖，作爲決定撓角之資料如第十圖之三所示。

(2) 圖上計算之順序。

于第十圖之三節點B記上 67200($_0\varphi'_b$),節點C 記上－9000)($_0\varphi'_c$)。BC材之 B 點記上0.267

(y'_{bc})，C點記上0.251(y'_{cb})。以後卽可開始機械式的計算。

先從節點B開始以0.267乘—9000之積換其符號，寫于67200之下。卽 $0.267\times(-9000)=-2400$,換其符號得+2400,在67200下記上而求其和，卽爲求(5)式之 $_1\varphi_b$ 之法。但可不必用算式，逕用機械式的手續在圖上行之而已。

其次卽移至C點將0.251乘以69600而換其符號得—17500，卽在—9000下寫入而求其和得—26500。

依此方法，重覆計算數次卽得。例于B點上將

$0.267\times(-26500)=-7080$ 變其符號與67200求其和爲74280。

又于C點上將

$0.251\times74280=18650$ 變其符號與—9000求其和爲—27,650。

更行重覆求B點上將 $0.267\times(-276500)=-7380$ 變其符號與67200求其和爲74580。

C點上將　　$0.251\times74580=18700$ 變其符號與—9000求其和爲—27700

從以上之結果，可知最後之二約略相同，卽可不必計算矣。

普通用以上之算法計算，大致算至三次所得之結果在實用上並無差池矣。

(3)　節點諸彎冪之計算。

由以上計算得諸 φ 值如次

$$\varphi_b=74580\text{井/ft.}^2 \qquad \varphi_c=-27700\text{井/ft.}^2$$

用此以求各節點之彎冪，其法如次。

于節點B上

$$M_{bc}=K_{bc}(2\varphi_b+\varphi_c)-C_{bc}=0.167[2\times74580+(-27700)]-60000=-39700\text{ft.井}.$$

$$M_{bc}=K_{ab}(2\varphi_b\text{-}½\varphi_b)+C_{ba}+½C_{ab}=0.083\times74580\times1.5+12000+0.5\times12000=27300\text{ft.井}$$

$$M_{be}=K_{ba}(2\varphi_b)=0.083\times2\times74580=12400\text{ft.井}.$$

而　$M_{bc}+M_{ba}+M_{ba}=-39700+27300+12400=0.$

如若所得之結果不能等于零時，爲求更行精確起見再在圖上重行計算一次。

又于節點C上

$$M_{cd}=K_{cd}(2\varphi_c\text{-}½\varphi_c)-(C_{cd}+½C_{dc})=0.167\times1.5\times2\times(-27700)-(36000+½\times36000)=-60900\text{ft.井}$$

同樣求得　$M_{cb}=63200$ft.井

$M_{cf}=-2300$ft.井.

而　$M_{cd}+M_{cb}+M_{cf}=-60900+63200-2300=0.$

可知以上之計算，可謂適宜。

例題2。設一四層三跨度之對稱性框架，其最上層之垂直均佈載重爲0.8W，其他各層爲W之均佈載重。求各節點之彎冪。(見第十一圖之一及二)，

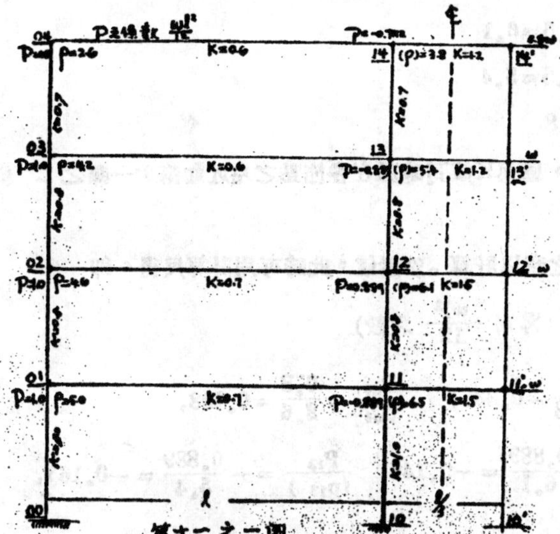

第十一之一圖

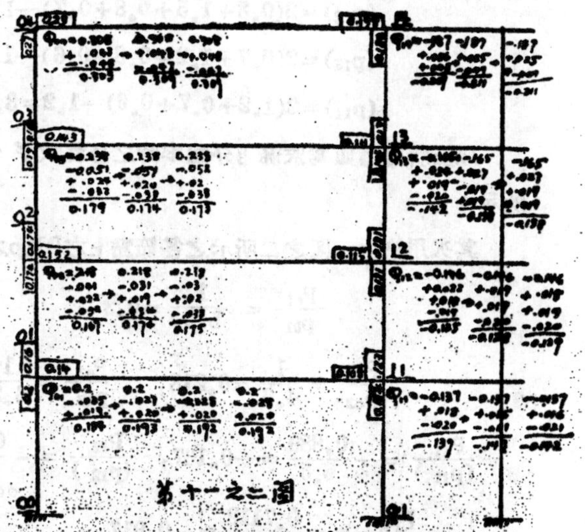

第十一之二圖

〔解〕.(1)先將框架圖按照長度高度用比例尺繪出，尺寸最好大些，以便用其空白地位，作為登入計算數字。凡乘法可用計算尺，加減用心算。

計算應自何點開始，並無一定次序，任何皆可。今設在框架之左下側起向上而進。如第十一圖之一所示。先自節點01起，再向02，03，04，等點而行。再從最下層之節點11，12，13，14，而上。其次可算出各C值，再由各C值而得P，再由P以求 $\frac{P}{p}$ 諸值。

先得 $C_{10\text{-}11}=C_{11\text{-}01}=C_{02\text{-}12}=C_{12\text{-}02}=C_{03\text{-}13}=C_{13\text{-}03}=\dfrac{wl^2}{12}$。

$$C_{04\text{-}14}=C_{14\text{-}04}=\frac{.08wl^2}{12}$$

$$C_{11\text{-}11'}=C_{12\text{-}12'}=C_{13\text{-}13'}=\frac{w\left(\frac{l}{3}\right)^2}{12}=\frac{0.111wl^2}{12}。$$

$$C_{14\text{-}14'}=\frac{0.8w\left(\frac{l}{3}\right)}{12}=\frac{0.0888wl^2}{12}。$$

$$\therefore\quad P_{01}=P_{02}=P_{03}=\frac{wl^2}{12}。$$

$$P_{04}=\frac{0.8wl^2}{12}。$$

$$P_{11}=P_{12}=P_{13}=\frac{(0.111-1.0)wl^2}{12}=\frac{-0.889wl^2}{12}。$$

$$P_{14}=\frac{(0.0888-0.8)wl^2}{12}=-\frac{0.7112wl^2}{12}。$$

再行算出p與(p')諸值如次。

$p_{01}=2(0.8+0.7+1.0)=5$ （免寫單位）

$p_{02}=2(0.8+0.7+0.8)=4.6$

$p_{03}=2(0.6+0.7)=2.6$

$(p_{11})=2(0.8+1.5+1.0+0.7)-1.5=6.5$

$(p_{12})=2(0.8+1.5+0.8+0.7)-1.5=6.1$

$(p_{13})=2(0.7+1.2+0.8+0.6)-1.5=5.4$

$(p_{14})=2(1.2+0.7+0.6)-1.2=3.8$

以上所得諸值爲求撓角分配率時之必要數字。應與K值同時記在各節點之左近如第十一圖之二所示。

其次用第十一圖之二所示之各節點上之P及p之商以計算 $_0\varphi$ 諸值。此時可用計算尺得。即

$$\frac{P_{01}}{p_{01}}=\frac{1}{5.0}=0.2 \quad \text{（累寫 } \frac{wl^2}{12} \text{ 之數）}$$

$$\frac{P_{02}}{p_{02}}=\frac{1}{4.6}=0.218, \quad \frac{P_{03}}{p_{03}}=\frac{1}{4.2}=0.238, \quad \frac{P_{04}}{p_{04}}=\frac{0.8}{2.6}=0.308,$$

$$\frac{P_{11}}{(p_{11})}=-\frac{0.889}{6.5}=-0.137, \quad \frac{P_{12}}{(p_{12})}=-\frac{0.889}{6.1}=-0.146, \quad \frac{P_{13}}{(p_{13})}=-\frac{0.889}{5.4}=-0.165,$$

$$\frac{P_{14}}{(p_{14})}=-\frac{0.7112}{3.8}=-0.817,$$

將以上各值分別計入第十一圖之二之上。

再次將各材之撓角分配率y逐一記上。此值可記在各材之兩端。如第十一圖之二所示。

於節點01上之y值$(y_{01\text{-}02})$，

$$y_o=\frac{K_o}{p_{01}}=\frac{0.8}{5.0}=0.16, \quad y_r=\frac{K_r}{p_{01}}=\frac{0.7}{5.0}=0.14, \quad y_u=\frac{K_u}{p_{01}}=\frac{1.0}{5.0}=0.20$$

于節點02上之y值$(y_{02\text{-}03})$。

$$y_o=\frac{K_o}{p_{02}}=\frac{0.8}{4.6}=0.174, \quad y_r=\frac{K_r}{p_{02}}=\frac{0.7}{4.6}=0.152, \quad y_u=\frac{K_u}{p_{02}}=\frac{0.8}{4.6}=0.174,$$

同樣求出其他各值。

又于節點11上之y值$(y_{11\text{-}12})$，

$$(y_o)=\frac{K_o}{(p_{11})}=\frac{0.8}{6.5}=0.123, \quad (y_u)=\frac{K_u}{(p_{11})}=\frac{1.0}{6.5}=0.154,$$

$$(y_e)=\frac{K_e}{(p_{11})}=\frac{0.7}{6.5}=0.108,$$

但此時不必將(y_r)計算。

分別將y,與(y)之結果在第十一圖之二上。各節點之上下左右記上。

如是已將各節點之撓角所需之基本數值預備清楚，即可開始從最下層之左下節點01出發用 (5) 式計算 $_1\varphi$ 值，在計算該節點之撓角時，可先從節點之上下左右各節點上之撓角 $_0\varphi$ 與其相當之撓

角分配率乘之，並將其結果計入圖上，以便計算，即自節點01起算

$$_1\varphi_{01}={}_0\varphi_{01}-({}_0\varphi_{02}\,y_{01\text{-}02}+{}_0\varphi_{11}\,y_{01\text{-}11})=0.2-[0.218\times0.16+(-0.187)\times0.14]=0.2-0.035+0.019=0.184,$$

以上之計算，可用心算及計算尺算出，將其結果直接記上，即將-0.035，0.019繼列記入而計算之得0.184。不必如現在說明用之繁雜手續。

次向節點02移動而求$_1\varphi_{02}$之值，即

$$_1\varphi_{02}={}_0\varphi_{02}-({}_0\varphi_{03}\,y_{02\text{-}03}+{}_0\varphi_{12}\,y_{02\text{-}12}+{}_1\varphi_{01}\,y_{02\text{-}01})=0.218-[0.238\times0.174+(-0.146)\times0.152+0.184\times0.174]=0.218-0.041+0.022-0.032=0.167$$

此時計算中所用之φ_{01}可用$_1\varphi_{01}$而不用$_0\varphi_{01}$，較為接近。

同樣依次向上求出各節點之撓角，

$_1\varphi_{03}=0.179,\quad {}_1\varphi_{04}=0.303,\quad {}_1\varphi_{11}=-0.139,\quad {}_1\varphi_{12}=-0.125$

$_1\varphi_{13}=-0.142\quad {}_1\varphi_{14}=-0.209$ （見第十一圖之二所示）。

第一度各節點諸撓角，已經算出，即可重覆再算$_2\varphi$諸值。

例如 $$_2\varphi_{01}={}_0\varphi_{01}-({}_1\varphi_{02}y_{01\text{-}02}+{}_1\varphi_{11}y_{01\text{-}11})=0.2-[0.167\times0.16+(-0.139)\times0.14]=0.2-0.027+0.02=0.193.$$

同樣得 $_2\varphi_{02}=0.172,\quad {}_2\varphi_{03}=0.174,\quad {}_2\varphi_{04}=0.309,\quad {}_2\varphi_{11}=-0.143,$

$_2\varphi_{12}=-0.128,\quad {}_2\varphi_{13}=-0.138\quad {}_2\varphi_{14}=-0.211,$

如逕用第二度計算所得各節點諸撓角以求各節點之彎冪，在實用上可無大差。

如為更求精確，可再算$_3\varphi$，其結果如次

$_3\varphi_{01}=0.192,\quad {}_3\varphi_{02}=0.175,\quad {}_3\varphi_{03}=0.173\quad {}_3\varphi_{04}=0.309$

$_3\varphi_{11}=-0.142,\quad {}_3\varphi_{12}=-0.129,\quad {}_3\varphi_{13}=-0.138,\quad {}_3\varphi_{14}=-0.211,$

以上所述之$_1\varphi$，$_2\varphi$，等值之計算皆可用心算算出。可常將撓角分配率先置于計算尺上然後將該材材端之撓角乘之較為便利。而其順序則先以上材，右材，下材而至左材依一定之規則進行之。此種圖上計計算法可參觀第十一圖之二所示。

撓角既經決定，則代入習知之算式

$$M_{ab}=K_{ab}(2\varphi_a+\varphi_b)\pm C_{ab}$$

以求各節點諸彎冪。此地省去不講。

例題3. 求四等跨度連續梁諸支點之彎冪。（見第十二圖之一及二）。

之一

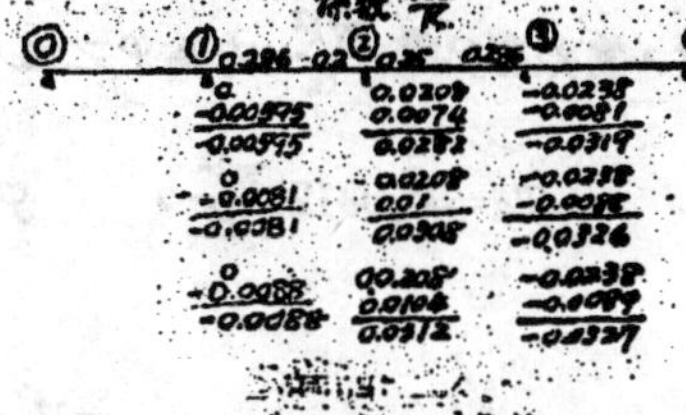

第十二圖之二

23041

如連續梁之跨度相等，斷面及其二次冪(Second moment)等亦假定相等則

$$p_1=p_2=p_3=2(K+K)=4K.$$

$$p_1'=p_1-\frac{K}{2}=4K-0.5K=3.5K.$$

$$p_3'=p_3-\frac{K}{2}=4K-0.5K=3.5K.$$

又載重在2—3之跨度上。故C值如次

$$C_{23}=C_{32}=\frac{wl^2}{12}$$

隨而 $P_2=C_{23}=\frac{wl^2}{12}$， $P_3'=-C_{32}=-\frac{wl^2}{12}$， $P^1=O$

$${}_0\varphi_1'=\frac{P_1'}{p_1}=O,\quad {}_0\varphi_2'=\frac{P^2}{p^2}=\frac{wl^2}{48K}=0.0208\frac{wl^2}{K},$$

$${}_0\varphi_3'=\frac{P_3'}{p'}=\frac{-wl^2}{42K}=-0.0238\frac{wl^2}{K}。$$

又撓角分配率

$$y'_{1\cdot2}=\frac{K}{p_1'}=\frac{1}{3.5}=0.2861,\qquad y^1_{2\cdot1}=y_{2\cdot3}=\frac{K}{p_2}=\frac{1}{4}=0.25。$$

$$y'_{3\cdot2}=\frac{K}{3.5K}=0.286,$$

將以上所得之${}_0y$及y諸值載入連續梁圖之上，以備計算撓角之用。(見第十二圖之二)。支點1上之${}_1\varphi_1$計算方法如下(使用計算尺，免寫$\frac{wl^2}{K}$僅寫其係數)

$$0-0.286\times0.0208=-0.00595.$$

支點2上之 ${}_1\varphi_2=0.0208-0.25\times(-0.00595)-0.25\times(-0.0208)=0.0208+0.25$

$(0.00595+0.0238)=0.0208+0.0074=0.0282.$

同樣得支點3上之 ${}_1\varphi_3=-0.0238-0.286\times0.0282=-0.0238-0.0081=-0.0319.$

再還至支點1得 ${}_2\varphi_1=0-0.286\times0.0282=0-0.0081=-0.0061.$

再還至支點2得 ${}_2\varphi_2=0.0208-0.25(-0.0081-0.0319)=0.0208+0.01=0.0308.$

同樣至支點3得 ${}_2\varphi_3=-0.0238-0.286\times0.0308=-0.0238-0.0088=-0.0326.$

如法泡製得 ${}_3\varphi_1=0.0088$， ${}_3\varphi_2=0.0312$， ${}_3\varphi_3=-0.0327.$

以上計算之結果，乃為一係數，實際應另乘$\frac{wl^2}{K}$方為φ之值。即

$$\varphi_1=-0.0088\frac{wl^2}{K},\quad \varphi_2=0.0312\frac{wl^2}{K},\quad \varphi_3=-0.0327\frac{wl^2}{K}。$$

其次可求各支點之彎冪。

在支點1上 $M_{1\cdot0}=K(2\varphi_1-\frac{1}{2}\varphi_1)=1.5K(-0.0088\frac{wl^2}{K})=-0.013wl^2$

23042

$$M_{1\text{-}2}=K(2\varphi_1+\varphi_2)=K\left\{2\left(-0.0088\frac{wl^2}{K}\right)+0.0312\frac{wl^2}{K}\right\}=0.013wl^2$$

在支點2上 $$M_{2\text{-}1}=K(2\varphi_2+\varphi_1)=K\left\{2\left(0.0312\frac{wl^2}{K}-0.0088\frac{wl^2}{K}\right\}=0.054wl^2$$

$$M_{3\text{-}2}=K(2\varphi_2+\varphi_3)-C_{23}=K\left\{2\left(0.0312\frac{wl^2}{K}-0.0327\frac{wl^2}{K}\right\}-\frac{wl^2}{12}=\right.$$

$$0.054wl^2$$

在支點3上 $$M_{3\text{-}2}=K(2\varphi_3+\varphi_2)+C_{32}=K\left\{2\left(-0.0327\frac{wl_2}{K}+0.0312\frac{wl^2}{K}\right\}+\frac{wl^2}{12}=\right.$$

$$-0.049wl^2$$

$$M_{3\text{-}4}=K(2\varphi_3-\tfrac{1}{2}\varphi_3)=1.5K\left(-0.0327\frac{wl^2}{K}\right)=-0.049wl^2$$

以上計算之結果，再加以檢查是否平衡，結果

$$\Sigma M^1=-0.013wl^2+0.013wl^2=0$$

$$\Sigma M^2=0.054wl^2-0.054wl^2=0$$

$$\Sigma M^3=0.049wl^2-0.049wl^2=0$$

可稱滿足。

工程估價

附全部建築估價表

（二十二續）

杜彥耿

本書以前所估算者，均為單項，即每一節內專論一種材料之價格是。玆復將全部建築物之造價，估出如下：

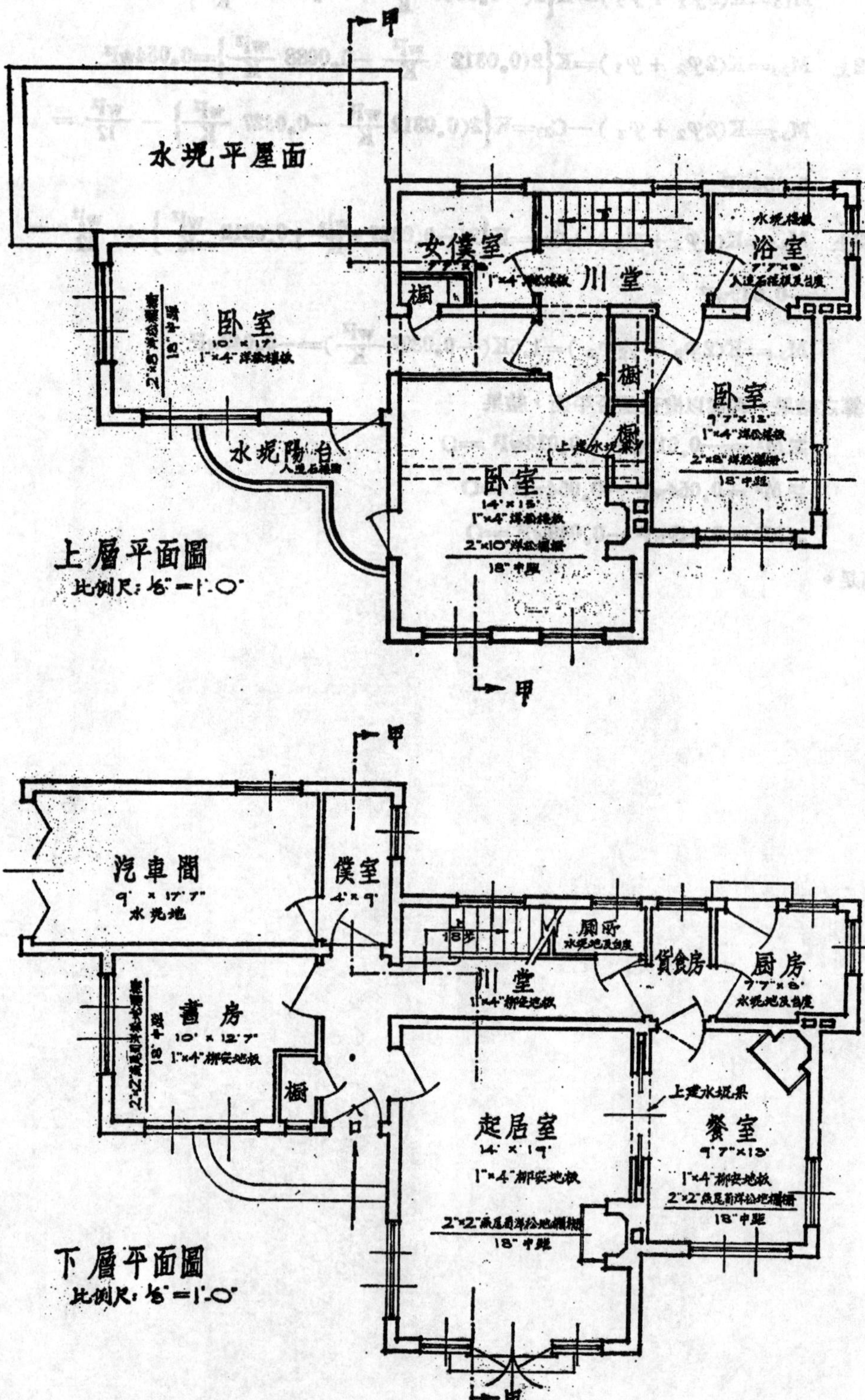

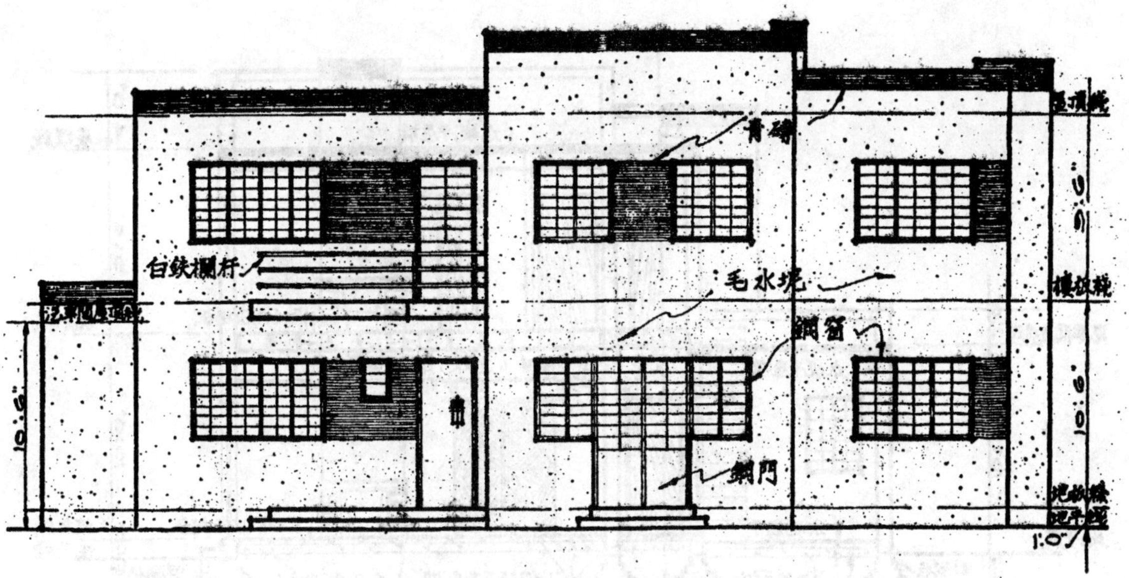

前面立面圖

比例尺：1/8" = 1'-0"

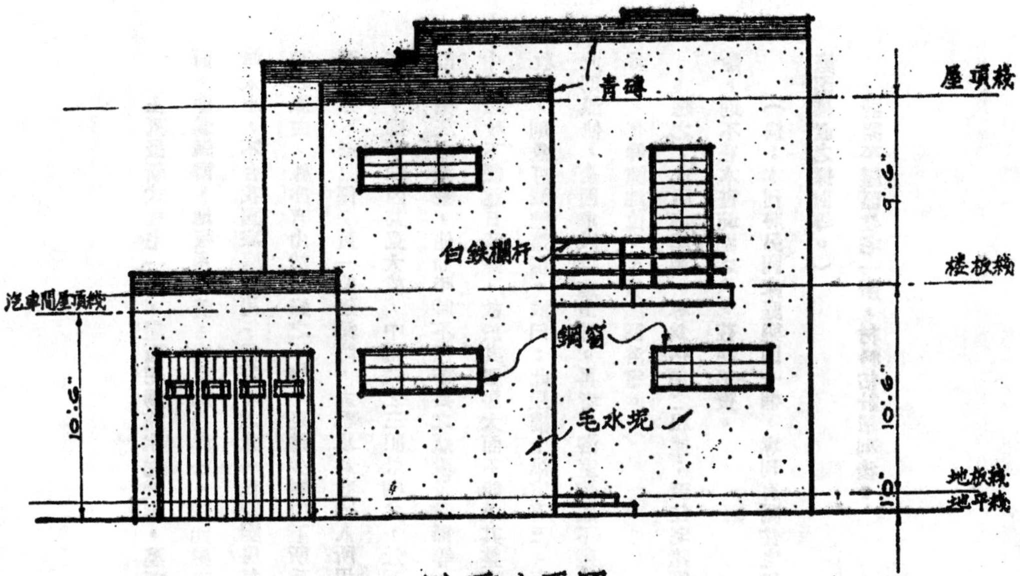

側面立面圖

比例尺：1/8" = 1'-0"

23045

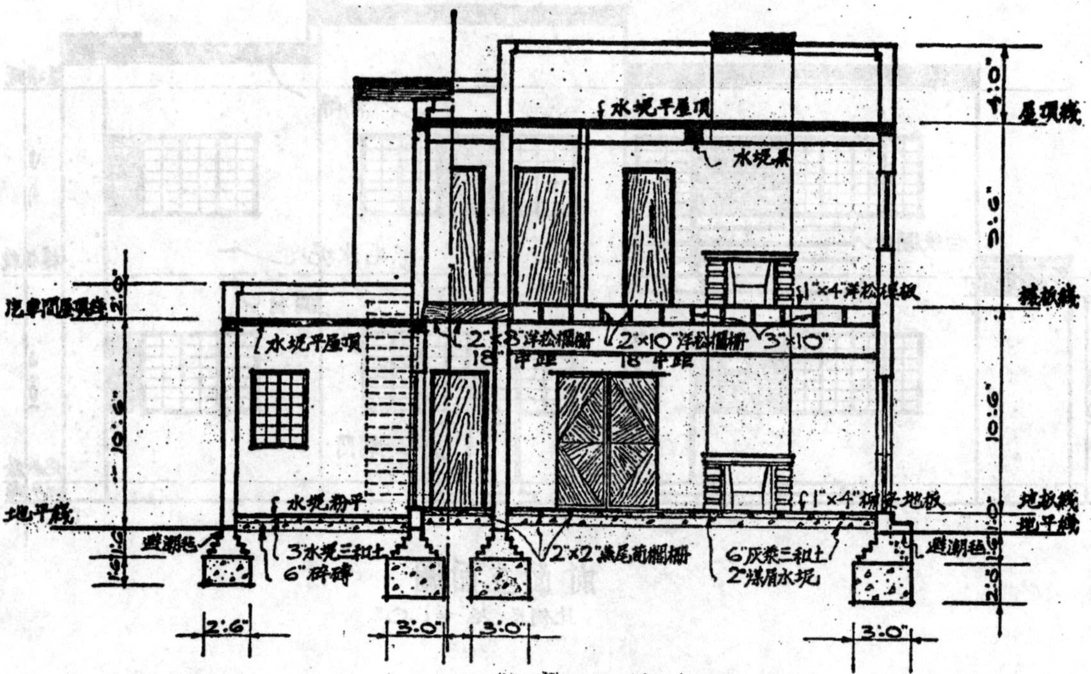

剖面圖 甲—甲

比例尺：1/8"=1'0"

上列最新式住宅一所，屋面用鋼筋水泥澆製，裏部之門，均係平面，窗爲鋼窗，地板用柳安，樓板則用洋松。按此屋之設計，廚房如嫌太小，不合我國家庭需用；但著者之意，我國廚房每不整潔，其不潔之原由，雖亦有由於主婦之不勤，足跡少履廚下所致，然於設計方面，亦不無關係；蓋一般建築師，大都以爲我國人所用之廚房，必尙寬大；殊不知因其寬大故，中國式之三眼灶砌矣，灶下之柴草，遂爲散佈垢灰之淵藪，他如平時不甚需要之瓶甏及畚箒等，均錯雜堆置廚中，以致不便逐日清除。故於其廚房大而不能求其整潔，不如將面積收縮，則兼可減輕造價。或曰：此屋樓上臥室有三，而浴室祗一間；此則無他，全因求減低造價耳。再者，浴室倘感不敷，則汽車間平屋面上，有餘隙地位，可資添闢浴室。

總之，此圖之繪製，專爲估價之根據；至住宅建築設計之專門討論，則不在本書範圍之內，玆姑不贅。

（按：本刊將另闢家庭樂園一欄，專刊有關住宅建築之改善，及庭園佈置之探討等。）

計開平屋面住宅一所，材料估計單列後：

材料估計單

住宅

註［估價分二種手續，先將材料估出，然
後加註價格總數，由此可知造價。］

條項	名稱	地位	說明	尺寸			數量	合計			總計		
				濶	高或厚	長							
1	灰漿三和土	底脚	外牆及腰牆下	3'0"	2'0"	194'0"	1	11	6	4			
2	,, ,,	,, ,,	汽車間外牆下	2'6"	1'6"	40'0"	1	1	5	0			
3	,, ,,	,, ,,	五寸分間牆下	2'0"	1'0"	48'0"	1		9	6			
4	,, ,,	滿堂	地板下	44'0"	6"	28'0"	1	6	1	6			
5	,, ,,	底脚	火坑下	2'0"	2'0"	10'0"	1		4	0	20	6	6
6	十五寸大方脚	牆脚	外牆及腰牆下青磚灰沙砌		2'6"	196'0"	1	4	9	0			
7	,, ,,	,, ,,	汽車間外牆青磚灰沙砌		1'6"	40'0"	1		6	0			
8	十寸大方脚	,, ,,	五寸分間牆下,, ,,		1'6"	48'0"	1		7	2			
9	十寸牆	牆身	外牆及腰牆,, ,,		20'0"	194'0"	1	38	8	0			
10	,, ,,	,, ,,	汽車間,, ,,		10'6"	40'0"	1	4	2	0	49	2	2
11	下層五寸牆	入口廚貨房	青磚水泥砌		10'6"	30'0"	1	3	1	5			
12	,, ,,	汽車間	,, ,,		10'0"	9'0"	1		9	0			
13	,, ,,	扶梯下			6'0"	16'0"	1		9	6			
14	十寸壓簷牆	前面正中	青磚水泥砌		4'0"	42'0"	1	1	6	8			
15	,, ,,	前右及後	,, ,,		2'0"	70'0"	1	1	4	0			
16	,, ,,	前左及後	,, ,,		1'3"	44'0"	1	5	5	0			
17	,, ,,	汽車間	,, ,,		2'0"	46'0"	1		9	2	14	5	1
18	五寸板牆	上層	二寸四寸板牆筋雙面鋼絲網		9'0"	77'0"	1	6	9	3	6	9	3
19	地板	起居室	二寸方擱柵一寸 四寸柳安企口板	19'0"		14'0"	1	2	6	6			
20	,, ,,	餐室	,, ,,	13'0"		9'6"	1	1	2	3			
21	,, ,,	書房	,, ,,	10'0"		12'6"	1	1	2	5			
22	,, ,,	川堂	,, ,,	15'0"		3'6"	1		5	2			
23	,, ,,	入口	,, ,,	10'0"		4'0"	1		4	0	6	0	6
24	水泥地	廚房貨房	二寸水泥上加細砂粉光	12'0"		7'6"	1		9	0			
25	,, ,,	廁所	,, ,,	5'6"		3'0"	1		1	6	1	0	6
26	,, ,,	汽車間	三寸水泥上加細砂粉光	22'0"		9'0"	1	1	9	8			
27	,, ,,	大門口	,, ,,	12'0"		2'0"	1		2	4	2	2	2
28	水泥踏步	,, ,,		1'0"	6"	14'0"	2		1	4			
29	水泥擋檻	汽車間		1'0"	6"	9'0"	1			5		1	9
30	樓板	中臥室	二寸十寸擱柵一寸 四寸洋松企口板	14'0"		15'0"	1	2	1	0	2	1	0
31	,, ,,	右臥室	二寸八寸擱柵一寸 四寸洋松口企板	9'6"		13'0"	1	1	4	1			
32	,, ,,	左臥室	,, ,,	10'0"		17'0"	1	1	7	0			
33	,, ,,	女僕室	,, ,,	7'6"		8'0"	1		6	0			
34	,, ,,	外川堂	,, ,,	3'6"		10'0"	1		3	5			
35	,, ,,	裏川堂	,, ,,	3'6"		12'6"	1		4	4	4	5	0
36	人造石地	浴室	白水泥白石子	7'6"		8'0"	1		6	0			
37	,, ,,	陽台	青水泥白石子連 四寸厚鋼筋水泥	4'0"		16'0"	1		5	4		5	4

材料估計單

（二）

條項	名稱	地位	說明	尺寸 闊	高或厚	長	數量	合計			總計		
38	平屋面	右半	鋼筋水泥連大料統算五寸	25'0"	5"	24'0"	1	2	5	0			
39	,, ,,	左半		21'0"	5"	20'0"	1	1	7	5			
40	大料	中臥室上		1'0"	1'0"	15'0"	1		1	5			
41	過梁	起居與餐室間	鋼筋水泥	10"	1'0"	10'0"	1			8			
42	,, ,,	起居室正面	,, ,,	10"	1'0"	12'0"	1		1	0			
43	,, ,,	起居室左	鋼筋水泥(在起居室左邊窗上)	10"	8"	8'0"	1			5			
44	,, ,,	餐室正面及右邊		10"	8"	14'0"	1			8			
45	,, ,,	書房正面及左邊		10"	10'	20'0"	1		1	4			
46	,, ,,	汽車間門上		10"	10"	10'0"	1			7			
47	,, ,,	後面		10"	8"	4'6"	12		3	0			
48	,, ,,	各處門上		10"	8"	4'0"	11		2	5			
49	,, ,,	,, ,,		5"	8"	4'0"	5			5			
50	,, ,,	中臥室		10"	8"	5'0"	2			6			
51	,, ,,	右臥室		10"	8"	14'0"	1			8			
52	,, ,,	左臥室		10"	8"	15'0"	1			8	5	7	4
53	外粉刷	外牆	黃砂水泥打底面上粉光		21'0"	124'0"	1	26	0	4			
54	,, ,,	汽車間外牆	,, ,,		11'6"	40'0"	1	4	6	0			
55	,, ,,	壓簷牆	,, ,,		3'0"	42'0"	1	1	2	6			
56	,, ,,	,, ,,	,, ,,		1'0"	68'0"	1		6	8	32	5	8
57	裏粉刷	起居室	柴泥水沙		9'6"	66'0"	1	6	2	7			
58	,, ,,	餐室	,, ,,		9'6"	45'0"	1	4	2	7			
59	,, ,,	書房	,, ,,		9'6"	45'0"	1	4	2	7			
60	,, ,,	川堂	,, ,,		9'6"	32'0"	1	3	0	4			
61	,, ,,	入口	,, ,,		9'6"	28'0"	1	2	6	6			
62	,, ,,	伙食房	,, ,,		10'0"	21'0"	1	2	1	0			
63	,, ,,	廚房	,, ,,		5'0"	30'0"	1	1	5	0			
64	,, ,,	廁所	,, ,,		5'0"	16'0"	1		8	0			
65	,, ,,	中臥室	,, ,,		9'0"	58'0"	1	5	2	2			
66	,, ,,	右臥室	,, ,,		9'0"	44'6"	1	4	0	0			
67	,, ,,	左臥室	,, ,,		9'0"	54'6"	1	4	8	6			
68	,, ,,	外川堂	,, ,,		9'0"	28'0"	1	2	5	2			
69	,, ,,	裏川堂	,, ,,		9'0"	32'0"	1	2	8	8			
70	,, ,,	女僕室	,, ,,		9'0"	31'0"	1	2	7	9			
71	,, ,,	樹	,, ,,		9'0"	36'0"	1	3	2	4			
72	,, ,,	浴室	,, ,,		5'0"	31'0"	1	1	5	5			
73	,, ,,	扶梯衖	,, ,,		18'0"	26'0"	1	4	6	8	56	6	5
74	平頂	下層	在擱柵底釘板條粉紙筋灰					6	3	7	6	3	7
75	,, ,,	上下層	在水泥樓板底粉紙筋灰					10	0	3	10	0	3

材料估計單

（三）

條項	名稱	地位	說明	尺寸 闊	高或厚	長	數量	合計			總計		
76	裱粉刷	汽車間	紙筋石灰		4'0"	53'0"	1	2	1	2			
77	,, ,,	僕室	,, ,,		9'0"	26'0"	1	2	3	4	4	4	6
78	台度	廚房	黃砂水泥粉一寸厚		5'0"	31'0"	1	1	5	5			
79	,, ,,	廁 ,	,, ,,		4'0"	17'0"	1		6	8			
80	,, ,,	汽車間	,, ,,		5'0"	53'0"	1	2	6	5	4	8	8
81	,, ,,	浴室	白水泥白石子人造石		5'0"	31'0"	1	1	5	5	1	5	5
82	大門		用柳安裝彈簧鎖					1					
83	單扇洋門		用洋松裝插鎖					14					
84	櫥門		用洋松裝櫥門鎖					4					
85	後門		用柳安					1					
86	汽車門		用柳安四扇摺叠					1					
87	雙扇摚門	起居與餐室中	用洋松克羅米拉手及紙柏筋蓋					1					
88	雙扇鋼門		計三十七方尺半					1					
89	單扇鋼門		每堂計二十一方尺					2					
90	鋼窗		計二十五堂					374'					
91	火斗	起居及臥室	水泥假石火斗連鐵欄					2					
92	踢脚板	各室內	用洋松		6"			437'					
93	畫鏡線		,, ,,		2"			437'					
94	扶梯		計十八步	3'0"	-			1					
95	擱柵板		用洋松	1'6"	1"	2'0"		12					
96	陽台欄杆	上層正面	用二寸白鐵圓管			19'0"		3					
97	落水管子	外面	用二十四號白鐵		20'0"			5					
98	,, ,,	,, ,,	,, ,,		10'0"			1					
99	明溝	沿外牆脚		10"				14	5	0			
100	十三號							6					
101	壓頂		屋頂壓簷牆上水泥壓頂	1'0"	4"	145'0"	1		4	8			
102	踏步	起居室外		1'0"	6"	8'0"	1			4			
103	,, ,,	後門口		1'0"	6"	5'0"	1			3			
104	窗盤	外皮窗下		1'0"	4"	104'0"	1		3	5		9	0

（待續）

磚 瓦

△大中磚瓦公司出品

名稱	大小	價格	備註
空心磚	十二寸方十寸六孔	每千洋二百三十元	
空心磚	十二寸方九寸六孔	每千洋二百十元	
空心磚	十二寸方八寸六孔	每千洋一百八十元	
空心磚	十二寸方六寸六孔	每千洋一百三十五元	
空心磚	十二寸方四寸四孔	每千洋九十二元	
空心磚	十二寸方三寸三孔	每千洋七十二元	
空心磚	九寸二分方六寸六孔	每千洋七十二元	
空心磚	九寸二分方四寸半三孔	每千洋五十五元	
空心磚	九寸二分方三寸三孔	每千洋四十五元	
空心磚	四寸半方九寸二分四孔	每千洋三十五元	
空心磚	九寸二分四寸半三寸二孔	每千洋二十二元	
空心磚	九寸二分・四寸半・三寸半・二孔	每千洋廿一元	
空心磚	九寸二分・四寸半・二寸・二孔	每千洋廿元	
八角式樓板空心磚	十二寸方八寸四孔	每千洋二百元	
八角式樓板空心磚	十二寸方六寸三孔	每千洋一百五十元	
八角式樓板空心磚	十二寸方四寸三孔	每千洋一百元	
深綫毛縫空心磚	十二寸方十寸六孔	每千洋二百五十元	
深綫毛縫空心磚	十二寸方八寸半六孔	每千洋二百十元	
深綫毛縫空心磚	十二寸方八寸六孔	每千洋二百元	
深綫毛縫空心磚	十二寸方六寸六孔	每千洋一百五十元	
深綫毛縫空心磚	十二寸方四寸四孔	每千洋一百元	
深綫毛縫空心磚	十二寸方三寸三孔	每千洋八十元	
深綫毛縫空心磚	九寸三分方四寸半三孔	每千洋六十元	
實心磚	九寸四寸三分二寸半紅磚	每萬洋一百四十元	
實心磚	八寸半四寸一分二寸半紅磚	每萬洋一百三十二元	
實心磚	十寸・五寸・二寸紅磚	每萬洋一百二十七元	
實心磚	九寸四寸三分二寸紅磚	每萬洋一百〇六元	
實心磚	九寸四寸三分二寸三分紅磚	每萬洋一百廿元	
實心磚	九寸四寸三分二寸二分拉縫紅磚	每萬洋一百八十元	以上統係外力
一號紅平瓦		每千洋六十五元	
二號紅平瓦		每千洋六十元	
三號紅平瓦		每千洋五十元	
一號青平瓦		每千洋七〇元	
二號青平瓦		每千洋六十五元	
三號青平瓦		每千洋五十五元	
西班牙式紅瓦		每千洋五十元	
西班牙式青瓦		每千洋五十三元	
英國式灣瓦		每千洋四十元	
古式元筒青瓦		每千洋六十五元	以上統係連力

鋼 條

名稱	大小	價格	備註
鋼條	四十尺二分光圓	每噸一一八元	德國或比國貨

名稱	大小	價格	備註
鋼條	四十尺二分半光圓	每噸一一八元	仝前
鋼條	四十尺三分光圓	每噸一一八元	仝前
鋼條	四十尺三分圓竹節	每噸一一六元	仝前
鋼條	四十尺普通花色	每噸一〇七元	自四分至一寸方或圓
鋼條	盤圓絲	每市擔四元六角	

水泥

名稱	數量	價格
象牌	每桶	洋六元三角
泰山	每桶	洋六元二角五分
馬牌	每桶	洋六元二角
英國"Atlas"	每桶	洋三十二元
法國麒麟牌白水泥	每桶	洋二十八元
意國紅獅牌白水泥	每桶	洋二十七元

木材

▲上海市木材業同業公會公議價目

名稱	標記	價格	備註
洋松	八尺至卅二尺再長照加	每千尺洋七十八元	下列木材價目以普通貨為準揀貨及特種鋸貨另定價目
一寸洋松		每千尺洋八十元	
寸半洋松		每千尺洋八十一元	
洋松二寸光板		每千尺洋六十四元	
四尺洋松條子		每萬根洋一百四十五元	
一寸四寸洋松一號企口板		每千尺洋九十元	
一寸四寸洋松副頭號企口板		每千尺洋八十元	
一寸四寸洋松二號企口板		每千尺洋七十元	
一寸六寸洋松一號企口板		每千尺洋九十八元	
一寸六寸洋松副頭號企口板		每千尺洋八十五元	
一寸六寸洋松二號企口板		每千尺洋七十五元	
一二五四寸一號洋松企口板		每千尺洋一百三十元	
一二五四寸二號洋松企口板		每千尺洋九十元	
一二五六寸一號洋松企口板		每千尺洋一百四十元	
一二五六寸二號洋松企口板		每千尺洋九十五元	
柚木(頭號)	僧帽牌	每千尺洋五百元	
柚木(甲種)	龍牌	每千尺洋四百二十元	
柚木(乙種)	龍牌	每千尺洋四百元	
柚木段	龍牌	無市	
柚木	旗牌	每千尺洋四百元	
柚木	盾牌	每千尺洋三百六十元	
硬木		每千尺洋一百五十元	
硬木	火介方	每千尺洋一百四十元	
柳安		每千尺洋一百六十五元	
紅板		每千尺洋一百十五元	
抄板		每千尺洋一百四十元	
一二尺三寸六八皖松		每千尺洋六十元	
一二尺二寸皖松		每千尺洋六十元	
一二五四寸柳安企口板		每千尺洋一百八十元	

23051

名稱標記	價格	備註
一寸六寸柳安企口板	每千尺洋一百八十元	
一二五四寸企口紅板	每千尺洋一百四十元	
建松片	市尺每千尺洋六十元	
九尺四分建松板	市尺每丈洋四元二角	
九尺八分建松板	市尺每丈洋七元五角	
六尺半五分青山板	市尺每丈洋四元	
本松毛板	市尺每塊二角四分	
本松企口板	市尺每塊洋二角六分	
六尺半二分杭松板	市尺每丈洋二元	
七尺半二分甌松板	市尺每丈洋二元	
六尺半八分皖松板	市尺每丈洋四元四角	
九尺八分皖松板	市尺每丈洋五元三角	
六尺半五分皖松板	市尺每丈洋四元二角	
台松板	市尺每丈洋四元	
七尺半四分坦戶板	市尺每丈洋三元六角	
七尺半三分坦戶板	市尺每丈洋三元二角	
六尺二分機鋸紅柳板	市尺每丈洋三元三角	
六尺三分毛邊紅柳板	市尺每丈洋三元三角	
六尺二分俄松板	市尺每丈洋三元五角	

名稱標記	價格	備註
六尺半二分俄松板	市尺每丈洋三元	
七尺半毛邊二分坦戶板	市尺每丈洋三元一角	
六尺半五分機介杭松	市尺每丈洋四元六角	
六分一寸俄紅松板	每千尺洋七十八元	
六分一寸俄白松板	每千尺洋七十六元	
一寸二分四寸俄紅松板	每千尺洋七十四元	
一寸二分四寸俄白松板	每千尺洋七十二元	
俄紅松方	每千尺洋一百十五元	
一寸四寸俄白松企口板	每千尺洋七十九元	
一寸六寸俄紅松企口板	每千尺洋七十九元	
俄麻栗方	每千洋一百三十元	
俄啞克方	每千洋一百三十元	
六分一寸俄黃花松板	每千尺洋七十八元	
一寸二分四分俄黃花松板	每千尺洋七十四元	
四尺俄條子板	每萬根洋一百三十元	
一寸五分杭桶木	每根洋三角	以下市尺
一寸九分杭桶木	每根洋四角	
二寸三分杭桶木	每根洋五角七分	
二寸七分杭桶木	每根洋六角七分	
三寸杭桶木	每根洋八角	
三寸四分杭	每根洋九角五分	

名稱	標記	價格	備註
三寸八分杭桶木		每根洋一元一角五分	
二寸三分連牢		每根洋六角八分	
二寸七分連牢		每根洋八角三分	
三寸連牢		每根洋一元	
三寸四分連牢		每根洋一元二角	
三寸八分連牢		每根洋一元四角五分	
二寸三分雙連		每根洋八角五分	
二寸七分雙連		每根洋一元二角五分	
三寸雙連		每根洋一元二角五分	
三寸四分雙連		每根洋一元五角	
三寸八分雙連		每根洋一元八角	
三尺半寸半杉木條子		每萬 大洋八十五元 小洋五十五元	

五 金

(一)鐵皮

號數	張數	重量	價格
二二號英白鐵	每箱二一張	四二〇斤	洋五十八元八角
二四號英白鐵	每箱二五張	四二〇斤	洋五十八元八角
二六號英白鐵	每箱三三張	四二〇斤	洋六十三元
二八號英白鐵	每箱三八張	四二〇斤	洋六十七元二角
二二號英瓦鐵	每箱二一張	四二〇斤	洋六十九元三角
二四號英瓦鐵	每箱二五張	四二〇斤	洋六十九元三角
二六號英瓦鐵	每箱三三張	四二〇斤	洋六十三元
二八號英瓦鐵	每箱三八張	四二〇斤	洋六十七元二角

(二)釘

名稱	標記	價格	備註
美方釘		每桶洋十六元〇九分	
平頭釘		每桶洋十六元八角	
中國貨元釘		每桶洋六元五角	

(三)牛毛毡

五方紙牛毛毡		每捲洋二元八角	
牢號牛毛毡	馬牌	每捲洋二元八角	
一號牛毛毡		每捲洋三元九角	
二號牛毛毡	馬牌	每捲洋五元一角	
三號牛毛毡	馬牌	每捲洋七元	

(四)門鎖

洋門套鎖	中國鎖廠出品 黃銅或古銅式	每打洋十六元	
洋門套鎖	德國或美國貨	每打洋十八元	
彈弓門鎖	中國鎖廠出品	每打洋三十元	
彈弓門鎖	外貨	每打洋五十元	
彈子門鎖	三寸七分古銅色	每打洋四十元	以下合作五金公司出品
彈子門鎖	三寸七分黑色	每打洋三十八元	
明螺絲彈子門鎖	三寸五分古黑色	每打洋三十三元	
明螺絲彈子門鎖	三寸五分黑色	每打洋三十二元	
執手插鎖	六寸六分(金色)	每打洋二十六元	
執手插鎖	古銅色	每打洋二十六元	
執手插鎖	克羅米	每打洋三十三元	
彈弓門鎖	三寸黑色	每打洋十元	
彈弓門鎖	三寸古銅色	每打洋十元	
迴紋花板插鎖	四寸五分金色	每打洋二十五元	
迴紋花板插鎖	四寸五分黃古色	每打洋二十五元	
迴紋花板插鎖	四寸五分古銅色	每打洋二十五元	
細花板插鎖	六寸四分金色	每打洋十八元	
細花板插鎖	六寸四分黃古色	每打洋十八元	

名稱	標記	價格	備註
細花板插鎖	六寸四分古銅色	每打洋十八元	
鐵質細花板插鎖	六寸四分古色	每打洋十五元五角	
瓷執手插鎖	三寸四分(各色)	每打洋十五元	
瓷執手粗式插鎖	三寸四分(各色)	每打洋十五元	

(五)其他

名稱	標記	價格	備註
鋼絲網	22"×96" 2¼lb.	每方洋四元	德國或美國貨
鋼版網	8"×12" 六分一寸半眼	每張洋卅四元	
水落鐵	六分	每千尺五十五元	每根長二十尺
牆角線		每千尺九十五元	每根長十二尺
踏步鐵		每千尺五十五元	每根長十尺或十二尺
鉛絲布		每捲二十三元	闊三尺長一百尺
綠鉛紗		每捲洋十七元	同上
銅絲布		每捲四十元	同上

廢物利用

垃圾可製建築材料

德國柏林消息：該處有人發明利用垃圾以製造建築材料；其法將平常各種垃圾，經特別製煉，造成堅韌之纖維，用以製造牆磚地板等，其質堅固，而富於彈性；既不傳電，復不易燃燒，故極合建築之用云。

中華郵政特准掛號認爲新聞紙類

建築月刊
THE BUILDER

內政部登記證警字第二五五四號

第三卷第三號

民國二十四年三月發行

定價

每月一冊 全年十二冊

訂閱辦法	價目	郵費 本埠	郵費 外埠及日本	郵費 香港澳門	郵費 國外
零售	五角	二分	五分	一角八分	三角
預定全年	五元	二角四分	六角	二元一角六分	三元六角

刊務委員會	竺泉通 江長庚 陳松齡
主編	杜彥耿
廣告	藍克生 (A. O. Lacson)
發行	上海市建築協會 南京路大陸商場六二〇號 電話九二〇〇九
印刷	新光印書館 上海聖母院路聖達里三一號 電話七四六三五

廣告刊例
Advertising Rates Per Issue

地位 Position	全面 Full Page	半面 Half Page	四分之一 One Quarter
底封面外面 Outside back cover.	七十五元 $75.00		
封面及底面之裏面 Inside front & back cover	六十元 $60.00	三十五元 $35.00	
封面裏面及底面裏面之對面 Opposite of inside front & back cover.	五十元 $50.00	三十元 $30.00	
普通地位 Ordinary page	四十五元 $45.00	三十元 $30.00	二十元 $20.00

小廣告 每期每格 一寸高 三寸半闊 洋四元

Classified Advertisements - $4.00 per column

廣告概用白紙黑墨印刷，倘須彩色，價目另議；鑄版彫刻，費用另加。

Designs, blocks to be charged extra.
Advertisements inserted in two or more colors to be charged extra.

新仁記營造廠

總賬房
愛文義路一四二三號
電話三〇五三一

事務所
江西路一七〇號二樓二五八號
電話一〇八八九

本廠承造工程之一斑

沙遜大樓 南京路
漢彌爾登大廈 江西路
都城飯店 江西路

二十層百老匯大廈 本廠最近承造工程之一

Broadway Mansions

Sin Jin Kee & Company

Head office: 1423 Avenue Road Tel. 30531

Town office: Hamilton House
Room No. 258 Tel.10889
170 Kiangse Road

23058

Hong Name "Mei Woo"

Brunswick-Balke-Collender Co.
Bowling Alleys & Billiard Tables
Certain-Teed Products Corporation
Roofing & Wallboard
The Celotex Company
Insulating & Accoustic Board
California Stucco Products Co.
Interior & Exterior Stucco
E. I. Du Pont De Nemours & Co., Inc.
Duco, Dulux Paints
Insulite Products Company
Insulite Mastic Flooring
L'Invulnerabile
Rolling Door
Mundet & Company, Ltd.
Cork Insulation & Cork Tile

Newalis Insulation Company
Industrial & Domestic Insulation
Specialties for Boilers, Steam
& Hot Water Pipe, Etc.
Boizenburg
Floor, Wall & Coloured Tiles
Schlage Lock Company
Locks & Hardware
Simplex Gypsum Products Company
Plaster of Paris & Fibrous Plaster
Toch Brothers Inc.
Industrial Paint & Waterproofing
Compound
Wheeling Steel Corporation
Expanded Metal Lath

Large stock carried locally.
Agents for Central China

FAGAN & COMPANY, LTD.

261 Kiangse Road

Telephone
18020 & 18029

Cable Address
KASFAG

美商 **美和洋行**

承辦屋頂及地板工程并經理石膏粉石膏板甘蔗板避水漿噴漆鋼絲網鐵門磁磚牆粉門鎖等各種建築材料備有大宗現貨如蒙垂詢請接電話一八〇二〇或駕臨江西路二六一號接洽為荷

上海膠合板公司

九江路五十號　電話一七一七一

Plywood-
Flooring-
Hardware-
Veneered Doors
All Building Materials

各種膠合板
啞克桃木地板
啞克桃木蔴栗方子及板木
經理名廠建築材料

Shanghai Veneer Wood Company

50 Kiukiang Road. Telephone. 17171

23059

錢業創營造廠

上海江灣開林油漆公司廠屋……由本廠承造

地址：上海南京路大陸商場四樓四三五號

本廠專造各式中西房屋以及銀行堆棧廠房橋梁水泥壩岸碼頭鉄道等一切大小鋼骨水泥工程

電話：九五二一八三號

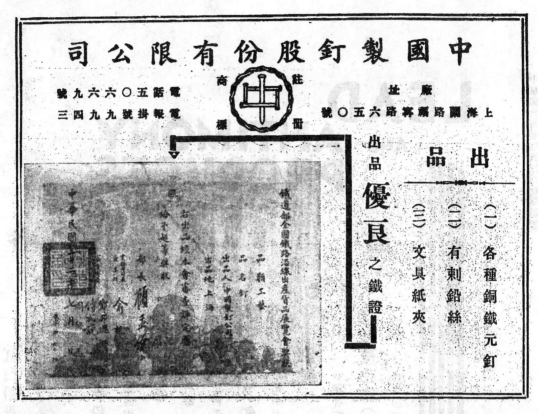

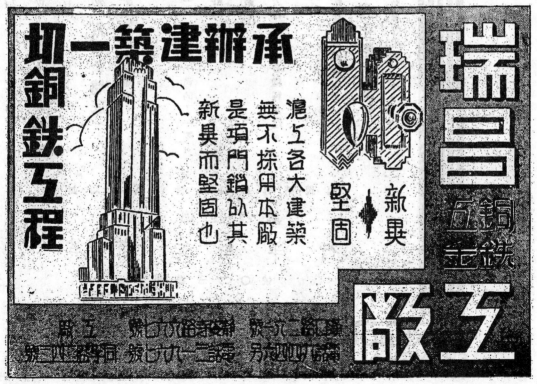

中華郵政特准掛號認為新聞紙類

23064

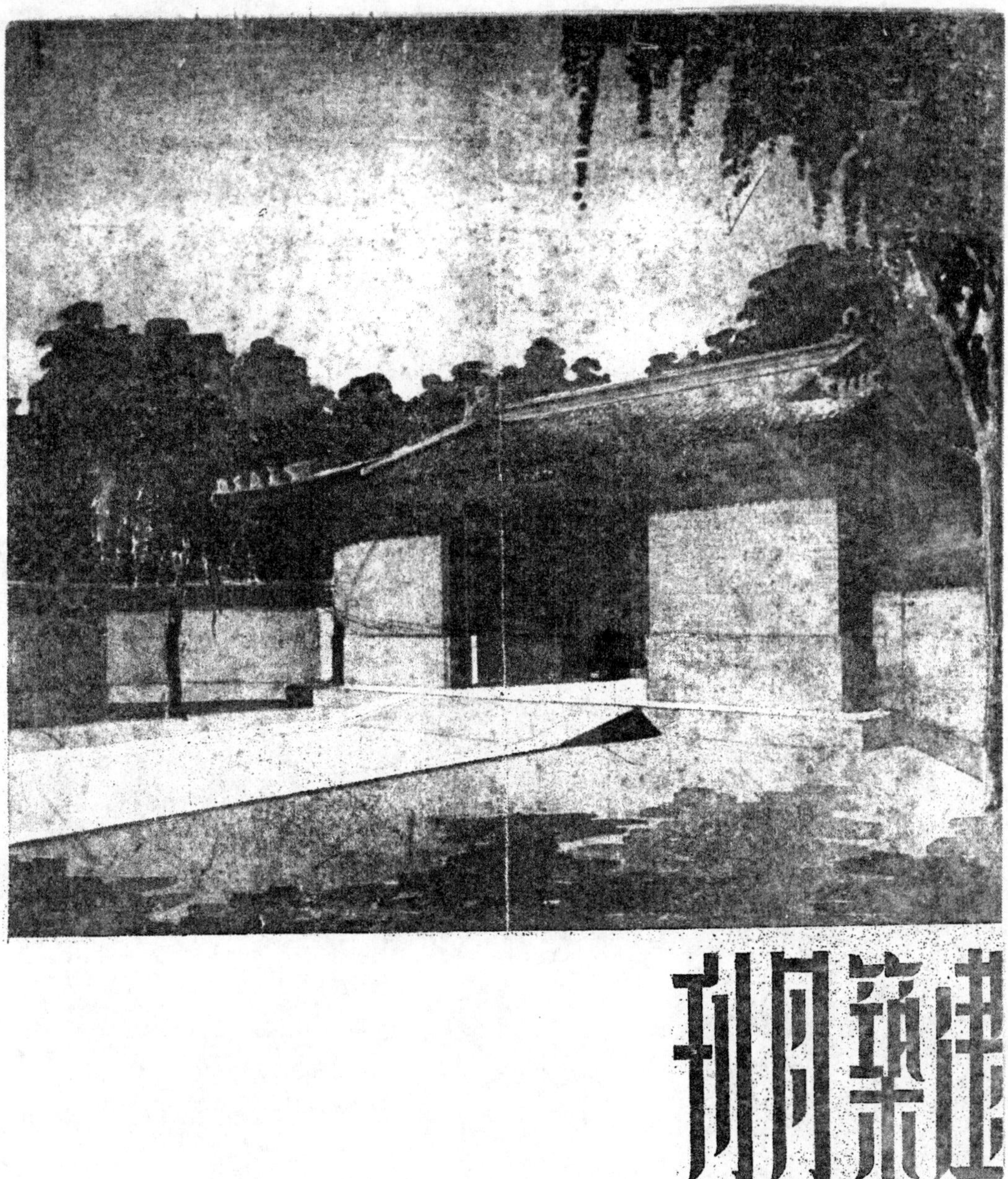

建築月刊
THE BUILDER

VOL 3 NO. 4 第三卷 第四期

50¢

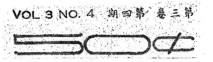

23067

23069

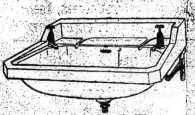

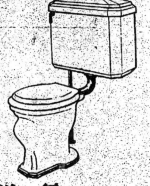

K. M. A. CLINKERS

A Brick That Will Last For Centuries.

SUITABLE FOR HEAVY FOUNDATION WORKS. DOCK BUILDING, BRIDGES, BUILDINGS & FLOORING.

RECENT TESTS

Compression Strength: 7715 lbs. per square inch. Absorption: 1.54%

開灤"克令夠"缸磚

磚質堅韌，經歷百年，完好如初。

此磚最適宜承受重量於樁基，建築船塢，橋梁及房屋地板等工程。

最近試驗成績

每平方寸壓力僅七七一五磅

吸收水份僅百分之一•五四

FACING TILES

右圖係示粗紋面磚混合淡黃或金黃之色彩，非爲磚料質地之表現也。

This is a very near representation in Colour of our mixed Buff or Gold colours, but they do not represent the texture of our rough face brick.

開灤礦務局

上海外灘十二號　　電話一一〇七〇，一一〇七八，一一〇七九

THE KAILAN MINING ADMINISTRATION

12 the Bund　　Telephone 11070, 11078 & 11079 (3 lines)

Direct Telephone to Sales Dept. 17776.

Direct Telephone to Agent's Private Office 19304.

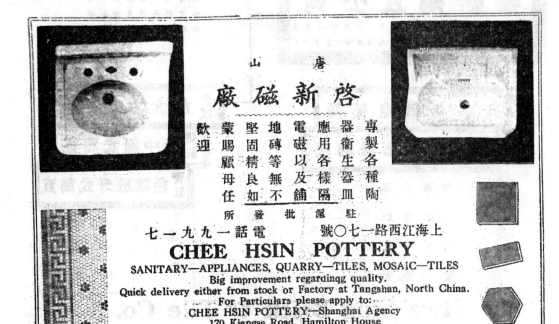

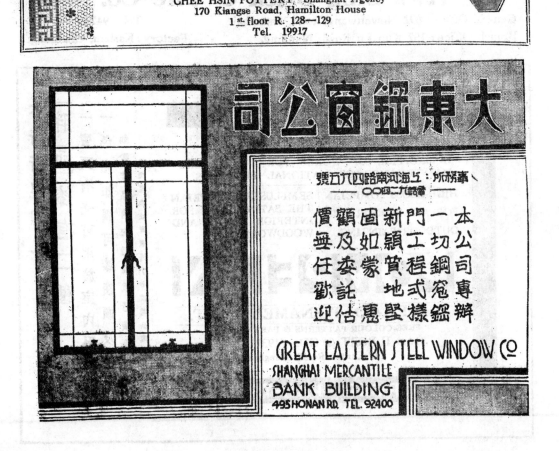

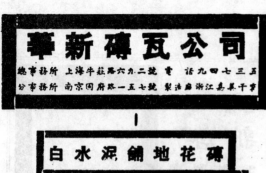

VOH KEE CONSTRUCTION CO.

馥記營造廠

本廠承造各埠建築達數十處都千萬餘金略舉如下備資參考

本埠工程

公和祥碼頭及棧房…………浦東
交通大學工程館…………徐家匯
四行念二層大樓…………跑馬廳
西式住宅市房…………梅白格路
儉德儲蓄會…………福生路
上海牛皮廠…………白利南路
義泰興碼頭…………浦東董家渡
公和祥碼頭…………兆豐路
寶隆醫院…………白克路
公共宿舍…………聖母院路
七層公寓…………國富門路
七層公寓…………海格路
中華碼頭…………浦東周家渡
劉公館…………亞爾培路
大新百貨公司…………南京路

外埠工程

總理陵墓第三部工程…………南京
陣亡將士公墓全部…………南京
財政部辦公處…………南京
中山紀念堂…………廣州
宋部長官邸…………南京
新村合作社…………南京
美領事署…………廈門
中國銀行…………南京
海軍船塢…………青島
浙江大學…………杭州
導淮船閘…………邵伯—淮陰—劉澗
航空學校…………南昌
兵工分廠…………鞏縣
美豐銀行…………重慶
浙贛路貴溪橋…………貴溪
中正橋…………南昌

總事務所 電話 一七三三六 一七三三七 上海四川路三三號 電報掛號一五二七

分事務所 南昌勵志社 南京 復記大樓 陶園新村

總廠 戈登路三五五號

分廠 重慶新街口 河南鄭州 重慶 九江 廣州 杭州 青島 南京 貴溪 鎮江 邵伯 淮陰 劉澗 **等處**

第二堆棧 上海閘北廣林街 上海浦東慶甯寺

分事務所分廠電報掛號七四五〇

目錄

（第三卷第四號）

插圖

論著

廣告索引

23076

英華 華英 合解建築辭典發售預約

▲備有樣本　函索即寄▼

杜彥耿編

英華 華英 合解建築辭典

建築界之顧問

英華華英合解建築辭典，是「建築」之從業者·研究者·學習者之顧問，指示「名詞」「術語」之疑義，解決「工程」「業務」之困難。為

建築師及土木工程師所必備 藉供擬訂建築章程承攬契約之參考，及探索建築術語之釋義。

營造廠及營造人員所必備 倘簽訂建築章程承攬契約而發現疑難名辭時，可以檢閱，藉明含義，如以供練習生閱讀，尤能增進學識。

土木專科學校教授及學生所必備 學校課本，輒遇冷僻名辭，不易獲得適當定義，無論教員學生，均同此感，倘備本書一冊，自可迎刃而解。

公路建設人員及鐵路工程人員所必備 公路建設甫發軔於近年，鐵路工程則係特殊建築，兩者所用術語，類多艱澀，從事者苦之；本書對於此種名詞，亦蒐羅詳盡，以應所需。

律師事務所所必備 人事日繁，因建築工程之糾葛而涉訟者亦日多，律師承辦此種訟案，非購置本書，殊難順利。

此外如「地產商」，「翻譯人員」，「著作家」，以及其他有關建築事業之人員，均宜手置一冊。蓋建築名詞及術語，普通辭典掛一漏萬，即或有之，解釋亦多未詳，英華華英合解建築辭典則彌補此項缺憾之最完備之專門辭典也。

預約辦法

一、本書用上等道林紙精印，以布面燙金裝訂。書長七吋半，闊五吋半，厚計四百餘頁。內容除文字外，並有銅鋅版附圖及表格等，不及備述。

二、本書在預約期內，每冊售價八元，出版後每冊實售十元，外埠函購，寄費依照書價加一收取。

三、凡預約諸君，均發給預約單收執。出版後函購者依照單上地址發寄，自取者憑單領書。

四、本書在出版前十日，當登載申新兩報，通知預約諸君，準備領書。

五、本書成本昂貴，所費極鉅，凡書店同業批購，或用圖書館學校等名義購取者，均照上述辦理。恕難另給折扣。

六、預約在上海本埠本處為限，他埠及他處暫不代理。

七、預約處上海南京路大陸商場六樓六二〇號。

建築中之上海南京路大新公司新屋

基泰工程師設計　　　　馥記營造廠承造

The Sun Co. (Shanghai) Ltd., Now Under Construction.

Kwan Chu & Yang, Architects.　　　　Voh Kee Construction Co., Contractors.

論工竣銷案具結

杜彥耿

南京市工務局近有工竣銷案具結之規定。其具結格式為：

工竣銷案具結式

為出具切結事竊 包工人 前報建字第 號工程均係遵照核定圖樣（及計算書等）辦理已於 月 日竣工並無偷工減料情事如將來發生損壞傾倒事項負修理賠償之責所具切結是實此上

南京市工務局存查

中華民國 年 月 日 包工人 具名蓋章

證明人 具名蓋章

（附註）證明人應為業主

讀上述具結式後，有不得已於言者。查包工人之承攬工程，必依工程圖樣說明書及合同為根據。此外應予遵守者，即為各該地工務機關所頒之建築章程。故承攬人所應負責者，惟對圖樣說明書合同及建築章程，至若房屋塌圮，其原因或由於設計者之技術不良，與工務局之審核不慎，承攬人當然不能負責。更或因天災而致房屋傾塌，其責任自亦不能由承攬人担負。今承攬人（或稱包工人但法定名稱為承攬人業主曰定作人）於工竣時須向工務局切結，是明以命承攬人負不應負之責任，此所不由不疑者一。切結格式中並無日期之限制，是則承攬人於其所包工程完竣具切結後，應負永久責任。設工程於百年後發生不良問題，亦須命原承包人負責乎？此所不由不疑者二。切結格式中謂「工程均係遵照核定圖樣（及計算書等）辦理」按計算書係工程師計算建築物之壓擠力，與需用材料之抗力之費等計算書，因此計算而知應用材料之巨細，便即給成圖樣，請求工務局核發營造執照。故工務局於審核時，必須將計算書與圖樣同時核閱。惟承攬人則祇照圖樣所標尺寸構造，無權過問工程師之計算書是否正確。故承攬人之與計算書根本未見其詳，今欲其對計算書亦須負責，此所不由不疑者三。切結格式中又謂「並無偷工減料情事」。不知偷工減料究何所指。若就嚴格而言，所謂偷工減料者，則凡甎作砌牆，某一塊磚於砌時未砌端正，形式歪斜，此即偷工。砌牆時兩甎相並之甎縫中灰沙並未置足，此即減料。是則余可謂為全世界之建築，均有偷工減料之弊。故此偷工減料四字之是否適當，此所不由不疑者四。附註中證明人應為業主。按業主多為非建築工程之專家，今不以建築師或工程師為證明人，而令業主為之。因業主既不諳習建築工程，所證又何有效。雖有錯誤，亦不易察覺也。此所不由不疑者五。或曰南京市工務局因鑒於颶風之塌屋也，故特設此切結以防覆轍。此更不由不使人生疑者六。蓋颶風之吹塌房屋也，其塌圮之緣由，是否出於承包者之偷工減料，抑係設計者之技術不良，或其他原因所致，當以為考查之主要問題，絕對不能專於承包人。是故與其事後具結，致有挽救嫌晚之弊，莫如先行由各工務局對於計算書圖樣等慎重考慮，斯為合宜，決不能以房屋傾圮，貿然認為承包者之責任也。若一俟房屋塌圮，再謀法律上之處分，則雖有切結，亦無補於事實。故工務局欲避免前轍計，宜羅致專家，修訂建築章程，則以後凡有建築，欲請營造執照者，悉依新章，作為審核之根據，似已足矣，又何必多此切結之舉，徒令業疑莫釋也！

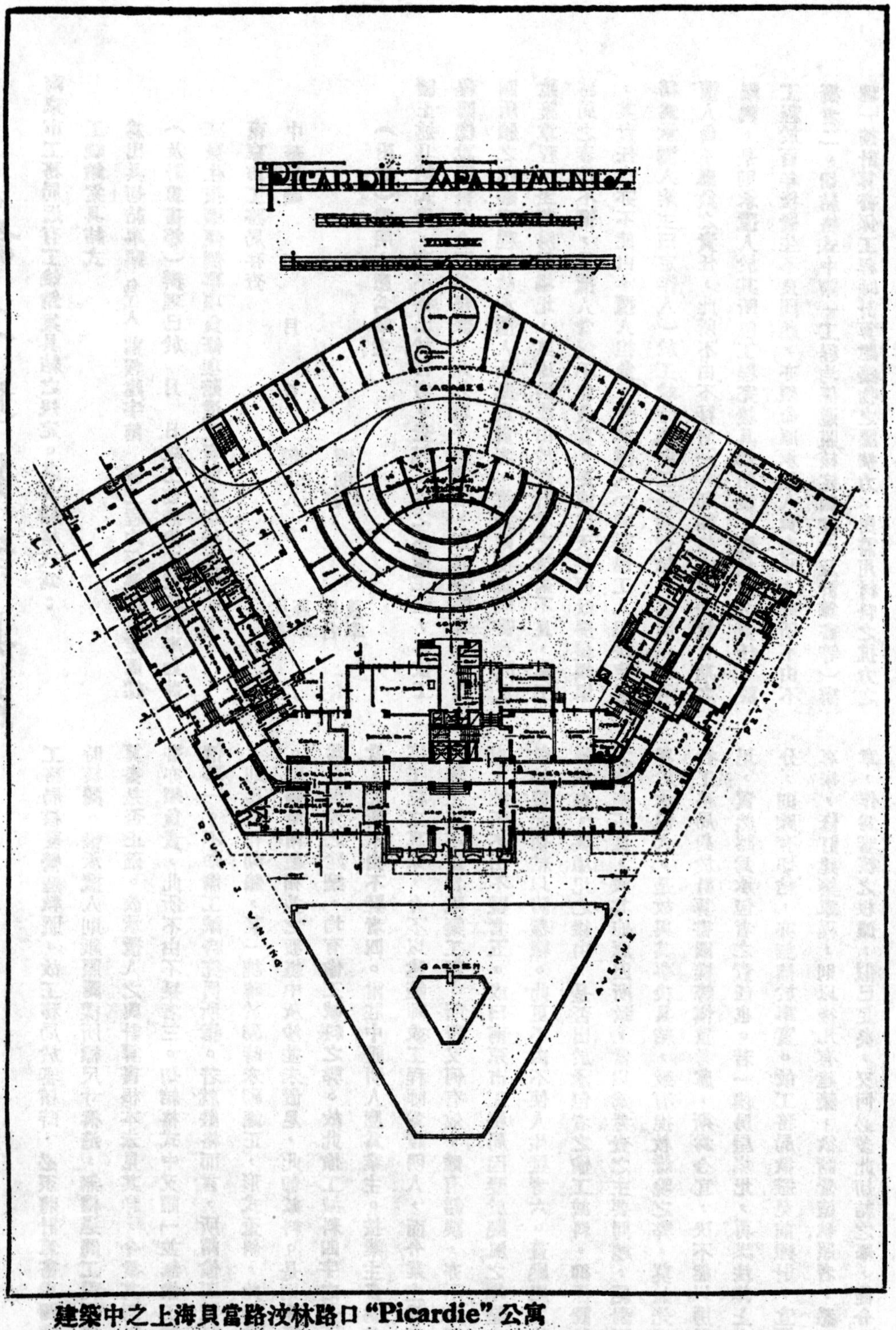

建築中之上海貝當路汶林路口"Picardie"公寓

設計者　法商營造公司　　承造者　利源建築公司

Messrs. Minutti & Co., Architects.　　Lee Yuen Construction Co., Contractors.

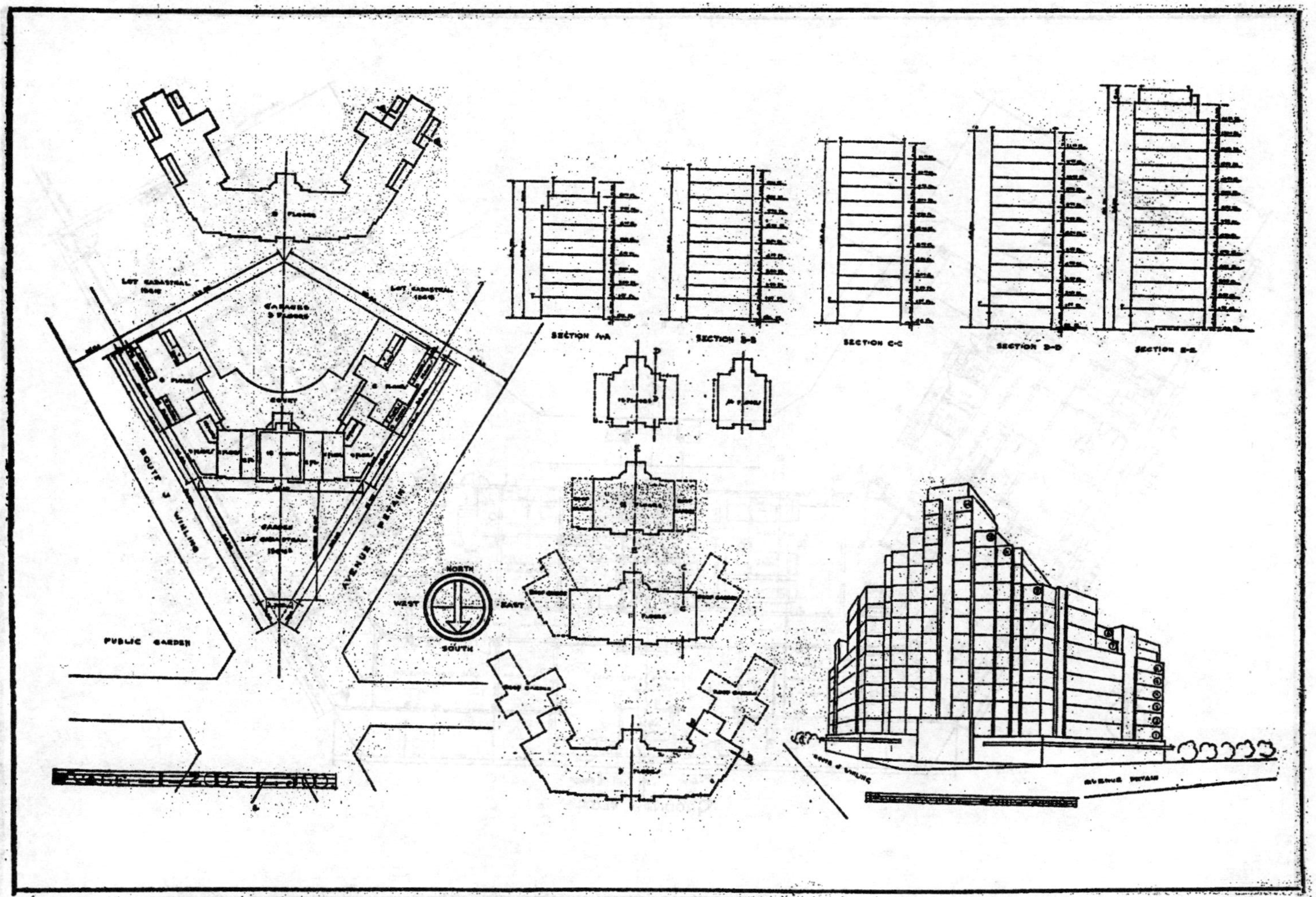

上海"Picardie"公寓

23081

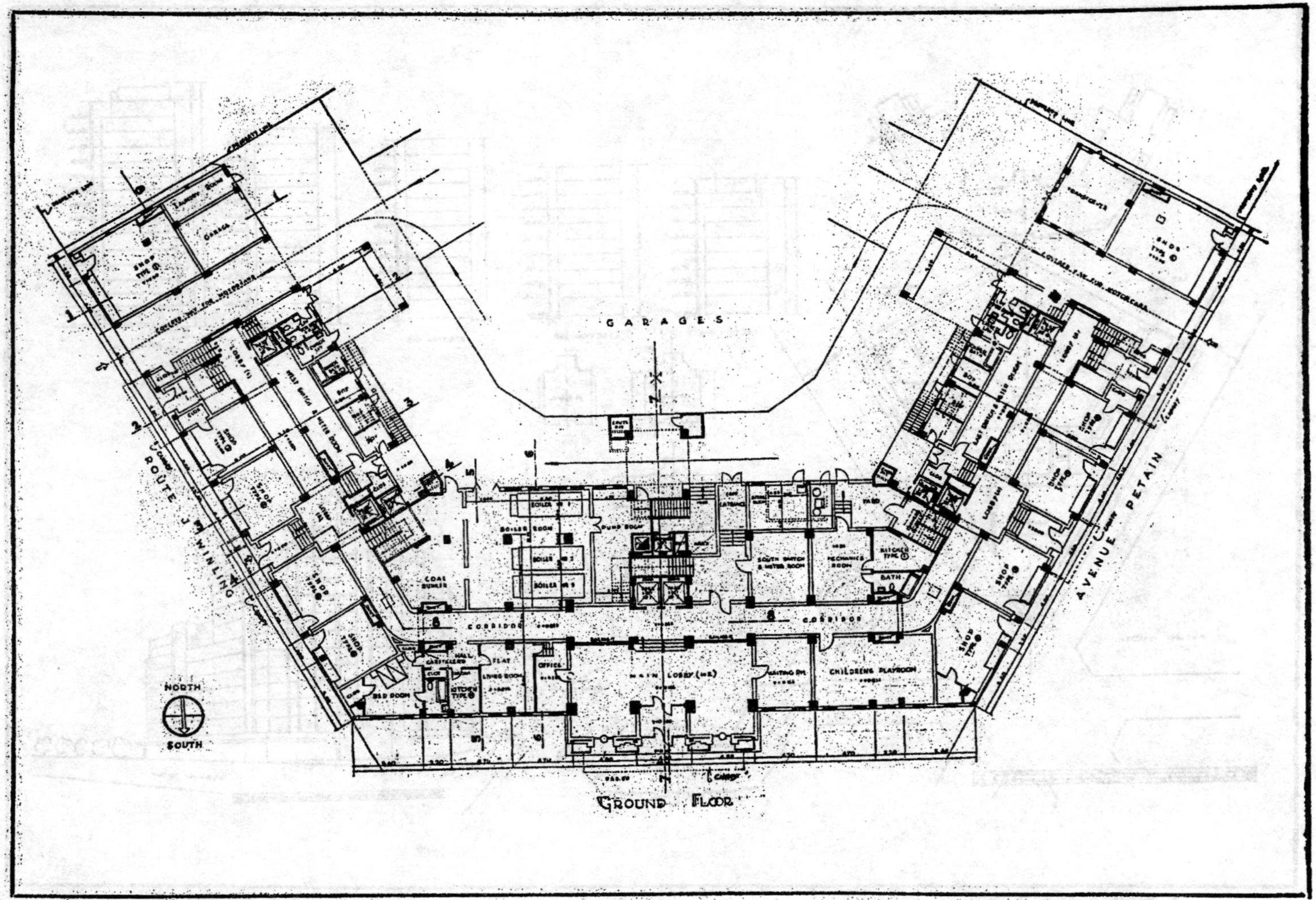

上海 "Picardie" 公寓　下層平面圖

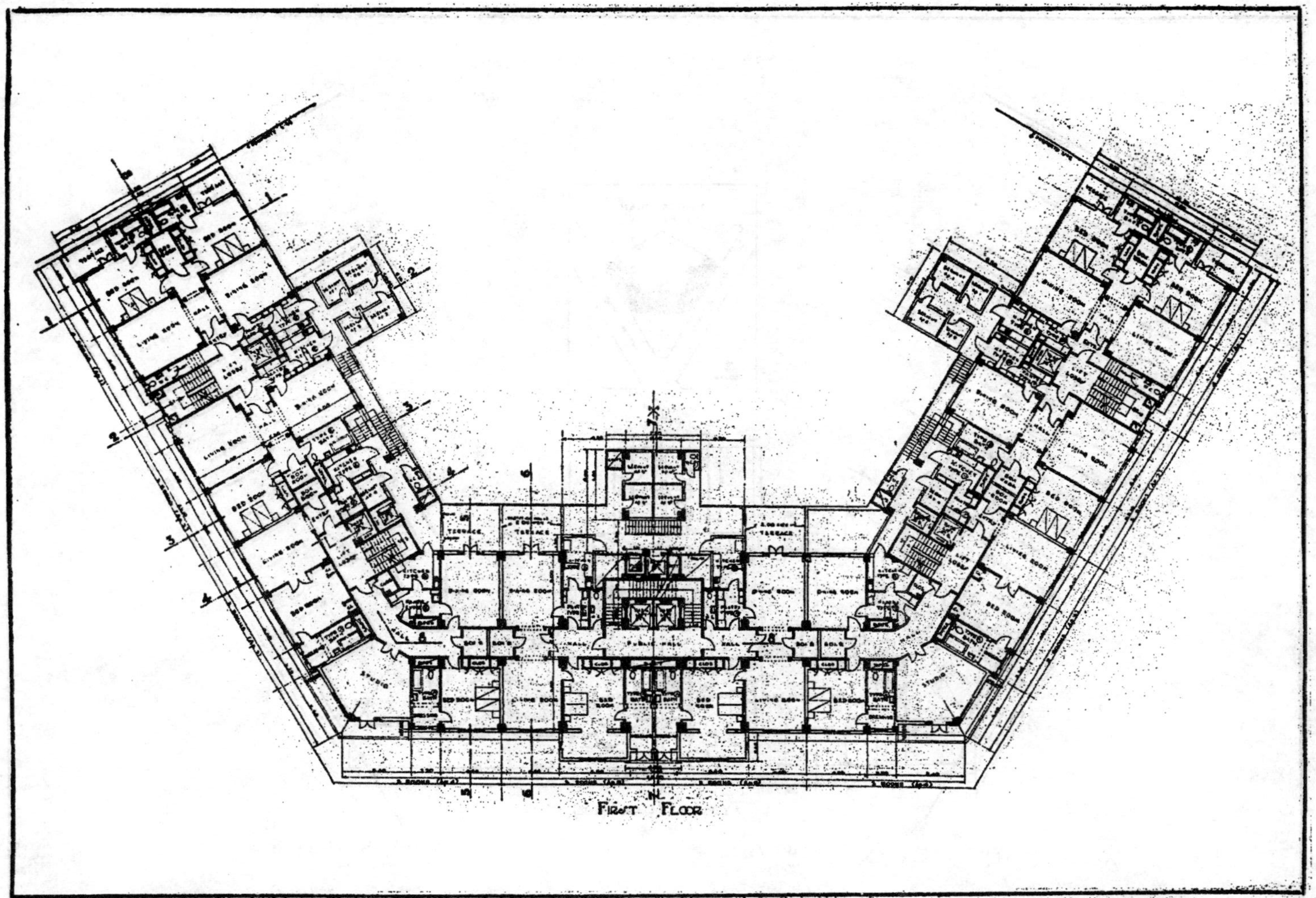

上海"Picardie"公寓　二層平面圖.

23083

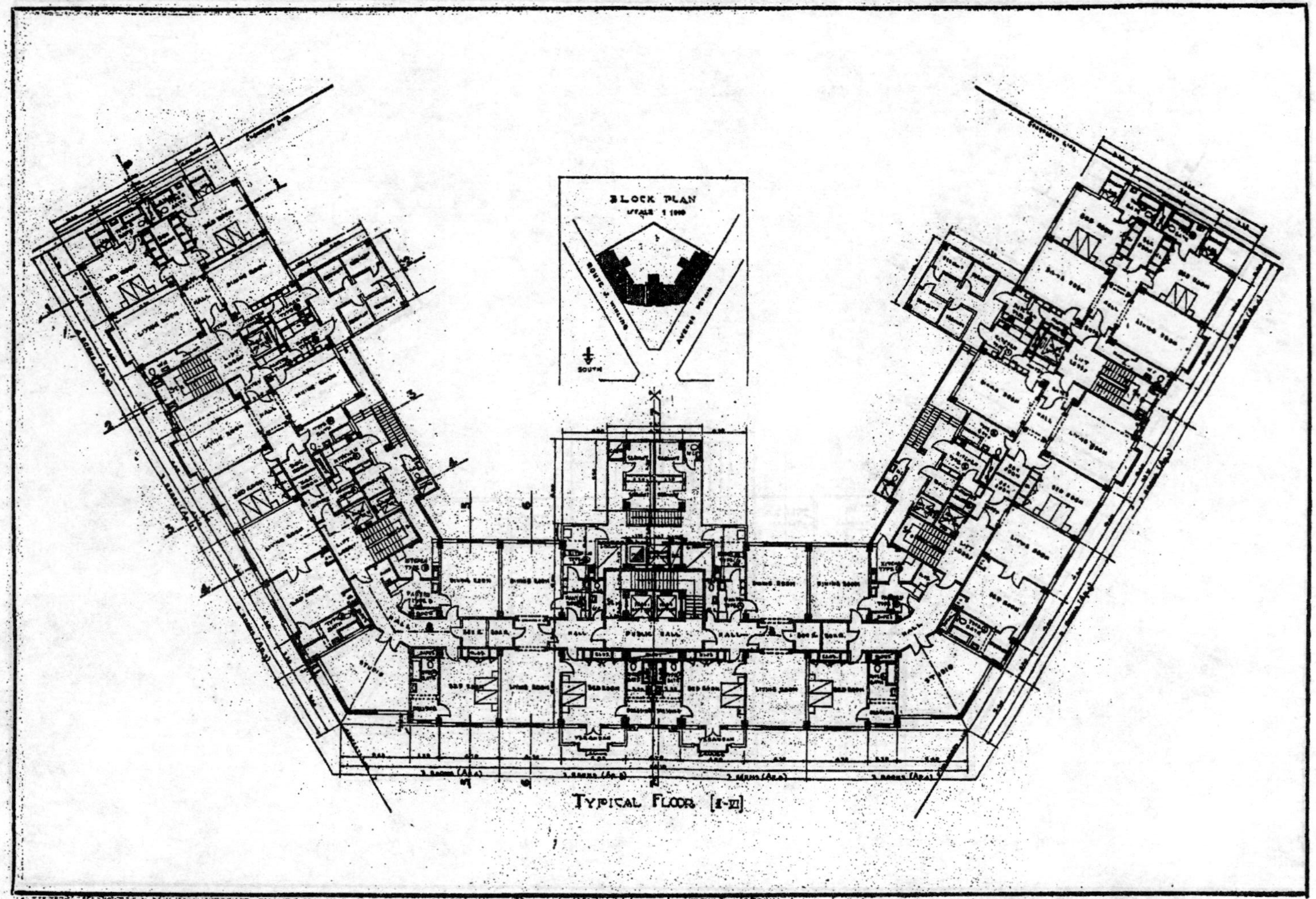

上海"Picardie"公寓　三層至七層平面圖

23084

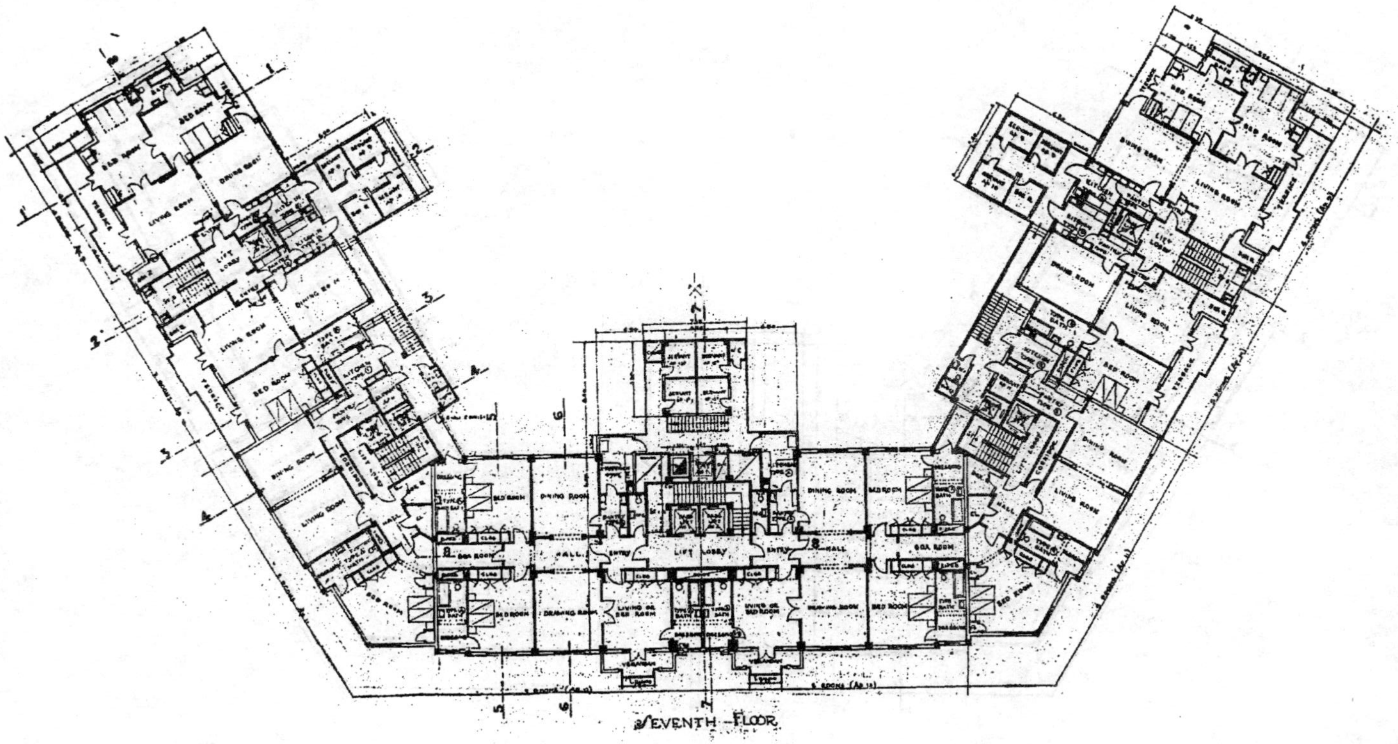

上海 "Picardie" 公寓　　八層平面圖

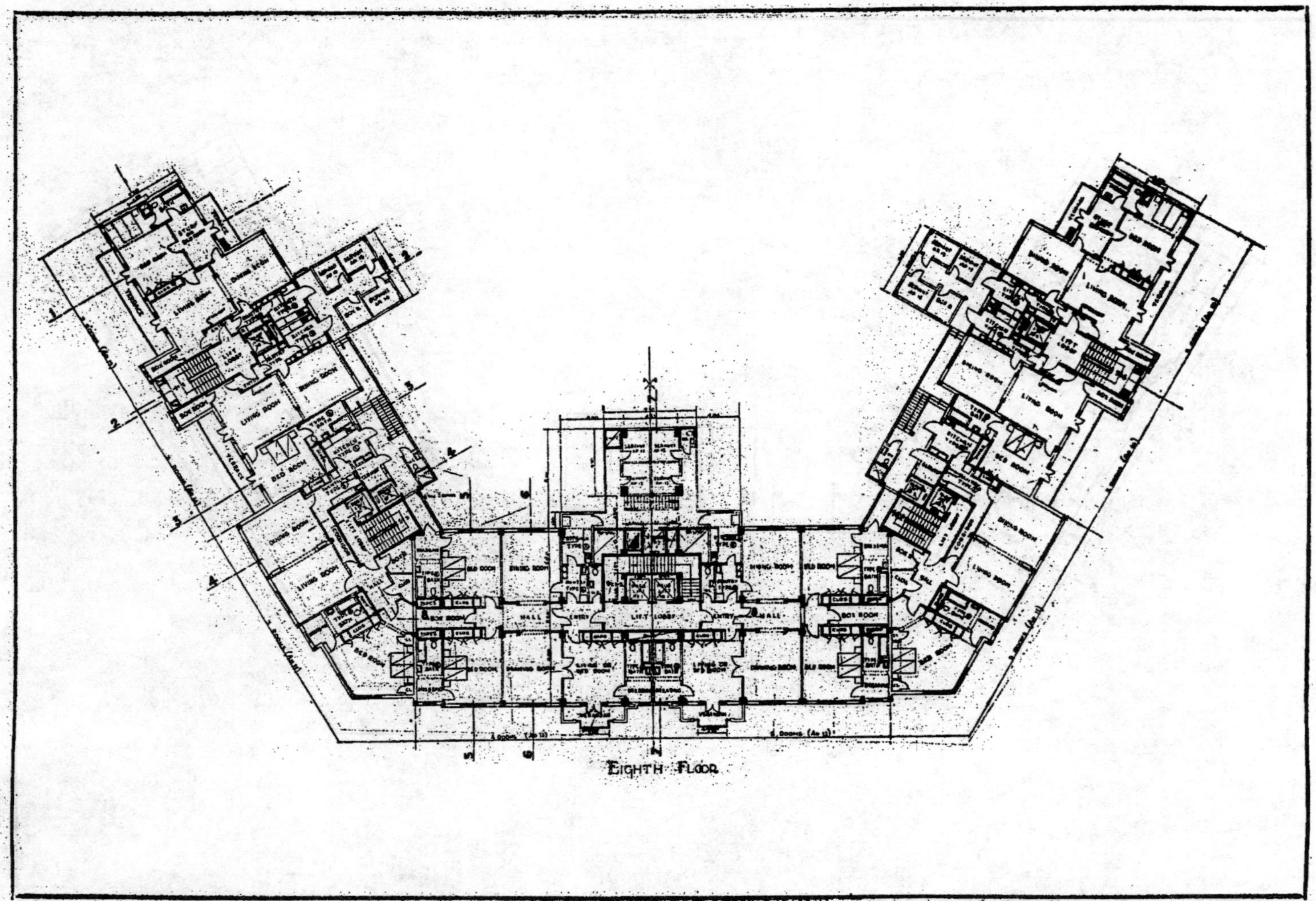

上海"Picardie"公寓　九層平面圖

23086

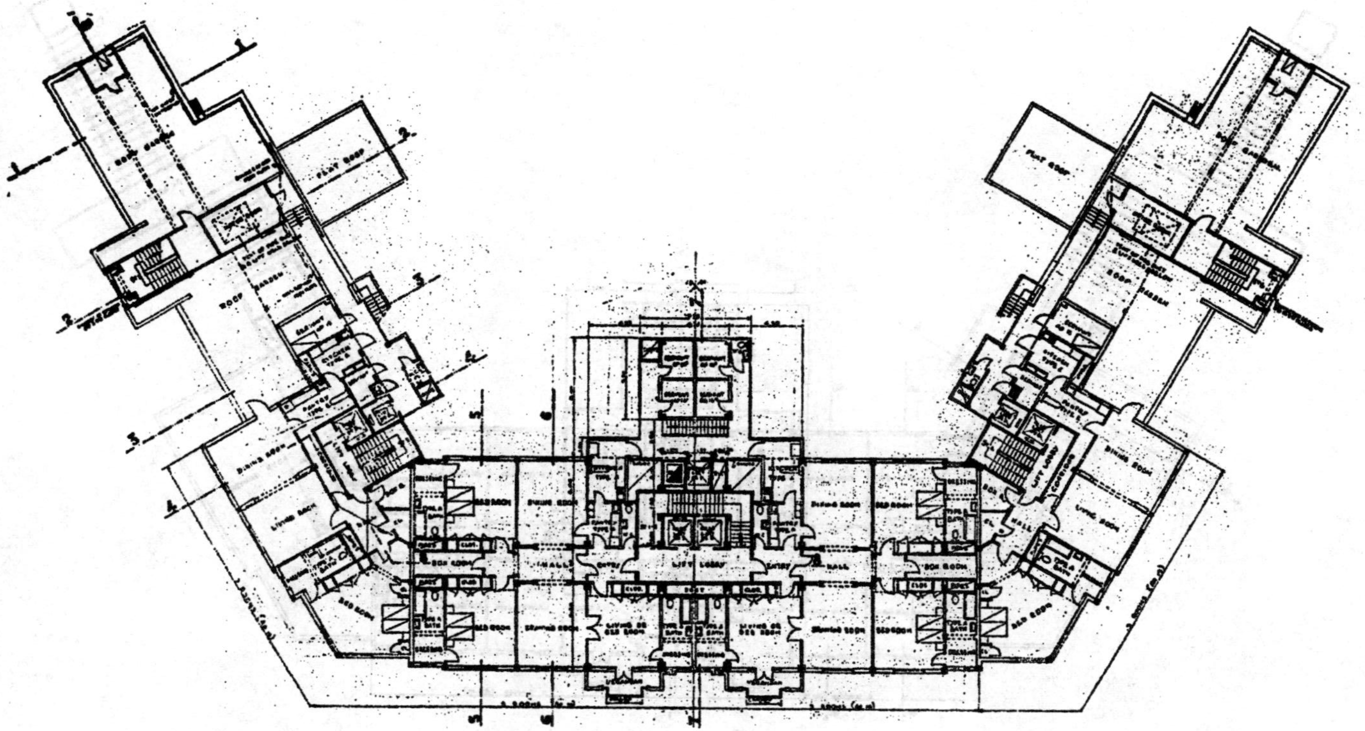

NINTH FLOOR

上海 "Picardie" 公寓　　　　十層平面圖

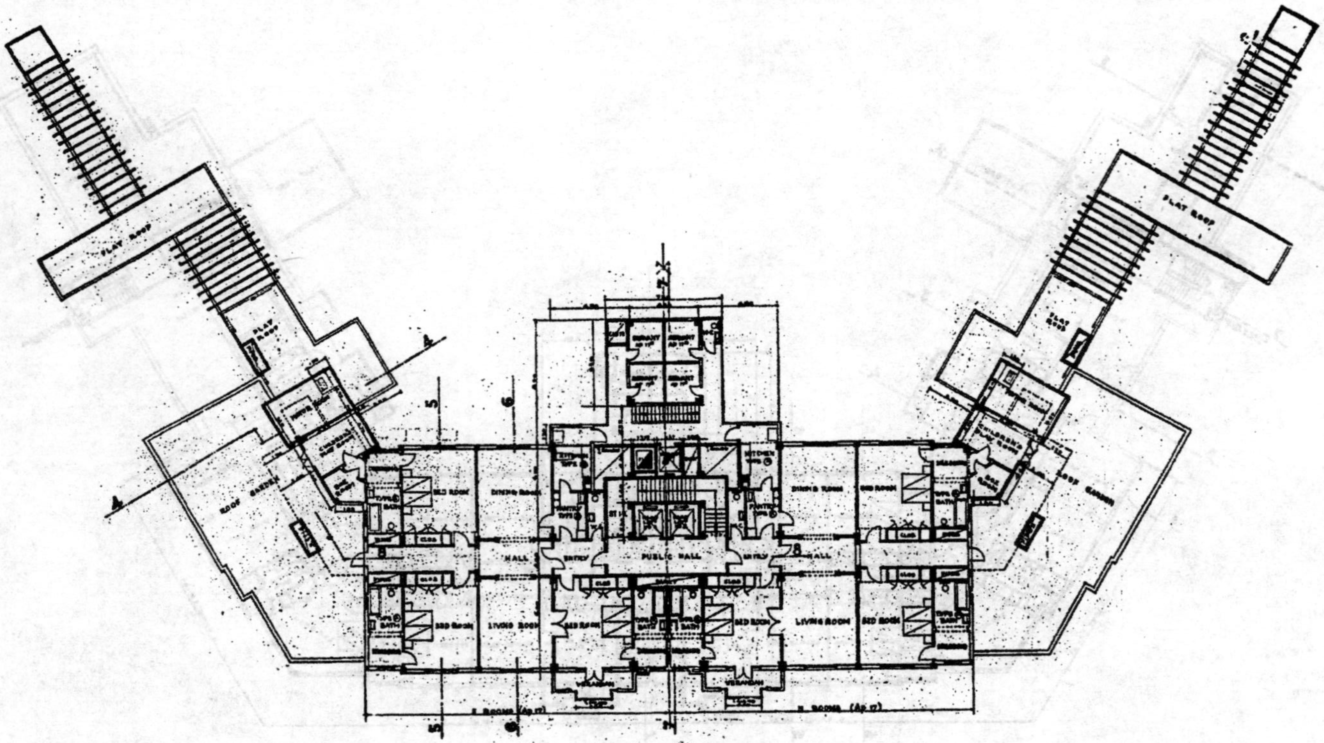

TENTH FLOOR

 十一層平面圖

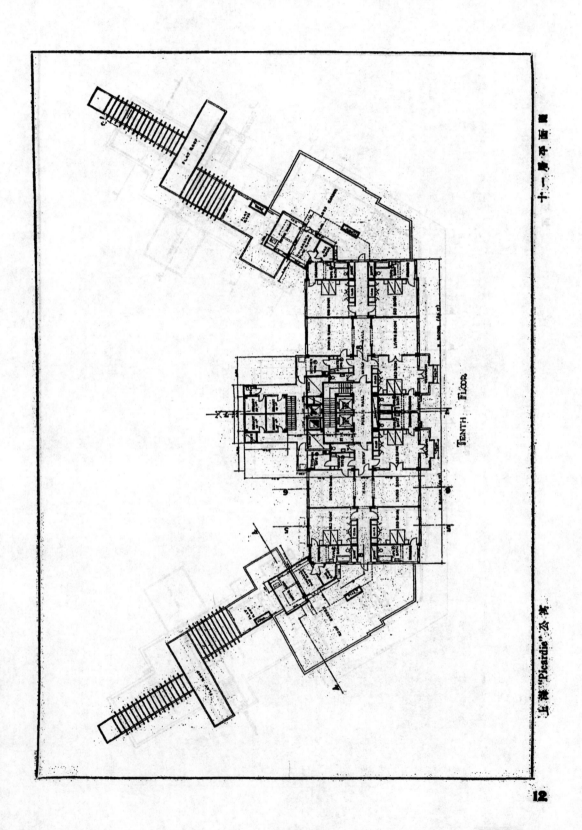

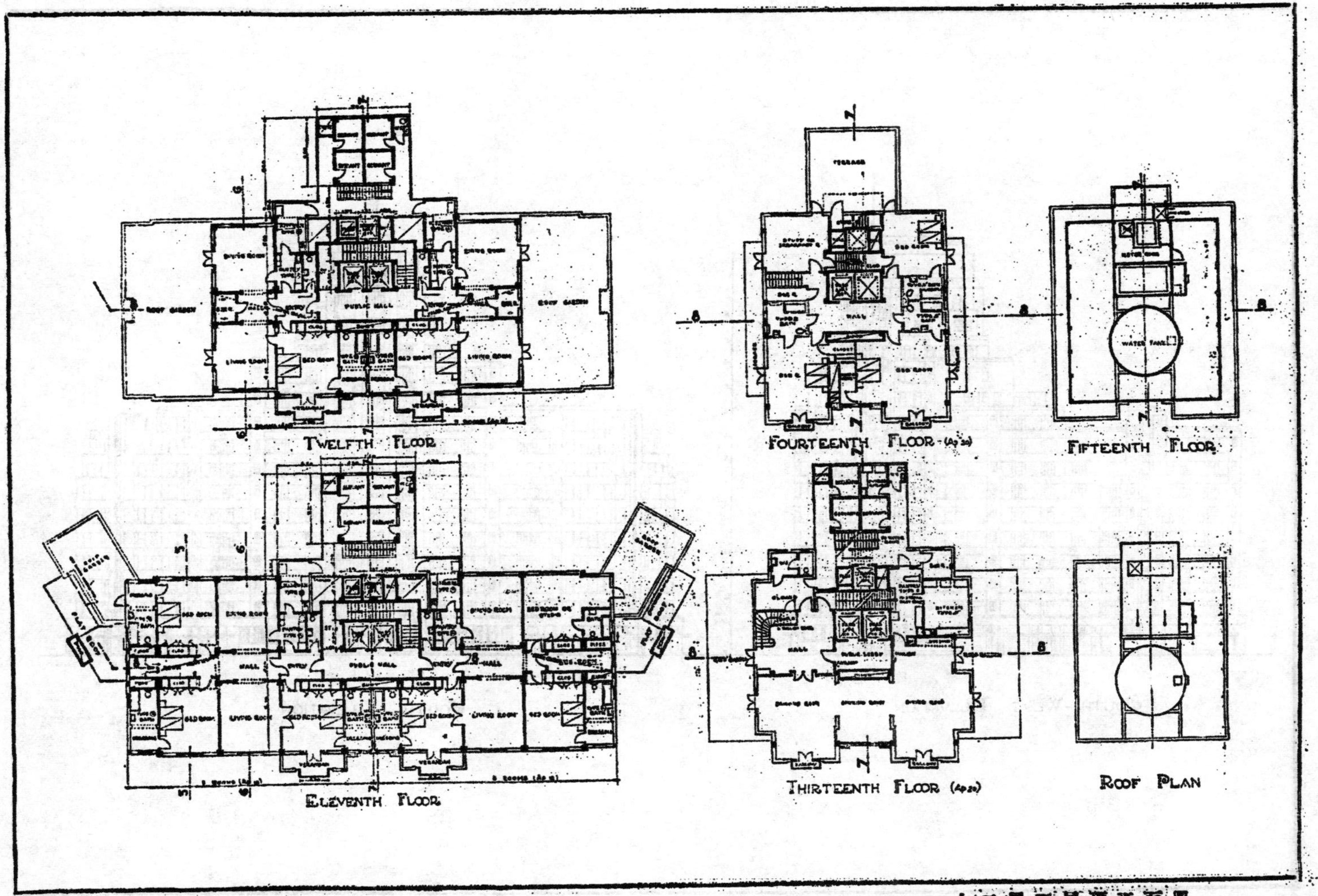

上海"Picardie"公寓

十二層至屋頂平面圖

23089

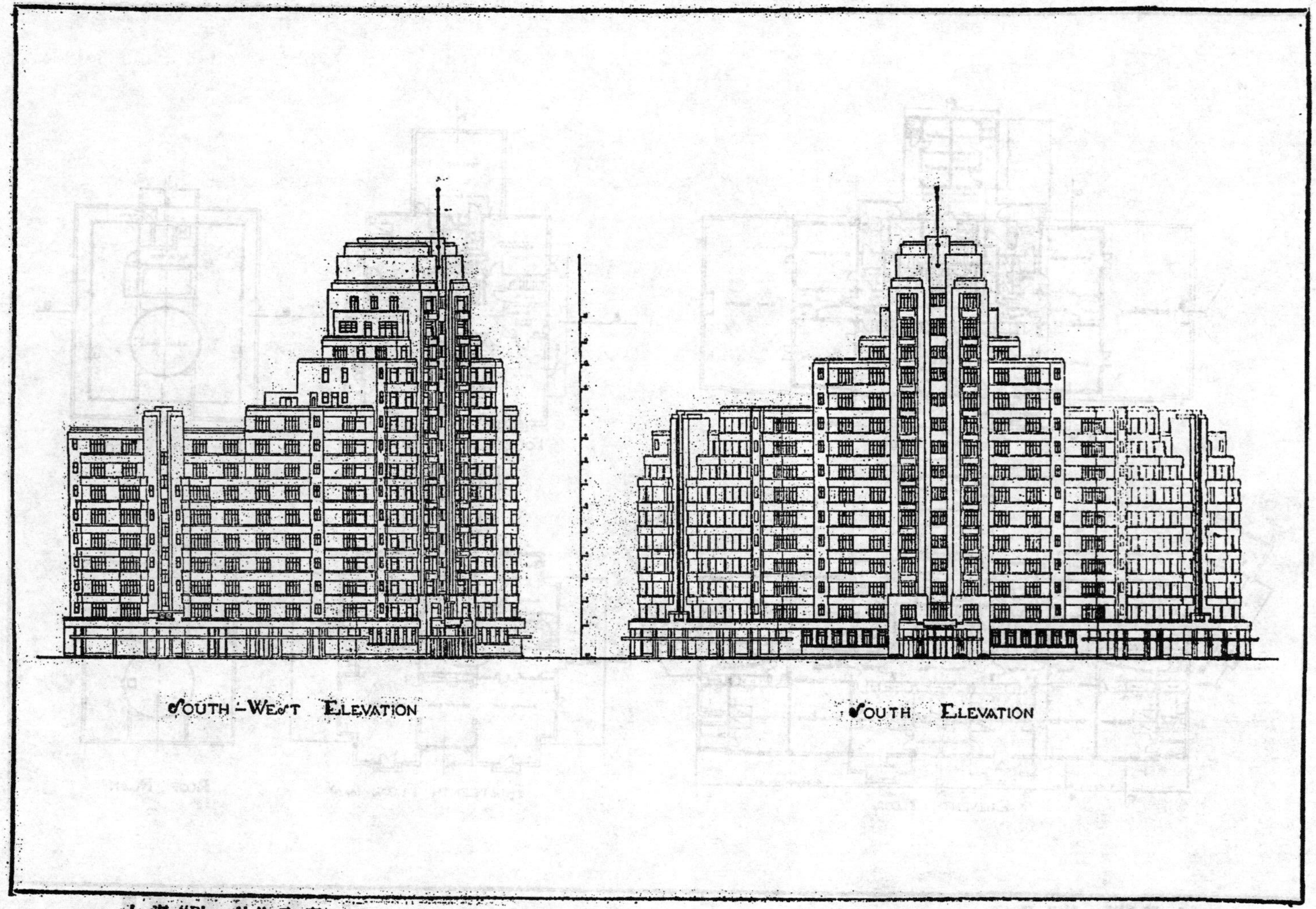

上海"Picardie"公寓十 立面圖

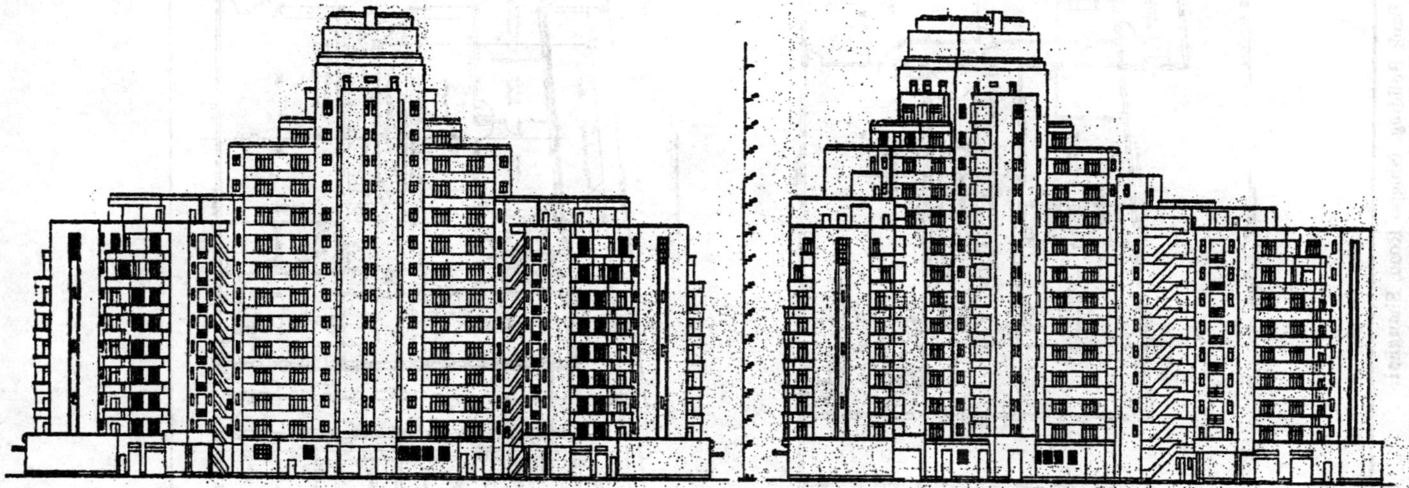

NORTH ELEVATION NORTH-WEST ELEVATION

上海 "Picardie" 公寓 立面圖

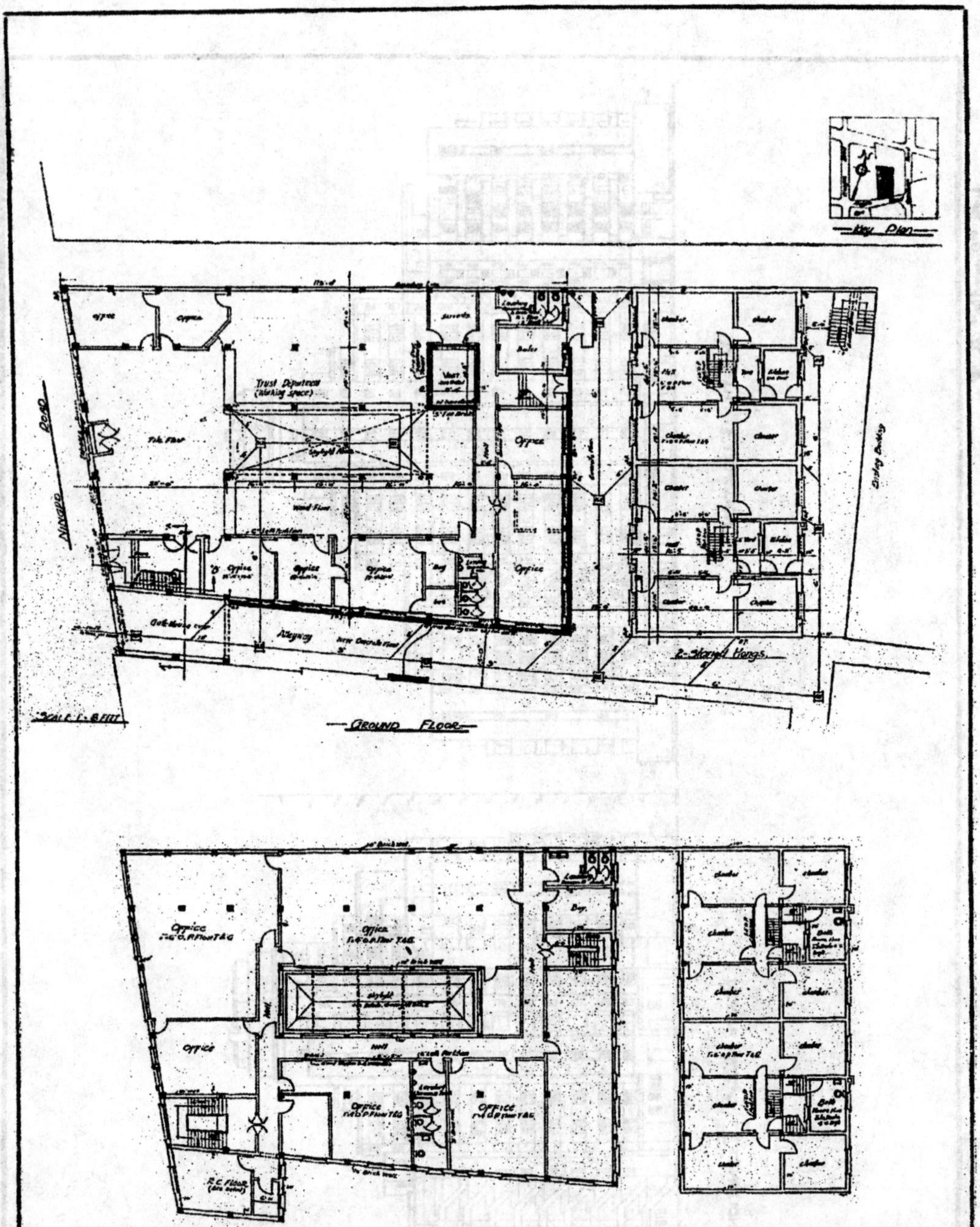

Plans of A Small Bank Building, Ningpo Road, Shanghai.

Mr. Percy Tilley, Architect.

上海寧波路通和銀行新屋樓地盤圖

德利洋行設計

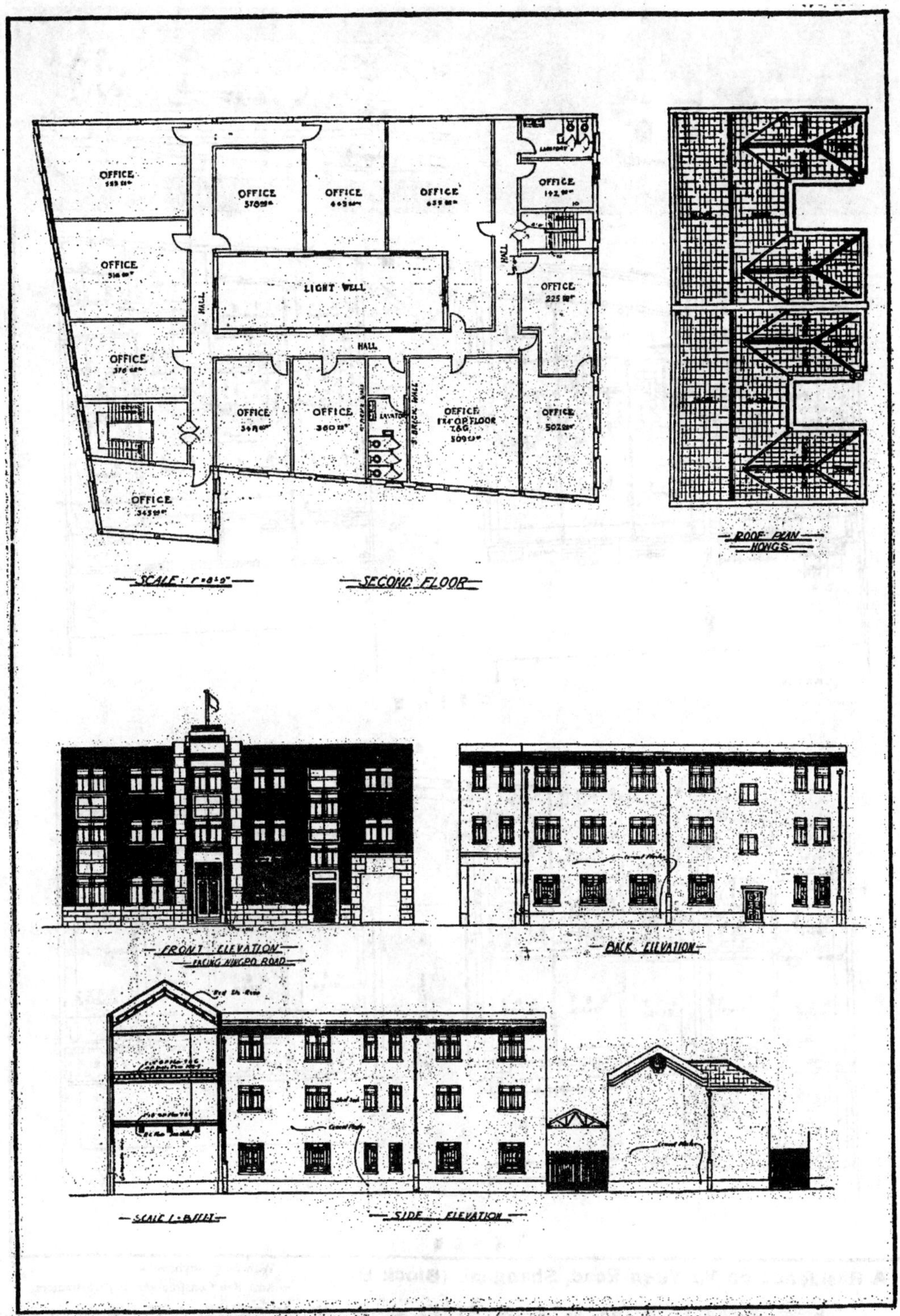

Plans and Elevation of A Small Bank Building, Ningpo Road, Shanghai.

上海寗波路通和銀行新屋樓盤圖及立面圖

23093

住宅

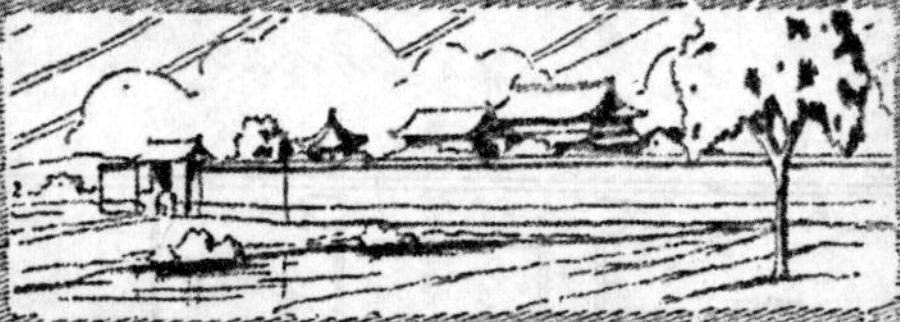

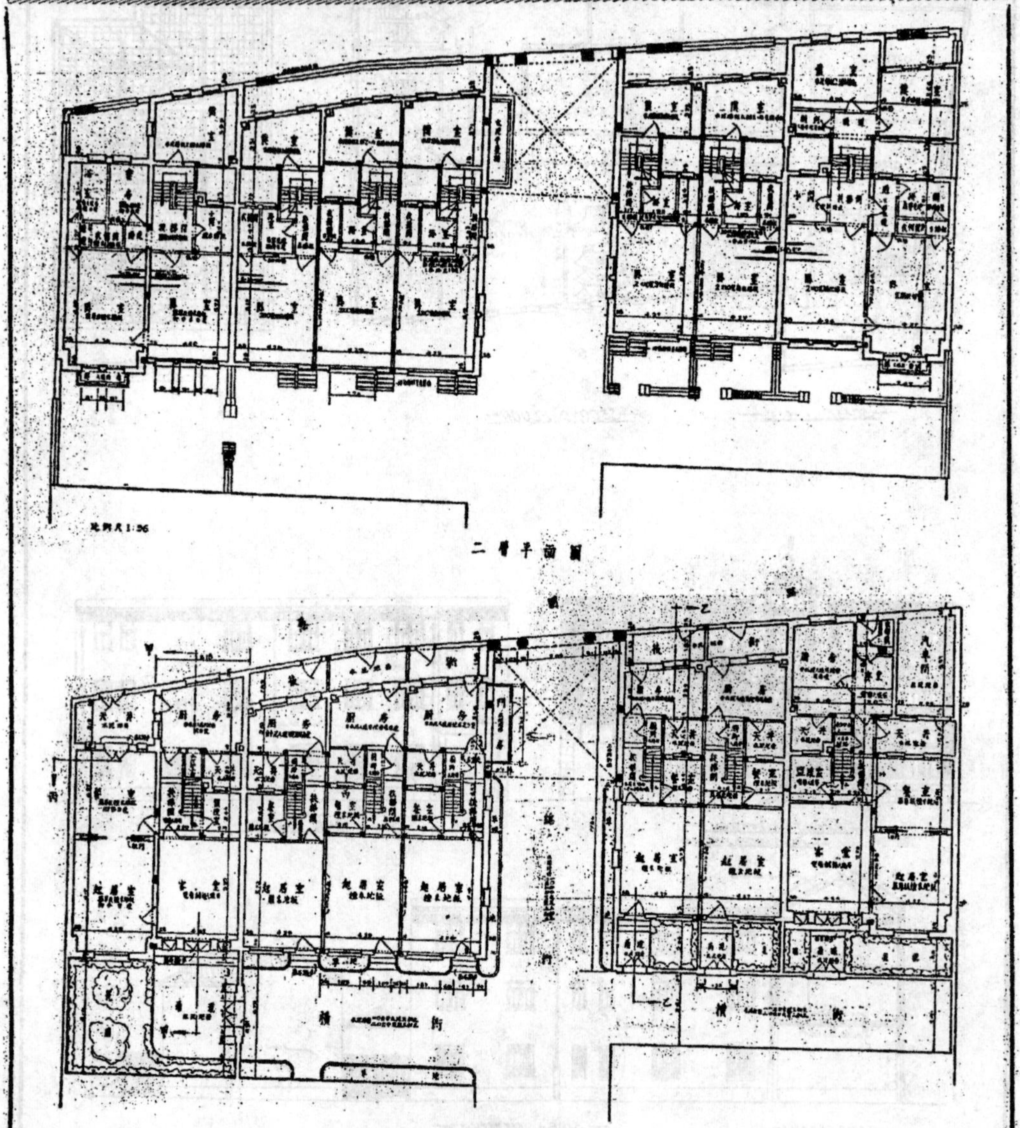

A Residence on Yu Yuen Road, Shanghai. (Block B)

Wah Sing, Architects.
Kow Kee Construction Co., Contractors.

上海愚園路人和地產公司新建之住宅房屋（乙種）

華信建築師設計　　久記營造廠承造

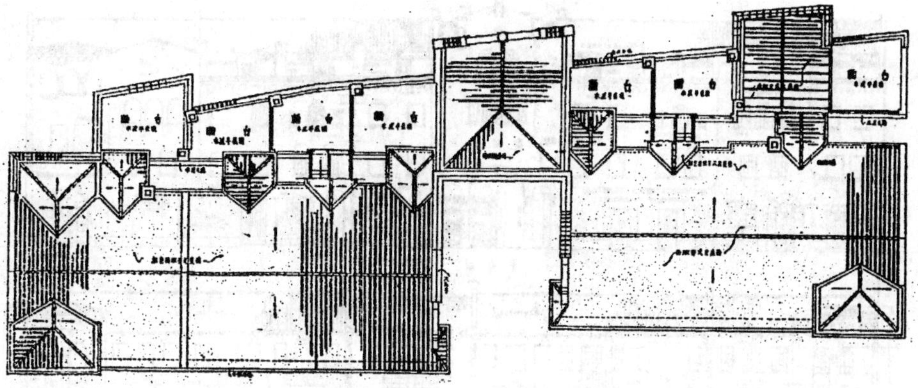

屋面平面圖

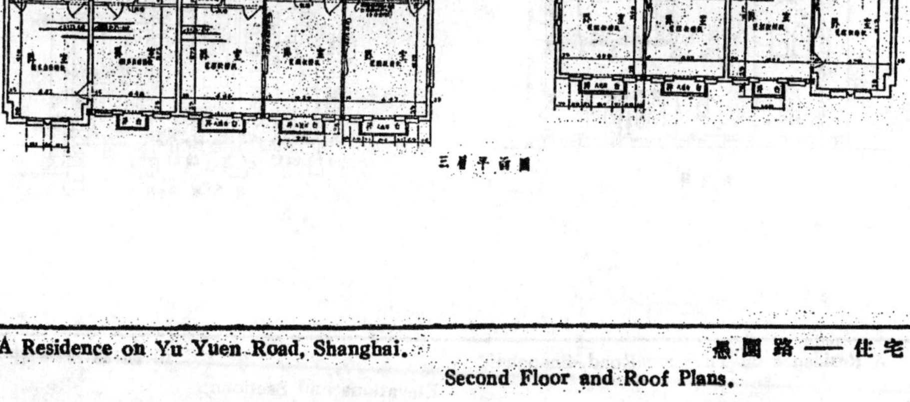

三層平面圖

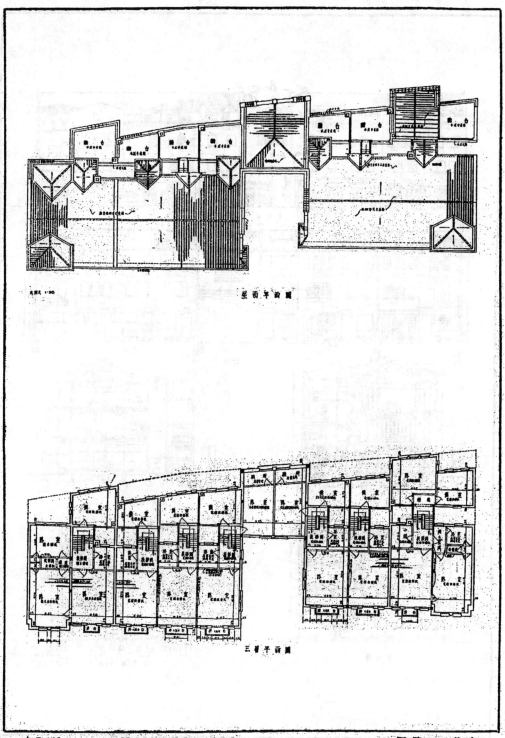

A Residence on Yu Yuen Road, Shanghai. 愚園路一住宅

Second Floor and Roof Plans.

23095

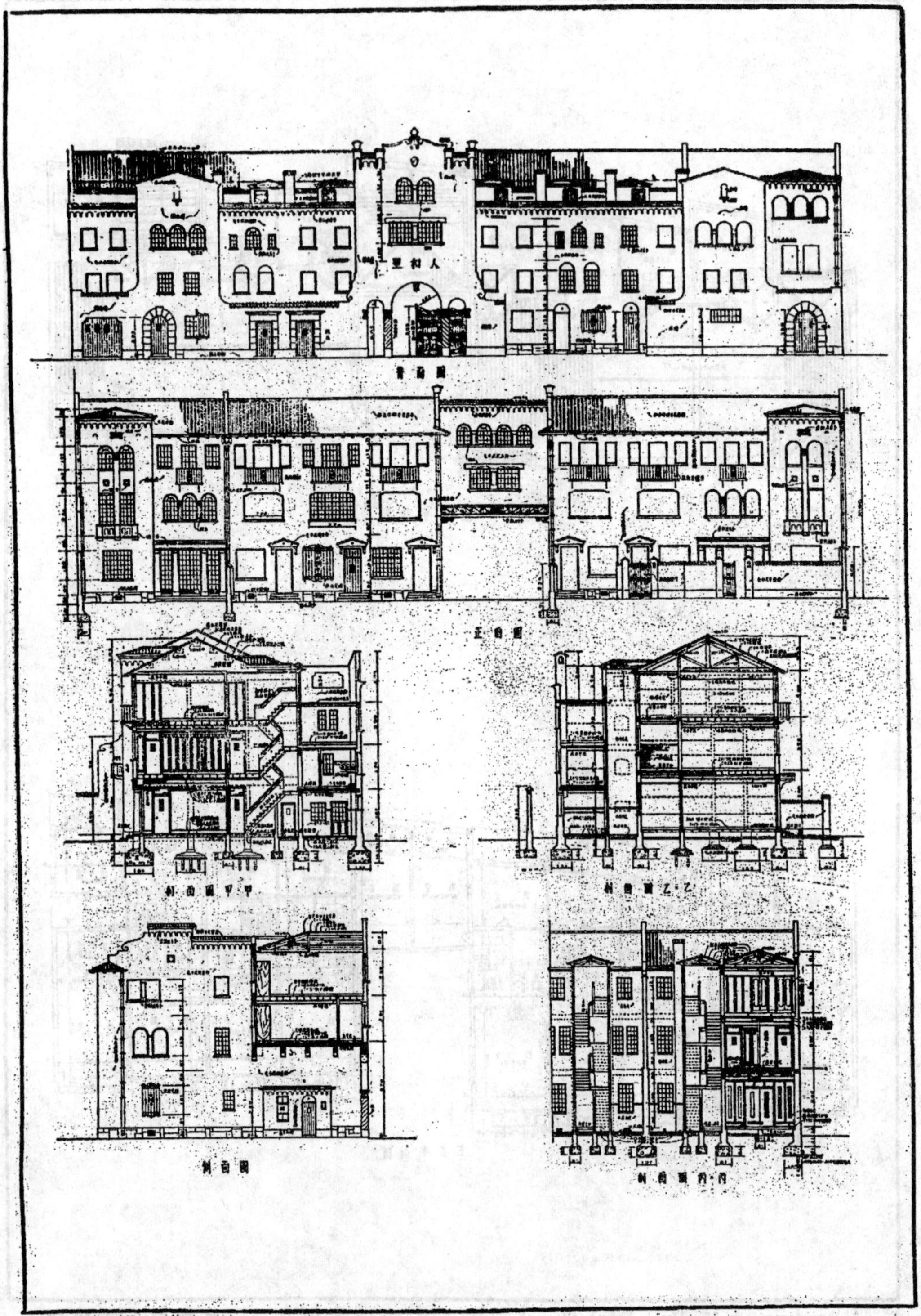

A Residence on Yu Yuen Road, Shanghai. 愚園路——住宅

Elevations and Sections.

Plan for Small Dwelling House.

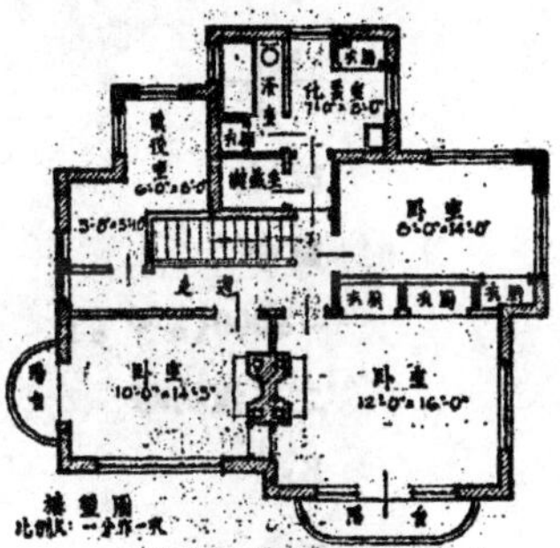

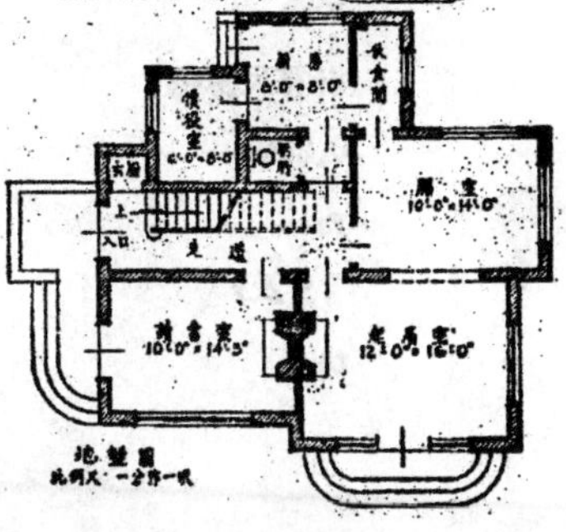

本頁透視圖係爲本刊美術部彭伯剛先生所繪，設計者爲本會附設正基建築工業補習學校本屆畢業生王成熹。此作雖偏重光線方面，忽略傢具等陳設地位；然大體尚屬可取。

本刊第三卷第三號"框架用撓角分配法之解法"一文勘誤

頁數	行數	誤	正
32	6	$(2\varphi_b+\varphi_b)$	$(2\varphi_b+\varphi_a)$
32	20	K_{ab}代K	K_{ab}代K_r
32	20	即φ爲零	即φ_r爲零
32	27	$\varphi_a=\frac{P_a}{p_a}$	$O\varphi_a=\frac{P_a}{p_a}$
32	28	但P_a	但p_a
33	19	$\varphi_r y_x$	$\varphi_r y_r$
33	22	$y=\frac{K_r}{p_a}$	$y_r=\frac{K_r}{p_a}$
34	15	$P'_a=p_a-\frac{K_r}{2}$	$p'_a=p_a-\frac{K_r}{2}$
35	25	將可各節點	可將各節點
35	27	對稱性框架其中節點O	對稱性框架，其中節點O
35	31	係次	依次
36	7	雖其值	雖其值
36	13	求φ值	求$_1\varphi$值
37	3	0.833	0.083
37	6	$\frac{wl}{12}$	$\frac{Wl}{12}$
37	21	故用r^1	故用y'
37	25	中圖	圖中
37	27	—9000)$_o\varphi_c$)	—9000($_o\varphi'_c$)
38	13	之二約略	之二值約略
38	22	K_{ba}	K_{be}
38	23	m_{ba}	m_{be}
40	10	計算尺得	計算尺算得
42	11	0.2861	0.286
42	11	$y^1{}_{2\text{-}1}$	$y_{2\text{-}1}$
42	13	$_o$y及y	$_o\varphi$及y
43	3	$m_{3\text{-}2}$	m_{23}

營造學

（三）

杜彥耿

第二章

第一節 甗甎

甎之發明時期綦早，最早者，係用土製之塊，在日光下曬乾後施用。現在我國內地，如沿津浦鐵路綫兩旁村舍，咸用土塊。攷製（附圖十三）

用土塊築成之村舍

甎最早之史蹟，據日本工業大辭典第九冊第三九九五頁載煉瓦沿革：『煉瓦之起源頗古，攷古家曾於尼羅河深處，發掘煉瓦碎片，推其年代，遠在西歷紀元前一萬年。又巴比倫之宮殿，希臘，羅馬等之建築物，咸用煉瓦。印度上古亦有良好煉瓦之製造。中國朝鮮，自古卽用煉瓦，搆築城堡。』又據亞狄氏著：Audels Masons and Builders Guide 第一冊內載：『製甎之技工，其淵源殊早；日下曬乾土塊之施用，更遠在最早史實之前數千年。關於造甎年表，當西歷紀元前三千八百年，亞凱特（巴比倫之前）薩宮時代人類濱幼芬蘭與泰葛利斯（Euphrate河在亞洲土耳其，長一千八百英里。Tigris河，自德羅嶺東南向，一千一百五十英里，相近波斯灣，溝通幼芬蘭河者。）兩大江居處，因在該江兩岸覓得殊不整齊之土塊，識知該種土塊，可以築牆建屋；嗣後進一步，卽有煉甎之製造，以建巴比倫塔。』（附圖十四）

在紀元前六〇四至五六二年，巴比倫王尼培嘉尼尉（Nebuchadnezzer）時代，巴比倫與亞敍利亞（Babylonians and Assyrians），非特嫻於煉甎，並於甎面燒出美麗之磁光。

據中國人之申述，謂

甎坯製成，置於露天使乾，俟乾燥後入窰燒煉，或將甎坯售與窰主。

中國爲發明甎工之最早者，此說蓋有疑焉。煉甎之法，恐自巴比倫逐漸東傳，而抵達全亞細亞洲；蓋中國之長城，雖有大部材料，係用甎者；然考其時代　實遲在紀元前二百十年。故於巴比倫煉甎已趨成熟之時期，中國並無實證，可資確定中國煉甎技能有早於巴比倫者。

（附圖十五）

圖係專運窰貨之帆船，岸上有煙囪者卽爲甎窰。

尼羅河畔，仍有如古時之在日下曬製土塊者。法係用低淺之土池或盤，將泥土及截短之稻草，和水傾入池或盤中，搗爛使之柔韌，取出裝入甎之模型，或用手捻成甎狀，置日下曬乾便成。

吾國史乘，關於甎之製作，據世本作篇，謂堯使禹作宮室，論語謂禹卑宮室，而盡力乎溝洫。惟時宮室皆以土築成，迨後桀作瓦屋（世本），烏曹作甎（古史考），甎瓦之屋，始流傳於後世。紀年謂桀作瓊室，立玉門。尸子謂桀作瓊室，瑤臺，象廊，玉床。

（附圖十六）

茅屋內爲製造甎坯之所，河旁小池則爲揉踏泥土者；樹下二行黑影，卽爲已成之甎坯，陰於樹下者。

考據上述引證，以『烏曹作甎。』最有探討之價值。查烏曹係夏末人，與桀同時；夏桀元年爲西曆紀元前一八一八年，烏曹已有煉甎之製，似與西籍所傳煉甎之期，不相上下。著者之意，甎之發明，非由近東傳達全亞；亦非由中土流傳西域，蓋在同時期內，兩地或各地互有發明耳。

對於我國造甎，最古之實證，倘無發掘之前，僅恃『烏曹作甎』一語，似屬空洞，未能遽以爲證。故必須有待於攷古家再作進一步之搜查，提出實證，方可據爲信史。今證之甲骨文不無使人發生懷疑處，因甲骨文中，以巫占徙居爲最夥，蓋商時居於河套，黃河常有發水改流之厄，須時遷居；況彼時尙屬游牧時期，自無瓦屋之建築，人民均皆穴居野處。而在商前之夏時，桀已有瓊室，瑤臺，象廊及玉床之作，此又不能不令人懷疑者也。

降至今日，甎之製作，旣甚發達，甎之品類亦多。至造甎之手績，兼有手工與機器兩種；方法更有手工，軟泥，乾壓與堅泥四種。

手工 手工製甎，吾國最為普遍，以其工值低廉故也。惟於工業發達之國，已視為落伍；而廢棄不用；或因特殊情形，及甎數不多，間用手工製坯。其法將黏土在池槽中，和以水，使牛或人工踐踏，俾水與坭勻和柔韌，隨後將此柔潤之坭，擠入木或金屬製之模型（上下皆空，無底無面。）模型之大小，依甎之大小與式樣為轉移；然模型須較甎塊略大，蓋甎坯自模中擠出，經風乾煉燒後，勢必收縮也。

圖為手工甎型刮泥鐵絲。模型既無底，又無面；鐵絲則攀於竹片，成一弓形，用以括去模上餘坭。

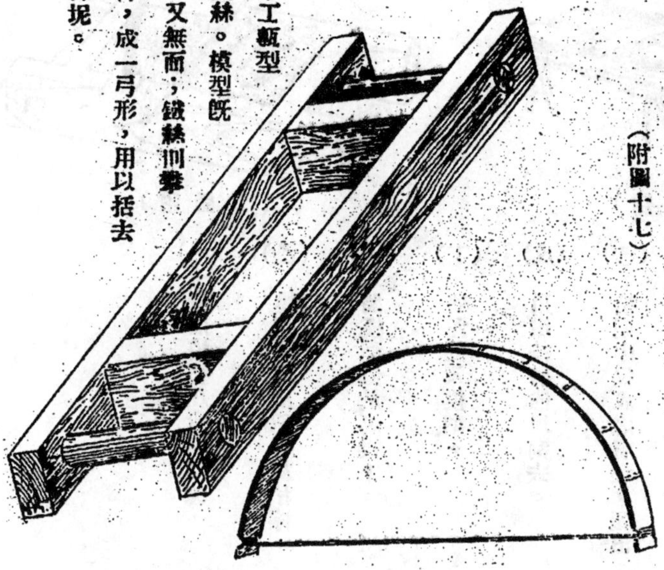

（附圖十七）

（乙）　（甲）

（附圖十九）

（丁）

（附圖十八）

（丙）

（附圖廿一）

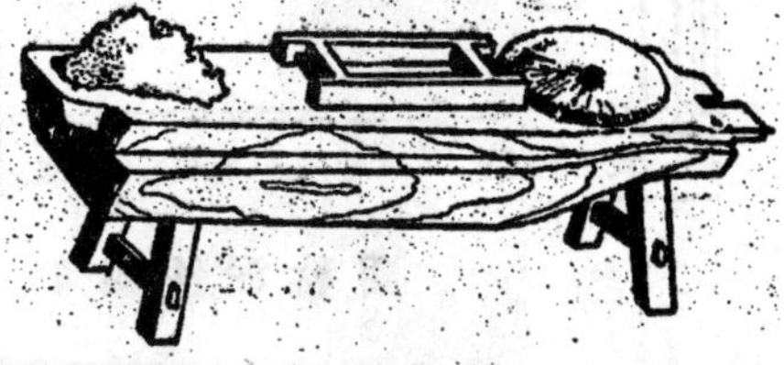

（附圖二〇）

（戊）

（附圖廿二）

（己）

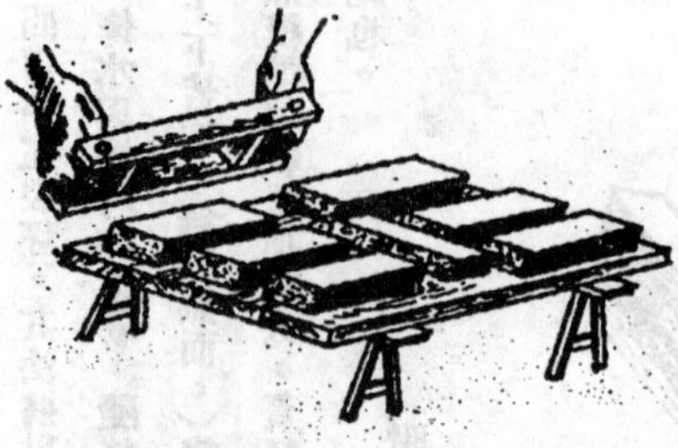

（附圖廿三）

（甲）先將模型在水中浸濕。

（乙）模型裏面用稻草灰拭擦。

（丙）將模型置於馬櫈上。

（丁）將泥置入模型。

（戊）用鐵絲將餘坭刮去。

（己）模型中搗成之甎坯，傾出置於台板。

軟泥法．此種手續，係將揉韌之黏土，放入模型，壓出倒置於台板，豈去風乾。至坭之加水揉韌，一如手工者；惟一用牛或人工踐踏，一則用機器壓製耳。

（附圖廿四）

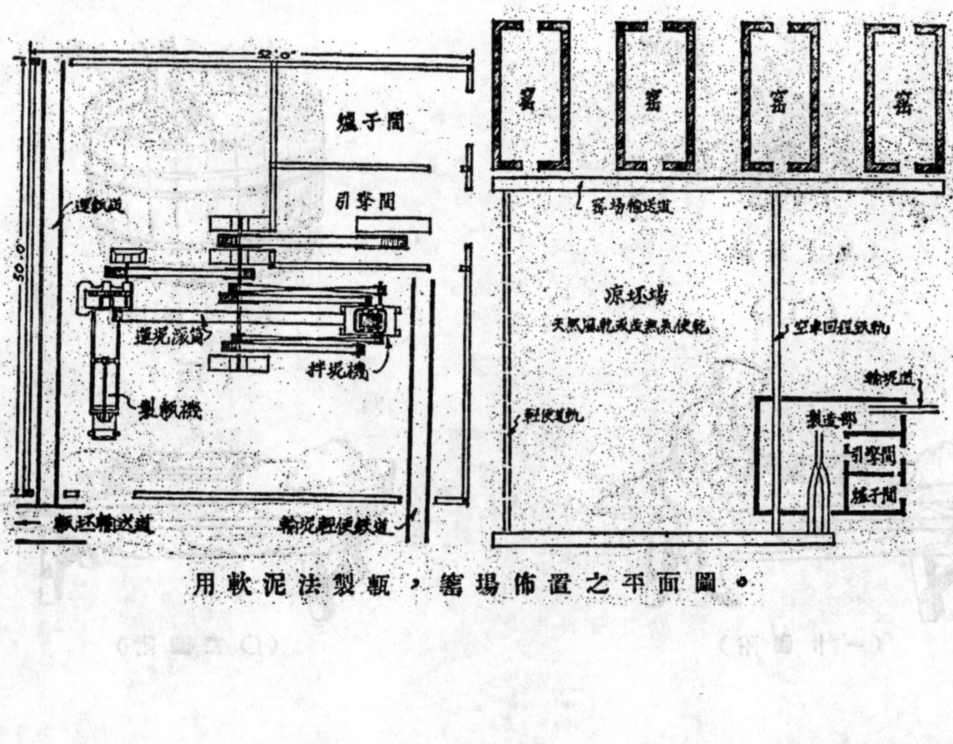

用軟泥法製甎，窰場佈置之平面圖。

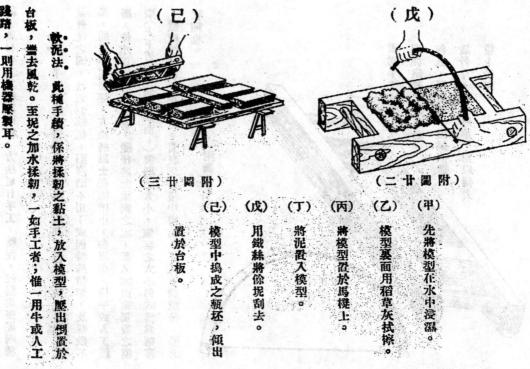

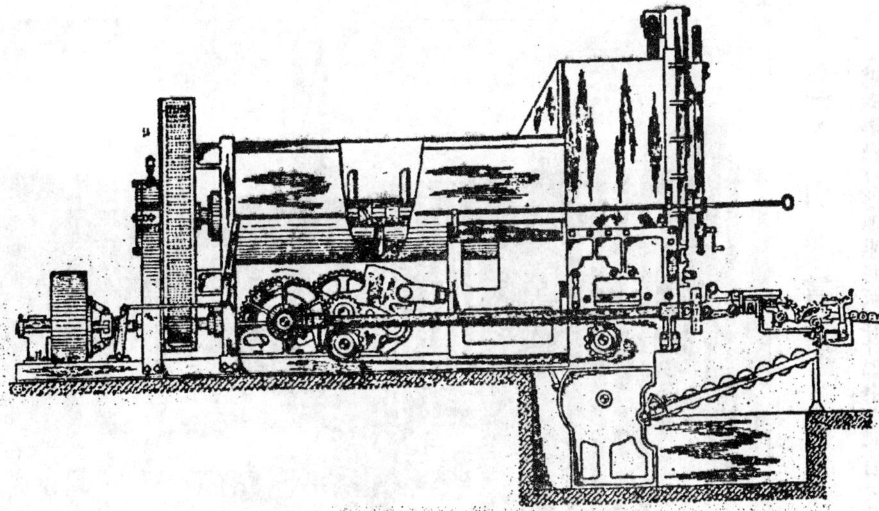

附圖二十五

上圖為用軟坭煉製瓴坯之機。機能自動將坭揉和，壓製瓴坯，將坯面餘坭刮去後，坯即脫離模型，翻置台板或置活動滾道上，自動輸送至風棚涼乾或送煖房烘乾。機中模型自一批瓴坯製出後，即能自將空模在沙中拭擦整潔。俾免濕泥留黏模上，隨後繼續壓製，動作極速，故其出品，較諸手工遠勝；且光潔堅實，故工業發達之國，與我國重要城市，漸利用機製瓴以代手工製矣。

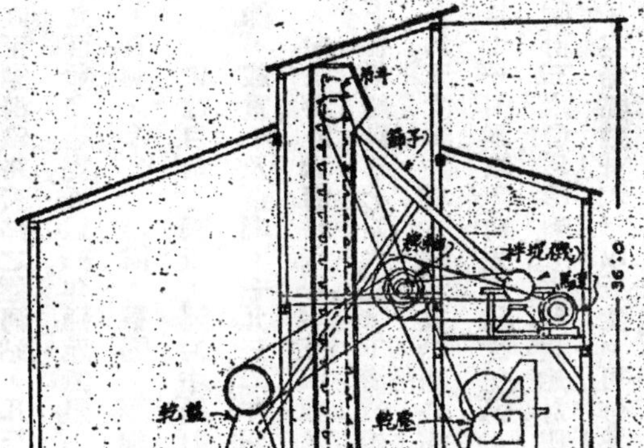

剖面圖

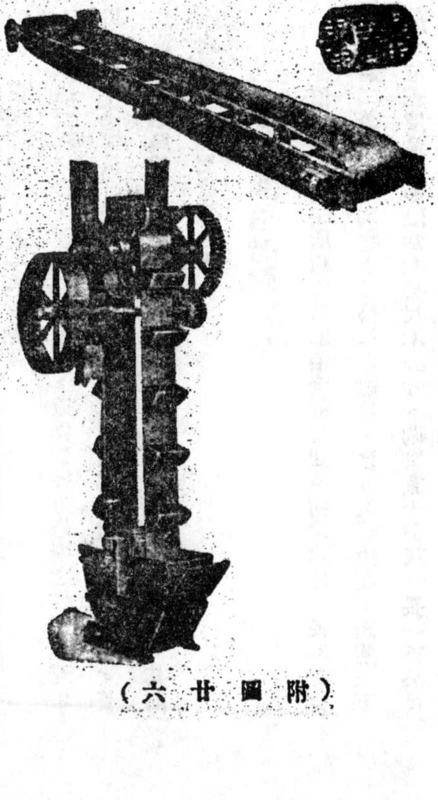

附圖廿六

圖中吊斗與圓筒滾道。係隨機之式別高低而裝置者。因裝用此兩種利器後，舉凡運坭搬瓴，所省人工，自不可以里道計。吊斗用以吊送搗細之泥，吊斗並將搗細之坭吊送至篩子，篩子係裝於機之最高部份，細坭經篩子篩過後，即直接輸送至揉坭機。

（待續）

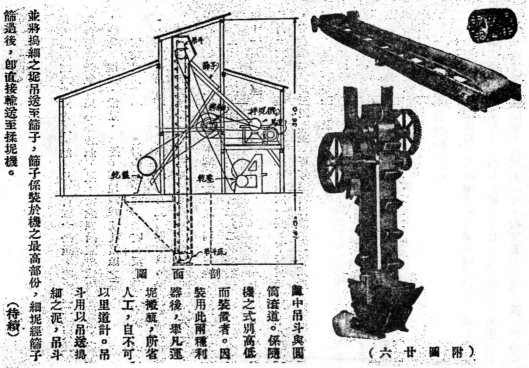

邵伯船閘工程述要

The engineering work now under way for the construction of water sluices and locks along the Huai Ho(River).

建築中之邵伯船閘

一、引言

導淮委員會整理運河航道計劃中之邵伯，淮陰，劉老澗三處船閘工程，現已同時興工。三閘完成以後，自揚子江三江營口沿運河直至隴海鐵路交點之運河站，凡三百五十公里，吃水深二公尺載重九百噸之船隻可以終年通航無阻，沿途經過重要城鎮如邵伯，高郵，寶應，淮安，淮陰，宿遷，等地均為江北繁庶之區。

依據目前之調查，運河中通行之船隻吃水深度最大不過一公尺餘，載重不及百噸。一九三二年四月經過邵伯鎮運河內運輸之紀錄，向上游運輸者為八一零五四噸，向下游運輸者為四五零六三噸，上行貨船計三七四六隻，下游貨船則為二四一三隻，每船之載重量多為三十噸左右，除載重船隻外尚有二九二零隻空船經過該鎮。同年十一月淮陰運河內運輸之紀錄，上行貨物計七八七五噸，下行貨物計三六〇〇〇噸，上行貨船計四六一隻，下行貨船計一七八五隻，空船經過計四三四五隻。可知運河內通年之運輸量，雖無確切之統計，但至多亦恐不及一百萬噸。

航道整理以後，運輸自必增繁，據德教授方修斯之推測，五年以後每年運輸量可達五百萬噸，十五年以後則可增至二千萬噸，蓋以運河經過區域之廣大，航道路線之適宜，運輸費用之廉省，其前途之發展，固屬當然之事。

二、邵伯船閘計劃

邵伯船閘之建築所以維持邵伯至淮陰間運河之水位，使其最低水深為二公尺半，則吃水二公尺之船隻，自可通行無礙，船閘上下游水位差度最大極限為七公尺七公寸。閘室寬十公尺，長一百公尺。三十噸之船每次可容十五隻，四十噸之船，則可容十隻，六十噸之船可容八隻，一百噸之船，可容六隻，三百噸之船，每次可容四隻，九百噸之船，每次猶能通過一隻而無阻礙。

閘室兩側爲斜坡式，底部及兩坡上均用塊石嵌砌，此項計劃所以節省工費，每次開閘需用之水量雖較多，但因輸水管計劃之適宜，每次開閘之時間並不過分延長。如船隻自上游來必先由輸水管放水入閘，使閘室水面與上游相平，而後開啓上閘門，船隻始能進閘，同時已在閘室守候上行之船隻，即可出閘，再將上閘門關閉，洩水外出，使閘室內之水面與下游相平，而後開啓下閘門，下行船隻於是可以出閘下駛，同時上行船隻即可進閘。復將下閘門關閉，如此周復一次所需之時間，在上下游水面相差最大之時，至多不過一小時。

上下閘門處兩側之閘牆，係與底部連成一片，全用鋼筋混凝土澆製之，與普通設計，兩側獨立之重力式迥然不同，此乃一特異之點。

閘門以鋼料製成，附開關機，以四人之力即可開閉自如。輸水管置於閘室兩側，另設有開關井內置輸水管啓閉之機關。所有閘門及各項啓閉機件，均係向英國工場定製。

基礎下基樁與鋼板樁之佈置，以及關於閘工各項詳細結構，導淮委員會製有計劃詳圖，備載無遺，茲不贅述。

運河東堤原有涵閘甚多，可以洩水供給運東裏下河一帶農田灌溉之需。自應一律照舊應用，惟須逐漸加以改良，使其啓閉靈便，在農田不需灌溉而水位甚低之時，則可撥閉之以維持運河之航運。運河西堤方面原有涵閘缺口，亦須分別修理及堵塞之，俾使與高寶諸湖隔絕。淮陰至淮安一段河身深度尚嫌不足，則擬浚深之。邵伯閘之下游一段航道，全恃江水供給，亦有略需浚渫之處。凡此浚深河槽，堵塞缺口，修理涵閘等事，則又爲船閘工程之外完成航運計劃之重要工作，均已分別舉辦，期與船閘同時完工也。

三、施工概況

甲　船閘工程

導淮委員會於二十三年二月間設立邵伯船閘工程局於江都邵伯鎮，專負辦理邵伯船閘工程之責。嗣以運河西堤堵塞缺口，修理涵閘，關係重要，亟須同時興工。遂亦指定由局兼辦。

工程局成立伊始，即行拓工開挖船閘基址，及第一期引河並築堤各項工程。工既竣，船閘工程由本會招標選定交由馥記營造廠承包建築。遂繼續興工。

邵伯閘自二十三年九月開工以來，進行原甚迅速，惟因國外材料運輸稍遲，以致完工時日，不能不稍爲延展，基樁部份施工費時最久，良以邵伯土質堅硬，困難較多，安置樁位，注重準確，鐵錘擊打，尤防偏斜。上下游及閘室兩側輸水道下大小木樁，共計一千三百九十七隻，已於本年三月全數打竣。至鋼板樁之打入土中，尤爲艱難之工作，土質堅硬，鋼板甚薄，長度特殊，緣此三因，遂感棘手。幸從其事者尙能謹慎小心，本局監工尤嚴，工具屢易，方法迭更，總計長短鋼樁五百九十二塊，現已大部份打入土中，計其成數已完成百分之九十。木樁及鋼板樁數目，施工時因實際需要已較原定計劃，略爲增加。基礎既竣，其餘工事，均能計日成功，澆做混凝土前所應預備各事，均已完全就緒，材料方面，如水泥黃沙石子，均已到工，鋼筋多已灣折如式，如拌和機連同引擎及輸送車各件亦已預備齊全，下游石灰三和土一、三、六混凝土均已澆製完竣。

茲將船閘工程內數種重要工料數量開列於後，以示梗概。

一、木樁長八公尺至十六公尺不等計一三九七根

二、鋼板樁長五·四公尺至二十一公尺不等計五九二塊

三、一·二·四混凝土計三九四一公方

四、一·三·六混凝土計九八〇公方

五、亂塊石子計三〇五八公方

六、各項灌砌塊石等工計三五三八公方

七、鋼筋及各項鋼料計九九二噸

所用鋼板樁及鋼筋，鐵門等件均係英國訂購，水泥採用啓新馬牌國貨，樁料均係美松，石料係向龍潭及老子山運來，黃沙採用大通及宿遷出產，各項材料現正分途趕運。包工自備輪船四隻，往來鎮江邵伯間晝夜運輸不輟，工場上並已裝置電燈，日夜工作，數月以來，未稍鬆懈。

邵閘全部工程，已由包工方面承認趕工，期於本年六月內完成，照目前進展情形，已能如期竣工。

船閘工程竣工以後，邵伯原有運河，擬即築壩一道堵閉之，並將船閘兩端引河原留之堵水壩挖開，開始通航，此項土工列爲第二期引河工程辦理之。

乙、整理西堤

裏運河既在淮陰邵伯兩處，各建築船閘一座，終年水位，可爲兩閘操縱使運河絕對航渠化，惟運河西堤涵洞缺口甚多，湖河通疏，非加堵築仍不足以操縱自如，本局曾於二十三年四月組織測量隊，分別調查測勘，計自淮安境程宅洞起，共有八洞八閘十一缺口，總計二十七處，其中程宅洞，劉洞，閻宅洞，劉宅洞，楊宅洞，洞後均爲水田，須賴以輸水灌溉，各洞有完整者，有淤滯者，分別修理，加配洞門，以機啓閉，葉雲洞，王碾洞，梁淮洞，洞後均旱田，且早經廢置，遂加以堵塞。

各閘如葉雲閘通湖閘雙孔閘，閘後河道淤塞，兩岸均爲旱作物，土人早已堵閉，決計堵塞，北閘南閘爲寶應湖西各處通河要道，閘身罙有損壞，閘板不齊，加以修理，配置閘門，以便啓閉，下游七里閘六安閘清安閘已圮壞不堪，於交通無甚關係，一律加以堵塞。

各缺口除高郵越河港，爲三河皖北與高郵交通要道，湖西農產品，均由此港集中高郵，不能堵塞，擬在該處建築小船閘一座外，餘如救生，賈家，陳家，四汊，車邏，水廟，黃泥，三溝閘，鯿魚，會館各港，均一律堵塞，以充成運河航渠化。

整理西堤工程，由邵伯工程局兼辦，以工段總長，分設工程事務所三處，以便管理。第一所設寶應，管理七里閘以上修理及堵塞工程。第二所設高郵，管理六安閘越水廟港北堵築工程，第三所設昭關壩，管理黃泥港以下三處堵築工程，均已於二十三年十二月間，先後開工。

各港深淺不一，底有淤泥，為慎重起見，決採用圍埝治水清淤辦法，以資妥實，堤身高度與舊堤相仿，規定為頂高九公尺，頂寬為八公尺，蓋預備為將來加高計也，兩坡湖坡一比三，河坡頂高六公尺以下為一比三，六公尺以上為一比二。間有事實上不能做到時，酌量變更，自開工以來，築圍埝費時最久，清淤尤為困難之事，淤最深處有四公尺餘，質稀軟不經重壓，不去則築堤高後，有墊陷脫坡之虞，去則費款費時，惟有酌量情形以處之，今幸大致清淤完竣，已全部開始築堤，如天時晴明，冀能如期完工矣。工程費約計總數為二十五萬元。

國人發明之銀光泡

上海華德工廠協理兼總工程師李慶祥君，向抱實業救國宗旨，對於光學電學，素極研究，富有經驗，每思以國貨而與外貨抗衡，為實業界闢一新紀錄，藉以挽回外溢漏巵。前為力求深造計，曾進安迪生駐華電燈泡廠，服務十有餘年，歷任工程技術職務，並由該廠派往總廠實習製泡工程，深得其祕。

爰於民國十九年創辦華德工廠，以協理兼任總工程師，所出華德老牌燈泡，實為其精心製造之結晶，因之深得各界嘉許，聲譽日隆，行銷日廣。近更本其學力，發明一種銀光泡，其省電耐用，及發光加倍之成績，確為任何燈泡所不及，此項銀光泡業已奉實業部批准專利云。

都市防空應有的新建築

彭戴民

編者按：未來的戰爭，勝負誰屬，決於淩空一擊。在空戰時首當其衝者，厥爲大地之一切建築。經之營之，毀於一旦；未雨綢繆，此其時矣。故特轉載本文，以供參閱。

昔日國圉和都市的防護，重在堡壘或城牆，如萬里長城，及現在各城市尚遺留的城廓碉堡，此卽古代恃以爲防衛的屏幛，時至今日，以飛機出現，此等防禦設施已如紙畫的老虎，失其效用，因爲近代飛機的進展，和炸彈效力的偉大，憑你金城湯池，敵人也會由空中來施行襲擊的。從前能保全領土領海便算達到國防的任務，而今還須保全領空方稱國防無憾，國防的方式，既因飛機而變遷，都市防衛亦以空襲而改進了，所以現代的都市建築，須具有防空的條件，須顧慮遭空襲時，有抵抗炸彈燃燒彈毒氣彈的能力或設施，方適於近代的要求，茲將近代都市計劃及其建築法之一例，略爲申述，以供參攷，在民窮財困建築工業落後的我國，對此似屬理想，然欲達都市防空的目的，非若是不足以奏其功。

(甲) 都市計劃

在防空立場上，計劃近代都市的建設，須特別顧慮燃燒彈的起火，炸彈的爆炸，及毒氣彈的毒化，現就防火防彈及防毒三者，於建築計劃上應注意的要項分述如后；

一、防火　爲使敵機投彈的命中率小，而少引起火災計，必使全市的建築面積小於全市地區的面積，且建築物間均須互相間隔相當的距離，則雖起火亦不致延燒不止。

二、防彈　亦如前項除使建築面積比全市面積小而外，且須使公務築物，住宅，工廠，道路等，各別分離不同時同地爲一爆彈所害，并建築物不宜緊接道路，以免坍塌後阻塞通衢，有礙防空部隊的行動。

三、防毒　風與水乃對毒氣爲有效的防禦物，因風可吹散毒氣，水可吸收或溶解毒氣，故凡建築物須絕對避免妨礙通風之設施，且於市中各處宜多設水池。

總上三項，現代都市的建築，宜具如左的條件：

1.建築面積務盡量比全市面積小，現在一般都市的建築，概爲五〇%，宜將之約縮爲一〇%。

2.建築物須互相分離建築之。

3.建築物須不接近道路而建築之。

4.都市內須多設水池。

(乙) 都市建築法

一、防彈建築　一般對於防彈建築多構築

地下室，以爲防彈之用，但地下室頂面所覆之鐵筋混凝土，非有能抵抗最大炸彈之厚度不可，現在一噸炸彈可貫穿一米達深的鐵筋混凝土層，爆炸時尚有半徑三米的破壞威力，故鐵筋混凝土的厚度，至少須四米達。（參看次圖）

第一圖　地下室

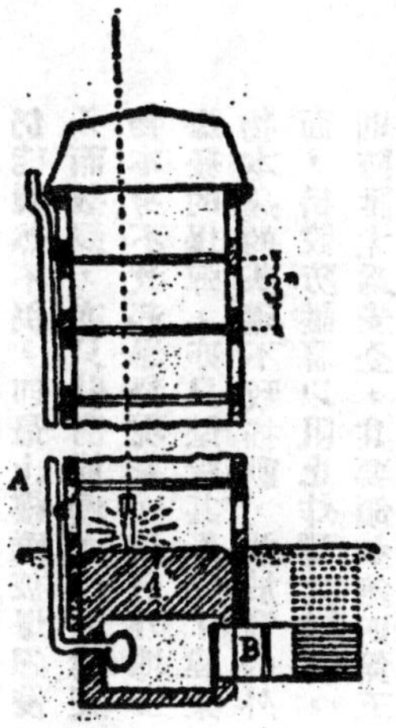

上圖乃現在普通建築物所構築的地下室，A爲換氣裝置，B爲出入口，但此地下室，只能防護避難其中的人員，對於建築物自身的保護，則不可能，因其牆壁密着骨柱，週圍堅固異常，若其室頂一度被炸彈貫穿，則彈在室爆裂，牆壁必爲破壞，建築物亦因而崩倒，故欲既能防護避難人員，而又能保存建築物，必須於建築的最上層有「空中防護」的設備，「空中防護」的設備，其構造亦甚簡單，玆將其屋頂，骨柱，牆壁及其經始法上應具的條件略述如次：

（1）屋頂　宜採取使炸彈容易跳飛的形狀，如左圖：

第二圖　能使炸彈跳飛的屋頂

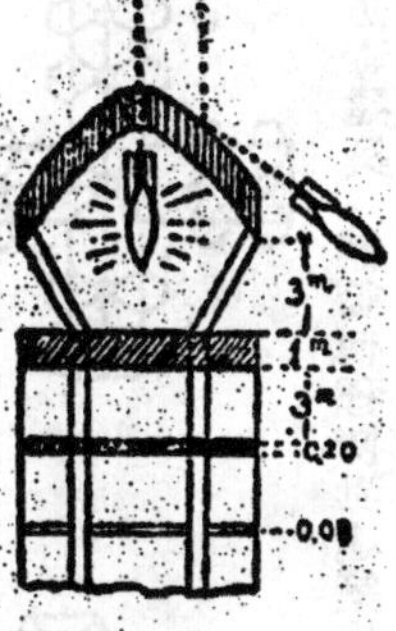

但對大型爆彈以其使之不能貫穿，不如對貫穿後的爆彈，講求適當的處置爲宜，普通一噸爆彈能貫穿一米達的鐵筋混凝土，且能在建築物內爆裂，故欲不使其在建築物內發生爆裂現象，只須使最上層樓屋的四壁不具有引起爆裂現象的抵抗力即可。

欲防止爆彈之貫穿只要在最上層樓與次樓之間，多築置二〇公分厚之混凝土一層便能充分抵抗，故對於一噸爆彈，若在地下室必要四米厚之混凝土，對「空中防護」只須一米二〇生的厚度便能防護，若更加一米厚之一層，則雖對異常强烈的爆彈亦可保無虞，其圖案如左：

第三圖　防禦爆炸之新建築法

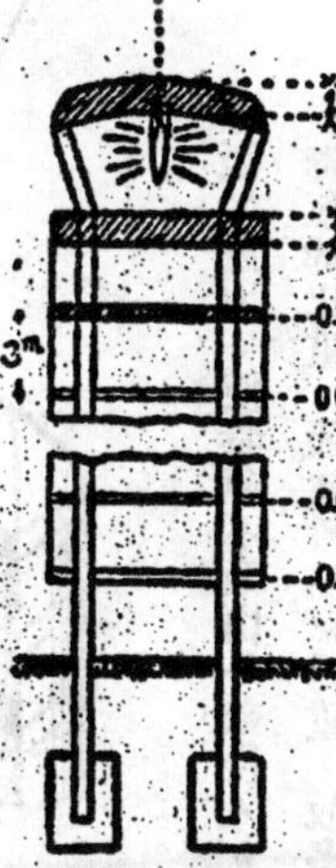

（2）骨柱　本建築物的骨柱，以鋼材爲宜，因鋼材比其他材料細而能負担重量，且有充分的抵抗力，樓柱若使用鋼材，則因柱之斷面積小，其所受爆彈的破片亦少，但此柱須能支持前述合有防護層的建築物的全重量。

地面至第一層樓間爲避免爆彈破裂的爆風計，完全不裝置牆壁，只用骨柱支着，恰如建築物上附以脚一樣。

（參照第三，四，五圖）

第四圖　防護幕之設置要領

A爲網製者

B爲以袋盛土編製者

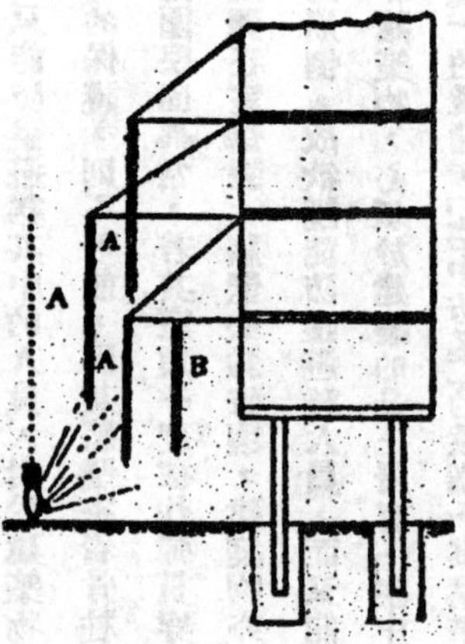

（3）牆壁　壁與骨柱不可固結，使壁不致增加建築物的堅牢程度爲宜，如此則壁雖受爆片的損傷而崩壞，而建築物仍能巍然不倒，即最上樓雖被爆彈侵入而破裂，亦只壁窗崩壞而已，建築物本身不致起爆裂現象。在房外地上爆發的爆彈，亦只壁受其影響，建築物本身的基礎不致搖動，並於窗的外面，掛設防護幕以阻止炸彈之破片，則防護尤爲安全，其要領如第四第五圖。

第五圖　防護幕之外觀

（4）經始　其法以炸彈雖在某礙附近爆裂，而建築物仍不致崩倒爲原則，如第七圖中之甲爲十字型的經始法，以普通建築而論，此法似屬堅固，但炸彈若落在十字中心A之附近爆裂，則必受強大的爆炸力，故防空建築的經始以有一百二十度的開角，如乙Y字型者較爲安全，又在經始時須顧慮跳彈不致飛他部或傷及鄰近建築物，對於此點須依照前述建築物與建築物之間不可接近的原則。

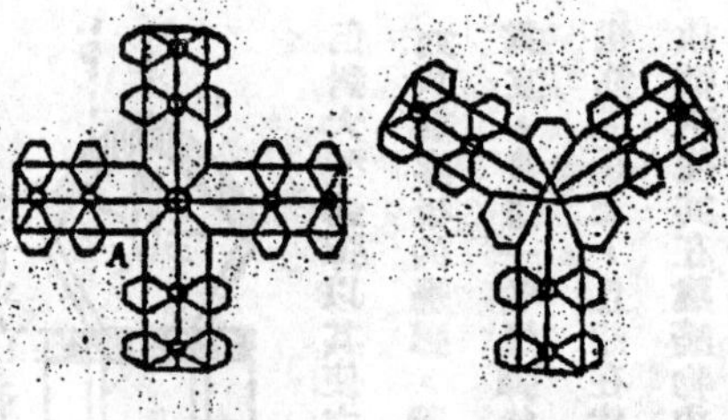

第七圖　建築物之經始要領

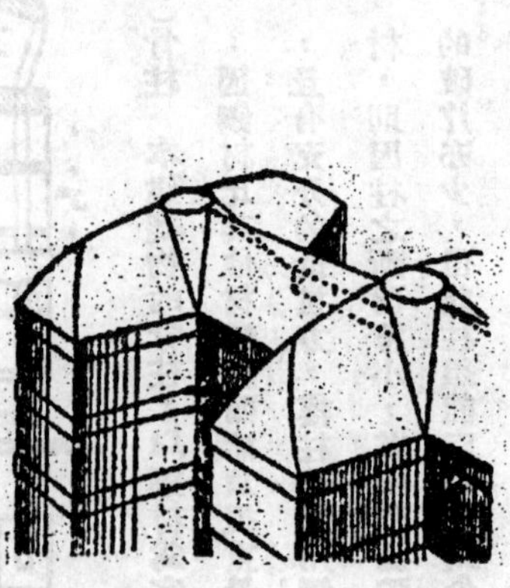

第八圖　上圖乙之細部及其外規

二、防毒建築　無論何種防毒建築均以能補充新鮮空氣，排出汚濁空氣，且不致浸水爲原則。故地下室須構築不致浸水的牆壁，室的上方須有濾過裝置的設備，以便吸換新鮮空氣（參照第一圖），且須裝置輕壓力的機械，對室內的空氣加以輕微的壓力，使毒氣不致由外部侵入。毒氣的比重，通常較空氣爲重，故多流沉於地面上，大概距地表面二十五至十米的高處便可不必施以防護的設備，如第四第五圖所示地面至第一層樓之間，只架柱不裝壁，意在易使毒氣逸散，若週圍築有圍牆的內庭，則

23110

不易消毒，故於建築設計之初，不可不深加注意。

三、防火建築　屋頂宜作圓錐形（如第一圖），使裝置慢性信管的燃燒彈落於其上，自能跳飛而下，銳敏信管的燃燒彈落於其上，亦能有十分的抵抗力，其建築以防火建築爲宜。

綜上所述，約而言之，都市建築物，除須用防火建築外，尙須依照次之二種建築法中的一種以建築之，方合防空上的要求。

A.如現在大部分的建築物，於屋頂無特別的「防護設備」者，須構築地下室。

B.摩天樓式的高層建築物，屋頂宜施行防護設備，屋柱間輕着以壁，使爆裂破片，雖將牆壁沖倒，而屋柱仍不致於大壞，並其經始須照Y字型的經始法。

以上所述的建築法，不只專對空中攻擊而已，即在衞生，居住，交通方面而言，亦有相當的改進，惟防護屋頂，乃專以對空防禦爲目的，其建築費甚昂，一般小房屋多無力設備，但如於高九十米三十層樓的大建築物上，構造防護屋頂，必甚合算，因建築物大，建築經費亦必大，能避免空襲之禍，雖多費數萬，以作對空防護設備，亦不爲損，普通三十層樓的建築物，只須於易受轟炸的第一至第七樓第二十八至第三十樓之間講求避難的處置，其他的部分可以不必顧慮，因有防護屋頂的設施，可以對付炸彈和燃燒彈的轟炸，離地面有充分高度，可以不怕毒氣的攻擊，但這種處置雖好，無奈我國人民，多住的是平房小屋，既少高樓大層，且非堅固建築，無論由樓上而言，或樓下而論，對於空襲的防護，都沒辦法，這是今後要想法改良的。

本文所述的理論和計劃，雖不易實現，但能一部分一部分的逐漸着手，亦非絕對不可能的事。

歸納本文的主張，現代的都市計劃與建築，須按左列原則：

一、建築面積盡量小於市區面積

二、建築物須互相分離

三、建築物須用防火建築

四、牆壁與樓柱不可固着

【轉載上海防空一卷二期】

工 程 估 價 (二十三續)

杜 彥 耿

工程估價總額單

住宅

名稱	說明	數量		單價		金額		總額		
灰漿三和土	底脚包括掘泥	20	66	16	00	330	56			
十五寸大方脚	青磚灰沙砌	5	50	30	00	165	00			
十寸大方脚	,, ,, ,, ,,		72	20	00	14	40			
十寸牆	,, ,, ,, ,,	43	00	22	00	946	00			
五寸牆	青磚水泥砌	5	01	18	00	90	18			
十寸壓簷牆	,, ,, ,, ,,	9	50	27	00	256	50			
五寸板牆	洋松板牆筋雙面鋼絲網	6	93	28	00	194	04			
地板	二寸方擱栅一寸四寸柳安企口板	6	06	47	00	284	82			
水泥地	二寸水泥上加細沙	1	06	16	00	16	96			
,, ,, ,,	三寸水泥上加細沙	2	22	20	00	44	40			
水泥踏步撑檔	大門口及汽車間		19	60	00	11	40			
樓板	二寸十寸擱栅一寸四寸洋松企口板	2	10	26	00	54	60			
,, ,, ,,	二寸八寸擱栅一寸四寸洋松企口板	4	50	25	00	112	50			
人造石地	白水泥白石子		60	30	00	18	00			
,, ,, ,,	青水泥白石子連四寸厚鋼筋水泥		64	60	00	38	40			
鋼筋水泥		5	74	115	00	660	10			
外粉刷	黃沙水泥	32	58	17	00	553	86			
裏粉刷	柴泥水沙	56	65	4	00	226	60			
,, ,, ,,	紙筋石灰	4	46	2	50	11	15			
台度	黃砂水泥一寸厚	4	88	11	00	53	68			
,, ,, ,,	白水泥白石子人造石	1	55	30	00	46	50			
大門	用柳安裝彈簧鎖	1	00	50	00	50	00			
單扇洋門	用洋松裝插鎖	14	00	30	00	420	00			
	接下頁							4	679	65

工程估價總額單

(二)

住　宅

名稱	說明	數量		單價		金額		總額		
	承上頁							4	679	65
櫥門	用洋松裝櫥門鎖	4	00	20	00	80	00			
後門	用柳安	1		25	00	25	00			
汽車門	用柳安門扇摺迭	1		100	00	100	00			
雙扇摿門	用洋松及紙柏葫蘆	1		140	00	140	00			
雙扇鋼門		1		56	00	56	00			
單扇鋼門		2		31	50	63	00			
鋼窗		25		16	00	450	00			
火斗		2		80	00	160	00			
踢脚板	用洋松	437尺			6	26	22			
畫鏡線	,, ,, ,, ,,	437尺			5	21	85			
扶梯	,, ,, ,, ,,	1		45	00	45	00			
櫥擱板	,, ,, ,, ,,	12			50	6	00			
洋台欄杆	用二寸白鐵管	57			20	11	40			
落水管子	用二十四號白鐵	11丈		3	50	38	50			
明溝		14.5丈		3	00	43	50			
十三號		6		1	80	10	80			
壓頂			48	80	00	38	40			
踏步	起居室外		4	80	00	3	20			
,, ,, ,,	後門口		3	80	00	2	40			
窗盤			35	80	00	36	00			
								5	956	92

23113

『偷工減料』與『吹毛求疵』

漸

最近南昌省立醫院工程，承攬人派在該處管理工程之工事長與建築師派駐之監工員發生嚴重慘劇，事實眞相，現尚未明白；然記者驀聽得這消息，不覺勾起了九年前親自遭受的非難，揾揣已久，現在趁這機會，把以前的積鬱傾吐出來。其實，此事已成過去陳迹，、不說也能！但我想偌大的建築界，與記者蒙受同樣的遭遇，弄得走頭無路，呼籲無門的，也必大有人在。因此記者不惜浪費筆墨，把它記載下來，俾築建師或工程師能明瞭營造人的處境；營造人也要履行合同上的義務，要看透建築師工程師的本來面目，不要戴之若財神，也不要懼之若魔鬼。

『偷工減料』這個名辭，好像是業主或他的代表人用來對付營造人的一件法寶，也幾成為一句時令的口頭禪。所以凡營造人被打着這件法寶，便也一聲不響地屈服下去；其實，這豈是眞正的屈服，眞正的被法寶鎭住了呢！不過礙着放法寶者的面子罷了。有句話說得好：不要『小不愼』，『致亂大謀』，並不是眞怕那件法寶有三頭六臂樣的利害；若是識時務的，偶然用用，尚無問題；若遇不識時務的朋友，他以為一計已售，不妨像壽星唱曲般來個老調，結果太使人過不過去，那時，你準備着回報罷。要知回報不來便罷，來時便得湊個成雙，第一炮照例是『故意刁難』，接着又轟下了個『吹毛求疵』。諸位不要以為這轟轟的都不是實彈，是空心炮；像首都靈谷寺建築將士墓的時候，有位副工程師是被這兩顆炸彈轟走的；而營造人在這所工程上也賠了不少血本。這就是強有力的事實證明。

建築師，工程師與營造人，根本談不到孰尊孰卑；便是業主與營造人，也同商店與主顧一樣，一個有的是錢，一個有的是貨，做交易彼此客客氣氣，用不着神氣活現，擺出做東家的樣子。說句澈底的話：建築師是一所房屋的設計者，是一個依理想畫在紙上的人；可是人們終不能鑽進畫在紙上的圖案裏去住，必須經過營造人的斧斤之後，纔有眞正的房屋築成，可供居住。設無營造人替人建起高廳大屋，那麽，，那輩自以為天之驕子者，祇能像野狗般的穴居，也決計擺不起架子來！人是互助的動物，決不是誰養活誰的；只有那些無意識的人，才喜歡擺架子，用高壓的手段。

記者在民國十六年十月，承攬一處工程，是一所七層高的辦事院和七層高的棧房，面積計四十方(四千方尺)，辦事院在前，面臨馬路，棧房在後，中間一個天井，寬十七尺，把辦事院與棧房分開前後二部。房屋的一邊，貼靠鄰屋，一邊留一備衖，寬十七尺。建築師與工程師都屬西人，這家打樣行，開辦已有多年，在上海也可算是有數的老行，大班卽屬建築師，是一個生長在上海的外僑；起初在這行裏是學習打樣的學徒，嗣後兩個『老打樣』，因了年老相繼退職回國，他就繼任下來。可是他對於建築學識，沒有深邃的研討，所以雖名為建築師，其實終年沒有一張圖樣出自他手；生性倒很爽直，人格也還不錯，什麽鬼鬼祟祟的勾當，他是絕對沒有的：但可惜他有時有些流氓脾氣，因為他是老上海，孰識的人很多，更兼他是個善於交際的人，又喜運動，在馬上打得一手好球，每逢比賽，他總是名列前茅；但他的浪漫程度，也狠夠人意味。曾記得有一年，上海發生了一樁非常事件，頓時宣告戒嚴；在這戒嚴期內，他却挾着美姿自禦汽車，駛向戒嚴區域去；這時候，駐在那裏站崗的團員，當然攔住去路，不准他通過，那時他便申言是團中的高級軍官，他當着他的愛人說這一番話，滿想那個團員聽了，登時行禮道歉，准他通過；詎料那個團員偏是個捉狹鬼，對他身上一瞧，見他沒穿制服，仍是堅持着不放過去。這一來，他不由的怒從心起，他的牛性立刻便發作起來，竟把那站崗的團員，親自拘入車中，直駛司令部，把他押入看守所裏，他便攜着愛人大踏步的走進團本部去了，後來不知怎的竟把那團員遺忘了，沒把他發落，因此引起其他團員的非難，他也算識機，便悄然地辭退了與他有十多年歷史的團部。關於這件事，外間言之鑿鑿，不知是否事實，橫是與本文沒多大的關係，也不庸喋喋了。

我曾說過他對於建築學識沒有深邃的涵養的，但他對於地產，却狠熟悉，故他也是地產委員會委員之一。設計建築規畫圖樣，係由二班担任。(即是他的合夥人)此君爲人忠厚，建築學術的程度也很高超，畫幾張透視圖頗有意味。他的作風完全具着英格蘭的式調，愼守着他的典型，不隨流俗。任憑摩登的潮流喧囂一時，他終依然保守着紳士的步調。他的個性非常鎭靜，嘴裏終日含着烟斗，烟絲在室中繚繞，他的思潮也由腦海直輸到圖畫紙上。釘在圖畫板上的白紙，經過一陣鉛筆在紙上簌簌作響，便繪成一張建築圖案。這是二班每天的工作。工餘之暇，同他夫人並轡郊外，其樂無藝。他並喜杯中物，能盡白蘭地一瓶。在席間說幾句幽默話，頗足耐人尋味。他有一次被汽車碾傷足趾，不良於行者凡二個多月。當時他並不報告街捕，也未將汽車號碼抄錄，事後亦不控訴，即此一端，便可見其爲人之一斑，但是因他太好了，故只能一天到晚埋頭在圖畫板上，做着一架設計圖畫的工具。

除他兩人外，還有一個僱用的工程師。此人生成像一懶蝦蟆般，故多叫他懶團。(滬人稱懶蝦蟆爲懶團)彼係歐洲某小國人，一舉一動都表顯出一種小的派氣。不論談講何事，他都充作內行。這種怪僻的脾氣，誠使人感到不快。他若在黃沙內找到一段草根，便得揚言這是某種植物，在中國藥物內當什麼用的。曾有一次他說蜈蚣係中國十二生肖之一，並自命爲一古董家。我在他家所見，所謂古董，祗是些銅關公銅彌勒佛像與銀觀音等，不知在何處舊貨攤搜羅而得。他並大談其關公歷史，說來都是牛頭不對馬嘴，令人噴飯。聽了想要指正，他便不以爲然。人家曉得他有此種怪癖，也都唯唯否否，加以竊笑。在他却自鳴得意，以「支那通」自居。寫至此處，又回憶到有一西人，以善說山東話自詡。在歐戰時他便領着一批山東華工赴歐。他對山東人說的山東話，山東人聽了好像吃麥多般。一懂也不懂。他反說山東人蹾不曉事，連山東話也不懂。此公與懶團君可說無獨有偶的一對「支那通」了。

開始工程的第一步，是把沿路的一段地，用竹笆攔起，在備街的盡端，架起三間樓料房，預備做辦事處及木匠間翻樣儲放重要儀器等用。天井的一塊隙地，也搭了一排樓料房。上層備作小工住宿，兼儲洋釘草繩竹籮等器具。下層分一大部份堆置水泥，另一部份是用來裝置馬達拖曳拌水泥的機器及吊斗。在這種寸金之地，建築人最感困苦，因為沒有餘地可資棧儲材料，同工人做工的地位。不知連這些地位還都要發生問題，是因備衖那邊的業主，寫信要求把那靠着他們的三間樓料房，都要拆去。其理由是恐防起火延燒。無何，只得拆去辦事處木匠間，祇好都擠向天井中幾間料房，鄰人方無話說。一波方平，一波又起，工部局的衛生處派員來問為何沒有工人的厠所。答以沒有地位，又問那末工人若要排洩呢？答以到附近公坑去的，衛生處的人員聽了便說，沒有這樣誠實的工人罷！無論如何，得在此處設法一個厠所。於是只得預備一個木桶，上面用蓋蓋起，放在一角，聊以應命，其實並不使用。

在鬧市中的工程，雖感沒有餘地的困難。但是工人的徵僱與材料的購配，都極便利。祇要一個電話，材料便卽送來。若在窮鄉僻壤，雖有很大的原野，所感到的不便，却有什百倍於城市者。建築人好比軍人一樣。不管城市鄉僻，無論什麽地方，只要有工程可做，他們都不避艱辛，不顧危險，奮往工作。他們不慮生活不便或地方不靖，帶着應用器具和粗糙糧食出發。比如現在有人到首都瞻仰總理陵園，都同聲贊歎莊嚴偉大，却不連想到這都是建築人的精神氣力所造成的。應該在陵旁造一所紀念亭或紀念碑，以資紀念建築人的功績。建築人確如建設軍。自古以來，關於破壞軍到有詳實的紀載及紀念物的建樹。獨建設軍却默默無聞。這是因建築人自己不爭氣，始終站在被動的地位，自己不去直接負起建設的責任，反去仰賴別人。若聞某處有了新的工程，便趨之若鶩。因此人家都臨時定出許多苛律，若取圖樣，要有押圖費，另外更須手續費等。取了圖來，精密估賬，平常工程至少三天五天，較大的要需一二個星期，白白費了這許多工夫，例反要貼出手續費，事之不平，無過於此者。但雖在那種苛例之下，仍然爭相謀奪，投標估賬，咸用低價相競逐。承攬得包工權後，又都施出偷偷摸摸的手段，無怪要被人家看不起。這些事體，實在是有損建築軍的軍譽。是故參與建築軍伍的人，都得急起直追，整頓軍容，向那市面不景氣的陣地攻去。不要依舊彼此相見，互道生意清淡，如何是好。袖着手只顧嘆息，抬着頭癡癡的希冀市面的轉好。

營造地的南鄰是一所四十多年的破舊洋房，大有傾圮之勢，那裏經得起我們打樁工程的震動。外牆與腰牆本來是齒接着的，現在却因此而有了三寸多寬的離縫。牆也向外傾撲，呈着極危險的狀態。於是急忙施以支撐，一面寫信給建築師陳述鄰屋的危險。打樁工程在進行時，設有意外情事，不能負責。建築師接信後，便致函鄰屋業主，欲把那危險的牆拆去，否則倒塌下來傷及工人，是要向他請求賠償損失的。

那地方已是缺乏餘地，不能堆儲應用的材料。故凡底基內要用的鋼筋同木型，都在自己廠裏預備舒齊，再行轉輸到營造地去建立。水泥已有地方可以堆置。惟獨黃沙石子却沒有地方堆放。幸而這營造地離開河道尙近，故將黃沙石子預備在河岸灘基。俟需用時隨用隨車。一切步序妥貼，便把辦事院同棧房的底基木型撑起，鋼條紮舒。只要請工程師檢驗一過，便可澆搗混凝土了。一天，工程師來了，問水泥在什麽地方，便卽引去視察，檢閱水泥的牌子及計點桶數，復問黃沙石子何在，當以儲在外面河岸灘基對。他說不可，定要把應用材料安置在場地之內，經逐一驗看後，方得動工澆製水泥。因對說這裏地位不敷堆存。他說可以單獨先做棧房底基，若先做棧房底基，黃沙石子不是可以堆在辦事院的地位了麼？當答以語雖不錯，若早說了，自無問題。現在兩邊木型都已立舒，鋼條也都紮下。況且兩邊底脚分作兩次做，日期方面也多損失。他却堅執不允。無何，祇得把辦事院方面的底基木型重行加撑，面舖以板，備設黃沙石子。俟將棧房底基做舒，將板卸去，畧加整理，也可澆搗水泥。不知以後檯板倒塌，鋼條生銹，所費工夫，何啻十倍！

黃沙石子便用小車從灘基車至營造地，堆放在檯面板上後，重將棧房方面的木型同鋼條，都整理妥了。復請工程師來看，又以石子中夾雜着有少數石灰石子，必須一起車出。那末夾雜着的少數石灰石子，可以命工人檢去。況現在是做底基，火燒決不會燒到底下的。便是夾雜些極少數的石灰石子，也無妨礙。他却又堅持着必要車去。無何，只得車去，在灘基上把石灰石子檢去後，重又車返營造地。又說石子不潔，於是再用淸水洗濯。

那天預備妥了一天工夫，要把棧房底基的水泥澆完。故自淸晨開車先澆滿堂，隨卽插柱子短鐵。待鐵插妥，便緊接着澆搗地大料。直至下午三時左右，工作既已過半，工程師翩然蒞至，見兩個紮鐵的正把插鐵提着鎯頭，向適才搗好的滿堂裏打送下去。急趨上前，三拳兩脚，把這兩個工人打走。返過身來，對着常駐在營造地的副工程師大發雷霆之怒。說今天所做的水泥尙未凝妥，全被插鐵搗損，都得撤去。這問題非比以前洗濯石子等問題關係尙輕。現在要把澆成了的水泥撤去那有這樣的道理。況且鐵匠插鐵用錘打送，是因底基大料的鋼鐵太密，不欲插下，因此用錘鎚送。更加滿堂水泥一邊澆下，鐵匠跟着趁水泥尙如漿狀的時候插去，根本沒有傷及水泥的理由。但他決意非要撤去不可。

要撤去既已澆成的水泥，不比以前幾個問題尙可勉允。故此不同工程師講話，僅與建築師交涉。結果驗探鋼條頂端，若受錘擊而現平光之狀者，下面已澆成的水泥必須鑿去重澆，頂端仍呈毛銳。受錘不重，下面的水泥可以不動。檢查結果，有三根柱子下的地大料，應須鑿掉重做。那還勉强認忍。這件事情總算得到了轉圜的餘地。否則是已打定主意，情願犧牲。也不顧到自從開工以來化了數萬本錢，一個錢尙未收到的利害。現在旣已有了折衷的辦法，便卽繼續下去。先把指定的三段地大料開始鑿去。要知混凝土搗時尙稱容易，現要鑿去，眞是萬難。說也肉痛，那水泥雖相隔沒有幾天，但其堅硬程度，已達極點。石匠的錐子鑿去，火星直射。一直鑿到插鐵底下，並沒有那位工程師的玄說，所謂插鐵經錘鎚打，鋼條頂端底下的水泥，必已損裂。現見水泥十分完好，沒有一些裂痕。那時心中眞不舒服，便去建築師那裏說，底下鑿開並不豁裂，要請建築師自己去看。建築師也明知我的意思，他去看了自知不能下台，故說要待完全鑿去了方去檢看。

我們在把地大料開鑿的時候，有一天業主適亦到來。他問爲何要把它鑿去，於是便將事由申述一遍，他搖着頭連稱可惜，意思深不爲然。但是歐人建屋，既已委託專家，自己便不過問。這種精神，我很佩服。常聽人說中國的專家不容易做。不容易的原因，常要召受外界的干涉。這話我也很贊同。比如一個醫生，他的精神對付病人尙屬有限，最難對付的還是病人的家屬。其實對付病人家屬的話都是廢話，於病人實在無益。建築師亦然。比如一個業主要造一所住宅，必要提出許多不合邏輯的問題，你得一件一件替他解說。如穎魏有一個過去的紅人，他要造一所住宅，必須造成同字形，而必要各處皆通。試想同字外面一個冂，那能與裏面的一與口相接起來。建築師當然要說不能連接，使各處暢通。他却把手在檯上一拍說道：我有的是錢，你有的是技能。你得想個方法，非要把同字形的房屋連接起來不可。那位建築師只得唯唯，回去同助手商量。後便往答復說，可以造的，只要同字外框底下的一勾略高，與口字接着，便能各處暢通了。不過照這樣造起來，房屋很多。你現在尚不需要這麼多房屋，不如先造同字的外圈，待人多了不敷的時候，加添建築，接在預留着的一個勾貼之上，便可完成一個同字。這位業主聽了倒很得意，便如法興建。後來同字外圈的房屋造成，住了不到二年，這屋主人便失敗了，棄着半個同字的房屋逃跑。有人去問那建築師，若這房屋要接成同字，是如何接法。那建築師很寫意的說道：我早知他住不長久，沒有接合的機會，所以勸他先造一個外圈，落得做一筆現成生意！

（待續）

本刊所載材料價目，力求正確；惟市價瞬息變動，漲落不一，集稿時與出版時難免出入。讀者如欲知正確之市價者，希隨時來函詢問，本刊當代為探詢詳告。

磚瓦

▲大中磚瓦公司出品

名稱	大小	價格	備註
空心磚	十二寸方十寸六孔	每千洋二百三十元	
空心磚	十二寸方九寸六孔	每千洋二百十元	
空心磚	十二寸方八寸六孔	每千洋一百八十元	
空心磚	十二寸方六寸六孔	每千洋一百三十五元	
空心磚	十二寸方四寸四孔	每千洋九十二元	
空心磚	十二寸方三寸三孔	每千洋七十二元	
空心磚	九寸二分方六寸六孔	每千洋七十二元	
空心磚	九寸二分方四寸半三孔	每千洋五十五元	
空心磚	九寸二分方三寸三孔	每千洋四十五元	
空心磚	四寸半方九寸二分四孔	每千洋三十五元	
空心磚	九寸二分四寸半三寸二孔	每千洋二十二元	
空心磚	九寸二分·四寸半·三寸半·三孔	每千洋廿一元	
空心磚	九寸二分·四寸半·二寸·二孔	每千洋廿元	
八角式樓板空心磚	十二寸方八寸四孔	每千洋二百元	
八角式樓板空心磚	十二寸方六寸三孔	每千洋一百五十元	
八角式樓板空心磚	十二寸方四寸三孔	每千洋一百元	
深綫毛縫空心磚	十二寸方十寸六孔	每千洋二百五十元	
深綫毛縫空心磚	十二寸方八寸半六孔	每千洋二百十元	
深綫毛縫空心磚	十二寸方八寸六孔	每千洋二百元	
深綫毛縫空心磚	十二寸方六寸六孔	每千洋一百五十元	
深綫毛縫空心磚	十二寸方四寸四孔	每千洋一百元	
深綫毛縫空心磚	十二寸方三寸三孔	每千洋八十元	
深綫毛縫空心磚	九寸三分方四寸半三孔	每千洋六十元	
實心磚	九寸四寸三分二寸半紅磚	每萬洋一百四十元	
實心磚	八寸半四寸一分二寸半紅磚	每萬洋一百三十二元	
實心磚	十寸·五寸·二寸紅磚	每萬洋一百二十七元	
實心磚	九寸四寸三分二寸紅磚	每萬洋一百〇六元	
實心磚	九寸四寸三分二寸二分紅磚	每萬洋一百廿元	
實心磚	九寸四寸三分二寸二分拉縫紅磚	每萬洋一百八十元	以上統係外力
一號紅平瓦		每千洋六十五元	
二號紅平瓦		每千洋六十元	
三號紅平瓦		每千洋五十元	
一號青平瓦		每千洋七〇元	
二號青平瓦		每千洋六十五元	
三號青平瓦		每千洋五十五元	
西班牙式紅瓦		每千洋五十元	
西班牙式青瓦		每千洋五十三元	
英國式灣瓦		每千洋四十元	
古式元筒青瓦		每千洋六十五元	以上統係連力

鋼條

名稱	大小	價格	備註
鋼條	四十尺二分光圓	每噸一一八元	德國或比國貨

名稱	大小	價格	備註
鋼條	四十尺二分半光圓	每噸一一八元	仝前
鋼條	四十尺三分光圓	每噸一一八元	仝前
鋼條	四十尺三分圓竹節	每噸一一六元	仝前
鋼條	四十尺普通花色	每噸一〇七元	自四分至一寸
鋼條	盤圓絲	每市擔四元六角	方或圓

水泥

名稱	數量	價格
象牌	每桶	洋六元三角
泰山	每桶	洋六元二角五分
馬牌	每桶	洋六元二角
英國"Atlas"	每桶	洋三十二元
法國麒麟牌白水泥	每桶	洋二十八元
意國紅獅牌白水泥	每桶	洋二十七元

木材

▲上海市木材業同業公會公議價目

名稱	標記	價格	備註
洋松	八尺至卅二尺再長照加	每千尺洋七十八元	下列木材價目以普通貨為準揀貨及特種鋸貨另定價目
一寸洋松		每千尺洋八十元	
寸半洋松		每千尺洋八十一元	
洋松二寸光板		每千尺洋六十四元	
四尺洋松條子		每萬根洋一百四十五元	
一寸四寸洋松一號企口板		每千尺洋九十元	
一寸四寸洋松副頭號企口板		每千尺洋八十元	
一寸四寸洋松二號企口板		每千尺洋七十元	
一寸六寸洋松一號企口板		每千尺洋九十八元	
一寸六寸洋松副頭號企口板		每千尺洋八十五元	
一寸六寸洋松二號企口板		每千尺洋七十五元	
一二五四寸一號洋松企口板		每千尺洋一百三十元	
一二五四寸二號洋松企口板		每千尺洋九十元	
一二五六寸一號洋松企口板		每千尺洋一百四十元	
一二五六寸二號洋松企口板		每千尺洋九十五元	
柚木(頭號)	僧帽牌	每千尺洋五百元	
柚木(甲種)	龍牌	每千尺洋四百二十元	
柚木(乙種)	龍牌	每千尺洋四百元	
柚木段	龍牌	無市	
柚木	旗牌	每千尺洋四百元	
柚木	盾牌	每千尺洋三百八十元	
硬木		每千尺洋一百五十元	
硬木	火介方	每千尺洋一百四十元	
柳安		每千尺洋一百六十五元	
紅板		每千尺洋一百十五元	
抄板		每千尺洋一百四十元	
一二尺三寸六八皖松		每千尺洋六十元	
一二尺二寸皖松		每千尺洋六十元	
一二五四寸柳安企口板		每千尺洋一百八十元	

名稱標記	價格	備註
一寸六寸欄安企口板	每千尺洋二百八十元	
一二五四寸企口紅板	每千尺洋二百四十元	
建松片	市尺每千尺洋六十元	
九尺四分建松板	市尺每丈洋四元二角	
九尺八分建松板	市尺每丈洋七元五角	
六尺牢五分青山板	市尺每丈洋四元	
本松毛板	市尺每塊二角四分	
本松企口板	市尺每塊洋二角六分	
六尺牢二分杭松板	市尺每丈洋二元	
七尺牢二分甌松板	市尺每丈洋二元	
六尺牢八分皖松板	市尺每丈洋四元四角	
九尺八分皖松板	市尺每丈洋五元三角	
六尺牢五分皖松板	市尺每丈洋四元二角	
台松板	市尺每丈洋四元	
七尺牢四分坦戸板	市尺每丈洋三元六角	
七尺牢三分坦戸板	市尺每丈洋三元二角	
六尺二分機鋸紅欄板	市尺每丈洋三元三角	
六尺三分毛邊紅欄板	市尺每丈洋三元三角	
六尺二分俄松板	市尺每丈洋三元五角	

名稱標記	價格	備註
六尺牢二分俄松板	市尺每丈洋三元	
七尺牢毛邊二分坦戸板	市尺每丈洋三元一角	
六尺牢五分機介杭松	市尺每丈洋四元六角	
一寸六分俄紅松板	每千尺洋七十八元	
一寸六分俄白松板	每千尺洋七十六元	
一寸二分四寸俄紅松板	每千尺洋七十四元	
一寸二分四寸俄白松板	每千尺洋七十二元	
俄紅松方	每千尺洋二百十五元	
一寸四寸俄紅白松企口板	每千尺洋七十九元	
一寸六寸俄紅白松企口板	每千尺洋七十九元	
俄麻栗方	每千洋一百三十元	
俄啞克方	每千洋一百三十元	
一寸六分俄黃花松板	每千尺洋七十八元	
一寸二分四分俄黃花松板	每千尺洋七十四元	
四尺俄條子板	每萬根洋二百二十元	
一寸五分杭桶木	每根洋三角	以下市尺
一寸九分杭桶木	每根洋四角	
二寸三分杭桶木	每根洋五角七分	
二寸七分杭桶木	每根洋六角七分	
三寸杭桶木	每根洋八角	
三寸四分杭桶木	每根洋九角五分	

名稱	標記	價格	備註
三寸八分杭桶木		每根洋二元一角五分	
二寸三分連牢		每根洋六角八分	
二寸七分連牢		每根洋八角三分	
三寸連牢		每根洋一元	
三寸四分連牢		每根洋一元二角	
三寸八分連牢		每根洋一元四角五分	
二寸三分雙連		每根洋八角五分	
二寸七分雙連		每根洋一元三角五分	
三寸雙連		每根洋一元三角五分	
三寸四分雙連		每根洋一元五角	
三寸八分雙連		每根洋一元八角	
三尺半寸半			
杉木條子		每萬 大洋八十五元 小洋五十五元	

五 金

(一)鐵皮

號數	張數	重量	價格
二二號英白鐵	每箱二一張	四二〇斤	洋五十八元八角
二四號英白鐵	每箱二五張	四二〇斤	洋五十八元八角
二六號英白鐵	每箱三三張	四二〇斤	洋六十三元
二八號英白鐵	每箱三八張	四二〇斤	洋六十七元二角
二二號英瓦鐵	每箱二一張	四二〇斤	洋六十九元三角
二四號英瓦鐵	每箱二五張	四二〇斤	洋六十九元三角
二六號英瓦鐵	每箱三三張	四二〇斤	洋六十三元
二八號英瓦鐵	每箱三八張	四二〇斤	洋六十七元二角

(二)釘

名稱	標記	價格	備註
美方釘		每桶洋十六元〇九分	
平頭釘		每桶洋十六元八角	
中國貨元釘		每桶洋六元五角	

(三)牛毛毡

名稱	標記	價格	備註
五方紙牛毛毡		每捲洋二元八角	
半號牛毛毡	馬牌	每捲洋二元八角	
一號牛毛毡	馬牌	每捲洋三元九角	
二號牛毛毡	馬牌	每捲洋五元一角	
三號牛毛毡	馬牌	每捲洋七元	

(四)門鎖

名稱	標記	價格	備註
洋門套鎖	中國鎖廠出品 黃銅或古銅式	每打洋十六元	
洋門套鎖	德國或美國貨	每打洋十八元	
彈弓門鎖	中國鎖廠出品	每打洋三十元	
彈弓門鎖	外 貨	每打洋五十元	
彈子門鎖	三寸七分古銅色	每打洋四十元	以下合作五金公司出品
彈子門鎖	三寸七分黑色	每打洋三十八元	
彈子門鎖 羽螺絲	三寸五分古黑色	每打洋三十三元	
彈子門鎖 明螺絲	三寸五分黑色	每打洋三十二元	
執手插鎖	六寸六分(金色)	每打洋二十六元	
執手插鎖	古銅色	每打洋二十六元	
執手插鎖	克羅米	每打洋三十二元	
彈弓門鎖	三寸黑色	每打洋十元	
彈弓門鎖	三寸古銅色	每打洋十元	
迴紋花板插鎖	四寸五分金色	每打洋二十五元	
迴紋花板插鎖	四寸五分黃古色	每打洋二十五元	
迴紋花板插鎖	四寸五分古銅色	每打洋二十五元	
細花板插鎖	六寸四分金色	每打洋十八元	
細花板插鎖	六寸四分黃古色	每打洋十八元	

23122

名稱	標記	價格	備註
細花板插鎖	六寸四分古銅色	每打洋十八元	
鐵質細花板插鎖	六寸四分古色	每打洋十五元五角	
巭執手插鎖	三寸四分(各色)	每打洋十五元	
巭執手梟式插鎖	三寸四分(各色)	每打洋十五元	
暗螺絲彈子門鎖	三寸七分古銅色	每打三十六元	以下康門五金廠出品
暗螺絲彈子門鎖	三寸七分(黑色)	每打三十二元	
明螺絲彈子門鎖	三寸七分古銅色	每打三十四元	
明螺絲彈子門鎖	三寸七分(黑色)	每打三十元	
鐵執手插鎖	六寸六分古銅色	每打十五元	執手與門板細邊
銅執手插鎖	六寸六分金古色	每打十八元	細花迴紋美術配
全銅執手插鎖	七寸七分黃古色	每打三十四元	合
全銅執手插鎖	七寸七分(金色)	每打三十二元	
全銅執手插鎖	七寸七分克羅米	每打三十八元	
全銅執手插鎖	七寸七分(銀色)	每打四十二元	
全銅執手插鎖	三寸四分(金色)	每打二十四元	
全銅執手插鎖	三寸四分克羅米	每打二十八元	
單面彈子頭插鎖	四寸六分(金色)	每打三十八元	
雙面彈子頭插鎖	四寸六分金古色	每打四十六元	
雙面彈子頭插鎖	四寸六分克羅米	每打四十八元	
大門彈子插鎖	十寸四分(金色)	每打五十六元	
大門彈子插鎖	十寸四分克羅米	每打六十四元	
巭執手插鎖	三寸四分(棕色)	每打十四元	
巭執手插鎖	三寸四分(白色)	每打十四元	

(五)其他

名稱	標記	價格	備註
鋼絲網	22"×96" 2 1/4 lb.	每方洋四元	德國或美國貨
鋼版網	8"×12" 六分一寸半眼	每張洋卅四元	

水落鐵	六分	每千尺五十五元	每根長二十尺
牆角線		每千尺九十五元	每根長十二尺
踏步鐵		每千尺五十五元	每根長十尺或十二尺
鉛絲布		每捲二十三元	闊三尺長一百尺
綠鉛紗		每捲洋十七元	同上
銅絲布		每捲四十元	同上

夏輝庭 徐嘉星
許梁公 錢屏九 諸君均鑒：
湯瑞鈞 俞福記

本刊按期依照所開尊址由郵寄奉，近被退回，無法投遞；即希示知現在通信處，俾便更正，而免誤遞，為盼。

本刊發行部啓

教育部訓令

令上海市建築協會

案准行政院秘書處箋開：

「查中國物理學會請求改訂度量衡標準制單位名稱與定義一案，業於三月一日二日由院召集貴部暨實業部兵工署，中國物理學會，中國工程師學會開會審查，幷函邀中央研究院派專家代表參加討論旋經報告審查意見，提出本院第二〇二次會議，決議：『照審查意見通過，交教育實業兩部轉發各有關係之學術團體簽註意見。』除分函外，相應抄同審查會紀錄，函達查照。」等由，附抄審查會紀錄一份過部。合行抄發原紀錄及現行度量衡法，物理學會請求原案，令仰該會簽註意見，於本年四月底以前送部，以憑彙轉。此令。

計抄發審查會紀錄及現行度量衡法，物理學會請求原案各一份。

部長　王世杰

中華民國二十四年三月二十二日

度量衡標準制單位名稱與定義審查會紀錄

時間：廿四年三月二日上午九時

地點：行政院

出席：中央研究院　丁燮林　孫國封

教育部　陳可忠　吳承洛

實業部　劉蔭茀

兵工署　嚴順章　江大杓

中國物理學會　楊肇燫　胡剛復

中國工程師學會　惲震

行政院　岑德彰

紀錄：任樹嘉

審查意見：

(一)關于度量衡標準制之名稱者：

度量衡標準制之名稱，似有修正之必要，擬請　行政院將現行度量衡法，及物理學會所擬方案，連同本會審查意見，送交全國有關係之政府機關及學術團體，儘于本年五月半以前，簽註意見送院，以便再行召集審查會，從事研究。

(二)關于度量衡標準制之定義者：

度量衡標準制各單位之規定，似應予以修正，其主要之點如下：

(一)以長度及質量為度量衡基本項目。

(二)以面積體積(容量)為導出項目。

(三)以Meter為長度之主單位，規定一Meter等於Meter原器，溫度為百度溫度計零度時，兩端兩中線間之距離。

(四)以Kilogramme為質量之主單位，規定一Kilogramme等于Kilogramme原器之質量。

(五)以平方Meter爲面積之單位。

(六)以立方Meter爲體積(容量)之單位。

(七)以Liter爲容量之應用單位，規定一Liter等於在標準大氣壓下，一Kilogramme純水密度最高所佔之體積，在所需要之精密度，無須超過三萬分之一時，一Liter得認爲等於一立方Meter之千分之一。

度量衡法 十八年二月十六日公布

第一條 中華民國度量衡以萬國權度公會所製定鉑銥公尺公斤原器爲標準

第二條 中華民國度量衡採萬國公制爲標準制并暫設輔制種曰市用制

第三條 標準制長度以公尺爲單位重量以公斤爲單位容量以公升爲單位一公尺等於原器在百度寒暑表零度時首尾兩標點間之距離一公斤等於公斤原器之重量一公升等於一公斤純水在其最高密度七百六十公厘氣壓時之容積此容積尋常適用卽作爲一立方公寸

第四條 標準制之名稱及定位法如左

長度

公厘 等於公尺千分之一 (0·00 一公尺)

公分 等於公尺百分之一卽十公厘 (0·0 一公尺)

公寸 等於公尺十分之一卽十公分 (0· 一公尺)

公尺 單位卽十公寸

公丈 等於十公尺 (10 公尺)

公引 等於百公尺卽十公丈 (10 公丈)

公厘 等於十公尺卽十公引 (10 公引)

地積

公厘 等於公畝百分之一 (0·0 一公畝)

公畝 單位卽一百平方公尺

公頃 等於一百公畝 (100 公畝)

容量

公撮 等於公升千分之一 (0·00 一公升)

公勺 等於公升百分之一卽十公撮 (0·0 一公升)

公合 等於公升十分之一卽十公勺 (0· 一公升)

公升 單位卽一立方寸

公斗 等於十公升 (10 公升)

公石 等於百公升卽十公斗 (100 公升)

公秉 等於千公升卽十公石 (1000 公升)

重量

公絲 等於公斤百萬分之一 (0·00000 一公斤)

公毫 等於公斤十萬分之一卽十公絲 (0·0000 一公斤)

公厘 等於公斤萬分之一卽十公毫 (0·000 一公斤)

公分 等於公斤千分之一卽十公厘 (0·00 一公斤)

公錢 等於公斤百分之一卽十公分 (0·0 一公斤)

公兩 等於公斤十分之一卽十公錢 (0· 一公斤)

公斤 單位卽十公兩

公衡 等於十公斤 (10 公斤)

公擔 等於百公斤即十公衡 (100 公斤)

公噸 等於千公斤即十公石 (1000 公斤)

第五條 市用制長度以公尺三分之一為市尺(簡作尺)重量以公斤二分之一為市斤(簡作斤)容量以公升為市升(簡作升)一斤分為十六兩一千五百尺定為一里六千平方尺定為一畝其餘均以十進

第六條 市用制之名稱及定位法如左

長度

毫 等於尺萬分之一 (0·000 一尺)

釐 等於尺千分之一即十公毫 (0·00 一尺)

分 等於尺百分之一即十公釐 (0·0 一尺)

寸 等於尺十分之一即十公分 (0· 一尺)

尺單位

丈 等於十尺 (10 尺)

引 等於百尺 (100 尺)

里 等於一千五百尺 (1500 尺)

地積

毫 等於畝千分之一 (0·00 一畝)

釐 等於畝百分之一 (0·0 一畝)

分 等於畝十分之一 (0· 一畝)

畝單位

頃 等於一百畝 (100 畝)

容量 與萬國公制相等

撮 等於升千分之一 (0·00 一升)

勺 等於升百分之一即十撮 (0·0 一升)

合 等於升十分之一即十勺 (0· 一升)

升單位即十合

斗 等於十升 (10 升)

石 等於百升即十斗 (100 升)

重量

絲 等於斤一百六十萬分之一 (0·000000 六二五斤)

毫 等於斤十六萬分之一即十絲 (0·00000 六二五斤)

釐 等於斤一萬六千分之一即十毫 (0·0000 六二五斤)

分 等於斤一千六百分之一即十釐 (0·000 六二五斤)

錢 等於斤一百六十分之一即十分 (0·00 六二五斤)

兩 等於斤十六分之一即十錢 (0·0 六二五斤)

斤 單位即十六兩

擔 等於百斤 (100 斤)

第七條 中華民國度量衡原器由工商部保管之

第八條 工商部依原器製造副原器分呈國民政府各院部會及各特別市政府

第九條 工商部依副原器製造地方標準器經由各省及各特別市頒發各縣各市為地方檢定或製造之用

第十條 副原器每屆十年須照原器檢定一次地方標準器每屆五年須照副原器檢定一次

第十一條　凡有關度量衡之事項除私人負責交易得暫行市用制外均應用標準制

第十二條　劃一度量衡應由工商部設立全國度量衡局掌理之各省及各特別市得設度量衡檢定所各縣及各市得設度量衡檢定分所處理檢定事務全國度量衡局度量衡檢定所及分所規程另定之

第十三條　度量衡原器及標準器應由工商部全國度量衡局設立度量衡製造所製造之度量衡製造所規程另定之

第十四條　度量衡器具之種類式樣物質公差及其使用之限制由工商部以部令定之

第十五條　度量衡器具非依法檢定附有印證者不得販賣使用

度量衡檢定規則由工商部另定之

第十六條　全國公私使用之度量衡器具須受檢查

度量衡檢查執行規則由工商部另定之

第十七條　凡以製造販賣及修理度量衡器具爲業者須得地方主管機關之許可

度量衡器具營業條例另定之

第十八條　凡經許可製造販賣或修理度量衡器具之營業者有違背本法之行爲時該管機關得取消或停止其營業

第十九條　違反第十五條或第十八條之規定不受檢定或拒絕檢查者處二十元以下之罰金

第二十條　本法施行細則另定之

第廿一條　本法公布後施行日期由工商部以部令定之

中國物理學會呈教育部文

爲我國現行度量衡標準制中各項單位之名稱定義未盡妥善，條文亦欠準確，有背科學精神，誠恐礙及科學教育之進展及科學實用之發達，用特臚舉理由，陳述得失，並擬具補救辦法，謹向
鈞部請願，轉呈
行政院迅予召集科學專家，開修改度量衡法規會議，並成立永久組織，從事於規定權度容量以外各項物理量之標準單位名稱及定義，以促吾國全部科學事業之合理化，而利國家之進步，理合具呈仰祈
鑒核事

竊查吾國現行度量衡法規，規定以米制爲標準制，並暫設與米制容量權度標準成一、二、三比率之市用制，以爲過渡時代之輔制。輔制既係暫設，終當廢止，雖未能盡善，影響不至及於久遠，故可存而不論。若夫標準制之制定，乃國家之大經大法，所以永垂來業，關係極爲重大，自應求其完備美善，合乎科學原理。今現行度量衡法規，採用最科學之米制爲標準制，以躋我國家於大同，用意至善，本會同人，絕對贊同。惟夷考其所加於各單位之定義，頗有疏於檢點之處，而其所規定各單位之名稱，又復狃於成見，不但未能貫徹其主張，且極易發生不良之影響。本會爲全國物理學家所組織，深維度量衡制度，於國計民生有深切之關係，又爲一切純粹及應用物理科學之基本，苟欠完善，本會在天職上應負指正之責任，爰經迭次開會討論，認爲現行度量衡標準制各項名稱及定義，非重行改訂不可，謹就犖犖大端立論，爲
鈞部陳之：

(一)度量衡法規定義之不準確及條文之疏誤。

查十七年七月國民政府公布之中華民國權度標準方案載：

『(一)標準制　定萬國公制(即米突制)為中華民國權度之標準制

長度　以一公尺(即一米突尺)為標準尺

容量　以一公升(即一立特或一千立方生的米突)為標準升

重量　以公斤(一千格蘭姆)為標準斤』

案上錄方案為度量衡法之基本，乃其中一條之定義顯然不準確，一條之條文有疏誤，茲分別指正於下。

(甲)規定容量標準定義之不準確　查方案中容量一條於「公升」下，加定義於括弧中，文為：「即一立特或一千立方生的米突」，此語極為不妥。依照原條文之意，則一「立特」即等於一千「立方生的米突」，而實際上一「立特」並不等於一千「立方生的米突」。(參考西曆一九二四年美國國立標準局報告第四七號)依國際權度局一九二九年之報告一「立特」實等於一〇〇〇・〇二八「立方生的米突」。(見附件一)故方案中僅能規定一「公升」等於二種容量中之一種，即或等於一「立特」，或等於一千「立方生的米突」；決不能規定其與兩種容量均相等。此兩種容量相差雖微，然在本本方案之中，固不應有此含混之規定也。

又查民國十八年二月公布之度量衡法第三條末段云：「一公升等於一公斤純水在其最高密度七百六十公釐气壓時之容積此容積尋常適用時即作為一立方公寸」。是明明規定以「公升」為「立特」，在尋常僅須近似值時，始作為一「立方公寸」也。然何以不將方案所作斬釘截鐵之兩歧規定，加以修正而聽其自相矛盾？不特此也，試再查度量衡法第四條，其規定標準制及定位法各條中有一項為：「公升單位即一立方公寸」：第三條中之「即作為」三字與此處之「即」字，其意義決不相當，同法之中，條文之歧出如此，意義之抵觸如此，是度量衡法不特未能彌補方案之不準確，其本身亦不合論理也。

(乙)規定「重量」標準條文之疏誤，度量衡制中之基本單位，除長度外，其應行規定者為「質量」而非「重量」。各國法規皆作「質量」之規定(見附件二(三))。良以質量與重量為判然不同之兩種物理量，表示物質之多寡者為質量，而重量乃地球對於質量之引力，同一物體，此引力因其所處之地而異，故重量絕不宜用作基本單位之一。今方案中曰：「重量以公斤(一千格蘭姆)為標準斤」，度量衡法第三條中又曰：「一公斤等於公斤原器之重量」，是明明規定「公斤」為重量之單位，而方案公斤下加註「(一千格蘭姆)」，夫「格蘭姆」固質量之單位也，然則所謂「公斤」者為「一千格蘭姆」在南京之重量乎，抑在巴黎之重量乎？且即令聲明一定之地點，尚須假定該地之重力加速度永久不變，是終不如規定質量之可免疵議也。若謂原意在規定質量，不過稱謂不同，條文中之「重量」即是吾人所謂之「質量」，則其如與通常習知重字之意義大相逕庭何！孰若逕用「質量」，反不至發生誤會之為愈乎？

(二)度量衡法規所定各單位名稱之不妥查法規所採用各種單位之名詞，長度單位詞根用「尺」，其十進倍數用「丈」，「引」，「里」，十退小數用「寸」，「分」，「厘」，等容量單位用「升」，其十進倍數用「斗」，「石」，十退小數用「合」，「勺」，

「擔」，等；重量(應作質量)單位用「斤」其十進倍數用「衡」，「擔」，「噸」，；其十退小數用「兩」，「錢」，「分」，「厘」，「毫」，「絲」等；復於名詞根上，一律冠一「公」字，以勉強示其與舊名含義有別。此種沿襲辦法，過於附會遷就，因之困難與流弊隨之而起，竊期期以為不可，請列舉理由於下：

（子）度量衡各單位名稱之規定，在採用十進制之條件下，最合理之辦法，厥為先定主單位之名，然後規定大小數命名法，所有其他輔單位之命名，亦即迎刃而解。米制之命名，即完全採用此辦法者也。吾國舊制，既非純粹十進，而長度，容量，質量又各自分別命名，故度有丈，尺，寸；容有斗，升，合，權有斤，兩，錢，間於最小單位之下，其須更小之數值者，即不為另立專名，而竟用「分」，「厘」，「毫」，等不名數，以為最小有名單位之十分一，百分一，千分一等小數，初無意於成一整齊劃一之系統，令各量於數值上具有毫無疑義之唯一單位，今我國權度標準制，既毅然擯棄舊制，而採用國際制。此兩制原屬根本不侔，為免除誤會及表示革新精神起見，即應悉為制定新名，以正觀聽。或謂採用吾國原有名詞，即有以表示不忘國本，其實不然；米制本身已成國際制，為趨於大同起見，即應制度與命名一律採用。所以米制雖創自法蘭西，而其他國家一經採用米制莫不沿用法文之「Metre」「Gramme」「Litre」等名詞，而未聞有用各該國原有之名詞，加字首以代替之者。我國因文字之構造懸殊，既不能採用原文，則於無可如何時，採取最近似之譯音法方為合理。查米制各單位本有極妥善之定義，各國均已通行，載在典籍，斑斑可考。是以若逕用Metre, Gramme, Litre等名之譯音簡稱，即不須自出心裁，重加定義。反之，若必欲保留舊名，遂至不得不冠以「公」字，更不得不加定義，因此遂發生上述(一)項所改正之錯誤。由此可見「尺」，「升」，「斤」等等名詞實無襲用之必要。不寧惟是，沿襲舊名，更發生直覺想像之困難。例如今告人曰：現有一「立方公尺」之水或一「公畝」之地。聽者之聯想、必將先及於舊日之立方尺與畝，旋自覺其有誤而自行糾正，又不免惴惴於市尺公尺及市畝公畝之混淆，此其在應用上徒耗之精力時間為何如？即在譯書，有時倘恐闌入不需要之涵義而引起誤解，不得不徵引原文，則吾人對於度量衡標準名詞之制定，更應如何審慎，方不貽害來茲耶？

（丑）「公尺」非「尺」，「公升」非「升」，「公斤」非「斤」，徒然引起錯覺，已屬自尋煩惱，而最大之不便，厥為「公尺」與「公斤」之小數命名。何則？既用「尺」矣，「尺」以下之「寸」，「分」，「厘」等即不得不隨之而存在。既用「斤」矣，「斤」以下之「兩」，「錢」，「分」，「厘」，等亦不得不隨之而存在。其結果遂至取原有不相關連之名稱冠「公」字，以代表厘然自具系統之米制各單位，牽強實達極點亦何怪其流弊之叢生也，夫「公斤」非「斤」，「公兩」非「兩」已嫌多事；今如依舊制命名法，十六兩原為一斤，市用制中亦定十六「市兩」為一「市斤」，而標準制中又不得不規定十「公兩」為一「公斤」，豈非益增紊亂？此其一。舊制「畝」，「尺」，「斤」等之小數命名，多相同者。「畝」之小數有「分」，「尺」之小數有「分」，「斤」之小數亦有「分」。故新制，「公畝」，「公尺」，「公斤」之小數，亦有「公分」，「公分」，「公分」之稱；然「

公畝」之「公分」爲其十之一，「公尺」之「公分」爲其百之一，而「公斤」之「公分」又爲其千之一。雖同爲十退，然其召致混淆之程度，較之十六兩爲斤與十「公兩」爲「公斤」尤有甚焉。此其二。不寧惟是，長度，面積與質量之小數既皆有相同之名，例如，「分」，則凡言若干「分」時，指長度乎？指面積乎？抑指質量乎？其在平日譚話或尋常文字中多半一時抵言一量，又往往可申言長若干「分」，地若干「分」，質若干「分」，故尚不致引甚大之誤會。但一旦用及科學之導出單位時，往往須將數種單位聯合用之。例如言密度，則須聯合質量與體積；倘依現行度量衡制之命名，今言某種物質之密度爲「每立方公分若干公分」，則詞意顯然不清，若必言某物質之密度爲「每立方公分有質若干公分」，豈不繁瑣生厭？再如言運動量，須聯合質量及速度之單位，若依現行度量衡制，則必謂某物體之運動量爲「每秒若干公分公分」，辭意尤爲混茫；若必言「每秒若干公分長公分質」，則其累贅不堪矣！凡上所指陳之缺點卽在積學有素者，猶爲之頭昏目眩，何況方在求學之青年，更何況韶齡之童稚，腦力未允足，經驗未成熟，方今學校課程，已甚繁重，乃復橫加以此可避免之苛制，遂令教學兩方皆廢日耗精以赴之，估據學習重要知識之寶貴時力。吾國科學本已落後，急起直追，猶虞不及，今乃自成障礙，作繭自縛，寧不痛心！全國度量衡局亦已深感此種流弊所至爲害之烈也，則倡議凡長度，面積質量小數之同名者，加偏旁以資識別，長度之「公分」書作「公𠩵」面積之「公分」書作「公坋」，質量之「公分」書作「公份」其他仿此，姑無論此種頭痛醫頭腳痛醫腳之辦法，決不能絲毫救濟根本之不妥，卽就導出單位一端而言，既加偏旁」，筆之於紙者固可目察，然傳之於口者，又將何以直辨乎？如讀音仿舊，勢須乞靈於筆談，是猶劣於畫蛇之添足！如讀者非舊，則𠩵，坋，份皆須異讀，是根本上與法規採用分，厘，毫之原意相違矣。

(寅)標準制既襲用舊名而冠以「公」字，全國度量衡局復有「特種單位標準及名稱草案」之作，舉凡一切導出單位名稱，皆譯音節取首音而又一律冠以「公」字。該草案未妥之處已有較詳之批評(見附件四)茲不具論但言冠「公」字之不當。查「公」字本爲牽就舊有名詞而來，曰，「公尺」，所以示其「尺」或「市尺」也；曰「公斤」，所以示其非「斤」或「市斤」也。爲求表示區別起見而冠一「公」字，猶可說也。又何取於任意推而廣之，將「公」字加諸一切厘米克秒制之導出單位之上乎？例如：力之厘米克秒單位，音譯爲「達因」，依照草案之原則，則定名爲「公達」矣！試問既諄諄告誡青年學生以「公尺」，「市尺」，「公斤」、「市斤」，之迴然有別，將毋引起其疑於「公達」之外尚有其他非「公」之「達因」乎？是不妥之甚矣！復次厘米克秒制之導出單位，乃由基本單位推演而出之理論單位。其中多種，除此理論之單位外，尚有所謂國際制單位，國際制單位者，乃爲應用起見，根據厘米克秒單位之理論，所製成之具體的應用單位也。此具體單位造成之後，往往與理論的厘米克秒單位，有微小之差別，但爲應用起見，祇得依然保存，經國際之認可而別名曰國際單位。例如：「安培」爲厘米克秒制中實用電流單位；而「國際安培」則爲實際應用之國際電流單位。（案一國際安培等於〇•九九九九七厘米克秒安培。）今草案定電流單位之名曰「公安」，不知究何所指？厘米克秒制之安培乎？抑國際之安培乎？若謂「公」字僅指國際制，則厘米克秒制實國際制之所從出，將反爲非「公」，豈非數典而忘祖乎？若謂兩制皆冠「公」字，則有別者反無別，人方孜孜于精密量度以測定兩制之差別，而我乃隨意混而同之，得無抹殺事實過甚乎，凡此紕繆之生，皆可溯源於標準制之襲用舊名而冠「公」字，誠哉創始者之不可不慎也！

總觀上陳諸端，現行度量衡法規關於標準制所作之規定，在根本上已發生嚴重問題，容量定義不準確，重量條文犯疏誤，而所採命名方法在教學及應用上，發生極有害而影響及於久遠之困難，其應急予修正，已無猶豫之餘地，竊維修正應循之途徑，初非曲奧，爰標舉於下，以供採擇：

（一）絕對保持原定國際權度制爲我國權度標準制之精神。

理由　國際權度制係經各國專家悉心規定之制度，最合科學精神，其應完全採用，已無疑義。

（二）標準制命名方法，悉予改訂，最簡當之改訂辦法可分兩層：

（甲）根據民國二十三年四月教育部所召集之天文數學物理討論會決議案規定「Metre」之名稱爲「米」，「Gramme」之名稱爲「克」，「Litre」之名稱爲「升」。

理由　「公寸」，「公分」，「公錢」，「公分」等名之不妥，前已詳言，自應廢棄。此三量在各國通行之名稱，均採自法文，惟略變拼法而已。今師其意取音譯，但嫌累贅，故節取首音。至於「Litre」之仍用「升」字者，一因「升」之上下皆以十進退，「斗」，「合」等名無「公分」等名之害：二因「市升」與「Litre」之比爲一：一；三因法國規定之容量單位爲立方米，吾國如仿行之，則Litre無關重要也。

（乙）規定大小數之命名法：大數命名，個以上十進，爲十，百，千，萬，億，兆；兆以上以六位進，爲十兆，百兆，千兆，萬兆，億兆，京，十京，百京，千京，萬京，億京，垓等；而十萬，百萬，千萬，萬萬，得與億，兆，十兆，百兆並用。小數命名，個以下以十退，爲分，厘，毫，絲，忽，微，微以下以六位退，爲分微，厘微，毫微，絲微，忽微，纖或微微。

理由　大小數之命名，應守二原則，一爲須不背各國通行之三位或六位進節制，一爲須與吾國習慣不相差過甚。吾國大數，萬及億，兆等本有十進，萬進，萬萬進。自乘進諸說，迄未有一說通行，並無定論。十進字數有限，不敷應用。萬進，萬萬進及自乘進皆不合第一原則，後二者尤嫌冗長，故不取。三位進節，則應以千千爲萬，與日常所用萬字意義懸絕。今取六位進節，萬，億兆，以十進，兆以上以兆進，億，兆仍不失其原意之一，復聽十萬，百萬等並存，並無與習慣相戾之處。雖京，垓之意義非舊，然爲用本罕，並無一定習慣，不好稍爲變通，以達六位進節之旨也。至于小數，則分，厘，毫，絲，忽，微本經習用，大數命名之辦法已如上定，則小數亦隨之而定矣。

各主單位之名稱既定爲「米」，「克」，「升」，復採（乙）項大小數命名之規定，則一切十進十退輔單位之名稱已迎刃而解，但須列表，即朗若列眉矣。例如：

(子)長度單位名稱表

仟米	佰米	什米	米	分米	厘米	毫米
Kilometre	Hectometre	Decametre	Metre	Decimetre	Centimetre	Millimetre

(丑)質量單位名稱表

仟克	佰克	什克	克	分克	厘克	毫克
Kilogramme	Hectogramme	Decagramme	Gramme	Decigramme	Centigramme	Milligramme

(三) 度量衡法規中標準單位定義之不準確及條文之疏誤者，悉予改訂。

理由 條文中之不妥者，已如上述，其須改訂，了無疑義。

(四) 原定市用制與標準制之比率，及原定市用制諸單位之名稱與定位法，不好仍舊。

理由 現行市用制雖未愜人意，然因係暫設輔制（見度量衡法第二條）僅供過渡，故仍採用；且既有(二)，(三)兩項之修訂，原定市用制諸單位名稱及定位法，尚不至有引起誤會混淆之弊，故亦可予以保留。

以上修改度量衡法規之建議，事體重大。應請

鈞部轉呈

行政院於短期內召集修改度量衡法規會議，作詳審澈底之修正，以昭矜慎。猶有應爲

鈞部鄭重言之者，現代度量衡標準制度之釐定，實係科學之事業應以科學專家之意見爲準繩。查米制之制定與改進，以及各國之審訂採用與國際之合作，無不出諸物理學家之手。最近關於特種單位之增訂，亦由世界物理協會組織委員會主持之。本會爲全國物理學者之集團，在國際上又爲世界物理協會之會員以爲度量衡標準及命名，關係吾國科學教育及科學事業者，至遠且大，對于吾國度量衡標準及命名之釐訂及其如何增修改善，應由 政府廣延科學專家，悉心考量，庶權度大法，獲歸於至當。至於基本單位以外之各種導出單位，在學術及應用上，均有重要之關係，其標準，單位及名稱之規定，非可於短期內從事，應即由該會議產生一純粹專家之永久組織從長規劃，以期制定之法規燦然美備。

本會對於度量衡法規，業經再三考慮確認爲有修改之必要；對於各種導出單位之規定，亦認爲宜循正當之途徑，着手進行，責任所在，不得不剴切上陳，倘蒙

採納施行，吾國科學教育及其他一切科學事業發展之前途，實利賴之。謹呈

教育部部長

中國物理學會 會 長李書華

副會長葉企孫

(待續)

內政部登記證警字第二五五四號

建築月刊 THE BUILDER

中華郵政特准掛號認為新聞紙類

定價

每月一冊　全年十二冊

訂購辦法	零售	預定全年
價目	五角	五元
郵費 本埠	二分	二角四分
郵費 外埠及日本	五分	六角
郵費 香港澳門	一角八分	二元一角六分
郵費 國外	三角	三元六角

第三卷第四號

民國二十四年四月發行

刊務委員會	竺泉通　江長庚　陳松齡
主編	杜彥耿
廣告	藍克生 (A. O. Lacson)
發行	上海市建築協會　南京路大陸商場六二〇號　電話九二〇〇九
印刷	新光印書館　上海聖母院路聖達里三一號　電話七四六三五

廣告刊例 Advertising Rates Per Issue

地位 Position	全面 Full Page	半面 Half Page	四分之一 One Quarter
底封面外面 Outside back cover.	七十五元 $75.00		
封面及底面之裏面 Inside front & back cover	六十元 $60.00	三十五元 $35.00	
封面裏面及底面裏面之對面 Opposite of inside front & back cover.	五十元 $50.00	三十元 $30.00	
普通地位 Ordinary page	四十五元 $45.00	三十元 $30.00	二十元 $20.00

小廣告　每期每格一寸高三寸半闊洋四元

Classified Advertisements - $4.00 per column

廣告概用白紙黑墨印刷，倘須彩色，價目另議；鑄版彫刻，費用另加。

Designs, blocks to be charged extra. Advertisements inserted in two or more colors to be charged extra.

美化住宅之園藝佈置
1935
公勤鐵廠股份有限公司之新貢獻
園藝籬：網籬工程之二十
總廠 上海楊樹浦臨青路 電話五〇二一四
分廠 廣州河南南華中路 電話五〇四一二
總廠上海楊樹浦臨青路 電話五〇二一四
分廠廣州河南南華中路 電話五〇一六七

23136

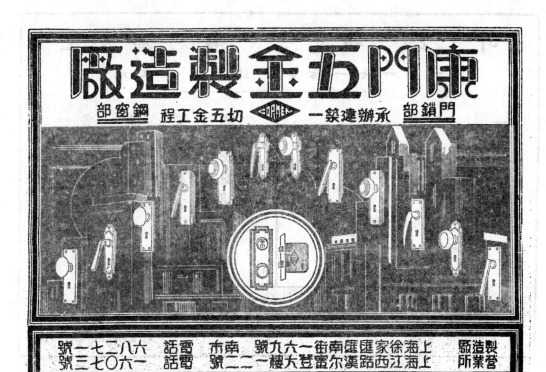

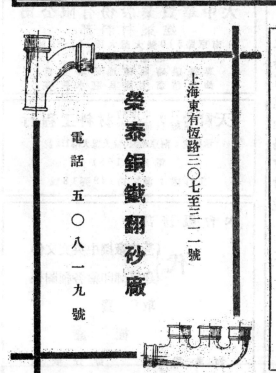

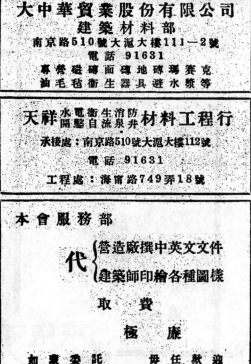

上海市建築協會附設
私立正基建築工業補習學校暑期補習班招生簡章

宗旨　利用暑期光陰補修應用數學
科目　暫設「代數」「幾何」兩科
入學　凡有初中程度執有學歷證明文件者經呈驗及格均可入學
期間　補習期間六星期(七月八日至八月十七日)授課時間爲每星期一二四五日下午七時至九時(內星期一四講授代數星期二五講授幾何)
繳費　學費五元雜費一元共六元正
用書　代數：Schultze: Elements of Algebra
　　　幾何：Hall & Stevens: A School Geometry (Part I-VI)
附告　凡在本校暑期班修習及格如下屆繼續入學在新生考試時數學一科准予免考

中華民國二十四年六月

錢榮剩營造廠

上海江灣開林油漆公司廠屋…………由本廠承造

電話：九五二八三號

地址：上海南京路大陸商場四樓四三五號

本廠專造各式中西房屋以及銀行堆棧廠房橋梁水泥壩岸碼頭鉄道等一切大小鋼骨水泥工程

The Robert Dollar Co.,

Wholesale Importers of Oregon Pine Lumber, Piling and Philippine Lauan.

美商

大來洋行

本行專售大宗洋松椿木及
菲律濱柳安烘乾企口板等

各種裝修如門窗等以及考究器具請
貴主顧須要認明大來洋行獨家經理
之菲律濱柳安有I.L.CO.標記者爲最優
美並請勿貪價廉而採購其他不合用
之劣貨統希
貴主顧注意爲荷

大來洋行木部謹啓

長城機製磚瓦
股份有限公司
註冊商標
TRADE MARK
總公司
製造廠
騰越路一四四號 電話五一一七九
事務所
牛莊路七四二號 電話九0九八0
價比普通磚廉
貨品較任何機器磚高
証明
壓力、吸水量、耐久性
均經上海工部局
詳細化驗負責証明
成績超越一切磚瓦
出品
堅韌硬磚
輕硬空心磚
瀉水瓦片
如蒙垂詢價格及索閱貨樣請電話通知即當送奉

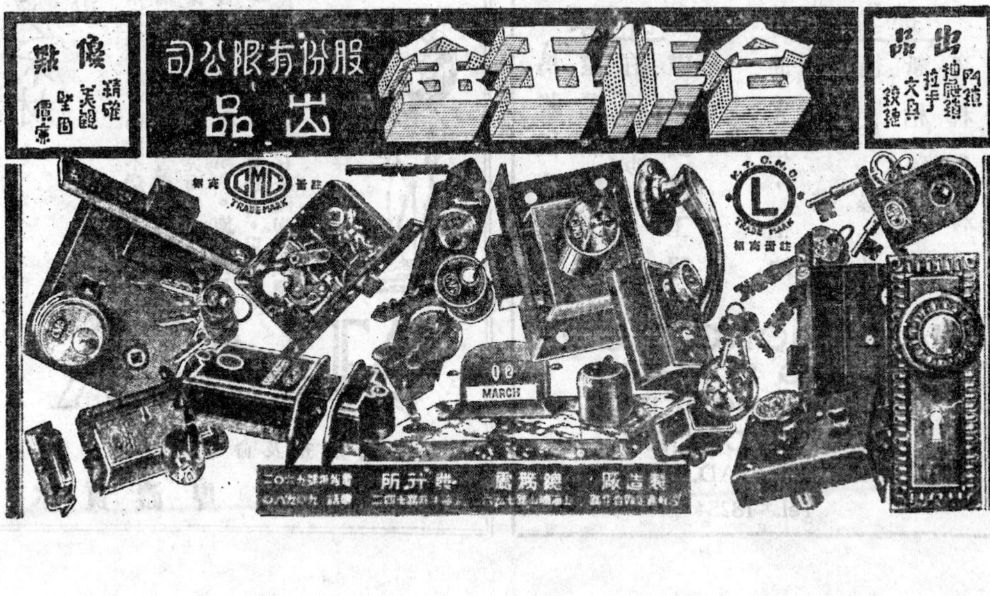
優點
精確
美觀
堅固
價廉
合作五金
股份有限公司
出品
出品
門鎖
抽屜鎖
拉手
文具
鉸鏈
CMC
註冊商標
TRADEMARK
L
TRADE MARK
註冊商標
MARCH
製造廠
發行所

23141

英商吉星洋行
建築上用之
各種油漆及凡立水
偉大之建築。內部之壯觀。仰油漆之裝璜者。十居其九。惟欲求良佳成績。則須採用適當油漆。此點建築界恆視爲極重要之問題。
敝行爲世界最大油漆製造廠。凡建築上所用之油漆，磁漆，水牆粉，木光油，凡立水，以及各種理想中之新式油漆。莫不經驗宏富。研究精到。可稱並世無匹。凡此種種材料。分爲次第等級。便於選擇。價格低廉。無論數量多寡。承蒙通知。立即發奉。請察下列種種用法！
刷法 流法 浸法 滾法 噴法 乾法
敝行之研究化驗室。嘗爲建築界解決種種特別油漆問題。不一而足。此種隨事應付之能力。隨時可以爲君服務。請即將君之困難問題寄至下列地址。以便研究奉覆也。

儲蓄會

建築月刋

THE BUILDER

VOL. 3 NO. 5 第三卷 第五期

50¢

23145

大中機製磚瓦股份有限公司

製造廠浦東南匯縣下沙鎮

本公司因鑒於建築事業日新月異材料選擇尤關重要特聘專門技師購置德國最新式機器精製各種青紅磚瓦及空心磚等品質堅韌色澤鮮明自應銷以來已蒙各界推爲上乘樂予採購茲略舉一二以資參攷其他惠顧諸君因限於篇幅不克一一備載諸希鑒諒是幸

大中磚瓦公司附啟

曾經購用敝公司出品各戶台銜列后：

本埠

國立上海商學院	西體育會路	陸根記承造
博德運紗線廠	定海路	創新承造
海港驗疫所	吳淞	陶記承造
正廣和汽水廠	培開爾路	方瑞記承造
百老匯大廈	百老匯路	新仁記承造
錦興大廈	河南路	新森泰承造
雷斯德工藝學院	熙華德路	久泰錦記承造
揚子飯店	雲南路	潘榮記承造
申新第九廠	東京路	協盛承造
南成都路工部局	南成都路	新蓀記承造
四行儲蓄會	靜安寺路	馥記承造
工部局巡捕房	平涼路	新蓀記承造
國立中央實驗館	兆豐花園	和興公司承造
墾業銀行	北京路	趙新泰承造
南京飯店	山西路	新金記祥號承造
開成造酸公司	軍工路	王錦記承造
四海銀行	北京路	惠記興承造
麵粉交易所	民國路	元和興記承造
業廣公司	歐嘉路	陳馨記承造
法戲堂	勞神父路	吳仁記承造
七層公寓	霞飛路	吳仁記承造

外埠

中央政治學校	南京	大昌公司
太古堆棧	廈門	嘀喇治港公司
中國銀行	青島	錦生記承造
中央飯店	南京	新金記承造
金陵大學	南京	利源建築公司承造
航空學校	杭州	新金記康號承造

所出各品儲有大批現貨以備各界採用如蒙定製各色異樣磚瓦亦可照辦備有樣品如蒙索閱卽當送奉

駐滬批發所

英租界牛莊路德興里四號 電話九〇三一一

DAH CHUNG TILE & BRICK MAN'F WORKS.

Sales Dept. 4 Tuh Shing Lee, Newchwang Road, Shanghai.

TELEPHONE 90311

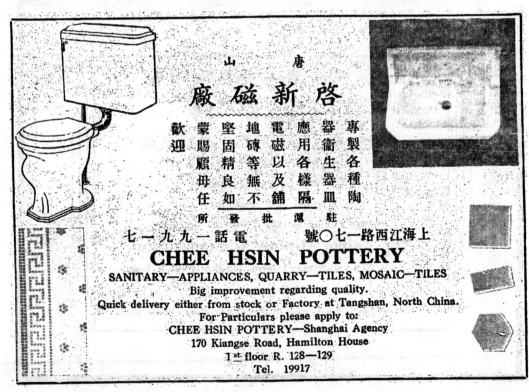

ELGIN AVENUE BRITISH CONCESSION
TIENTSIN
SURFACED WITH K.M.A. PAVING BRICKS

23150

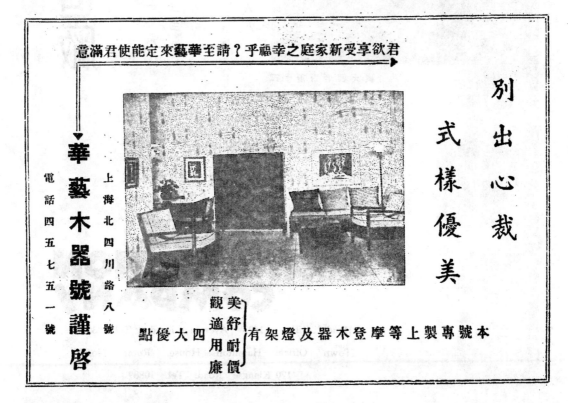

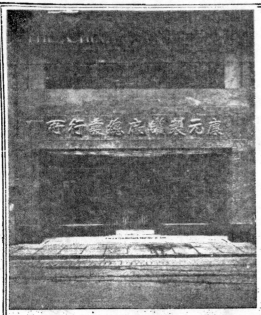

新仁記營造廠

總賬房 愛文義路一四二三號 電話三〇五三一

事務所 江西路一七〇號二樓二五八號 電話一〇八八九

二十層百老滙大廈

本廠承造工程一斑

沙遜大樓	南京路
漢彌爾登大廈	江西路
都城飯店	江西路

SIN JIN KEE CONSTRUCTION COMPANY

Head Office: 1423 Avenue Road. Tel. 30531

Town Office: Hamilton House, Room No.258, 170 Kiangse Road. Tel. 10889

上海市建築協會附設

私立正基建築工業補習學校招生

民國十九年秋創立 ○ 上海市教育局登記

宗旨 利用業餘時間進修建築工程學識（授課時間每日下午七時至九時）

編制 參酌學制設初級高級兩部每部各三年修業年限共六年

招考 本屆招考初級一二三年級及高級一二年級（高級三年級照章並不招考新生或插班生）各級投考資格為

初級一年級　須在高級小學畢業或具同等學力者
初級二年級　須在初級中學肄業或具同等學力者
初級三年級　須在初級中學畢業或具同等學力者
高級一年級　須在高級中學工科肄業或具同等學力者
高級二年級　須在高級中學工科畢業或具同等學力者

報名 即日起每日上午九時至下午五時親至（一）牯嶺路本校或（二）南京路大陸商場六樓六二〇號建築協會內本校辦事處填寫報名單隨付手續費一元正（錄取與否概不發還）領取應考証憑証於指定日期入場應試

考科 各級入學試驗之科目（初一）英文・算術（初二）英文・代數（初三）英文・幾何（高一）英文・三角・（高二）英文・解析幾何・微積分・

考期 九月一日（星期日）上午八時起在牯嶺路本校舉行

校址 牯嶺路派克路口第一六八號

附告 （一）函索詳細章程須開具地址附郵二分寄大陸商場建築協會內本校辦事處空函恕不答覆
（二）錄取學生除在校審定公佈外並於考試後三日內直接通告投考各生

中華民國二十四年七月　日　校長　湯景賢

The Robert Dollar Co.,

Wholesale Importers of Oregon Pine Lumber, Piling and Philippine Lauan.

美商

大來洋行

本行專售大宗洋松椿木及
菲律濱柳安烘乾企口板等

各種裝修如門窗等以及考究器具請
貴主顧須要認明大來洋行獨家經理
之菲律濱柳安有I.L.CO.標記者爲最優
美並請勿貪價廉而採購其他不合用
之劣貨統希
貴主顧注意爲荷

大來洋行木部謹啓

23155

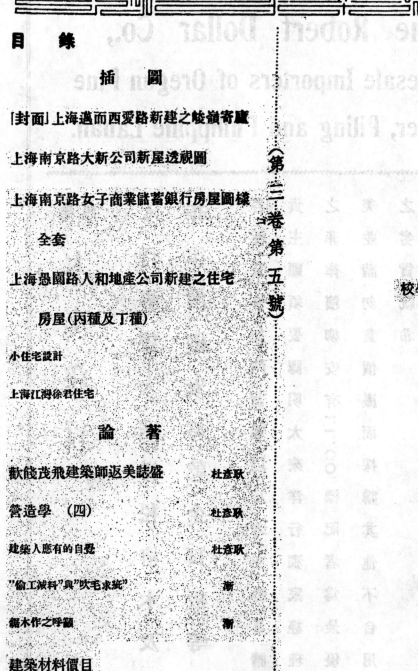

目　錄

插　圖

論　著

(第二卷第五號)

廣告索引

上海市建築協會服務部啟事

查本部自設立以來，承受建築月刊讀者及各界諮詢工程問題，或請求代索樣本樣品者，日必數起；本部亦本服務之旨，竭其能力所及，免費解答及代索，如命辦理，以謀讀者及各界之便利。惟近查多數來函，每不鑒諒本部辦事手續，一紙信箋，附題數十。所詢內容，或範圍綦廣，漫無限制。或擬題奥邃，未便解答；或索取樣品，寄遞困難。未附郵資，尙屬其次，而解答代辦，輾轉需時，事務進行，備受影響。茲爲略示限制起見，特訂辦法數則，即日實行，幸希垂諒是荷。

（一）詢問具有專門性之建築及工程問題，每題應附郵資二十分，多則類推，惟以十題爲限。

（二）詢問各題，本部有選擇答覆之權。審閱不合，除扣去復函寄費外，原件及郵資一併退還。

（三）請求代索樣本或樣品，應預計原件重量，附足回件寄費。如不能照辦，除扣去復函寄費外，所餘郵資一併退還。

（四）來函須將問題內容或樣品種類等，及詳細住址，應用墨筆或鋼筆繕寫清楚。否則如有誤投遺失，概不負責。

上海南京路大新公司新屋透視圖

基泰工程師設計　　馥記營造廠承造

Architect's Perspective of the New Premises of The Sun Co., Ltd. on Corner of Nanking and Thibet Roads, Shanghai.

Kwan, Chu & Yang, Architects.　　Voh Kee Construction Co. Contractors.

歡餞茂飛建築師返美誌盛

杜彥耿

七月二日，馥記陶桂林君，假座大東酒樓歡餞美建築師茂飛氏。來賓到者有沈君怡，薛次莘，李錦沛，董儁，哈沙得(Elliott Hazzard)，鄔達克(L. E. Hudec)等五十餘人，頗極一時之盛。席間由陶桂林君起立致辭。辭畢，茂飛君答辭，畧謂余之來華任務，可分兩種：一爲執行建築師之職務，二爲研究中國建築。蓋中國建築藝術，其歷史之悠久與結構之謹嚴，在在使余神往者也。故余研究中國建築，至感興趣。計以研究所得實施於建築者，有北平之燕京大學，南京之金陵大學與南京靈谷寺陣亡將士墓及紀念塔等，並將余研究所得，寄返紐約。余之設計構造中國建築，最初爲金陵大學。因得在座余洪記營造廠之助，而收美滿之結果。雖因造價問題，余洪記與金陵發生糾葛，然余之研究中國建築，而今施之實踐，一秉初旨，而得相當之成效。余之中國建築作品，最感滿意者，厥爲陣亡將士墓與紀念塔。此建築物屹立孫中山先生陵園之傍，爲中國有數之紀念建築物，而余得參與設計，深自慶幸，故余對之每起雋思。而余尤有欽感者，承建此項建築物者，卽爲馥記陶桂林君。陶君係余二十餘年之老友，亦卽當今建築界之健者。此次余因久旅貴邦，擬返美休養，稍息仔肩。而陶君曾數勸重遊，意殊惓惓，余亦反勸陶君遊美，蒞紐約時俾盡地主之誼。余因旅華已久，在華友人頗衆，中國之革新，亦具特殊認識。試

圖中中坐者茂飛君後立者陶桂林君

歡餞茂飛建築師返美留影

舉中國近今兩大建築，如廣州中山紀念堂，與沈怡博士主持之上海市政府，均無外籍建築師之參加，而成績特著。從可知中國建築師之努力與中國建築之復興。余若有機會，深願重來中國，研究中國建築，以與知友朝夕敍首，切磋琢磨也。余今借此機會，謹祝中國建築師之進步與陶君事業之成功云云。

× × × ×

按茂飛建築師(Mr. Henry K. Murphy)，為國民政府建築顧問，係美國紐海文籍。(New Haven, Connecticut)一八九九年畢業於耶魯大學，得學士位。一九〇〇年至紐約，經五年之訓練，自一九〇四年起，在業務上卽頗活動。一九〇八年與台那君(Richard Henry Dana係名詩人Longfellow之孫)合夥組織公司，先後凡十二年。業務範圍先僅及於紐約及新英格蘭，繼及於近東及遠東。故在一九一四年茂氏曾游歷東方，今番蒞滬，已屬第八次矣。一九二〇年，因但氏專致力於紐約附近之業務，故脫離公司，另由馬奇與漢倫二氏(Mc-Gill and Hamlin)加入，與茂氏合作。至一九二三年，馬漢二氏退出，乃由茂氏單獨經營。茂氏在美，以設計殖民地式建築 (Colonial Architecture) 著稱，其代表作如Loomis Institute Windsor 兒童學校，(均在Connecticut)及耶魯大學教授飛爾浦氏(Prof. William L. Philps)之住宅(在紐海文)，曾由美國建築師公會，選認為唯一殖民地式建築，在舊金山世界市場(San Francisco World's Fair)公開陳列。因茂氏在業務上之成功，於一九一三年由耶魯大學贈以藝術學士(B. F. A.)學位，以示激勵。茂氏在國民政府建築顧問任內，曾將南京作初步之首都設計，安置各院部會，以壯觀瞻。並受蔣委員長之聘，設計南京紫金山陣亡將士墓。該項工程已於二十二年七月九日正式落成，蓋亦紀念由廣東出發北伐之七週紀念也。茂氏此外並担任廣東嶺南大學校董，及北平之中美文化經濟協會保管委員，與美華地產公司建築部主任等職，現均告退，返國休養，不日卽將首途云。

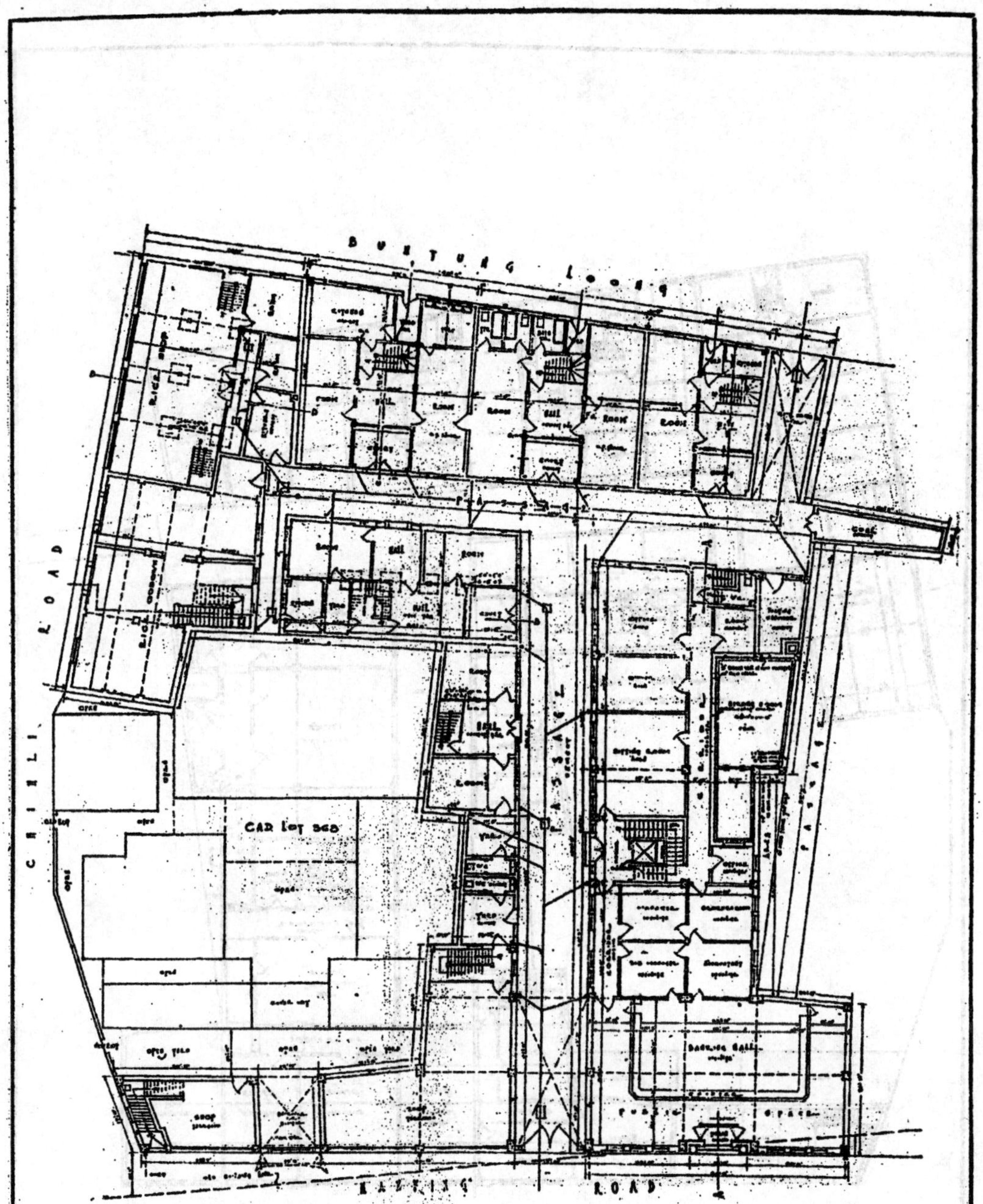

Ground Floor Plan of The Woman's Commerc'al & Savings Bank, Ltd., Nanking Road, Shanghai.

上海南京路上海女子商業儲蓄銀行房屋下層平面圖

23161

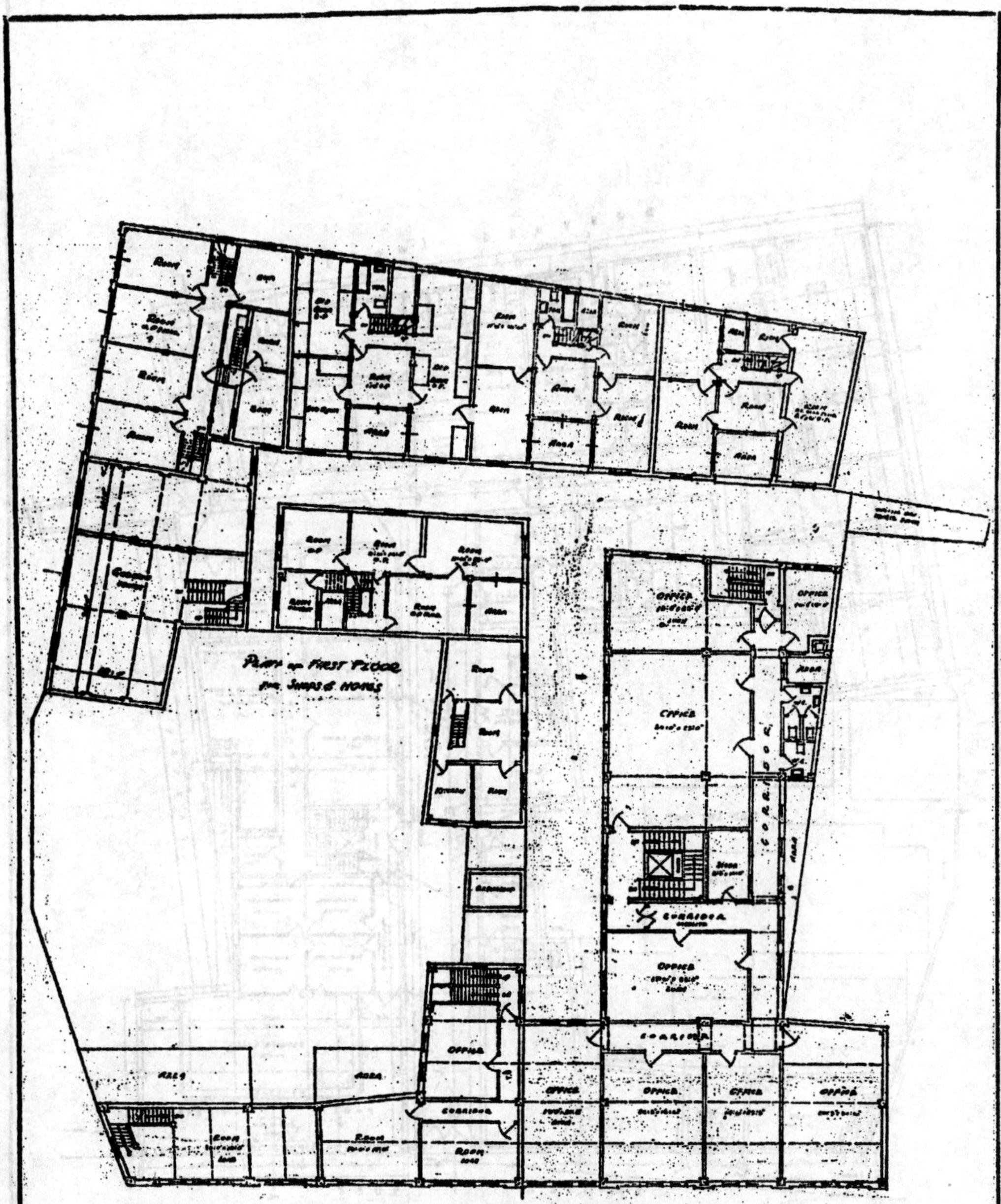

The Woman's Commercial and Savings Bank, Ltd.

上海女子商業儲蓄銀行二層及三層平面圖

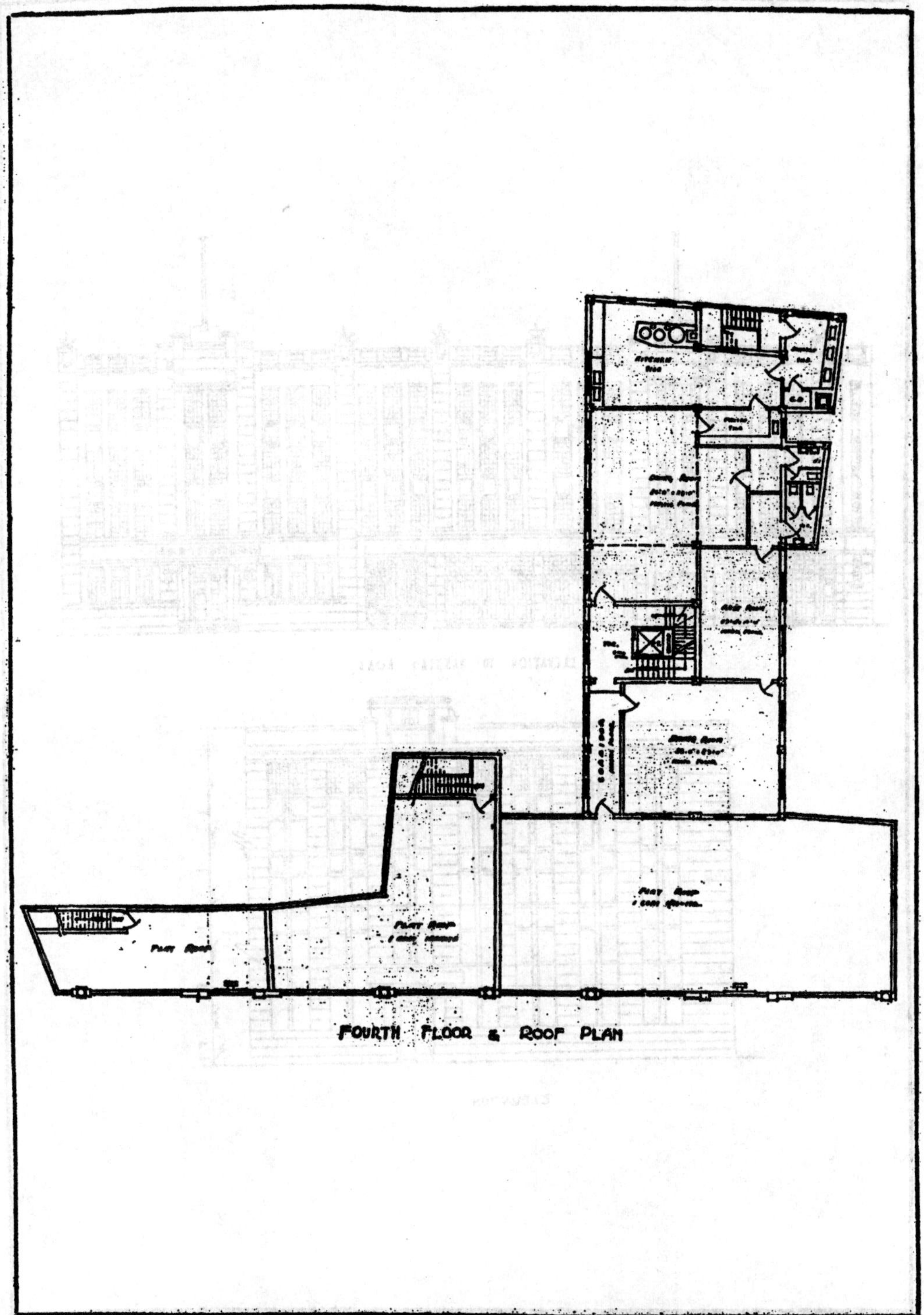

The Woman's Commercial and Savings Bank, Ltd.
上海女子商業儲蓄銀行五層及屋頂平面圖

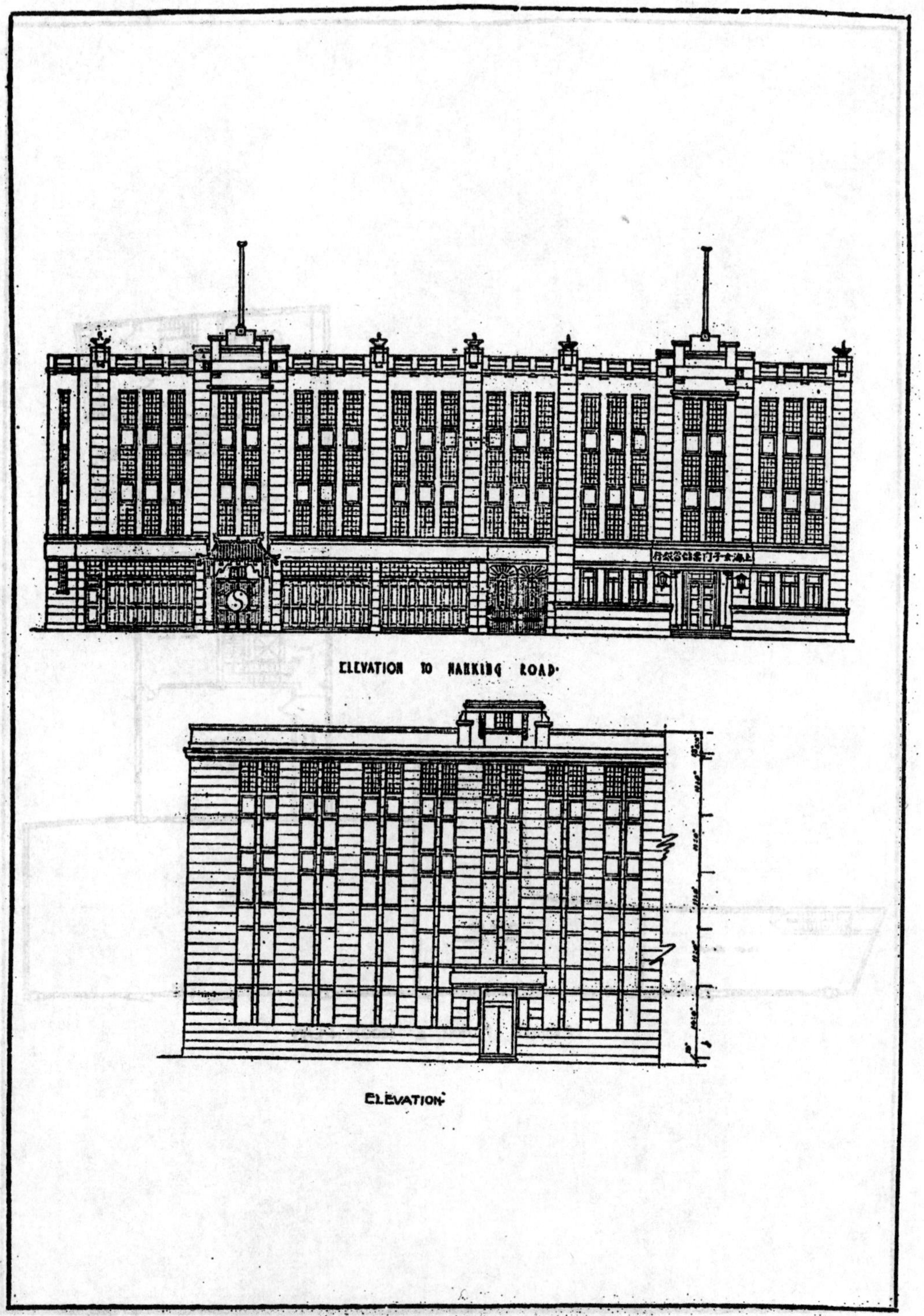

The Woman's Commercial & Savings Bank, Ltd.

上海女子商業儲蓄銀行立面圖

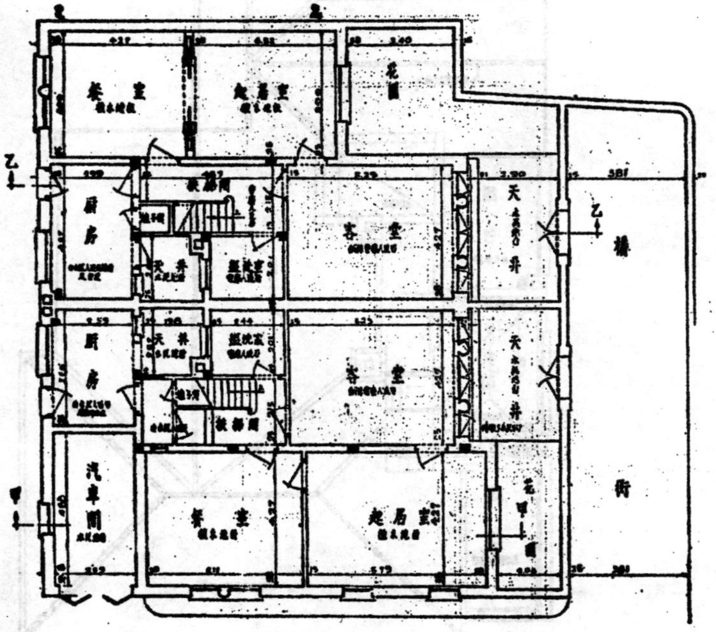

下層平面圖

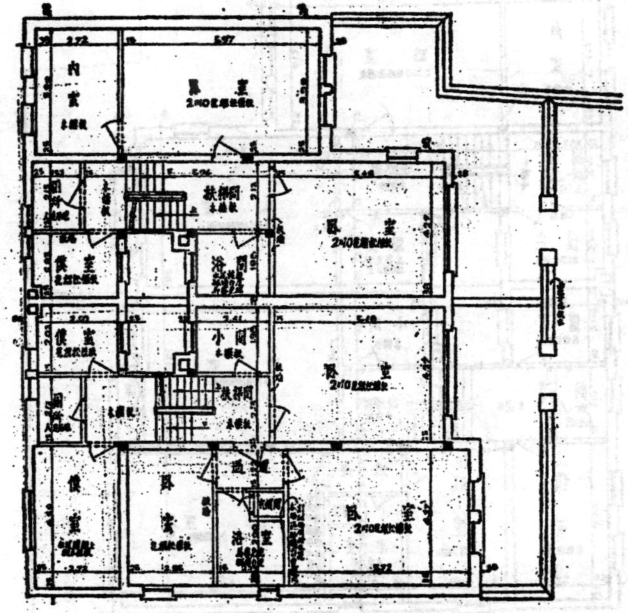

二層平面圖

A Residence on Yu Yuen Road, Shanghai. (Block C)

Wah Sing, Architects.
Kow Kee Construction Co., Contractors.

上海愚園路人和地產公司新建之住宅房屋（丙種）

華信建築師設計

久記營造廠承造

23165

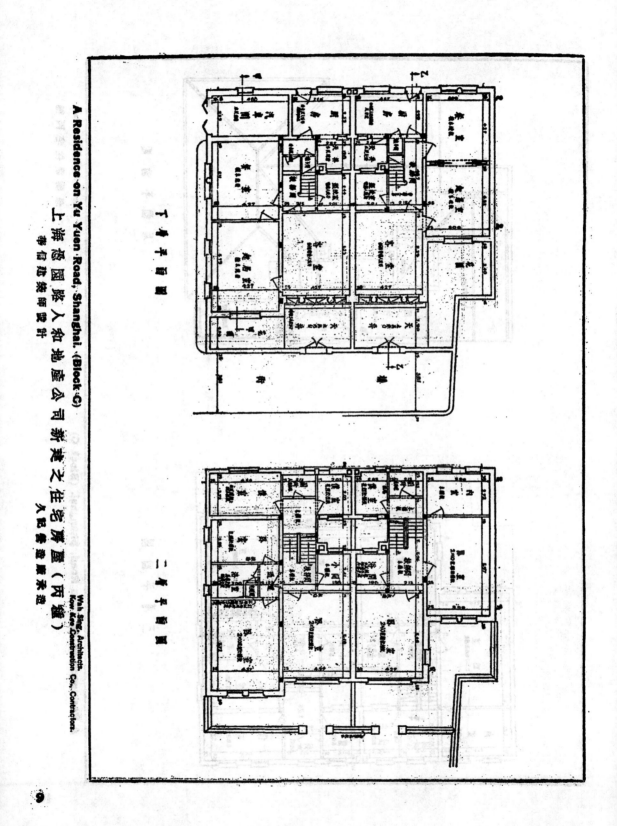

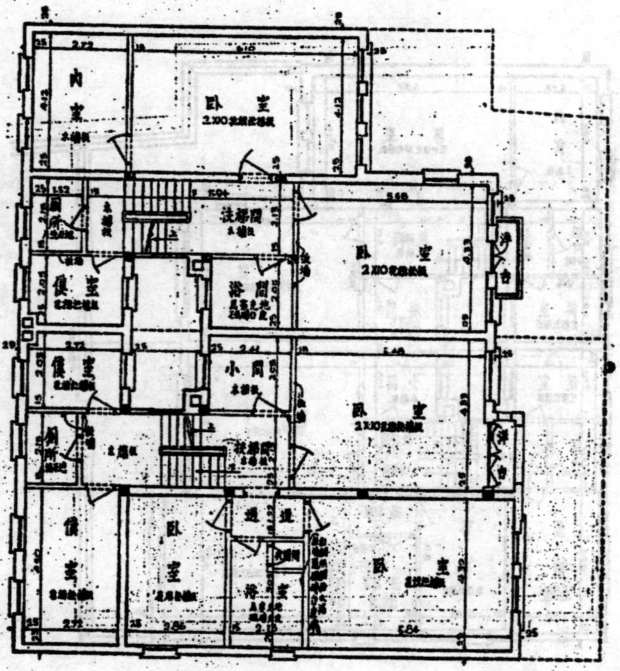

三層平面圖

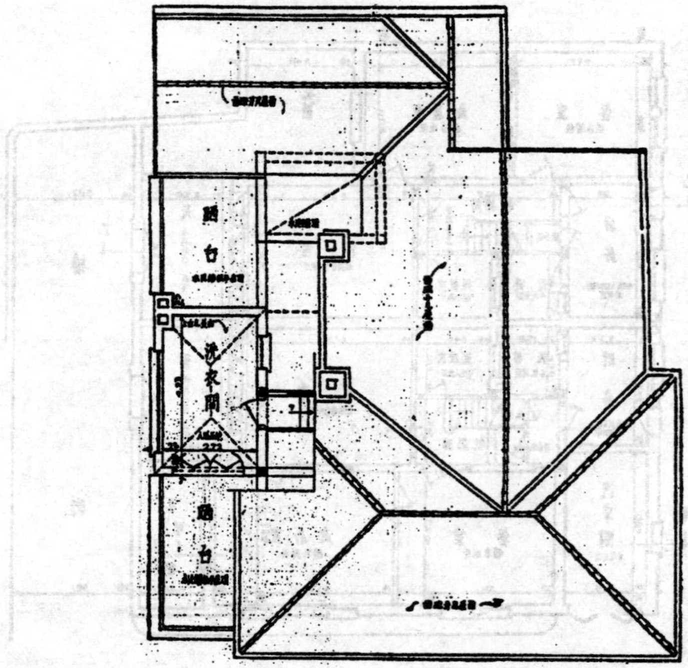

屋面平面圖

A Residence on Yu Yuen Road, Shanghai. (Block C) Second Floor and Roof Plans.

愚園路住宅丙種 二之一

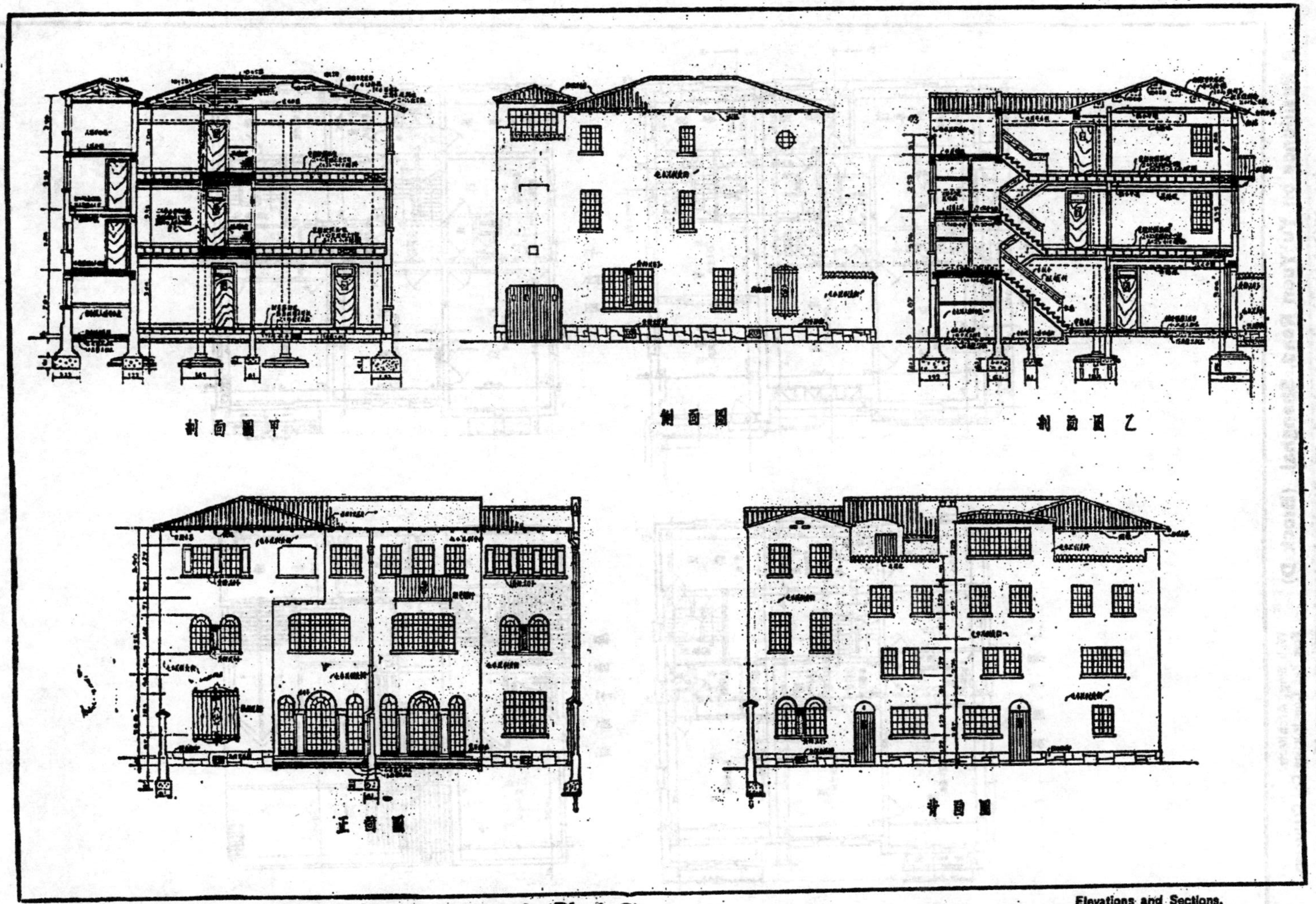

A Residence on Yu Yuen Road, Shanghai. (Block C)

Elevations and Sections.

愚園路住宅丙種

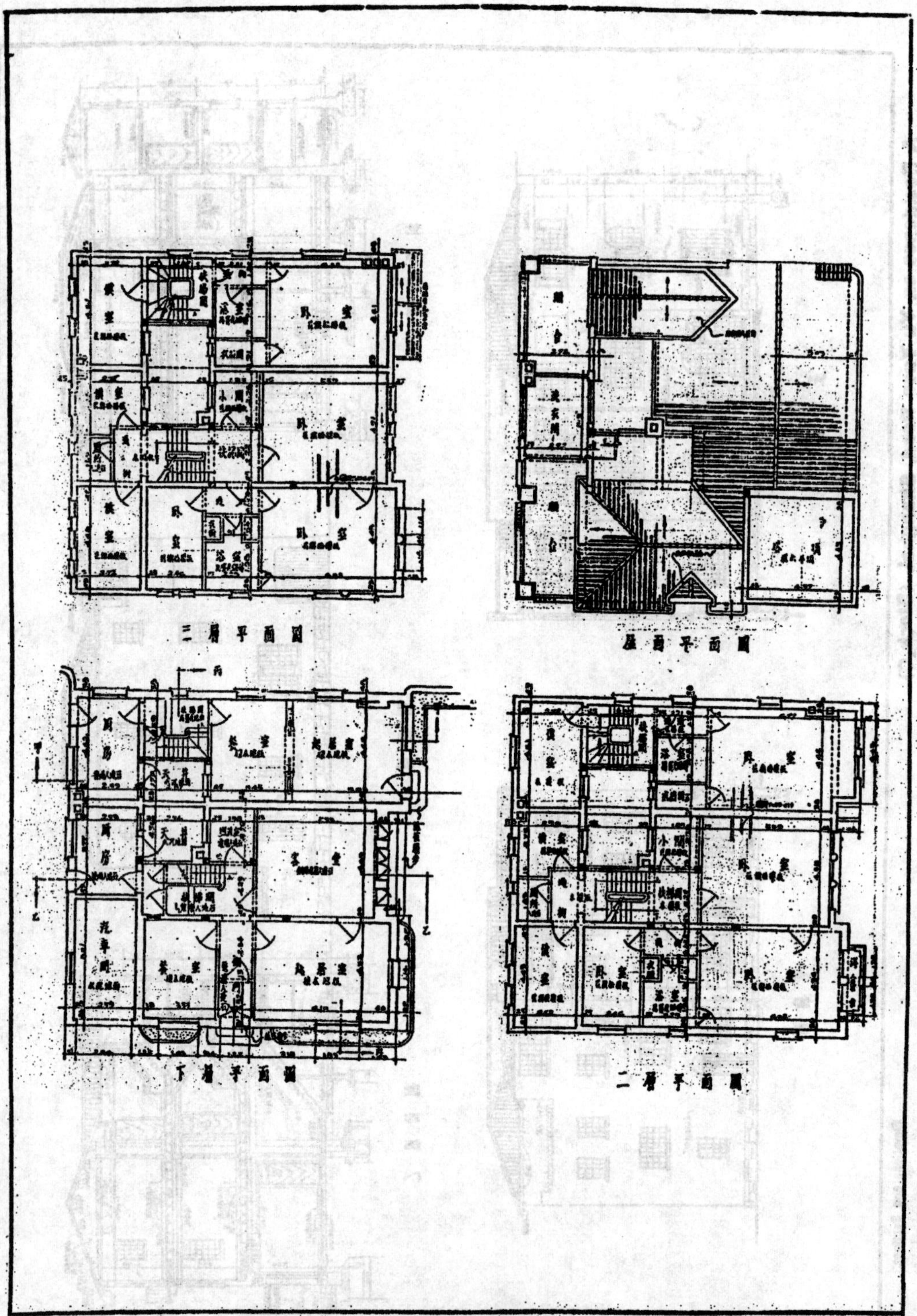

A Residence on Yu-Yuen Road, Shanghai. (Block D)

Wah Sing, Architects.
Kow Kee Construction Co., Contractors.

上海愚園路人和地產公司新建之住宅房屋(丁種)

23168

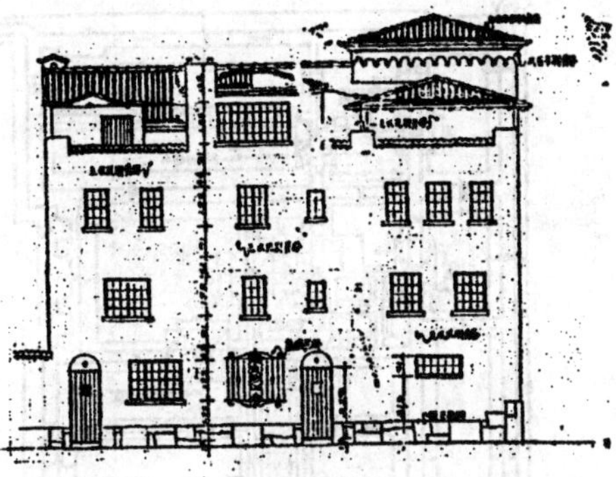

背面圖

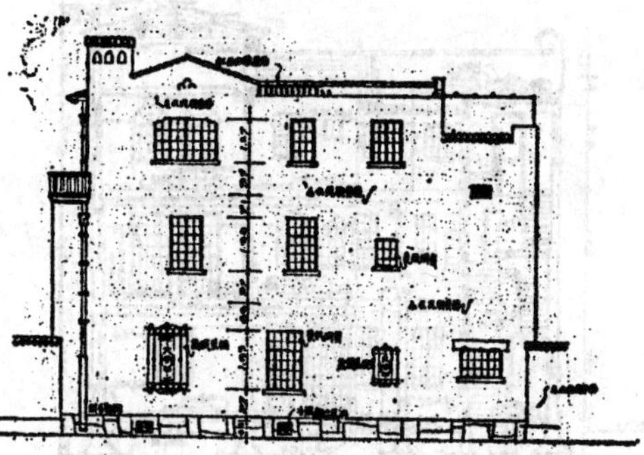

東側面圖

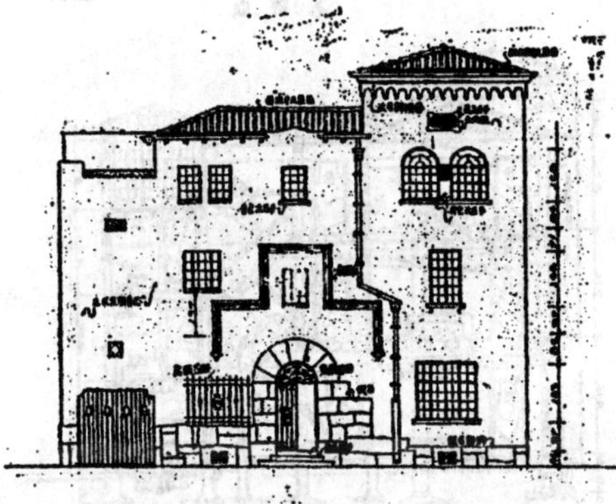

西側面圖

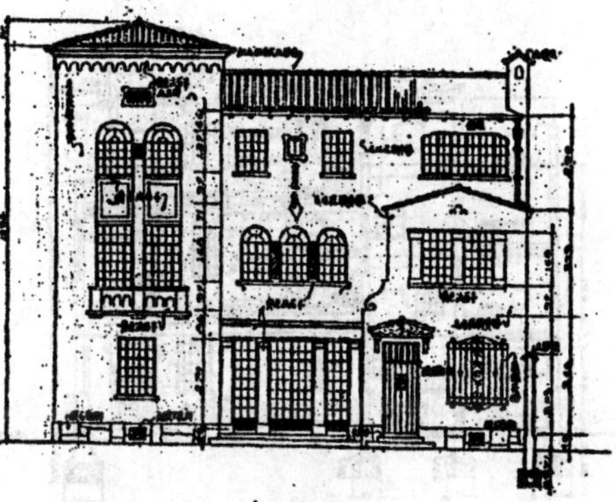

正面圖

A Residence on Yu Yuen Road, Shanghai. (Block D) Elevations.

愚園路住宅丁種

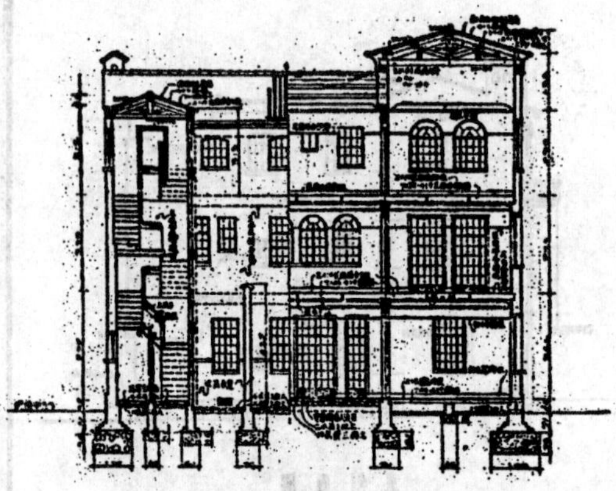

剖面圖丙-丙

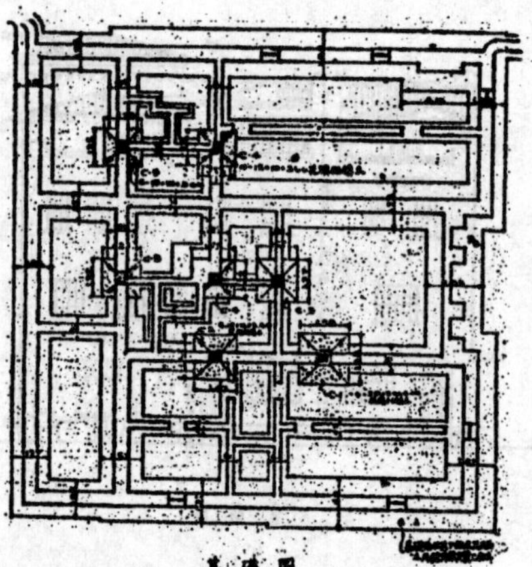

基礎圖

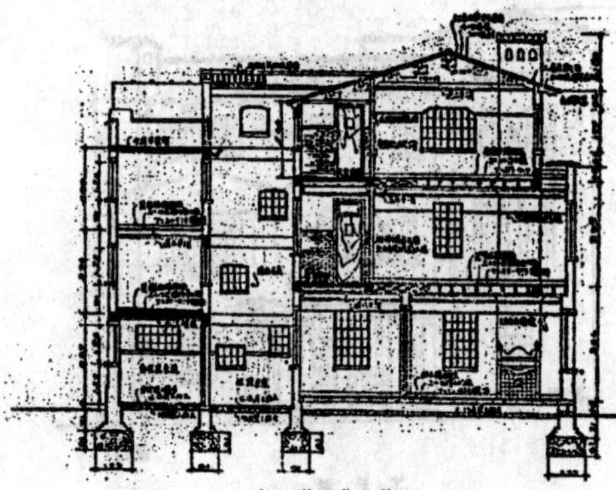

剖面圖甲-甲

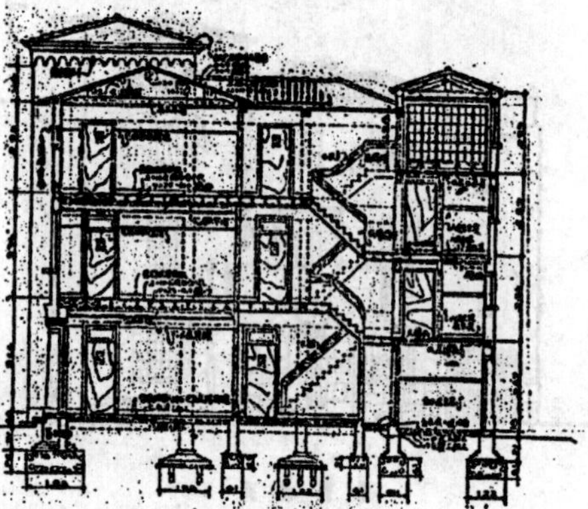

剖面圖乙-乙

A Residence on Yu Yuen Road, Shanghai. (Block D) Sections.

愚園路住宅丁種

Plan for a small dwelling house.

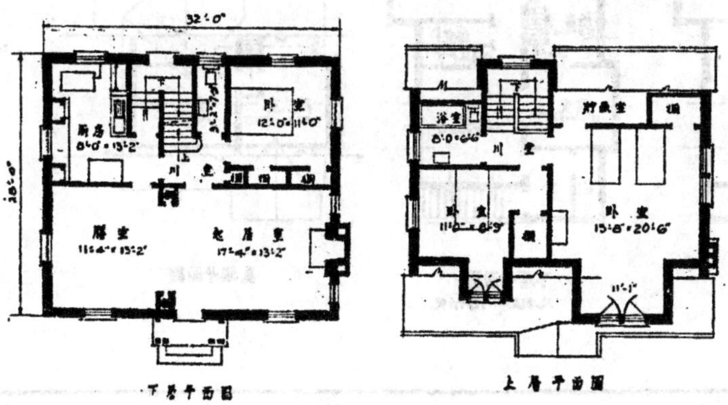

此種住屋，頗合實際需要。試觀二樓臥室之特色，與起居室及餐室之佈置，廚房間之便利等，在在足資介紹者也。

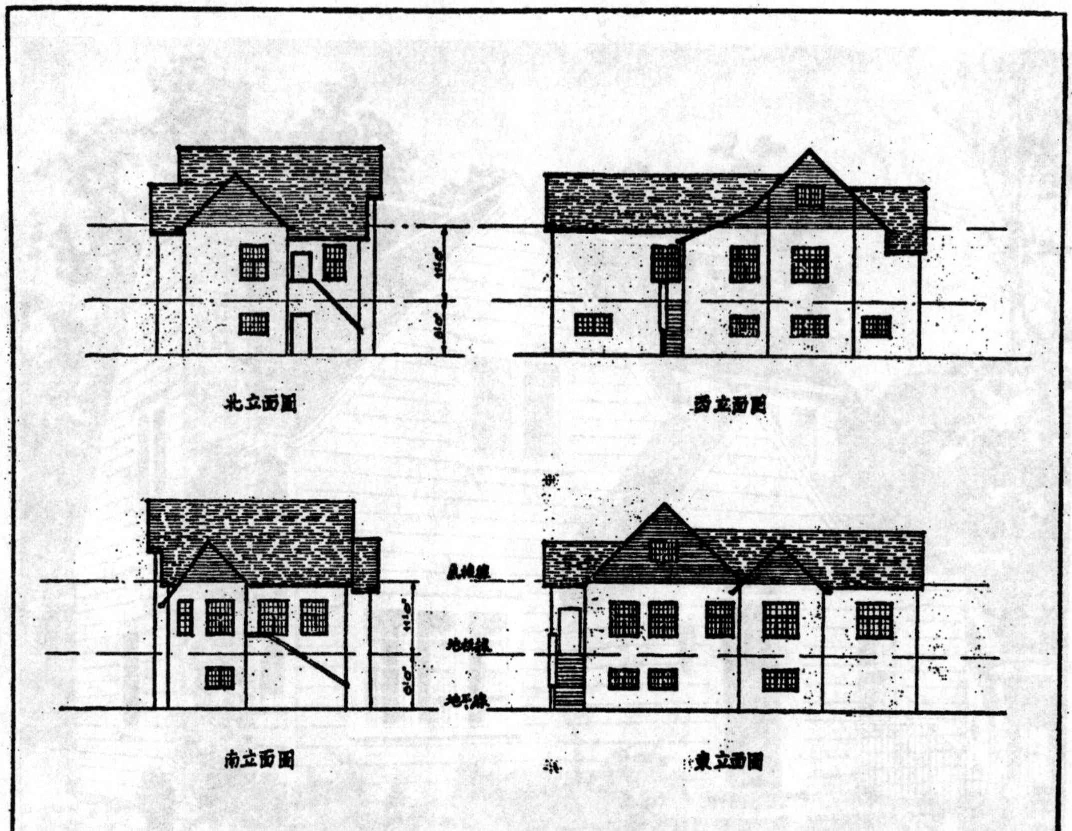

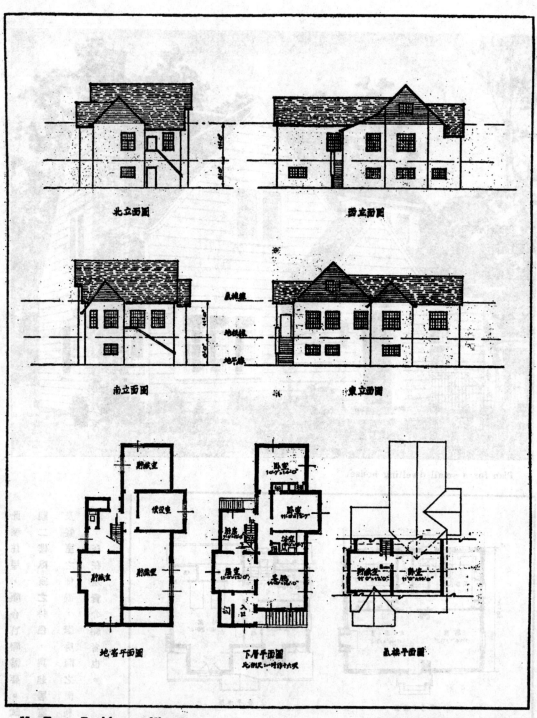

Mr. Zee's Residence, Kiangwan.
上海江灣徐君住宅

Designed by Service Dept., S. B. A.
本會服務部設計

營造學（四）

杜彥耿

第二章

第一節 甎瓦（續）

乾壓法 此法專用之於泥質鬆脆，容易碾細者。若以之參水柔潤，必加多量之水份，殊爲不便；倘用乾壓法，自屬省事。法取地上乾土，置於槽中，直輸機器，無須加水，用機之重大壓力，非僅將泥土壓碎，且同時卽壓成甎形。經此手續壓成之甎坯，不特出面光潔，而角口又極整齊。乾壓製甎機有兩種：一爲在同一動作中可以壓甎二塊，另一則可壓甎四塊，其最稱便利者，甎坯一經從機壓出，便可直輸甎窰燒煉；不必如軟泥法之甎坯須涼乾後，方可入窰也。

堅泥法 法將泥先加水於槽中揉潤，送入鑽形之機重行調製，使之黏潤。隨卽由鑽形機旋轉將泥迫壓旋出，經過旋鑽末端之模型，而成連續不斷之直條；此直條之形式，可隨所需之式樣裝置之。如甎之從旋端轉出，中間留空者，卽爲空心甎或瓦筒等。自繼續不斷之直條旋出後，卽可割切成塊，其長短可隨意之所欲割剖之。割切機之裝置，係另設一台，用鋼絲割切者。經鋼絲切割之甎口，必成圓角形；但此角口砌牆時，甎縫略呈圓口，自無問題。若必欲頭角整齊者，則可重經機器或手工整理；同時並可壓出商標與牌號等標記。

用堅泥法不獨造甎，並可製各種形式與大小不同之瓦筒，瓦片及空心甎等。其手續至簡，僅需於鑽壓之末端，裝以瓦筒或瓦片等之模型卽可。

製甎機器 際茲物質文明突飛猛晉之時代，製甎利用機器，以替代手工，自無須喋喋。至製甎機器之種類，可分別之如下：

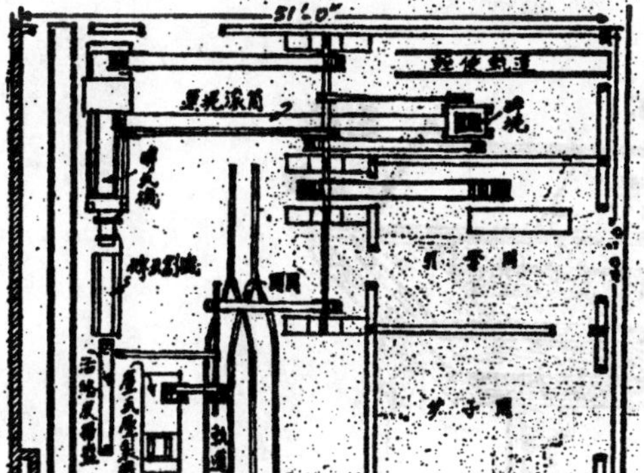

（附圖二十七）堅泥機製甎廠地之佈置

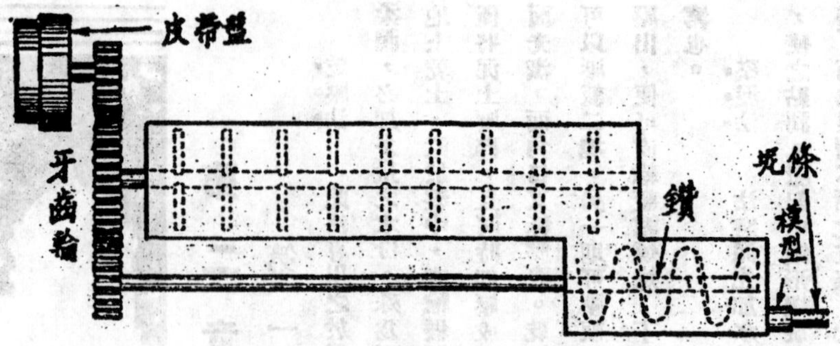

(附圖二十八)

鑽壓機之剖面

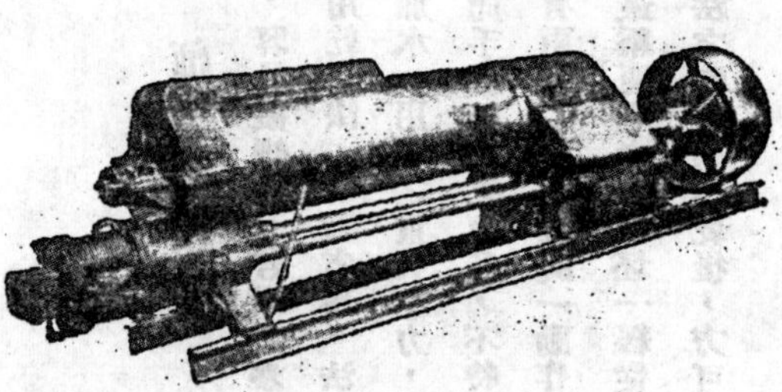

(附圖二十九)

壓泥機或稱鑽壓機，內含拌泥與製坯兩部。其上面部份係一長管形之拌泥機；下段為鑽壓頭子與模型，泥從裏面逼出，經過模型，逼成長條之泥坯，然後再割切成甎之長度。此機可製空心磚，陰溝管等等。

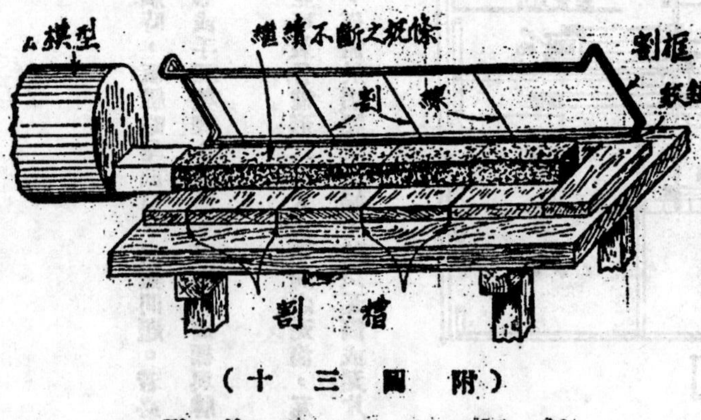

(附圖三十)

割切甎塊之情形

23174

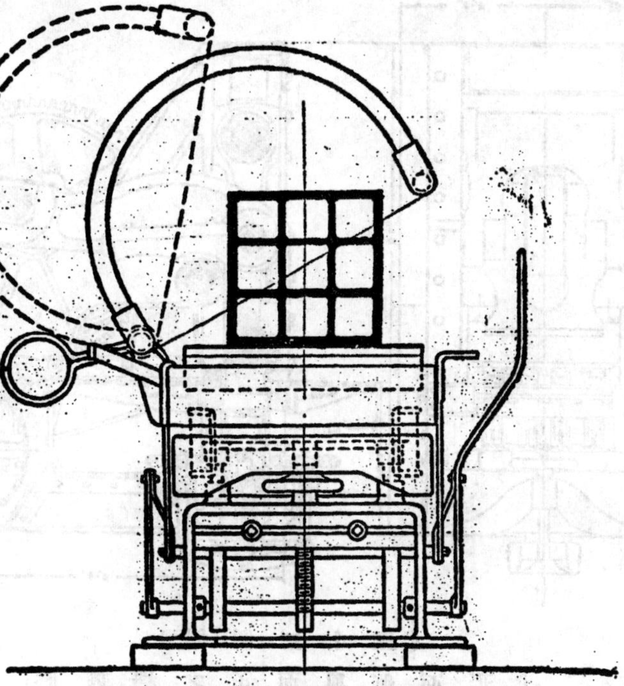

(附圖三十一)

割切空心甎之形狀

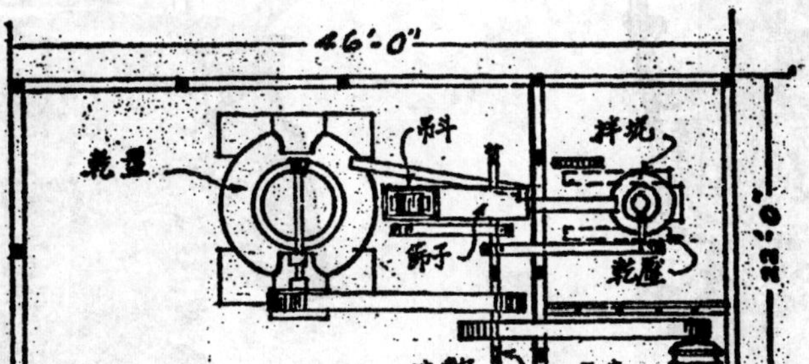

(附圖三十二)

用乾壓手續製甎之廠地佈置

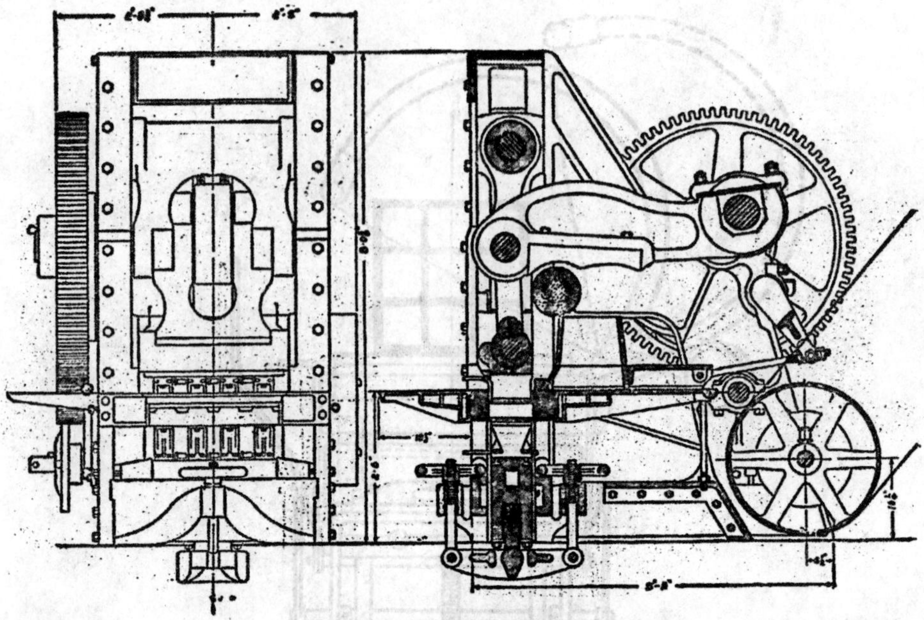

（附圖三十三）

壓甎機之正面與側面形狀

（附圖三十五）

萬國式軟泥製甎機

（附圖三十四）

萬國式複壓機

(附圖三十七)
萬國式拌泥機

(附圖三十六)
培格(Berg)乾壓製磚機

(附圖三十九)
運輸乾磚坯進窰之車

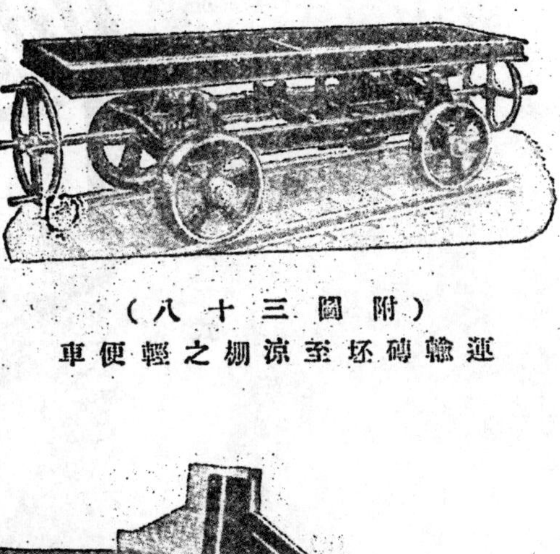

(附圖三十八)
運輸磚坯至涼棚之輕便車

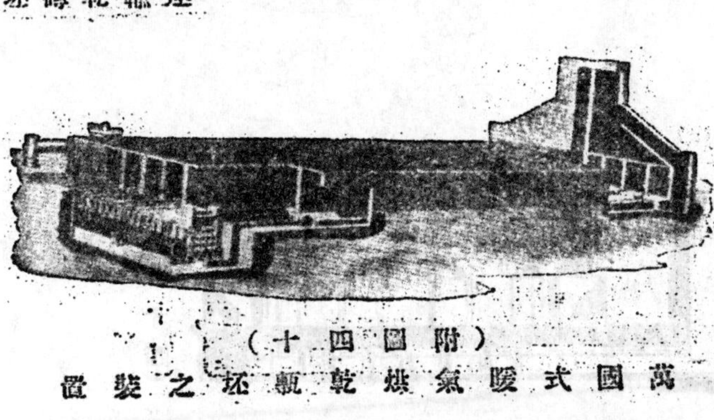

(附圖四十)
萬國式暖氣烘乾軋坯之裝置

（附圖四十二）
甎坯架子長八尺，高十四格，每格五寸中到中，進深可置磚九塊

（附圖四十一）
暖氣烘乾甎坯之內部裝置

（附圖四十三）
運磚輕便車之又一式

（附圖四十四）
燒煉空心磚，瓦，火磚及陰溝管等上品磚瓦之窰。

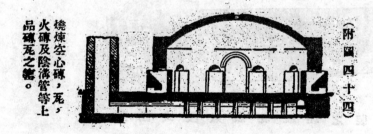

（附圖四十五）

此窰需用材料，較任何式之窰為省；惟構造費用獨鉅，故祗合大規模窰場之設置。

第二章

第二節　甎作工程

甎之定義　甎者，係實體之土塊，經過甎窰燒煉，或於日下曬乾者，以之組砌牆垣，藉抗風雨之侵蝕，並擔受建築物之壓擠重力。

甎作工程　甎作俗稱水作，宋李明仲著『營造法式』稱泥作，係一種專門組砌牆垣之技工。將甎用灰沙黏砌，而成一體，並將甎塊犬牙組砌，搆成能任重壓力推剪力之強固建築。

甎之大小　甎之大小尺寸：普通三號甎，長九寸，闊四寸三分，厚一寸五分或一寸六分。機製甎有九寸長四寸三分闊二寸半厚者，亦有八寸半四寸一分二寸半與十寸五寸二寸等者。總之，凡甎之長，必倍於其濶，惟兩磚之闊度，應較一磚之長度稍狹，俾資黏貼灰沙之隙地。

英國建築學會對於甎之定律　下列標準，係由英國建築學會與甎業公會共同議定者，並由工程學會推派代表參加修訂規律，於一九〇四年五月一日起開始實施。從此凡建築學會之會員，於規訂建築說明書或承攬章程時，應以建築學會規定之標準為鵠的。

（一）甎之長度，必倍於甎之濶度；並須加一頭縫之隙地。

（二）甎之厚度，以四皮磚加四條灰縫，等於一尺。

（三）頭縫應為三分，長縫須加半分為三分半，因甎之上下邊口，多呈曲屈，不能整齊一線之故。如此走磚長度之中到中爲九寸二分。

甎之類別　甎之類別甚多，如實心磚，空心磚，陷子磚，鏟刀磚及角磚等，式樣如下圖。

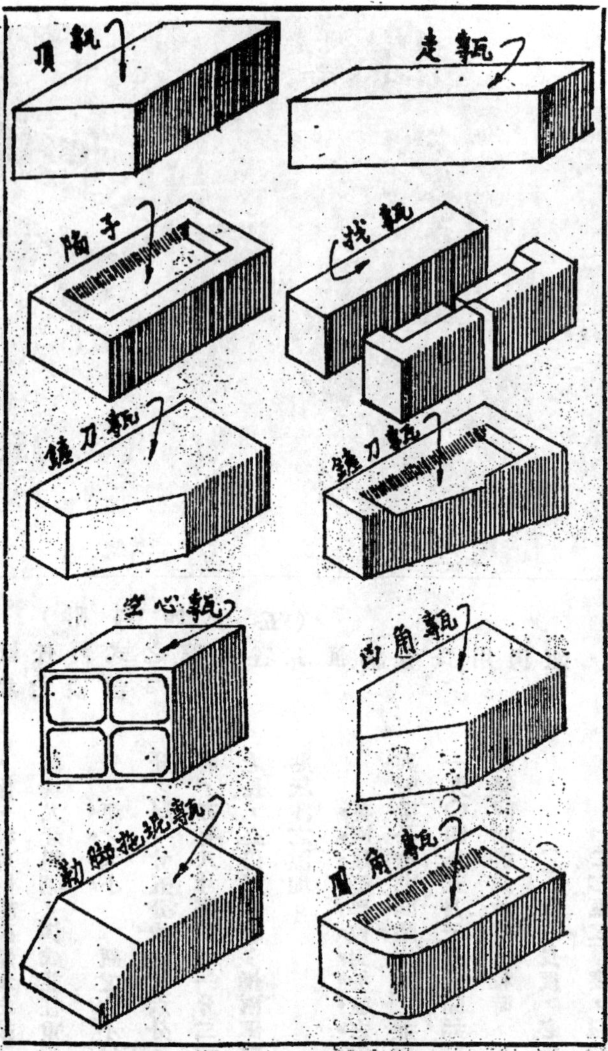

（附圖四十六）

陷子磚　陷子甎吾國用者極少，惟火磚間有陷子。普通所用，均係實心者。陷子磚之組砌，以陷子向上爲是，向下則非是。（參閱四十七圖）

建築術語　皮數係指甎之在上下灰縫之間之一層，謂之一皮，如四皮磚連灰縫等於一尺。

限子　牆之外角，如牆角用甎砌者，謂之限子磚；用石者謂之限子石。

（附圖四十七）

頭縫　在牆之立面之豎直灰縫。因求磚垣組砌妥善之故，頭縫必間皮騎花，即兩皮頭縫不可在同一直線。

走甎　甎之長面，即九寸之一邊，露出於牆面。

頂甎　甎之濶面，即四寸三分之一邊，露出於牆面。

找甎　將整塊甎甎，剖成所需之長度，如剖去一半，謂之五分找，剖去十分之三謂之三分找，十分之七謂之七分找等。

鏟刀甎　甎之截去一角，謂之鏟刀甎。見四十六圖。

凶角甎 甎之截去兩邊二角，成一不整之方角者，爲凶角甎，見四十六圖。

勒脚拖泥甎 甎之一邊，製成坡斜形或線脚，砌於勒脚最上之一皮，銜接正牆身處者，如四十六圖。

圓角甎 甎之一角形圓，砌於牆之外角者，如四十六圖。

灰沙 灰沙係石灰與沙泥或水泥與黃沙之混合物，用以窩砌甎底及甎邊之縫，其功效如下：

(一)分任甎工之壓力。

(二)使甎與甎凝成一片。

(三)堵隔熱氣，聲浪及潮濕，由牆之一面傳達至彼面。

灰沙中所用之沙，應甚清潔，有稜角，並無泥質混雜，純粹沙粒者爲佳。灰則以石灰或水泥。灰沙之混合成分，最佳最堅强者，用一分石灰或水泥與二分沙泥或黃沙拌合之。

灰沙之用石灰與沙泥拌合者，普通成分爲一與三之比，即一分石灰與三分沙泥。或因石灰成色較次，則灰份增多，沙份應減少。普通石灰之品質佳者，隨時化拌，隨時可用。次等之灰化後，須待二十四小時以至一星期，方能用之。關於石灰與水泥之煉製，品質及功能，當於下冊詳論之。

水泥灰沙 水泥灰沙之混合成分，自一分水泥與二分黃沙以至四分黃沙。此兩種材料須乾拌均勻後加水。水泥灰沙一經加水拌勻，即須用罄。蓋水泥加水混拌後，即起硬化作用；若待之稍久，則效用減損，甚或時間過久，業已凝結，不復可用。

甎甎浸水 灰沙中之水份，爲硬化過程時所必要者。故甎於未用之前，應先浸濕，或用噴桶儲水灑澆，使甎潤濕，藉免乾甎將灰沙中之水份吸乾。更有進者，天氣燥熱之時，尤須將甎濕透，如此既可免灰沙乾硬太速之弊，又可去甎面上之積灰，俾使灰沙與甎面凝貼妥實。

甎工在冰凍時期 甎工在冰凍時期，應完全停止。蓋灰沙尚未凝結，含有水份，受凍結冰，則灰沙之功效全失，甎與灰沙勢不能黏合一體矣。故倘因工作急迫，不能停止者，則灰沙最妥改用水泥，於日中不結冰時工作，工畢須將新完成之部份妥加蓋護，務以不使結冰爲度。再者，在此時期，雖因工作急迫勉强於日間工作，但夜工則必須停止。

組砌甎工 甎工之組砌，最應注意者，厥爲甎之底面與側面之灰沙，須完全施足，不可稍有空隙。關於窩砌灰沙，有三種手續：一、刮砌，二、窩砌，三、澆漿。刮砌係將灰沙用泥刀挑起，刮於甎之底面，隨後將甎置於牆上。此種用灰沙刮於甎上，有兩種手法：一爲滿刀灰，一爲螺壳灰。滿刀灰者，甎底灰沙施足；螺壳灰則僅施灰於甎之兩邊，中間空虛。現在一般工人組砌牆垣，每用螺壳灰，殊屬不合；蓋此項刮砌方法，用之於單薄之牆垣則可；倘係巨厚之甎工則應窩砌，法將兩邊沿口之甎先砌，隨後將灰沙傾倒牆上，用泥刀刮開，即取甎窩上，再將空隙之縫刮斗刮足。刮斗時隨刮隨用噴桶澆水。第三種澆漿係用於鑲砌法圈或其他相似之甎工；其灰縫緊密整齊者，先將灰沙刮於甎之兩邊鑲砌，隨後取灰漿澆入中間空隙。

(待續)

建築人應有的自覺

杜彥耿

世界經濟不景氣之風潮，激盪澎湃，震撼大地，把整個中國也席捲在內。什麼入超問題，白銀問題，農村問題，失業問題等等，在在表示着社會的枯竭與死氣。建築界當然不能例外，也祇好浮沉在這惡潮裏，若不急起掙扎自拔，恐亦難免同遭沒頂的慘禍。

建築師工程師一批一批的從國內外專校大量地產生。營造商建築材料商與建築工人等，又復有增無已的投奔建築界來，想分一杯羹。不知偏又遇到這經濟枯竭的大難關。不要說將來怎樣，便是目前已起了極大的危機。跟建築事業休戚相關的地產事業，既已一蹶不振，欲冀回蘇，不知伊於何日。實業建築在這百業蕭條的空氣中，倒閉與難維現狀的消息，相繼而至，遑論有新的工廠等建築。公共建築在近年雖較進步。但因中央與地方政府因限於資力，又不能大事建設。私人的住宅建築，更無論已。著者在遇着友人之從事建築師工程師者，談及現狀，輒歎奈何。去年曾經設計完竣之建築圖案。本約今春進行建築者，現都擱置在建築師工程師的抽屜中。於是營造商，建築材料商，及建築工人等，都連帶地感到不知所云的窘境！

在建築材料商以及建築工人聚集的茶會裏。人的擁擠程度不減往年，但都愁歎着無所事事。往年新三號磚每萬價格一百二三十元的，現在每萬只售五十三元；石灰每担二元二三角者，現在祇售一元。材料的價格已是這樣低落，但依舊沒有交易，無人問津，所以現在的癥結，不單將貨物貶價，便可將病入膏肓的建築市面。救蘇更甦，必須要靠建築人自己聯合起來，共同研究對策，闢出一條出路纔是。

中國地產商的目光，都是拘囿一隅，不思向外開展，牢守着一方蚯蚓吃方坭的故態。偪促在都市的一角，相互競逐。本來上海南京路及外灘的地段，與南市斜土路閘北太陽廟等地無甚區別。一樣在這地面上可建房屋，如何一面捧得這樣高，一面却抑得那樣的低。在斜土路低窪的草蓬裏，仰頭便可望見摩天建築的屋塔。在這短程的距離中，地價與房屋的租價，竟有非能想像的差別。若是土地有知，也要抱怨地產商不該把同樣的土地，有着極大差額的地價。因了地產商抱着趨炎附勢的方針，便有地產事業一落千丈的結果，此亦早在一般人的臆料之中，因爲地產商祇把鬧市地價拚命提高，不知居住鬧市者的經濟力，是否能作正比例的担負。地產在盛時。每經一次買賣，每破一次新高價的紀錄。如此輾轉買賣，高價迭現，彼時卽知最後一人購進者必吃大虧，特不知最後爲何人耳！現在固然高價吃進的，跌了價依舊吐不出來，何苦早不把眼光放大些呢！這都是有個原由，因爲中國本無地產事業，起初是由外人經營。外人在內地沒有置產權，故祇能限於租界一隅。可巧因着內地多事，所以內地稍有資產者，咸把租界視作安樂窩。租界的人口既然突增，地價亦隨之日高，外國地產商的自不必說。白手來上海的外國人，資產積得最速最巨的要以經營地產者爲最多。國人見有利可圖，也追踵着經營地產事業。經營之區，也限租界。更妙者在租界內的土地，若係道契地，要比方單地價昂。故中國地產商，無形中也變成外國地產商，因爲道契上地權人的名字，都是外國人，照理地產商應負開闢土地的負任，不可跟着外國人在同樣小範圍內瞎幹。外國人因無權在內地置產，所以沒法；而國人權限在握，爲何也跟着在蝸角裏投放巨資呢！

地產商應當看準了一處可以開發的地。在那裏的地價，必很低廉。便投資作大批的購進。若因交通不便，並須獲得築路權。從這目的地與重要城市，建設電車路或公路，相與貫通。同時沿路一帶地產，也可投資收買。在此路的終點的目的地方，先開闢公園遊嬉塲溜冰塲飲食堂茶亭，戲劇電影等種種高尚設備。他如圖書館，動物園，種植園水族館兒童遊戲設備等。祇求人們到了這個地方，不論老少男女，都能稱適愉快。因爲人在城市裏居住營謀，好比一只鳥關閉在籠子裏，舉目一望，都是死的物質，缺少自然界的調劑。所以每逢假日，多要往名勝的地方去覽賞。但是說也可憐，本來很好的名勝，因人去得多了，便有一般俗人遥把好好的地方攪俗。本來很幽雅的地方，造起一座俗不可耐的洋房，前面開闢一所園子，在蒿山環抱的天然的山上壘起一座假山，試想妙也不妙。天然名勝的地方，祇要略施人工，稍加點綴，人去了自然留戀忘返。普通商人有了錢去築別墅，那裏顧到俗與不俗，這眞同不識字的兵士，撕碎古書擦鎗一樣的道理。

地產商可覷透人們這種需要，明白人爲何出着很高的代價，寄生在白鴿籠式的鬧市呢！人都是不願的，但因着交通的不便，又不得不擠在偪促的一隅了！所以地產商可在離市稍遠地方，先開公園，築路通車。車價特別便宜，則暇日遊者必來。車價雖低，然因遊者衆多，也可開支。若遇不足，則有遊嬉塲及地價提高的盈餘可資補償。

在公園的裏外，與沿路一帶，標立告白，沿路某處地價若干，公園裏面若干，園外若干。遊者見了交通便利，地方清幽，也都樂於購置地產，同時並可代客設計房屋圖樣與建築事務。除了應得的相當利潤之外，不可過事提高地價與建築方面之分外利益。如此地產商與客人兼得其利。這是地產商長久的事業，雖然不比在鬧市裏，今日購進一處產業，隔不多時，便行脫售，大可賺錢那樣乾脆。但是這不是地產事業，實變成投機事業了！

（待續）

「偷工減料」與「吹毛求疵」（續）

漸

初意棧房底基完成，接着便可做辦事院底基。棧房底基完成，便應紮立柱頭鉄，撑柱頭壳子板與樓板壳子；豈知直待澆完樓板水泥，底下有了隙地，可置黃沙石子等材料，方得回頭整理辦事院底基木型，將鋼條重行拆起，用鋼絲帚擦拭，把銹痕出新，所費工夫，實屬不貲，更因所訂合同期限共僅十月，眼看三個多月過去了，計算起來尚餘六個半月的時期，要造六層高的房屋。現在連底脚尚在動手，沒有做好，心中焦急，可以想見。因為合同內規定逾期一日，罰款百兩。工作若能順利進行，加緊趕築，或能如期完工，免遭罰款。偏遇那多方刁難的工程師，問題百出，直是防不勝防。例如鋼筋紮舒，請他來看，事先把鋼條底下的壳子板用水冲洗盡淨，雖有極細裂縫，亦用薄板鑲嵌。平台上面復用馬櫈擱起，佈着脚手板，人都走在脚手板上。一切都佈置妥了，他先命副工程師檢閱。迨副工程師看了沒話可說，便去復命。他也不即就來復檢，藉口在別處視察工程，或說是在辦事室有事，多方稽延，遲遲其行。迨他來時鑲嵌的板縫被熱烈的日光晒得豁裂了，便說不合，或是因恐壳子板被晒裂，所以常用水冲洗。因為不即來看，水冲得太多了，板便伸漲，看了不平，又說不合。副工程師看的時候鋼筋本來紮得很齊，因為不即復看，工場裏面人多，加諸工人都係自顧自的，別人做成了的工作不知加以愛護。例如鉄匠紮成的鋼條，工場中的工事長若見有一平台板離縫了，便命木匠去嵌。這位木匠在上去時，絲不顧在脚手板上行走，便在紮成的鋼條上亂踏。本來很挺直的鉄，被他踏倒，這還不算。他找到了裂縫的地方，便蹲下去，拿着一根板條，對板縫看看。板條如嫌太厚，嵌不進去，便用斧頭把板條斬薄。可是斬下來的木片木屑，散了一地，一陣風來，把這些片屑又吹到大料鐵的底下，試想那工程師在這時候來了，那時不用說是一定不合的了。這樣就擱了幾天，鋼條的脊肋上面發生黃銹，說是銹了應取拆下來，用鋼絲帚排拭。不知不去拭他，到還不妨，一拭之後，把鋼條外面一層法藍拭去，格外容易發銹，那是一輩子不稱適了。補救之法，惟有做些手脚，取紗團醮油少許，將鋼條擦抹，隨後再用乾淨紗團揩擦，方看不出曾經用油抹過。鋼條看去自亦清新。不過今天若不來看，明天一早又得如法泡製一回。

大概工程師檢閱鋼筋，祇須檢閱鋼筋是否有錯，組紮整齊合式否，以及木壳子板的尺寸正確與工作是否穩固，澆擣水泥的時候不致漏漿，及木壳子板不勝負重等的弊病，除上面所說種種問題之外，還得來干涉堆置黃沙石子水泥等的數量與品質。他預先在柱子上劃定標準線，黃沙倉庫裏的黃沙，最多不可堆過劃定的標準線，若過此線，他便說太重，恐基礎不固，勢須壓壞。若少堆些，又恐少了，澆擣水泥的時候，若遇不夠，再命車送，復恐緩不濟急。石子也是這樣，要照標準線進貨，多了少了，全都不合。此外還要排剔黃沙的粗細，石子的均勻，與石質的堅嫩等。手續的煩重，可見一斑。

凡是營造商若遇到了這種工程師，簡直是遇到了前世的冤家，實在沒有辦法。更因我們建築商人都沒有保障，遇到這種不幸事情，可說全無補救辦法，祇好自認悔氣，那天他來檢閱鋼筋之後，照例要看黃沙石子水泥等材料，我以爲看了，或無他事，不知他去看了黃沙石子等沒有話說，追去看拌水泥機的拌桶，說桶內留有凝堅的殘餘水泥在裏面，須要把這些水泥鑿去後，再叫他來看過，方可開車澆擣水泥。以後每次澆完水泥，仍須把拌桶整理乾淨。

鋼筋水泥工程的木殼子板，照理最多四個星期便可拆去。天氣燥熱的時候，二個星期也已足夠。依我的經驗，有一次建築一所六層高的樓房，因爲這工程很急迫，時在十一月裏，混凝土澆了九天，便把木殼子拆去。一所六層高的樓房，祇有十個星期便完成了。像這種工程何等乾脆爽快！這全恃工程師的經驗豐富，凡事確有把握。若遇到不二不三的工程師便倒足八百年的霉。一切的一切，都捧着書本走，這眞要命。你要替他解說，他是拗執不悟，意爲你給他當上。說他外行，他却有工程師的文憑。說他工程師，連工程師的屁渣都沒有。這種人混在工程界裏的多着多着，無論在那一處工程，有了這樣的人，便夠受用了！

那位只知二五不知一十的懞懂工程師，對於木殼子板，也說四個星期可拆。但是事實上終要挨到六個星期。本來下層的殼子板，預算可拆下移用到四層。現在被他這一躭擱，勢須多添二層殼子板。試想這種損失，向誰申訴。如若多損失殼子板，對於工程實際如有好處，倒也罷了。無奈這種已逾時期的鋼筋水泥，他早已堅硬了，雖有殼子板附着，已等沒有。一方則需用殼子板，須購新料，這種損人不利已的舉動，祇有那種吃死人不吐骨頭的工程師能做。這種人眞是別具腸腑，連人類的同情性都早失了！

說也好笑，在已擣成的水泥樓板上，堆放瓱甎，祇准放三塊高，多了說樓板不能担荷這重量。但是一桶水泥的重量，難道等於三塊磚的重量麽？一池的灰沙，也等於三塊磚的重量麽？如磚須在池裏浸濕後方可砌用，但一池水的重量，與水中所浸磚的重量，在在多要超出三塊磚的重量，他倒不說。而工人將磚自地運上去的時候，祇准堆高三塊，因爲工人運磚，一手總是五塊，要求堆放五塊，他始終不允，只許三塊。若問他一桶水泥與五塊磚比較孰重，我不知他怎樣來圓他的玄說，總之，這種手段都是在搗亂，早已越出工程師的範圍。可恨吾人沒有團結，一任他人的壓迫，一些沒有自衛。我每逢有這種悖乎常理的事情發生，每有一次抗議書去。後來不但引起建築師的不滿，連同業聽了，也埋怨我說不該硬撞。但是除發抗辯書外，向有其他自衛的方法否？閒人祇說閒話，要我去低頭賠禮。生意人和氣生財，不妨陪着他去逛逛堂子，買些重禮送給他，也許會有轉機！不要大家弄得面紅耳赤，爭了氣徒自吃虧。我豈知道這些話在替我設想，都是好話。但是要我這樣去做，我根本沒有這種才能，故只能做建築商的敗卒。我自已也明白自已太憨直。因此自這次工程完了，誓不再做營造商。現在那種齷齪的環境，也不允許我再做了！

有一天他動手打了我的工事長（俗稱看工），我便又寫一封信去。建築師問及他如何打你的工事長，有何人看見，我說我雖沒有親見，但工場裏看見的人多着，除工事長自已報告被踢外，工人都說工事長被工程師踢一腿。懞懂聽了急辯說沒有踢，說我們撒謊。他

23185

並要我提出證據。我說人證都齊。建築師見情形不對，急命我先出去。那懶團在裏面的建築辦公室裏好久沒有出來，大概是建築師在埋怨他不應這樣魯莽。因爲在隔天一個西崽告訴我說，那天懶團出來的時候臉上很不好看。

本來營造廠與工程師是同在服務。不過在職守上有些分別罷了，應當大家客客氣氣，保持好感。惟獨這個懶團正是氣燄萬丈，偏碰着我沒有好的嘴臉給他看，弄到後來他也不要見我了。工程上事務，只對我的工事長說。最好笑的他見了我在這裏，他便避向別處，把砌好的牆亂拆。總之，他見我在這裏，總得找些事情出來，大跳大鬧。我聽不過了，走向前去，他又跑往別處去了。

後來這處工程完了，結算期限，已過七個月。本來十個月的工程做了十七個月，即除雨工，亦決沒有七個月可除。後來數經交涉，結果依照合同，罰了五十三天。每天以一百兩計算，共罰五千三百兩，虧本一萬五千兩。工程結果，如釋重負。一旦擺脫了這個煩惱，決不再做營造生意，因爲這十七個月的冤氣，吃得太多，覺得有精力有資本，難道傍的生意不能做，一定要做營造商的嗎？故我自那場工程完了，直到現在沒有做過。這是自動的不願意做了！但是那個懶團工程師自從我那處工程完了，不久也被辭退了。直到我寫此稿時，還是空閒着沒有第二個人去請教他。他是被動的失業了，並且失業好久了！

這懶團工程師有個胞兄，也在上海做工程師。以前他兄弟兩人在合作時，有一處大工程是用蘇州花崗石做下層，層的統門面，故所用數量很多。造石料運到工程地，這位懶團看了，說石的六面都要鑿光。普通石工祇有出面的一面打光，那有連背面上下左右都要打光的道理。試想那個營造廠主，如何答應得下。所以去對懶團的兄長說了，立即召致懶團，操着他們本國的言語，在埋怨他。那個營造廠主也在傍邊，聽了他們的言語固然不懂，但神氣之間，可以看出是在埋怨他。他言語的中間夾着兩句，一句是 Nonsense，又一句是 Common sense 這兩句的意思是在說他無理取鬧和缺乏常識。這懶團被他兄長申斥了一番，紅着臉沒有話說。後來把這件事懷恨在心，總得找出機會來，以施報復。一天，他囑那營造廠主，要做一個鐵鎚。這鉄鎚的形式是怎樣，重量要多少，鎚柄是怎樣裝配。那廠主接過圖樣，依樣子做了一個鐵鎚。又一天懶團到工程地來，問那個鐵鎚做好了否。廠主連說已經做就，即命工人去取鐵鎚，取來授給懶團，懶團道謝一聲，攜着走到柱立着價值三千多兩的石柱旁邊，提鎚向柱猛擊。這時廠主一陣心酸，竟掉下淚來。傍邊許多職工，也無可奈何。他擊壞柱子的理由，是因石工的不良，與石的色澤欠佳。但他祇能命廠主撤換，不能自己動手，把石柱子擊壞。照理可以控訴損失，但是那時在民國初元的時候，中國人控訴外國人，好像是大逆不道。故中國人吃了虧，祇好打落門牙往肚裏嚥了！更因營造廠在社會上的地位太底，說得好聽些，是營造廠主；說得不好聽些，便是包工頭目。確實，以前的營造廠主，都是做手出身。智識程度，固然很低，但都很勤懇從事。見了外國建築師工程師，都稱東家。若爲承攬工程，到富人的家裏，也跟着下人稱主人爲老爺太太等名稱。有一個姓鍾的人，都叫他鍾師傅的。認識一家劉公館，他見了劉公館裏的主人，同他的子女媳輩，完全同在他們家裏的奴婢僕役一樣老爺少爺的亂叫。逢到他們在吃飯的時候，也站在一傍替他們添飯。飯罷，幫傭人把殘羹撤下，擠在廚房裏同娘姨奶媽廚司一塊兒吃飯。同着男僕稱兄道弟，與女僕則嫂子姊妹的稱呼。他自己身上穿着老布衫褲與自做的布鞋。劉公館裏的主人見他怪可憐的，凡有他家興建土木的事務，都由鍾師傅一手包辦。這位鍾師傅後來居然積了十多萬的財產，劉太太見了鍾師傅，不知他已發了財，依舊說他是怪可憐的！（待續）

出讓本刊

茲有人委託出讓本刊第一卷第一號（即創刊號）第一卷第三號（特大號）及第一卷第四號各一冊

又某君委託出讓本刊第一卷全卷一份

以上各書均完好無損欲補購者願出價若干希函示

本刊編輯部

鋸木作的呼籲

漸

上海水木公所所設立之魯班殿，在本埠南市邑廟後。內包括五種行業，卽木作、水作、淸水作、雕花作與鋸木作是。在昔此五種行業，在建築界中各佔重要地位。但現因時代變遷，機械的動作替代人力，後列三業日漸式微，無人問津。從事此業者於年幼時卽專習此道，辛苦從事，時至今日，不便輕易改業。按機器祗能鋸成整批多數之材料，所剩餘之另星雜料，若用機器鋸解，便不可能，必須僱用人工鋸做。此殆亦自機械本身所睡餘之殘粒，予該業中人以苟延殘喘之機會也。殊不知命運不濟者，到處遭受打擊，因爲營造廠素來凡有鋸作事情，均直接去叫鋸作。現因鋸作事情絕少，偶有雜碎工作，卽命木作彙做，免在賬上另立名目。更因鋸作住處不明，營造廠雖有需要，須往茶會去找；茶會中人多褻雜，現在慣在寫字間辦事者，多不願前往。加之營造廠與木作見面機會極多，爲求便利起見，自叫木作帶做鋸作矣。

鋸作因鑒於木作帶做鋸作，均起恐慌。因此連合同業，一面通知木作不得帶做鋸作，一面要求營造廠直接叫鋸作。本刊特闢一角隙地，將鋸作包工之姓名住址，附錄於後，以備營造廠之召喚。

附鋸木作姓名住址

季六寶　青雲路天壽里五六號

曹佩泉　閘北新疆路昌明里十二號

張瀾勝　池浜橋長春樓收轉

王裕卿　北站小沙渡路六三六弄十五號。

徐登才　北四川路橫浜橋西士慶路明盛里八號

張聚財　叉袋角梹榔路錦繡里三弄二四九號

劉源興　閘北煤屑路一一九號

萬文亭　巨籟達路恆慶里二六號

陸森貴　大通路斯文里八十七號

李川郎　庭倫路永興里六一號

黃鴻順　育嬰堂路徐德新煙紙店轉

顧阿全　南碼頭平安橋七七弄三號

楊友生　南市滬軍營南京街勤本里十四號

馮木生　朱公園路中山路一龍橋甲十二號

沈培根　閘北通濟路六九弄一號

李松郎　楊友生轉

李再郎　楊友生轉

孫裕卿　西門穿心河橋北紅欄杆街十一號

盧鳳和　愛文義路九五八弄六二號

郭金田　同孚路永利坊二一六弄三號

周榮和　勞勃生路富源里四一號

姚成英　梹榔路西攤六五號

韓玉卿　閘北漢中路漢中里四六號

周榮春　周榮和轉

唐景全　閘北吉祥路歐陽路合興茶樓轉

23188

沈榮富　池浜橋長春茶樓
沈仲卿　池浜橋西得意茶樓
張金根　同孚路斜橋路一九九弄六號
王中民　徐春發轉
李其生　閘北大統路得意樓轉
黄金桃　閘北大統路順興棧
倪阿松　武定路吳興記廠隔壁竹匠店內
李錦山　馮木生轉
倪和森　滬閔拓路一二九號大豐米店
茅德順　萬文亭轉
費鴻珠　廣肇路恆康里三號
孔熙寶　香煙橋張家巷路大陸坊五弄三號
楊榮華　大統路順興茶樓轉
唐榮南　同張金根
徐春發　法租界錢家塘西市九四號
陶茂林　西蒲石路蒲石里A二十三號
唐順發　閘北中州路寶順里八號
鄔林江　楊友生轉
楊梅田　新大沽路順裕里七五號
陸根桃　山海關路聚昌里一五四號
邵湧生　康家橋永思坊十二號
陶福祥　愛文義路九五八弄六十號
邱翠生　陸金貴轉
金福生　南市機廠街久記木行轉

胡慶榮　同前
焦有祿　康腦脫路小沙渡路四二七弄一〇二號
季炳芳　威海衛路五一九弄三七號
丁福記　虹口歐嘉路裕康里十一號
龔順桃　大連灣路培開爾路仁安里九號
劉坤江　香煙橋下太平橋四十四號
戴萬源　虹口歐嘉路同加路三九弄十二號
陳同興　閘北長安路八五號
王長泰　京江路寶來里八號
馬永生　極司斐而路康家橋公安局對面一一七號
高老五　貝勒路東勞神父路一六九號
管三山　新疆路滿州路三四一弄永安里
李樹德
朱關金
沈和尚
張富全
錢松泉
唐錫生
曹金桂
楊　儀
王登山
董友其
唐和尚
嚴文瀾
李慶山
孫杏瑞
沈玉蘭
李金華
陳裕泰
楊老二

本刊所載材料價目，力求正確；惟市價瞬息變動，漲落不一，集稿時與出版時難免出入。讀者如欲知正確之市價者，希隨時來函詢問，本刊當代爲探詢詳告。

磚瓦

▲大中磚瓦公司出品

名稱	大小	價格	備註
空心磚	十二寸方十寸六孔	每千洋二百三十元	
空心磚	十二寸方九寸六孔	每千洋二百十元	
空心磚	十二寸方八寸六孔	每千洋一百八十元	
空心磚	十二寸方六寸六孔	每千洋一百三十五元	
空心磚	十二寸方四寸四孔	每千洋九十二元	
空心磚	十二寸方三寸三孔	每千洋七十二元	
空心磚	九寸二分方六寸六孔	每千洋七十二元	
空心磚	九寸二分方四寸半三孔	每千洋五十五元	
空心磚	九寸二分方三寸三孔	每千洋四十五元	
空心磚	四寸半方九寸二分四孔	每千洋三十五元	
空心磚	九寸二分四寸半三寸二孔	每千洋二十二元	
空心磚	九寸二分・四寸半・二寸半・二孔	每千洋廿一元	
空心磚	九寸二分・四寸半・二寸・二孔	每千洋廿元	
八角式樓板空心磚	十二寸方八寸四孔	每千洋二百元	
八角式樓板空心磚	十二寸方六寸三孔	每千洋一百五十元	
八角式樓板空心磚	十二寸方四寸三孔	每千洋一百元	
深綫毛縫空心磚	十二寸方十寸六孔	每千洋二百五十元	

名稱	大小	價格	備註
深綫毛縫空心磚	十二寸方八寸半六孔	每千洋二百十元	
深綫毛縫空心磚	十二寸方八寸六孔	每千洋二百元	
深綫毛縫空心磚	十二寸方六寸六孔	每千洋一百五十元	
深綫毛縫空心磚	十二寸方四寸四孔	每千洋一百元	
深綫毛縫空心磚	十二寸方三寸三孔	每千洋八十元	
深綫毛縫空心磚	九寸二分方四寸半三孔	每千洋六十元	
實心磚	九寸四寸三分二寸半紅磚	每萬洋一百四十元	
實心磚	八寸半四寸一分二寸半紅磚	每萬洋一百三十二元	
實心磚	十寸・五寸・二寸紅磚	每萬洋一百二十七元	
實心磚	九寸四寸三分二寸紅磚	每萬洋一百〇六元	
實心磚	九寸四寸三分二寸二分紅磚	每萬洋一百廿元	
實心磚	九寸四寸三分二寸二分拉縫紅磚	每萬洋二百八十元	以上統係外力
一號紅平瓦		每千洋六十五元	
二號紅平瓦		每千洋六十元	
三號紅平瓦		每千洋五十元	
一號青平瓦		每千洋七〇元	
二號青平瓦		每千洋六十五元	
三號青平瓦		每千洋五十五元	
西班牙式紅瓦		每千洋五十元	
西班牙式青瓦		每千洋五十三元	
英國式灣瓦		每千洋四十元	
古式元筒青瓦		每千洋六十五元	以上統係連力

鋼條

名稱	大小	價格	備註
鋼條	四十尺二分光圓	每噸一一八元	德國或比國貨

名稱	大小	價格	備註
鋼條	四十尺二分半光圓	每噸一一八元	仝前
鋼條	四十尺三分光圓	每噸一一八元	仝前
鋼條	四十尺三分圓竹節	每噸一一六元	仝前
鋼條	四十尺普通花色	每噸一〇七元	自四分至一寸方或圓
鋼絲	盤圓絲	每市擔四元六角	

水泥

名稱	數量	價格
象牌	每桶	洋六元三角
泰山	每桶	洋六元二角五分
馬牌	每桶	洋六元二角
英國"Atlas"	每桶	洋三十二元
法國麒麟牌白水泥	每桶	洋二十八元
意國紅獅牌白水泥	每桶	洋二十七元

木材

▲上海市木材業同業公會公議價目

名稱	標記	價格	備註
洋松	八尺至卅二尺再長照加	每千尺洋七十八元	下列木材價目以普通貨為準揀貨及特種鋸貨另定價目
一寸洋松		每千尺洋八十元	
寸半洋松		每千尺洋八十一元	
洋松二寸光板		每千尺洋六十四元	
四尺洋松條子		每萬根洋一百四十五元	
一寸四寸洋松一號企口板		每千尺洋九十元	
一寸四寸洋松副頭號企口板		每千尺洋八十元	
一寸四寸洋松二號企口板		每千尺洋七十元	
一寸六寸洋松一號企口板		每千尺洋九十八元	
一寸六寸洋松副頭號企口板		每千尺洋八十五元	
一寸六寸洋松二號企口板		每千尺洋七十五元	
一二五四寸一號洋松企口板		每千尺洋一百三十元	
一二五四寸二號洋松企口板		每千尺洋九十元	
一二五六寸一號洋松企口板		每千尺洋一百四十元	
一二五六寸二號洋松企口板		每千尺洋九十五元	
柚木(頭號)	僧帽牌	每千尺洋五百元	
柚木(甲種)	龍牌	每千尺洋四百二十元	
柚木(乙種)	龍牌	每千尺洋四百元	
柚木段	龍牌	無市	
柚木	旗牌	每千尺洋四百元	
柚木	盾牌	每千尺洋三百六十元	
硬木		每千尺洋一百五十元	
硬木	火介方	每千尺洋一百四十元	
柳安		每千尺洋一百六十五元	
紅板		每千尺洋一百十五元	
抄板		每千尺洋一百四十元	
一二尺三寸六八皖松		每千尺洋六十元	
一二尺二寸皖松		每千尺洋六十元	
一二五四寸柳安企口板		每千尺洋一百八十元	

名稱標記	價格	備註
一寸六寸柳安企口板	每千尺洋一百八十元	
一二五 四 寸企口紅板	每千尺洋二百四十元	
建松片	市尺每千尺洋六十元	
九尺四分建松板	市尺每丈洋四元二角	
九尺八分建松板	市尺每丈洋七元五角	
六尺半五分青山板	市尺每丈洋四元	
本松毛板	市尺每塊二角四分	
本松企口板	市尺每塊洋二角六分	
六尺半二分杭松板	市尺每丈洋二元	
七尺半二分甌松板	市尺每丈洋二元	
六尺半八分皖松板	市尺每丈洋四元四角	
九尺八分皖松板	市尺每丈洋三元三角	
六尺半五分皖松板	市尺每丈洋四元二角	
台松板	市尺每丈洋四元	
七尺半四分坦戶板	市尺每丈洋三元六角	
七尺半三分坦戶板	市尺每丈洋三元二角	
六尺二分機鋸紅柳板	市尺每丈洋三元三角	
六尺三分毛邊紅柳板	市尺每丈洋三元三角	
六尺二分俄松板	市尺每丈洋三元五角	

名稱標記	價格	備註
六尺半二分俄松板	市尺每丈洋三元	
七尺半毛邊二分坦戶板	市尺每丈洋三元一角	
六尺半五分機介杭松	市尺每丈洋四元六角	
六分一寸俄紅松板	每千尺洋七十八元	
六分一寸俄白松板	每千尺洋七十六元	
一寸二分四寸俄紅松板	每千尺洋七十四元	
一寸二分四寸俄白松板	每千尺洋七十二元	
俄紅松方	每千尺洋一百十五元	
一寸四寸俄紅白松企口板	每千尺洋七十九元	
一寸六寸俄紅白松企口板	每千尺洋七十九元	
俄麻栗方	每千洋一百三十元	
俄啞克方	每千洋一百三十元	
六分一寸俄黃花松板	每千尺洋七十八元	
一寸二分四分俄黃花松板	每千尺洋七十四元	
四尺俄條子板	每萬根洋二百二十元	
一寸五分杭桶木	每根洋三角	以下市尺
一寸九分杭桶木	每根洋四角	
二寸三分杭桶木	每根洋五角七分	
二寸七分杭桶木	每根洋六角七分	
三寸杭桶木	每根洋八角	
三寸四分杭桶木	每根洋九角五分	

名稱	標記	價格	備註
三寸八分杭桶木		每根洋一元一角五分	
二寸三分連半		每根洋六角八分	
二寸七分連半		每根洋八角三分	
三寸連半		每根洋一元	
三寸四分連半		每根洋一元二角	
三寸八分連半		每根洋一元四角五分	
二寸三分雙連		每根洋八角五分	
二寸七分雙連		每根洋一元二角五分	
三寸雙連		每根洋一元二角五分	
三寸四分雙連		每根洋一元五角	
三寸八分雙連		每根洋一元八角	
三尺半寸半		每萬大洋八十五元	
杉木條子		每萬小洋五十五元	

五金

(一)鐵皮

號數	張數	重量	價格
二二號英白鐵	每箱二一張	四二〇斤	洋五十八元八角
二四號英白鐵	每箱二五張	四二〇斤	洋五十八元八角
二六號英白鐵	每箱三三張	四二〇斤	洋六十三元
二八號英白鐵	每箱三八張	四二〇斤	洋六十七元二角
二二號英瓦鐵	每箱二一張	四二〇斤	洋六十九元三角
二四號英瓦鐵	每箱二五張	四二〇斤	洋六十九元三角
二六號英瓦鐵	每箱三三張	四二〇斤	洋六十三元
二八號英瓦鐵	每箱三八張	四二〇斤	洋六十七元二角

(二)釘

名稱	標記	價格	備註
美方釘		每桶洋十六元〇九分	
平頭釘		每桶洋十六元八角	
中國貨元釘		每桶洋六元五角	

(三)牛毛毡

五方紙牛毛毡		每捲洋二元八角	
半號牛毛毡	馬牌	每捲洋二元八角	
一號牛毛毡	馬牌	每捲洋三元九角	
二號牛毛毡	馬牌	每捲洋五元一角	
三號牛毛毡	馬牌	每捲洋七元	

(四)門鎖

洋門套鎖	中國鎖廠出品 黃銅或古銅式	每打洋十六元	
洋門套鎖	德國或美國貨	每打洋十八元	
彈弓門鎖	中國鎖廠出品	每打洋三十元	
彈弓門鎖	外　貨	每打洋五十元	
彈子門鎖	三寸七分古銅色	每打洋四十元	以下合作五金公司出品
彈子門鎖	三寸七分黑色	每打洋三十八元	
明螺絲彈子門鎖	三寸五分古黑色	每打洋三十三元	
明螺絲彈子門鎖	三寸五分黑色	每打洋三十二元	
執手插鎖	六寸六分(金色)	每打洋二十六元	
執手插鎖	古銅色	每打洋二十六元	
執手插鎖	克羅米	每打洋三十二元	
彈弓門鎖	三寸黑色	每打洋十元	
彈弓門鎖	三寸古銅色	每打洋十元	
迴紋花板插鎖	四寸五分金色	每打洋二十五元	
迴紋花板插鎖	四寸五分黃古色	每打洋二十五元	
迴紋花板插鎖	四寸五分古銅色	每打洋二十五元	
細花板插鎖	六寸四分金色	每打洋十八元	
細花板插鎖	六寸四分黃古色	每打洋十八元	

名稱	標記	價格	備註
細花飯插鎖	六寸四分古銅色	每打洋十八元	
鐵質細花板插鎖	六寸四分古色	每打洋十五元五角	
瓷執手插鎖	三寸四分(各色)	每打洋十五元	
瓷執手袋式插鎖	三寸四分(各色)	每打洋十五元	
暗螺絲彈子門鎖	三寸七分古銅色	每打三十六元	以下康門五金廠出品
暗螺絲彈子門鎖	三寸七分(黑色)	每打三十二元	
明螺絲彈子門鎖	三寸七分古銅色	每打三十四元	
明螺絲彈子門鎖	三寸七分(黑色)	每打三十元	
鐵執手插鎖	六寸六分古銅色	每打十五元	執手與門板細邊細花過紋美術配合
銅執手插鎖	六寸六分金古色	每打十八元	
全銅執手插鎖	七寸七分黃古色	每打三十四元	
全銅執手插鎖	七寸七分(金色)	每打三十二元	
全銅執手插鎖	七寸七分克羅米	每打三十八元	
全銅執手插鎖	七寸七分(銀色)	每打四十二元	
全銅執手插鎖	三寸四分(金色)	每打二十四元	
全銅執手插鎖	三寸四分克羅米	每打二十八元	
單面彈子頭插鎖	四寸六分(金色)	每打三十八元	
雙面彈子頭插鎖	四寸六分金古色	每打四十六元	
雙面彈子頭插鎖	四寸六分克羅米	每打四十八元	
大門彈子插鎖	十寸四分(金色)	每打五十六元	
大門彈子插鎖	十寸四分克羅米	每打六十四元	
瓷執手插鎖	三寸四分(棕色)	每打十四元	
瓷執手插鎖	三寸四分(白色)	每打十四元	

(五)其他

名稱	標記	價格	備註
銅絲網	22"×96" 2¼lb.	每方洋四元	德國或美國貨
鋼版網	8"×12" 六分一半半眼	每張洋卅四元	

水落鐵	六分	每千尺五十五元	每根長二十尺
牆角線		每千尺九十五元	每根長十二尺
踏步鐵		每千尺五十五元	每根長十尺或十二尺
鉛絲布		每捲二十三元	闊三尺長一百尺
綠鉛紗		每捲洋十七元	同上
銅絲布		每捲四十元	同上

顧銀福 孫鐵海
夏輝庭 徐嘉星
許梁公 錢屏九
湯瑞鈞 俞福記
諸君均鑒：

本刊按期依照所開尊址由郵寄奉，近被退回，無法投遞；即希示知現在通信處，俾便更正，而免誤遞，為盼。

本刊發行部啓

度量衡標準單位及名稱

（續上期）

薩本棟

我國度量衡素之標準，不但無從採用以作科學的計算，即一般商民，亦覺其紊亂無規，易受愚弄。在南京國民政府未成立之前，雖有營造尺，庫平制等法定値，但未經嚴厲推行，尙未見諸通用。十八年國民政府所公佈之度量衡法規，（指定於十九年一月一日起施行），係採用萬國公制。（卽俗稱米突制）爲標準制，並暫設與萬國公制成一二三比率之市用制，以作過渡時代之輔制。本年全國度量衡局復擬定一特種度量衡標準，單位及名稱草案，以確定各種度量衡標準，用意至善。推度量衡法規所定標準之名稱等等，不完善之處，各方屢有評論，然多以法規制定在先，評論方繼之以起，故未生效。至於新近所擬之特種度量衡草案，復多方遷就原有法規，致弊病益見擴大，不但於科學上應用，窒礙叢生，卽於日常生活上，恐亦不免困難，玆特就管見所及，陳述如次。

（一）標準制之度，量，衡三系統各單位之名稱，不必遷就我國舊有名稱，而冠以公字，以作區別也。

論市用制之缺點者，多以三市尺等於一公尺（卽一米突，此後簡稱爲米）爲不便，因三分之一爲除不盡數。鄙意則以爲除不盡數一事，不可厚非，蓋法規已明言市用制乃『暫設之輔制』，故其與標準制之關係如何，吾人可不必斤斤計較，且三分之一，雖爲除不盡數，記憶較易，於折算上亦無何等困難。

市用制各單位與我國舊有各單位，如尺，斤，升，相差無幾，沿用舊有名稱而冠以市字，尙稱可取。至於萬國公制中之米，與我國舊有之尺，相差既有三倍左右，其基羅格蘭姆（此後簡稱爲仟克）與我國舊有之斤，相差亦約二倍，今必以公尺，公斤等名之，顧名思義，實頗費解。市用制中一斤等於十六兩，一里等於一千五百尺，至於萬國公制，則係完全十進的制度，故必欲兩制度各單位之名稱，含一公同之字，例如因市尺之下有市寸，故公尺之下亦必爲公寸，或因斤之下爲兩，故公斤之下亦必爲公兩等，恐於折算上未必便利，且易引起誤會，（例如因一公斤等於二市斤，或將以爲一公錢亦等於二市錢，又因一公尺等於三市尺，或將以爲一公里亦等於三市里之類）。由是言之，萬國公制之命名，實無遷就市用制之必要，況萬國公制，按法規所定，乃標準制，市用制乃暫用輔制，主賓分界，極爲明顯，今强標準制之名稱，以從輔制，喧賓奪主之嫌，恐無詞可逃。若因公尺，公斤等名詞在國內已有十餘年之歷史，不宜放棄，則基羅蘭格姆，米突等等，其歷史較公斤公尺等字更爲悠久，何以必歸淘汰？嘗謂民國四年農商部擬定公尺，公斤等名詞，其對萬國公制係以『乙』制視之，而其所定之基本『甲』制乃營造尺與庫平制，故以『乙』從『甲』或有可原，惟對於公尺，公斤等之大約値，與吾國舊有之尺斤觀念相差懸殊，實已不妥，今所規定萬國公制各單位之名稱，一仍民國農商部辦法，而對於商用制之定義等，則大加革命，以便記憶，吾人爲日後一般從事理工之人員計，對於標準制之名稱，似亦應以「革命的手段」採一簡單易憶之系統。

遷就標準制單位名稱以從市用制，遂有公尺，公寸，公分，公厘各長度單位；公畝，公厘各地積單位，公斤，公兩，公錢，公分，公厘各重量單位。以同一名詞，例如公分或公厘，作二種或三種以上，性質迥異之單位稱謂，其不適於學科的應用，稍習理工者，類能言之。我國就有度量衡名稱，實犯此不可救藥之弊病，今標準制之名稱，乃仿此而定，恐日後初學理工之青年，對于單位之認識，將益感困難。標準制單位名詞，不應仿此以定，民九科學名詞審查委員會，已有陳述，何以至民十八重訂度量衡標準時，未曾稍加考慮，遂作現今之法規？若按照現今法規所訂名詞，再參以特種度量衡草案，則吾人於言某地之面積爲若干公厘時，將得下述之折算公式：

一公厘(地積)$=\frac{1}{100}$公畝$=1$平方公尺$=1,000,000$平方公厘，一公厘面積亦等於一百萬平方公厘面積是誠玄妙之極！

除令標準制遷就市用制外，特種度量衡草案復擬定各單位字首，(Kilo Centi,等) 之命名法則，用意至善。惟若沿用公尺，公斤等名詞而以分厘毫絲忽微纖沙塵，順序作十分之一，百分之一等，則長度系統中將缺一位，而重量系統中反多一位，玆表列於後以明示之：

字首	長度	重量
仟(Kilo)	公里(Kilometer)	公斤(Kilogram)
佰(hecto)	公引(hectometer)	公兩(hectogram)
什(deca)	公丈(decemeter)	公錢(centigram)
個( )	公尺(meter)	公分(gram)
分(deci)	公寸(decimeter)	公厘(decigram)
厘(centi)	公分(centimeter)	公毫(centigram)
毫(milli)	公厘(millimeter)	公絲(milligram)
絲(decimilli)	(公厘至公微，中應有公毫)	(公毫至公微，中應有公忽一位)
忽(centmilli)	(公絲公忽三位，今僅有二位)	(今則有二空位)
微(micro)	公微(micron)	公微(microgram)

若按成，分，厘，毫，絲，忽……順序以作十分之一，百分之一……等（此乃度量衡局局長吳承洛先生最近所提議，見其所著之小數命名研究一稿），長度系統固可免缺憾，惟重量系統中則竟多出兩個空位無以爲名。小數命名，應否以分爲百分之一，後當另論。玆就上表所列，亦知在一貫的制度中，具基本的重要地位之度及衡兩單位系統，其命名竟須例外，且非同樣之例外，其不適用，自不必多言。又者。考諸萬國公制原文之須記憶者，僅有Meter, gram, Liter 及 Metricton四個，其餘均可藉下同之字首九字拚合而得，今遷就我國舊有之名稱，以致標準制之度量衡單位名稱須記得十八個特名，字首亦多至十五個，而各字首之拚用，復有例外，此種系統實不啻迫從事理工者耗費寶貴之時間與腦力，于記憶莫須有之複雜關係。若已定名爲公尺，公斤等，可保國粹，殊不

知尺，斤等冠以公字後，實質與數量，均非國貨，何必牽强以行？又查素重視其本國文化(Kattur)之德國，當其採用萬國公制之時未曾因Pound(磅)及"Feet"(尺)為echt dentel(真正德貨)而對於"Kilogram"(仟克)及"meter"(米)等，乃改名之為"internationaler pound"(公磅)或"internationaler Fuss"(公尺)者，吾人又何必於此，特表其愛國熱誠哉。

綜上所述，標準制之度量衡單位名稱不必遷就市用制之理由有四：(1)公斤，公尺等與我國習慣所用之斤，尺，相差懸殊，不必影射。(2)我國舊有之度量衡制度，其所用單位名稱繁多，記憶不便，既非完全十進的制度，且有一名數用之弊，實不合於科學的應用；(3)按照度量衡法規，萬國公制乃標準制，市用制乃暫用輔制，一為百年大計，一為一時權宜，命名之時，不應削足就履；(4)標準制之命名，應與西文名稱之字首有關，以便閱讀西文書籍者，不至於有顧此失彼之患。根據此數理由，作者以為吾人對於標準制中之長度，重量及容量各單位之名稱，應以擬定meter，gram及Liter三字之名稱，(例如米，克，升)為基本，然後再定十以上及十以下各單位之首字之名稱，(例如仟佰什，及分厘毫等)，以資合併之用。

(二)特種度量衡標準，單位及名稱應另由專家參照現今國際趨勢，加以縝密厘訂也。

全國度量衡標準即所擬之特種度量衡草案，缺點之多，實可驚人，茲略舉其較顯著者數端，以質諸創擬草案之當局。

(甲)草案所用之西文根據甚不劃一。草案中各單位之西文名稱均以法文為依據，而其定義有時附列英文。此種兩歧辦法，似應避免。

(乙)草案中所列各基本觀念之名詞，多不可用。草案名"energy"為能力，"Power"為工能，"moment"為能率，實使三者無從辨識。又如草案"astronomical unit"為天體單位，惟天體有heavenly body之意決非"Astronomical"(天文的)之原意。他如時間單位之Minute為時分，Second為時秒，均不如分鐘與秒鐘之較切當，且不易引起誤解。

(丙)各定義方程式頗有錯誤。

查草案各分類表中第三行所列者為各量之定義方程式，而此等方程式之犯循環辯證之病者不止一處。例如電阻R，電流I，及電壓E三者之定義，僅有一項，得引用電之定律，(即E＝RI)今草案則均用此方程作E，R及I之定義方程。又者電感L之定義方程，不應書作$L=\frac{\Phi}{I}$而應作$L=\frac{N\Phi}{I}$，Φ表磁力線數，N表與Φ鏈貫(link)之線圈數目。I則表產生Φ之電流。此等錯誤均應改正。

(丁)實用單位與大單位小單位等，各表中排列與否既洽定則，且所列之實用單位，前後不成一系統。

例如質量之實用單位既為Kilogram(公斤)，(見第一類基本單位表)，則在第三類力學單位表內不應復以Kilogram為力之實用單位，又如同表中既以Kilogram meter為energy(能量)或work(工作)之實用單位，則在第五類電學單位表中以goule為電能之實用單位。

，與此又非同一系統，按電學所用之各實用單位，如Valt, ampere, ohm, goule, fruod, henry, coulomd, watt等，Maxwell曾證其可用以組成數千絕對的系統，惟在同一系統中，力與質量之單位均非同名，能量或工作之單位，則僅有一名，今所擬訂者則適反此。

(戊)電學單位之絕對制，實用制與萬國公制或付缺如，或未加區別，均應訂正。

查電學所用各單位係以厘，米，克，秒為基本單位而推得所號為靜電及電磁兩系統。電磁系統各單位，其大小於實用上不甚便利，故有實用制之創設。惟實用制各單位之量測，技術上頗非易事，乃復有萬國公制之規定。此等單位及標準應如何決定，近二三年來頗引起各國學術團體之注意，吾國科學落後，對此素無人顧問，茲應設法研究以謀與各國互通聲氣，以促科學之進步。關於此等問題之文獻散見於國外各雜誌之頗多，尤當先事彙集，以便考究。

由上述各段觀之，創擬特種度量衡標準，單位及名稱草案事宜，恐非全國度量衡局目下之職員所能勝任，因此等職員之屬於專家者為數恐甚少也。茲擬請教育部，實業部，會同國立編譯館，國立中央研究院，國立北平研究院聘任一委員會專事其責。(查萬國物理學協會最近曾組成一Sun(symbols, units, & Nomenclature)委員會研究此事，吾國可與之合作)。此委員會之人選應以物理學家及電機工程師為中心，而參其他有關科學之專家若干人，誠以度量衡標準問題，對於物理學最為切廣，次即為電工學，故必多羅致物理及電工專家之意見也。會似可由物理學專家三電機工工程師三人；土木，機械，化學，天文，地理專家各一人，國立編譯館，全國度量衡標準局，中央研究院，北平研究院，教育部及實業部代表各一人(共十七人)組織之。此委員會之職務，不但決定吾國特種度量衡標準，符號，單位及名稱應為何，更須立即從事自製各種標準，以與世界各國互相交換而資比較。

(三)大數及小數命名，應以無背吾國舊有算數命名之意義，及以往之習慣，且須注意及翻譯西文算數名稱及字首之便利，及三位分節之通則也。

甚大及甚小之數(例如在百萬以上或百萬以下)，有無簡單名稱，實非甚重要之事，蓋遇甚大或甚小之數時吾人總不免缺乏一直覺的印象，故書寫大數或小數時，如能採用指數記法，(卽10^{6}為百萬10^{-6}為百萬分之一(等)，結果自為較佳。至於何位應有簡易名稱，則視其常用與否為轉移。在西文中，最常用之字首為deci(十分之一)，centi(百分之一)，milli(千分之一)，micro(百萬分一)milli……micro及micro……micro，與deca(十)hecto(百)kilo(千)及mega(百萬)等故釐訂大數及小數單位時，須能顧及此等字首之譯名，方稱便利。

按最近全國度量衡局局長吳承洛先生曾對於大數及小數命名加以研究而著成二文，考據引徵，極其詳盡，洵為有價值之貢獻。其大數命名標準研究文中所列之修正十進千進混合法等絕對萬進法二系統似可并行無悖。如嫌後法所用，叠名過於繁多，則以採用前法為是，惟後法命名，完全不致發生誤解，乃其優點，不容忽視。與先生之小數命名標準研究一文曾將各法歸納而得兩種系統，其一係按分厘毫……順序（卽以分爲十分一，厘爲百分一），其二則在分之前加一單位名曰成，而按成分厘……順序（卽以成爲十分一，分爲百分一）。考吳先生第二法之用意，乃以遷就centimeter之命名爲公分，故認centi爲分。標準制各單位名稱既不必遷就市用制，已如前述，則吳先生所新創立第二法似無成立之必要。其實，按吳先生之研究，其引論（一），（二），（三），（四），（七），（八）（九），第（十一），（十二），九條中均已明白的表示分字意義係指小數後之第一位，厘則爲第二位，（deci爲分，centi爲厘）；其所引（五），（十），（二十），（二十一），（二十五）條引論與分字意義無關；（六）與（十四）則均應解作分係十分一，厘爲百分一，因第六條云。「……十毫爲一厘，十厘爲一分，十分爲一寸，十寸爲一尺，十尺爲一丈……」似應解作吾國舊有長度單位名稱，（其他單位如斤兩錢分，或元角分亦同此），其有特名者，至寸而止，其未有特名者則以分爲始，不幸吳先生對於centimeter名爲公分之成見過深，致將此條曲解爲『若以寸爲單位，則分爲十分之一，以尺爲單位，則分爲百分之一』而遷認分亦可作百分一解。若依吳先生解法，則分亦未嘗不可作千分之一或十萬分之一解，因只需所認爲始點之單位移爲丈或里卽可。其第十四條所擧之幣制系統（卽圓角分厘毫）亦應解作貨幣之特名，至角而止，其未有特名者，亦以分爲始，而不應曲解之曰『角爲十分之一，分爲百分之一，厘爲千分之一』。文中（十三），（十七）兩條均爲遷就公尺，公寸，公分等名稱，其不妥之處，前已述及，玆不贅。（十五）條所云『長年六厘利息』（卽銀行通稱週息六厘），『乃謂每年以十個月計，每月每元利息爲六厘，故厘爲千分之一而分則爲百分之一』，恐亦有曲解之嫌。按作者所知週息六厘，意爲每百元每年得六元之息金，今吳先生必先將一年分爲十個月，而後計之，方得厘爲千分之一，若不幸吳先生將一年分爲十二個月而後計之，『則六厘』將被解爲『百分之五』。且按十月計算，每月付息六厘，其結果實爲複利，與週息六厘之習慣恐有未合，故此條引論亦不能視作應以分爲百分之一，厘爲千分之一之佐證。其引論第十九條之後半，因百分之一爲1%，乃認1%與一分之意義，亦能一貫，亦有妄行刪改之嫌。綜合吳先生引論，在其二十二條中，與分厘意義有關者共十七條。十七條內計有十條，係毫無疑義的承認分爲十分之一，厘爲百分之一；認分爲百分之一，厘爲千分之一者僅有吳先生，徐善祥先生與陳文先生，及曾誠益先生所主張之二條半（十七，十八，十九前半）與度量衡法規所立公分一詞（十三條）之一條，至於（六），（十四）及（十五）各條均有曲解之嫌，故謂分爲十分之一，厘爲千分之一，實合通用習慣，若以分爲百分一，厘爲千分一，在分之上增設『成』，恐有畫蛇添足之譏。至於吳先生論斷中竟評類第一法（卽認分爲十分一，厘爲百分一），爲『日本法』，其所杜撰之第二法（卽認分爲百分一，厘爲千分一）乃『中國法』，以求其主張之貫澈，吾人雖愛國貨，然對於此種抹殺事實而冒牌嫌疑之結論殊不敢贊同。

總之，大數與小數命名，作者以爲可採下述之系統：

大數命名及分位表

1, 000, 000, 000, 000, 000, 000,

	10^{18}			10^{15}			10^{12}			10^{9}			10^{6}			10^{3}			1
(甲法)	恆河沙	百極	十極	極，	百澗	十澗	澗，	百秭	十秭	秭，	百兆	十兆	兆，	億	萬	千，	百	十	個
(乙法)	百萬萬萬萬	十萬萬萬萬	萬萬萬萬	千萬萬萬	百萬萬萬	十萬萬萬	萬萬萬	千萬萬	百萬萬	十萬萬	萬萬	千萬	百萬	十萬	萬	千	百	十	個

小數命名及分位表

(甲法) 0, 000, 000, 000, 000, 000, 001

	1			10^{-3}			10^{-6}			10^{-9}			10^{-12}			10^{-15}			10^{-1}
(甲法)	個	分	釐	毫，	絲	忽	微，	百塵或分釐	十塵或釐微	塵，	百漠或分塵	十漠或釐塵	漠，	百須臾或分漠	十須臾或釐漠	須臾，	百瞬息或分須臾	十瞬息或釐須臾	瞬息
(乙法)	個	十分一	百分一	千分一	萬分一	十萬分一		百萬分一	千萬分一	十萬萬分一	百萬萬分一	千萬萬分一	萬萬萬分一	十萬萬萬分一	百萬萬萬分一	十萬萬萬分一	萬萬萬萬分一	百萬萬萬萬分一	千萬萬萬萬分一

爲術便起見，可採用甲法，惟欲免除誤解而不憚繁長時，不妨用乙法。

本會爲修訂度量衡事呈復教育部文

呈爲擬具修訂度量衡標準制意見，仰祈鑒核，希賜彙轉事。案奉鈞部秘字第六八〇號訓令內開：爲中國物理學會請改訂度量衡標準制單位名稱與定義一案，令爲簽註意見，以憑彙轉等因。奉此，屬會遵即推選委員，從事研究。經數度集議，僉以十七年七月，及十八年二月，國民政府所公佈之度量衡法，對於建築界在施行時尚無若何困難，茲奉前令，姑將決議之擬定名稱及意見，謹具如左：

長度單位名稱表

屬會擬名	法定名稱	西文原名
里	公里	Kilo-metre
引	公引	hecto-meter
丈	公丈	deca-metre
尺	公尺	metre
寸	公寸	deci-metre
分	公分	centi metre
毫	公毫	milli metre

質量單位名稱表

屬會擬名	法定名稱	西文原名
斤	公斤	Kilo-gramme
兩	公兩	hecto-gramme
錢	公錢	deca-gramme
分	公分	gramme
釐	公釐	deci-gramme
毫	公毫	Centi-gramme
絲	公絲	milli-gramme

容量單位名稱表

屬會擬名	法定名稱	西文原名
秉	公秉	Kilo-liter
石	公石	hecto litre
斗	公斗	deca-litre
升	公升	litre
合	公合	deci-litre
勺	公勺	Centi-litre
撮	公撮	milli-litre

竊查吾國自有度量衡以來，其間制度迭有變更，雖於同一地域同一時期內，亦有數種尺度與數種斤兩權度等之使用，綜錯紊雜，殊不一致。但尺不論長短如何，而尺之命名則一，斤兩之輕重雖有差異，而斤兩之名稱未嘗更易也。故就此點言，吾國度量衡制之急欲改革者，尚在其劃一之長度，與一統之斤兩升斗，而不在命名之更動。有主吾國既已採用最科學化之萬國公制，何不連其名亦採用。但以吾國文字組織，向與他國不同，若採譯音，如以metre爲米，以gramme曰克等，勢難普遍籀曉，易滋誤會，而脅民間以無謂之糾紛。實業部全國度量衡局編印之「法定度量衡標準制單位定義與名稱確立之緣由」，對此已詳言之。蓋以此種米，什米，佰米，仟米；克，什克，佰克，仟克等名，雖以中文，發音求解，兩欠通順，反失中國文字上之本意。際此朝野人士盛倡中國本位文化建設運動之時，對於此 名稱之確定，允宜力求適合國情，固不必接踵歐美，强爲附合，以失去吾民族固有之精神也。

民國十七年七月，及十八年二月，法令公佈之制度，在每一單位名稱上，冠一「公」字，以示與素用寸尺丈引里及斤兩錢分等者有別。但考一國法令之制訂，係具有永久性者，非爲暫時權宜計也。今於每一單位名稱上，冠一「公」字，以示區別，恐亦日久玩衛視同贅物。故擬將「公」字逕行刪去，單用毫，分，寸，尺，丈，引，里，以與Millimeter Centimeter, decimeter; Meter, decameter hectometer, Kilometer 相對照；以絲，毫，厘，分，錢，兩，斤與 Milligramme, Centigramme, decigramme, gramme, decagramme, hectogramme, kilogramme等相對照。蓋吾國關於度量衡制之亟待改革者，係爲劃一之制度。尺必有全國統一通用之尺；斤，必有全國統一通用之斤；升，必有全國統一通用之升。此實爲當急之務，而尺寸丈引里等名稱，吾國數千年來固已習用，不必另起新名，徒事更張也。再查具有暫時性之市用尺，不妨冠以市字；再如法定命名以外之尺，如英尺，尺之上必需冠一英字，以示區別，並使人用法以外之尺升斤爲爲累贅，而漸廢棄之，隨後引用簡易明顯之法定尺矣。具呈各節，是否有當，伏祈鑒核，並賜彙轉，實爲公便。謹呈

教育部部長王。

（尚有實業部致本會函，及本會復實業部函，原意相同，故從略。）

中國國民黨上海特別市執行委員會
上海市社會局 訓令第一七〇一號

令上海市建築協會

爲會銜訓令事查識字教育爲提高民智復興文化之最基本最切要之辦法凡屬國人皆應竭其資能成斯偉舉現當政府積極推進之時非發動社會整個之力量決不易收並與齊舉之效果況各社團既具服務社會之性質應負扶助公益之義務本會局等有鑒於此特訂定「各團體設立識字學校辦法及實施辦法」兩種附令所屬各社團一律遵行外合行印發附件令仰該會遵照自文到日起限兩星期內先行籌備隨時具報須於六月

二十日前開學一面推派負責代表一人於本月十九日上午九時至蓬萊路俯文小學聽候報告為要切切此令

計發各團體設立識字學校辦法　實施辦法　各一份

中華民國二十四年五月十五日

常務委員　潘公展　吳醒亞　童行白

局長　吳醒亞

各團體設立識字學校辦法

第一條　凡經本市黨政機關許可或核准備案之團體既有服務社會之性質卽應有扶助公益之責任當此政府發展識字敎育之時自應各盡所能成斯偉舉實為一公認之原則

第二條　凡屬前條所述之團體概須就適當地點聘請敎員設立識字學校至少一所

第三條　前項團體所設之識字學校分上下午各設一班每班人數至少須三十人

第四條　前項學校每班每日至少敎授一小時修業時期至少兩個月

第五條　前項學校於成立前須將學校地址所請敎員敎授時間依規定之報告表呈報市黨部備案

第六條　前項學校於畢業或辦理結束時概須呈報市黨部備案

第七條　各識字學校規定兩月為一期各團體至少須辦一期欲續辦者更佳

第八條　各團體所辦之識字學校其名稱須依下列之規定並呈准市黨部備案

> 上海市私立第○識字學校
> 某團體設立

第九條　團體中有特殊困難經市黨部查明核准者得免予設立識字學校

第十條　團體設立之識字學校概不得收取任何費用

第十一條　團體設立之學校經費概由該團體負担書籍由市黨部識字敎育協進會發給

第十二條　各團體因地點或人才關係不便自行設立識字學校者得委託市黨部識字敎育協進會代辦惟校名仍冠以該團名義

> 某某團體設立第　識字學校
> 上海市識字敎育協進會代辦

第十三條　代辦之識字學校其費用規定如下由委託之團體一次繳付於市黨部識字敎育協進會立據收執

甲種　學生上下午共二班各七十人以上敎薪及辦公費用每月四十五元

乙種　學生上下午共二班各五十人以上敎薪及辦公費用每月四十元

丙種　學生上下午共二班各三十人以上敎薪及辦公費用每月三十五元

第十四條 各團體組織是否健全領導是否得力卽以此次舉辦識字教育之成績爲考成

第十五條 各團體除有第九條之情形外如力能舉辦而延不奉行者視情節之輕重或撤換其負責人或解散其團體以爲組織鬆懈領導不力者戒

第十六條 各團體設立識字學校二所以上或連續舉辦二期以上而有成績者其團體或負責人由市黨部給予奬章或奬狀

第十七條 本辦法採强制性任何團體皆應遵守

第十八條 本辦法經市黨部社會局公布後施行

第十九條 本辦法如有未盡事宜得隨時修正之

各團體設立識字學校實施辦法

第一條 各團體設立識字學校除遵照『各團體設立識字學校辦法』辦理外並依本辦法施行之

第二條 每一團體均應設立識字學校至少一所能多設更佳

第三條 校址不限於該團體會所凡庵廟神社住宅客堂鄉村茶樓及普通校舍均可借用附設

第四條 就讀者不限於本業中人亦不分性別長幼概不收學費每日分上下午各設一班每班人數至少須三十人愈多愈佳

第五條 規模不妨簡單不一定要具備學校形式普通家用之檯櫈傢具均可適用惟必須置備大黑板一塊以供教授之用

第六條 教授時間依就學者之便利情形而酌定早晚日中均可惟一經規定不得更改其教授方式可斟酌必要情形定之總以不識字者能識字爲最高目的

第七條 識字學校除教授識字外并須予以常識指導公民訓練使於識字外更得思想上智識上之啟示

第八條 各團體設立之識字學校其教員人選須合於下列各項之一之規定

1.曾在初級師範或初級中學畢業有證書證明者

2.曾在市立或立案之小學担任教職一年以上有證明者

3.經上海市識字教育協進會或識字教育委員會登記或考驗合格者

4.有教授經驗經上海市識字教育協進會核定者

第九條 各團體設立識字學校除完全自行辦理外其委託市黨部識字教育協進會代辦其經費照『各團體識字學校辦法第十三條』之規定一次繳於市黨部識字教育協進會

第十條 各團體設立之識字學校由市黨部隨時派員考查其成績凡達到之學校應受來員之指導

第十一條 各團體設立識字學校成績優良者其奬勵辦法如下：

1.能設立識字學校二所或連續舉辦二期並辦有成績者給予奬狀

2.能設立識字學校三所以上或連續舉辦三期以上並辦有成績者除給予奬狀外再給奬章

第十二條 各團體如力能舉辦識字學校而延不設立者其懲戒辦法如

下：

1.自市黨部通令之日起二星期後尚未籌備亦不呈明理由者予以警告

2.自警告之日起二星期後尚未設立亦不呈明理由者撤換其負責人

3.自撤換其負責人之日起二星期後尚無設立之表示亦不前來聲請者予以解散

第十三條　本辦法自市黨部公布之日起施行

第十四條　本辦法有未盡事宜由市黨部隨時修改之

按本會接奉　訓令後，遂即於五月二十一日(星期二)下午五時，召集執監委員會臨時會議，討論進行辦法。當經決議在馥記營造廠南京路西藏路口大新公司工程處，及陶桂記營造廠南京路永安公司工程處，各設識字班一班。當由會備函向各該營造廠接洽進行，所有教員則由本會職員担任，授課時間以不妨礙工人工作時間為原則，現已於六月十日(星期一)開學，入學者都百餘人，並已將進行情形呈復　市黨部矣。

中華郵政特准掛號認為新聞紙類

建築月刊
THE BUILDER

內政部登記證警字第二五五四號

廣告刊例
Advertising Rates Per Issue

地位 Position	全面 Full Page	半面 Half Page	四分之一 One Quarter
底封面外面 Outside back cover.	七十五元 $75.00		
封面及底面之裏面 Inside front & back cover	六十元 $60.00	三十五元 $35.00	
封面裏面及底面裏面之對面 Opposite of inside front & back cover.	五十元 $50.00	三十元 $30.00	
普通地位 Ordinary page	四十五元 $45.00	三十元 $30.00	二十元 $20.00

小廣告 每期每格 一寸高 三寸半闊 洋四元

Classified Advertisements - $4.00 per column

廣告槪用白紙黑墨印刷，倘須彩色，價目另議；鑄版彫刻，費用另加。

Designs, blocks to be charged extra. Advertisements inserted in two or more colors to be charged extra.

第三卷第五號

民國二十四年五月發行

刊務委員會

主編 江長庚 竺泉通 陳松齡

廣告 杜彥耿 藍克生 (A. O. Lacson)

發行 上海市建築協會 南京路大陸商場六二〇號 電話九二〇〇九號

印刷 新光印書館 上海聖母院路聖達里三一號 電話七四六三五號

定價

每月一冊 全年十二冊

訂購辦法	價目	郵費 本埠	郵費 外埠及日本	郵費 香港澳門	郵費 國外
零售	五角	二分	五分	一角八分	三角
預定全年	五元	二角四分	六角	二元一角六分	三元六角

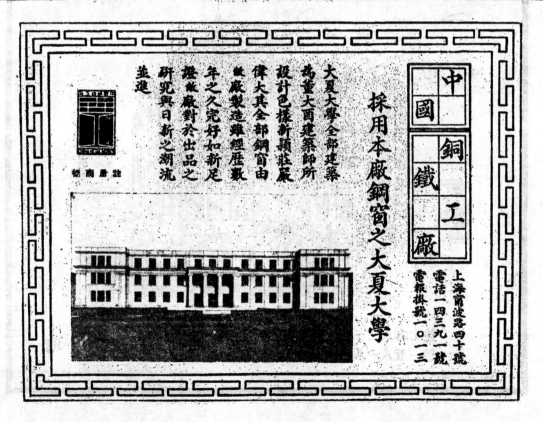

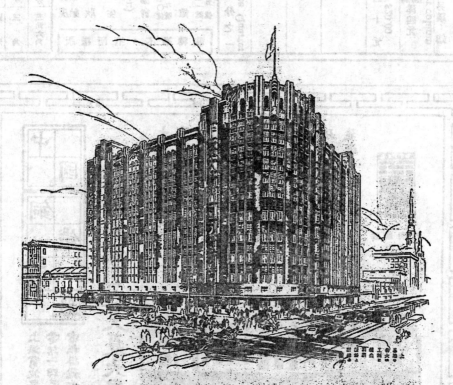

友聯建築公司

本公司承造一切大小
鋼骨水泥房屋工程
各項人員無不經
驗豐富工作認
眞如蒙委託
承造或估
價竭誠
歡迎

峻嶺寄廬

由本公司承造

上海圓明園路二〇九號四樓

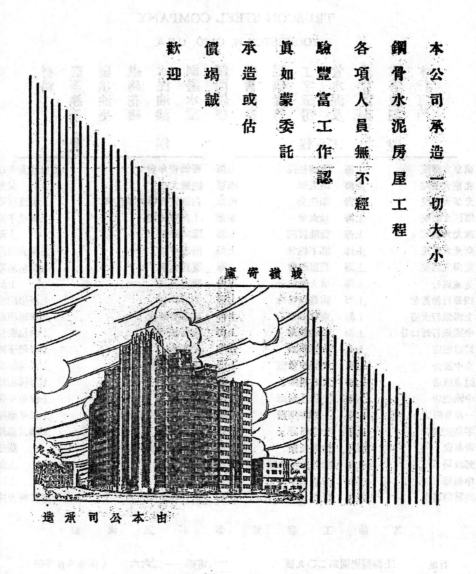

漢興水電材料行

上海福煦路八七五號

電話七四一八一

本行承包各項暖氣水管工程及衛生器皿等設備如蒙委託請通知敝行當即派員趨前接洽也

HAN SHING Co.

Heating, Plumbing & Electric Contractors

875 Avenue Foch

Phone 74181

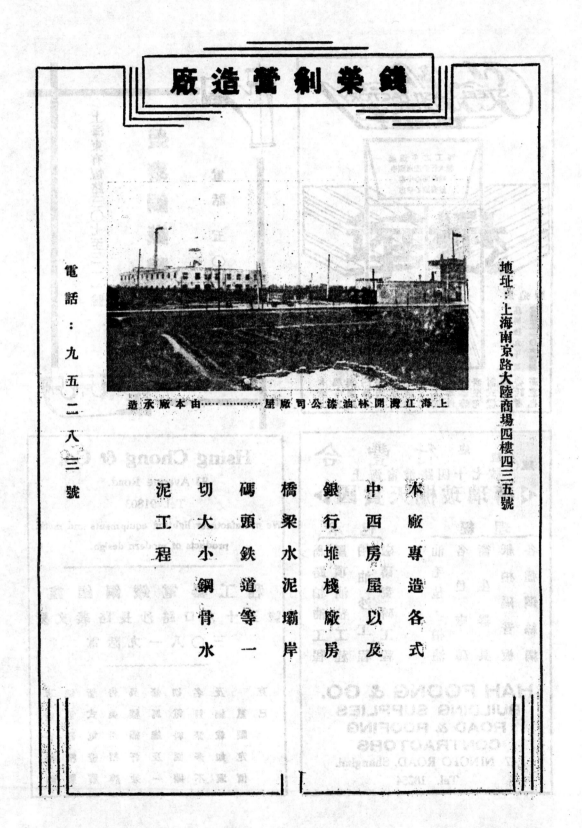

STEEL SASH FACTORY

製造中之工程
中國通商銀行大樓
市中心博物館
市中心圖書館

辦事處
外灘七號中國通商銀行三樓

製造廠
馬明路九十號
電話五一〇六四號

本廠出品各種鋼窗鋼門普及全國製造原料悉向歐美定購精工固益零件銅器等悉推究討式樣新穎俾委託者滿意也

榮泰銅鐵翻砂廠

上海東有恆路三〇七至三一一號

電話五〇八一九號

合豐行 總經理

上海甯波路四十七號

國貨天棚玻璃磚

經理

油毛毡，柏油
各色磁磚
衛生器具
紙柏隔音板
各種鋼絲網

承包

馬路柏油工程
屋頂油毡工程
柏油沙工程
磁磚瓷磚工程

HAH FOONG & CO.
BUILDING SUPPLIES
ROAD & ROOFING
CONTRACTORS
47 NINGPO ROAD, Shanghai.
Tel. 18254

Hsing Chong & Co.
93 Avenue Road.
Tel. 91803

We manufacturer lighting equipments and metal products of modern design.

鑫錩銅鐵電器工程
愛文義路長沙路口九十三號
電話九一八〇三

專造各種銅鐵電器精製新式電燈廣告美術招牌異樣欄杆兼修馬達及一切電料開關名目繁多不及細載如蒙惠顧定價克己

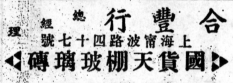

23213

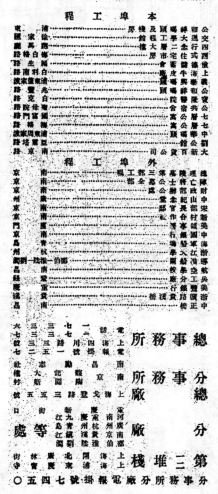

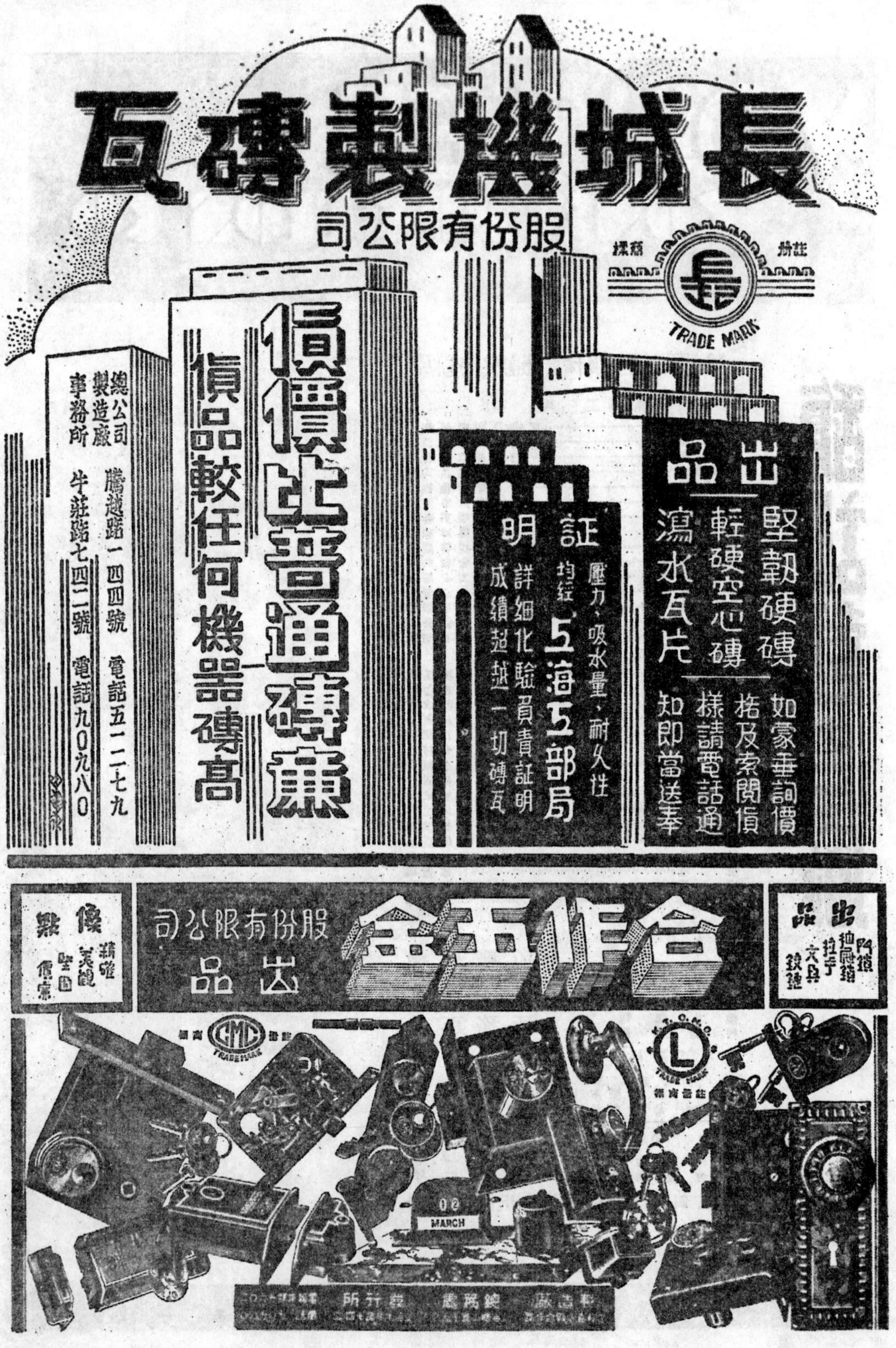
長城機製磚瓦
股份有限公司
註冊商標
TRADE MARK
價比普通磚廉
貨品較任何機器磚高
總公司 騰越路一四四號 電話五一一七九
製造廠
事務所 牛莊路七四二號 電話九〇九八〇
證明
壓力、吸水量、耐久性
均經上海工部局
詳細化驗負責証明
成績超越一切磚瓦
出品
堅韌硬磚
輕硬空心磚
瀉水瓦片
如蒙垂詢價格及索閱價樣請電話通知即當送奉
合作五金
股份有限公司
出品
像樣
精確
美觀
堅固
價廉
出品
MARCH

網球場之新設備

公勤鐵廠網籬題詞

珊網新翻

孔祥熙

網球場圍籬圖案之一

網球場圍籬圖案之二

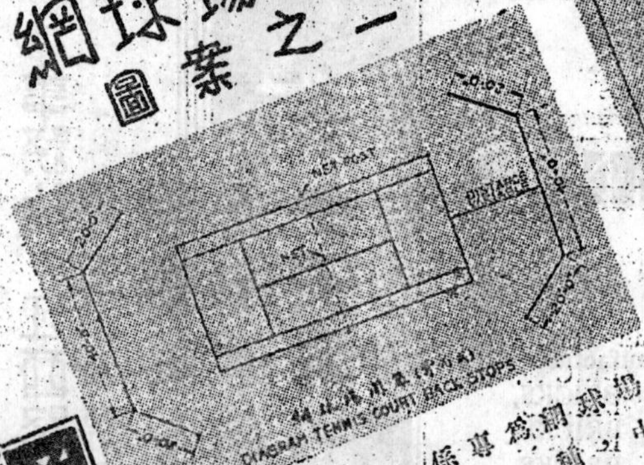

上圖背面式圍籬，係專為網球場而設計者。尚有半圍式一種，在中部騰空，取籬卦之象，亦有圍砌四周2/3，兩旁僅放出入道者。

球場網籬之標準高度普通為十英尺。四角鋼管柱，用2½"—3"直徑。中間鋼管柱，用2"或1½"直徑。每隔十呎，埋植一根。柱用水泥築腳，非常牢靠。

網籬

時令弗忘

世界

網球

總廠楊樹臨青路六十六號

電話五〇二一四 五〇一六七

公勤鐵廠製品之一種

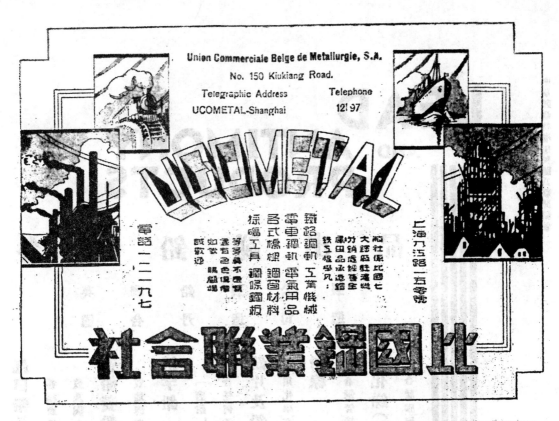

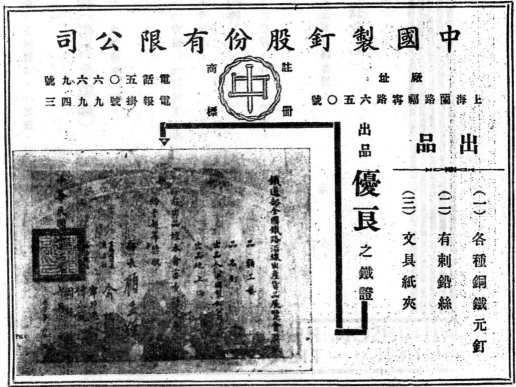

中華郵政特准掛號認為新聞紙類

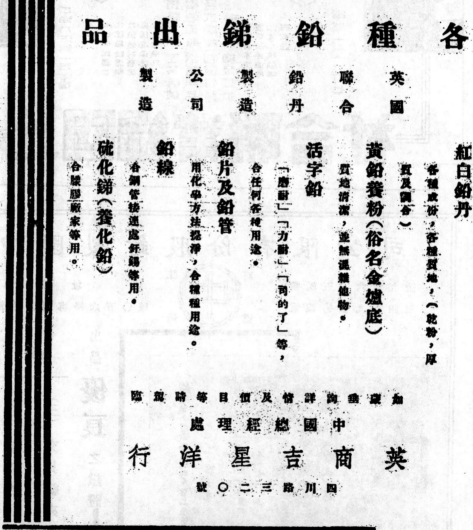

23218

建築月刊

THE BUILDER

VOL. 3 NO. 6 第三卷第六期

50¢

大中機製磚瓦股份有限公司

製造廠浦東南匯縣下沙鎮

本公司因鑒於建築事業日新月異材料選擇尤關重要特聘專門技師購置德國最新式機器精製各種青紅磚瓦及空心磚等品質堅韌色澤鮮明自應銷以來已蒙各界推爲上乘樂予採購茲畧舉一二以資參攷其他惠顧諸君因限於篇幅不克一一備載諸希鑒諒是幸

大中磚瓦公司附啟

曾經購用敝公司出品各戶台銜列后：

本埠

國立上海商學院	西體育會路	陸根記承造
博德運絨線廠	定海路	創新承造
海港檢疫所	吳淞	陶記承造
正廣和汽水廠	培開爾路	方瑞記承造
百老匯大廈	百老匯路	新仁記承造
錦興大廈	河南路	新森泰承造
雷斯德工藝學院	熙華德路	久泰錦記承造
揚子飯店	雲南路	潘榮記承造
中新第九廠	東京路	協盛承造
南成都路工部局	南成都路	新蓀記承造
四行儲蓄會	靜安寺路	馥記承造
工部局巡捕房	平涼路	新蓀記承造
國立中央實驗館	兆豐花園	和興公司承造
鹽業銀行	北京路	趙新泰承造
南京飯店	山西路	新金記祥號承造
開成造酸公司	軍工路	王錦記承造
四海銀行	北京路	惠記興承造
麵粉交易所	民國路	元和興記承造
業廣公司	歐嘉路	陳馨記承造
法教堂	勞神父路	吳仁記承造
七層公寓	霞飛路	吳仁記承造

外埠

中央政治學校	南京	大昌公司
太古堆棧	廈門	嗬蘭治港公司
中國銀行	青島	錦生記承造
中央飯店	南京	新金記承造
金陵大學	南京	利源建築公司承造
航空學校	杭州	新金記康號承造

所出各品儲有大批現貨以備各界採用如蒙定製各色異樣磚瓦亦可照辦備有樣品如蒙索閱卽當送奉

駐滬批發所

英租界牛莊路德興里四號　電話九〇三一一

DAH CHUNG TILE & BRICK MAN'F WORKS.

Sales Dept. 4 Tuh Shing Lee, Newchwang Road, Shanghai.

TELEPHONE 90311

23221

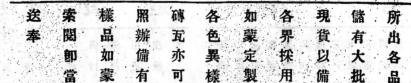

創新建築廠

總事務所 新大沽路五二六弄四號 電話 三三一八八

分事務所 愛多亞路中滙大樓三〇二號 電話 八一一三三

承造一切建築工程

積二十餘年之經驗

本廠歷年承造本外埠工程，不下百數十處，以故**經驗豐富**，**技術優良**。

最近承造英國博德運**蜜蜂牌毛絨廠**廠房於楊樹浦路，業已竣工。

現在建築中者，計有英商怡和洋行委託之定海路**啤酒廠**，及中央銀行委託之市中心區**虬江碼頭**等工程。

EXPERIENCED *in all TYPES of ENGINEERING STRUCTURES*

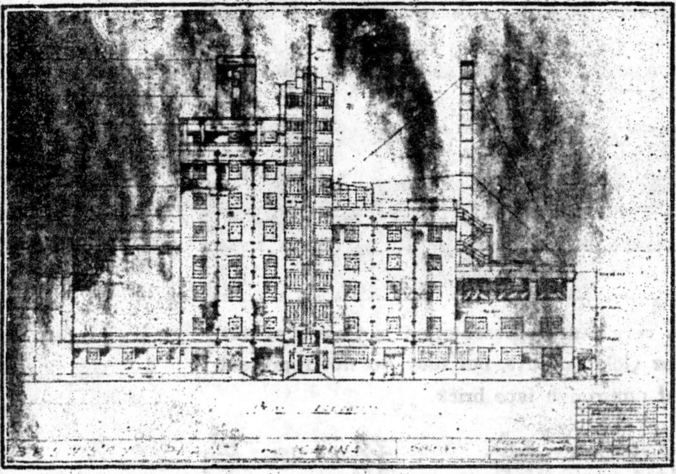

NEW BREWERY

We have been entrusted with many important projects, among them the recently completed

PATONS & BALDWINS' KNITTING MILLS

At Yangtszepoo

At the present time we are undertaking the constructions of the

NEW BREWERY

at Tinghai Road

for

Messrs. Jardine, Matheson & Co. Ltd.

and

Wharves, Godown, Office & Steel Sheds, at Chiukiang Creek

for

Messrs. The Central Bank of China.

CHANG SING & CO.
GENERAL BUILDING CONTRACTORS

Head Office
Lane 526, JA, 4 Taku Road
Shanghai
Tel. 33188

Town Office
Room 301-3 Chungwai Bank Bldg.
147, Avenue Edward VII
Tel. 81133

K. M. A. CLINKERS

A Brick That Will Last For Centuries.

SUITABLE FOR HEAVY FOUNDATION WORKS, DOCK BUILDING, BRIDGES, BUILDINGS & FLOORING.

RECENT TESTS

Compression Strength: 7715 lbs. per square inch. Absorption: 1.54%

開灤"克令夠"缸磚

磚質堅韌，經歷百年，完好如初。

此磚最適宜承受重量於樁基，建築船塢，橋梁及房屋地板等工程。

最近試驗成績

每平方寸壓力僅七七一五磅

吸收水份僅百分之一•五四

FACING TILES

右圖係示粗紋面磚混合淡黃或金黃之色彩，非爲磚料質地之表現也。

This is a very near representation in Colour of our mixed Buff or Gold colours, but they do not represent the texture of our rough face brick.

開灤礦務局

上海外灘十二號　　電話一一〇七〇，一一〇七八，一一〇七九

THE KAILAN MINING ADMINISTRATION

12 The Bund　　Telephone 11070, 11078 & 11079 (3 lines)

Direct Telephone to Sales Dept. 17776.

Direct Telephone to Agent's Private Office 19304.

新仁記營造廠

總賬房 愛文義路一四二三號 電話三〇五三一

事務所 江西路一七〇號二樓二五八號 電話一〇八八九

二十層百老滙大廈

本廠承造工程一斑

沙遜大樓	南京路
漢彌爾登大廈	江西路
都城飯店	江西路

SIN JIN KEE CONSTRUCTION COMPANY

Head Office: 1423 Avenue Road. Tel. 30531

Town Office: Hamilton House, Room No.258, 170 Kiangse Road. Tel. 10889

Linoleum Living Room

Masonite Living Room

Inlaid, Plain, Marbelle and Jaspe Linoleum.

Armstrong Accotile

Armstrong Rubber Tile

Armstrong Cork Tile

Armstrong Linowall

(Linoleum wall covering)

Durable, Artistic, Economical.

Masonite Presdwood

Moisture Proof

1. TEMPERED PRESDWOOD
   for Furniture, Concrete Form, Floors, Wall Panneling, Cabinet Making, etc.
2. STANDARD PRESDWOOD
   for all Interior Walls & Ceilings.
3. QUARTER BOARD
   for Walls and Ceilings.
4. INSULATION BOARD
   for Interior Finishes, insulation and sound absorption.

Estimates and Samples given without obligation.

Skillful workmanship and under Foreign supervision.

EXCLUSIVE AGENTS:-

GETZ BROS. & CO.

22 Nanking Road. Tel. 16851-3

23227

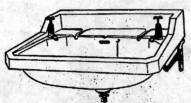

23229

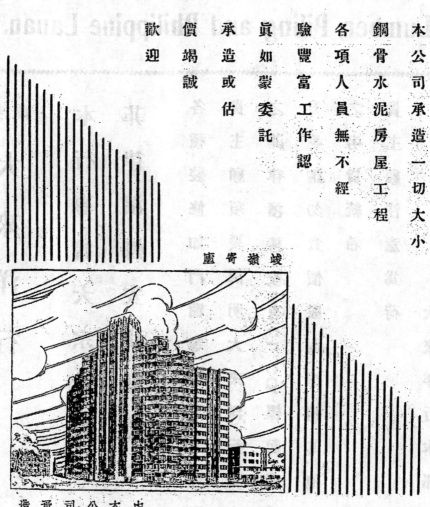

安記營造廠

上海梅白格路祥康里六十九號
電話三五〇五九號

道斐南公寓

本廠最近承造工程之一

The New

DAUPHINE APARTMENT

BUILDING

Route Frelupt, Shanghai

Architects:

A. Leonard, P. Veysseyre,

A. Kruze

Built by:

AN-CHEE CONSTRUCTION CO.

ENGINEERS and CONTRACTORS

Lane No. 97, Mm. 69, Myburgh Road.

Telephone 35059..**SHANGHAI**

目錄

（第三卷第六號）

插圖

論著

廣告索引

上海市建築協會服務部啟事

查本部自設立以來，承受建築月刊讀者及各界諮詢工程問題，或請求代索樣本樣品者，日必數起；本部亦本服務之旨，竭其能力所及，免費解答及代索，如命辦理，以謀讀者及各界之便利。惟近查多數來函，每不鑒諒本部辦事手續，一紙信箋，附題數十。所詢內容，或範圍綦廣，漫無限制，或擬題奧邃，未便解答；或索取樣品，寄遞困難。未附郵資，尚屬其次，而解答代辦，輾轉需時，事務進行，備受影響。茲爲略示限制起見，特訂辦法數則，即日實行，幸希垂諒是荷。

(一)詢問具有專門性之建築及工程問題，每題應附郵資二十分，多則類推，惟以十題爲限。

(二)詢問各題，本部有選擇答覆之權。審閱不合，除扣去復函寄費外，原件及郵資一併退還。

(三)請求代索樣本或樣品，應預計原件重量，附足同件寄費。如不能照辦，除扣去復函寄費外，所餘郵資一併退還。

(四)來函須將問題內容或樣品種類等，及詳細住址，應用墨筆或鋼筆繕寫清楚。否則如有誤投遺失，概不負責。

百老滙大廈之遠眺

The Cenotaph with the Broadway Mansions at the Background.

Photo by Dr. K. C. Lu Seifug

黑白影社 盧施福攝

建築說明書之重要

漸

建築說明書用以說明需用材料及施工情形，以補建築圖樣之不足，故其重要性初不減於建築圖樣之本身也。然一般建築師往往忽略此點，致引起無謂之糾紛；甚或涉訟經年，延不解決，前車之鑒，可不慎歟！玆將某建築師所撰說明書中有足資考慮者，擇要摘錄數點，以供讀者研究，庶幾此後之撰說明書者，得所參閱，而臻於縝密完備之境也。

水作類

石灰　石灰須採用質地最好者，並須於應用前三星期化用。

註：此條關於石灰之化用，須於三星期前行之，按諸工場實際情形，其日期距離實屬太遠。欲免爭執起見，亟應加以修正。蓋事實上用於砌牆之灰沙，隨時應用，隨時化用者也。因石灰之已採用質地最好者，固無需如此長久時間，事前拌化也。

煤屑　煤屑用白煤屑，不得有雜質混入，並須經建築師核准後方能使用。

註：此條所謂白煤屑者，殊屬費解。此白煤屑不知是否指煤屑之色須白者，抑係白煤之餘燼，實足引起誤會也。

油漆類

註：關於樓地板應做漆或做泡立水上蠟，或用凡立水，覺未載明，或係漏脫。然此點關係重要，豈容疏忽哉。

屋面及油毛毡

屋面　一切斜屋面須先詳細檢查一過，斷定毫無弊病時，然後掃清做油毛毡。每皮油毛毡須順斜水排放，腰擋轉角至少包上八寸，屋面油毛毡均用二號，樣品須建築師核准。

註：此條閱後，殊不明瞭。所謂斜屋面者，實際係平屋面。在平屋面上舖置油毛毡，應詳細載明第一皮洒柏油，第二皮紙油毛毡，第三皮澆柏油，第四皮以何種牌子之二號油毛毡，第五皮澆柏油，第六皮石子。今單云均用二號，殊足引起糾紛也。

此外關於業主與包工人之稱謂，殊屬不妥。因民法中已有規定，稱前者為定作人，後者為承攬人，自應依照法定名稱，不應再有東家東翁業主包工人承包人等畸形稱謂。蓋建築說明書既係契約之一種，自宜根據法律上之名稱為妥也。

上海大新公司新屋介紹

●一般人提起上海，便有三公司在腦海裏盤旋着。那南京路上雄踞着三大公司的摩天建築，確是惹人注意，不會遺忘。尤其是晚上的霓虹燈，城開不夜，引人入勝，駐足其間，免不了進內光顧的。

在偌大的上海，只有三家完備的百貨公司，不能湊成一桌，成了三缺一的局面。吾人正感沒趣，大新公司百貨商店，終於在這不景氣的市面中，挺身而出，把以前三條腿的局面打開，湊成四只脚。從玆我們可打着口彩說：上海的市面有了四平八穩的現象，應有回甦的希望了。

大新公司位於上海南京路西藏路角，地位適中，交通四達，深得地理上的便利。全屋計高九層，係用鋼筋混凝土搆築。建築師爲基泰工程司，承做者馥記營造廠。門面用中國石公司之青島黑花崗石。鋼窗由大東鋼窗公司承做，電氣工程由美益水電工程行承裝。甎用長城機製磚瓦公司的煤屑磚。

內部設置之最能引人注目者，厥爲自動電梯，此在中國街屬首創。梯之構造與普通者相同。惟梯步能藉電上升，電梯不斷轉動，人可躋上梯級，便自隨之上升，故無通常電梯之有擁擠及等待之不便。

已往三大公司房屋全請外籍建築師設計。如先施爲德和洋行，永安爲公和洋行及哈沙德洋行，新新爲鴻達洋行。獨現在的大新公司，係由基泰工程司設計。基泰工程司係由關頌聲朱彬楊寬麟關頌堅及楊廷寶等建築工程師所組織，均係資學湛深之士。國內大建築由該工程司設計者，如上海九江路之大陸大樓，南京譚故院長之陵墓，遺族學校，及河南孝義之化學廠等，不勝枚舉。經驗卓著，允推有數之建築師。該工程司派駐大新工場的監工者張靜之君，也是深具建築經驗的健者。此外大新公司方面，更另聘王毓蕃君爲顧問工程師。王君係美國麻省理工大學(M. I. T) 土木工程碩士，前曾担任本會附設正基建築工業學校的敎授。

承造大新公司的馥記營造廠，是現在營造商中的權威。承造工程，如廣州中山紀念堂，廈門美領館，四川美豐銀行，南京孫總理陵園，陣亡將士紀念塔，南昌航空學校，河南孝義化學廠，上海四行二十二層大樓，寶隆醫院，交通大學工程館，海格路公寓，公和祥碼頭，及江蘇建設廳導淮工程，杭州浙江大學，青島海軍船塢等，不勝縷述。代表該廠主持大新公司工程者爲金福林君，他也便是四行二十二層大廈工程的主持者。

大新公司全部造價估計一百五十萬元，約可於本年底竣工。下層全部用爲店堂。依西藏路南京路勞合路門面，均係櫥窗。西藏路有大門兩處，西藏路角與南京路角大門一處，南京路大門一處，南京路與勞合路角大門一處，勞合路大門二處，自動電梯的位置，直對南京路大門，左右兩輛，二層至四層均作店堂舖位之用。四層之西邊，闢爲商品陳列所。南邊一部係備會計處事務室會議室經理室祕書室及會客室等之用。五層爲辦事室，貨倉廚房及職員膳堂等。六層爲酒樓，七層爲戲院茶室及陳列室等。八層爲電影院等。九層爲眺望亭，露天電影場，屋頂花園及水亭等。最下層的地窖，係爲貨倉爐機房及開箱間等。

該公司的內部設置，已如上述。至於門面的壯觀，設計的新穎，無庸諱言是近今上海偉大建築之一；將來落成，行見跑馬廳畔又添起一所摩天建築，與四行儲蓄會二十二層樓及永安公司新屋等媲美。

上海大新公司新屋

南京路面樓

基泰工程司設計
馥記營造廠承造

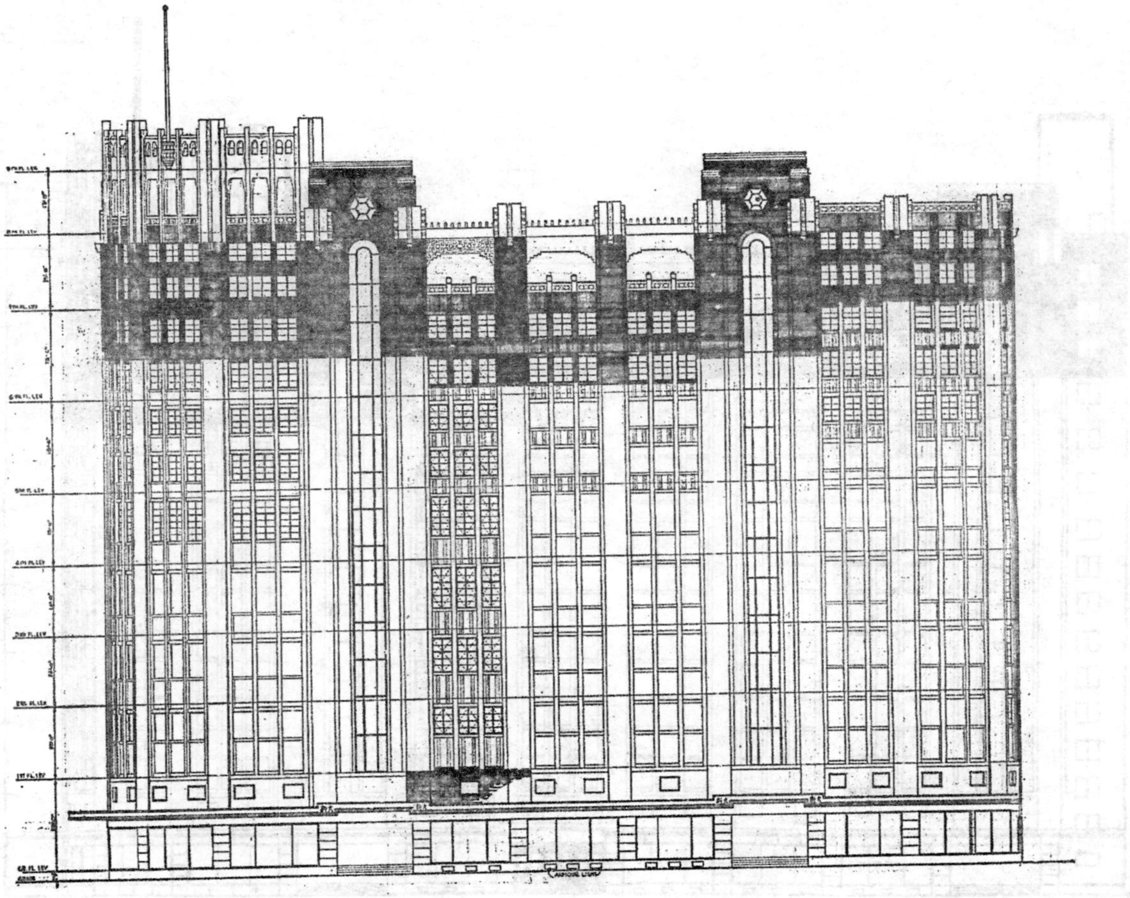

NANKING ROAD ELEVATION

The Sun Co., Ltd.

Kwan, Chu & Yang, Architects.
Voh Kee Construction Co., Contractors.

5

23237

上海大新公司新屋

西藏路面樣

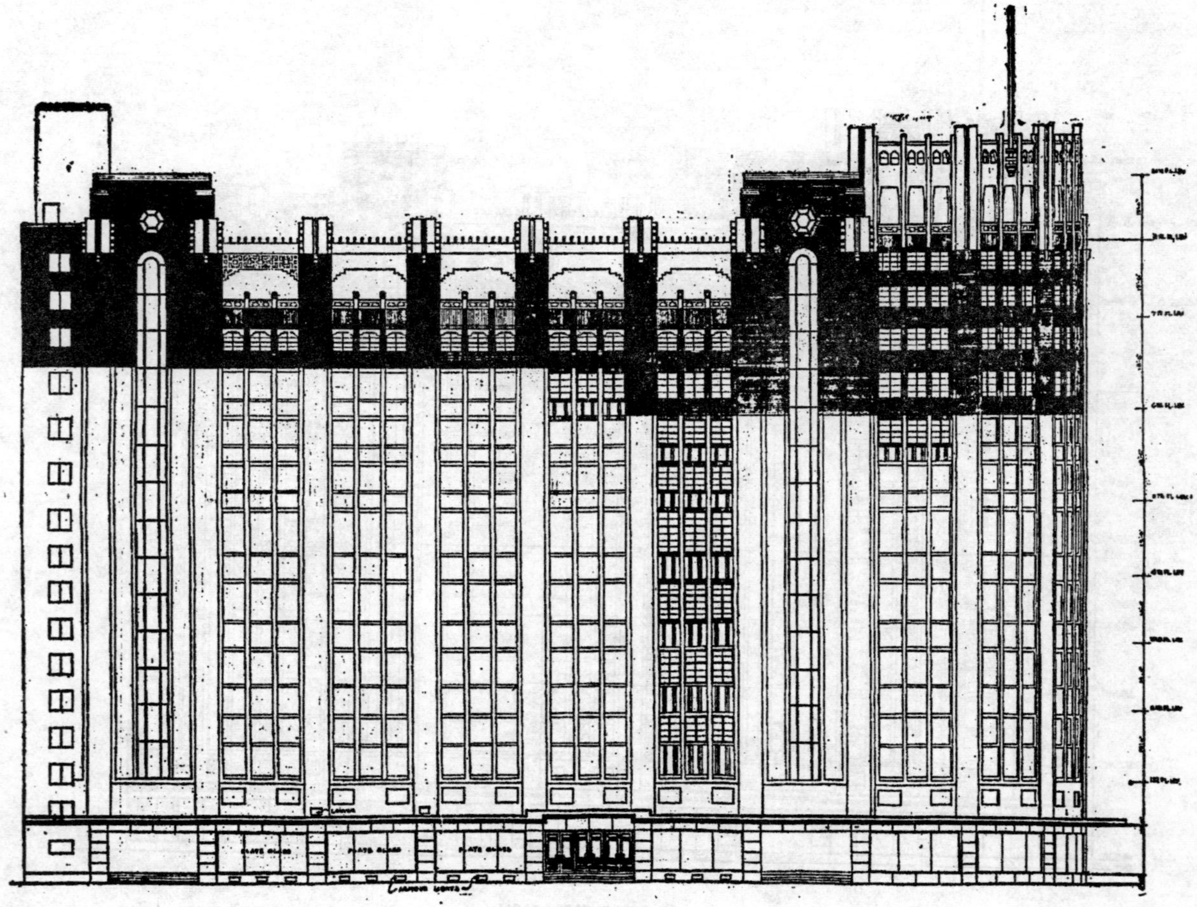

THIBET ROAD ELEVATION

The Sun Co., Ltd.

23238

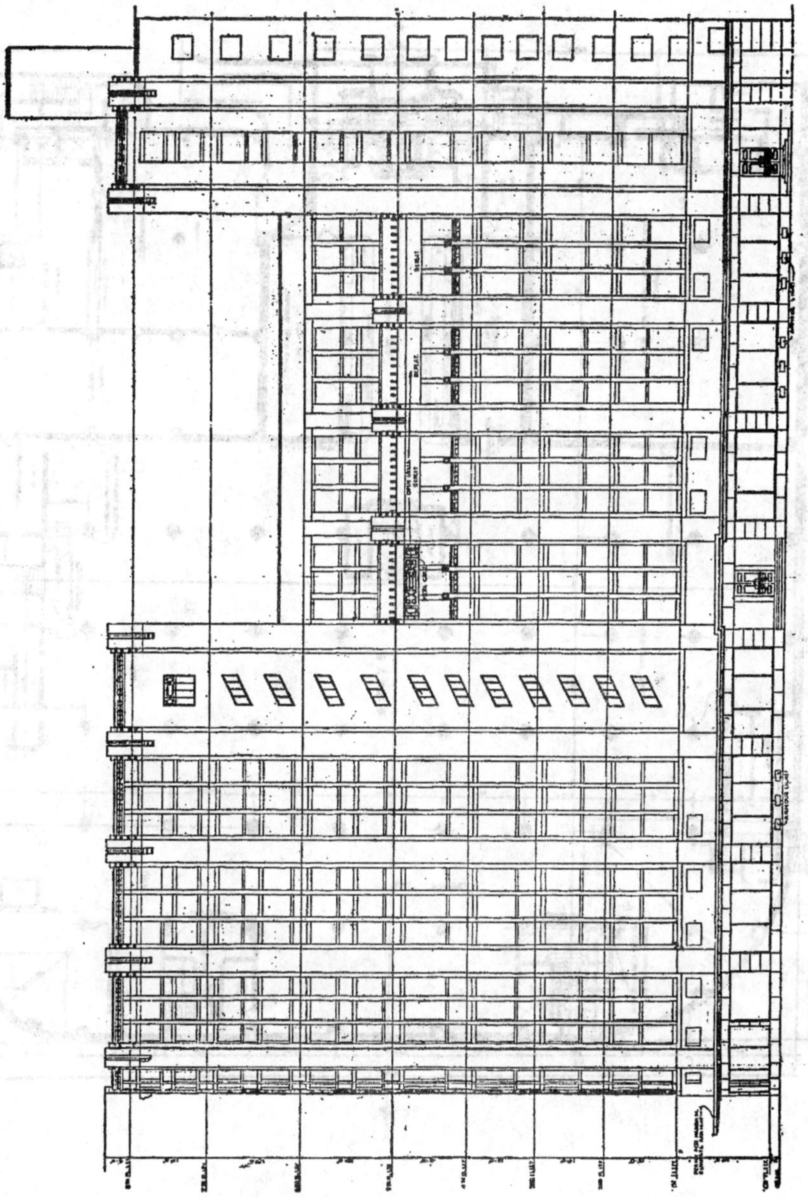

LLOYD ROAD ELEVATION

The Sun Co., Ltd.

23239

23240

上海大新公司新屋

地層平面圖

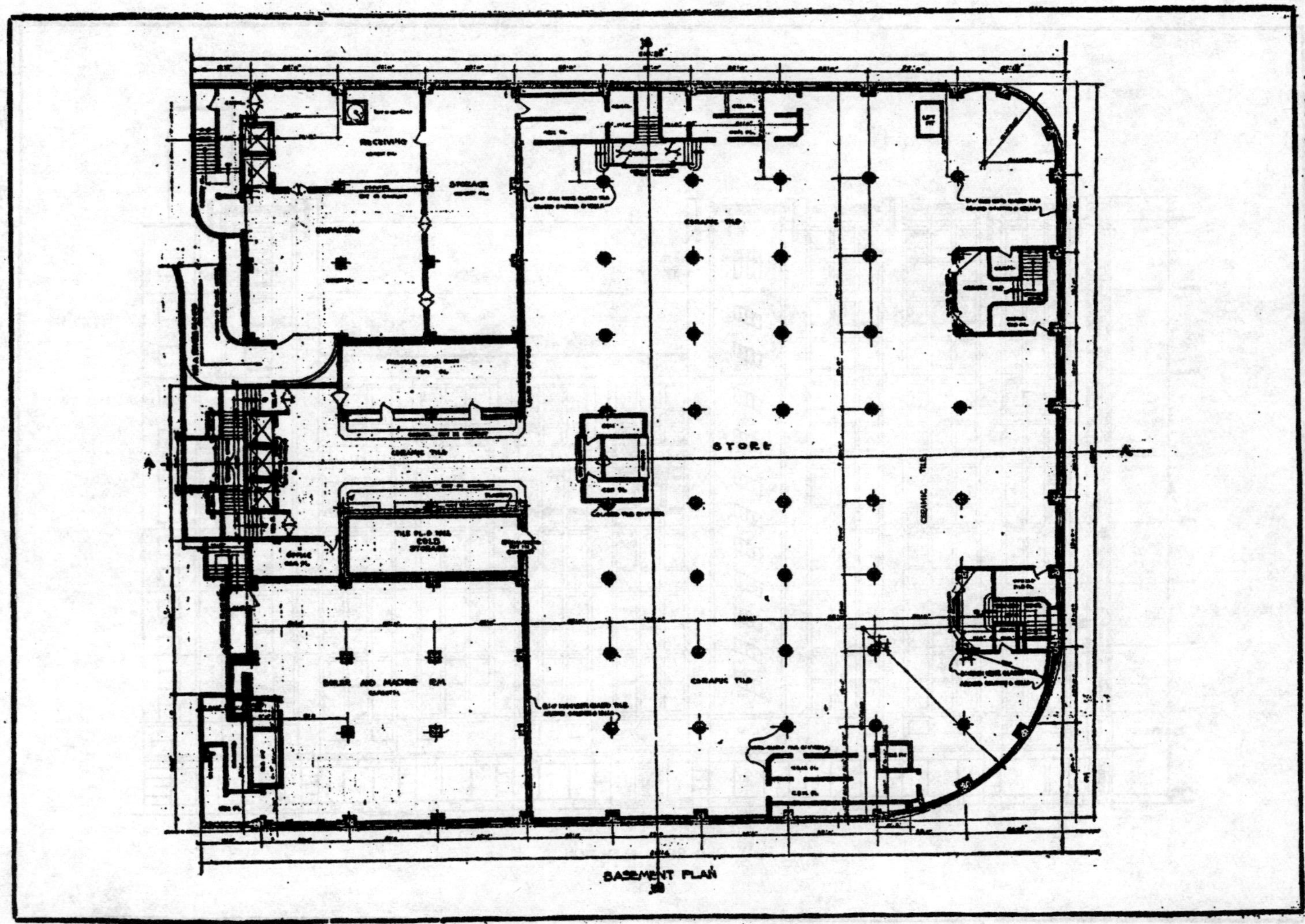

The Sun Co., Ltd.

上海大新公司新屋　　下層平面圖

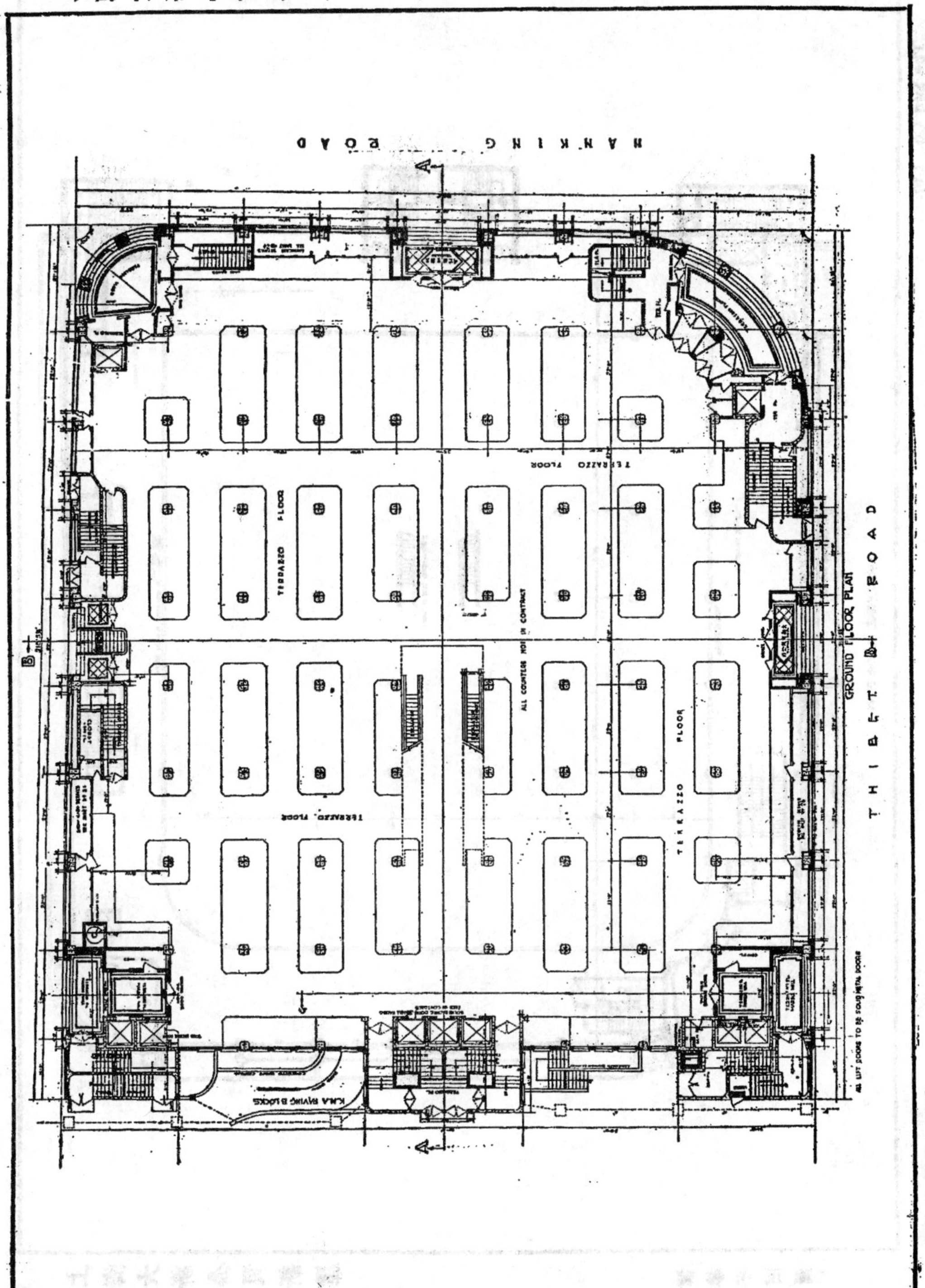

The Sun Co., Ltd.

上海大新公司新屋

閣樓平面圖

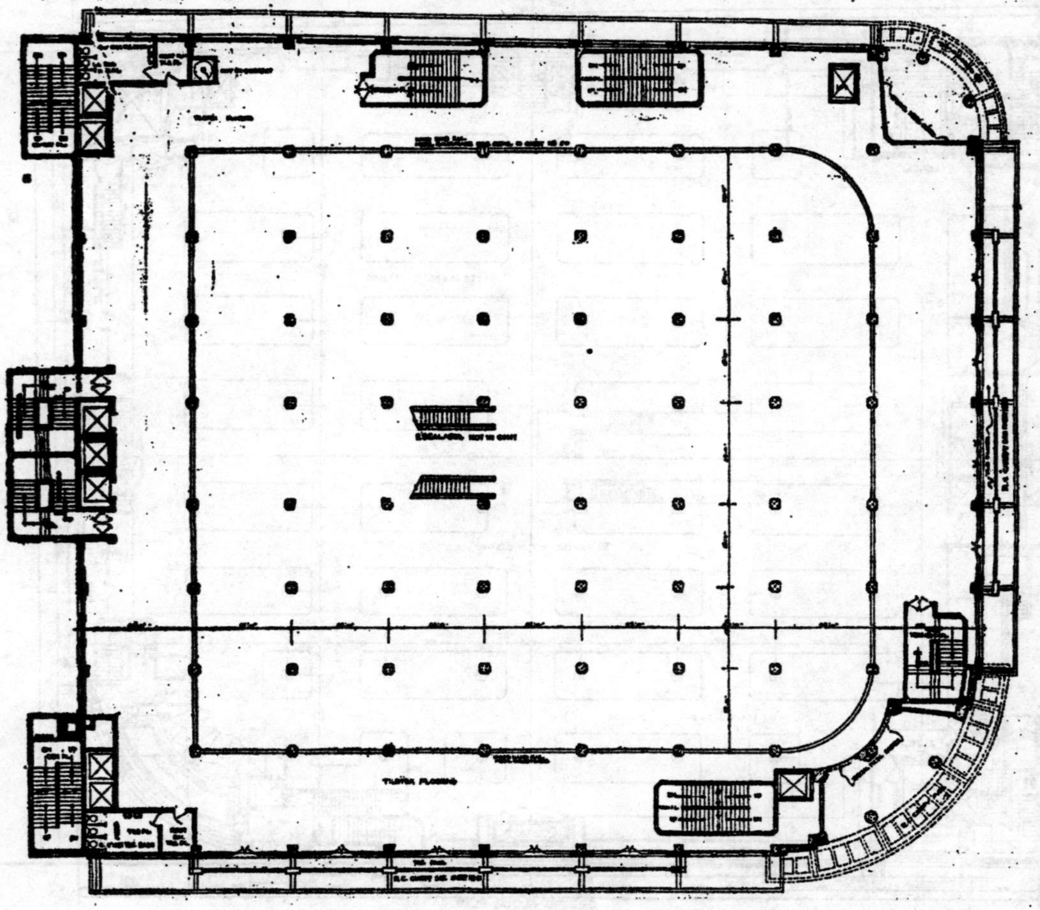

MEZZANINE FLOOR PLAN

The Sun Co., Ltd.

上海大新公司新屋　　二層平面圖

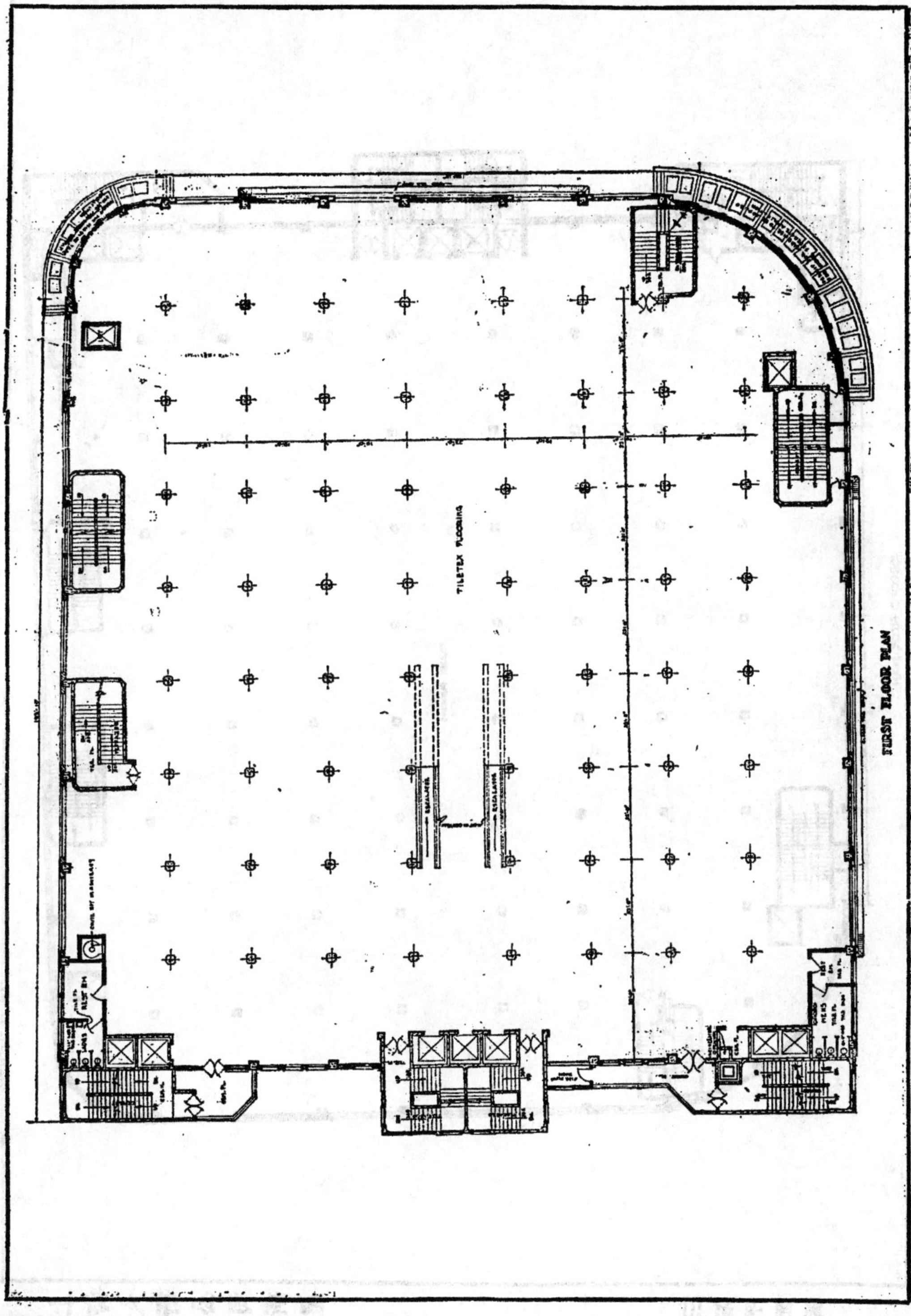

The Sun Co., Ltd.

23243

上海大新公司新屋

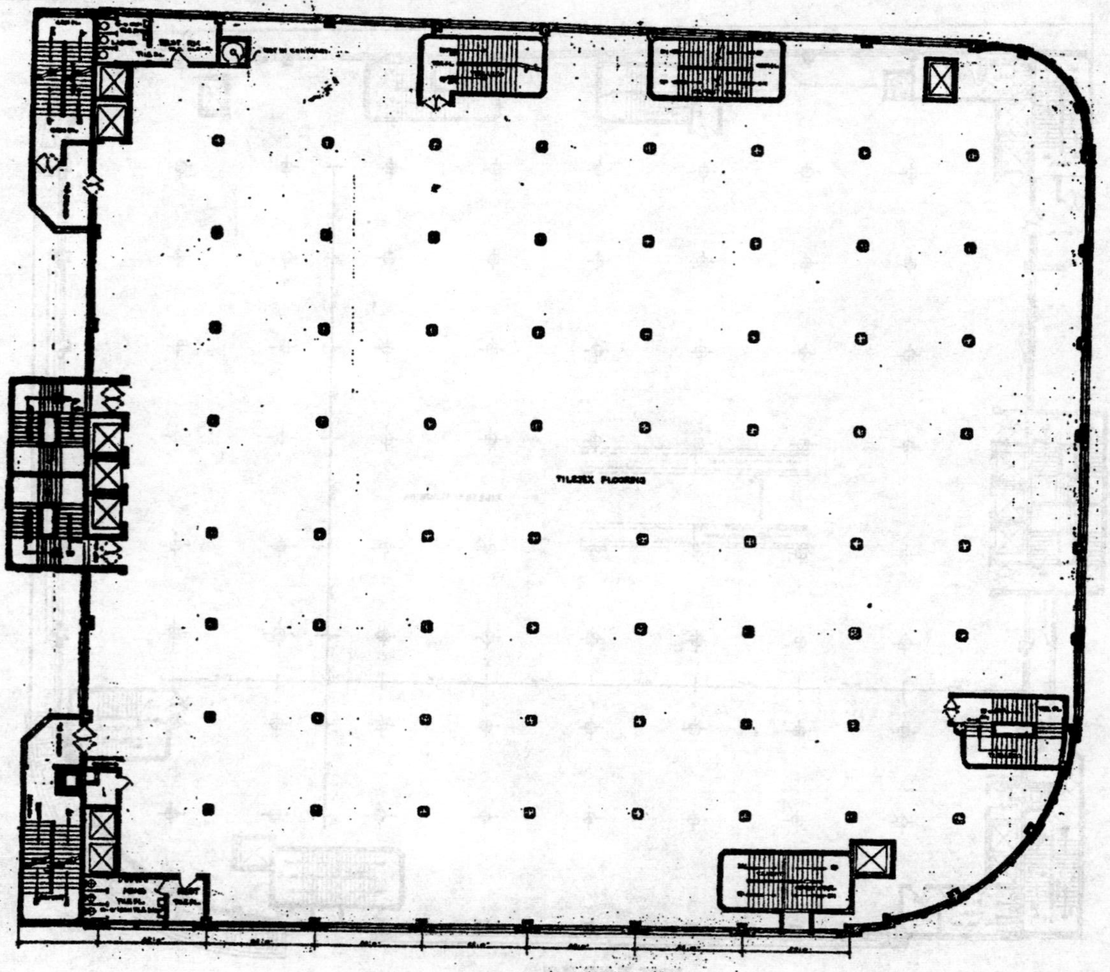

SECOND FLOOR PLAN

三層平面圖

The Sun Co., Ltd.

23244

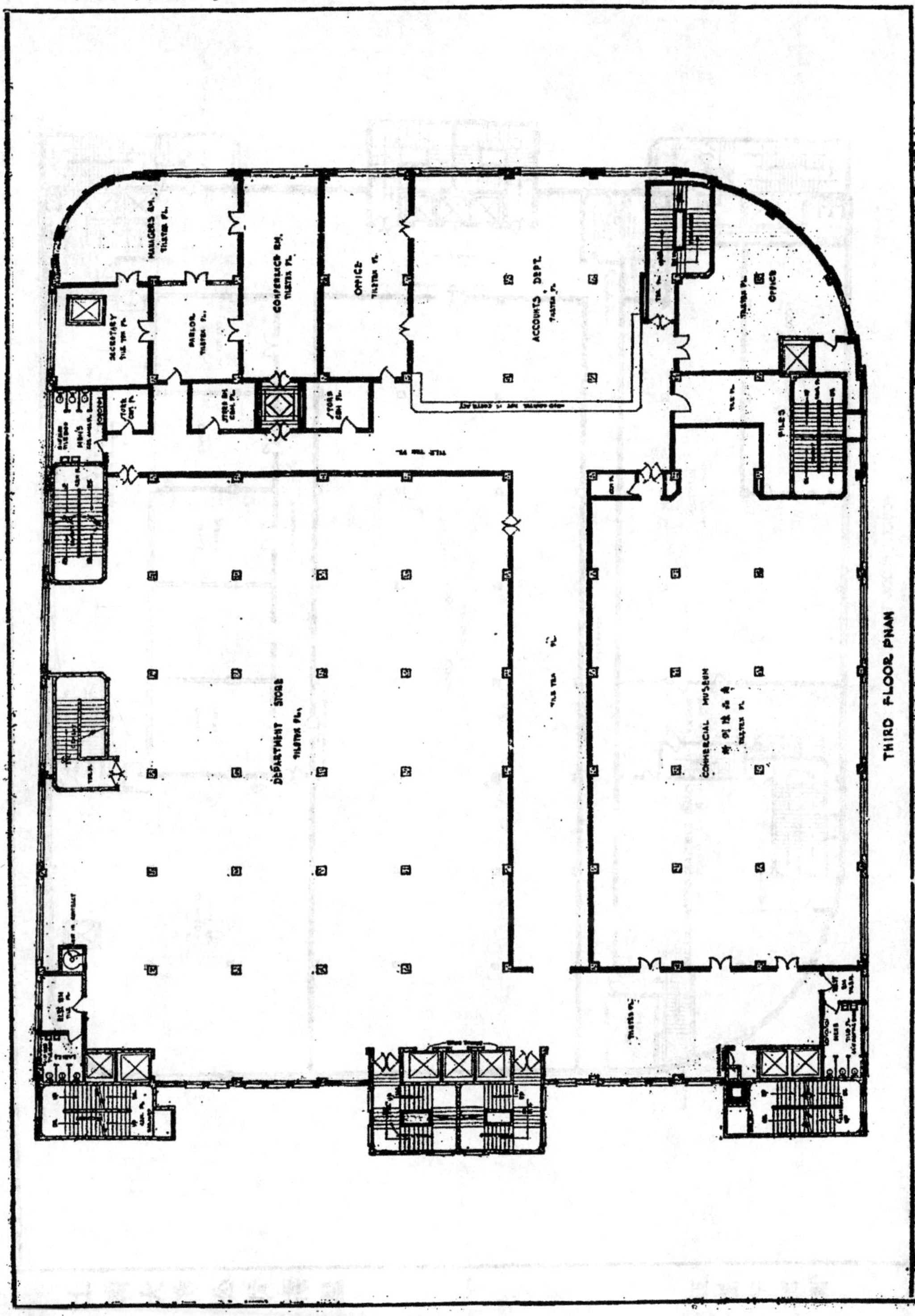

The Sun Co., Ltd.

上海大新公司新屋

五層平面圖

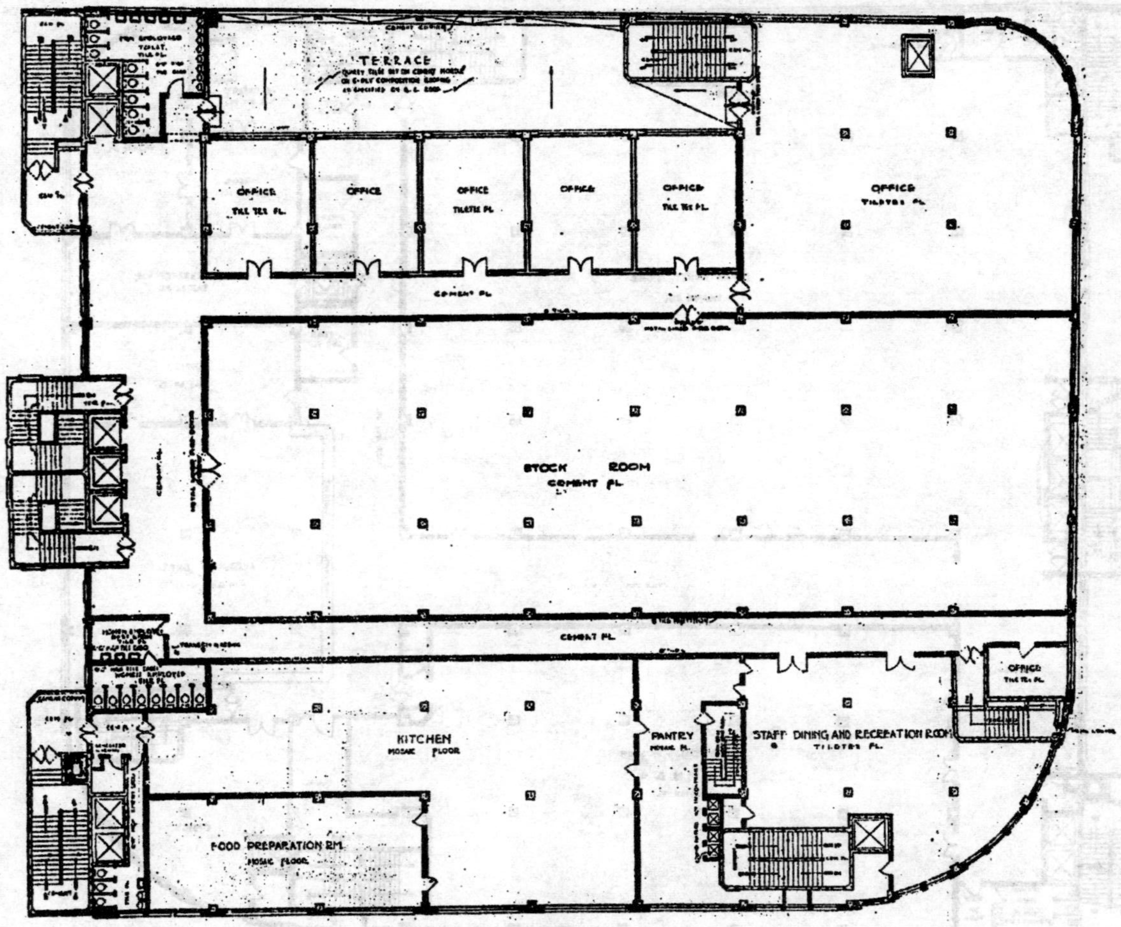

FOURTH FLOOR PLAN

The Sun Co., Ltd.

23246

上海大新公司新屋　　六樓平面圖

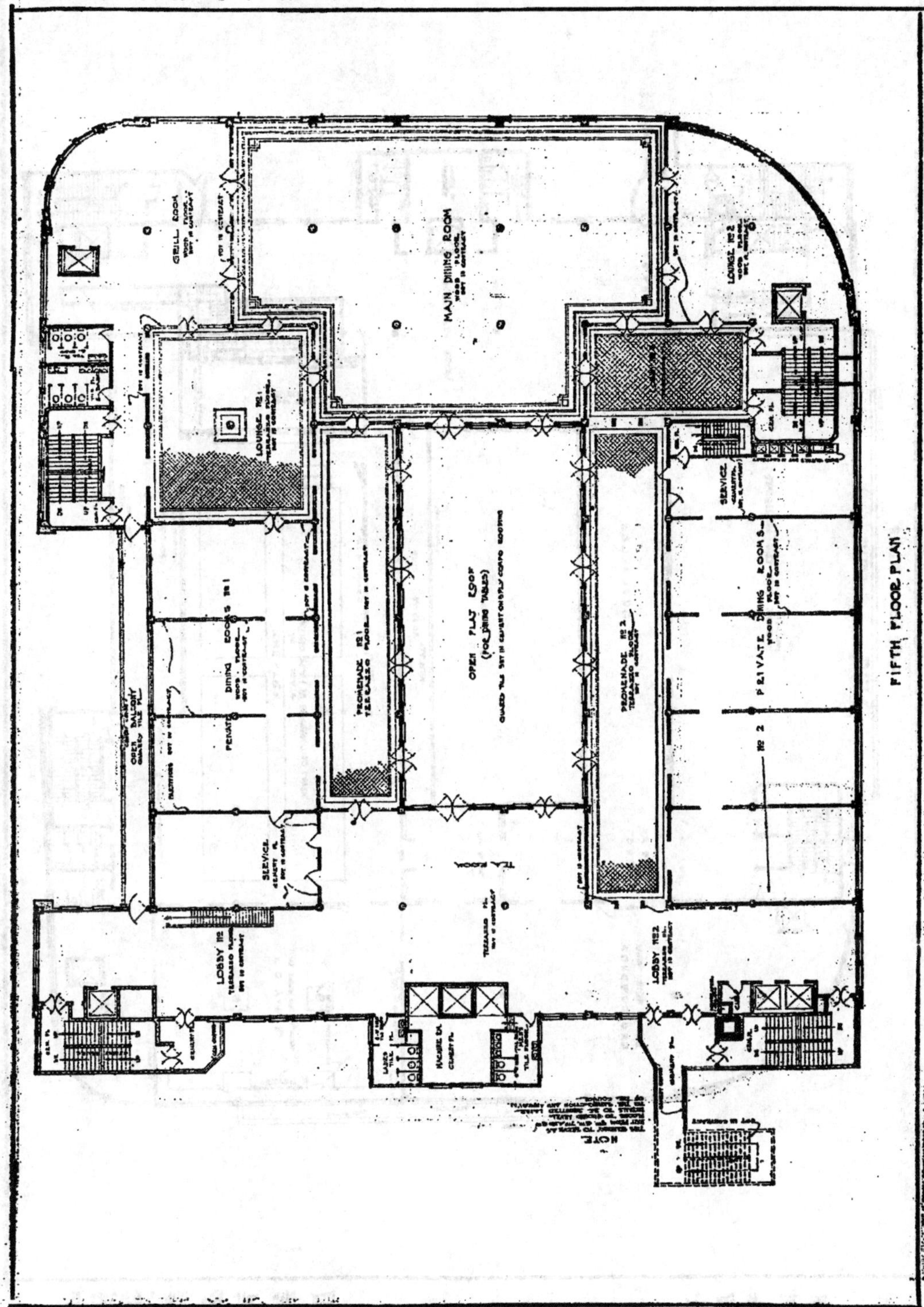

The Sun Co., Ltd.

23247

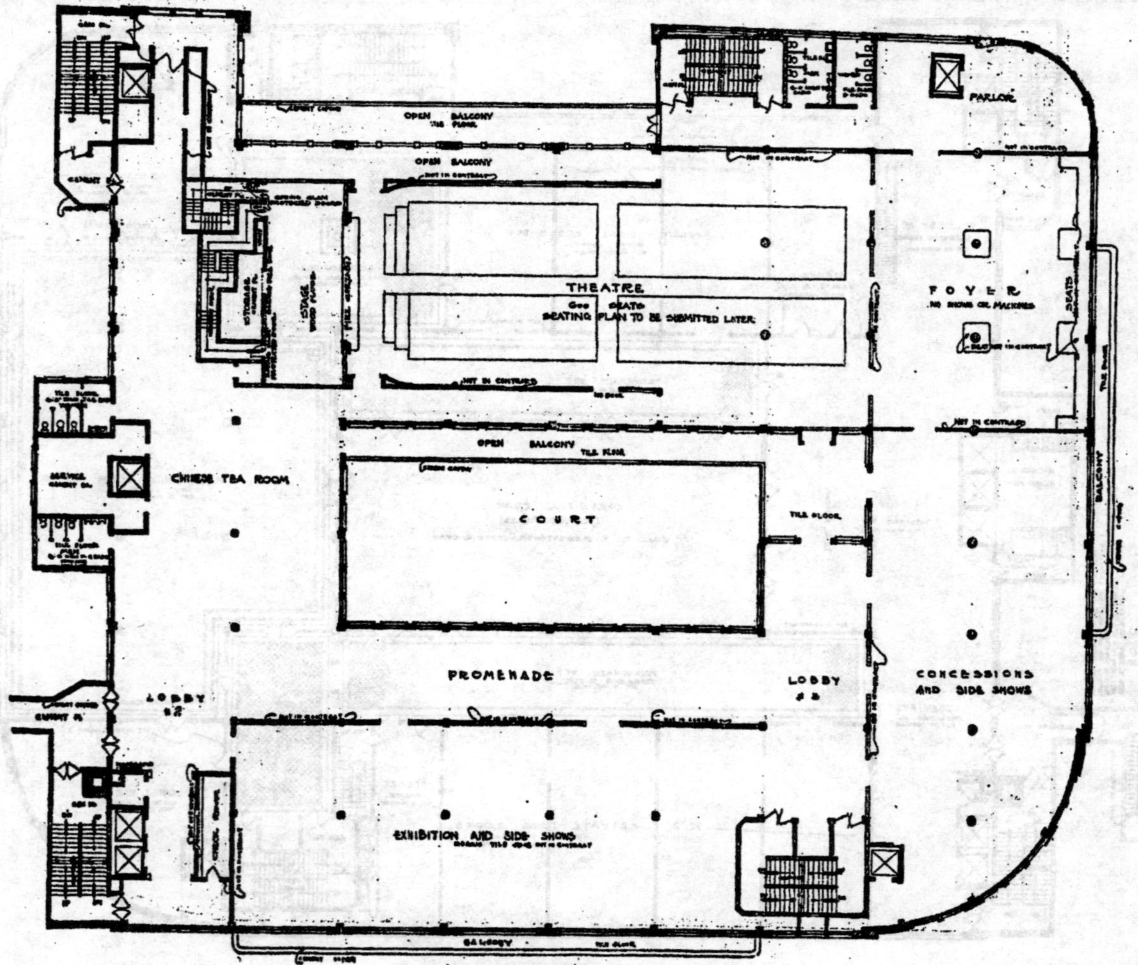

SIXTH FLOOR PLAN

The Sun Co., Ltd.

上海大新公司新屋

七層平面圖

上海大新公司新屋　八層平面圖

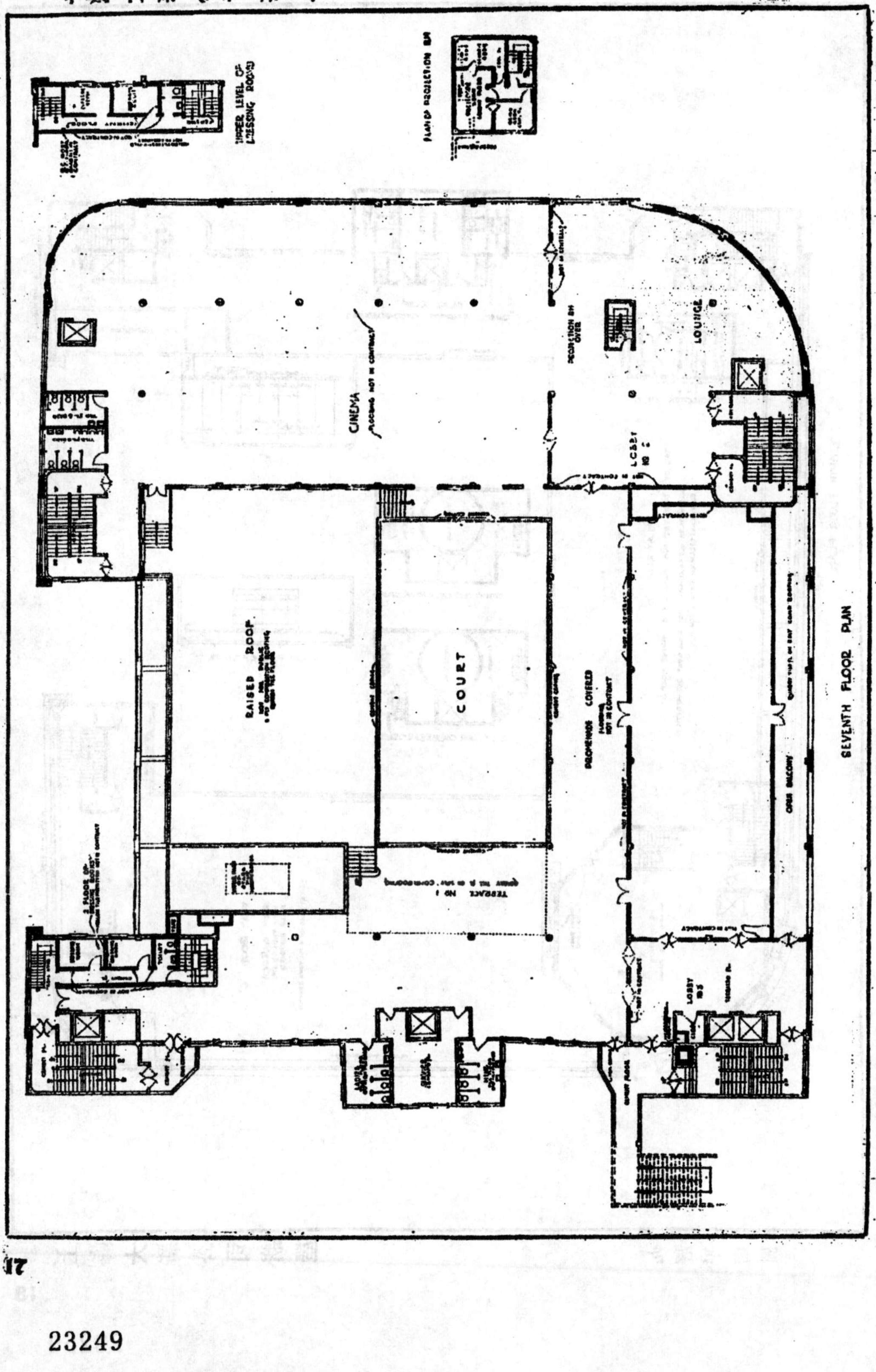

The Sun Co., Ltd.

The Sun Co., Ltd.

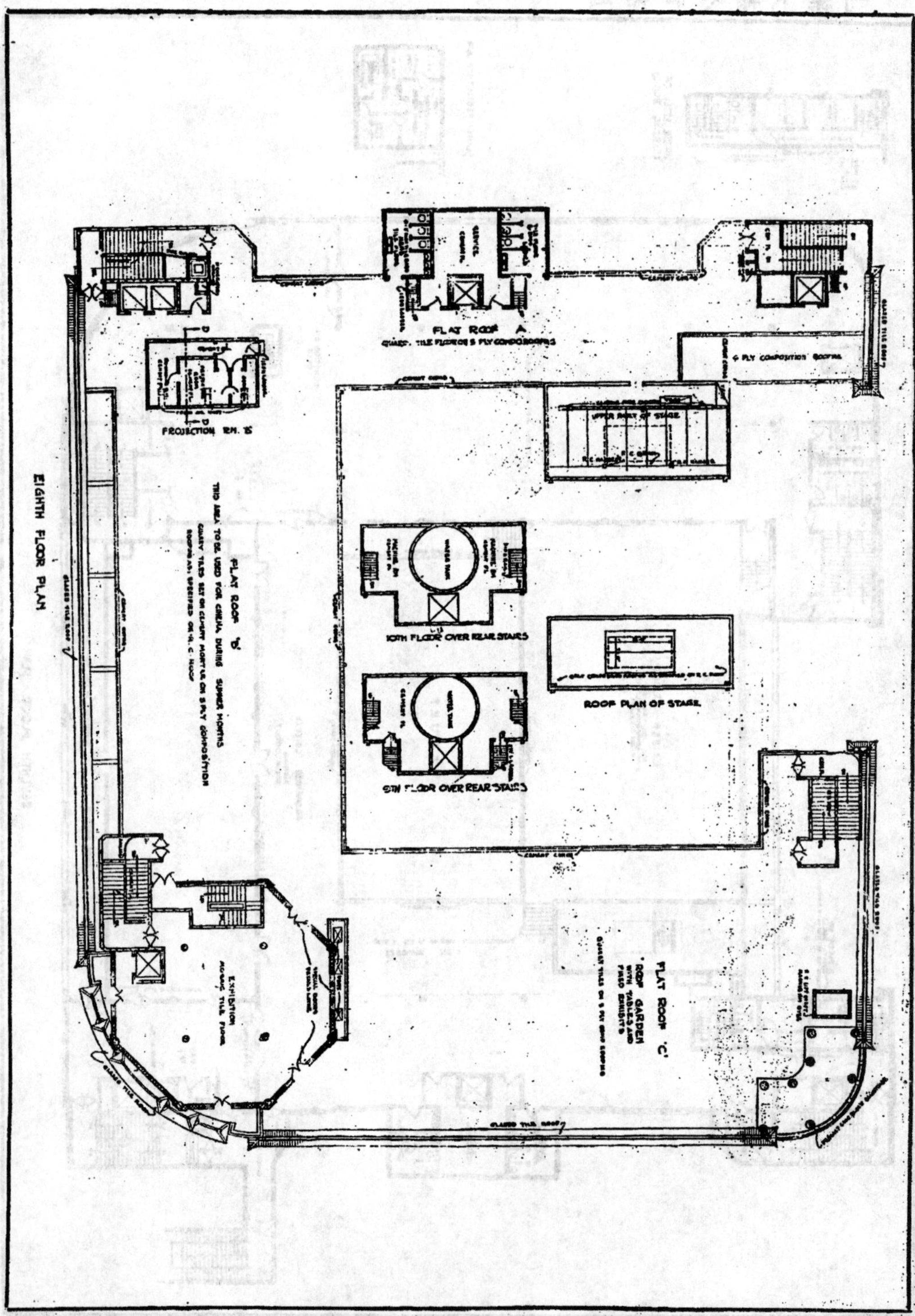

上海大新公司新屋

九層平面圖

營造學（五）

杜彥耿

第二章

第二節　甎作工程（續）

普通砌牆手續，先起兩端外角，高約二尺至三尺（如五十一圖）。隨後在兩外角之中間，引一繩準，逐皮依照準繩之直線砌起。麻線之寄繫，係用竹片或木片，插入甎縫，謂之摘線。其繩之兩端，繫於脚手架之牽網，或繫於皮數杆；線之地位，齊甎之上口，須離牆身約一粒米之空間；麻線不能與甎貼著，因麻線倘貼着於甎，遂失直線之標準。

平齊　砌牆必須注意平齊，尤應於甎牆初砌之時，用水銀平

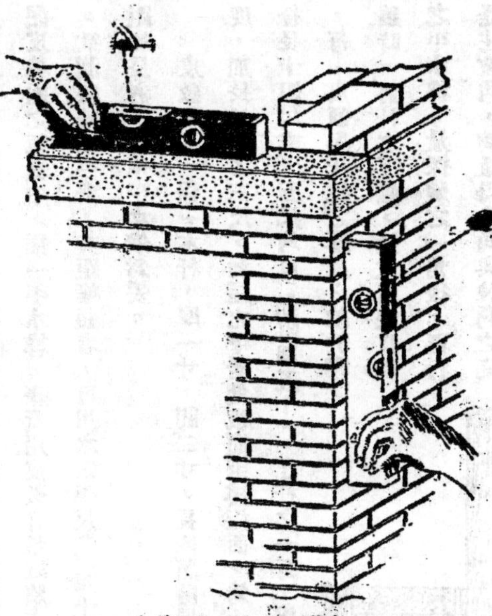

（附圖四十八）

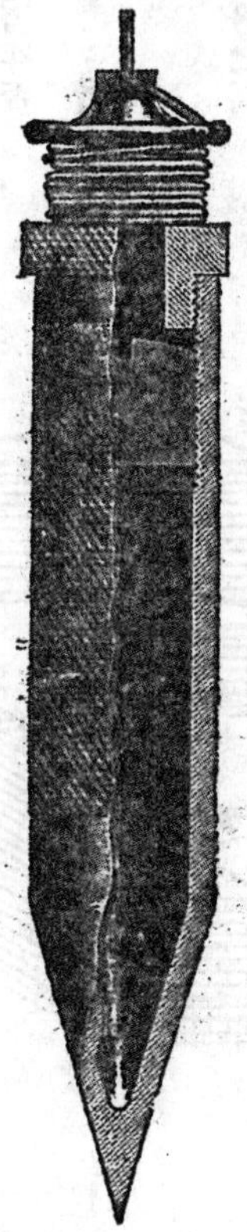

圖爲線錘用以作垂直標準之器

（附圖四十九）

23251

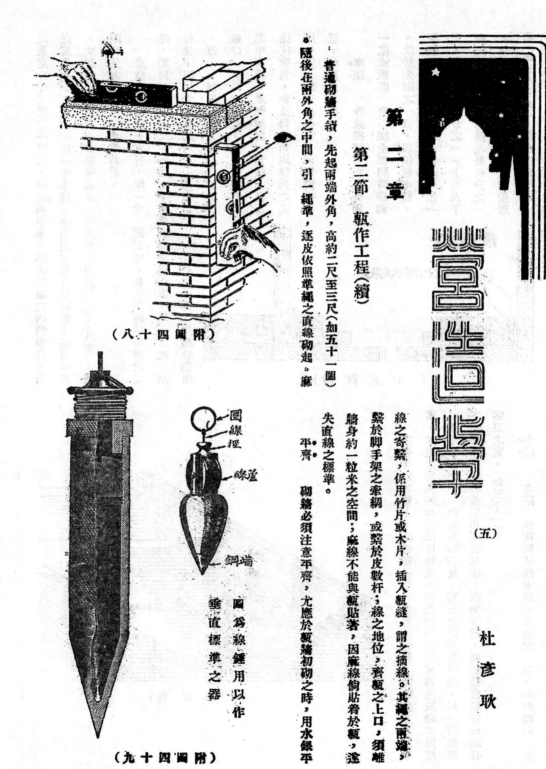

尺及至少十尺長之平尺板，將四角平準，然後於牆之四角根際，齊泥皮線處之瓴縫中，插一平水榫，藉資用皮數杆量試牆之是否平否。欲測驗牆之平齊，其距離短者，可用水銀平尺(如四十八圖)；若距離長者，應用平水儀爲妥。

皮數杆者，係一木杆，厚一寸，闊二寸，長依照房屋每層之高度，加長二尺或三尺，如屋之下層地板面至樓板面，爲十三尺，則杆長十四尺或十五尺均可(如附圖五十)，在杆之一面，用墨線劃出，每一皮瓴與灰縫之厚度；故於砌牆時，將杆之下端，抵立齊泥皮線之平水榫，掛探牆之一角後，再行提往彼角，倘量得此角與彼角之高度相同，則牆身平坦；否則倘有高低，則牆自不平。

牽頭。 普通砌牆，祇能先砌一處或數處，自不能全部同時砌起。故於先砌之一部，應留置牽頭，以便接砌瓴牆之銜接。法以每隔一皮，全瓴伸出四分之一，上面及下面之一皮，則均縮進全瓴四分之一。二度伸出一皮收進，而成輪齒形式(如五十一圖)，謂之肉裏牽頭，亦稱齒嵌。

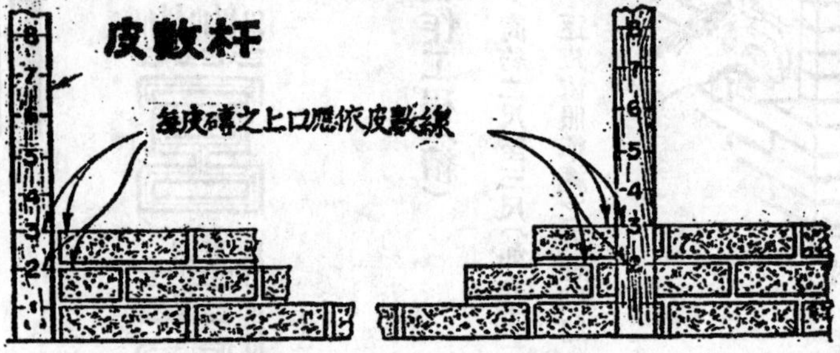

(附圖五十)

在舊有之外牆上，擬添接腰牆，則應於老牆上開鑿長方形之牽頭，其寬度應與腰牆之闊度相同。高度則等於三皮磚連灰縫之厚度，深可至瓴之半。如此每隔三皮，鑿三皮高之長方洞，以資新腰牆之鑲接。鑲砌時最妥用水泥灰沙，藉免沉縮，而致新舊牆接縫處有罅裂之虞。(如五十一圖)

步積。 步積，或稱爬碼頭牽頭。係牆之一部，不即砌起，而將另一部砌起者。其不砌起之處，勢須留置牽頭，俾資與新瓴工鑲

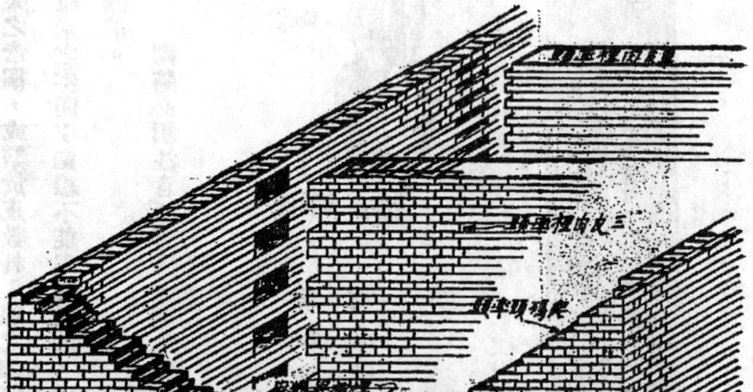

(附圖五十一)

23252

合。是以其留率頭之處，不宜直砌度頭，亦非肉裏率頭，應用爬碼頭率頭。爬碼頭率頭者，以每一皮甎收進全甎四分之一，逐皮收進，形如階梯（如五十一圖）。再者，磚工之組砌，應錯綜交接，不可同縫。而接搭處亦勿宜接搭過多，應以一磚之四分之一爲合度。茲特製圖如下：

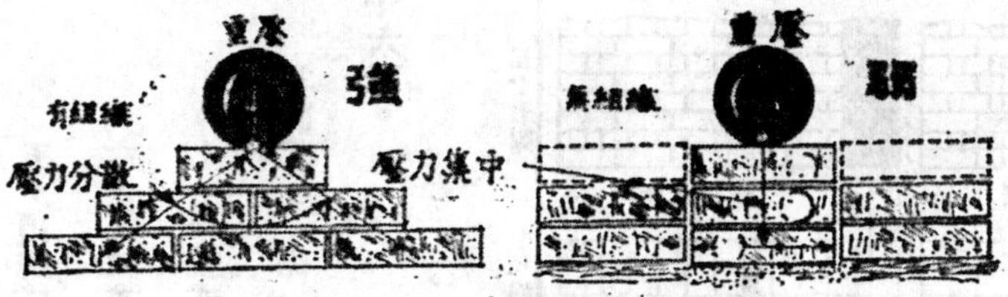

（附圖五十二）

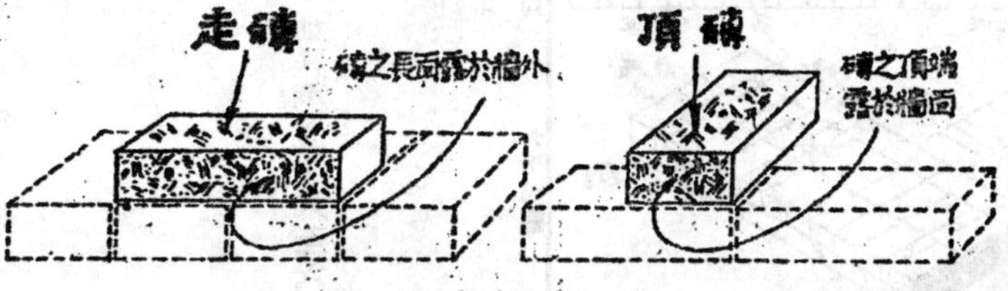

（附圖五十三）

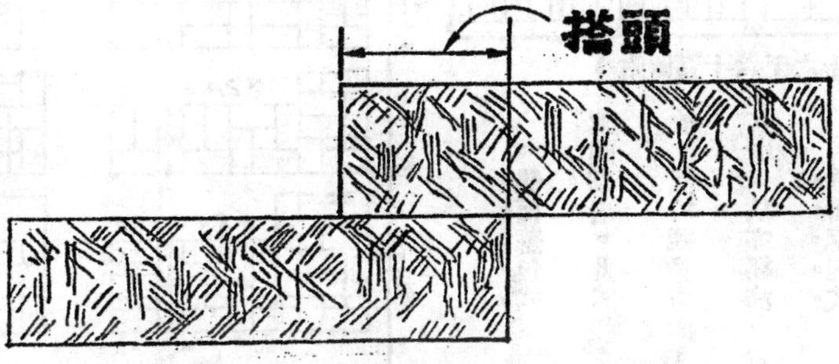

（附圖五十四）

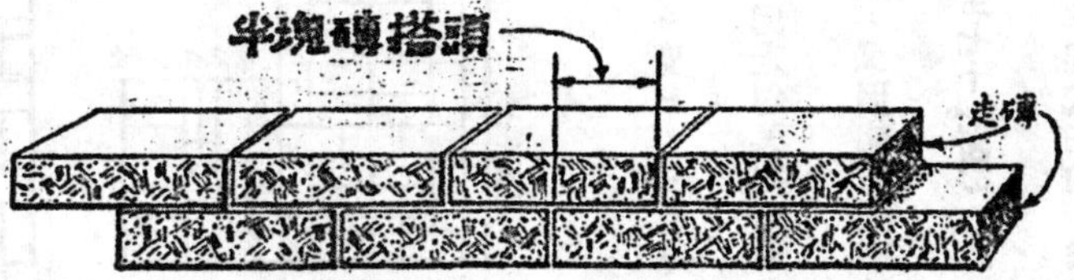

（附圖五十五）

組砌　甎牆之組砌，其主要條件，有如下述五項：

一，甎之組砌，必須整齊一式。

二，找甎愈少愈佳。

三，上下兩皮甎，不可同縫。

四，走磚祇能砌於牆之露面部份，內心應砌頂磚。

五，甎之長度，必須倍於濶度，並加一條灰縫。

組砌甎牆之主要條件，既如上述，更有各種組砌方式，錄之如下：

23253

一，英國式——或稱頂走磚。
二，雙面蘇包式——或稱雙面十字式。
三，單面蘇包式——或稱單面十字式。
四，走磚式
五，頂磚式
六，蓆紋式
七，斜紋式

英國式 係一皮頂甎一皮走甎，如後列五十六至六十六圖。

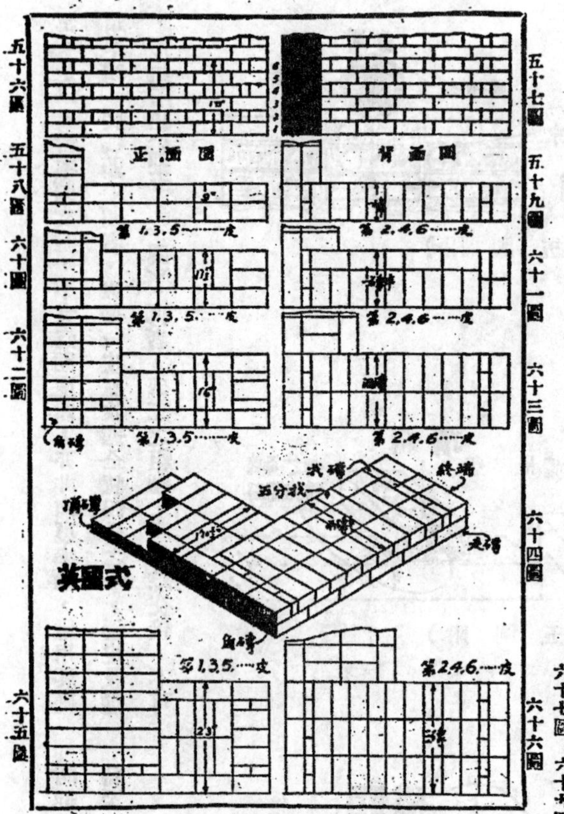

（附圖五十六至六十六）

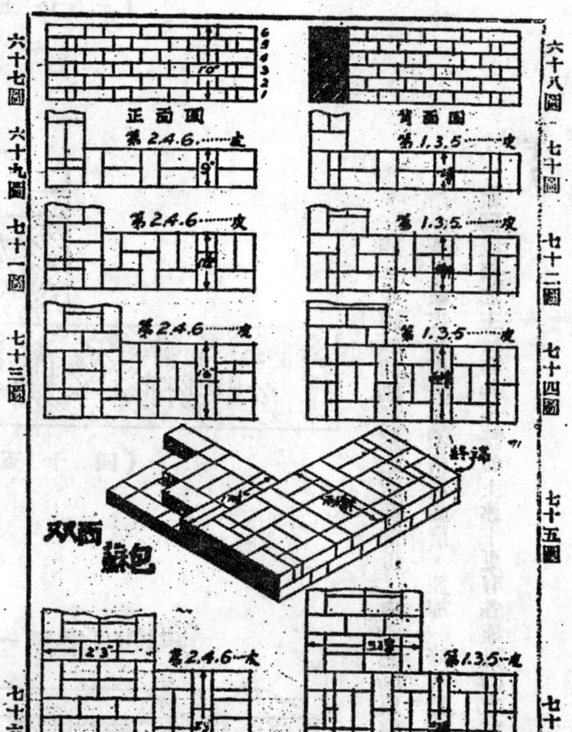

（附圖六十七至七十七）

雙面蘇包式 係裏外兩面在同一皮上，一走磚一頂磚間砌者。此式較之英國式爲弱，蓋因走磚與找磚太多之故。然於觀瞻方面，實較英國式爲美，又因能將斷磚鑲容其中，故亦經濟。（見上列六十七圖至七十七圖）

單面蘇包式 蘇包式露於外，英國式在內，以求外部美觀，而背部亦結實。此式大都用於外牆之面磚，較貴。如七十八至八十六所示各圖。

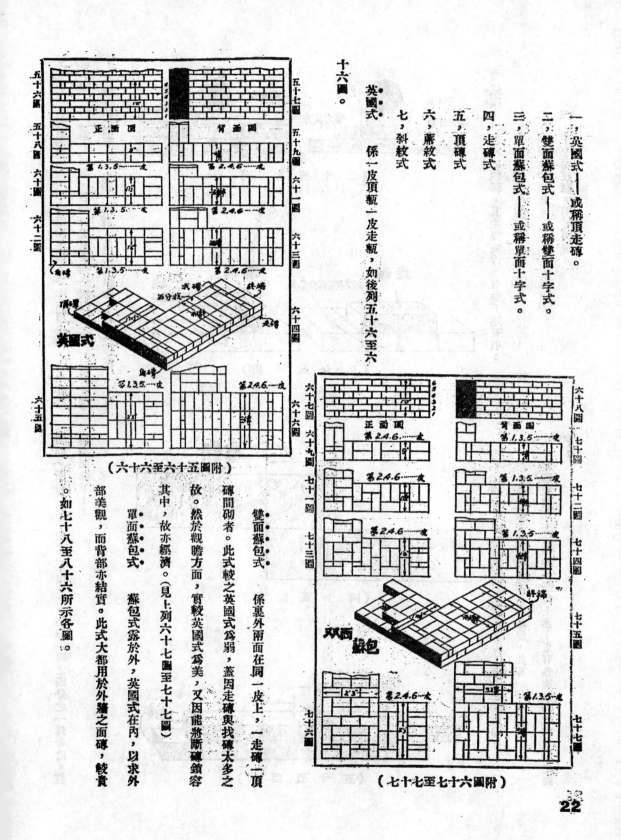

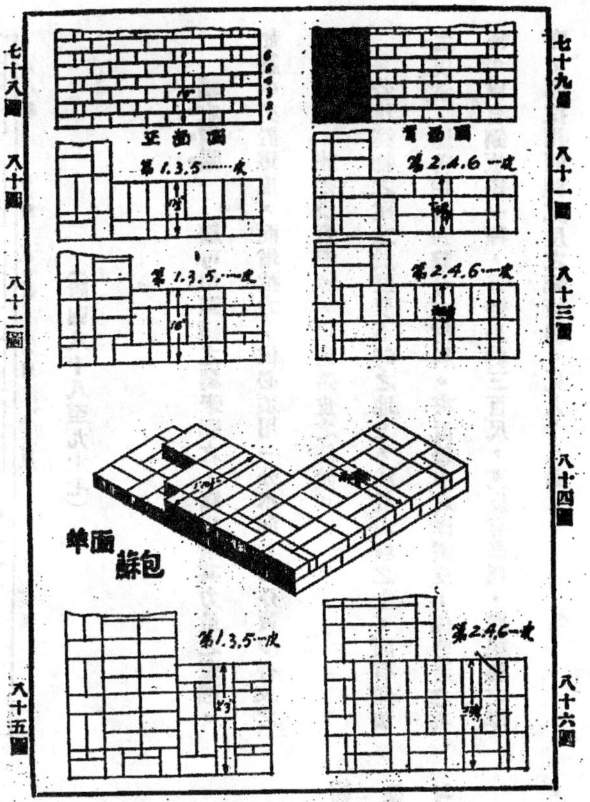

（附圖七十八至八十六）

走磚式　此式用之於單壁，如分間牆，木筋磚牆，及木山頭等之鑲砌。甎之組砌，全係走磚式，如五十五圖。

頂甎式　此種方式，係甎之頂端向牆外者，大都用於圓灣，底脚，挑出部份及台口等處。如八十七圖。

花園牆及圍牆　在同一皮牆上砌三塊走磚，一塊頂磚。此式用於一磚厚度之牆，雙面同爲三走磚一頂磚。

蓆紋式　牆之厚度增加，及其橫切力亦增；但於平埴面之力量，自減削無疑，蓋其接搭之處，不如他式之謹嚴，故其弱點亦卽在此。因之蓆紋式之爲用，幾祇採取觀瞻，而於實際方面，堅牢之効率極少。（見九十三及九十四圖）

面張式　此式係一皮頂磚三皮走磚間砌者，如八十八圖至九十二圖。

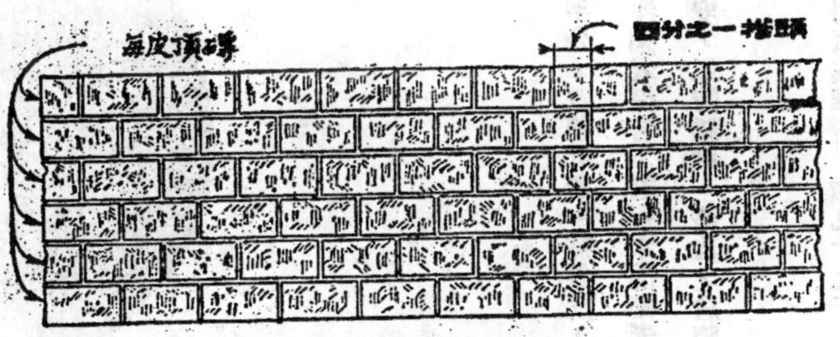

（附圖八十七）

牆之增强　牆可用鋼鐵之屬牽制之，藉以增其力量之堅强。如牆中夾置鐵皮，而增拉力；但必須用一分水泥，三分黃沙合成之灰沙鑲砌，並須填實無隙，以免鐵皮之銹蝕。

若建築物之建立於堅度不勻之地上，或於山坡之上，而有傾瀉之虞者，應善用增强牆身之材料。夾置牆中之洋鐵皮，係普通之物料。尙有鋼板網一種，每捲長約三百尺，寬度有多種，應視牆之厚度，而採用何種寬度之鋼板網。見九十八圖。

(附圖八十八至九十七)

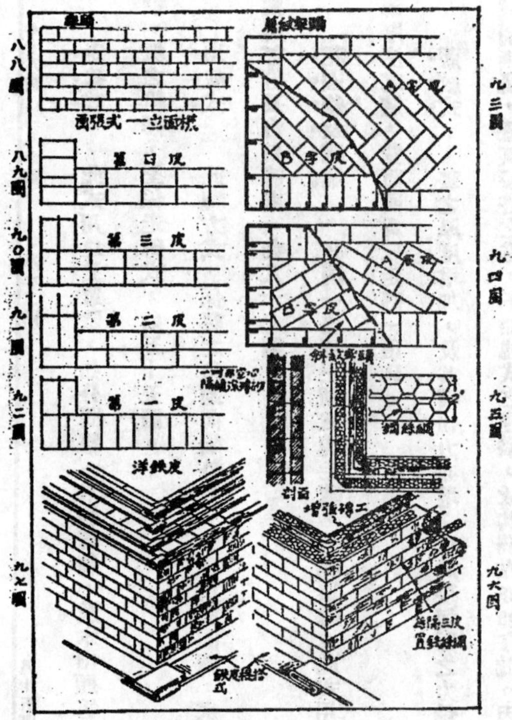

鉄皮闊一寸，厚半分，單壁可置一條鉄皮，最好於用前先抹柏油，此係對牆之用灰沙砌者而言；若用水泥砌者，鉄皮可毋庸柏油塗抹。最好扰水漿一度，以防銹蝕。鐵皮之於牆角轉彎處，應妥加勾摘。

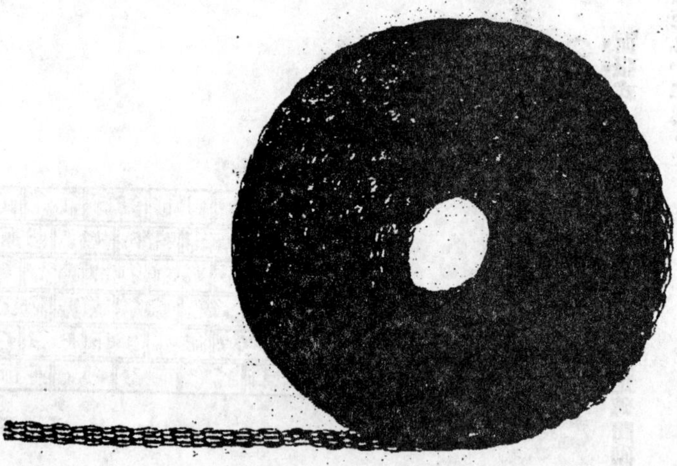

(附圖九十八)

墩子　墩子之用甎鑲砌者，如九十九至一〇九圖，係長方形，以之擔任壓力，而俾樑棟之架置；或承受二面或數面法圈圈脚之推制力，轉傳墩子。

九十九至一〇九圖中之平面圖，凡轉方之墩子，其組砌係依照英國式及蘇包式砌者，平面圖祇示一皮組砌方式，第二皮殊無繪出之必要，讀者自能瞭解。

一一〇至一一四圖示八字角墩子。

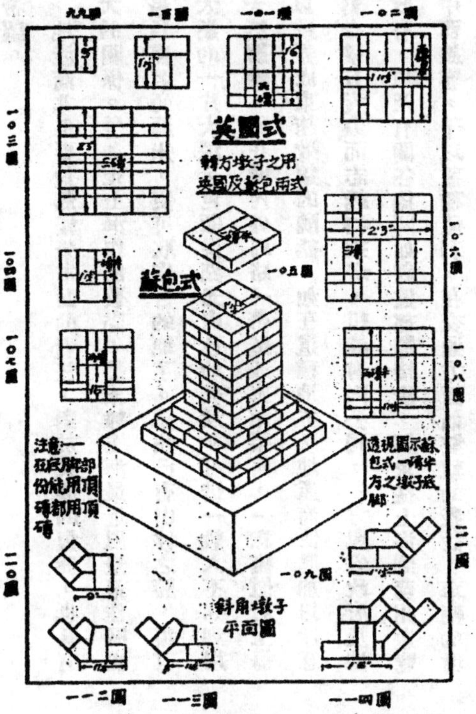

（附圖九十九至一一四）

腰牆聯接處　在腰牆與大牆聯接處之牽頭，其組砌係將大牆每隔一皮縮進一甎之四分之一，使之成單皮肉裏牽頭；而腰牆亦每隔一皮伸出一甎之四分之一，鑲入大牆肉裏牽頭。其牽頭之寬度視腰牆之厚度而定。如一一五至一二〇圖。

一二一至一二二圖示一塊磚厚之英國式牆，與一塊半甎厚之蘇包式牆聯接之方式。

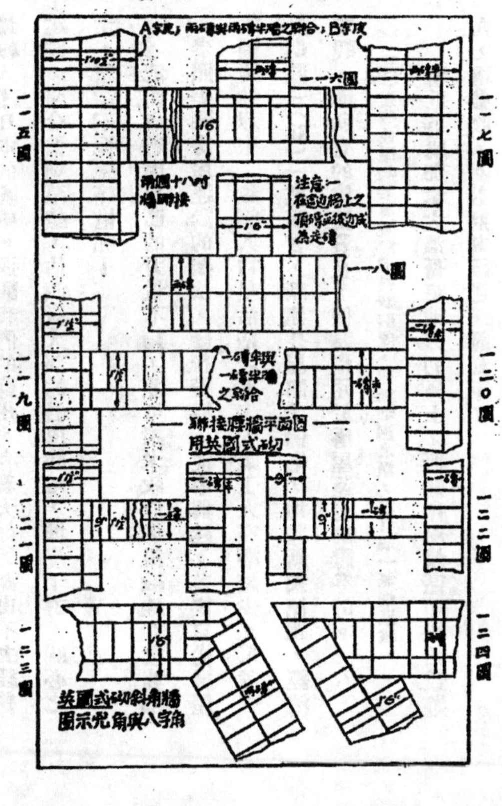

（附圖一一五至一二四）

（待續）

建築人應有的自覺（續）

杜彥耿

都市本來不能與鄉村背道而馳，畸形發展的。兩者應平均進展，這是誰也知道的。但事實上都市自成都市，農村還是農村，這全因地產商的沒有眼光，銀行家之不予擁護，與內地連年匪禍天災的影響所致。現若急起直追，尚不難把市面挽救復蘇，而有得屢更生的希望。

地產商非但要負起繁榮市面的責任，對於民族的復興，也具有很大的關係。譬如把上海作出發點，那末離上海最近風景最佳歷史上最負盛名的蘇州，便可取作目的地了。蘇州已有山林之勝，復有那太湖的一片大澤，更顯得湖光山色的美景。可惜一般人不知利用這天然勝地，反在城內外馬路一帶造起旅館菜館，一意模倣着上海，以致弄成東施效顰的醜態。如在這種地方，地產商便應加以注意．集合確有資力而志趣相投者，組織有限公司。一方與省政府及地方政府，以及有關各機關如鉄道部等接洽，要求從上海到蘇州遊覽的中西旅客，予以種種便利。在交通方面如雙軌的敷設，車輛的增加，與支路的銜接等，在必要時並可要求鐵道部，予以相當的津貼．此舉在鐵部方面，既可鼓勵開闢內地的繁榮，更能獲得鐵路營業進展的利益。這是鐵部與地產事業相依相助最要的關鍵。便是當地政府也要處處相助，予地產商以種種便利。如土地的收買，公路的開闢等等，事成了當地政府當然也有很大的利益，如土地的漲價，稅收的增加等，不容說，這都是有事實證明的。例如日本的寶塚，那地方的自然環境很是平淡，遠不如吾國的蘇州有山有水，更有名勝古蹟。但是一個因為有人經營，便成為世界上有名的去處。每天吸引去的人何啻幾萬，單就寶塚劇場一處講，上下三層觀劇者，每場均都擠滿，僅就演劇的少女、及樂師員役等，其數已在二千以上，讀者於此便可想見內容的偉大了。寶塚一地，不單日人趨之若鶩，愛之若狂，便是外人懷中的金錢，無疑地也假着游歷的機會，盡量輸入了日本的國庫。返觀我們的蘇州，有着大好的湖山不去經營建設，坐令僧廟墓塋，佔領着大部的名山勝地，湮沒千古，關心之士，怎能不扼腕痛惜呢！

地產商若因自己的力量不夠，並可請求政府，組織地產復興部，參照美國房屋運動的辦法，發行證券，從事興建。美國自從房屋運動開始以來 建築人均呈活躍之象，失業工人亦漸減少。單就「無烟區」（註）一處而言，新建住屋四千餘宅，均甚新穎簡單，經濟美觀，而所有的建築資金，便是借用於房屋運動的證劵的。

（註）這些住屋均設有電熱的最新裝置，並無烟囱之類，遂自成一無烟區域。

新近英屬加拿大溫哥華地方的島上，擬闢作風景區，以招致遊人，增益收入。茲將其經過迻譯如下：

因當局決意將溫哥華島闢成能引人入勝之佳境，故已組成委員會討論此事。上週在娜娜瑪舉行全體委員會議。與會者有市長及其他高級職員等。當經決議通力合作，務將此島闢成旅人留連忘返之勝地。並定五年之內，完成計劃。建設目的由中區運動場，遊嬉場，公園，游泳池等着手。本星期先擬在維多利亞摹集四萬金圓，以濟築路之需。

當局並規定溫哥華島爲非實業區，亦非商業區，乃爲一純粹之住宅與遊息區域。短期旅行來游者必衆，但因現在尙無運動場與遊嬉場等設備，使遊者在該處得有留戀較久之機會。一待有如英國本國，Florida, Califonia 等處之有海濱浴場等設備，則遊者更衆，自屬毫無疑義。更有一事足資欣幸者，卽現在有一對於旅行游樂極具經驗之人，協助當局關劃經營。此人確具遊息所在的實驗，故必能將溫哥華島築成南北本洲及東方來遊者之注意與欣戚。此間人士現均深信其能協助當局，負起開闢經營之責任也。

現在市面已呈轉機，加拿大各處均有蓬勃之氣象。卽在維多利亞一處，本年最初四個月中，售出之地已較去年同時加倍。在奧克倍(Oak Bay)地方，本年所發營造執照，已較去年多出三倍。以前曾作上海寓公之克利曼氏(Mr. A. J. Clements)現正構建住屋。行人之經過該屋者，無不羨慕建築之美觀與地位之佳勝。此外尙有新自香港歸來之葛臨海夫婦(Mr. & Mrs. Greenhill) 葛君在香港地產公司任事，此次言旋，擬在溫哥華島一展其地產事業之身手矣云云。

我在上面引了人家的一段事實做榜樣，但我明白國人都有個通病，不顧這樣去幹的。因爲國人的腦筋，天賦靈敏，凡事都要趨現成去做。若遇稍困難的事，便都觀望不前。但若有人打破困難，宣告成功，便一窩蜂擁來傾軋，互相競爭，冀亨現成。結果大家弄得焦頭爛額，兩敗俱傷。中國實業的不發達，主要原因還在這裏。但經營地產不比傍的事業之忌人傾軋，最好有人競相投資，愈多愈妙。若大家觀望，無人過問，那却不妙了。

地產商既已見到上海地產的衰落，卽應另闢蹊徑，別謀發展，倒也有轉機的可能。繁榮市面的重任，全在經營地產者的身上，不要畏縮不前，應勇敢地幹去。看看別人怎樣的活動，在任何艱難的環境中，都得設法苦幹，經過一番極度的努力，自然有佳景在前，坦途重現。不要保守着現有的財產，自以爲這財產是自己的。其實現時這財產根本談不到屬於何人，早晚保不定有事變發生。一個人最緊要的壽命尙且朝不保暮，那道身外的東西，反能保得住嗎？不如趁早覺悟，趁錢在自己手中的時候，做一番活動市面有益社會促進建設的事業。這事業不一定把錢抛在水中，也許事業成功，獲得更大的利益。這才是經營地產者的正當事業，與正當的獲利機會。

地產商如能把眼光放遠，銀行如能擁護地產商投資建設都市以外的事業，則不但能夠移轉市面的繁榮，便是都市中的惡習，也要改好不少。這個因爲都市的人閒了想找快樂，看電影已算是高尙的娛樂了，其次如逛屋頂花園，開旅館叫條子，聚賭抽大烟，那一件是對民族前途有好處的。在都市裏已沉湎在這種生活裏，而盲目的鄉村，還想處處模倣齷齪的都市，無怪喊了多年的口號，祇弄得每況愈下。推其原因，實由於叫喊的都是空言，與負着實際責任的地產商不去建設內地。

建築師與工程師本來是一種很清高的職業，對於建設事業應該處處去作人們的導師。故不獨在專門技能方面，應有豐富的研究與經驗，便是對於法律，文學，哲學等也應有相當的認識，方不愧站在社會上做領導的人物。夠得上這資格的，在全國實不多覯，現在少數建築師與工程師，有着兩種通病：一爲洋氣，一爲俗氣，這兩種氣味，染着一種，已感難受，若兩氣俱全，那就更不可耐了！照這樣的人，怎可作人們的導師？怎可站在社會的前線！

建築師與工程師不是商品，也不是供人驅使的人員。他是最高術的藝人，同名書畫家一樣，有人請求題字繪畫，先要看這人的誠意如何，人格如何。他若見對方有些不合，那便不願應他的要求。已應允了，那人又須很端恭的把潤資雙手捧上，嘴裏還要說些恭維的套話。名畫家心裏方始高興，權且受了。論理建築師工程師也有這樣的資格，但是有許多人偏不去學他，反去學那在馬路傍邊擺畫攤的畫家，那便糟了！

貶價賤賣，賤價的貨自然比較不純潔，這是商業上的常態。建築師工程師也在貶價競逐，難道建築師工程師也將等於商品嗎？建築師工程師萬萬不能承認是商品，他是最高尙無比的技藝人，他應該遵守最高尙無比技藝人的條件才是。

「師」是應該使人肅然尊重的。孩子們進學校讀書，見了教師，自不容說，病人請了醫師，自須遵守醫囑，反之性命恐亦不保。當事人因案涉訟，要請律師，如若不聽律師的話，勝訴便無把握。凡此種種，便可知道爲「師」的尊重，與尊師的途徑了，建築師工程師，在頭上也頂着師的頭銜，自然也要使人以師禮事之。這全要建築師工程師自行做去，自尊了人方能尊之。這是百折不移的定律。故凡使自尊自重的建築師工程師，須要檢擧那不自尊重的，加以整頓才是。

檢擧整頓的有效方法，可由有見地的建築師工程師起來組織學術團體。若已在各該地有了團體，儘可擴大組織。但應多行其實，不要徒有集團的名義，沒有集團的實務。要把建築師工程師歸納在各自集團裏 組織演講會討論會等，凡建築師工程師在業務上所遇到的任何困難問題，都可提出研究，共同討論。個人如有心得，亦可公開演講，俾資別人的借鑑。同時並刊行出版物，專載演講稿或討論所得。這樣一來，凡是經驗缺少的，或行動欠當的人，日久熏陶，相互砥礪，各個感受着人格上的感化，也就逐漸把身上的洋氣與俗氣洗濯乾淨，樹立了「師」的典型！

旣有了可師的建築師與工程師，那便要實踐其爲師之道，去做地產商的高等顧問，替地產商劃策設計，建議中央政府及各地方政府建議關於建設事宜。因爲政府當局對於建設大計容有不明瞭的地方，全靠專門人材的建議與計劃，對於一地方的應興應革事宜，怎樣可使政府與人民兩得其利。這纔是爲師之道。若是人家已經定當了的事情，命建築師工程師計劃幾幅圖樣，那便不是自動的「師」、他的師道，多少含有被動性的了！

中國現在最重要的施政方針，厥惟物質建設，負有直接責任的便是建築師與工程師。但是誰曾站在主動的地位，而向政府當局有所貢獻呢？政府需要建設，却不遠萬里向外洋去聘顧問，難道我們國內眞正沒有人材嗎？其實這全因我們平素沒有什麽表現，以致政府需要人材之時，沒處去找信望卓孚的人，心想還是往外國去聘請，一方面如有確實學問的人，到處都可有地位，不想去做官，還是斷守着老園地，不圖向其他方面發展。這也間接堅定了政府聘請洋顧問的動機。

其實不做官是可以的，若對國家建設守着緘默的態度，這是不當的！我們如果長此緘默，別人見了還以謂中國實無人材。其實請來的外國顧問，他的貢獻能否適合國情及實際需要，這還是問題。而請了某國顧問，他國見了嫉妒，有時反引起意外的麻煩，這在報上是常可見到的事實。這全由建築師工程師平素沒有學術上的著述或演講，對外公開發表，甘守着沉默的態度，引進了洋顧問的錄用，而起這無謂的撚酸作用，爲補救已往的缺憾，爲廢除客卿的任用，現在的建築師工程師應從速自覺，趕快把　孫總理所著建國大綱裏的各種建設，逐項加以公開研究與討論。而且建築師工程師不但能用文字發表心得，又能用圖樣來傳達思想，更可根據圖樣推算建設經費的詳細數目。這是其他專家所不能的，我們蘊藏着這種技能，尚不能盡這天賦的責任，誠屬有愧職守了！

在這極度緊張的時局中，又遇到連年的水旱天災，我們應當用很徹捷決毅的手段，來對付當前的困難。消極的束手嗟嘆，是無補於實際的。各人都應鼓着奮勵的精神，埋頭幹去。尤其是建築人應當分外努力，起來挽救這空前的厄運，因爲建設確是救國之道，建築人對於建設事業最關切也沒有了，所以著者提議建築人應聯合起來，共同討論出一個怎樣挽救危機的方法來。但有人批評，現在的問題複雜博大，決非吾人所能解決。但一件事集了大衆的智力與精力，必能得到相當的圓滿結果。該看去年日本的大阪發生了大風水災，各處建築學會便開會討論今後的建築改進問題，自下午六時起，直至晚上十點半，這種同舟共濟的精神是值得摹倣的。反觀中國目前的天災，其嚴重十百倍於日本，又有那一個建築集團來注意此事，加以討論災區住屋的此後怎樣改進，以抗天災於萬一呢！這又不得不歸咎於建築人的缺乏自覺了，快趁這機會來自動表現一下吧！

（完）

英國皇家建築學會之進展史

古健

英國建築團體之最早而可考查者，初係總會性質，名建築師總會。(Architects' Club) 時在一七九一年，假 Thatched House Tavern 開會，舉柯克雷君 (Samuel Pepys Cockerell) 爲會計。柯君之子係爲皇家建築學會第二屆主席，其孫亦任該學會總幹事多年。當時之幹部會員有Sir William Chambers, Robert Adam, Robert Milne, John Soane, Thomas Hardwick, James Wyatt, George Dance。

迨後在一八〇六年，有倫敦建築學社之創立。該社爲純建築學者之正式集團。其組織及宗旨與現在之皇家建築學會相同。於每年擇定日期，公開展覽建築圖樣，每一會員至少須有立面圖平面圖及剖面圖各一張，並說明書等，陳列展覽。此舉係屬首創，前未曾有。會員如有不參加者應罰金二枚，同時更有對於建築學術之討論會，被邀者若不參加，亦罰金半枚。會員應徵陳列展覽之圖樣說明書，及建築學術討論議案等，均付全體會員討論，而會員不參加滿二次者，罰五先令，以後每不參加一次，罰五先令。惟會員因病或住址離開會地點十英里以外者，不在此列。社務至一八三一年幾瀕停頓，遂有一八三四年至一八三五年之復選。當選葛拉克氏 (William Barnard Clarke)爲主席，華脫(Thomas Henry Wyatt)爲副主席，馬爾 (George Mair) 爲秘書。計劃灌輸一般建築學識。以資普遍，因之有不列顛學校之組織，與圖書館博物館之設立，及教授之演講及展覽會等，大受學子之歡迎。一八三四年林肯薩地方之從業建築師，提議需要一較已設立更臻完備之代表的學術團體，並發宣言，大意謂藝術與科學尙無集團的組織，以資研討與改進。建築學可以代表藝術，兼可包含整個之科學。而此邦偏乏此種組織完備之學術團體。英國皇家建築學會，因此於一八四二年與建築學社實行合併，擴大其組織。

英國皇家建築學會之發起人會於一八三四年七月二日，假聖詹姆斯街舉行關於發起宗旨及會之組織，均於此創立會中決定。一面並羅致信望素孚資學湛深之建築師入會，入會資格不獨應具有豐富學識，並須品格淳良，純屬技術人而不染商業化者。因在早期技術人往往兼營商業，殊失社會信仰，故建築師必潔身自好，使業主視爲友好與顧問，而非只爲業主之代表。茲更將關於此會初創時之信函一封，係由陶甯而生教授所發者，迻譯如下：

一八三四年五月八日勃朗姆斯倍區赫德路七號

下列諸君既已接得羅炳生先生之宣言矣，茲亟欲舉行一次會議，決議組織不列顛學會之宗旨及其辦法。現定於星期二晚七時半，假利勒街十四號林甯君處舉行首次會議，倘希蒞臨賜教。會議時間准晚八時開始不誤。

陶甯而生啓

當時函請出席者，有Atkinson, Besevi, Blore, Papworth, Sir John Rennie, Taylor 等，列席者Barry, Bellamy, Decimus, Burton, Cresy, Fowler, Goldicutt, Gwilt, Hardwick, Kay, Kendall, Lee, Parker, Rhodcs, Robinson, Seward, Wallen 等。

第二次會議於一八三四年八月六日舉行。係屬徵集會員大會。十二月三日選舉職員，當選Robinson, Kay, Gwilt三人爲副會長，Donaldson與Goldicutt二人爲祕書，後復於十二月十日在Thatched House Tavern 重行召集會議。更隔數星期，舉葛雷伯爵(Earl de Grey)爲第一任會長。

一八三五年六月十五日舉行第一次全體會員大會，會長及祕書陶甯而生等先後致辭，原辭均存會中。皇家學院建築系教授沙姆爵士 (Sir Johu Soane) 對於該會組織極表贊同，特資助七百五十磅，以謀會務之進展。

一八三七年一月十一日英皇威廉第四(King William IV) 頒書特許設立。同年八月八日維多利亞皇后登極後，嘗與康沙脫太子贊助該會之進展。並於一八四二年之一次會中，執行主席。以後每年舉行大會時，亦必出席致辭。

自一八四八年起，維多利亞皇后特頒金牌，與予努力建築學術之著述，及於建築圖樣之設計有能到之處，經建築學會之保舉者，由皇后特授金質獎章，以資鼓勵。

一八六六年五月十八日，遵重皇室之命，更名不列顛皇家建築學會(Royal Institute of British Architects)

一八六三年至一九一0年英皇愛德華第七(King Edward VII)執政時，亦每年頒給金質獎章。

當今英皇喬治第五自接位以來，亦每年頒給金章，從不間斷。

該會爲欲更爲健全組織起見，故呈請凡欲入會者須經考試及證書之發給。於一八八七年三月二十八日得邀英皇之批准。

一九〇九年一月十一日，復得英皇批准，特予該會委員以酌授會員以學位之權。

一九二四年大會決議合併建築學社，同時建築學社亦決議與英國皇家建築學會合併。

一九二五年二月英皇批准建築學社得與皇家建築學會合併，並准兩會會員有同等之選舉權及有得到學位之權利。會員既已得到學位， 可用註冊建築師名義 。(Chartered Architect)

一九二五年三月四日，修正會章及委員會之組織法，以適應兩會合併後之環境。

一九二五年六月，建築學社實行結束，與皇家建築學會合併，並將值一萬磅之社產，移交建築學會。

一九三〇年一九三一年年兩次國會通過登記 英皇之詔書於七月三十一日頒至，一九三二年元旦日起，實施依據國會通過之綱章辦理。

建築師公費之規定

朗琴

建築師應得公費標準，每爲一般人所欲深知。吾國建築事業日趨繁興，執行建築師業務者，對其所取公費標準，尙乏具文之規定。英國皇家建築學會(R. I. B. A)於一八七二年時，對於建築師服務之條件與要點，及應得公費等，曾有明白之規定。後復於一八〇八年，一九一九年及一九三三年，三度修訂，以適合現狀，茲特迻譯如下，以供讀者參閱。

第一條 建築師服務之條件及其要點

(甲)英國皇家建築學會會員，應遵守學會之註冊規例，會章及歷屆議決案。

(乙)建築師於建築物之營造時期，必須連續前往視察。

(丙)若需監工員常駐營造地督察工程者，此監工員之任用，應得建築師之同意；而僱用及給薪，均由定作人爲之。惟該監工員須完全聽受建築師之指導與管理。

(丁)建築師未經定作人之同意時，已經簽定之合同，圖樣，及建築章程等，不得有所更改。

(戊)建築師有權改正合同規定工程上之缺點，而並不增加造價者，一面並應通知定作人。

(己)建築師於工作將竣時，關於陰溝總管之通接，應當予以義務上之服務；但所計劃之圖案，其所有權仍歸建築師。

(庚)建築師之公費，並不包括測量工作。關於此點，可參考測量學會第九條至十五條之規定，而適用於英國皇家建築學會者。

(辛)關於工程顧問之任用，應據建築師之意旨，及定作人之同意，顧問費之担任，應由建築師與定作人磋商酌定之。

(壬)建築師與定作人間之合同，若有正當理由，並經雙方同意及書面知照，無論何時，均可終止之。

第二條 公費

(甲)新工程 自得定作人通知，繪製草圖，估算大約每立方尺之造價，或行設計正式圖樣，規訂說明書等，以便確定招標及投標辦法，訂立合同，選任顧問，(若需要者)供給承攬人圖樣及說明書二份，及此後對於工程 必需之詳圖。對於工程之視察，已如上述，簽發領款證書，核定造價加減賬目及簽發證書，此項新工程公費之徵收，除第二條(辛)字項另有規定外，均依造價總額或數徵收爲標準。其數如下：

子•造價值二千鎊以上者，六厘計算(6 percent)。

丑•造價不滿二千鎊者，依一成計算(10 percent)。設有二千鎊之工程，而因特殊情形，減收一百鎊者，公費亦按二千鎊之等級，六厘計算之。然公費根據二千鎊徵收六厘，或依一百鎊徵收一成，則由建築師自行決定之。

寅•上列所定徵收公費之標準，如遇工程巨大，或式樣重複而工作簡單者，建築師自可減照五厘計算之。

(乙)改裝及加添工程　若房屋改裝或添接等工程，其公費額自須增加，然不能超過第二條(甲)項所規定，新工程公費標準之兩倍。

(丙)裝修裝潢等　裝修，傢具，裝潢，花園等之設計，繪圖費，其取費標準，須酌視情形，自行訂定。

(丁)工程之取消　工程之已經建築師規劃妥定，而中途取消者，建築師既已有服務之事實，得依照公費原數三分之二徵收之。

(戊)局部服務　若全部工程有一部削減，或建築師被專委對下列各項服務者，其公費之計算標準，分列如下：

子•遵照定作人之通知，繪製草圖，以明房屋與屋中居室之地位，及造價之約算者，建築師之公費，視接洽情形，自行酌定。

丑•遵照定作人之通知，繪製草圖，估算大約造價，其公費由建築師視接洽情形自定之•惟不能超越第二條(甲)項及(乙)項規定之六分之一。

寅•遵照定作人之知照，繪製草圖，估算每立方尺大約造價，或已繪製較詳細之圖樣，足資估算正確造價，或曾招人投標者，其公費可依第二條(甲)項或(乙)項之規定三分之二徵收之。

注意：除(子)(丑)兩款外，其(寅)款建築師之手續，均已辦妥，而經六個月仍未招標者，建築師可於此時函請繳付公費。

(已)分期付款　接到標賬後或簽立合同時，由定作人命將工程卽行開始進行時，建築師得依第二條(甲)項(乙)項或(丙)項之規定，先收公費三分之二。以後若有工程之一部或全部作罷時，已收之公費，不能返還。所餘三分之一之公費，於工程進行中，隨時收取之。

(庚)應用舊材料等者　若建築物之全部或一部，採用舊有材料，或材料人工及運輸等，由定作人自辦者，公費應照工程之由承攬人承造之例計算，並其舊料亦應視作新料。

(辛)不依照按百分扣公費者　建築師之服務，不依照按百分扣算公費，而依事務之繁簡者，其公費如下：

子●對於購置地基之選擇，地位之適合與否之顧問事務，購地或購屋等之接洽事務，測量地基或房屋及測量平準事務，及地上所有房屋繪製圖樣。

丑●在工作已進行時，接得定作人之通知，擬將既已規定之圖樣及說明書，欲加修改及需用材料之增減等，更改圖樣，或重繪新圖，及其他關於因變更原計劃而多出之服務工作，加添圖樣，以應定作人，監工員，承攬人，及分支承攬人之需要，圖樣供給，及與租地地主，近鄰，公務官署，請求營造執照等處之接洽事務。

建築師之服務關涉下開事項者：

寅●分界牆採光權，保留地權，及阻止侵佔地權。

卯●爭訟公證或評價。

辰●建築工程之遲延，而非建築師之力可能挽救者，如不測之事，破產，合股間之阻撓等。

第三條 視察　建築師對一建築物視察其構築狀況後，作成報告書及計劃書，其公費應照時間計算。依照第七條之規定，普通每小時三鎊，助手另加。

第四條 爭訟及公證　分別證據，及提出證據，鑑定證據，與律師法官討論，出庭，或其他公斷等，此種爭訟之公費，應依時計算，或至少每天五鎊。

第五條 估計毀損　估算毀損，及製訂或審核表格，其公費依照審核同意之數額五厘（5 percent）計算。如為接洽談判賠償數額之妥協，及其他服務，以照時間計算公費者，根據第七條之規定計算之。

第六條 旅行時間　若因工程地點，距離遙遠，而受時間上之損失者，應另取費。

第七條 公費依照服務時間　公費之依照服務時間計算者，最低每天五鎊，助手另加。

第八條 除上述之公費外，其有用儀器，契約副本副印，（詳者註：如圖樣之須添印多份，以資各關係者之應用。）旅行，旅館，及其他一切合理支付之費，應另加支公費。

（待續）

「偷工減料」與「吹毛求疵」（續完）

漸

營造界裏有了鍾師傅那樣的人材，便會有人去學他那一套；雖然不能學他一個全像，但是多少終有些影響，把整個營造人的地位，貶落到另一階級。我不是在這裏深怪鍾師傅的不是，因爲鍾師傅在當時的環境，不得不向這條路用功夫，獨有那後來的盲從者，不加考慮，競相適從，便把風氣攪壞，鬧成現在般沒有是非的現象。

個人或因營業關係，有時不得不抱着和氣生財的宗旨；眼前吃些小虧，耐着氣，希望後來。團體應當設法來保護會員的利益，不可像個人般畏縮不前。團體中的當局，也應抱着爲公衆而服務的前題，不要恐防爲了公衆的事情，影響到私人身上。若是處處怕事，便不應在團體中担負職務，這是很簡單的理由。但事實上儘有那些人喜歡攬事，東也委員，西也董事，這裏監察，那裏又是經理。他又不是千手觀音，攬了這許多事情，實際上徒擁虛名，並不去做，影響整個團體事業，自不待言，便是國家也缺少了健全的中層社會，因此缺乏組織，難謀一致。人家選你做委員做主席，是因爲你能領導羣衆，爲公服務。如果你不出些力，團體中人所受非分的損失，與不應受的氣惱，又向誰訴說呢！

營造人雖也有團體的組織，但事實上能有具體供獻，力謀實際的確是少數。外面雖在同一區域不能有兩個同業團體的組織，內部卻有所謂甯紹幫與本幫之分。在組織的本身已有這樣一條裂痕，欲謀事業的發展，誠屬難事了！

照理這團體可以修訂詳章，明定會員的營業範圍，利益標準，與責任範圍等，把這章程呈請政府核准備案，免得會員在受委曲時沒有護身的依據。若是有了章程，臨時可以提出某項職務不在營造人範圍者，根據某條營造人有何項利益者；不若像現時般祇要建築師或工程師籠統地指營造人偷工減料，營造人便一時無話以對。到這時我們便可根據上述的章程，加以駁詰，我想必能減免很多無可告愬的冤抑呢！

（完）

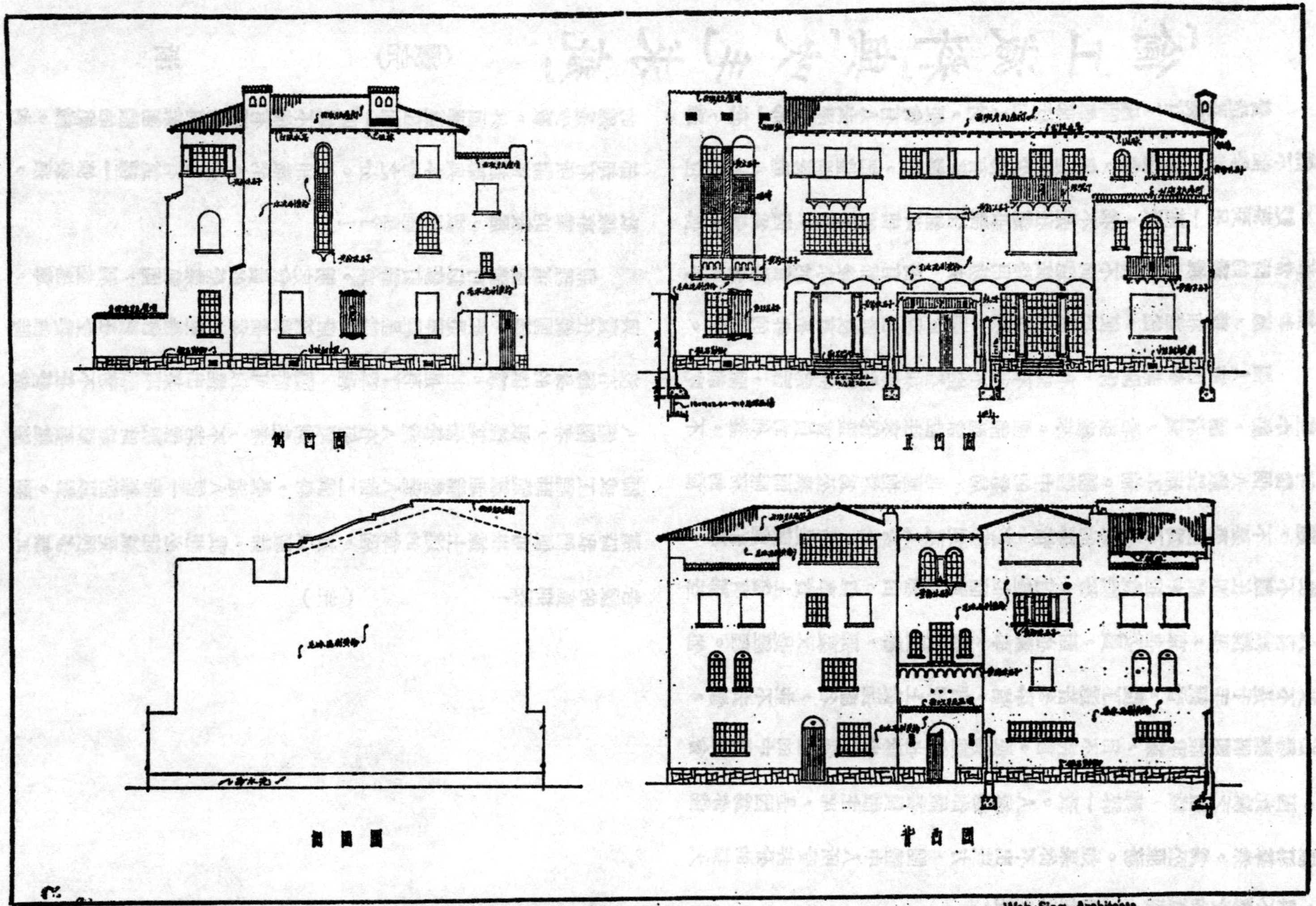

A Residence on Yu Yuen Road, Shanghai. (Block E)

Wah Sing, Architects.
Kow Kee Construction Co., Contractors.

上海愚園路人和地產公司新建之住宅房屋（戊種）

華信建築師設計　　久記營造廠承造

23268

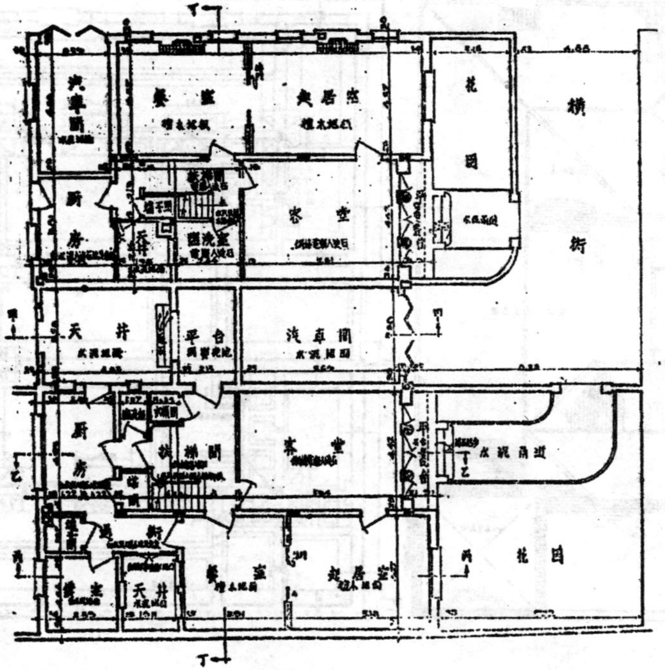

下層平面圖

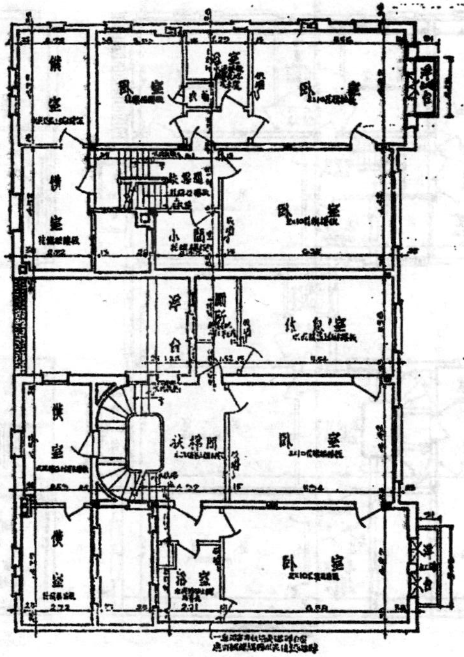

二層平面圖

A Residence on Yu Yuen Road, Shanghai. (Block E)

Ground and First Floor Plans.

愚園路住宅戊種

23269

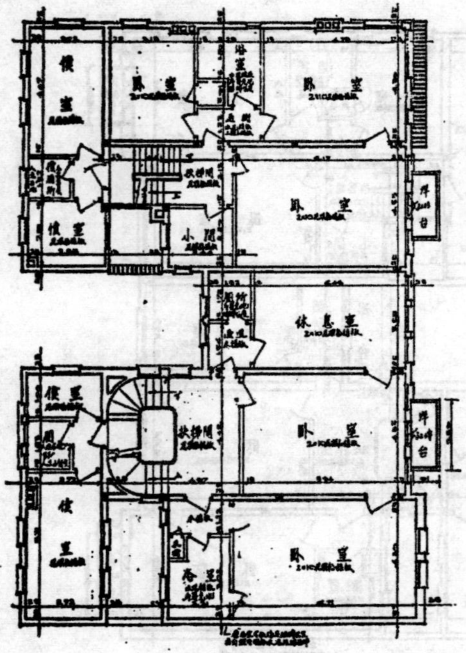

三層平面圖

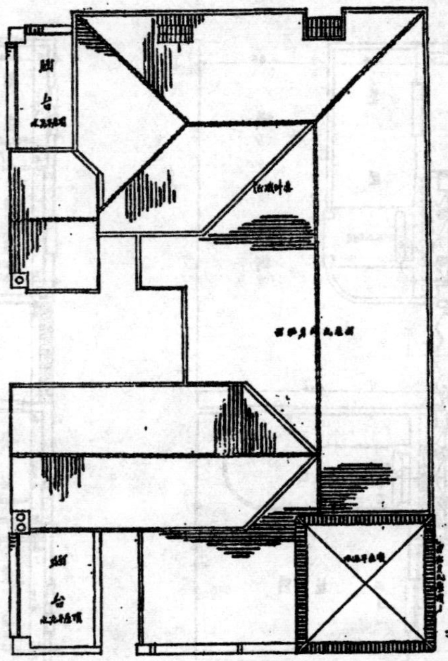

屋面平面圖

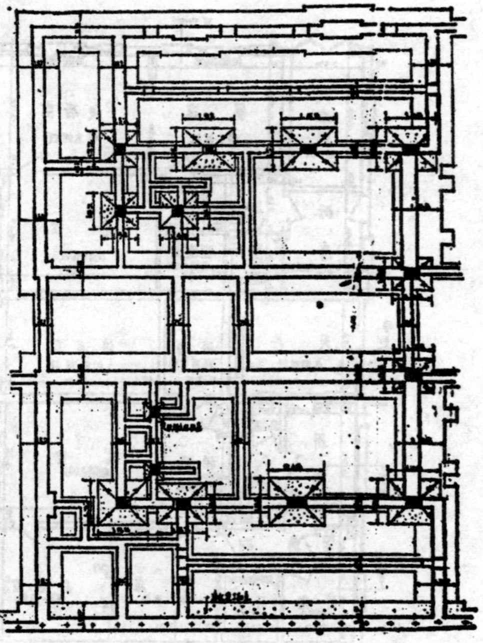

基礎圖

A Residence on Yu Yuen Road, Shanghai. (Block E) Second Floor, Roof and Foundation Plans.

愚園路住宅戊種

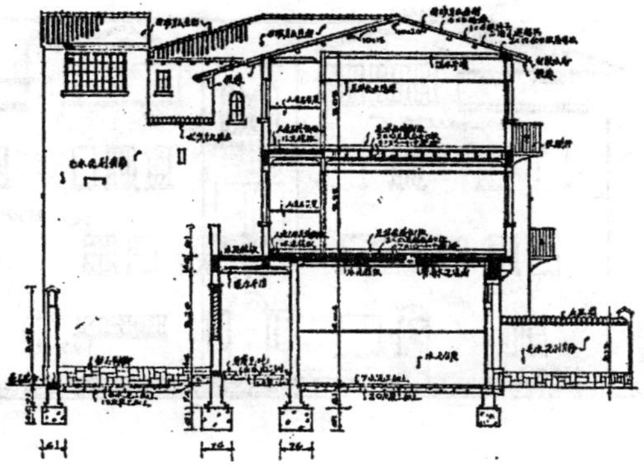

剖面圖甲

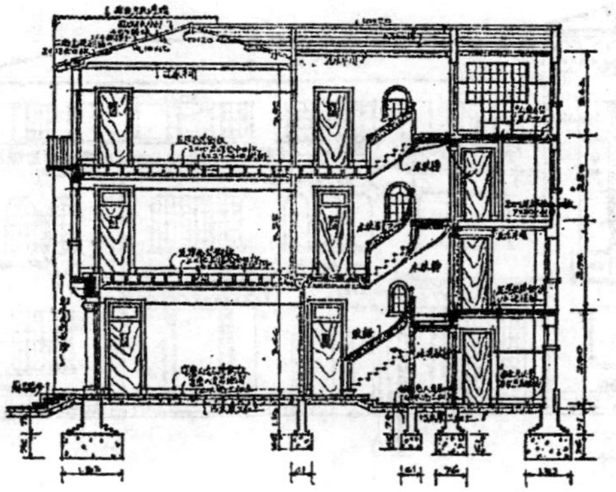

剖面圖乙

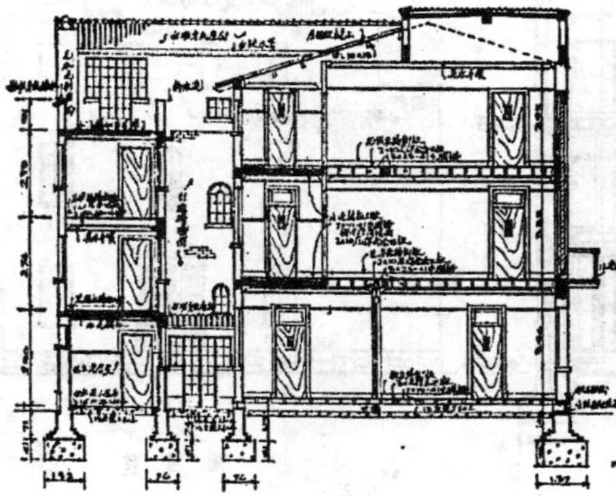

剖面圖丙

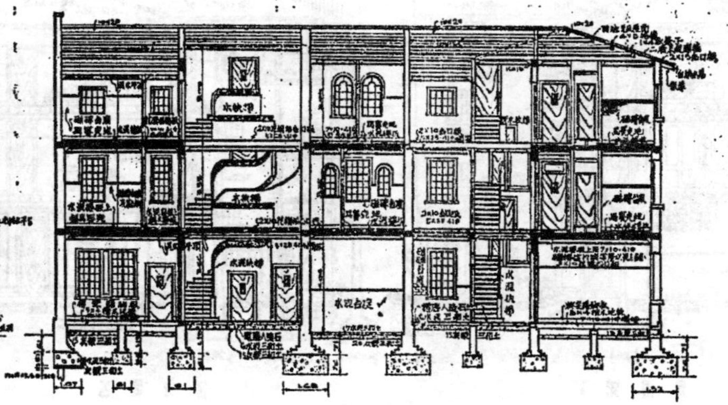

剖面圖丁

A Residence on Yu Yuen Road, Shanghai. (Block E)

Sections.

愚園路住宅戊種

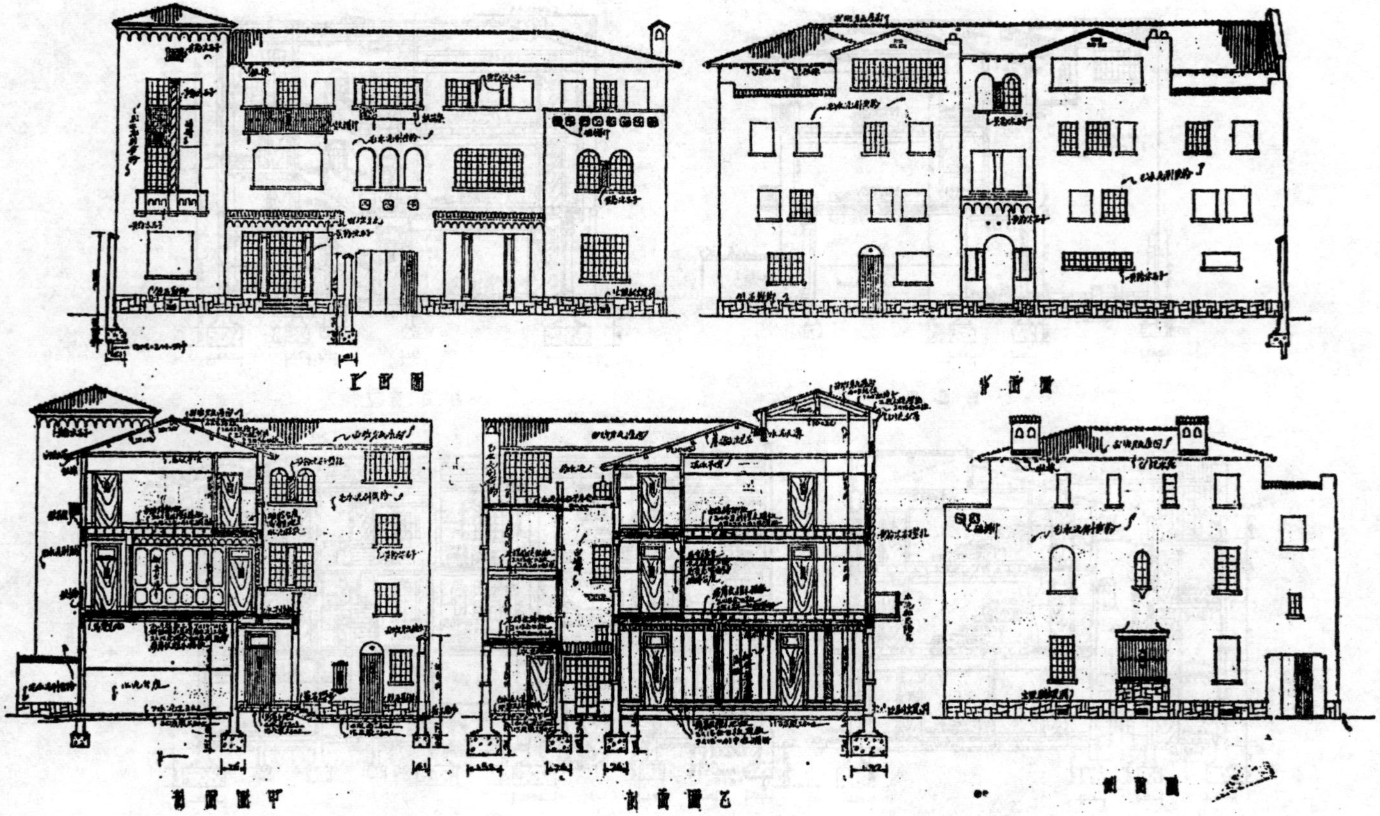

A Residence on Yu Yuen Road, Shanghai. (Block F)

Wah Sing, Architects.
Kow Kee Construction Co., Contractors.

上海愚園路人和地產公司新建之住宅房屋（己種）

華信建築師設計

久記營造廠承造

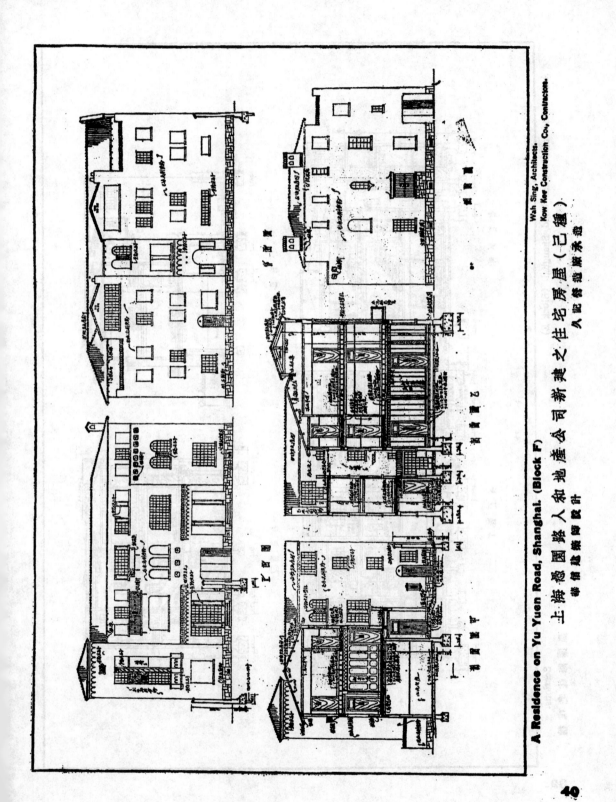

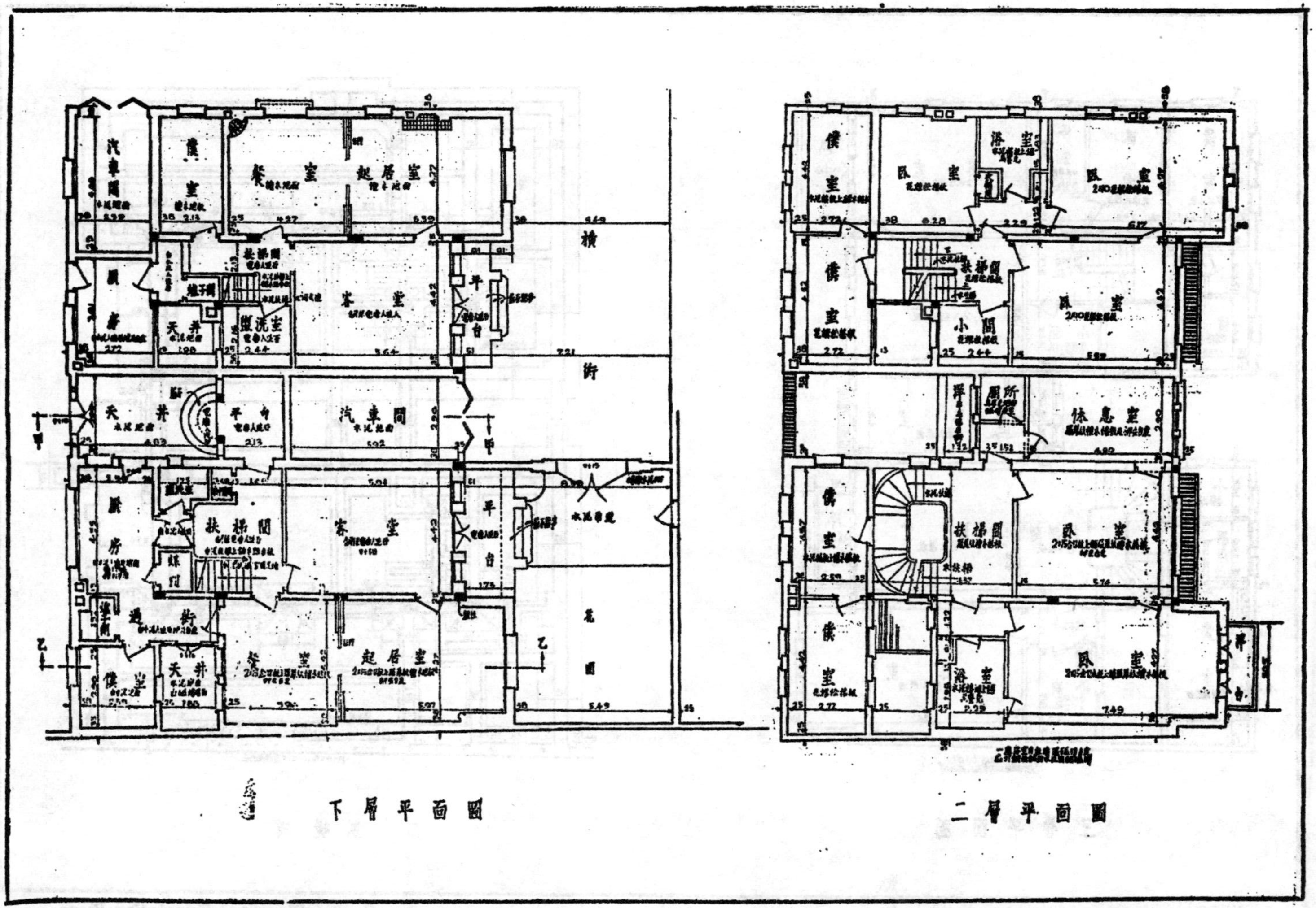

A Residence on Yu Yuen Road, Shanghai. (Block F)

Ground and First Floor Plans.

愚園路住宅己種

23273

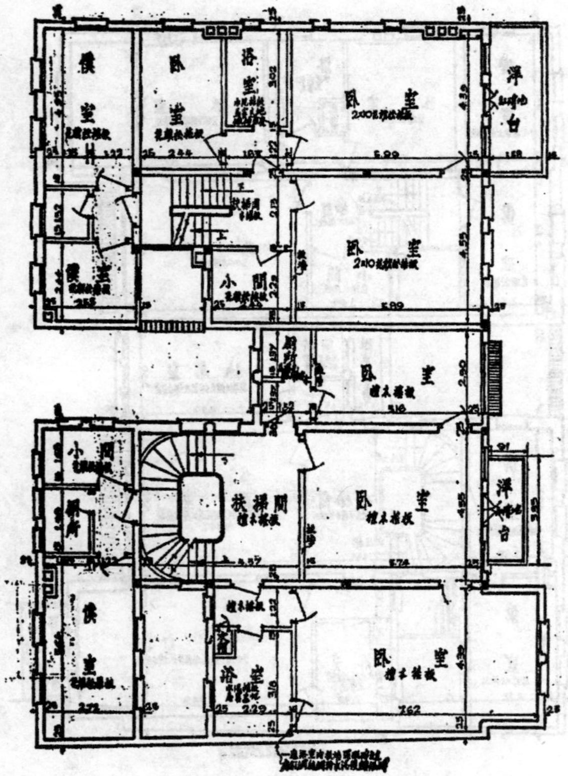

三層平面圖

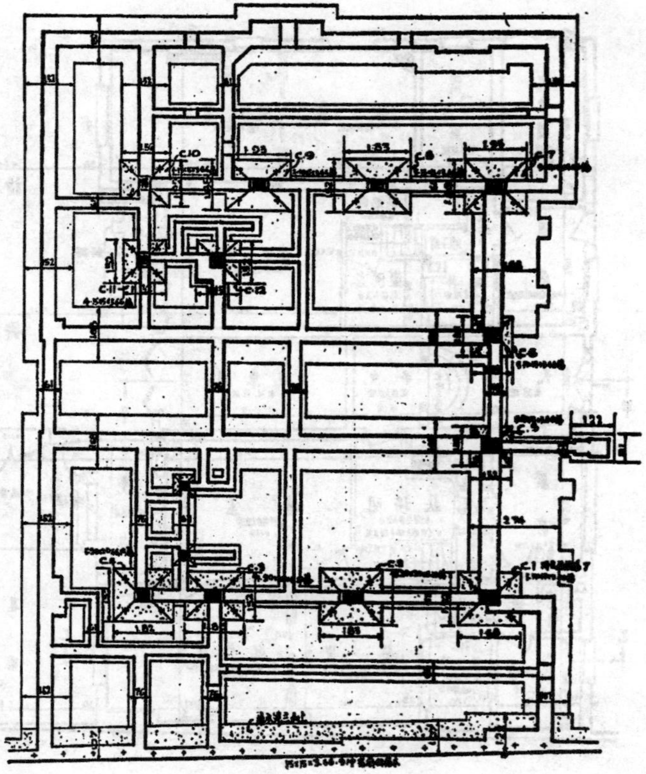

基礎圖

A Residence on Yu Yuen Road, Shanghai. (Block F)

Second Floor and Foundation Plans.

愚園路住宅己種

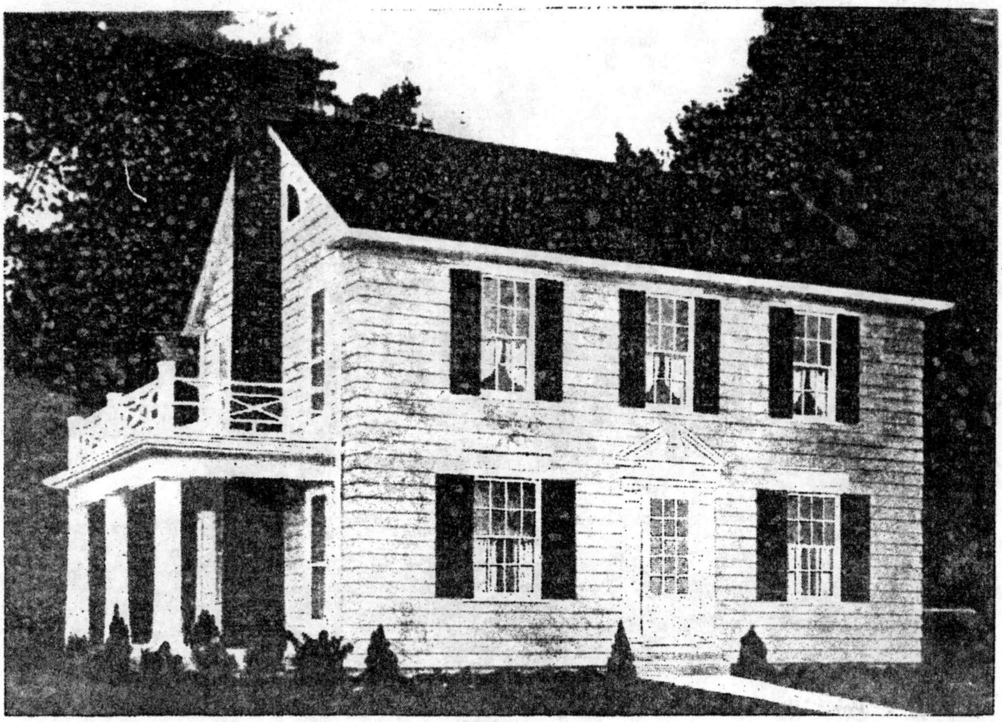

Plan for a small dwelling house.

這住屋堅固結實，在建築方面是無懈可擊的。廣大的揚台，寬舒的居室，便利的廚房等，在二層還有一間縫級室，佈置盡善盡美，實值得我們注意的。

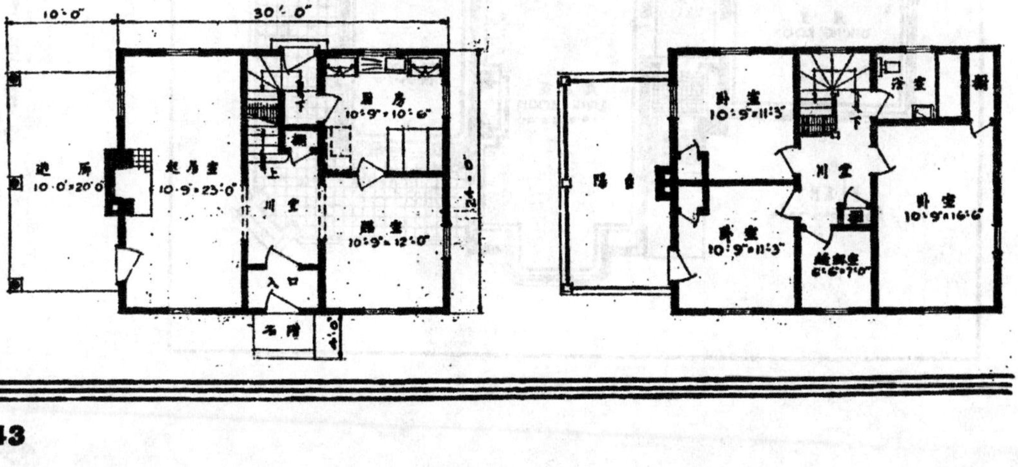

23275

Dr. V. Park Woods' Residence, Kiangwan.

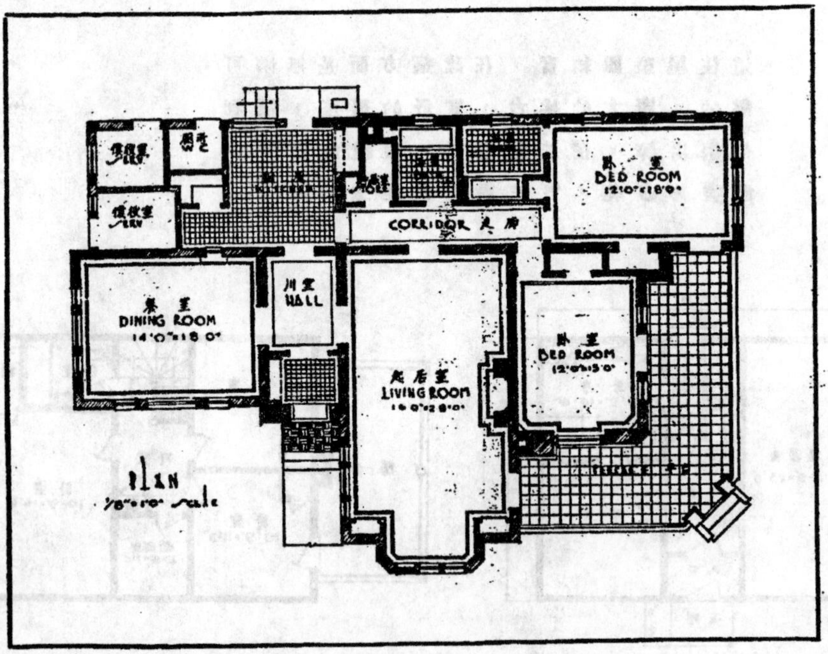

上海江灣胡德醫生住宅

23276

中國之建設

開闢浙東十里荒山

衢州北鄉十里荒山，荒蕪已數百年，南北長約十里，東西約十二三里，面積約一百餘方里，合有五萬餘畝。今春經建廳籌定經費，三月間興工開闢，四月一日起，設立駐山辦事處，指導合作築路水利等事宜，經四月來努力經營之結果，已告一段落。茲將該處工程進行，誌之於下：

興修公路

十里荒山公路，經辦事處派員測量，由縣城至大路店約四十里，有衢蘭公路可達，自大路店至盈川十里，盈川至荒山十里，荒山至峽口鎮十五里。建廳原定計劃，以安仁站為出發點。經盈川十里荒山終至峽口鎮，取道簡捷的公路線，計需測量築造工程費六萬元，現因經費不濟，峽口一段，暫行停築。安仁站至十里荒山天井塘，業經測竣，經費領到五千元，由植墾辦事處委託第三區公路管理處計劃興築，本可即日興工，因上月大水被阻，一俟積水退淨，即可開工興築。此段大路完成，與安仁站取得聯絡，運輸上可得十分便利。

建設新村

辦事處以荒地開闢後，須招農民領種，尤須趕築住宅，為將來佃戶居住。並擬以科學化之管理方法，設立新農村，指導農民改良一切物品種植，及施以教育，以期完成全美之新村。此項計劃，俟公路竣工後，交通上得以便利，即着手建造民房二百間，完成模範的新農村。數百年為蓬蒿沒廢之十里荒山，經此披荊斬棘之啓發，行見苗木青葱，田畦如畫，成為浙東民歉物阜之世外桃源矣。

贛南之公路建設

贛南多崇山峻嶺，不獨軍運不便，即農村商業，亦以交通阻窒，疲敝不振。現已劃定由宜黃至寧都闢為宜寧公路，全線約長一百十八華里。由樂安至招攜關爲樂招公路，全線約長九十華里，以兵工修築。自經此兩線完成後，商旅稱便農村漸臻繁榮。

二十四年度之閩省建設工作

閩省建設廳，以二十四年度建設中心工作，應通盤籌劃，且建設公債三百萬元，即將開始發行，經費自不至發生問題，經召集廳務會議，討論結果，決定本年度建設中心工作，大約分爲六端。

㈠繼續建築公路　已完成者計劃通車，未完成者繼續開築，並請各段駐軍協助，以利進行，期使於本年度完成聯絡各段公路，下半年度拓築閩浙，閩贛，閩粵間各幹支線公路。

㈡完成全省電話網　以省會爲中心點，然後再由各區行政公署架設聯縣電話，由建設廳協助辦理。

㈢普設苗圃及農場　省府爲提倡造林運動，通電各區設立農場苗圃。

㈣開採礦產　本省礦產頗多，如安溪金礦、晉江鐵礦等，均應設法開採。

㈤培植建設人才　擬與教育廳合作，將各縣普通中學一律改爲職業工業或農業學校，專門培植各項人才，以便分別派往各縣辦理改良農場事宜。㈥其他如濬河，建築輕便鐵道等，均有詳細計劃云。

黃水會工作概況

黃河水利委員會，成立二載，對於治河工作，頗爲努力。茲將該會年來已完成及實施之工程四項錄下：㈠培修金堤工程　全部工程共分二段，自滑縣至高堤口爲第一段，長約一百公里。自高堤至陶城埠爲第二段，長約八十六公里。全部工程費，約三十六萬元，此項工程已完成，㈡小新堤護岸工程　全部工程有護岸工程一處排水塌二座。工程費十三萬元，中央協助三萬，蘇省府協款七萬，河南撥五萬之石方。分兩期完成。㈢修築貫孟堤工程　此工西起貫台，東至孟崗。本年五月二十日，該會派隊施測，三十一日即開工矣。全部工程費約計五十萬元。㈣沁河口西黃河灘地護岸工程　全部工程費需十三萬餘元，擬分兩期辦理。

青島之公共建築

平民住所　平民住所，啟始於民十九年，計建住屋一百七十二間，爲譚受倫女士捐款所建築，其後婦女正誼會又建一百間，市府建築二百六十八間，均在二十一年以前完成。自二十一年以來前後三年間，所建者計二千七百三十四間。

公共體育場　公共體育場，在第一公園之南，於民二十二年三月啟建，六月完成，計費二十萬元。

民衆大禮堂　民衆大禮堂，在蘭山路口，於二十三年啟建，供市民集會及結婚等之需用。

公園　新建公園，計棧橋公園，海濱公園，觀象公園三處，而以海濱公園之物景最佳，因其面海旁山，蹊徑曲屈，頗有天然雅趣。

其他建築　其他建築，計倉庫三座，公共廁所五所，勞働休息亭十二處，公墓兩所，亦均為近三年來之新建設。

連雲港車牛山建築塔燈

連雲港為新闢港口，現經隴海路局積極建築，行將完竣。惟航行方面，迄無燈塔設備，殊感不便。海關有鑑及此，爰在距連雲港東北四十公里海中之車牛山（該處為上海青島航線必經之處），勘定地點，建築燈塔。業由海關海務科監督，於上月動工。聞該燈塔建築費為七萬元，光照二十五海里，預計三個月卽可全部完成，又西連島方擬建較小燈塔一座光照六海里，不日亦可動工云。

連雲港築建現狀

連雲港位於東海之濱，隴海路之終點，卽總理孫中山先生實業計劃中四個二等港之一也。是港不惟於國防，政治，經濟上之地位，為中外人士之所注目而已也。其築港工程，港區之概況，良有調查之必要。茲詳述於次：

築港經過　自遜清光緒三十年迄民國元年，海港鐵路之海開，（海州至開封）已延為隴海。民九隴海終點始決定於海州，海港地點，確定於城溝（屬灌雲縣）當時卽有海屬旅京同鄉會江問漁（灌雲人）等，聯名呈請中央開辦海州商埠，後經中央飭派海港商埠督辦，於京設立籌備處，從事籌備，迄民國十四年遷處於海州之新浦，擘劃經營，亟謀開拓，旋以經濟艱澀，與諸軍事影響，海港進行，致告中輟。因是市埠建設，隨之而廢。自錢宗澤長隴海路管理局後，卽鑒於二千里已建之鐵路，而無海港為之吐納，實非是計。爰於二十一年春成立購地委員會，從事興工，並將隴海路線由大浦（屬海州）而展至於城溝以東之老窰，穿山鑿洞，移石填海，其於萬分艱困中，此二十餘里之路線，得期告成。刻已完全通車，由西安直達老窰。同時卽於老窰山之東，東西連島之西，確定為連雲港之地點，計長十華里，中間距離寬有二千公尺，狹僅五百公尺，自陸棟嘴迄孫家山，所有沿海地面，悉為隴海鐵路所徵用，照預定計劃之建築費為七百萬元，（附入隴海路之借款中）勢可共築碼頭十二個，於其兩端，各築止浪隄，隄留一口，以為船隻之出入。依照規定之海岸線，向外填出三百公尺，現在潮落，深四公尺，尤次再事掘深四尺，如是則五千噸上下之船隻，迨不問潮水漲落，已可自由出入於海港矣。自孫家山至海頭灣之海岸，亦向外填出三百公尺，預定為建築倉庫之用。其第五碼頭，二十三年雙十節卽告泊輪。隴海路之客貨車，亦先後直達老窰，而城溝老窰等處，內有綿亙四千餘里之路線，外有行將竣工之海港，不特是地之繁華可待，卽我國腹部交通，定可放一異彩，是為築港之經過也。

形勢重要　港於灌雲縣境雲台山之北麓遙臨黃海，自孫家山至陶棟嘴一段，長約六公里，尤為峻隄。東西連島，橫亙海中，山麓平均約兩公里，西張東促，為天然屏障。其在中國之地位，頗屬重要。以全國言，適在東方北方兩大港之間，海外運輸完成後，益見通暢。以江蘇一省言，為江北沿海建築港埠唯一地點，江北繁榮，胥以是賴。加之隴海鐵路綿亙隴、秦、豫、蘇、計程四千餘里，爲橫貫東西最大幹線。腹地貨物，端賴由此吐納，初不僅有關於西北之開發也。當本港未築之前，地點雖幾經選擇，如灌河口，臨洪口等，均有一度擬議，乃最後則決定仍屬連雲港。蓋以其有左列優越之數點在。(A)水深　在最低位時，港址未深、約自三、五公尺至六公尺，稍加疏浚，吃水六公尺以上之海輪，出入可無問題。(B)潮流　普通潮流，由東向西，惟海流速率，向未測量，不知究有若干，大汛時之潮差，約六公尺之多。(C)風霧　冬季多北風，夏季多東南風，颶風不易襲擊。蓋我國海洋颶風，向自台灣附近登陸，至上海沿長江流域而行，鮮有行經江北者，遇霧次數，年亦甚鮮。(D)雨量　每年平均雨量，約七〇〇公厘至九百公里。(E)氣候　附近氣候平和，港內不易封凍。(F)淤沙　港址因位於西連島及雲台山之間，內河水口雖遠，但無淤沙之弊。綜上數點，港闢於此，殆無極宜矣。

工程計劃

本港工程計劃，至爲完善。利用東西連島爲屏障。建築防浪幹隄二道。西隄自雲台山之孫家山起，至西連島廟前灣止，長約三千五百公尺，完全將海口隔斷。東隄自雲台山之陶棟嘴起，伸入海中，長五百公尺，間距約二百公尺，此即停泊海輪處所，利用孫家山附近之平原煤炭碼頭，利用東連島之羊窩頭凸角，築防浪隄二道。形如海簖，煤炭碼頭及防浪隄終點，各設十海里進口燈一盞，以利航行。隴海路局以該處潮流既由東向西，故決定首築防浪東隄，隄址向西稍移，約在第四座碼頭附近，以此雲島間(雲台山東連島)爲最狹也。隄長規定一千公尺，又築碼頭一座，規定長三百公尺，八千噸輪船，可並列三艘，附近碼頭及海岸間之聯絡段，均用沙石塡築。

興築現狀

工程由隴海路管理局主辦，荷蘭治港公司承包。該公司建築工程師丁伯根，原於葫蘆島擔任建港事宜，旋以九一八之變，工程停頓，乃將機械工具及熟練工人，悉數移來本港工作，故效率較速，用費稍省耳。至防浪隄工程，係斜伸海中，利用就近山石綜錯，堆集而成。港測斜坡，約爲二比一，建築時採用順序法。㊀自海岸起，逐漸延伸海中，利用已築部份爲基礎，佈置車道，計劃長一千公尺。㊁碼頭與防浪隄并行，西側用鋼板樁排列，堅固耐用。建築時亦用順序法，與防浪隄同，鋼板樁中實以沙石，計長三百公尺，刻已先後完成。㊂駁岸工程，凡碼頭及海岸間之聯絡段，皆用山石塡築齊平。㊃後港工程港內水深，東深於西，業經挖泥機浚渫，水深已告一律。㊄鐵路工程，隴海鐵路由墟溝展至孫家山，當鑿該山時，曾開鑿山洞三百餘尺，由山以東，類均花崗岩，石路兩側，懸崖峭壁，形勢極爲雄壯。

工程包銀

本港全部工程在初估銀三千萬元，方克築成具有規模之港埠。及錢宗澤來長隴海路，以節餘之財力，用經濟之時間，艱難締造，乃築成此溝通東西文化物產之本港也，計第一號碼頭及防浪隄共包銀爲三百萬元，第二碼頭八十五萬元，挖深航行線九十萬元。承包是項工程之荷蘭公司，自與隴海鐵路管理局簽訂合同，原定第一號碼頭於客歲十一月完成交工，否則每日罰金三百元。第二號碼頭，本限今年三月完成，乃迄今雖大工已竣，而小工猶有未成也。第一號碼頭之第三船位之鋼板樁，未能下妥，致沉墊脫陷，三千噸輪船，僅可停泊兩艘。第二號碼頭，亦未如期交工，該碼頭專為中興煤礦公司屯煤之用，三千至五千噸之煤輪，現可停一艘，該碼頭工程似尤遜於第一號，迄計倒塌陷落者，前後不下數次之多，損失未為少數也。路方雖履行合同，向該承包之荷蘭公司加以罰金，然月不過萬餘元，而實際以碼頭未能竣工，收入固屬減少，洵亦不僅萬餘元也。現該公司已定本年年底全部完竣，但合同期限，已逾八九月矣。

港名由來

本港市區，本年一月十八日省府正式公布跨東海，灌雲之濱海區域，以灌雲縣境一大部份，與東海縣境一小部份劃入而成。按灌雲縣（即板浦）清屬海州，宋改蒼梧，古名郁州，明始稱雲台，近港之村莊舊名老窰，今改連雲，蓋一以海內有東連兩島，緊連海岸，以為港山外之外藩，一以陸上有雲台山，高峙海表，以為港口之海障，取連島之「連」與雲台之「雲」，聯屬而成一名，故稱為『連雲』也。

籌備設市

省府自春間委任賴璉為市政籌備處長後，賴氏即從事進行，籌備迄今，處內一切布置，均經就緒。賴氏及全體職員，亦均到齊，迄八月一日該處即宣告正式成立，開始辦公。處內暫設四組，（一）建設，（二）土地，（三）民政，（四）總務，建設組掌市區設計，及公用工務等建設事項。土地組掌理土地測量，及土地行政事項。民政組掌教育，公安，衛生，及其他社會行政事項。總務組掌財政出納預算決算等事項。該處直隸江蘇省政府。其職權與普通市相同，且頒行該處單行法規，省府以該處為籌備期間，暫定籌備處經費每月為八千元，事業費在外，迨市政進展，再圖擴充。該處賴處長以市政籌備伊始，凡百建設，均須經濟與人才，故曾赴滬親向銀行界磋商借款以為將有大規模之建設。關於市內土地，治安，司法等問題，在目前司法案件，則仍歸東灌兩縣縣政府辦理。

市區面積

根據省府本年一月十八日公布之水陸區域，暫以臨洪河以南，燒香河以北，東面包括東西連島，西沿臨洪河新浦板浦以東為界。包有原有的三鎮，二十鄉，適成為一三角形，總計面積約為三千方里。其區域內之原屬東灌兩縣之各鄉鎮名稱，亟錄如次。（一）新總鄉：有新總，東林，林潭三材。（即新縣原名）（二）君聚鄉：有尹朱，聚雲二村（在新縣南面）（三）郁林鄉：有大村，小村，郁林三村。（原名郁林）（四）鳳雲鄉：有鳳雲，弁霧二村。（五）鹽場鄉：有西河，鹽河二村。（即鹽場車站前）（六）墟溝鎮：有石門，南固，墟溝三鄉。（七）東窰鄉：有老窰，石城二鄉。（八）連島鄉：有新雲，留雲二村。（原名宿城）（九）五羊湖：有樹雲，棲雲二村。（十）沃雲鄉。（十一）隔村鄉：有麓雲，福雲二村。（原名隔村）（十二）中富鄉：有屏雲，蔚雲，秀雲三村。（十三）東磊鄉：有山東，延福二村。（原東磊）（十四）東灘鄉：有東埝，西埝二處。（原東灘）（十五）龍山鄉：有關裏村，當路，東霞，九嶺四村。當路，東霞，九嶺四村。（十六）石門鄉：有西墅，北城二村。（十七）南城鄉：有中興，寗海，新鳳三鄉。（原名道新）（九）大浦鎮。（二十）東山鄉。（二一）西山鄉。（二二）夏灘莊。（二三）太平埝。

建築月刊
THE BUILDER

中華郵政特准掛號認為新聞紙類

內政部登記證警字第二五五四號

廣告刊例
Advertising Rates Per Issue

地位 Position	全面 Full Page	半面 Half Page	四分之一 One Quarter
底封面外面 Outside back cover.	七十五元 $75.00		
封面及底面之裏面 Inside front & back cover	六十元 $60.00	三十五元 $35.00	
封面裏面及底面裏面之對面 Opposite of inside front & back cover.	五十元 $50.00	三十元 $30.00	
普通地位 Ordinary page	四十五元 $45.00	三十元 $30.00	二十元 $20.00
小廣告	每期每格一寸高洋四元 三寸半闊		

Classified Advertisements – $4.00 per column

廣告概用白紙黑墨印刷，倘須彩色，價目另議；鑄版彫刻，費用另加。

Designs, blocks to be charged extra. Advertisements inserted in two or more colors to be charged extra.

第三卷第六號

民國二十四年六月發行

刊務委員會 竺泉通 陳松齡 江長庚

主編 杜彥耿

廣告 藍克生 (A. O. Lacson)

發行 上海市建築協會 南京路大陸商場六二〇號 電話 九二〇〇九

印刷 新光印書館 上海聖母院路聖達里三一號 電話 七四六三五

定價

每月一冊 全年十二冊

訂購辦法	價目	郵費 本埠	郵費 外埠及日本	郵費 香港澳門	郵費 國外
零售	五角	二分	五分	一角八分	三角
預定全年	五元	二角四分	六角	二元一角六分	三元六角

上海市建築協會附設

私立正基建築工業補習學校招生

民國十九年秋創立 ○ 上海市教育局登記

宗旨 利用業餘時間進修建築工程學識（授課時間每日下午七時至九時）

編制 參酌學制設初級高級兩部每部各三年修業年限共六年

招考 本屆招考初級一二三年級及高級一二年級（高級三年級照章並不招考新生或插班生）各級投考資格為

初級一年級 須在高級小學畢業或具同等學力者

初級二年級 須在初級中學肄業或具同等學力者

初級三年級 須在初級中學畢業或具同等學力者

高級一年級 須在高級中學工科肄業或具同等學力者

高級二年級 須在高級中學工科畢業或具同等學力者

報名 即日起每日上午九時至下午五時親至（一）牯嶺路本校或（二）南京路大陸商場六樓六二〇號建築協會內本校辦事處填寫報名單隨付手續費一元正（錄取與否概不發還）領取應考証憑証於指定日期入場應試

考科 各級入學試驗之科目（初一）英文・算術（初二）英文・代數（初三）英文・幾何（高一）英文・三角・（高二）英文・解析幾何・微分・

考期 九月一日（星期日）上午八時起在牯嶺路本校舉行

校址 牯嶺路派克路口第一六八號

附告 （一）函索詳細章程須開具地址附郵二分寄大陸商場建築協會內本校辦事處空函恕不答覆

（二）錄取學生除在校審定公佈外並於考試後三日內直接通告投考各生

中華民國二十四年七月　日　校長　湯景賢

上海戈登路
大都會花園舞廳
之
暖氣衛生裝置以及消防設備
由本公司承辦

潔麗工程公司

總行 四川路一一〇號
電話一四一四三四號
電報掛號八六六九號

青島分公司 觀海二路五號
電報掛號三三八一

中心行

上海河南路四九五號
電話九二一二七

本行經售各種建築工程材料設計及承包暖氣水管衛生工程代客買賣事項如蒙委託竭誠歡迎

NUCLEUS COMPANY
495, Honan Road,
Tel. 92127.

General Merchants,
Heating, Ventilating & Sanitary Engineers & Contractors,
Building Supplies,
Purchase & Sales Agents.

本會服務部

代 營造廠撰中英文文件
代 建築師印繪各種圖樣

取費極廉

如蒙委託 毋任歡迎

美益水電工程行

承包電氣暖汽衛生工程

下圖上海大新公司新建十層大樓內

全部電氣電熱工程由本行承包承裝

地址
事務所：上海江西路四五二號　電話一三八六七號
門市部：霞飛路四六〇號　電話八一八五一號
(自八月十五日起遷移至呂班路二七號　電話八一八五一號)

VOH KEE CONSTRUCTION CO.

馥記營造廠

本廠承造各埠建築達數十處都千萬餘金畧舉如下備資參考

本埠工程

公和祥碼頭及棧房	浦東
交通大學工程館	徐家匯
四行念二層大樓	跑馬廳
西式住宅市房	梅白格路
儉德儲蓄會	福生路
上海牛皮廠	白利南路
義泰興碼頭	浦東董家渡
公和祥碼頭	兆豐路
寶隆醫院	白克路
公共宿舍	聖母院路
七層公寓	國富門路
七層公寓	海格路
中華碼頭	浦東周家渡
劉公館	亞爾培路
大新百貨公司	南京路

外埠工程

總理陵墓第三部工程	南京
陣亡將士公墓全部	南京
財政部辦公處	南京
中山紀念堂	廣州
宋部長官邸	南京
新村合作社	南京
美領事署	廈門
中國銀行	南京
海軍船塢	青島
浙江大學	杭州
導淮船閘	邵伯—淮陰—劉澗
航空學校	南昌
兵工分廠	鞏縣
美豐銀行	重慶
浙贛路貴溪橋	貴溪
中正橋	南昌

總事務所 上海四川路三三一號 電話 一七三三六 一七三三七 電報掛號 一五二七

分事務所 南昌勵志社 南京觀記大樓 陶園新村

總廠 上海戈登路三五五號

分廠 重慶新街口 河南 重慶 九江 廣州 杭州 青島 南京 貴溪 鎮江 邵伯 淮陰 劉澗 等處

第二堆棧 上海閘北廣林街 上海浦東慶甯寺

分事務所分廠電報掛號七四五〇

唐山

啓新磁廠

專製各種陶器衛生器皿應用各樣隔電磁以及舖地磚等無不堅固精良如蒙賜顧毋任歡迎

駐滬批發所

上海江西路一七〇號　　電話一九一七

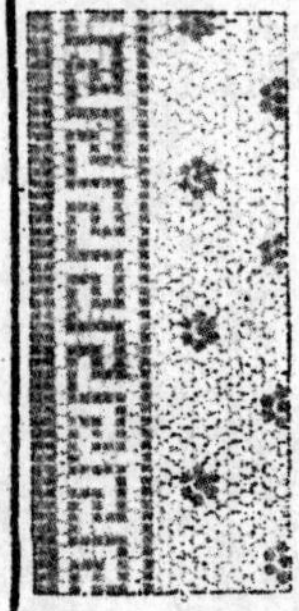

CHEE HSIN POTTERY

SANITARY—APPLIANCES, QUARRY—TILES, MOSAIC—TILES
Big improvement regarding quality.
Quick delivery either from stock or Factory at Tangshan, North China.
For Particulars please apply to:
CHEE HSIN POTTERY—Shanghai Agency
170 Kiangse Road, Hamilton House
1st floor R. 128—129
Tel. 19917

中國鋼鐵工廠出品

國貨鋼窗

本廠爲國貨鋼窗廠中最先製造者歷年出品成績卓著爲建築界所稱許茲刊左圖以資證明

總辦事處
上海甯波路四十號
電話一四三九一號
電報掛號一〇一三號

上列鋼窗均由本廠承辦

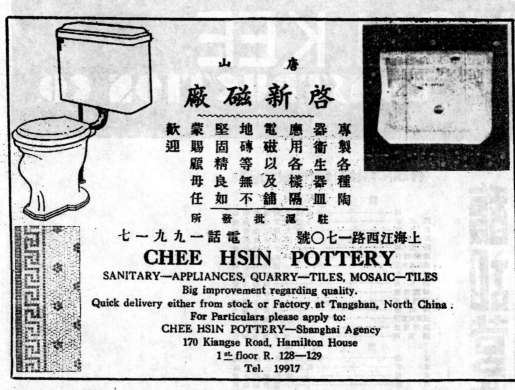

網球場之新設備

公勤鐵廠鐵網題詞

珊網新翻

孔祥熙

網球場圍籬圖案之一

網球場圍籬圖案之二

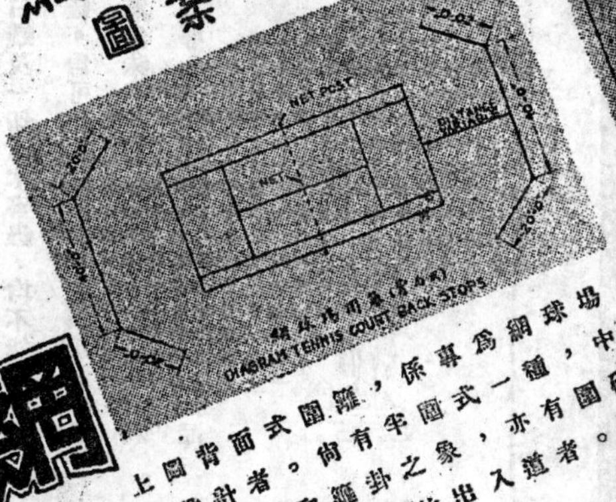

上圖背面式圍籬，係專為網球場而設計者。尚有半圓式一種，中部騰空，取籬卦之象，亦有圍砌四周⅔，兩旁僅放出入道者。

球場網籬之標準高度通常為十英尺。四角鋼管柱，用2½"—3"直徑。中間鋼管柱，用2"或1½"直徑。每隔十呎，埋植一根。柱用水泥築脚，非常牢靠。

網籬

網球

時令

弗忘

世界

總廠楊樹臨青路六十六號

電話五〇二一四 五〇一六七

公勤鐵廠製品之一種

23291

仁昌營造廠

本廠專門營造銀行公寓堆棧住宅學校以及其他大小工程無不工作迅捷經驗宏富

本期刊登之新華一村各種房屋均爲本廠承修工程誠實可靠如蒙 委託承造無任歡迎

廠址 同孚路基安坊一〇四號

電話 三五三八九號

長城機製磚瓦
股份有限公司
註冊商標
TRADE MARK
價比普通磚廉
貨品較任何機器磚高
總公司 製造廠 騰越路一四四號 電話五一二七九
事務所 牛莊路七四二號 電話九〇九八〇
証明
壓力、吸水量、耐久性
均經上海工部局
詳細化驗負責証明
成績超越一切磚瓦
出品
堅韌硬磚
輕硬空心磚
瀉水瓦片
如蒙垂詢價格及索閱貨樣
請電話通知即當送奉

優點
精確
美觀
堅固
價廉
合作五金
股份有限公司
出品
出品
門鎖
抽屜鎖
拉手
文具
鉸鏈
TRADE MARK
MARCH
製造廠
發行所

本廠磚瓦用機器製造工品精良為吾國空前未有

馬牌　龍牌　三星　壽字　C.B.G.　C.B.C.A.I.　斧頭式　木梳式　大小　紅白

紅瓦　青瓦　紅瓦　青瓦　火磚　火磚　火磚　火磚　火磚　火磚　灣磚　火泥

瑞和磚瓦廠

凡火車、輪船、水泥、紗廠、麵粉、餅乾、電燈、兵工、造幣、造酸等廠。需要各式鍋爐火磚。均可照樣定製。火力高強。物質堅固。早經著稱于世。且用本廠以上各種三星等火磚。做銀行銀庫及高大房屋牆壁火爐者。不可勝數

本廠附設坩堝部供給玻璃搪磁琺瑯等熔化之用

事務所：上海南京路福建路三〇五弄一四號　電話九〇九九二

電報掛號　有線無線〇一九七

製造廠：上海小沙渡路一四五七號　電話三四九三二號

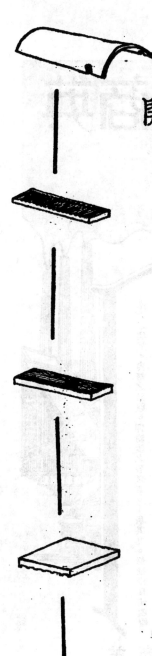

英商吉星洋行

建築上用之
各種油漆及凡立水

偉大之建築。內部之壯觀。仰油漆之裝璜者。十居其九。惟欲求良佳成績。則須採用適當油漆。此點建築界僉視為極重要之問題。

敝行為世界最大油漆製造廠。凡建築上所用之油漆，磁漆，水臘粉，木光油，凡立水，以及各種理想中之新式油漆。莫不經驗宏富。研究精到。可稱並世無匹。凡此種種材料。分為次第等級。便於選擇。價格低廉。無論數量多寡。承蒙通知。立即發奉。請察下列種種用法！

刷法　流法　浸法　滾法　噴法　乾法

敝行之研究化驗室。嘗為建築界解決種種特別油漆問題。不一而足。此種隨事應付之能力。隨時可以為君服務。請即將君之困難問題寄至下列地址。以便研究奉覆也。

英商吉星洋行油漆服務部

上海四川路三二〇號　電話一九五四〇

香港——上海——天津

建築月刊
THE BUILDER

VOL. 3 NO. 7 第三卷 第七期

50¢

大中機製磚瓦股份有限公司

製造廠浦東南匯縣下沙鎮

本公司因鑒於建築事業日新月異材料選擇尤關重要特聘專門技師購置德國最新式機器精製各種青紅磚瓦及空心磚等品質堅韌色澤鮮明自應銷以來已蒙各界推爲上乘樂予採購茲略舉一二以資參攷其他惠顧諸君因限於篇幅不克一一備載諸希鑒諒是幸

大中磚瓦公司附啟

曾經購用敝公司出品各戶台銜列后：

本埠

國立上海商學院	西體育會路	陸根記承造
博德運絨線廠	定海路	創新承造
海港檢疫所	吳淞	陶記承造
正廣和汽水廠	培開爾路	方瑞記承造
百老匯大廈	百老匯路	新仁記承造
錦興大廈	河南路	新蓀泰承造
雷斯德工藝學院	熙華德路	久泰錦記承造
揚子飯店	雲南路	潘榮記承造
申新第九廠	東京路	協盛承造
南成都路工部局	南成都路	新蓀記承造
四行儲蓄會	靜安寺路	馥記承造
工部局巡捕房	平涼路	新蓀記承造
國立中央實驗館	兆豐花園	和興公司承造
鹽業銀行	北京路	趙新泰承造
南京飯店	山西路	新金記祥號承造
開成造酸公司	軍工路	王錦記承造
四海銀行	北京路	惠記興承造
麵粉交易所	民國路	元和興記承造
榮廣公司	歐嘉路	陳馨記承造
法殿堂	勞神父路	吳仁記承造
七册公寓	霞飛路	吳仁記承造

外埠

中央政治學校	南京	大昌公司
太古堆棧	廈門	荷蘭治港公司
中國銀行	青島	錦生記承造
中央飯店	南京	新金記承造
金陵大學	南京	利源建築公司承造
航空學校	杭州	新金記康號承造

所出各品儲有大批現貨以備各界採用如蒙定製各色異樣磚瓦亦可照辦備有樣品如蒙索閱即當送奉

駐滬批發所

英租界牛莊路德興里四號 電話九〇三一一

DAH CHUNG TILE & BRICK MAN'F WORKS.

Sales Dept. 4 Tuh Shing Lee, Newchwang Road, Shanghai.

TELEPHONE 90311

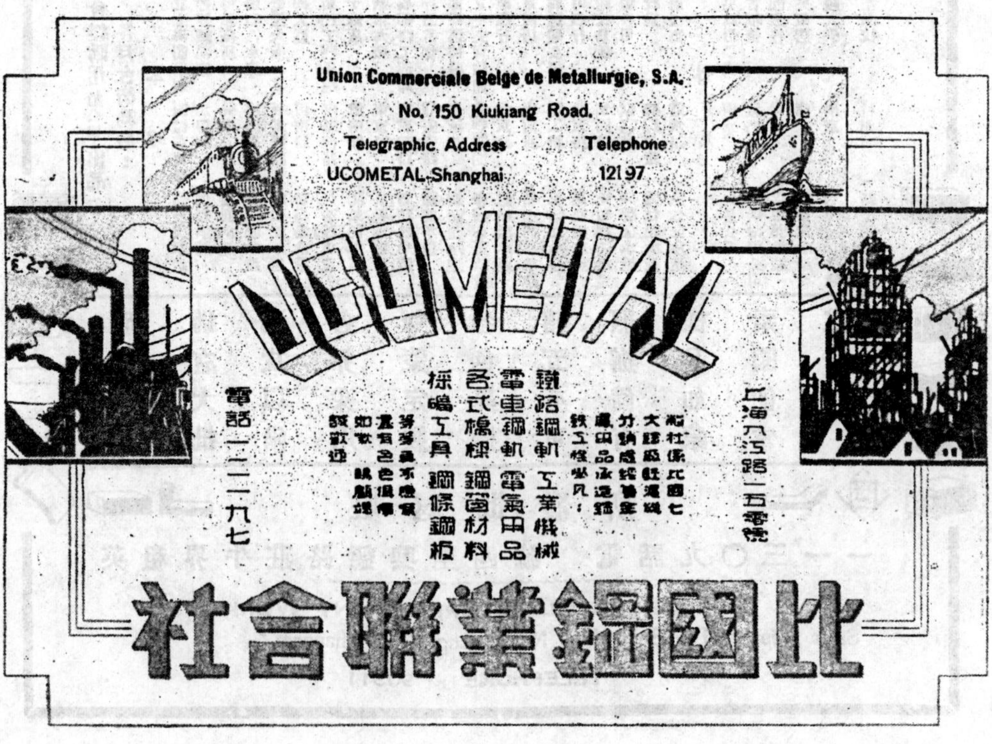

Union Commerciale Belge de Metallurgie, S.A.
No. 150 Kiukiang Road.
Telegraphic Address
UCOMETAL Shanghai
Telephone
12197
UCOMETAL
鐵路鋼軌 工業機械
電車鋼軌 電氣用品
各式椿梁 鋼筋材料
採礦工具 鋼條鋼板
上海九江路一五零號
電話一二一九七
比國鋼業聯合社

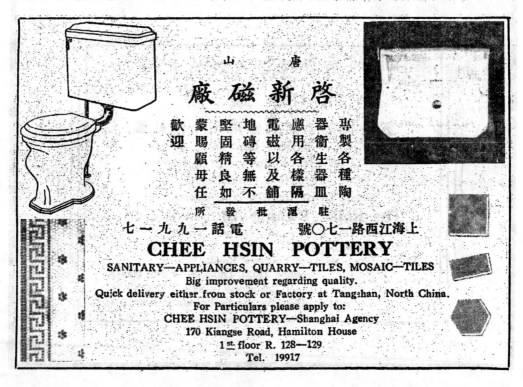

ELGIN AVENUE BRITISH CONCESSION
TIENTSIN
SURFACED WITH K.M.A. PAVING BRIGKS

二十層百老滙大廈

新仁記營造廠

總賬房 愛文義路一四二三號 電話三〇五三一

事務所 江西路一七〇號二樓二五八號 電話一〇八八九

本廠承造工程一斑

沙遜大樓	南京路
漢彌爾登大廈	江西路
都城飯店	江西路

SIN JIN KEE CONSTRUCTION COMPANY

Head Office: 1423 Avenue Road. Tel. 30531

Town Office: Hamilton House, Room No.258, 170 Kiangse Road. Tel. 10889

馥記營造廠

總事務所

分事務所

總廠

分廠等處

復記木行

總行 上海閘北光復路六二一號
分行 上海南市董家渡南首
電話 四一八二二
二一二一五

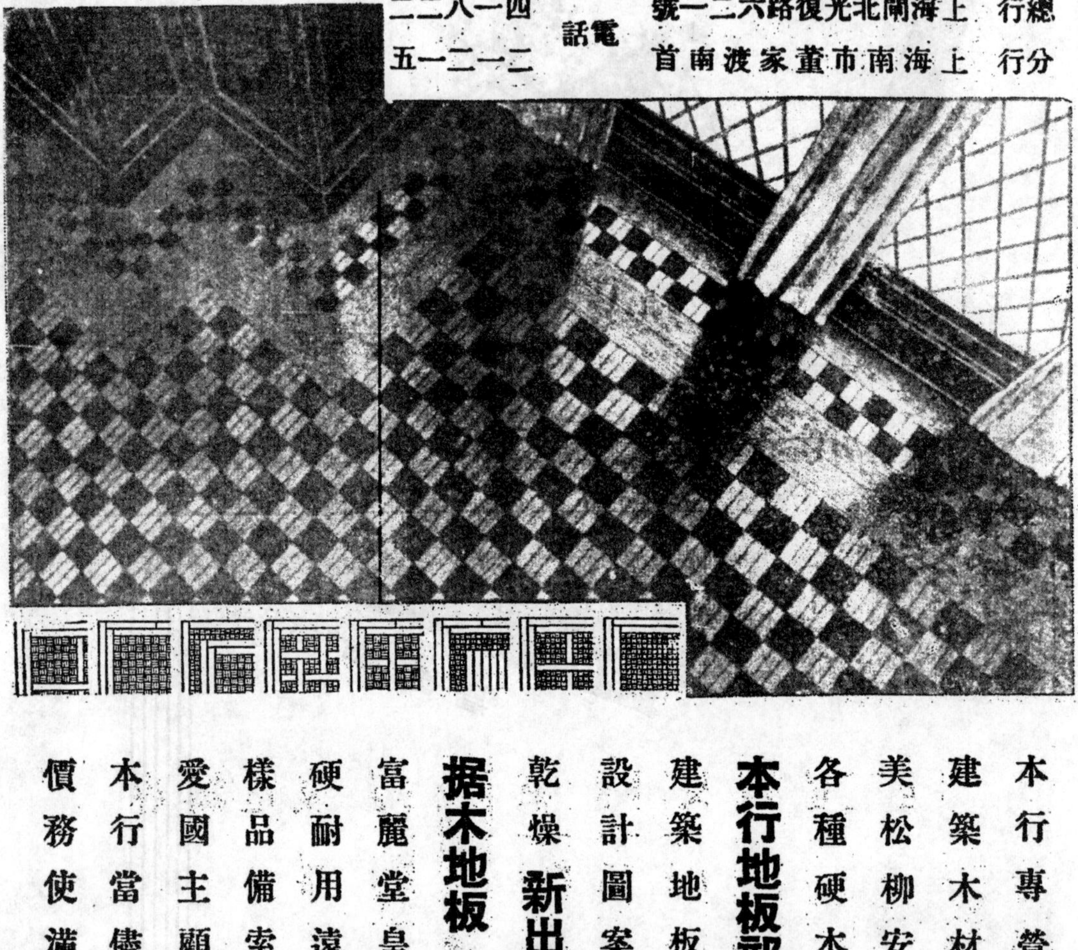

本行專營中外各種建築木材常存大宗美松柳安柚木以及各種硬木

本行地板部承舖各大建築地板工程專家設計圖案木料保證乾燥 **新出品國產啞克据木地板** 色澤花紋富麗堂皇而質地堅硬耐用遠勝舶來品樣品備索本外埠各愛國主顧倘有委託本行當儘先設計估價務使滿意也

（第二卷第七號）

目　錄

插　圖

論　著

廣告索引

上海市建築協會鳴謝啟事

本會茲承

仁昌營造廠應興華委員、孫維明委員特助營業成數萬分之五計銀元一百〇三元正

昌升建築公司賀敬第委員、姜錫年會員特助營業成數萬分之五計銀元六元九角三分正

除已掣奉收據外特此彙誌如右以鳴謝忱

中華民國二十四年九月　日

上海市建築協會服務部啟事

查本部自設立以來，承受建築月刊讀者及各界諮詢工程問題，或請求代索樣本樣品者，日必數起；本部亦本服務之旨，竭其能力所及，免費解答及代索，如命辦理，以謀讀者及各界之便利。惟近查多數來函，每不鑒諒本部辦事手續，一紙信箋，附題數十。所詢內容，或範圍綦廣，漫無限制，或擬題奧邃，未便解答；或索取樣品，寄遞困難。未附郵資，尚屬其次，而解答代辦，輒轉需時，事務進行，備受影響。茲爲略示限制起見，特訂辦法數則，即日實行，幸希垂諒是荷。

(一)詢問具有專門性之建築及工程問題，每題應附郵資二十分，多則類推，惟以十題爲限。

(二)詢問各題，本部有選擇答覆之權。審閱不合，除扣去復函寄費外，原件及郵資一併退還。

(三)請求代索樣本或樣品，應預計原件重量，附足同件寄費。如不能照辦，除扣去復函寄費外，所餘郵資一併退還。

(四)來函須將問題內容或樣品種類等，及詳細住址，應用墨筆或鋼筆繕寫清楚。否則如有誤投遺失，概不負責。

上海國華銀行大門

黑白影社 王珏攝

THE ENTRANCE GATE OF THE CHINA STATE BANK, SHANGHAI

Photo by Mr. Wang Chiue

發起組織建築學術演講會簡約

物競天擇，不進則退，此爲演化之原則，不移之至理也。竊以建築一道，集美術與科學之大成，對於人類居住之舒適，安全，經濟，美觀諸點，關繫至切。他若一國文化之演進，覘諸建築事業之發展程度如何，如觀光斯士，必先訪尋名勝建築，足爲此言之明證也。我國自鼎革以還，全國上下咸有百務更新，欣欣向榮之概。年來因內憂外患，交相煎迫，雖處境艱困，未能長足邁進，然責人恕己，不自振作，要亦爲籌謀進展之故也。吾人鑑諸既往，自應糾正錯誤，策勵來茲。爰擬集合同志專家，切磋琢磨，共啓新猷，庶幾中國建築得有復興之象，爲世所重。茲依據本會會章職務項第十一條「舉辦建築方面之研究會與演講會」之規定，發起建築學術演講會，訂定簡約如左：

定名　上海市建築協會建築學術演講會

宗旨　討論建築學術發表研究心得

會址　辦事處：南京路大陸商場六樓上海市建築協會。演講廳：南京路大陸商場七樓正誼社

組織　演講會推委員十五人擔任演講事務委員之推選凡屬建築協會之會員或其他建築專家等均得推選爲委員委員中互推常務三人三人中更推一人爲主席辦事人員如書記紀錄幹事等均由建築協會辦事人員兼任

聽講　凡屬建築協會會員及附設正基建築工業補習學校學生均得聽講其他有關建築學術團體及私人等均可前來聽講惟於事前須向上海市建築協會辦事處索取入座證

講期　擬於十月六日起每星期舉行一次本年度內共講十二次講畢並得舉行餘興如宴會茶會舞蹈遊藝等其秩序臨時由委員會酌定之

時間　演講時間分兩種：(一)下午一時起講至一時三刻止(二)下午八時起講至九時止前者適宜於主講人在星期六或星期日無暇參加者得於一星期中任何一日於上午辦公完畢後十二時半至正誼社略息進膳後稍息至一時開講講畢約一時三刻倘離下午辦公時間十五分鐘用作路上時間則至辦公處正値二時此辦法爲主講人與聽講人時間經濟之辦法後者行於演講之前有宴會講能舉行餘興者

講題　主講人之講題及講辭之須由中文譯英譯或英文譯中文者或講辭中插有圖表圖樣者最遲應於規定講期之一星期前將上述講題講辭圖表圖樣等件逕送辦事處

公佈　演講後講辭之警惕可取者擇要或全部轉送各日報發表另於本會出版之建築月刊登載詳細講辭及圖表等

預定講期　十月六日下午七時起
十月十五日下午一時起
十月二十二日下午一時起
十月二十九日下午一時起
十一月三日下午七時起
十一月十二日下午一時起
十一月十九日下午一時起
十一月二十六日下午一時起
十二月一日下午七時起
十二月十日下午一時起
十二月十七日下午一時起
十二月二十四日下午一時起
十二月三十一日下午七時起

給獎　迨演講會十二次之講演完畢後暫告結束凡會主講者由會敬致謝狀及金質紀念章以留紀念

總理陵園藏經樓

南京總理陵園藏經樓，位於陵園辦事處之右。屋高三層，採純中國式建築式樣。骨幹全用鋼筋混凝土澆製。梁棟斗拱，亦均用鋼筋混凝土，而外施彩繪。樓之下層中央大廳，用為講堂。兩傍則為靜室。室外走廊，環繞四週，梯分東西兩座。拾級登樓，則為書庫，研究室，閱覽室，管理室等。再上一層，全係書庫；在下層與二樓之間，尚有夾樓一層，樓之中空四邊，係靜室，僕室與盥洗室等。該樓地處陵園，風景宜人，置身其間，誠塵氛盡滌，俗慮俱消矣！

該樓造價約計四十萬元。本年二月開工，期於明年八月底竣工。設計承造及供給建築材料者為：

設計繪圖者：盧樹森建築師
承　造　者：建業營造廠
瑪　賽　克：上海益中福記瓷電公司
琉　璃　瓦：北平琉璃廠與上海開山磚瓦公司
鋼　　　窗：上海中國銅鐵工廠
踏　　　磚：南京金城磚瓦公司

南京總理陵園藏經樓

（透視圖見本期封面）

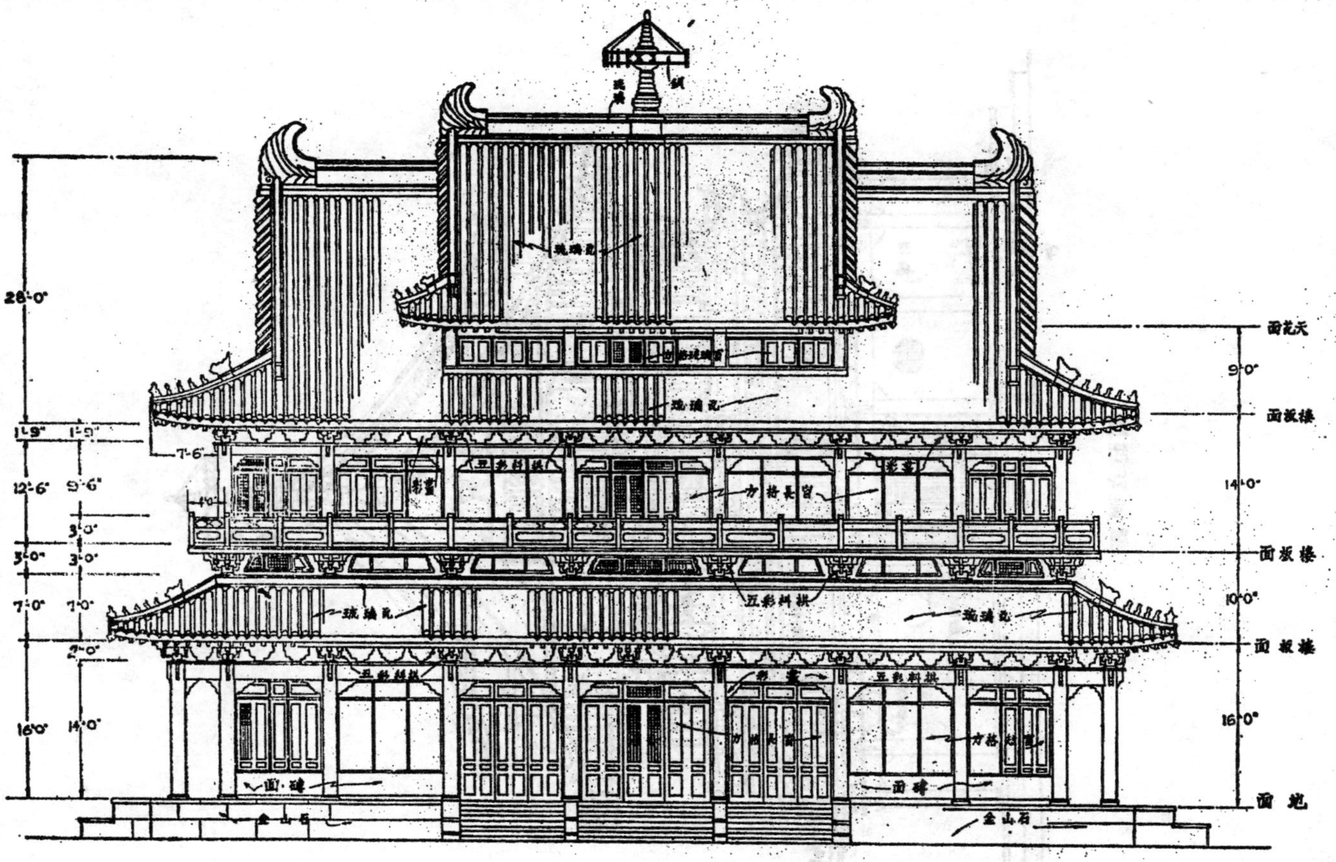

南面立視圖

Chung San Library, situated at the east of late Dr. Sun Yet-sen's mausoleum, is built in memory of the founder of Kuomingtang Party.

盧樹森建築師設計
建業營造廠承造

Architect: Mr. S. S. Lu
Contrators: Jay Easo & Co.

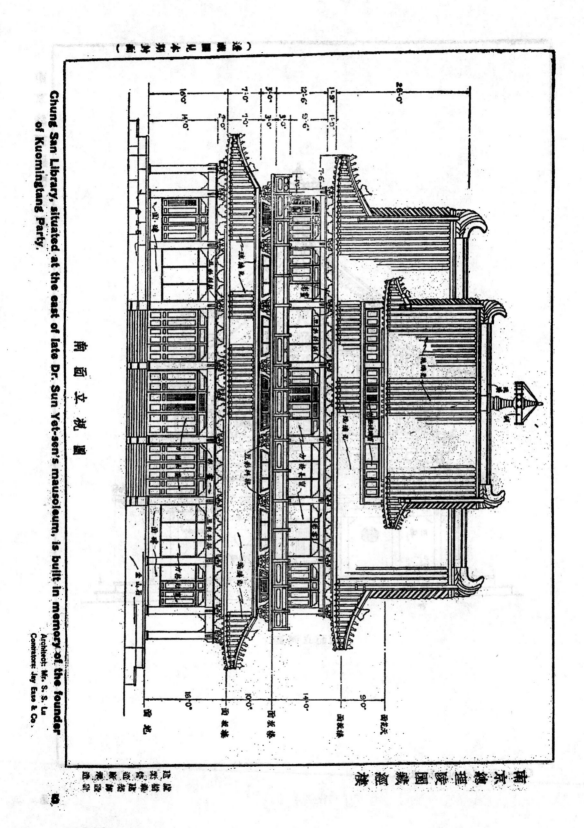

南京總理陵園藏經樓

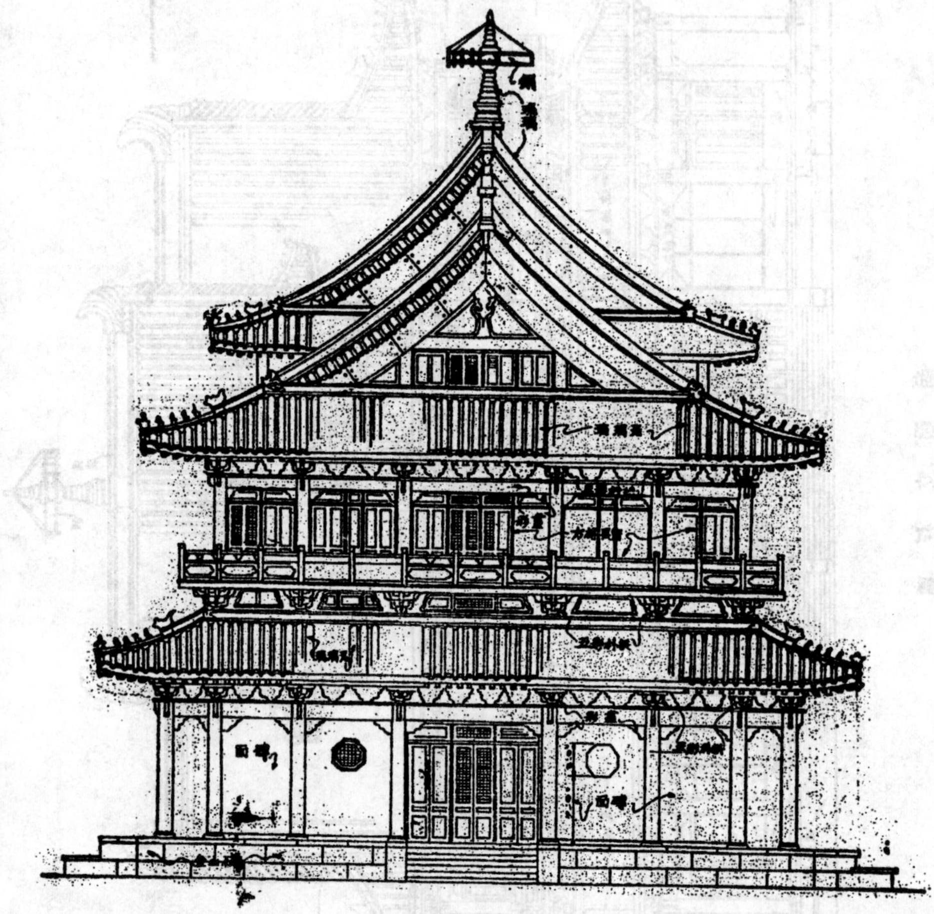

側面立視圖

Chung San Library, Nanking. Side Elevation.

南京總理陵園藏經樓

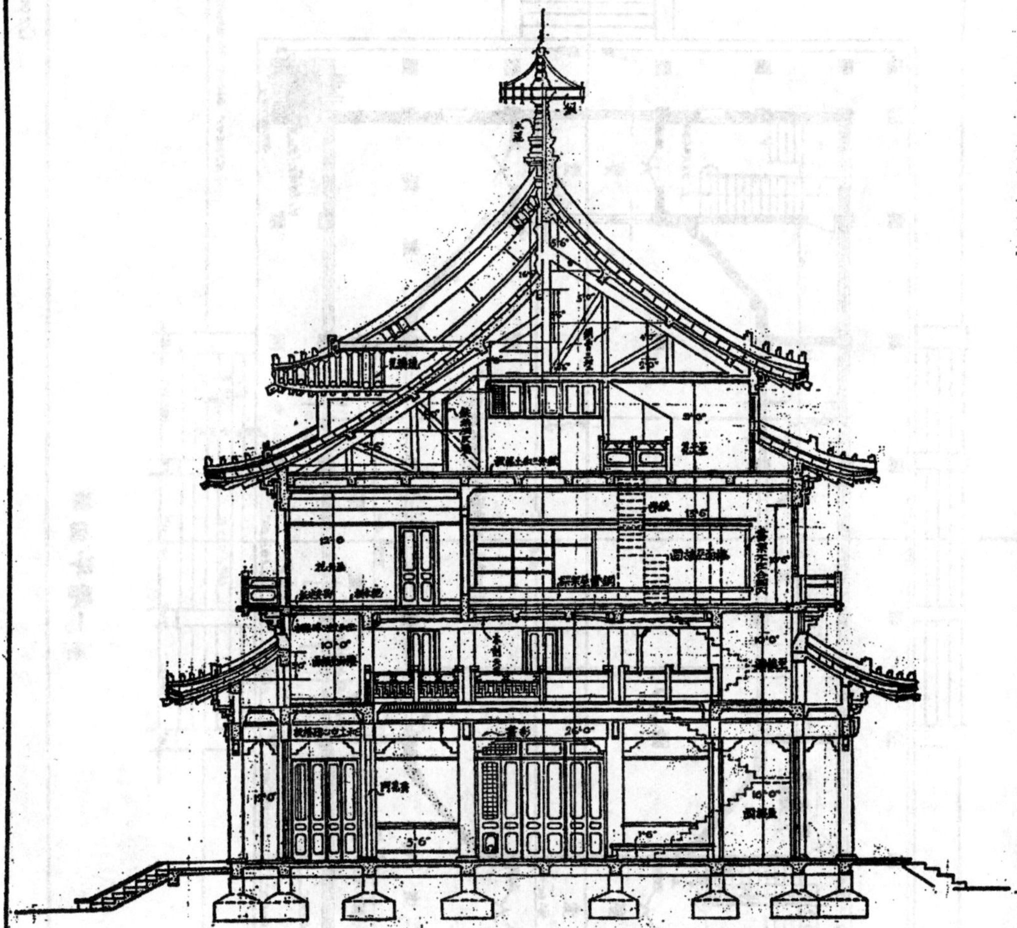

樓剖面圖

Chung San Library, Nanking. Section.

南京總理陵園藏經樓

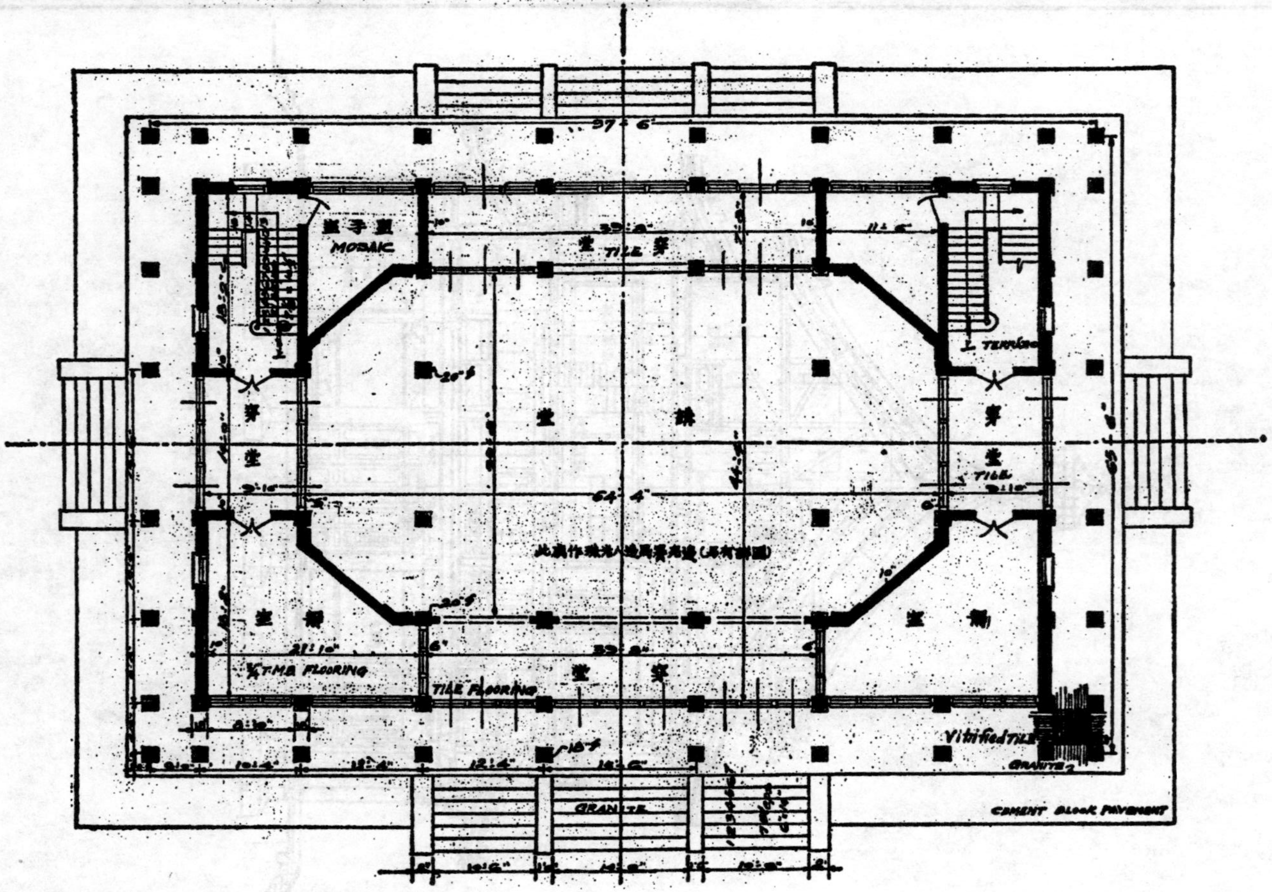

第一層平面圖

Chung San Library, Nanking.

Ground Floor Plan.

南京總理陵園藏經樓

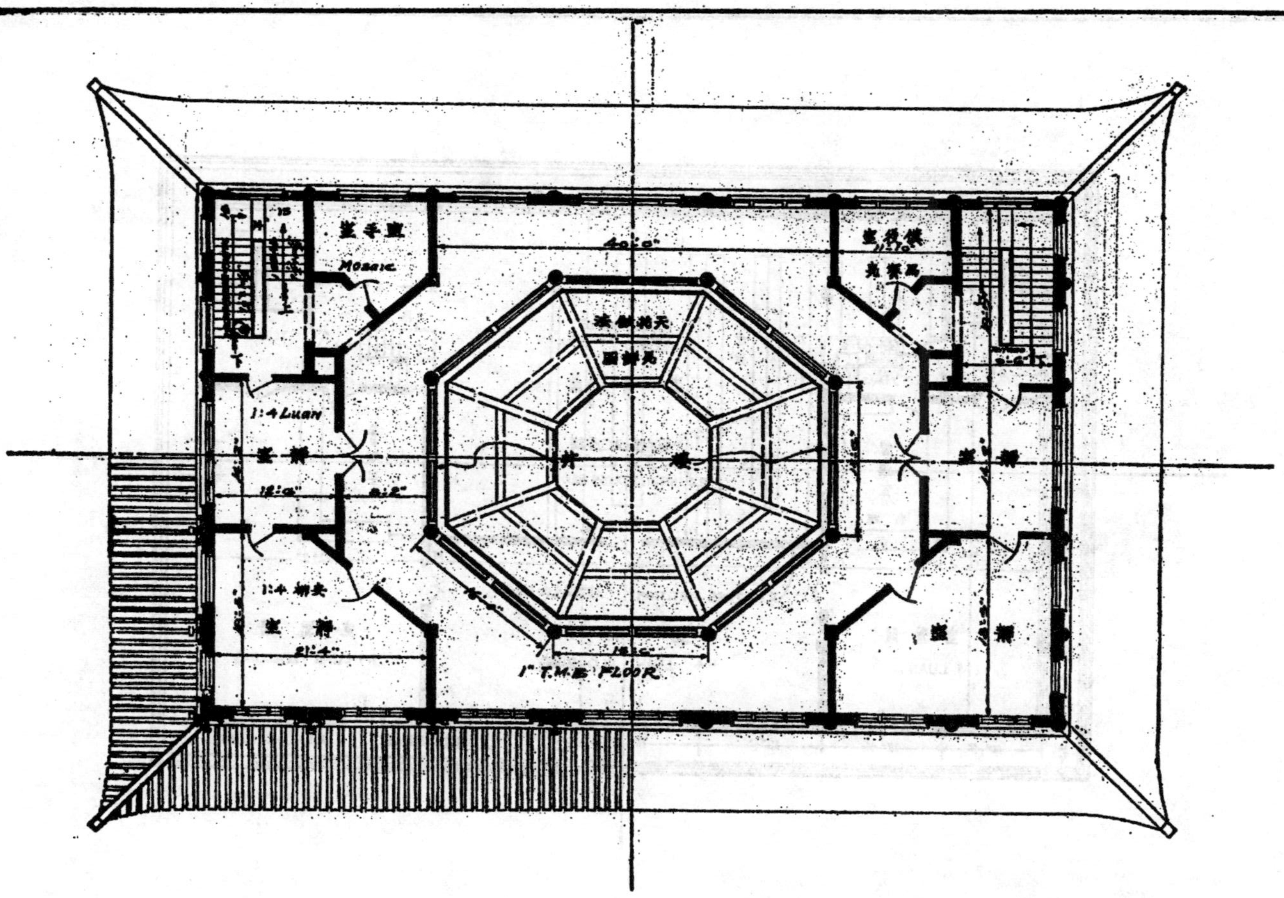

夾層平面圖

Chung-San Library, Nanking. Mezzanine Floor Plan.

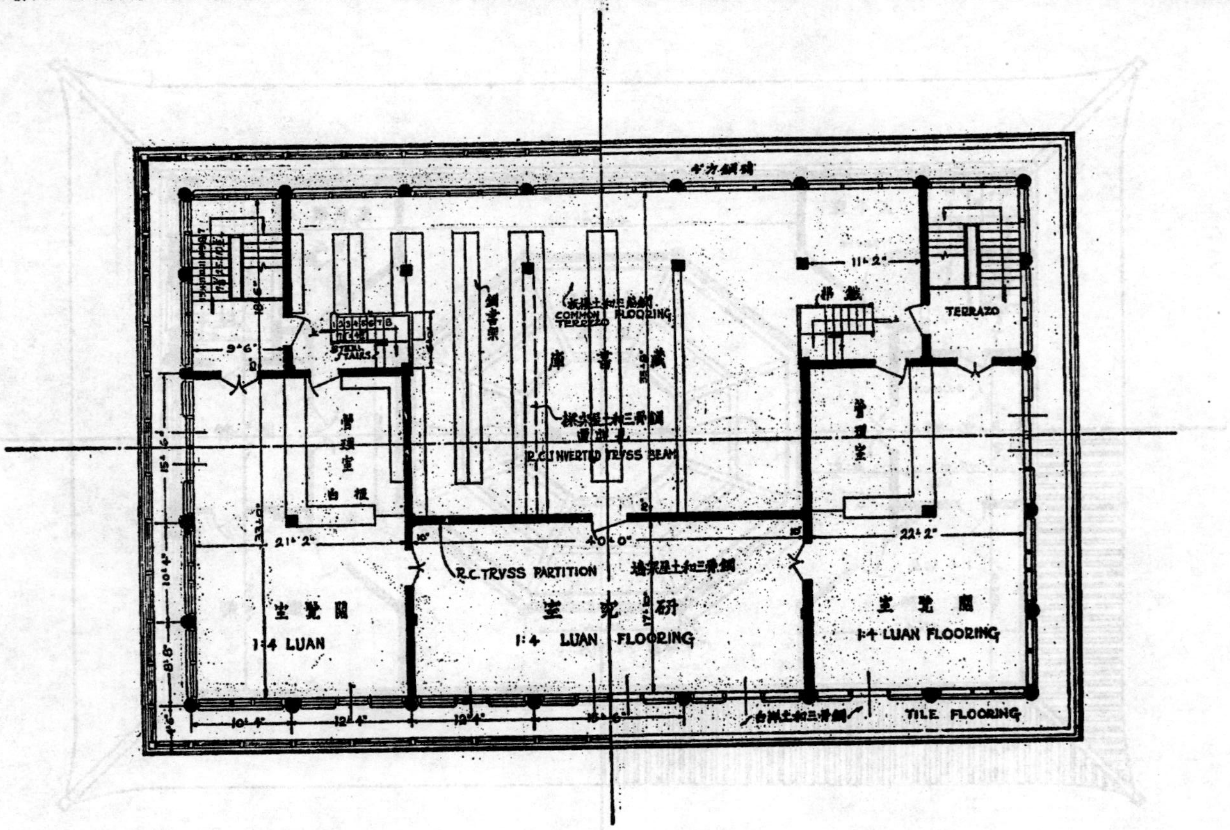

第二層平面圖

Chung San Library, Nanking. Second Floor Plan.

南京總理陵園藏經樓

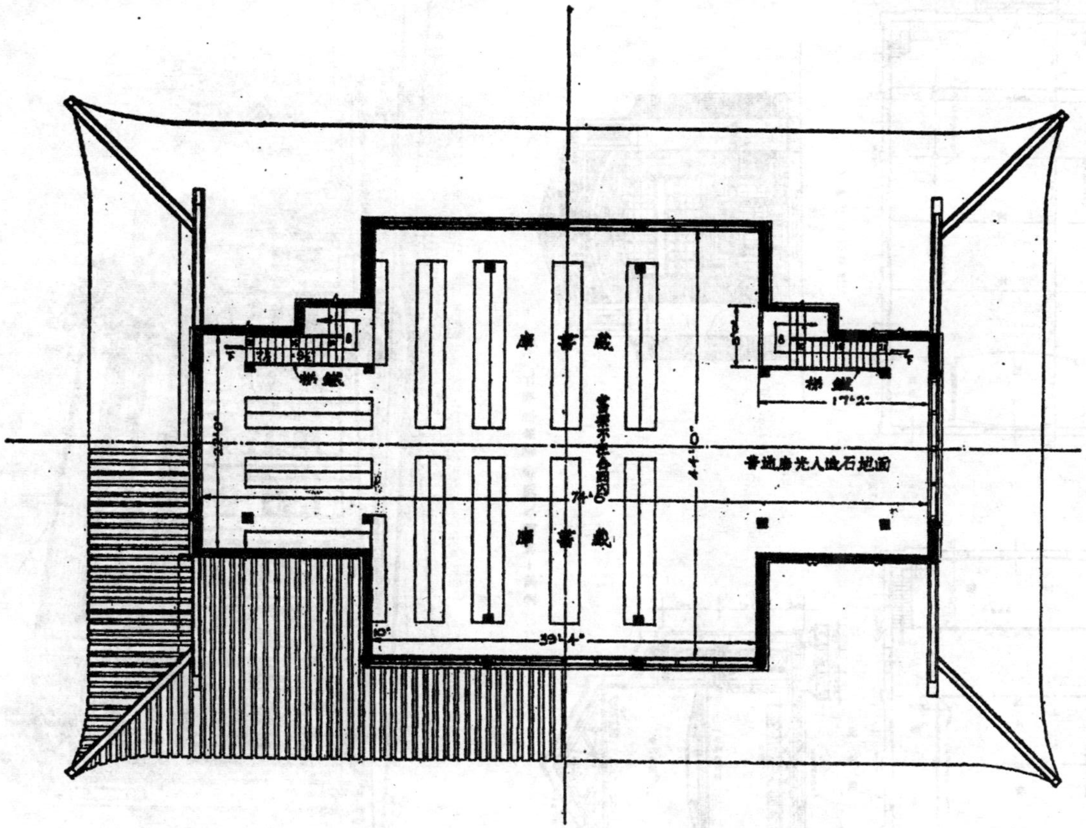

頂蓬平面圖

Chung San Library, Nanking. Roof Plan.

上海東南醫學院之堂部一禮堂

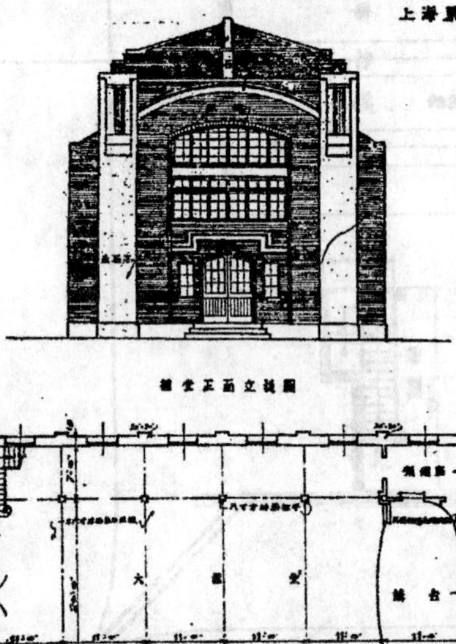

禮堂正面立視圖

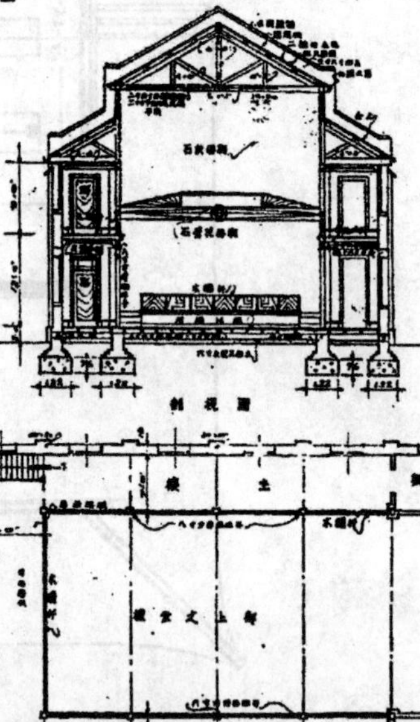

剖視圖

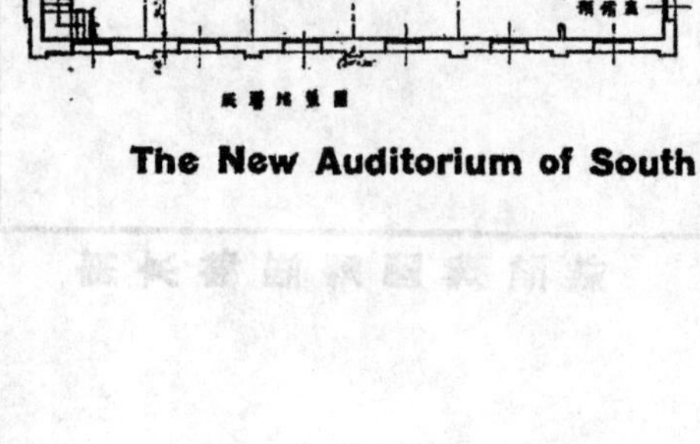

底層地盤圖

上層地盤圖

The New Auditorium of South Eastern Medical College, Shanghai.

Mr. Z. F. Wong, Architect.

汪成坊建築師設計

營造學（六）

杜彥耿

第二章

第二節　甎作工程（續）

度頭　門堂或窗堂旁直立之角，名謂度頭。度頭有三種方式：一，平面；二，嵌堂子；三，八字角。

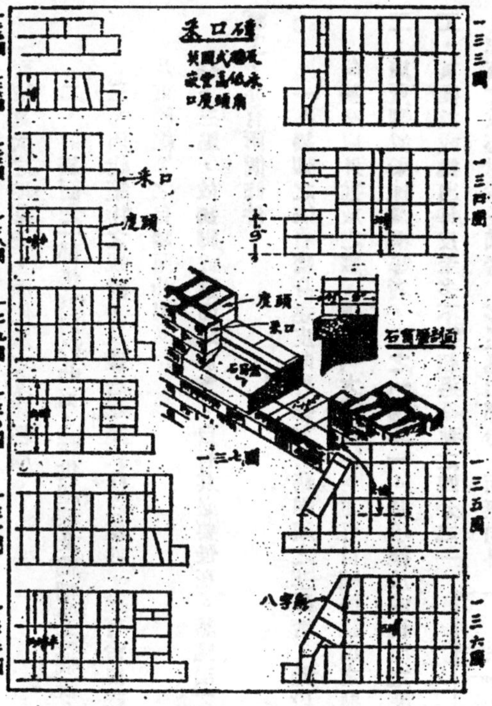

（附圖一二五至一三七）

一、平面度頭，如裏面門堂兩邊者。（見一三八圖）

一三八圖

二、嵌堂子者，其度頭非如平面度頭之祇有一面，而有高低繞之兩面，如一二五圖。此式之用處最顯著者，厥爲外面之門堂及窗堂。

三、窗堂之於厚牆者，其裏面之度頭，常用八字角，向兩邊展開，其角度常爲六十度及四十五度，藉使屋內光線增大。一三五圖及一三六圖，示三塊磚厚度之牆，其八字角組砌之式。

斜角　凡不成正方角之牆面，均爲斜角。牆之裏角，其角度在九十度及一百八十度，或鈍於一百八十度者，可稱之謂鳥嘴角，蓋象其外角之狀，故稱。一二三圖所示之平面，其斜角殊不銳利，故亦稱八字角；一二四圖所示之平面，其斜角則異常銳利，故亦稱兜角。

牆脚放大及牆面挑出　關於牆面或牆脚放大，有三種需要，茲分述如下：

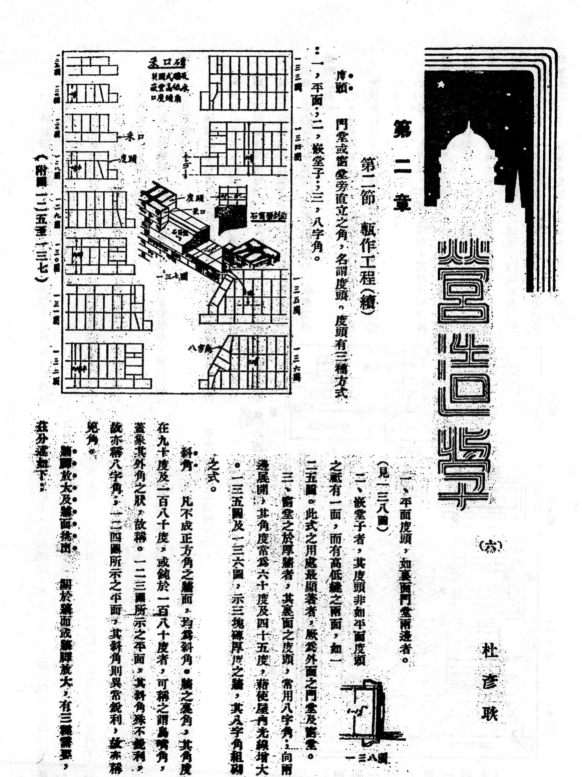

一、將牆脚之面積放大，藉以擔任上面壓下之巨量，轉傳於面積更大之地基上，而使牆之基礎穩固。

二、將牆面之一部挑放向外凸出，藉供屋棟及擱柵等之擱置。

三、因建築物之觀瞻，及湊合建築式樣之條件，遂有台口線及束腰線等之自牆面凸出。

綜上三點，故牆脚或牆面之放寬，自有其必要性在。然挑出之甎工，亦有兩個條件：

一、牆脚之依着牆身逐皮向外推放，藉固牆之基礎者，此段向牆身以外推放之牆，謂之「大方脚」。更有自牆面挑出之甎工，以資擱置梁棟擱柵等者，謂之「挑頭」。是項推放或挑出之甎工，其推放或挑出每皮至多不得超過全甎之四分之一，俾甎之重心附着於牆者，多於挑出部份，而無向外傾翻之勢。

二、凡係推放之甎工，除確有不得已者外，均應頂甎砌實；亦使甎之附着於牆者多過於挑出部份耳。

大方脚　大方脚，在牆之根際，其厚度較牆身為寬厚，任受牆之壓力；壓力更由大方脚轉傳至基礎及地面。其基礎係灰漿三和土，混凝土或鋼筋混凝土者，其基礎之寬深厚與力量，足資擔受牆身及大方脚傳來之壓力，再轉傳於面積較大之地面；而使地面不致擔任過分之抗力。並能使過於鬆脆之地土，藉基礎之橋架而跨越之，並並不影響上面大料等壓下之重量。

一三九圖　一四〇圖　一四一圖　一四二圖　一四三圖　一四四圖　一四五圖　一四六圖

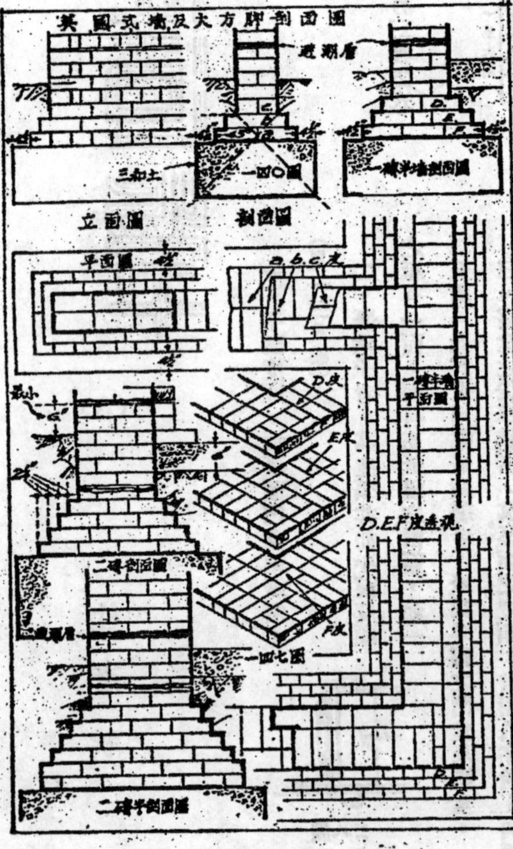

（附圖一三九至一四七）

在底基之上，從事砌牆，其第一皮大方脚之闊度，照例依正牆身之厚度加倍。如正牆身為一塊磚厚者，其大方脚應為二塊磚厚，以後逐皮上收，每皮雙面各收全甎四分之一，收至正牆身為定。牆之厚者，其大方脚須兩皮一收。如一四四圖。

大方脚之組砌，最妥均用頂甎；然或因組砌關係，間須砌走甎者，則以砌於牆之中心為是。

圖一三九至一四四，示大方脚之正面，剖面及平面，自一塊牆厚之牆以至二塊磚厚者。

一四四至一四七圖，示一塊半甎厚之牆，其大方脚組砌方式之平面圖與透視圖。

挑頭　有時因須擱置重料，故須將牆挑出放闊，而成挑頭。挑頭之組砌，係自牆面挑出一皮或多皮，其凸出之度，須以能接任重量及地位爲準。

挑頭之於牆身，必須黏合堅實。蓋挑頭將牆之中央重心移向牆邊，自以予牆之側面以極重之壓擠；此因離心力之關係，一邊已成壓擠，而另一面壓力減少，且有拉力；其拉力之力量，須視其對面之壓力如何耳！因之牆身遂亦減少其堅固之程度。挑頭之離心距，係自挑頭自牆面凸出之中心，至牆之中心，是爲離心距。設該項載重量輕微而係沿行牆身平均發展者，則因離心力之破壞亦微，自可不必計及。例如挑頭之支持普通擱柵等是。

若遇分量之重壓集中一處，如支持承重梁棟等者，則牆身與挑頭之壓力結合重心，不可移出牆身或磚墩厚度中間三分之一之距離，以免在另一面發生拉力之危險，見一四八圖。

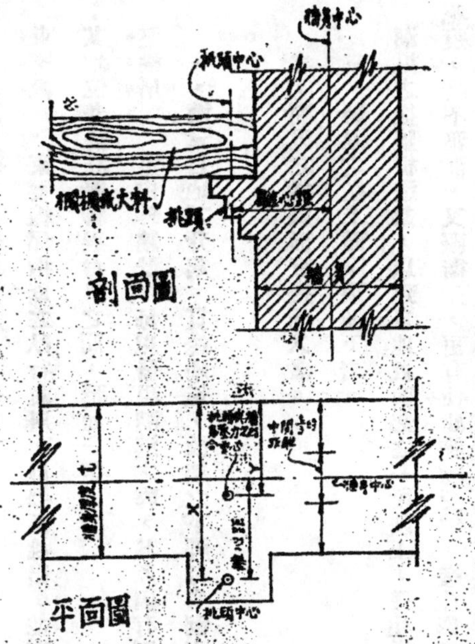

（附圖一四八）

台口線　甎砌之台口線，與挑頭相彷；設磚之長度爲九寸，則其挑出部份，決不能超過九寸。然充全磚之長度，尚不適合台口線之典型，而符建築規律者，故有用顏色與磚相同之石或大塊方磚，以代普通之磚；間亦有用鐵器者，斯皆屬諸過去及內地偏僻之處；因缺乏水泥，尚能應用；否則已成陳跡矣。惟本篇所述，係爲甎作工程，應注重於甎作台口線之逐條述說，自不計及陳舊與否也。第一四九圖，示甎工台口線與石質壓頂。

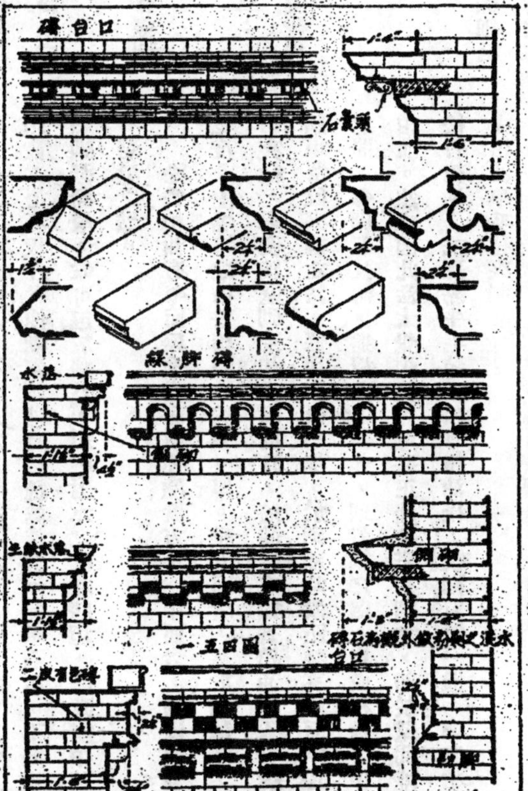

（附圖一四九至一五八）

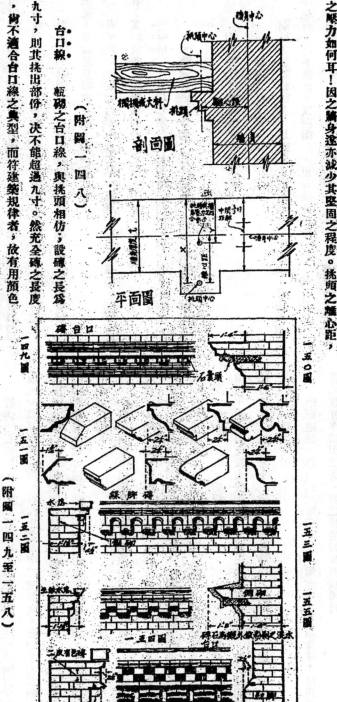

第一五五圖示甎砌台口外施粉刷者。台口線之用石突出者，往往即作為滴水線。凡甎砌之台口線，最適於哥德式建築典型，蓋因其常用線脚之變化，而將甎挑出者，如第一五一至一五七圖。台口線之有用甎側砌者，並不妨礙，可依照須側砌之必要，竟行側砌之。

勒脚　勒脚者，在牆之根際自牆面突出之部份，藉增牆根之堅固，並保護牆根之受損。如一五八圖。

束腰線　束腰線係指牆之臥行甎層，自牆面挑出，並有線脚者；其地位普通在勒脚與台口之間，形如一帶。

避潮層　室內外牆壁，每以發現潮濕之弊，其原因有三：

一、潮氣自地下升起，貫透牆垣，故牆之下脚每有潮濕發現。

二、潮濕之從牆面直透而入者。

三、潮濕之從上面壓頂淌下者。

潮濕之從牆根透起，以致自地板面起之一段牆上，發生纖細毛斑花痕，既不雅觀，又礙衞生，更有使建築物受蝕，發生影響之虞。防止潮氣上升，應於牆之下根，設置避潮材料。避潮層之設置，係屬横置，亦有縱横兼置者，所以防潮氣之自上下逼入或從外透進也。

關於避潮材料，普通計有五種，分述如下：

一、薄石板片二張，用水泥灰沙窩設。

二、澆松香柏油，即厚瀝青一層。

三、一皮釉面磁磚。

四、青鉛皮一層。

五、瀝青製之油毛毡，或稱牛毛毡。

質佳之石板片，（按：石板可用鋪蓋屋面，亦即學童寫字之石板。）潮氣不能透越，石板片之用作避潮層者，應用水泥窩置，並須設二層石板片，俾潮氣不能自接縫處透起。此項石板，不獨用於牆脚避潮層，兼可包於牆外，以避雨水之滲透牆垣，而致室中牆壁有潮濕之憾。

松香柏油有平面與垂直面兩種澆置方法。平面者，應依照牆之寬度全澆燒熔之松香柏油，約半寸厚。垂直面者，應於砌牆時，先留夾縫，以便牆壁砌至相當高度時，將熱熔之松香柏油澆入夾縫。牆垣留置夾縫之法，係用木板一塊，於砌牆時置距離裏牆面半塊磚之間，每砌三皮磚，將板向上拔起，則置板之處，自成槽隙，俾澆柏油。然或因此法太覺煩複，可將正牆身完全砌竟，即於壁間澆黏松香柏油；或更黏牛毛毡，松香柏油後，復砌單壁一道，俾將柏油或柏油牛毛毡夾制。

釉面磁磚，厚自二寸至三寸，中留空洞，自以此磚不僅用作避潮，並可作為出風洞。甎之長度與其他牆磚同。

青鉛可平舖牆脚，與豎直包於牆內及牆顛壓頂石下，其接縫之處，用錫焊合。青鉛應置於離外牆面四寸二分，亦即半塊磚之地位。然或有恐青鉛受空氣中二養化炭及灰沙中石灰之作用，即變成鹽基炭化物；但此種作用，必須經過頗多之時間，故對於用青鉛作避潮層或避水層，事實上無甚影響。

牛毛毡避潮層，厚自一分至二分，闊與牆身之寬度同。此項材料，舖設牆下，手續最為便捷，接搭亦極便利，更因材料之質地柔韌，倘加以彎曲，可無碎裂之弊。以故與其他避潮材料相較，以牛毛毡最為勝任，因之用者亦特夥。

上述之五項避潮層，係指牆脚之下，牆面及壓頂石下者。然屋中內部任何一室，其在最低窪處者，須做避潮及避水工事，應將全部面積，做六寸厚混凝土或鋼筋混凝土；但此混凝土必須佳者。於必要時，更須加避水漿或其他製水材料，藉制水與潮氣之上升。

避潮層之地位，最好置於泥皮線以上六寸，最多不過一尺；任何一處牆脚下，都應舖置之。設置避潮層，磚作工人每易遺忘，故事先必須注意。再者，凡係木作工程之木料，均應置於避潮層之上。地板如與地面離空者，則牆上應有出風洞或空心磚之留置，俾地板底與地面間空氣流通，如一六五圖。

木廡甎地之舖於混凝土底基上者，應用松香柏油窩之，藉防潮濕之自地下上透，以致木廡甎受潮而地板面凸起不平。

一六一圖 一六四圖 一六六圖 一六八圖

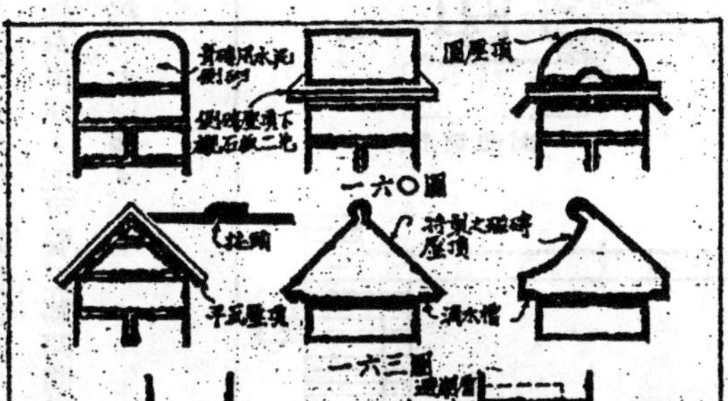

一五九圖 一六二圖 一六五圖 一六七圖

（附圖一五九至一六八）

地板面如有低於地平面者，則應分置避潮層二皮。第一皮設於地平面以上六寸；另一皮設於地板底沿油木之下。其上下兩皮避潮層之中間一段牆垣，在縱的方面，自亦應有防潮之設置，如一六六圖。或將牆之外面或離外牆面四寸半開，包以避潮濕之材料。或如一六七圖於牆中留二寸半寬之空縫。又如一六八圖於牆外另砌槃塔牆，而使中間離空；此法於牆之本身，不受任何妨礙；但後述兩法，因所留夾縫太小，復無通風與出清垃圾之便利。

地板面之低於地平面甚深者，則外牆成為禦堵牆，故所受推逼之力甚巨。如欲解除不必砌極堅厚之牆，以資堵禦者，則可於牆外另築禦堵牆一道，更須築成弓形；而禦堵牆與正牆之間，須有充分地位，以便清掃與出水之設置。其禦堵牆與正牆間之空間，非獨便於清掃及出水，並可資正牆開闢窗戶，則地窖中自有光線透入與空氣流暢。如一六九及一七〇圖。

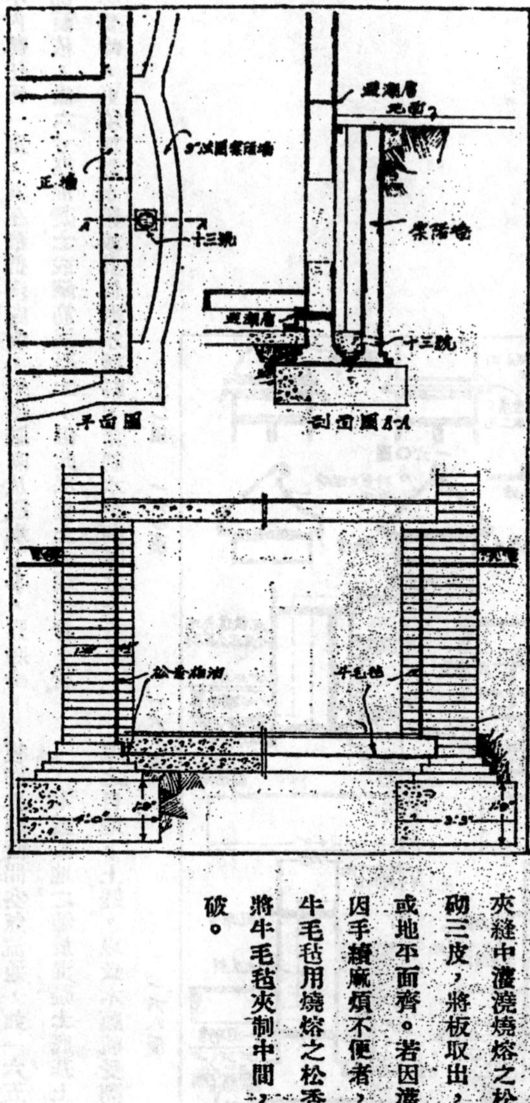

一六九圖　一七〇圖　一七一圖　一七二圖

，則地窖之牆與地面，亦便乾燥。地窖地面應做鋼筋混凝土。其混凝土中所用石子，應以瓜子片或碎頭砂為妥；水泥之成分，亦須豐富，中間並須和以避水漿或其他禦水材料。一俟鋼筋水泥之地基乾固，將地窖四週牆縫開深刷清。遂於離牆半寸或六分處，加築單壁。其單壁應從地砌起三皮，所有半寸或六分之夾縫，應先置一木板，迨單壁砌至三皮，則將此板拔起，夾縫中灌澆燒熔之松香柏油，待澆滿後，再如前法叠砌三皮，將板取出，澆以柏油。由是遞砌至水線以上或地平面齊。若因灌澆柏油與單壁，僅能三皮一砌，因手續麻煩不便者，則可將地窖牆壁刷清使乾後，將牛毛毡用燒熔之松香柏油黏貼牆上，然後再築單壁，將牛毛毡夾制中間，免被水力自牆外湧進將牛毛毡攻破。（待續）

（附圖一六九至一七二）

地窖之牆壁滲水，而地下亦有水湧起者，則此地窖之構築，有如水箱，應於牆外預掘一井，深過地窖；於是地下潛水奔流井中，遂用抽水機不斷將井水抽乾

23326

建築師公費之規定（續）

朗琴

下列各款係由測量師學會制定，而經皇家建築師學會採用者。

第九條 圖樣之核定與工程進行中之視察

建築之估價滿二萬鎊者，收公費一厘；二萬鎊以上者，餘數收公費半厘。（公費最少三鎊）

第十條 （甲）水準測量，備置圖樣，撥地築路，築溝，及工程進行時之監督。

代為擘劃發展計劃，其公費視產業之性質及式樣而不同。道路建築之繪製圖樣，撰擬說明書，呈請核准，代領執照，及監督築路及溝渠工程之進行，其公費依照所費五釐計算之。

注意：工程若不進行，公費減半收取。

（乙）土地測量及備置圖樣與地圖

公費視工作之簡繁而酌定之。

第十一條 估計材料與已完成工程之估值

注意：下列公費標準，須參照測量師學會所頒佈之「綱要」(Principles)閱讀之。

下列第一項（甲）款估計材料之公費標準，係概括一切，均可適用。此係根據暫時的計數，非通常所謂丈量也。

各種不同之丈量與估值，以及工程結束時賬單之開列，係為另一職務，公費俱詳第一項之（乙）款。

一．總額合同：建築工程

若行使丈量員之職務，則

（甲）丈量並編製材料計算表者

子．基本標準

工程估價值一萬鎊者，收公費二厘半。

工程估價在一萬鎊以上者，餘數收費二厘。

丑．改造工程

如係改造工程，依照（子）項規定，增加半厘。

寅．概言

在接受全部工程之標賬後，公費應即根據此數計算。若未接受標賬，則擇投標中之最低標準，為計算公費之標準。若未接得標賬，則根據原來之材料計算表，估計全部工程之合理的造價，以為計算公費之標準。

在計算應付公費時，若有欠賬及改裝之賬，均應加入。但除實在需要取消之工程外，其因改裝而取消者，不得列入。

材料計算表之印刷費，並不包括上述標準

之內，所需費用，應另計算，給付印刷者。
(乙)計算及編製合同中之更動各節，包括估價，及與承攬
人訂定造價等
添作工程，取公費二厘半；
取消工程，就取消之造價，取費一厘半，
需要整理而非屬專門技術者，免予取費。
(丙)編製材料計算表，或估算合同中之修飾者。
依照前項規定，加取公費二厘。
(丁)估計材料計算表者。
取公费半厘。
(戊)備置並估算材料約計表
根據估定材料價格，以半厘收取公費。或依照時間計
算之。
(己)工程進行中之測量，紀錄及請領執照等
將每次之估值，取費半厘。或依照時間計算之。
(庚)地址之紀錄，改造或修理工程說明書之撰擬，及其監
工。(若係需要者)
計其所費，取公費七厘半，或依照時間計算之。
注意：建築材料如係由業主供給，所取公費應以估
定價格或實在價格為準。
二•契約合同：建築工程
準備，估值，及訂立合同價格
視工作時間之久長，酌取公費。

丈量及編製價格表，包括估值及訂立合同等：
視總值取費二厘半
上述百分計算，僅應用於全部丈量，及房屋之估值，
或全屋整個之造價。若係分期進行，逐次估值者，加取
公費半厘。
注意：建築材料如係由業主供給，所取公費應以估
定價格或實在價格為準。
三•最初價格合同
在加賬利益中計核最初價格，及結算工程之末期造價
者：
除必需丈量另有訂定之費率外，酌收公費一厘二五。
第十二條 終身享用，專利，租借等產權之估值
估值一千鎊者，取公費一分；
估值九千鎊者，取公費五厘；
九千鎊以上，餘數取公費二厘半。
注意：在估計抵押價值時，若得押入者之同意，而
未預墊款項，則照上述取值三分之一，最低
公費五鎊。
第十三條 在合買產業或強迫獲得之產業：
甲•參與案內之估值者（必要時之談判包括在內）
依照下表規定之數，增加三分之一取費。
乙•其他估值者，提供證據者，依照下表收取公費
。

數額	取費	數額	取費	數額	取費	數額	取費
鎊		鎊					
100	5	2,400	25	5,600	41	8,800	57
200	7	2,600	26	5,800	42	9,000	58
300	9	2,800	27	6,000	43	9,200	59
400	11	3,000	23	6,200	44	9,400	60
500	13	3,200	29	6,400	45	9,600	61
600	14	3,400	30	6,600	46	9,800	62
700	15	3,600	31	6,800	47	10,000	63
800	16	3,800	32	7,000	48	11,000	68
900	17	4,000	33	7,200	49	12,000	73
1,000	18	4,200	34	7,400	50	14,000	83
1,200	19	4,400	35	7,600	51	16,000	93
1,400	20	4,600	36	7,800	52	18,000	103
1,600	21	4,800	37	8,000	53	20,000	113
1,800	22	5,000	38	8,200	54		
2,000	23	5,200	39	8,400	55		
2,200	24	5,400	40	8,600	56		

當測量員商議重複工程時，此項工程費用，在計算公費時，應合併計算，所有改善費用亦同。

注意：此項名爲賴氏標準，不能應用於仲裁人或公正人及地役權。

第十四條 終身享用不動產及專利不動產之出售，與房地產之出租。

商訂私人出賣契約或介紹買主：

先三百鎊以五厘計算；

次四千七百鎊以二厘半計算；

餘數以一厘半計算。

第十五條 購入之促成

購入之促成，取出售公費之半數。（關於價格之顧問，均包括在內）

注意：若產業不僅一處，應另加費。若有成交，則另估值算取公費。

注意 吾人須特別注意者，即上項取公費標準，並不包括投機式之房屋建築而以十所房屋爲最低限度者，亦非主管工務當局及公用當局之取費標準。所有投機式房屋建築取費標準，另由皇家建築師學會理事會，於一九三三年六月十二日核准，公佈於同年七月八日之會刊。本地主管工務當局及公用局之特別取費標準，亦刊佈於同年八月五日之會刊。

（完）

計算鋼骨水泥改用度量衡新制法

王 成 熹

我國度量衡制度，自古迄今，漫無標準，使人民無所適從。及民國成立，積極設法改進，加以整頓。現在國府明令公佈之標準制，爲一種頗合科學化之制度，吾人自當一律遵守應用。但同顧工程界，因一般沿習，與建築材料，以及多數學生所習科本編制等關係，仍多用英美制者，故作者以嘗試的心理，作成是篇，貢獻於工程界同志，作爲設計計算時之一助，藉此亦所以示提倡新制之至意也！

玆將設計時之重要公式，根據上海市工務局規定，舉例如下；

1：2：4水泥壓力：— 40公斤/平方公分

鋼骨壓力 十五倍水泥壓力

鋼骨引力 1250公斤/平方公分

水泥與鋼骨之黏合力 {有竹節者：— 7公斤/平方公分；無竹節者：— 5.5公斤/平方公分}

剪力 {有鋼骨設備者：— 10公斤/平方公分；無鋼骨設備者：— 4公斤/平方公分}

關於梁者，

$$k=\frac{n}{n+r}=\frac{15}{15+\frac{1250}{40}}=.324324\cdots\cdots$$

式中n爲鋼骨彈性率與水泥彈性率之比，r爲鋼骨引力與水泥壓力之比。

$$p=\frac{n}{2r(n+r)}=\frac{15}{2\times31.25\times(15+31.25)}=\frac{15}{62.5\times46.25}$$

$$=.0051891\cdots\cdots$$

$$j=1-\frac{k}{3}=1-\frac{.324}{3}=1-.108\cdots\cdots=.891\cdots\cdots$$

$$M=\tfrac{1}{2}f_ckjbd^2=pbd^2f_sj=Kbd^2$$

$\therefore K=\tfrac{1}{2}f_ckj$或$pf_sj=.0051892\times1250\times.892=5.787$公斤/平方公分

例題， 設今有支持於磚牆上之鋼骨水泥梁，其跨度爲4公尺，每公尺載重1500公斤，試計算之，

每公尺總載重＝外來載重＝1500公斤

假定梁身本重＝ 400公斤

1900公斤

$$M=\frac{wl^2}{8}=\frac{1900\times4^2}{8}=3800\text{公尺公斤}=380,000\text{公分公斤}$$

假定 {梁寬＝30公分；梁高＝50公分} $K=\frac{380,000}{30\times50^2}=5.067$

此數未曾超過K之規定數5.787故頗合格。

$p=\frac{K}{f_sj}=\frac{5.067}{1250\times.892}=.00454$亦未曾超過規定之數

$A_s=30\times50\times.00454=6.81$方公分

由表二乙檢得3根1.588公分或卽16公厘之方鋼骨，其面積爲7.465方公分故已足

總剪力＝1900×7＝3800公斤

$$\text{單位剪力}=\frac{3800}{30\times.892\times50}=2.84\text{公斤/平方公分}$$

由圖表五用6公厘鋼環先自左邊在梁高50公分橫線上向右至總剪力4000公斤之斜線相交處讀下其中距爲13.2公分，故可用13公分中距，以資便利。

表一至表三均爲計算水泥板及梁時，鋼骨面積求得後，檢查鋼骨之中距或根數之用。

表四爲計算前檢查各項常數之用。

圖表五及六爲剪力求得後查鋼環之大小及中距之用。

其餘用於柱及柱基等之表解，當於下期續登也。

表一：—鋼骨之面積；周圍長，及重量

直徑或邊長		圓			方		
吋	公分	面積（平方公分）	周圍（公分）	每公尺長重量（公斤）	面積（平方公分）	周圍（公分）	每公尺長重量（公斤）
1/4	.635	.3167	1.995	.253	.4032	2.540	.312
5/16	.794	.4951	2.394	.387	.6304	3.176	.491
3/8	.953	.7133	2.994	.565	.9082	3.812	.714
7/16	1.111	.9694	3.490	.759	1.2343	4.444	.967
1/2	1.270	1.2668	3.990	.997	1.6129	5.080	1.265
9/16	1.429	1.6038	4.489	1.265	2.0420	5.716	1.607
5/8	1.588	1.9806	4.989	1.548	2.5217	6.352	1.979
11/16	1.746	2.3943	5.485	1.875	3.0485	6.984	2.396
3/4	1.905	2.8502	5.985	2.232	3.6290	7.620	2.842
13/16	2.064	3.3459	6.481	2.619	4.2601	8.256	3.348
7/8	2.223	3.8812	6.984	3.036	4.9417	8.892	3.869
15/16	2.381	4.4526	7.480	3.497	5.6692	9.524	4.449
1	2.540	5.0671	7.980	3.973	6.4516	10.160	5.059
1 1/8	2.858	6.4153	8.979	5.029	8.1682	11.432	6.398
1 1/4	3.175	7.9173	9.975	6.205	10.0806	12.700	7.901
1 3/8	3.493	9.5827	10.974	7.514	12.2010	13.972	9.568

表二甲：—數根圓鋼骨合成之面積

直徑		鋼骨之根數										
吋	公分	2	3	4	5	6	7	8	9	10	11	12
1/4	.635	.633	.950	1.267	1.584	1.900	2.217	2.534	2.850	3.167	3.484	3.800
3/8	.953	1.427	2.140	2.853	3.567	4.280	4.993	5.706	6.420	7.133	7.846	8.560
1/2	1.270	2.534	3.800	5.067	6.334	7.601	8.868	10.134	11.401	12.668	13.935	15.202
5/8	1.588	3.961	5.942	7.922	9.903	11.884	13.864	15.845	17.825	19.806	21.787	23.767
3/4	1.905	5.700	8.551	11.401	14.251	17.101	19.951	22.802	25.652	28.502	31.352	34.202
7/8	2.223	7.762	11.644	15.525	19.406	23.287	27.168	31.050	34.931	38.812	42.693	46.574
1	2.540	10.134	15.201	20.268	25.336	30.403	35.470	40.537	45.604	50.671	55.738	60.805
1 1/8	2.858	12.831	19.246	25.661	32.077	38.492	44.907	51.322	57.738	64.153	70.568	76.984
1 1/4	3.175	15.835	23.752	31.670	39.587	47.504	55.421	63.338	71.256	79.173	87.090	95.008

表二乙:—數根方鋼骨合成之面積

邊長 吋	邊長 公分	鋼骨之根數 2	3	4	5	6	7	8	9	10	11	12
1/4	.635	.806	1.210	1.613	2.016	2.419	2.822	3.223	3.629	4.03	4.44	4.84
3/8	.953	1.816	2.725	3.633	4.541	5.450	6.357	7.266	8.174	9.08	9.99	10.89
1/2	1.270	3.226	4.839	6.452	8.065	9.677	11.290	12.903	14.516	16.13	17.74	19.35
5/8	1.588	5.043	7.565	10.087	12.609	15.130	17.652	20.174	22.695	25.22	27.74	30.26
3/4	1.905	7.258	10.887	14.516	18.145	21.774	25.403	29.032	32.661	36.29	39.92	43.55
7/8	2.223	9.883	14.825	19.767	24.709	29.650	34.592	39.534	44.475	49.42	54.36	59.30
1	2.540	12.903	19.355	25.806	32.258	28.710	45.161	51.613	58.064	64.52	70.97	77.42
1 1/8	2.858	16.356	24.505	32.673	40.841	49.009	57.177	65.346	73.514	81.68	89.85	98.02
1 1/4	3.175	20.161	30.242	40.322	50.403	60.484	70.564	80.645	90.725	100.81	110.89	120.97

表三:—樓板中每公尺內鋼骨之面積及中距

中距 (分公)	方鋼骨 .635公分 1/4 吋	方鋼骨 .953公分 3/8 吋	方鋼骨 1.270公分 1/2 吋	方鋼骨 1.588公分 5/8 吋	方鋼骨 1.905公分 3/4 吋	圓鋼骨 1.270公分 1/2 吋	圓鋼骨 1.588公分 5/8 吋	圓鋼骨 1.905公分 3/4 吋	圓鋼骨 2.223公分 7/8 吋	圓鋼骨 2.54公分 1吋
7.50	4.222	9.508	16.886	26.401	37.993	21.501	33.618	48.375	65.877	86.005
8.75	3.616	8.153	14.430	22.638	32.420	18.437	28.826	41.479	56.487	73.746
10.00	3.167	7.133	12.668	19.806	28.502	16.130	25.220	36.290	49.420	64.520
11.25	2.815	6.341	11.256	17.608	25.338	14.340	22.421	32.262	43.934	57.358
12.50	2.534	5.706	10.134	15.845	22.802	12.904	20.176	29.032	39.536	51.616
13.75	2.303	5.186	9.210	14.399	20.721	11.727	18.335	26.383	35.928	46.906
15.00	2.112	4.758	8.450	13.211	19.011	10.759	16.822	24.205	32.963	43.035
16.25	1.948	4.387	7.791	12.181	17.529	9.920	15.510	22.318	30.393	39.680
17.50	1.808	4.073	7.233	11.309	16.275	9.210	14.401	20.722	28.219	36.841
18.75	1.688	3.802	6.752	10.557	15.192	8.597	13.442	19.343	26.341	34.389
20.00	1.583	3.567	6.334	9.903	14.251	8.065	12.610	18.145	24.710	32.260
2.125	1.492	3.360	5.967	9.329	13.424	7.597	11.879	17.093	23.277	30.389
22.50	1.406	3.167	5.625	8.794	12.655	7.162	11.198	16.113	21.942	28.647
23.75	1.330	2.996	5.321	8.319	11.971	6.775	10.592	15.242	20.756	27.098
25.00	1.267	2.853	5.067	7.922	11.401	6.452	10.088	14.516	19.768	25.808
26.25	1.207	2.718	4.827	7.546	10.859	6.146	9.609	13.826	18.829	24.582
27.50	1.150	2.589	4.598	7.190	10.346	5.855	9.155	13.173	17.939	23.421
28.75	1.102	2.482	4.408	6.892	9.919	5.613	8.777	12.629	17.198	22.453
30.00	1.055	2.375	4.218	6.595	9.491	5.371	8.398	12.085	16.457	21.485

表四：一 計算鋼骨水泥梁及樓板時之：

$k=\dfrac{n}{n+r}$　　$j=1-\dfrac{k}{3}$　　$P=\dfrac{n}{2r(n+r)}$　　$K=\frac{1}{2}f_c\,kj$ 或 $pf_s\,j$

單位應力 公斤/平方公分		n=12				n=15			
鋼骨	水泥	k	j	P	K	k	j	P	K
840	35	0.333	0.839	.00696	5.181	0.385	0.872	.00802	5.874
	38	0.352	0.884	.00796	5.906	0.404	0.865	.00914	6.540
	40	0.364	0.879	.00867	6.450	0.417	0.861	.00993	7.181
	45	0.391	0.870	.01047	7.654	0.446	0.851	.01195	8.540
	50	0.417	0.861	.01241	8.976	0.472	0.843	.01404	9.937
	55	0.440	0.843	.01440	10.200	0.495	0.835	.01621	11.366
980	35	0.300	0.900	.00536	4.725	0.349	0.884	.00623	5.399
	38	0.318	0.894	.00617	5.402	0.368	0.877	.00713	6.132
	40	0.328	0.891	.00669	5.845	0.387	0.871	.00790	7.042
	45	0.355	0.882	.00815	7.045	0.408	0.864	.00937	7.932
	50	0.387	0.871	.00987	8.427	0.434	0.855	.01107	7.063
	55	0.402	0.866	.01128	9.574	0.458	0.847	.01717	10.668
1120	35	0.270	0.910	.00422	4.300	0.319	0.894	.00497	4.991
	38	0.289	0.907	.00490	4.980	0.337	0.888	.00572	5.686
	40	0.300	0.900	.00535	5.400	0.349	0.884	.00623	6.170
	45	0.325	0.892	.00653	6.523	0.376	0.875	.00755	7.403
	50	0.349	0.884	.00779	7.713	0.401	0.866	.00895	8.682
	55	0.371	0.876	.00911	8.937	0.424	0.859	.01041	10.016
1190	35	0.261	0.913	.00384	4.170	0.306	0.897	.00450	4.803
	38	0.277	0.903	.00442	4.779	0.324	0.892	.00526	5.491
	40	0.287	0.904	.00482	5.189	0.335	0.888	.00563	6.250
	45	0.313	0.896	.00590	6.290	0.362	0.879	.00706	7.159
	50	0.335	0.888	.00704	7.437	0.387	0.871	.00814	8.427
	55	0.357	0.881	.00825	8.649	0.409	0.864	.00945	9.718
1250	35	0.252	0.916	.00353	4.040	0.296	0.901	.00414	4.667
	38	0.267	0.911	.00406	4.622	0.313	0.896	.00476	5.329
	40	0.278	0.907	.00444	5.043	0.324	0.892	.00519	5.780
	45	0.302	0.899	.00544	6.109	0.351	0.883	.00632	6.973
	50	0.324	0.892	.00648	7.325	0.375	0.875	.00750	8.203
	55	0.346	0.885	.00761	8.421	0.398	0.867	.00876	9.489
1400	35	0.231	0.923	.00289	3.731	0.273	0.901	.00366	4.305
	38	0.246	0.918	.00334	4.291	0.289	0.907	.00392	4.980
	40	0.256	0.913	.00366	4.675	0.300	0.900	.00429	5.400
	45	0.278	0.907	.00447	5.673	0.325	0.892	.00522	6.523
	50	0.300	0.900	.00539	6.750	0.349	0.884	.00645	7.713
	55	0.320	0.893	.00629	7.858	0.371	0.876	.00718	9.034

圖表五：鋼環的中距

公式 $S = \frac{3}{2} \cdot \frac{A_s f_s j d}{V}$

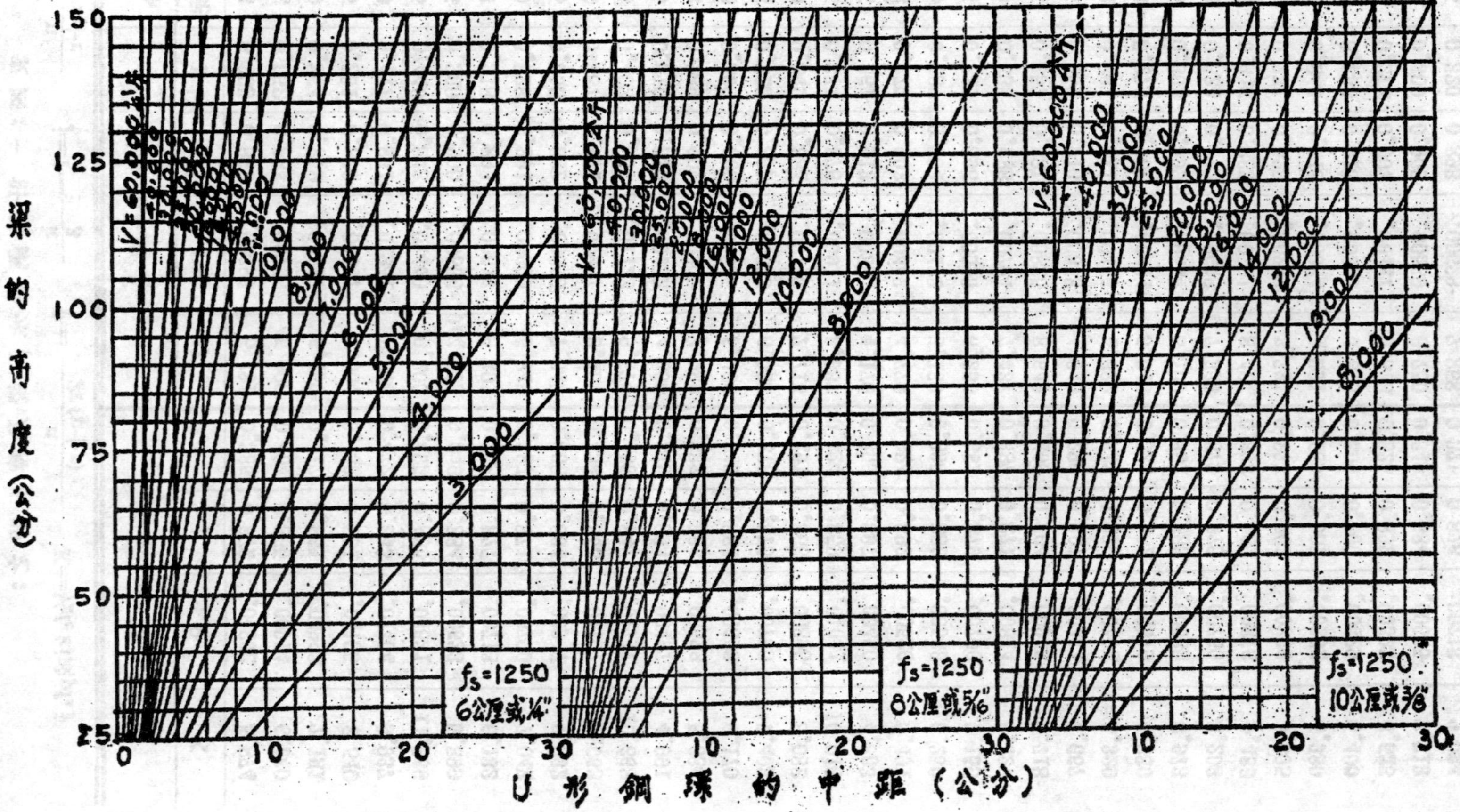

23334

圖表六:-鋼環的中距

公式 $S=\frac{3}{2}\cdot\frac{A_s f_s jd}{V}$

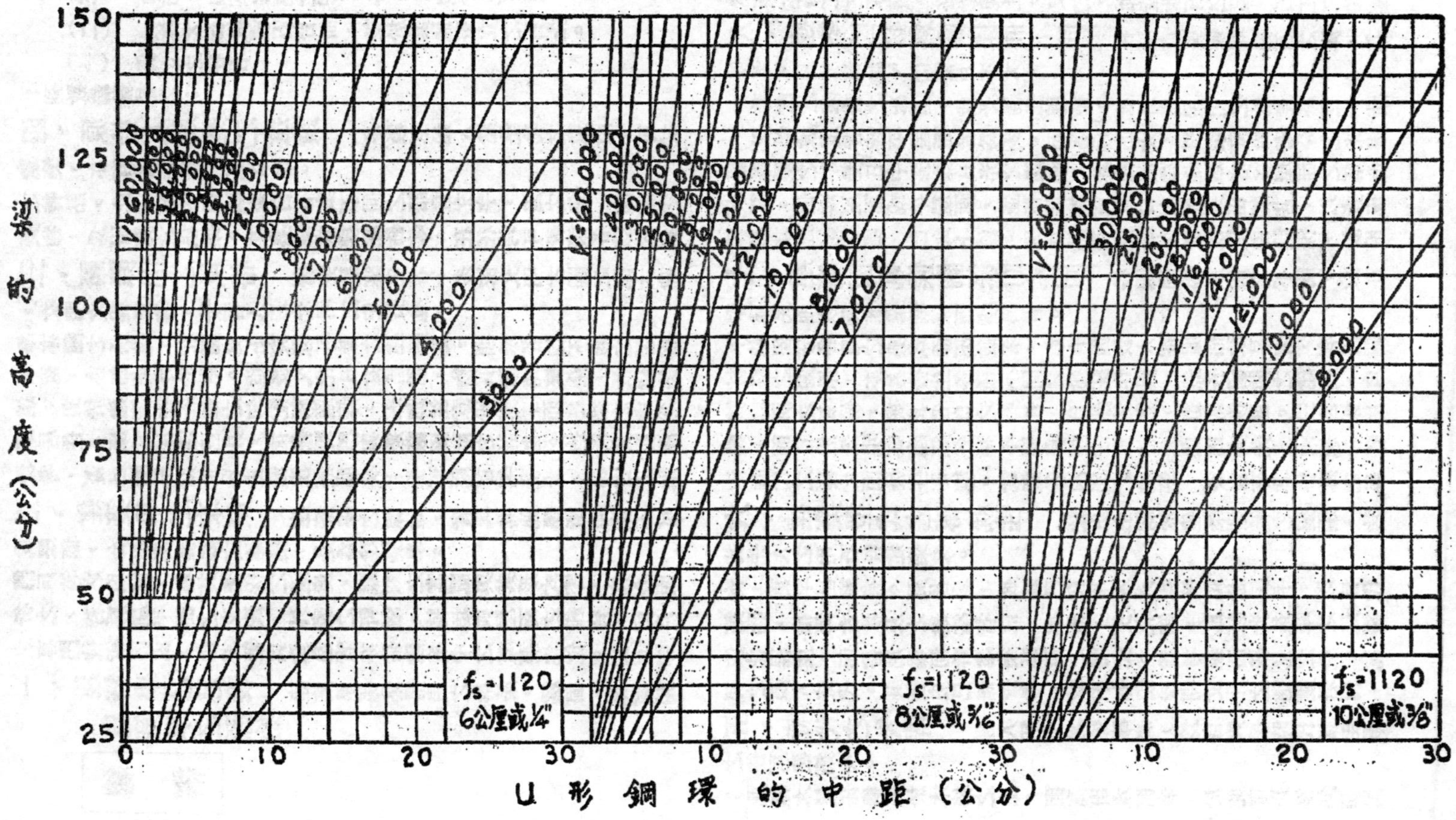

23335

建築史（一）

杜彥耿譯

總綱

建築學之源始

一、建築學之定義 建築學係集房屋之構築，穩固，與適用之專門技術而成，但美觀與堂皇實亦佔建築中之重要地位。試更詳析之，若房屋平面之支配，外表之軒敞，牆垣與屋面之組合，窗戶門戶等之地位，與其光線之適度，雕刻之富麗與其形式等，集合而成堅固，合用與美觀之建築，是爲建築學。

二、建築學之來歷 建築學之源始，實與其他學術同樣不可深考，蓋已隨早期世界史湮沒無聞矣！但可斷言無疑者，卽古人架屋居住，厥爲保護己身，抗禦野獸與遮蔽風雨之計也。迨後文明漸進，對於建築物各部之勻配稱適等，遂加注意研究；而建築之成爲學術，亦卽萌芽於斯。迨後文化日益昌明，物質漸趨繁榮，故建築學亦隨之俱進，在歷史上斑斑可考之建築史，顯示各地不同之習俗，文明之程度等，予吾人以參考之史實也。

三、國際間之風格 研究建築史者，多依文明古國之偉大建築物，爲研究之根據。其典章式樣雕飾等，在在均可表演各該國家之特點。此一如各個國家自有其不同之語言文字，因之每一國家之建築，亦有其特殊之風格也。

四、原始人建築之遺蹟 多數原始人建築物之遺蹟，可於下列數端發見之：

（一）獨立之柱石

（二）一塊大石板或石台面，架於其他豎立之石上。

（三）石坊。如英格蘭之Stonehenge與Avebury。

（四）土坟，如丹麥國之Tumuli。

（五）用粗石壘成之棚舍，形如蜂房及地下之地窖。

此外如石室與石築廟宇，歐洲多處湖中所發現太古沉沒之木屋；此種木屋係構築於木樁之上，而高出水面者，於此可以推知初民之住居建築矣。

五、時代之失傳 吾人所引爲憾事者，爲自穴居時代推至最初之原人時代。其歷史已無查考，故不知該時期文化之進度若何，依此程度，而啓尼羅河畔建築藝術之曙光。稽考業已發見之最早建築物，推算古埃及之建築智能，美術，文化等，已較此最早之建築物，更早昌盛矣。更甚者，彼時已在用木材建築紀念屋宇，以替代其先人之用石料建築矣。

六、建築型式之傳統性 歷史上關於建築型範之變遷，均依時代之變化而發生影響。試觀各國間之建築，各自有其特殊之異點，而自然表現其建築各種不同典型之風格。此因其先人求適合各該處所之氣候，與其各自之特性，自然流露，遺傳後世。三因採用材料之關係，亦易發生各種不同之建築作風。然各國間之建築，自不能固守各自之典式而不破者，如有因被人征服而改易者，有因關作殖民地以及商業關係而變異者。

七、建築因氣候關係而不同 各國間因氣候之不同，故亦各異其建築作風，已如上述。例如熱帶區域，欲求室內陰涼，故用小窗。低矮屋面或平屋面，並使屋檐或台口向外突出特甚，以資掩蔽房屋之不受日中强烈日光之過晒。其在溫帶地域者，屋面之構造，以斜坡度者較平屋面者爲多，而窗戶亦大，以求室內充分之光線。若處境寒帶之冰國，感受陽光極微，故房屋屋頂之坡度特巨，藉使雨雪易於瀉脫、而窗戶亦大。

八、建築因材料關係而不同 在盛產堅硬花崗石之處，其建築上石工之琢磨，必單純化。反之，如產軟石之區，石工之雕鑿，自必細緻，建築圖案亦趨美化；此可於出產大理石之區域證明之。若其地不產石料而須向遠地採辦，如不便者，卽以煉甎代之，此亦自然之趨向也。他如地處森林，則其地之建築，多以木材爲主要作料矣。

九、建築典型之分別：　每一國之建築典型，雖各不同，而在歷史上藝術上各佔一席地位。然試加區別，則不越乎四大範圍，或更簡分之，則祇拱圈式，棟樑式，或拱圈與棟樑兩者之混合耳。

甲•棟樑式　亦卽以橫架構建者，如埃及與希臘建築是。

乙•圓拱式　如羅馬建築是。

丙•尖拱式　如哥德式建築之行於各國者。

丁•棟樑與圓拱混合式　如文藝復與時代各國所採之文藝復與式建築是•

埃及建築

埃及之地理歷史與社會小誌

十、地理　埃及爲建築學術發源之地，亦爲文化發軔最早之古國也。其國處於狹隘之山凹，位在非洲之東北，爲歐洲通亞之門戶。全國境地形如衣帶，其最狹處不及一英里，闊處平均亦不滿十英里。其國境南自第一大瀑布起，迤北迄最寬闊處止，長七百英里之終點，名三角洲。三角洲者，尼羅河出地中海之叉口也。該地氣候終年無雨，而此山凹之能成一豐饒之地者，蓋藉尼羅河灌溉之利也。故尼羅河自非洲高原上流，挾其富源，直趨下流，以抵平原，因之河流兩傍遂成富庶之區矣。

因東有阿剌伯沙漠，與西有利濱沙漠爲之屏障，故無東西兩邊界域，亦無外勢侵迫之危機。更藉尼羅河之便利，國內交通，暢達無阻。其在地勢上更居優越地位者，既濱紅海之勝，復扼地中海之咽喉，地勢之宜，得天獨厚。尤足述者，該地氣候，終年如一，故物產豐盛，民稱富裕。遂使古埃及文化鼎盛，而成一獨立之民族。

十一、地質及植物　埃及之地質殊爲單純。其平原係淤土積成，其地叢山既多，石料遂富，如北部之石灰石，南部之花崗石與閃長石，中部之砂石是。

埃及產木殊少。蓋其國中不務植林，惟果樹則有棕櫚、無花果，荊棘花等。水中植物則有荷花，與製紙之草等。

十四、宗教　埃及人之宗教觀念，具有神異之色彩，可以下述諸語證明之：『彼之生也，惟藉靈氣，處天地之獨尊而不傳嗣者也』。彼輩除認天神生存在世之思想外，更崇拜多神，其尤特異者，爲崇拜畜類是也。如貓，鱷魚，巨蟒，及牡牛之屬，均在崇拜之列。阿比度(Abydos)地方者，埃及之古市也。其地崇拜奧雪禮斯神(Osiris 係埃及之神，爲下界之主神審判死者之官，　Isis 之兄及丈夫，Horus與Anubis之父。)與太陽神之聖地，其參拜儀式，遍傳埃及全境，並傳諸後世。埃及人認人死後轉變爲鬼，而依舊永久存在者也，並名之曰『凱』(Ka) 因之人死後須用防腐方法，將肉體保存，以資凱之日後着體歸元。更於死者之墓中，置神采如生之彫像或畫像，蓋因其肉體既已死去，致失其生前之真相矣。墓中更置供桌，陳列食物飲料等祭品，以供死者靈魂之需。埃及人因有此種奇突之信仰，故其屍體用香料殮之，使乾，復建堅固坟墓，陳置祭祀物品，並供主持家務之神像於墓中，以佑死者。

十五、歷史　與埃及之坟墓並爲世人所注意者，埃及之歷史是也。在紀元前三世紀，有僧名馬尼查(Manetho)寫其國之歷史。依據馬尼查所編之史實，列埃及君主爲三十朝代，殊足引起後人之疑惑，雖無確實證據，但亦有不少可資信仰者。關於古埃及之歷史，可從其古代之草簡所記之文字參考之。然欲求正確之古代史蹟，現在一般學者尚在爭辯，迄未明白也。

開創埃及君主之制，始自彌尼斯(Menes)，於極早時期，在齊斯(This)成立爲埃及第一代君主。據馬尼查載此彌尼斯時代，計二五三三年，繼之者第二代爲齊耐脫(Thinite)時代計三〇二年。第三代爲孟斐斯(Memphis)，計當國二一四年。關於上述諸代之確實時期，實無從查考，埃及史實之有確實考證者，始於第四代之雪斐羅。(Sheferu)

十六• 卽如歐門(Erman)謂紀元前二八三〇年，勞令生教授(Rawlinson)謂紀元前二五〇〇年，其文明程度既已達到相當可觀之地位，而其象形文字亦已發明矣。其時尤有數處金字塔之建設，對於美術及雕刻，已有極大之進展，舒適之木造或石造房屋，亦已實現。在第四代中之三個君主，尤致力於金字塔之建造，如果夫（Khufu）或鄯芝浦（Cheops）。第二個君主之建大金字塔於相近孟斐斯者，名曰奇士（Gezeh）。蕭斐臘或芝弗林（Shafra or Chephreu）之建造第二金字塔及人面獅身之神廟。而此人面獅身之神獅巨大雕刻工作，或係在奇士地方施之者。孟加拉或梅賽拿斯（Mankaura or Mycerinus）爲建造第三金字塔之君主。

十七● 關於埃及在政治上及歷史上特殊重要時期之年表，列如下表：

古帝國時期：

第四與第五時代約自紀元前二八三〇年

第六時代約自紀元前二五三〇年

中帝國時期：

第十二時代約自紀元前二一三〇年

第十三時代約自紀元前一九三〇年

新帝國時期：

第十八時代約在紀元前一五三〇年至一三二〇年

第十九時代約在紀元前一三二〇年至一一八〇年

第二十時代約在紀元前一一八〇年至一〇五〇年

第五時代之第七個君主，繼續建築金字塔及坟墓。然其規模隘小，較諸第四時代所建者難與比擬矣。

在第六朝代，其中央政府已遷至阿比度斯（Abydos）此朝爲完成奇士之第三大金字塔者。此後經過極長之黑暗時期，故不明每一君主之爲誰屬，蓋因其時之紊亂狀態，有以致之，遂致紀念物與房屋之建築物極少。繼之卽爲外族之侵凌，而主埃及，該族似係Hittities，時爲中帝國時期。

十八● 創造第十八朝代之君主驅退入主之外族，而恢復埃及人之統治。定都於齊比斯（Thebes）此一時代是爲新帝國時代。在此時代於齊比斯建築偉大之造像二座，並在羅克沙宮 （Luxor） 建造阿門神廟。繼之者卽十九朝代之西蒂第一（Seti I）建造大柱廳於卡內克（Karnak），同時並造多處廟宇，及開始鑄通尼羅河與紅海之運河工程。

西蒂之子名萊米沙第二（Ramesu II），係一英明之人主。在其執政時，有多處巨大建築與大工程之建設，完成未竟之運河工程，以鑄通尼羅河與紅海者，及萊米沙第二之坟廟，三座城鎮，齊比斯廟及海羅波利斯廟（Heliopolis）之修理。並於埃及國境之東建築長城，以資防禦。此等偉大之工程與其他埃及之大建設，同樣係由戰時之俘虜與徵集之工役與奴隸等，逼使工作者。

萊米沙第三爲第二十朝之君主，建一偉大之廟於米田納脫愛埠（Medinet-Abu）並鼓勵貿易。迨將帝業傳與其子，遂中落不振，大權傍墮，爲僧侶所操縱。迨至晚年，卒遭愛西亞平（Ethiopians）之侵略。

十九● 埃及獨立史之末葉，祇有第二十六朝之君主薩麥推克第一（Psymatik I）。因得里俾王奇斯（Gyges, King of Lybia）之助，而得恢復國權，時爲紀元前六五五年也。在此君主執政之時，卽繼承米沙第二之志，而復興建築。如齊比斯與米田納脫愛埠之廟宇恢復舊觀也，在賽斯，斐來及海羅波利斯（Sais, Phila, Heliopolis）等處之大建築也。迨薩麥推克第三爲此朝之末代君主，被波斯人敗於披羅西姆（Pelusium）時，爲紀元前五二七年，而埃及遂劃作波斯之一省區矣！

自亞歷山大逝世後，埃及復落他里敉（Ptolemy）之手，而君埃及，並於紀元前三〇六年加冕焉。他里敉之一朝，約有三百年，至克麗華派脫拉王后。后生於紀元前六十九年，歿於紀元前三十年，爲埃及當代之絕世美人也。其死係引毒蛇自盡者。死後其國遂淪爲羅馬帝國之殖民地矣！

（待續）

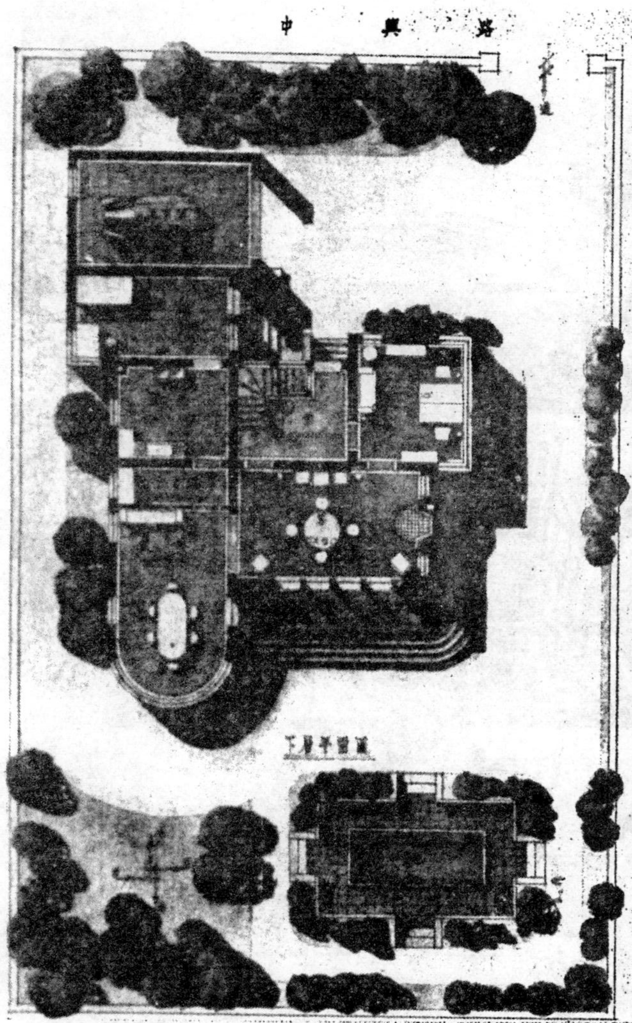

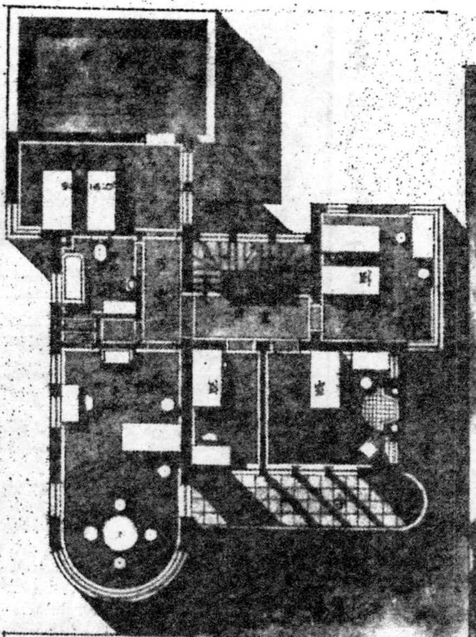

張耀先設計繪圖

地形圖

計擬中之閘北高君住宅

Plans of a dwelling house.

Mr. Z. K. Day's House. Designed by Service Dept., S. B. A.

〔圖三四—三五頁〕該住宅擬建於上海市引翔區馬玉山路，因地形狹長，故橫面展寬。全屋建築費，至多限五千元。屋雖不大，然在起居室中，亦足容三桌筵席。書房，餐室，汽車間，無不應有盡有。並有臥室四個：最大者作為主母臥室，其旁則為主人臥室，小房間用為小兒臥室，倘有一間可備作親友下榻之需。

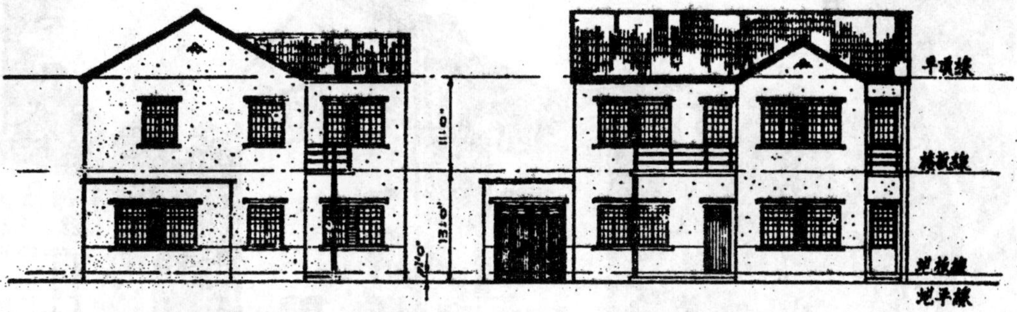

西立面圖　　南立面圖

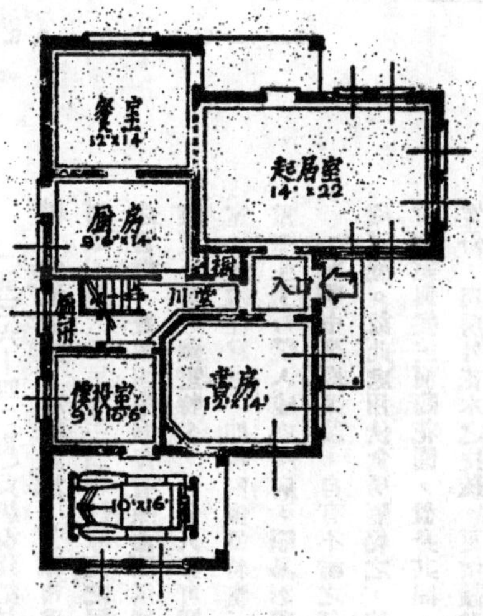

下層平面圖

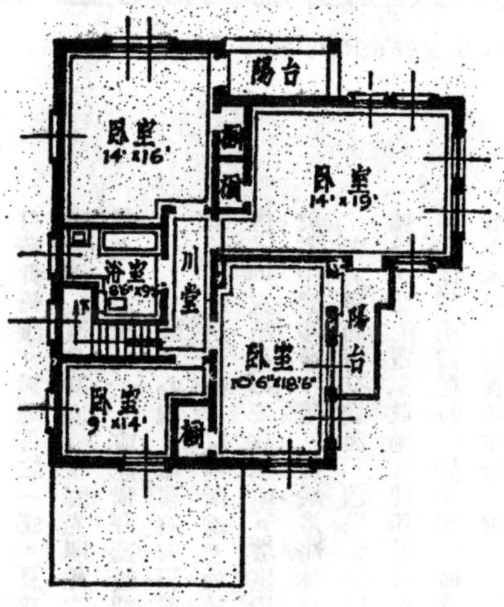

上層平面圖

Mr. N. S. Zee's Residence.　　Designed by Service Dept., S. B. A.

〔圖三六一四二頁〕此屋擬建築於上海江灣區朱家石橋，處境清幽，不染塵囂，蓋城市與鄉村接壤之區也。屋雖不廣，但足容一個中等家庭之居住，尤適合於國人之習慣。蓋中國家庭每有陳舊傢俱雜物，不願棄去，故該屋下層貯藏室特多，而僕人亦可闢貯藏室之一部爲臥室。尤須注意者，卽僕室佈置特潔，與浴室之設置，力重衛生，蓋僕人感染疾病，頗易影響主人健康也。

廚房中烹庖菜蔬，自有不耐之氣味，散奔各室，殊礙嗅覺。故此處用伙食房隔絕之，使廚房與餐室分開。會客室與餐室面臨花園，置身其間，倍感愉快。書房之寬舒，與房外花木之扶疏，更增讀書興趣者也。

陽台一端，上蓋屋瓦，可供消夏納涼，或陰雨天氣涼晒衣服之需。更有貴重皮毛，不便晒於烈日下者，亦可藉此掩護。無遮蓋之一端，夏夜納涼，更感涼爽；冬令日浴，有益身心。當春光明媚之時，置足台口，賞覽景色，心曠神怡，直忘尙在塵寰間也。

考諸國人心理，每喜將衣箱藏於臥室。然室小存放衣箱，旣損美觀，又不清潔。故於正房中依牆築衣櫥一排，則衣箱可以安放櫥中。浴室比較稍大，因屋主人欲於室中置沙發一隻，擬於浴罷休息者。全屋中無一壁爐，僅於牆間留有烟囱，預備裝接火爐。室中取暖。除火爐外，更有電氣設備，俾用電熱。

此屋所需材料，完全用普通貨，如水料之用三號青放；木料之用普通洋松，故造價亦廉，總計水電一切在內，約需洋一萬一千元。

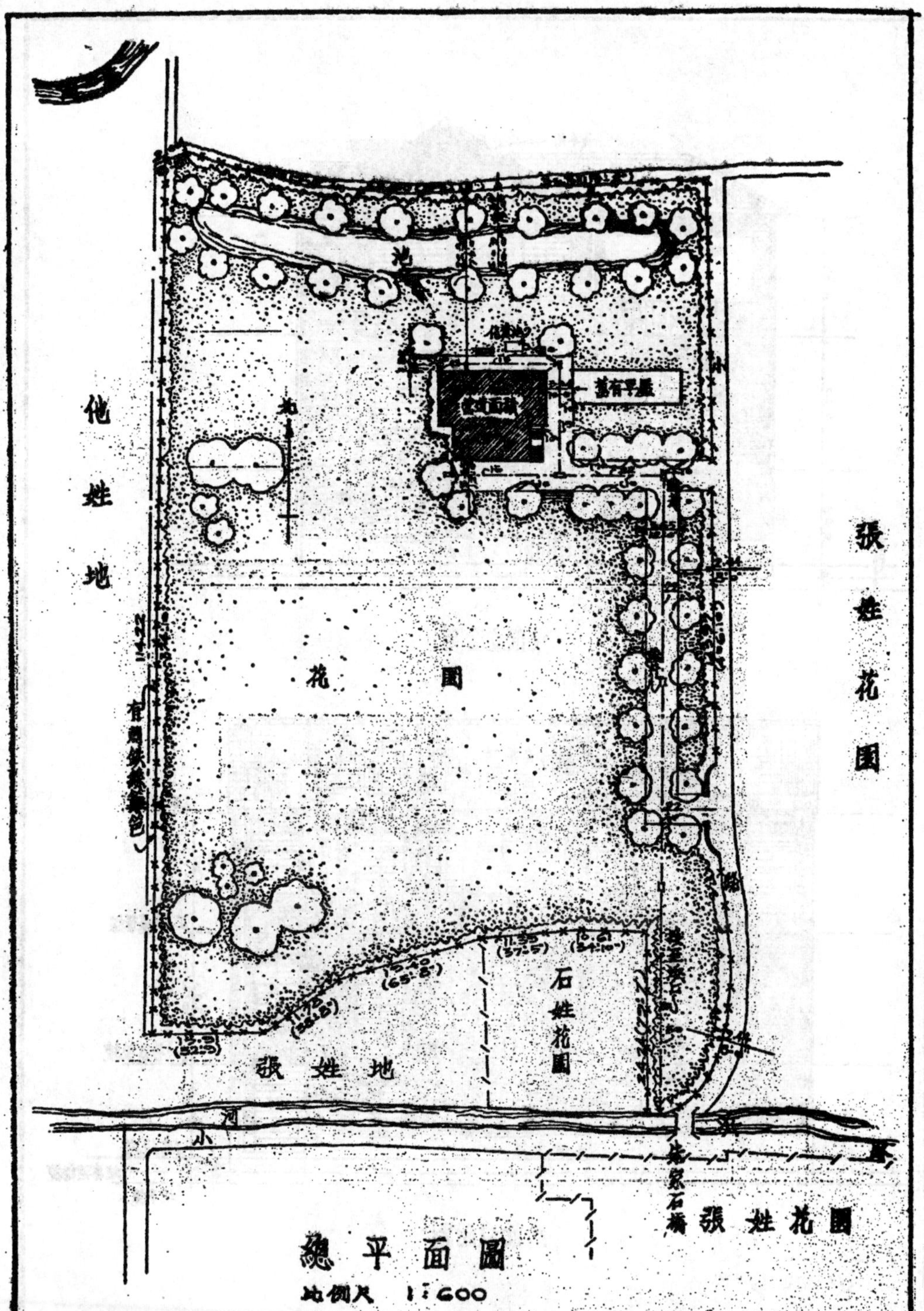

總平面圖
地例尺 1:600

23343

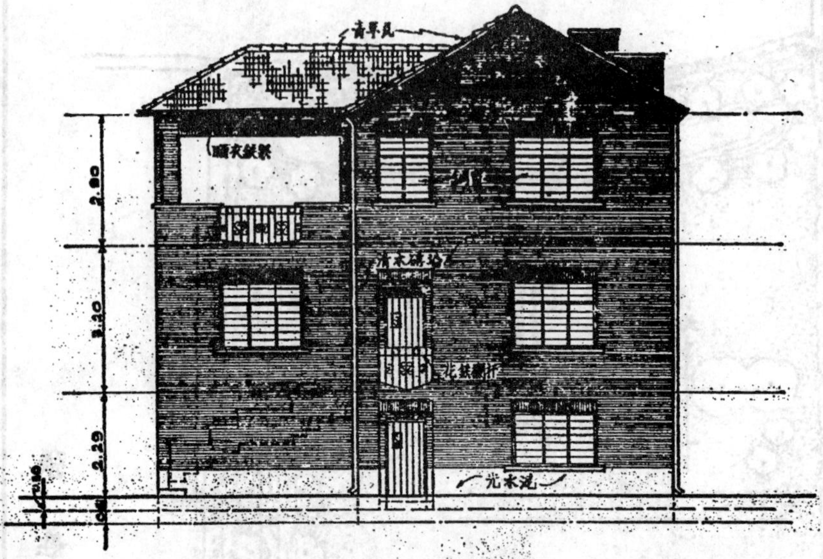

東面立面圖

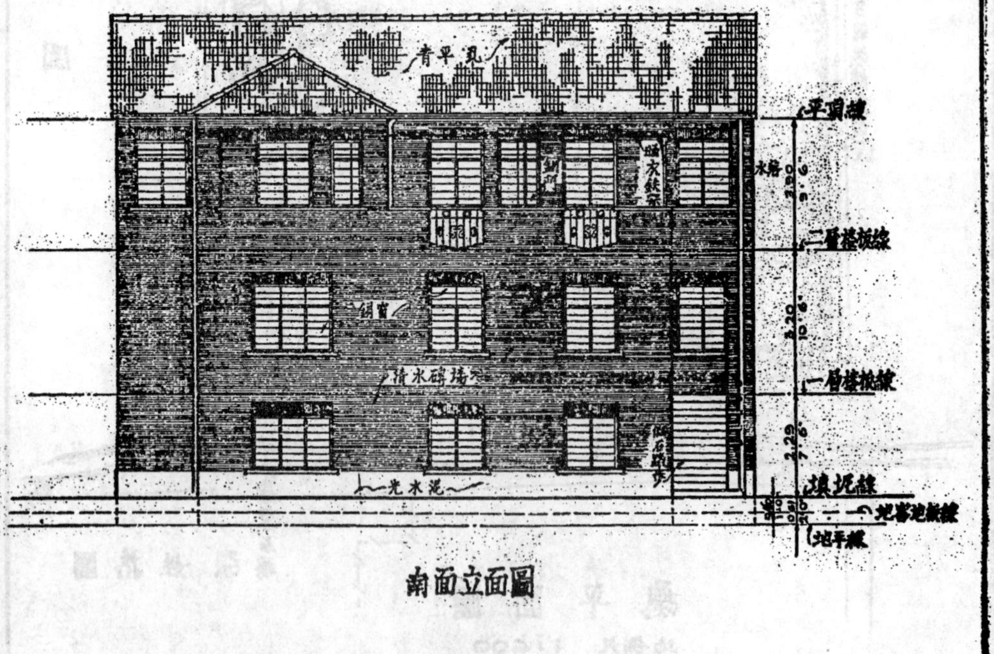

南面立面圖

23344

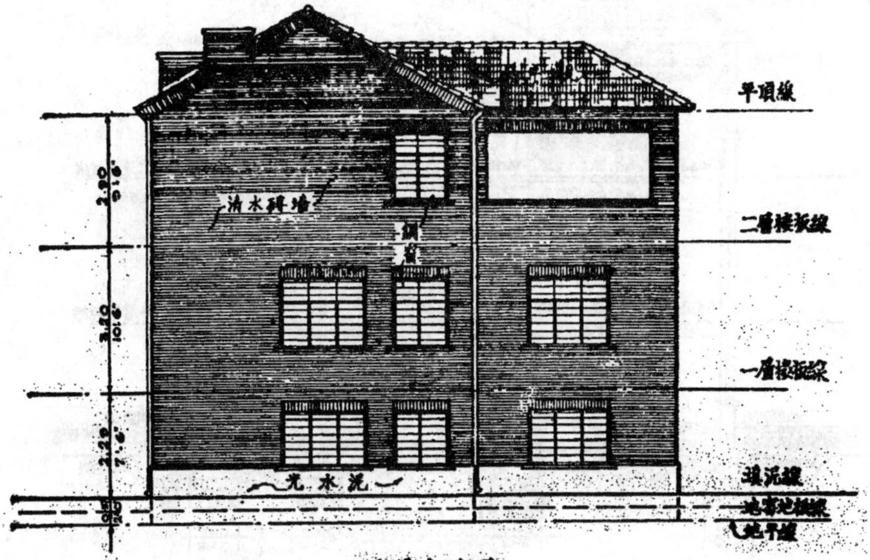
平頂線
清水磚墻
鋼窗
二層樓板線
一層樓板線
光水泥
填泥線
地窖地板線
地平線

西面立面圖

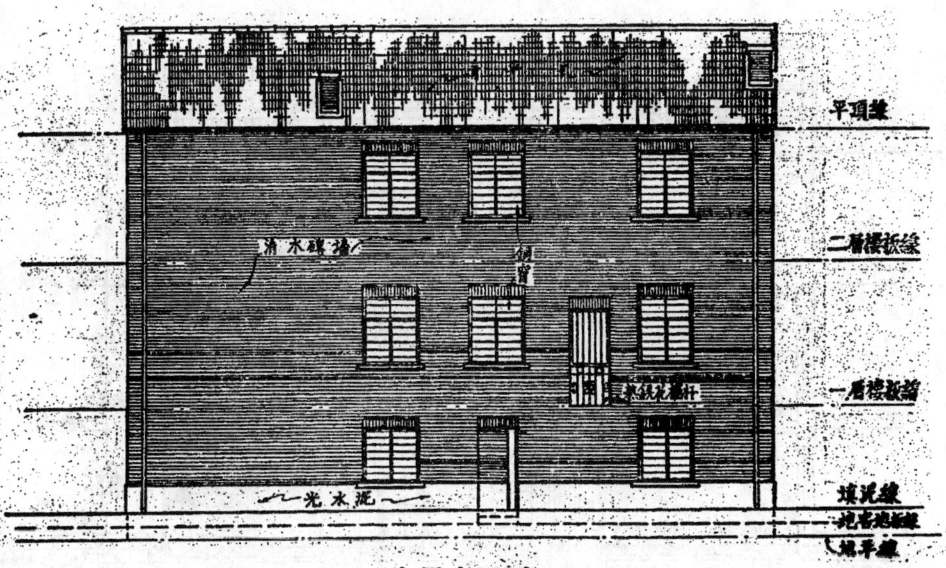
平頂線
清水磚墻
鋼窗
二層樓板線
一層樓板線
光水泥
填泥線
地窖地板線
地平線

北面立面圖

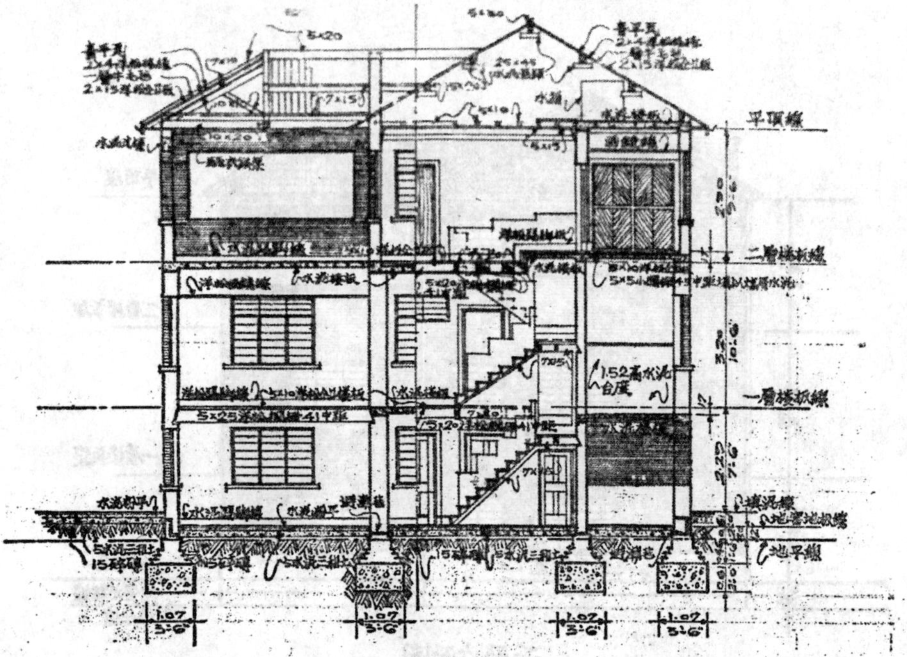

剖面圖 乙一乙

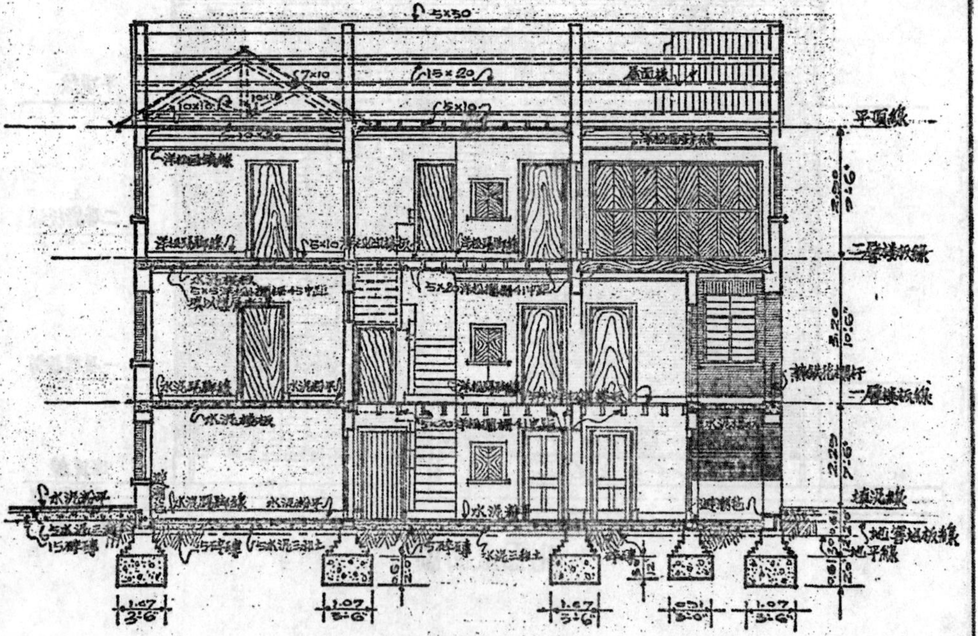

剖面圖 甲一甲

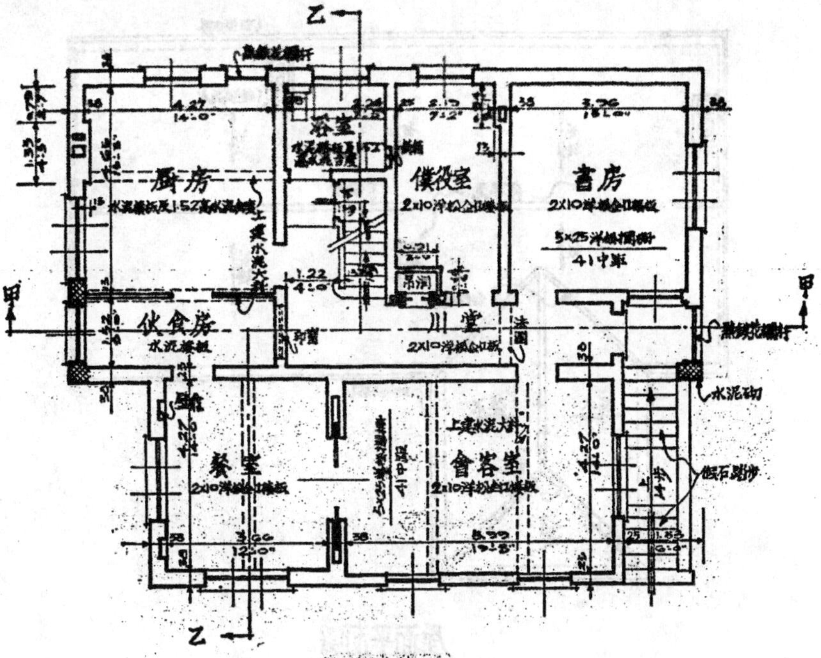

一層平面圖

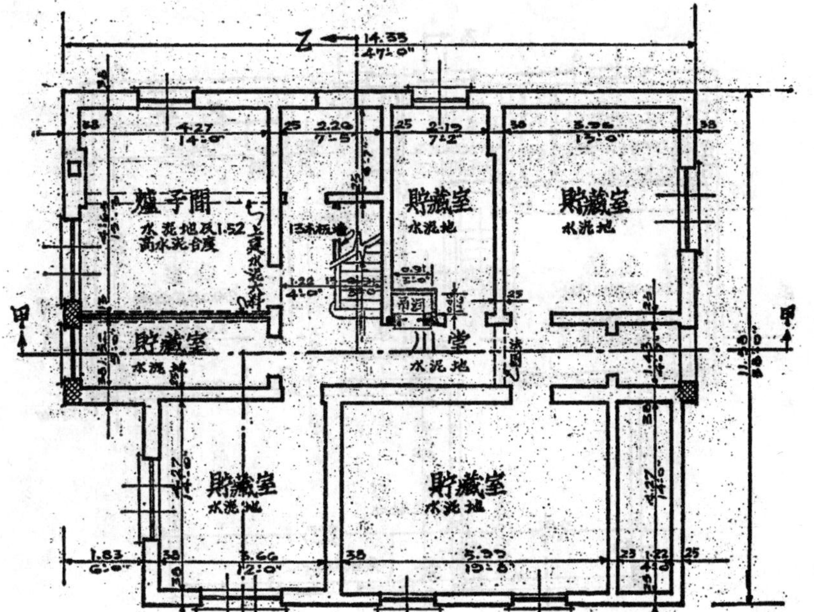

地窖平面圖

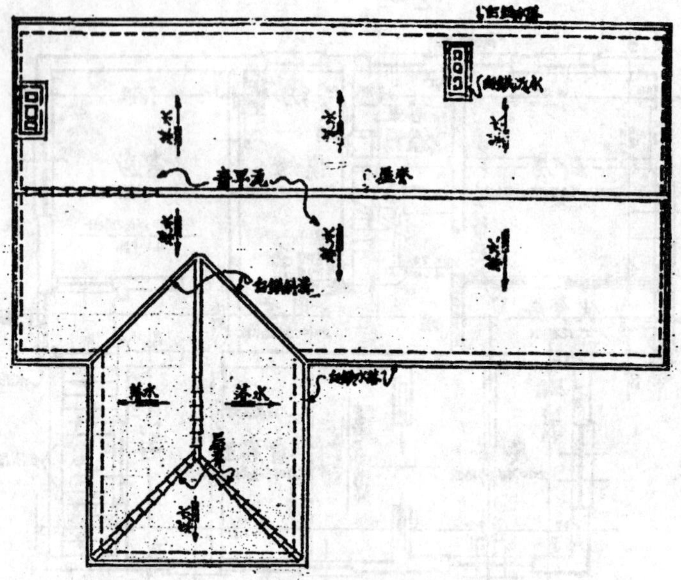

屋面平面圖

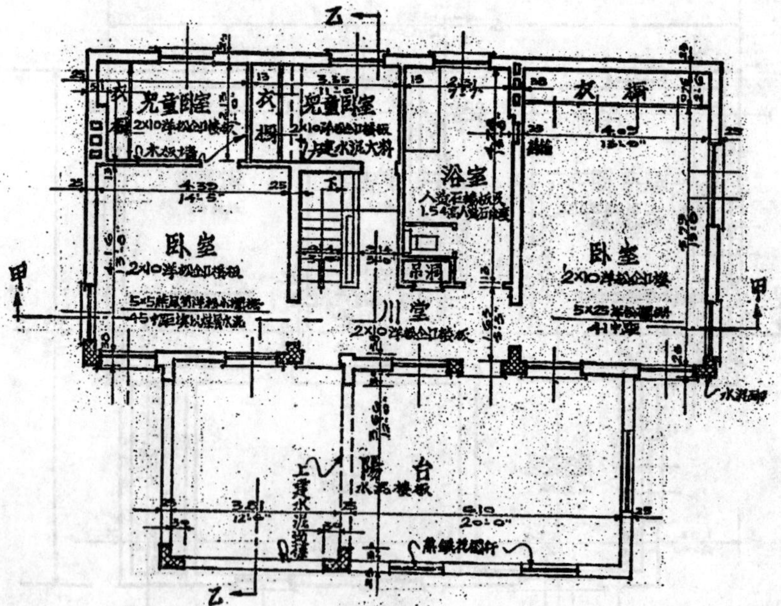

二層平面圖

中國之建設

浙贛・湘贛・閩贛三路

加緊完成全線工程

浙贛鐵路局對於建築浙贛・湘贛・閩贛等三線工程，刻正積極進行。浙贛線南玉段已將次第完成，約在十一月間實行通車。南萍段測量工作將於月內完竣，明春即可修築土方。惟各項工程浩大，需款甚鉅，該局為加緊完成全路起見，決續發公債三千萬元，以便從速完成。茲將建築浙贛・湘贛・閩贛等線詳情，分誌如次：

浙贛線 浙贛線由杭州達玉山，再啣接玉萍路，需二十個小時可達南昌。南玉段於去年五月間測量完竣，六月初興工建築，開始修築土方工程，及鋪軌等工作，甚為迅速。上玉段已於七月底完竣，九月一日正式通車。該局本定於雙十節舉行南玉段全路通車典禮，嗣因受水災影響，梁家渡貴溪橋樑材料均被沖毀，損失數目達二十餘萬元，現正在滬購置材料，運贛應用，貴溪大橋須一月後始可完竣。故該段改定十一月初舉行正式通車典禮。聞上玉段通車後，鋪軌工程仍積向西進展，現已抵達珍珠橋，九月初上橫段即可通車，直達橫峯。至於下貴段現亦積極進行舖軌工作，約在八月底完成，九月間即可通車。聞南玉段將來擬分設十八個站，計沙溪，靈溪，上饒(現已通車)，楓嶺頭，橫峯，弋陽，河潭埠，青溪，鷹潭，鄧家埠，東鄉，下埠集，進賢，溫家洲，梁家渡，蓮塘，南昌南站，南昌北站等。

湘贛線 湘贛線係由南昌經高安瀏陽等地，十餘小時可達長沙。築築費約在二千五百萬以上，准於年內興工，開始測量。決定自南昌起，經過中正橋，沿贛湘線直達萍鄉。於六月初派定測量隊兩隊，出發測量，分段工作，第一隊由南昌出發，赴新喻等地測量，已於本月初測量完竣。第二隊，由省赴萍鄉至醴陵，擔任測量工作，約在本月底可告結束。全段測量事宜，現已次第完竣，明春即可興工，修築路基及土方，約在二十五年終，南萍路可全線通車。惟南萍路之樟樹鎮江面遼濶，建築橋梁工程甚大，特派員組織贛江大橋鑽探隊，前往鑽探，該隊已於日前乘車出發，至樟樹附近工作。

閩贛線 閩贛線由福州直達上饒，啣接南玉段，需十餘小時可達南昌，建築費約在二千萬元，因經費浩大，一時無法籌措，乃商定向全國經委會請求補助一千五百萬，其餘五百萬則由兩省政府設法籌措，一俟決定，即行建築。現已組織勘查隊，出發將路線勘定，將來浙贛，湘贛，閩贛三線完成後，各路線均可聯運。

上海市中心區

鐵路全部完成

上海市市政府為謀繁榮市中心區，並便利交通計，特與鐵道部合作，建築淞滬路通至該區支線，由市政

23349

府代徵供給民地，鐵道部負責材料。自經兩路局開始興建後，工程進行，殊爲迅速，現已全部完成。該項鐵路，係由江灣站附近第六五公里處起，直達三民路，計填土四千二百立方公尺，建造木橋兩座，站屋及月台各一座。土方及木橋兩項工程，係由昌記及蔡林記兩營造廠分別承辦。目下所有聯軌等一切工程，均已完畢，全路可以通車，僅待請示局長後，試車而已。至正式通車售票，當在十月一日。

粵漢路工程概況

粵漢鐵路起自武漢大江南岸之徐家棚，迄廣東廣州市，全長一零九六公里。清光緒二十四年，由粵湘鄂三省士紳建議興築，當將全線劃作三段：㈠廣韶段，由廣州至韶州，計長二百二十三公里。㈡株韶段，由株洲至韶州，計長四百五十六公里。㈢湘鄂段，由徐家棚至株洲，計長四百十七公里。廣韶段於民四年通車；湘鄂段，於七年通車，而中間之株韶一段，則以款絀中止，致粵漢全路迄未貫通。

限期通車

民十八年鐵道部成立，積極謀粵漢路之完成，設株韶段工程局於廣州。翌年即開始興築，二十二年六月，韶州之樂昌一段通車，計長五十一公里。是年秋，粵漢工程局於衡州，將未完成之株洲至樂昌一段，計程四百零五公里，分南北中三段，同時興工。全部分六個工程總段，二十一個工程分段，統限二十五年年底通車。

工程偉大

本段工程，困難極多，而以湘鄂兩省交界處之高山深壑，石質嶙峋，施工尤爲不易。他如株樂間則有不可避免之大隧道十六座，全長凡二千二百零三公尺。橋梁最大者，南段有新岩下，碓碰中，省界風吹口，燕塘，五大拱橋，全長計五百六十八公尺，北端有淥河淶河，耒河三橋，全長爲一千一百七十九公尺。工程亦極偉大。今鋪軌工程，已開始進行，預計至二十四年年底南段自樂昌起可鋪至湘粵省界，北段自株洲起可鋪至衡州，中段自衡州起可鋪至郴州。循是以往，則二十五年年底通車之說，不難如期實現也。

貫通南北

按粵漢路爲我國貫通南北之幹線，在交通上極佔重要之位置，他日全路通車，由北平至廣州，需時不足四晝夜，比諸以前取道天津乘輪船前往者，可減少時間一半以上。自川赴粵，以前須乘輪赴上海，旅程至少需十五日，改乘火車，則可減省時間至三分之二，交通形勢，自當爲之一變。

隴海路寶咸段工程積極進行

鐵部對隴海路西展寶雞工程，積極進行。該段材料，年底可全部運輸，寶雞西咸段通車後，即向西鋪設工程，路局爲便利指揮工程計，決遷西安，月內在陝招標建局址。年底或可通秦，

川省積極進行築路

川省公路，除川黔已通車外，川陝川甘川滇川鄂川康五線，統限明年四月前全部完成。茲將各路近狀列下：(一)川陝路——已派測量隊分七段勘測，材料工具已陸續由渝起運，沿線電話線正安設中，九月初全線動工，十一月八日前通車。(二)川甘路——由郝油至甘境碧口段，長二百餘公里，現正測量中。(三)川康路——雅安至康定段，已派贛測量隊實測。雅安至瀘定段，擬由經委會測量隊担任。亦定十一月底通車。(四)川鄂路——由渠縣經梁山大足至萬縣，及由萬縣至鄂境利川各段，均已勘定，並

23350

派隊前往補究實測。(五)川滇川湘——各路均在計劃進行中，並積極整理已成各路。現全省路長三千餘公里。

鄂積極建築公路

鄂省公路，年來以清匪關係，經當局督促興修，並撥專款助成其事，故迭有進展。截至現在止，全省已完成公路，有三千三百零七公里，內中包含縣道六百二十二公里，其餘正在興修中者，有八百一十一公里，計劃興修者，有一千零二十五公里。茲分誌如次：

鄂東 (甲)興築中者：㈠黃梅省界至廣濟，五十五公里。㈡浠水至李家集，一百一十九公里。㈢麻城至孔子河，四十七公里。(乙)計劃中者：㈣滕家堡至羅田，七十公里。㈠浠水至英山，五十四公里。㈡田家鎮至浠水，五十五公里。㈢松子關至滕家堡，二十公里。㈣麻城至省界，一百二十七公里。㈤黃梅至十邊口，五十二公里。

鄂南 (甲)興築中者：㈠陽新至省界，五十公里。(正在測量中)，㈡辛潭舖至崇陽，九十七公里(現已通車)。㈢崇陽至通城省界，七十公里(已通車)。㈣咸甯至通山，五十公里(測量中)。(乙)計劃中者：㈠新堤至崇陽，二百一十公里。㈡通山至省界，二十八公里。㈢通城至省界，二十六公里。

鄂西 (甲)興築中者：㈠巴東至恩施，二百零五公里(月底通車)。(乙)計劃中者：㈠恩水至利川，一百二十九公里。㈡新堤至河市，一百八十公里。

鄂北 (甲)計劃中者：㈠石裴街至房縣，一百零四公里。㈡房縣至竹山，一百公里㈢竹山至竹谿，二十五公里。㈣孟家樓至者河口(尚在設計中)。

武漢 (甲)興築中者：㈠倉子埠至陽邏，二十四公里。㈡石家巷至諶家磯，十九公里。(乙)計劃中者：㈠油坊嶺至葛店，十三公里(上列武漢各路係交通路)。以上總計全省正在興修公路八百一十一公里，計劃興修中公路一千零二十五公里。

贛閩公路大部已完工

贛閩公路由南昌至福州，大部完工。其中有閩之建陽邵武順昌間路面，尚在興築，九月完工後，全部即可通車。

最近陝省公路調查

陝西自十九年以後，各種建設事業，均呈突飛猛晉之象，尤以公路交通之設施，在中央暨地方合作，推動異常迅速。預擬計劃，於本年底均可次第完成。現將陝境各主要公路幹線及修築近況據述如次：

西蘭公路 自西安起經咸陽，醴泉，乾縣，永壽，邠縣，長武，達甘肅境內之涇川，平涼，隆德，靜甯，會甯，定西，榆中，止於蘭州，長七百二十公里，爲陝甘兩省交通之大道。二十三年春經委會西北辦事處成立，定決撥款一百八十萬元，從事澈底改修，爲急於通車計，並將工程分爲二期進行。第一期爲救濟工程，即爲補修路面及架設橋樑涵洞等。第二期爲治本工程，即於救濟工程完竣後，路面舖以碎石，以免雨水冲毀。第一期救濟工程，本可於本月底完全通車，惟因涇川大橋於上月大雨時，冲毀橋墩五座，西安至咸陽間路基亦因澧河決口冲毀甚鉅，交通斷絕月餘，刻雖加緊趕修，但是項工程浩大，如進行順利本年內始可修復。至第二期舖石工程，將俟工款有無着落而定，刻尚無興工準備。

西漢公路 亦係國道之一，由經委會與陝建廳合修。自西安起咸陽，興平，武功，扶風，岐山，鳳翔，折而南經寶雞，鳳縣，留壩，褒城，以達南鄭，共長七百二十華里。經委會於上年十一月派工程師測竣後，因天寒地凍，於本年二月間開始興工，工款預定一百五十萬元。西安至寶雞一段，原有西寶汽車路可通，無需修築；實際動工者爲寶雞以南各段。寶雞至南鄭共分三段進行，第一段爲寶雞至鳳縣，第二段鳳縣至留壩，第三段，留壩至南鄭。現第一段路基工程業已完成，工務所已移至鳳縣。第二三段土方共五十萬公方正加緊趕修中，於九月內可完竣。西漢公路現正開始鑿山炸石工程，工務所已通告暫停交通，以免危險。行旅改行西漢盩厔舊道通行。

漢寧公路

蔣委員長爲便利川陝交通起見，迭令限期完成西漢公路外，並令修築南鄭至甯羌之線，以便與川公路啣接聯絡。陝建廳奉令後，即派員前往測量路線，並與經委會商定補助石工及橋樑等公費。該路由南鄭起中經沔縣以達甯羌，全長一百四十公里，工款預定八十六萬。南鄭至沔縣一段四十公里，已由三十八軍兵工築竣通車。沔縣至甯羌一段，本月底完成。同時川公路局之測量隊現亦測至閬中，蒼溪以北，川陝公路於本年底定可啣接聯絡。

漢白公路

由南鄭起經西鄉，石泉，漢陰，安康，洵陽以達陝鄂交界之白河，全長一千餘華里。蔣委員長前令陝鄂兩省協修，陝省擔任北爲南鄭至安康一段，鄂省爲白海至安康一段。陝建廳爲工程進行便利計，將南鄭至安康分三段修築；第一段南鄭至西鄉，第二段西鄉至石泉，第三段石泉至安康，工款預定一百五十萬元。

西荆公路

爲京陝幹線之一段，自西安起經藍田，商縣，商南，以達豫陝鄂交界之荆紫關，全長約三百公里，工款預定一百四十五萬元。分兩大段修築，第一段由西安至商縣，第二段商縣至荆紫關。西商段今春測竣，分三小段修築，西安至上石泉爲第一段，上石泉至黑龍口第二段，黑龍口至商縣第三段。第一段已於五月四日開工，第二三段亦於六月間開工，均可於本月底完竣。全路橋樑以瑒河維河兩橋爲最鉅，已招標修築。

原慶公路

爲通隴東及甯夏幹線，自三原起經淳化，栒邑，達甘肅境內之正甯，甯縣，止於慶陽，全長四百餘里。於今春即已開始測量，惟因陝甘邊境一帶地方不靖，散匪竄擾，測量工作，數告停頓，現僅測至甘邊，正甯以北，無法施測，將來擬與甘當局會測，並商討協修辦法。現陝建廳擬先將陝境內者早日動工，三原至淳化縣通潤鎮之一段，最短期內，即可開工修築。

咸榆公路

此路爲通陝北及蒙邊要道，自咸陽起經三原，耀縣，同官，宜君，中部，洛川，鄜縣，甘泉，膚施，延長，延川，清澗，綏德，米脂以達榆林，全長一千四百餘華里，工款預計二百餘萬元。於二十三年秋開始測量，隨即動工修築。現咸陽至洛川一段，已定下月一日開始通車。

府包公路

以上各路均係官款省辦，府包公路，則別開生面，係商辦性質。該路由府谷起經蒙地之準格爾旗，以達綏遠之包頭。由府谷商人劉治寬集資呈准陝綏兩省府修築，全長四百餘華里，已大致就緒。府谷至準葛爾旗一段業已修竣，準旗以北，地勢平坦，稍加定線修補即可，定下月開始試駛，爲陝綏間交通闢一新紀元。

此外陝省已成公路有：(一)西潼公路，自西安經臨潼，渭南，華縣，華陰，達潼關，長二百八十華里。(二)西朝公路，自西安，經咸陽，涇陽，三原，富平，蒲城，大荔，至朝邑，長四百廿華里。(三)西盩公路，自西安至盩屋，長一百五十華里。(四)西藍公路，西安至藍田長八十里。(五)鳳虢公路，鳳翔至虢鎮長六十里。(六)西南公路，西安至南五台長五十里。(七)鳳隴公路，鳳翔至隴縣長一百六十里。(八)原渭公路，三原至渭南長一百三十里。(九)岐虢公路，岐山至虢鎮長六十里。

粵省籌劃 開闢黃埔商埠

黃埔開闢商埠一事，在民十四五六年，省港罷工時，為全盛時代，進行甚為積極。直至最近開埠消息，歸於沉寂。此事雖交由廣東治河委員會負責辦理，惟進行甚慢，蓋因經費困難之故。茲將開闢黃埔，最近進行狀況列下：查開闢黃埔商港，最大工程為建碼頭貨倉，闢馬路，及其他建設等費，統計需款二千餘萬，始克完成。當局早已擬定官民合辦辦法，招人投資，徒以初時辦理不善，虧空股本，故國人均轉觀望。且年來社會不景，農村破產，投資更覺困難。自土地登記處成立後，即判令劃分為十六區，辦理登記，登記各業主所有權，及面積若干，以便將來發還產價，現時已登了八區，其餘八區本年底至遲明年二月以前可辦理竣事，登記畢開始測量，確定地界，竪立碑石，分別段數，測量畢，首先建碼頭，築貨倉，以便各大輪船到岸埋埗頭有貨倉，存貯貨物。其次則開闢馬路，房屋舖門，則招商投建，收回地價若干元，及將來該埠大致完成時，粵路南段，由黃沙建築一支線直達黃埔商埠，俾北江貨物，得直接運抵該埠。關於開闢計劃，已有辦法，經土地登記處草訂詳細計劃，具呈治河委員會核示，查該會前日會議時，將案提出討論，議決交林翼中林雲陔胡毅生三委員，及總工程師何淞康等審查，查其計劃，頗為完善，惟最難者則為財政問題，商人投資，既不足靠，即政府亦以財政困難，一時難籌鉅款，是以將來計劃，雖通過後，仍須籌有款項始能進行云。

浙省籌闢 三門灣港埠

浙建廳為開闢三門灣港埠，決設籌備委員會主持進行。

京市府籌發展 首都中心建設

繁榮首都自經市府擬定整個建設計劃，着重商業住宅，銀行各區私有土地之整理。並飭由工務局促進馬路兩旁房屋建築，確立商業中心。該府以新街口及中正路一帶，交通適中，面積寬廣，特闢劃銀行區，並擴展附近馬路商店游藝場建築，核准京滬各地實業界投資購地，開闢商場，現兩處空地，已限於下年度一律興工建築。其中工程最鉅，為中央商場，次為銀行區，各式新廈。茲錄工程進行情況如次：

中央商場

中央商場由中委張靜江，李石曾，曾養甫等多人，發起集資創辦，覓定中正路廣場為建築基地，建築費預定為八十一萬元，已開工多日。內部規模宏大，商場，旅館，游藝場，公共花園，設置完善。現建商場舖戶，計一百六十餘間，連同公用一切設備，約需款十五萬元。大華戲院 亦在積極施工，建費約需二十餘萬元，預計本年十一月間竣工，年底前可望開幕。據該場某負責人談：場內旅館房屋建築，悉採最新式，高度達七層，設置電梯，以便旅客升降，他如電氣衛生各項設備，均力求完善，所需建費，甚為浩大，全部興建成功，預計需費當在百萬元以上。

銀行建築

新街口銀行區，年前經首都建設委員會劃定，通飭本京各銀行依期購領土地，如交通，大陸，中南，國貨，鹽業，聚興誠，浙江興業，上海，通商，郵政儲金滙業總局，均購有基地。已建築新廈者，計交通聚興誠兩行，國貨銀行，即將竣工。其餘各項，亦在分別籌劃興築中。此外該處毗連馬路兩旁空地，及舊有建築亦多在紛紛改造。預計明年六月底前，該處中心建築，可望達到完全竣工之目的云。

本刊所載材料價目，力求正確；惟市價瞬息變動，漲落不一，集稿時與出版時難免出入。讀者如欲知正確之市價者，希隨時來函詢問，本刊當代爲探詢詳告。

磚 瓦

(一) 空心磚

十二寸方十寸六孔	每千洋二百三十元
十二寸方九寸六孔	每千洋二百十元
十二寸方八寸六孔	每千洋一百八十元
十二寸方六寸六孔	每千洋一百三十五元
十二寸方四寸四孔	每千洋九十元
十二寸方三寸三孔	每千洋七十二元
九寸二分方六寸六孔	每千洋七十二元
九寸二分方四寸半三孔	每千洋五十五元
九寸二分方三寸三孔	每千洋四十五元
四寸半方九寸二分四孔	每千洋三十五元
九寸二分四寸半三寸二孔	每千洋二十二元
九寸三分·四寸半·三寸半·三孔	每千洋廿一元
九寸三分·四寸半·二寸·二孔	每千洋廿元

(二) 八角式樓板空心磚

十二寸方八寸八角四孔	每千洋二百元
十二寸方六寸八角三孔	每千洋一百五十元
十二寸方四寸八角三孔	每千洋一百元

(三) 深淺毛縫空心磚

十二寸方十寸六孔	每千洋二百五十元
十二寸方八寸半六孔	每千洋二百十元
十二寸方八寸六孔	每千洋二百元
十二寸方六寸六孔	每千洋一百五十元
十二寸方四寸四孔	每千洋一百元
十二寸方三寸三孔	每千洋八十元
九寸三分方四寸半三孔	每千洋六十元

(四) 實心磚

九寸四寸三分二寸半紅磚	每萬洋一百四十元
八寸半四寸一分二寸半紅磚	每萬洋一百三十元
十寸·五寸·二寸紅磚	每萬洋一百二十七元
九寸四寸三分二寸紅磚	每萬洋一百〇六元
九寸四寸三分二寸三分紅磚	每萬洋一百廿元
九寸四寸三分二寸三分拉縫紅磚	每萬洋一百八十元

(五) 瓦

一號紅平瓦	每千洋六十五元
二號紅平瓦	每千洋六十元
三號紅平瓦	每千洋五十元
一號青平瓦	每千洋七〇元
二號青平瓦	每千洋六十五元
三號青平瓦	每千洋五十五元

(以上統係外力)

西班牙式紅瓦	每千洋五十元
西班牙式青瓦	每千洋五十三元
英國式灣瓦	每千洋四十元
古式元筒青瓦	每千洋六十五元

(以上統係運力)

新三號青放	每萬洋五十三元
新三號老紅放	每萬洋六十三元

以上大中磚瓦公司出品

鋼 條

四十尺二分光圓	每噸一一八元
四十尺二分半光圓	每噸一一八元
四十尺三分光圓	每噸一一八元
四十尺三分圓竹節	每噸一一六元

(以上德國或意國貨)

四十尺普通花色 (自四分至一寸方或圓)

23354

	每噸一〇七元
麈圓絲	每市擔四元六角

泥灰石子

象牌水泥	每桶洋六元三角
泰山水泥	每桶洋六元三角五分
馬牌水泥	每桶洋六元五角
块灰	每擔洋一元二角
黃沙	每噸洋三元
石子	每噸洋三元半

木材

洋松 八尺至卅二尺再長照加	每千尺洋七十四元
一寸洋松	每千尺洋七十六元
寸半洋松	每千尺洋七十七元
洋松二寸光板	每千尺洋六十元
四尺洋松條子	每萬根洋一百四十五元
一寸四寸洋松一號企口板	每千尺洋八十六元
一寸四寸洋松副頭號企口板	每千尺洋七十八元
一寸四寸洋松二號企口板	每千尺洋六十八元
一寸六寸洋松一號企口板	每千尺洋九十六元
一寸六寸洋松副頭號企口板	每千尺洋八十三元
一寸六寸洋松二號企口板	每千尺洋七十三元
一寸二五四寸洋松一號企口板	每千尺洋一百三十八元
一寸二五四寸洋松二號企口板	每千尺洋八十八元
一寸二五六寸洋松一號企口板	每千尺洋一百三十八元
一寸二五六寸洋松二號企口板	每千尺洋九十三元
柚木(頭號)僧帽牌	每千尺洋五百元
柚木(甲種)龍牌	每千尺洋四百二十元
柚木(乙種)龍牌	每千尺洋四百元
柚木(旗牌)	每千尺洋四百元
柚木(盾牌)	每千尺洋三百六十元
硬木	每千尺洋一百五十元
硬木(火介方)	每千尺洋一百四十元
柳安	每千尺洋一百六十五元
紅板	每千尺洋一百〇五元
抄板	每千尺洋一百三十元
十二尺三寸六八皖松	每千尺洋五十六元
十二尺二寸皖松	每千尺洋五十六元
一寸二五四寸柳安企口板	每千尺洋一百七十六元
一寸六寸柳安企口板	每千尺洋一百七十六元
一寸二五四寸企口紅板	每千尺洋一百三十六元
二寸一寸半建松片	市尺每千尺洋五十三元
九尺四分建松板	市尺每丈洋三元六角
九尺八分建松板	市尺每丈洋六元五角
六尺半五分青山板	市尺每丈洋三元
本松毛板	市尺每塊洋二角二分
本松企口板	市尺每塊洋二角四分
六尺半二分杭松板	市尺每丈洋一元四角
七尺半二分甌松板	市尺每丈洋一元四角
六尺半八分皖松板	市尺每丈洋四元
九尺八分皖松板	市尺每丈洋五元
六尺半五分皖松板	市尺每丈洋三元六角
台松板	市尺每丈洋三元
七尺半四分坦戶板	市尺每丈洋二元二角
七尺半三分坦戶板	市尺每丈洋二元
六尺二分機鋸紅柳板	市尺每丈洋二元一角
六尺三分毛邊紅柳板	市尺每丈洋二元一角
六尺二分俄松板	市尺每丈洋一元八角

六尺半二分俄松板	市尺每丈洋二元
七尺半毛邊二分坦戶板	市尺每丈洋一元四角
六尺半五分機介杭松	市尺每丈洋三元一角
六分一寸俄紅松板	每千尺洋七十八元
一寸二分四寸俄紅松板	每千尺洋七十四元
六分一寸俄白松板	每千尺洋七十六元
一寸二分四寸俄白松板	每千尺洋七十二元
俄紅松方	每千尺洋二百十五元
一寸四寸俄紅白松企口板	每千尺洋七十九元
一寸六寸俄紅白松企口板	每千尺洋七十九元
俄麻栗方	每千洋一百三十元
俄哈克方	每千洋一百三十元
六分一寸俄黃花松板	每千尺洋七十八元
一寸二分四分俄黃花松板	每千尺洋七十四元
四尺俄條子板	每萬根洋二百二十元

五金

(一) 釘

美方釘	每桶洋十六元〇九分
平頭釘	每桶洋十六元八角
中國貨元釘	每桶洋六元五角

(二) 牛毛毡

五方紙牛毛毡	每捲洋二元八角
半號牛毛毡（馬牌）	每捲洋二元八角
一號牛毛毡（馬牌）	每捲洋三元九角
二號牛毛毡（馬牌）	每捲洋五元一角
三號牛毛毡（馬牌）	每捲洋七元

(三) 其他

鋼絲網（27"×96" 2¼lbs.）	每方洋四元
鋼版網（8"×12" 六分一寸半眼）	每張洋卅四元
水落鐵（每根長二十尺）	每千尺五十五元
牆角線（每根長十二尺）	每千尺九十五元
踏步鐵（每根長十尺或十二尺）	每千尺五十五元
鉛絲布（闊三尺長百尺）	每捲二十三元
綠鉛紗（同上）	每捲洋十七元
銅絲布（同上）	每捲四十元

水木作工價

木作（包工連飯）	每工洋六角三分
水作（同上）	每工洋六角
水木作（點工連飯）	每工洋八角五分

中國唯一之印度式建築物

北平市西郊五塔寺，係明成化九年仿印度伽耶寺建造，疊石台五丈，爲我國印度式建築之唯一古蹟。十九年間古物保委會北平分會，曾派人前往調查。此種式樣之寺塔建築，在世界僅有兩處，極爲研究建築及教典者所重視。又查得該塔身四面雕刻，業已損壞多處，特由古物保委會函市府，請飭令公安工務二局，從速實行修理保護辦法，俾得早復舊觀云。

23357

創新建築廠

總事務所 新大沽路五二六弄四號 電話 三三一八八

分事務所 愛多亞路中滙大樓三〇二號 電話 八一一三三

承造一切建築工程

積二十餘年之經驗

本廠歷年承造本外埠工程，不下百數十處，以故**經驗豐富**，**技術優良**。

最近承造英國博德運**蜜蜂牌毛絨廠**廠房於楊樹浦路，業已竣工。

現在建築中者，計有英商怡和洋行委託之定海路**啤酒廠**，及中央銀行委託之市中心區**虬江碼頭**等工程。

EXPERIENCED *in all TYPES of ENGINEERING STRUCTURES*

NEW BREWERY

We have been entrusted with many important projects, among them the recently completed

PATONS & BALDWINS'

KNITTING MILLS

At Yangtszepoo

At the present time we are undertaking the constructions of the

NEW BREWERY

at Tinghai Road

for

Messrs. Jardine, Matheson & Co. Ltd.

and

Wharves, Godown, Office & Steel Sheds,

at Chinkiang Creek

for

Messrs. The Central Bank of China.

CHANG SING & CO.

GENERAL BUILDING CONTRACTORS

Head Office
Lane 526, JA, 4 Taku Road
Shanghai
Tel. 33188

Town Office
Room 301-3 Chungwai Bank Bldg.
147, Avenue Edward VII
Tel. 81133

長城機製磚瓦
股份有限公司
註冊商標
TRADE MARK
價比普通磚廉
貨品較任何機器磚高
總公司 騰越路一四四號 電話五一一七九
製造廠 事務所 牛莊路七四二號 電話九〇九八〇
證明
壓力、吸水量、耐久性
均經上海工部局
詳細化驗負責證明
成績超越一切磚瓦
出品
堅韌硬磚
輕硬空心磚
瀉水瓦片
如蒙垂詢價格及索閱貨樣請電話通知即當送奉
優點
新穎
美觀
堅固
價廉
合作五金
股份有限公司
出品
出品
門鎖
抽屜鎖
拉手
文具
鉸鏈
註冊商標
TRADE MARK
MARCH

首都最高法院辦公室之大廈

在首都中山路

上海 甯波路四十號

電話 一四三九一號

本工程全部鋼窗均由本廠承造

中國銅鐵工廠

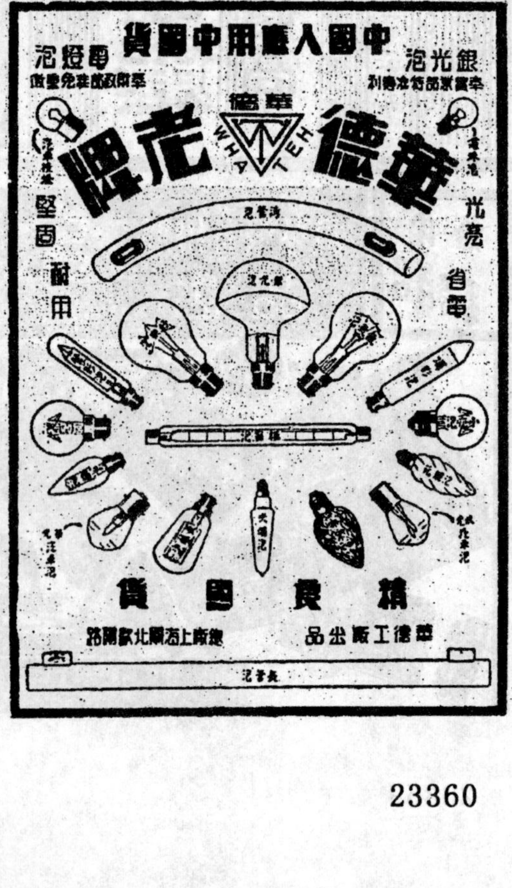

仁昌營造廠

本廠專門營造銀行公寓堆棧住宅學校以及其他大小工程無不工作迅捷經驗宏富

本期刊登之新華一村各種房屋均爲本廠承修工程誠實可靠如蒙　委託承造無任歡迎

廠址　同孚路基安坊一〇四號

電話　三五三八九號

23361

雖一物之微

吾人必須根究其來源

吾國製釘工業述要

釘之爲物，種類繁多，圓釘一項，建築必需，用途甚廣，依照實業部中華國貨審查標準，可列入必需品。

船來洋釘，法國首先用機器製造，其輸入吾國也，亦以法國爲最早，故洋釘又稱法西釘。

吾國機製圓釘之仿製，上海**公勤鐵廠**，實肇其始，慘淡經營，規模粗具，行銷遍及全國，現有釘機壹百拾九座，每年充量產額，可達念萬担，其他如鞋釘，花鐵釘，刺網釘，雙尖釘，屋頂釘，地板釘，以及方釘等，均有出品，凡用戶中有向別處不易購到之各式釘類，或因數量過巨，一時難買現貨者，惟有**公勤廠**常常可以應付裕如，近年來洋釘進口，幾至絕跡，其功誰屬歟！

廠址　上海楊樹浦臨青路

安記營造廠

上海梅白格路祥康里六十九號
電話三五〇五九號

本廠最近承造工程之一

道斐南公寓

The New

DAUPHINE

APARTMENT

BUILDING

Route Frelupt, Shanghai

Architects:

A. Leonard, P. Veysseyre,

A. Kruze

Built by:

AN-CHEE CONSTRUCTION CO.

ENGINEERS and CONTRACTORS

Lane No. 97, Mm. 69, Myburgh Road.

Telephone 35059..SHANGHAI

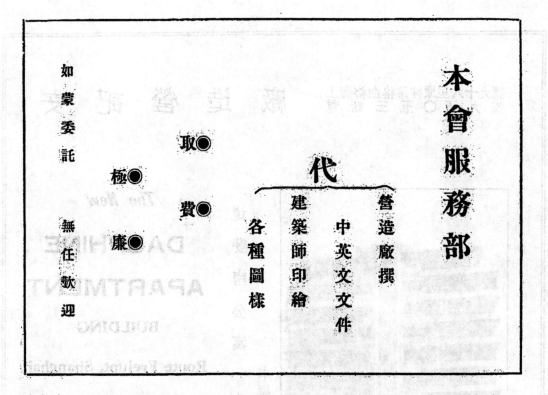

▲上海愛多亞路麥蘭捕房新屋

上海喇格納路法工部局喇格納小學 →

SING LING KEE & CO.

GENERAL BUILDING CONTRACTORS

Telephone 32784 — Lane 153 House 29 Shanhaikwan Road

本廠專門承造一切大小鋼骨水泥工程辦事認眞工作迅捷上圖係本廠最近承造之兩大工程如蒙委託無不竭誠歡迎

新林記營造廠

上海山海關路懋益里二十九號　電話三二七八四號

中華郵政特准掛號認為新聞紙類

建築月刊

THE BUILDER

內政部登記證警字第二五五四號

廣告刊例

Advertising Rates Per Issue

地位 Position	全面 Full Page	半面 Half Page	四分之一 One Quarter
底封面外面 Outside back cover.	七十五元 $75.00		
封面及底面之裏面 Inside front & back cover	六十元 $60.00	三十五元 $35.00	
封面裏面及底面裏面之對面 Opposite of inside front & back cover.	五十元 $50.00	三十元 $30.00	
普通地位 Ordinary page	四十五元 $45.00	三十元 $30.00	二十元 $20.00

小廣告 每期每格 一寸高 三寸半闊 洋四元

Classified Advertisements - $4.00 per column

廣告概用白紙黑墨印刷，倘須彩色，價目另議；鑄版彫刻，費用另加。

Designs, blocks to be charged extra.

Advertisements inserted in two or more colors to be charged extra.

第三卷第七號

民國二十四年七月發行

刊務委員會 竺泉通 江長庚 陳松齡

主編 杜彥耿

廣告 藍克生 (A. O. Lacson)

發行 上海市建築協會 南京路大陸商場六二〇號 電話九二〇〇九號

印刷 新光印書館 上海聖母院路聖達里三一號 電話七四六三五號

定價

每月一冊 全年十二冊

訂購辦法	價目
零售	五角
預定全年	五元

郵費	零售	預定全年
本埠	二分	二角四分
外埠及日本	五分	六角
香港澳門	一角八分	二元一角六分
國外	三角	三元六角

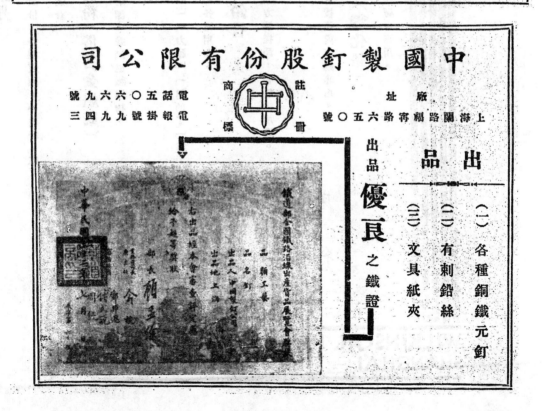

中華郵政特准掛號認為新聞紙類
內政部登記證警字第二五五四號

23368

建築月刊

VOL.3 NO.8
第三卷第八期

大中機製磚瓦股份有限公司

製造廠浦東南匯縣下沙鎮

本公司因鑒於建築事業日新月異材料選擇尤關重要特聘專門技師購置德國最新式機器精製各種青紅磚瓦及空心磚等品質堅韌色澤鮮明自應銷以來已蒙各界推爲上乘樂予採購茲略舉一二以資參攷其他惠顧諸君因限於篇幅不克一一備載諸希鑒諒是幸

大中磚瓦公司附啟

曾經購用敝公司出品各戶台銜列后：

本埠

國立上海商學院　西體育會路　陳根記承造
博德運紗線廠　定海路　創新承造
滬港檢疫所　吳淞　南記承造
正廣和汽水廠　塔蘭椿路　方瑞記承造
百老匯大廈　百老匯路　新仁記承造
錦興大廈　河南路　新森泰承造
雷斯德工藝學院　熙華德路　久泰錦記承造
揚子飯店　雲南路　潘榮記承造
申新第九廠　東京路　協盛承造
南成都路工部局　南成都路　新蓀記承造
四行儲蓄會　靜安寺路　馥記承造
工部局巡捕房　平涼路　新蓀記承造
國立中央實驗館　兆豐花園　和興公司承造
聚業銀行　北京路　趙新泰承造
南京飯店　山西路　新金記祥號承造
開成造酸公司　軍工路　王錦記承造
麵粉交易所　北京路　惠記興承造
四海銀行　民國路　元和興記承造
永康公司　歐嘉路　陳馨記承造
法教堂　勞神父路　吳仁記承造
七層公寓　霞飛路　吳仁記承造

外埠

中央政治學校　南京　大昌公司
太古堆棧　廈門　南閩治港公司
中國銀行　青島　錦生記承造
中央飯店　南京　新金記承造
金陵大學　南京　利源建築公司承造
航空學校　杭州　新金記康號承造

所出各品儲有大批現貨以備各界採用如蒙定製各色異樣磚瓦亦可照辦備有樣品如蒙索閱卽當送奉

駐滬批發所

英租界牛莊路德興里四號　電話九〇三一一

DAH CHUNG TILE & BRICK MAN'F WORKS.
Sales Dept. 4 Tuh Shing Lee, Newchwang Road, Shanghai.
TELEPHONE 90311

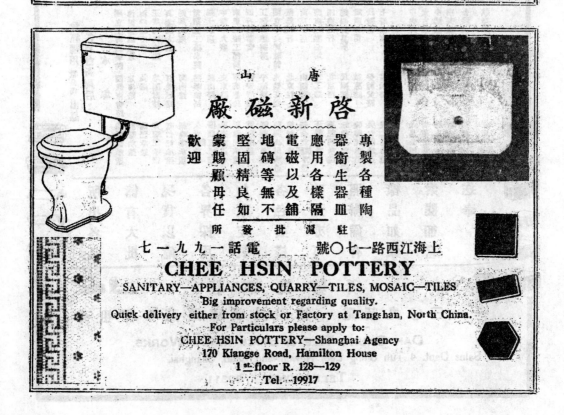

新仁記營造廠

總賬房 愛文義路一四二三號 電話三〇五三一

事務所 江西路一七〇號二樓二五八號 電話一〇八八九

二十層百老滙大厦

本廠承造工程一斑

沙遜大樓 南京路

漢彌爾登大厦 江西路

都城飯店 江西路

SIN JIN KEE CONSTRUCTION COMPANY

Head Office: 1423 Avenue Road. Tel. 30531

Town Office: Hamilton House, Room No.258, 170 Kiangse Road. Tel. 10889

23373

K. M. A. CLINKERS

A Brick That Will Last For Centuries.

SUITABLE FOR HEAVY FOUNDATION WORKS, DOCK BUILDING, BRIDGES, BUILDINGS & FLOORING.

RECENT TESTS

Compression Strength: 7715 lbs. per square inch. Absorption: 1.54%

開灤"克令夠"缸磚

磚質堅靭，經歷百年，完好如初。

此磚最適宜承受重量於椿基，建築船塢，橋梁及房屋地板等工程。

最近試驗成績

每平方寸壓力僅七七一五磅

吸收水份僅百分之一•五四

FACING TILES

右圖係示粗紋面磚混合淡黃或金黃之色彩，非為磚料質地之表現也。

This is a very near representation in Colour of our mixed Buff or Gold colours, but they do not represent the texture of our rough face brick.

開灤礦務局

上海外灘十二號　電話一一〇七〇，一一〇七八，一一〇七九

THE KAILAN MINING ADMINISTRATION

3rd Floor,
H. & S. Bank Building,
12 The Bund, entrance Foochow Road.

Telephone 11070, 11078 & 11079 (3 lines)
Direct Telephone to Sales Dept. 17776.
Direct Telephone to Agent's Private Office 19304.

復記木行

總行 上海閘北光復路六二一號 電話 四一八二二
分行 上海南市董家渡南首 電話 二一二一五

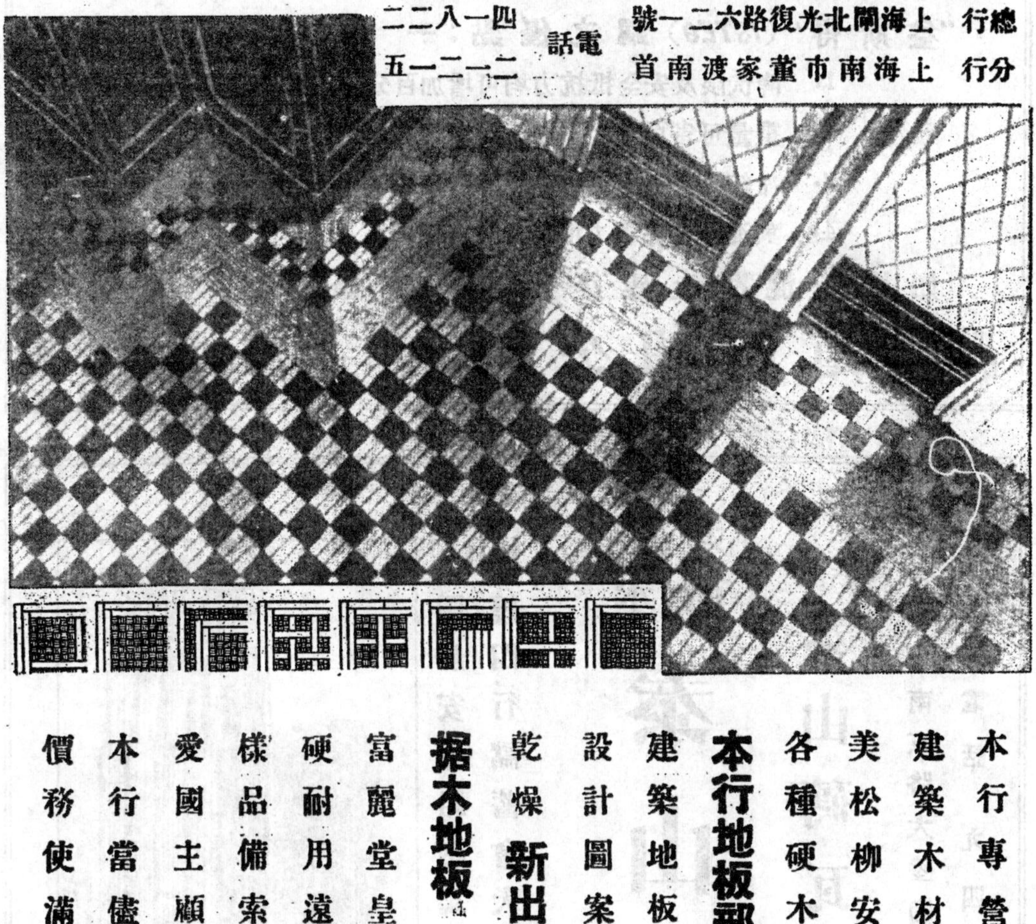

本行專營中外各種建築木材常存大宗美松柳安柚木以及各種硬木

本行地板部承舖各大建築地板工程專家設計圖案木料保證乾燥**新出品國產啞克据木地板**色澤花紋富麗堂皇而質地堅硬耐用遠勝舶來品樣品備索本外埠各愛國主顧倘有委託本行當儘先設計估價務使滿意也

安記營造廠

上海梅白格路祥康里六十九號
電話三五〇五九號

道斐南公寓

本廠最近承造工程之一

The New

DAUPHINE APARTMENT

BUILDING

Route Frelupt, Shanghai

Architects:

A. Leonard, P. Veysseyre,

A. Kruze

Built by:

AN-CHEE CONSTRUCTION CO.

ENGINEERS and CONTRACTORS

Lane No. 97, Mm. 69, Myburgh Road.

Telephone 35059..SHANGHAI

目錄

(第二卷第八號)

廣告索引

上海市建築協會鳴謝啟事

本會茲承
竺委員泉通交來新仁記營造廠營業成數計銀元二十七元六角正
除已掣奉收據外特誌如右以鳴謝忱
中華民國二十四年十月　日

上海市建築協會主辦

建築學術演講會

第一次演講

日期：十一月三日(星期日)下午七時
地點：南京路大陸商場四樓梵皇渡俱樂部
主講：上海市工務局長沈君怡博士
講題：「中國建築界應有之責任」
附告：(一)上海市建築協會會員另有專函通告
(二)歡迎本刊讀者參加聽講券可向本會祕書處索取

ANOUNCEMENT

Notice is hereby given that Messrs. The International Advertising Service Co. has a trial period from Oct. 1, 1935 to Dec. 31, 1935 as our sole agent of advertisements in this magazine.

Editor
N. K. Doo

上海福履理路新建之道斐南公寓

範安建築師設計
安記營造廠承造

The New Dauphine Apartment Building, Route Frelupt, Shanghai.

Architects: A. Leonard, P. Veysseyre, A. Kruze.

Contractors: An-Chee Construction Co.

23380

中國工程師學會建築材料展覽會記

杜彥耿

中國工程師學會，於十月二十六日，柬邀滬建築工程界參觀建築材料展覽會於市中心區該會新建之材料試驗所，並有黃膺白張公權等之演講，茲錄誌如下；

主席黃伯樵先生首先致辭後，由黃膺白先生演講。略謂余於建築係門外漢，本難置喙。惟覺凡百事業，離逃兩個要件。若講政治，欲求善政者，卽要使人民之負擔輕，而所得之權利大。此言初聞之似覺不近人情，但事實上是要做到此點，才稱善政。比如國家稅收減輕，則一切建設如何能興。惟因減輕人民負擔，猶能大事建設，予人民以極大權利，才算是善政。又如工商貨品，也有同樣的兩個條件。便是貨要美價要廉。說起來價已廉了，貨色當然不能求美；但是必須要價廉物美，才能把吾國落後的工商業挽回過來。不過人們已經佔了先着，吾們如何能趕得上去。有人說我們比人家落後的程度，相差要三四十年，有的說一百年，甚有說二百年者，那都不去管他，總是一個落後罷了。

吾國落後的工商業，要想追趕別人，應須另換一個捷徑。否則若依別人的窠臼按步就班的做去，那是雖趕一百年一千年也終趕不上去。因爲吾們雖在緊趕，他們也在猛進，結果終是程度相差，居在落後之列。故這追上別人的途徑不出兩條：一條是由吾們苦幹猛進，另一條則除非由先進者見吾們落後得可憐，在中途打個瞌睡，好使吾們慢慢的趕上。

要做到良善的政治，價廉物美的貨品，要求民族的生存，要躋吾們於列强同等的地位，惟有勤與儉才能達到這種種目的。勤是大家都知道的，別人早晨八點鐘上工，我們提早在六點鐘上工。別人一天做八小時工作，我們一天做十小時十二小時工作；一個人要做二個人的職務，這便叫做勤。儉是把一個人吃的飯可分作二個人吃，節用國貨，不使金錢往外溢漏，才是道理。惟這事情是要實踐的去做，並不是舉行幾個國貨年，叫那小學生舉手宣誓等便能奏效。曾憶幼年讀書時候，讀到舜授禹位，以其能克勤克儉的原故，初思克勤克儉，對於治國有何好處，到現在才明白勤儉的可貴。除了勤儉之外，人還要有和協的精神，這和協也是不可少的要件。

國人向來是抱守各人自掃門前雪的態度，以致社會間呈着一種冷淡的氣象，這是最可怕的。因爲世界上任何事物，都少不了一個熱。故這熱烈的和協，是值得注意的。比如世界上沒有了太陽的熱，便不成世界，人身體上沒有了熱，便變作死人。因之以前不當的觀念，應亟去掉，一反一嚮不睬不理的主義，而變爲干涉主義。對國貨之可用者，予以熱烈和協之提倡；不適者加以指摘，提出改良的主張，做國貨事業者，力有不逮，量力予以協助。如此上下一體，埋頭幹去，奇效自見。試看有一個國家，本來也是落後的，現在既已變成世界上惟一的强國，（說時兩手彎張作成一種雄姿）考其致强之由，也從全國人民克勤克儉，熱烈和協上換來的。

凡是一種力量，必定要集合起來才强，分散了便弱。猶憶成吉思汗的母親，把十只筷子授給她十個兒子，叫每個兒子手裏的一只筷，用力彎折。壯健的大兒，不容說是把筷子折斷了，便是力小的小兒，也把那只筷子折斷。後來她另取十只筷子。用繩縛在一起，再授給她兒子試折。那時不要說小兒子不能折動，就是力壯的大兒也折不斷了。成吉思汗的母親便教訓她的兒子說：要有協和的團結。方免各個被折的危險。他母親數分鐘的訓導，遂使成吉思汗後來成就如是偉業。任何一種事業，一方面固然要求大衆的協助，但是自己也要先求自身的健全，隨後方可求人扶助。例如寺院中大雄殿內，每尊佛前懸一油燈，每只油燈各有他的本位，故諺有燈燈各有本位，光光互相照應；是說各人要照自己的本位做去，隨後才有互相照應的呼應。願國人共勉之，庶幾吾國的復興才有希望。

張公權先生演辭

諸位：我是金融界的人，故祇能站在金融的地位來同諸位談談。現在不景氣的潮流是已激盪了世界各國；因了失業問題遂成嚴重之焦點。挽救之道，如美國則大興公共建築，投資之巨，一時難以數計。其間尤以獎勵住宅建築，如放款建築，分期付款建築等等。此在他國固能挽救一時，蓋因彼國內任何材料都已齊全，故振興建築，金錢不致外溢。然在吾國，則覺反是。若公共機關學校之建設，公路建設，鐵路建設，與水利建設等經費不夠，則向銀行商借。而此類建設，勢必仰給大批外貨，因之巨量金錢，亦隨之外流。一般銀行界深慮國內有限之金額，長此漏溢，必致窮竭。故欲避免金錢漏溢，莫若自製建築材料。

鄙意建築材料工廠之設置，必須要有系統；有統計，有合作，則事業穩定，銀行放款也必隨之而至。工廠得銀行放款，則事業自亦順利。如此互相依賴，偉業可期。惟國貨工廠必須出品要有統計，生產量與銷費量必須吻合，同業間要有協調，不可傾軋。工廠健全，則銀行放款亦安全。

鄙人尤有期望者，如建築師工程師凡遇設計工程，總以能盡厥責，多用國貨，如在必要時，或施强制的推銷，而免金錢外溢。

陸謙受建築師演辭

頃聽黃膺白先生與張公權先生之宏論，深覺言中切要，談從心長。惟覺現在之建築師工程師採用外貨，實亦有不得已之原因，並非願做推銷外貨之推銷員也。蓋因工廠往往有樣品尚覺不錯，而經大批訂購後，所供之貨若與樣品相較，則有遠遜之弊。況建築師工程師係受定作人之委託，設有不合，易致受嫌，故採用缺乏標準之貨，不無戒心。因望國貨工廠如能出貨一律，更如膺白先生云能使價廉物美，則建築師工程師亦必樂於和協，勉盡提倡國貨之責云。

全國運動會與建築

杜彥耿

此次第六屆全國運動會，在上海舉行，其盛況爲歷屆全運會所不及；雖以前在滬舉行之遠東運動會，亦不若今次之熱烈。推其原因，要爲近年以來國人對於體育漸感重要，而本市所建之運動場體育館及游泳池等，規模雄偉，蔚爲全國體育方面唯一之大建築。更因市中心區自刼後銳意經營，努力建設，他如道途之整潔，秩序之整肅，與夫交通之便利，如火車公共汽車等，咸能直達會場，遂使往觀者趨之若鶩。雙十節開幕之晨，未屆十時，偌大之運動場各台座，卽告客滿，徘徊場外，抱向隅之憾者，更不知凡幾。在此市面極度萎頹聲中，有如此之盛況，亦足與奮人心，振作精神矣。

此種盛況，若歸之運動會之本身，竊以爲不然。運動會之在滬舉行，實已數見不鮮。如已往之遠東運動會，各國選手，猛力競逐，其壯觀不亞於今。而前次運動場近在虹口公園與勞神父路棒球場，赴會者反不若今次遠在市中心區舉行之踴躍，而彼時市況之繁盛，更遠勝現在，而反不易號召者，蓋今次之盛會，不得不歸功於建築之一端也！

吳鐵城市長在全運會舉行開幕典禮演講詞中，略謂本市與處境艱困，然得中央協助，努力建設，使體育場之建築有斯成績。雖不能媲美歐西，要亦可謂遠東有數之運動場矣。從可知建築之於體育，實佔有重大之要素，而值得稱許。且建築事業之偉大，實無往而不適，固不獨體育方面然也。若各伶之演劇，應有優美之舞台爲之襯托；辦事處設施，應有充分之光線與適度之氣溫；家庭中尤屬需要安適舒暢之住屋建築等，諸如此類，不勝枚舉。然此次體育場之建築，亦有人加以非議者，謂際茲國難當頭，哀鴻遍野之秋，有此豪舉，失之不當。然倡此說者殊不知興舉建築，亦得調劑工商百政，促進市面繁榮，試觀美國因鑒失業問題嚴重，遂有公共建築之投資，動輒數萬萬金，略無吝色。工商各界，間接受其惠者，罄竹難數。況上海爲通商要地，中外觀瞻所繫，固不可不有此偉大之設備，以點綴此所謂華洋薈萃之區也。

按上海市體育場佔地三百餘畝，其主要建築凡三：一爲運動場，二爲體育館，三爲游泳池。各項建築圖樣，曾於本刊二卷十一十二期刊登，設計建築者爲董大酉建築師。

運動場爲橢圓形。場之西邊正中爲司令台，上覆鐵架棧蓋藉以避雨。東爲東司令台，上無遮蓋。其他繞於場周之看台，均係梯級式。場之長度連看台在內爲三百三十公尺，寬一百七十五公尺，看台可容觀衆六萬人。看台下爲運動員宿舍，可容選手二千五百人外，尚有餘屋設置商店售票房等之需。

體育館長四十公尺，寬二十三公尺，可排設普通籃球場三處，該館除用作室內運動外，平時尚可供作集會之需，能容座位三千五百及立位一千五百人，其偉大可見一斑。籃球場與健身房外，又有兩邊分別男女更衣室淋浴室。晚間燈光採取高射式，無眩目之弊。

游泳池係露天者，周圍偉大之鋼骨水泥看台，能容觀衆六千餘人。台下設更衣室，淋浴室，休息室，店房及濾水機房等。池長五十公尺，寬二十公尺，最淺處一公尺一公分，最深處三公尺半。池底及池邊舖白色瑪賽克磚，四方舖白磁磚，容水六十萬介侖。其濾水設備能使濁水出池，復變爲清，再返入池循環不已。無需時時更換巨量清水之麻煩。濾水手續，其經過凡五：曰消毒，濾清，入池，流通及出池。池內燈光，設於水面以下之池壁內，使燈光水影打成一色，幻成奇景云。

建築說明書

杜彥耿

擬撰建築說明書，必須具有豐富之經驗與學識，方克臻於完善之境地。惟吾閱今之說明書，大都非失之過簡，即失之太繁。蓋不善擬撰說明書者，往往書寫重復，以致投標者誤會滋生，而投估高價；或太簡單，而致訟爭以起。是故凡作建築說明書者，應具多年設計繪圖之資格，在建築場所有實地管理工程之經驗，並佐以在學校中所攻得之專科學識，始克勝任愉快。

余嘗見未受高深學問，未經專門學校之薰陶，而善寫建築說明書者；此無他，恃其多年之建築工程經驗耳！是以知專科學校，實不可恃，畢業生仍須經過長時期之實驗，而後足以應付。抑有進者，我言並非對於專科學校，有所攻訐；第因學校中四年之短程，勢不能使學生，遍受各科；而尤以說明書之規訂，僅以建築材料一項而論，已門類繁複，不勝枚舉。再如同一材料中，又有數種等次之分別，故非有深湛之經驗者莫能任也。

建築說明書之參考書，國內尚付闕如。英文本有佛令克凱達所著，與湯姆斯拿蘭重訂增刪之營造學一書，於一九一一年至一九一三年在美國紐約出版，凡業建築師者，幾人手一冊，惜書中所述，與吾國建築工業現狀各殊，故有拙著營造學一書，逐期在本刊發表，以期集成冊秩，供讀者參考。

關於水泥，黃砂，石子及鋼筋等材料，可參閱胡兒祥生所編之「混凝土工程」一書(Concrete Engineer's Handbook by Hool & Johnson.)。他如僅講水泥一項者，美國水泥聯合會，刊有專書贈送，該書將水泥之性質及用途，詳述無遺。吾國雖有水泥廠數處，亦有聯合會之組織；但如上述之刊物，尚無所聞，殊引爲憾。

建築中之欒石與雲石，亦屬主要材料，故規訂建築說明書者，應極明瞭石之品性及質地，及每種石料之價值。參考書英文本有番治麥理兒之「建築用石，及裝飾用石」，以及「雲石與雲石工」兩書(Stones for Building and Decoration, by George P. Merrill. Marble and Marble Working.) 他如林維克之「建築師彫刻師手冊」(A Handbook for Architects,Sculptors etc. by W. G. Renwick)，均屬關於石作之書本也。

金屬建築與熟鐵建築工藝，參考書有麒麟所編之 Metal Crafts in Architecture and Wrought Iron in Architecture, by Gerald K. Geerlings。油漆參考書有薩平所編之 The Industrial and Artistic Technology of Paint and Varnish 。上海吉星洋行所刊「油漆」一書，詳列各項油漆之用途與價目，以及每一介侖之漆能蓋若干方數之面積等。茲後中國工程師學會，在上海市中心區有材料試驗所之建立，諒必有各種建築材料試驗之記載書，是亦有裨於建築說明書之規訂者也。

木材之於建築，爲不可或缺之主要材料。現在所用者，大都爲洋松，柳安，硬木，柚木等等；然關於上述木材之等次甚多，僅洋松一項，有「康門」、「茂慶」及「選貨」(Common, Merchant & Select) 等分別；內更有頭號二號三號等，故訂說明書時，必須標明某處用某種等次之木材，蓋不能以籠統之洋松一名詞出之；因同爲洋松，其等次價值每千尺有十數元至二三十元之懸別也。美國材料試驗社，美南松木社，美北松木社及國際硬木材料社等，均有社報之刊佈贈送，實予說明書規訂者以極大之臂助。故無論老於擬撰說明書者，抑初學者，均須常讀各種建築材料商之社報，藉助其新智識之增進，而裨益於說明書之釐訂。按吾國建築材料商，尚少此類宣傳品之印送，故學者苦之。本刊容當另闢一欄，以討論建築說明書之各類問題。

道斐南公寓南面立面圖及地窖平面圖

（透視圖見本期封面）

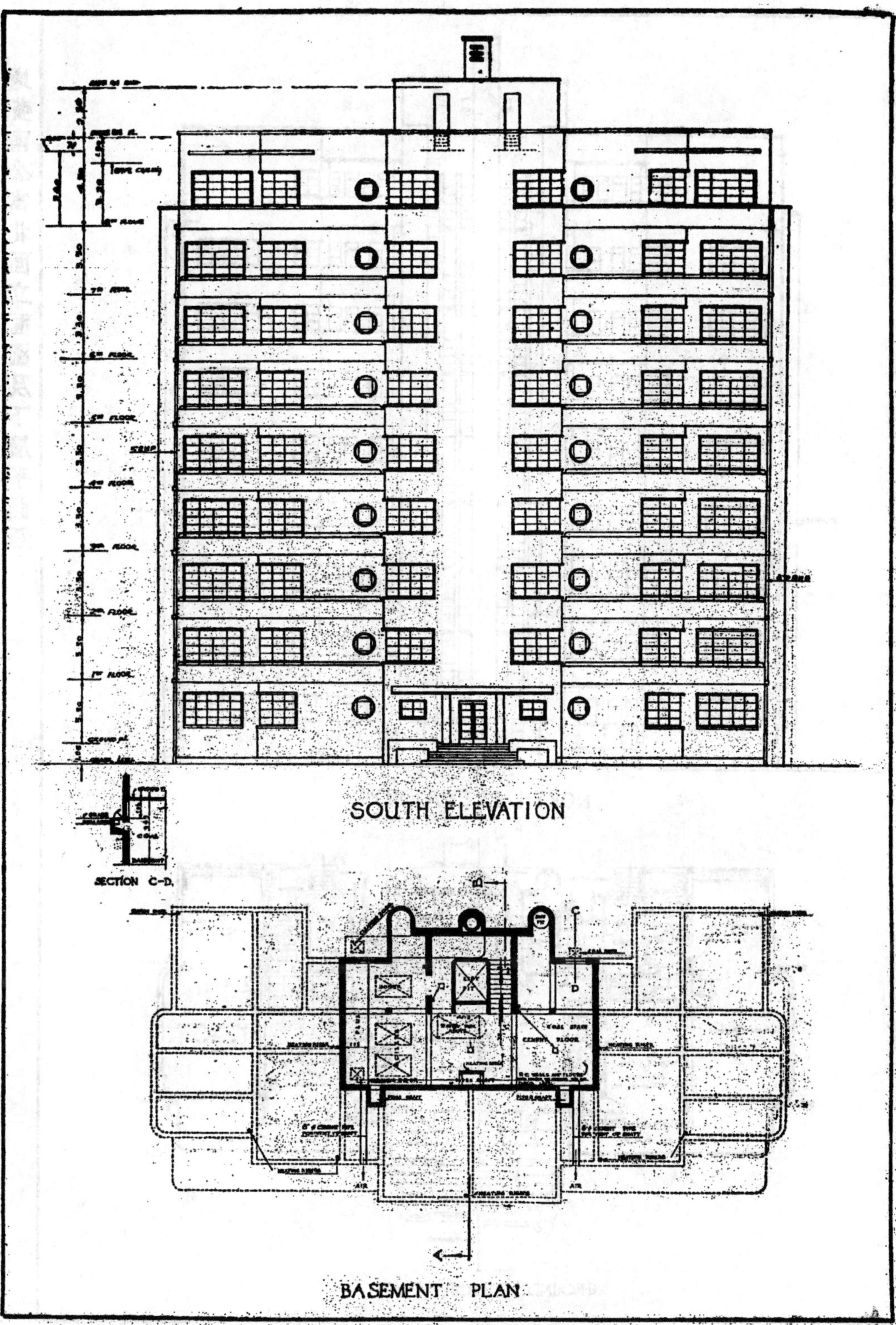

The New Dauphine Apartment Bu lding, Route Frelupt, Shanghai.

道斐南公寓北面立面圖及下層平面圖

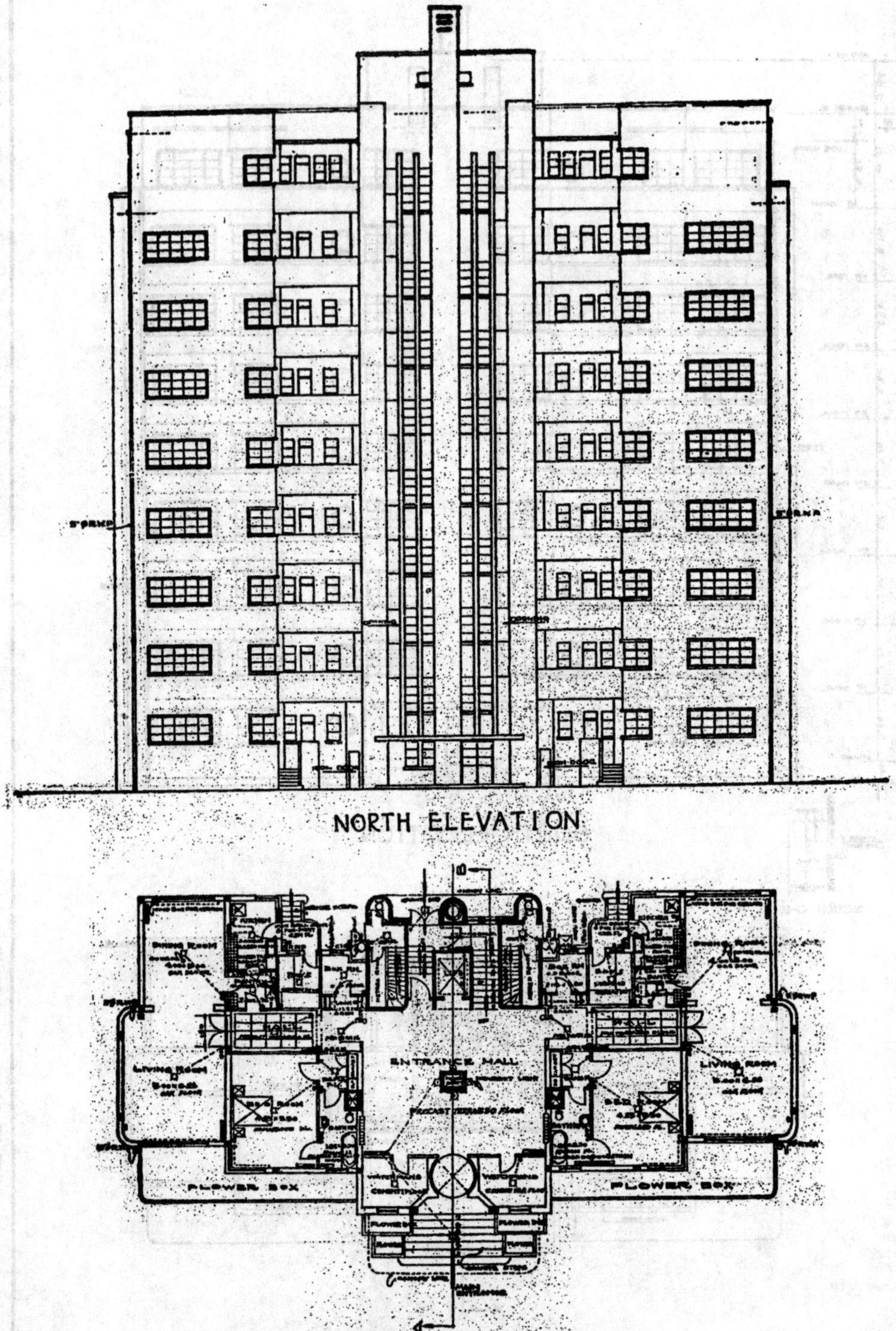

The New Dauphine Apartment Building, Route Frelupt, Shanghai.

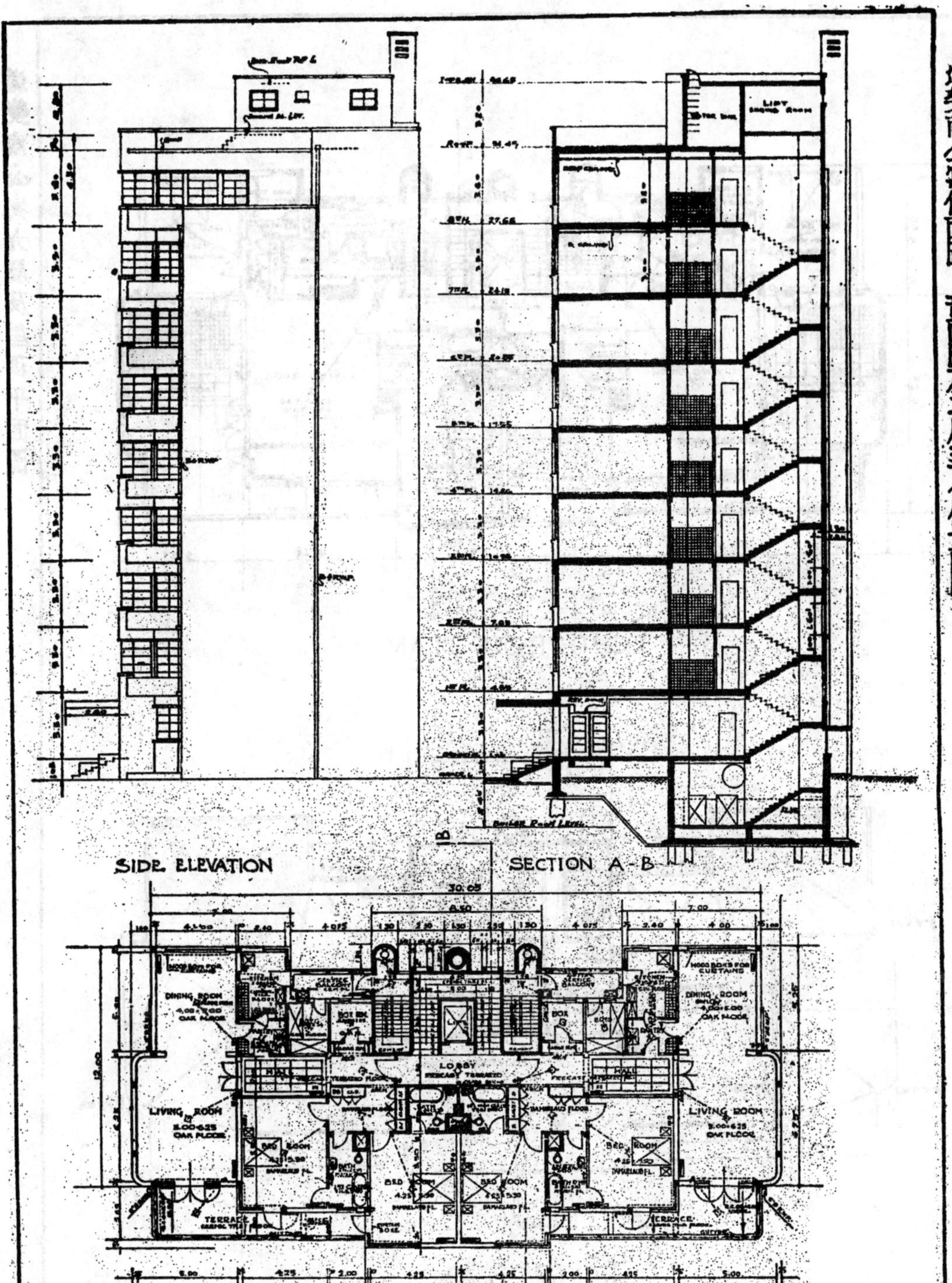

道斐南公寓側面圖，剖面圖及二層至八層平面圖

The New Dauphine Apartment Building, Route Frelupt, Shanghai.

道斐南公寓九層及屋頂平面圖

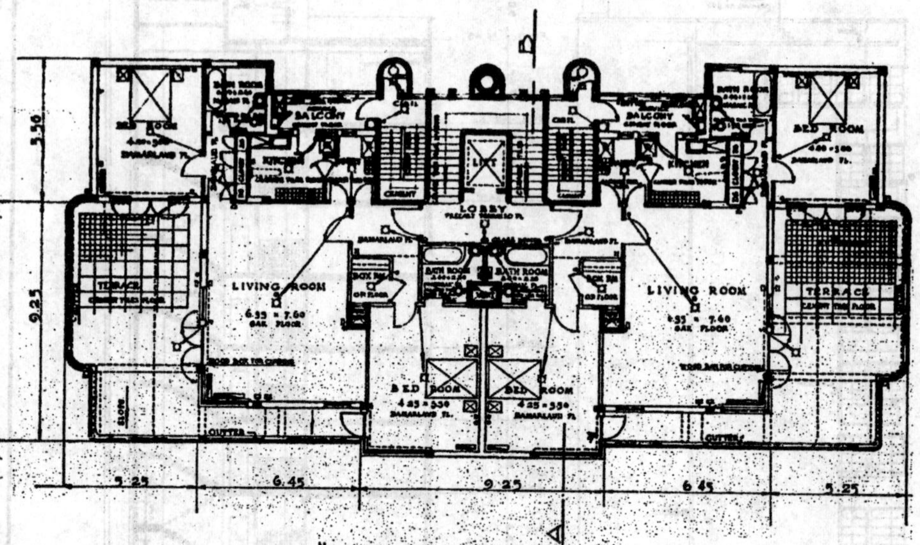

EIGHTH FLOOR PLAN

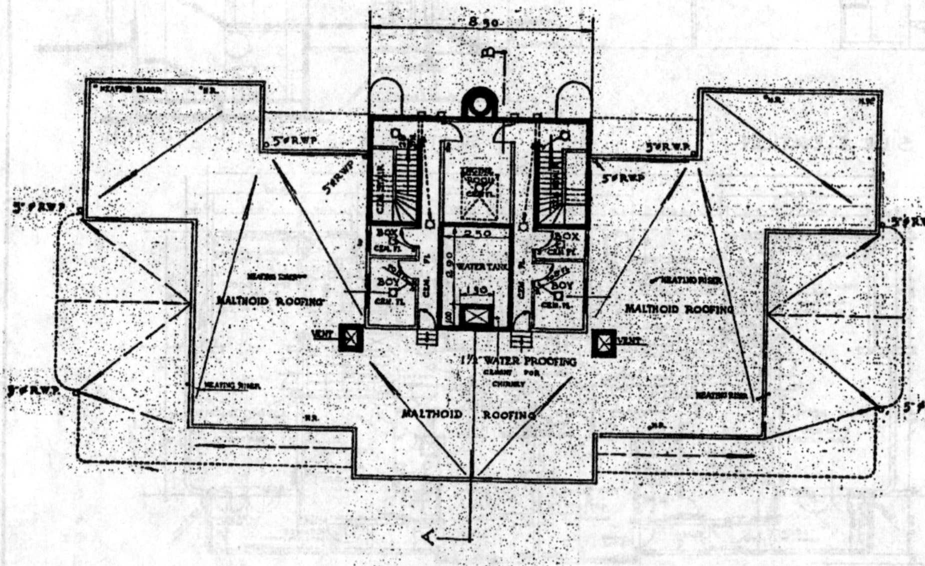

ROOF PLAN

The New Dauphine Apartment Building, Route Frelupt, Shanghai.

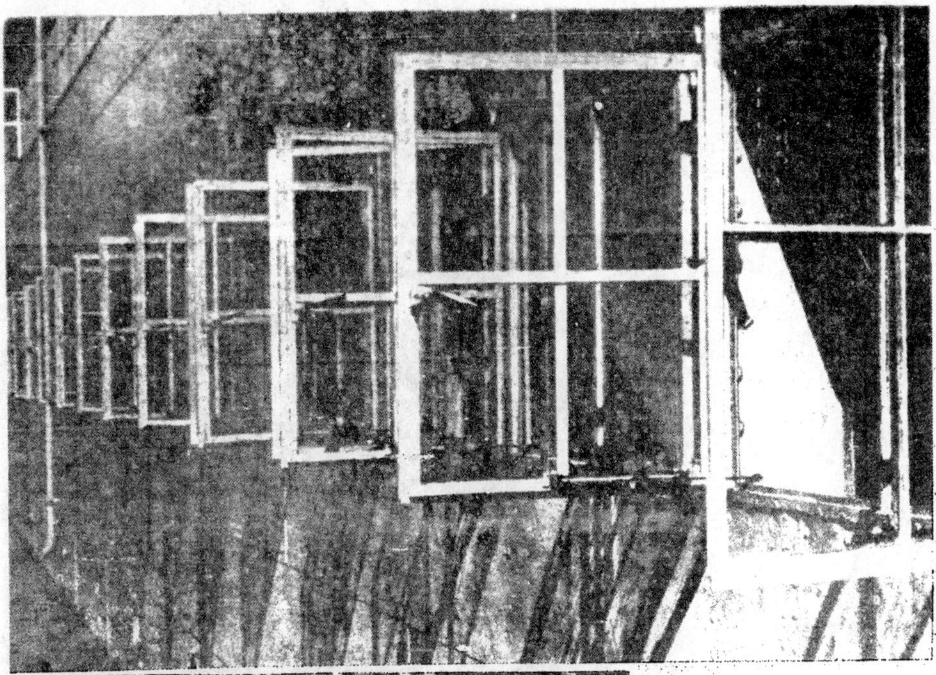

鋼窗

黑白影社 王明哲攝

Sashes.

Photo by Wang Min-Chieh

欄杆

黑白影社 王 卓攝

Railing.

Photo by Wang Tso.

The Carver.

Photo by Hu Lan-Sheng

雕刻家

黑白影社 胡瀾生攝

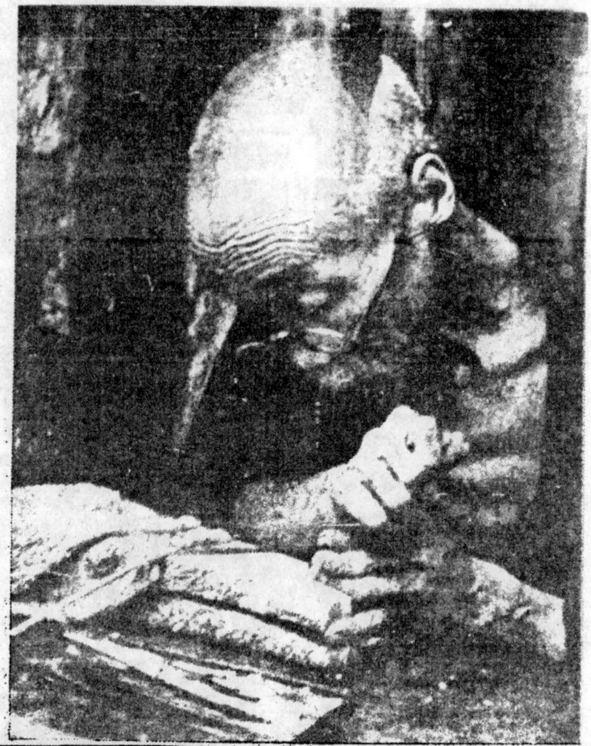

觀音

黑白影社 敖恩洪攝

KWEI-INE

The Chinese Goddess.

Photo by E. H. Au

建築物之典型，爲一般硏習建築者所必欲知者。因將各項典式計五十八頁，逐期刊登，以饗讀者。本期刊載之四頁，爲羅馬復興式之柱型及台口等之詳解圖，說明如下：

第一頁　羅馬式之三種柱子，自左至右爲陶立克式，伊華尼式及柯蘭新式。

第二頁　羅馬式台口線及壓頂線等之一種，名德斯金式。

第三頁　羅馬式陶立克柱子之詳圖。

第四頁　羅馬式陶立克台口之詳圖。

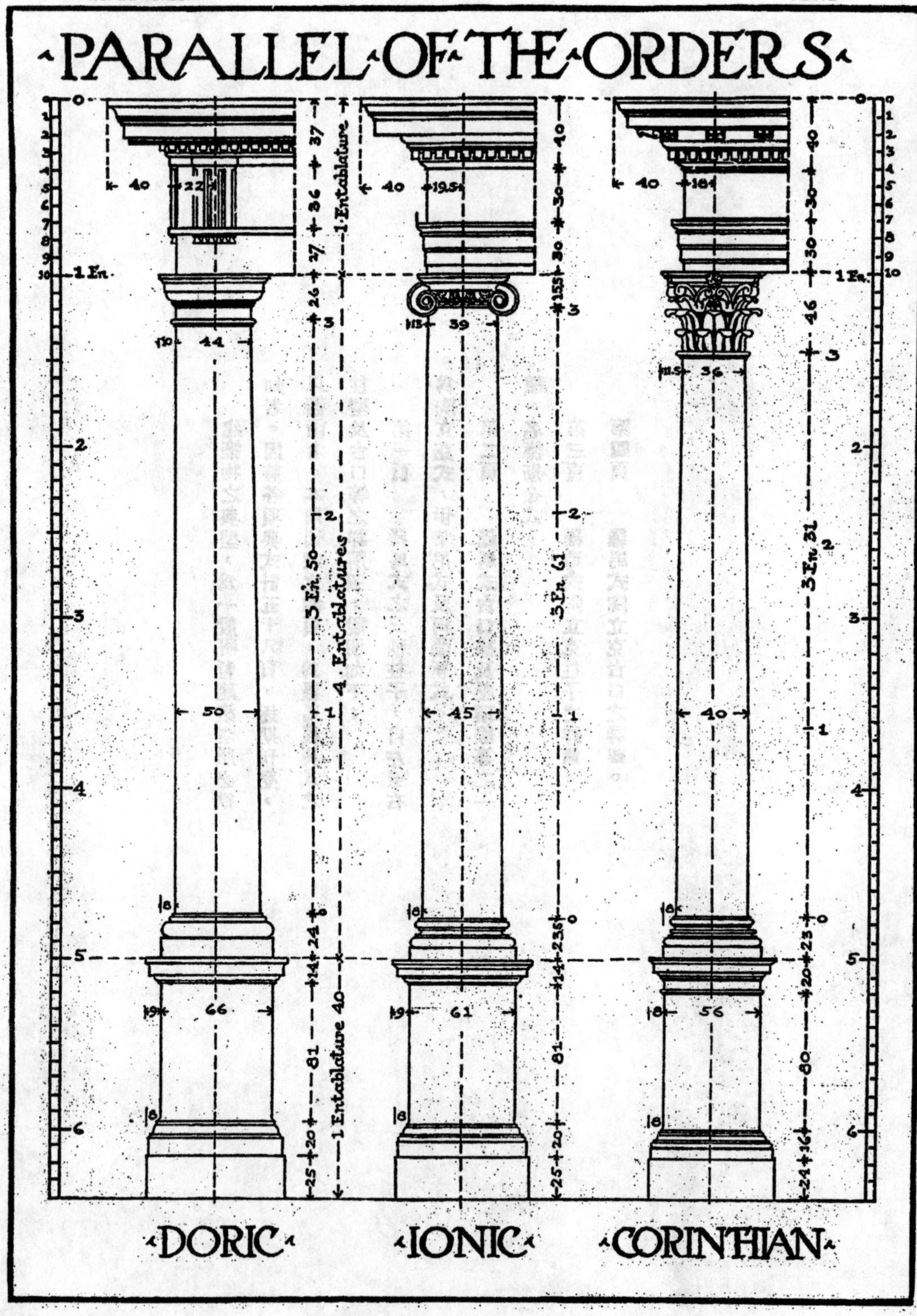
PARALLEL OF THE ORDERS
1 Entablature
4 Entablatures
1 Entablature 40
3 En. 50
3 En. 61
1 En.
DORIC
IONIC
CORINTHIAN

23392

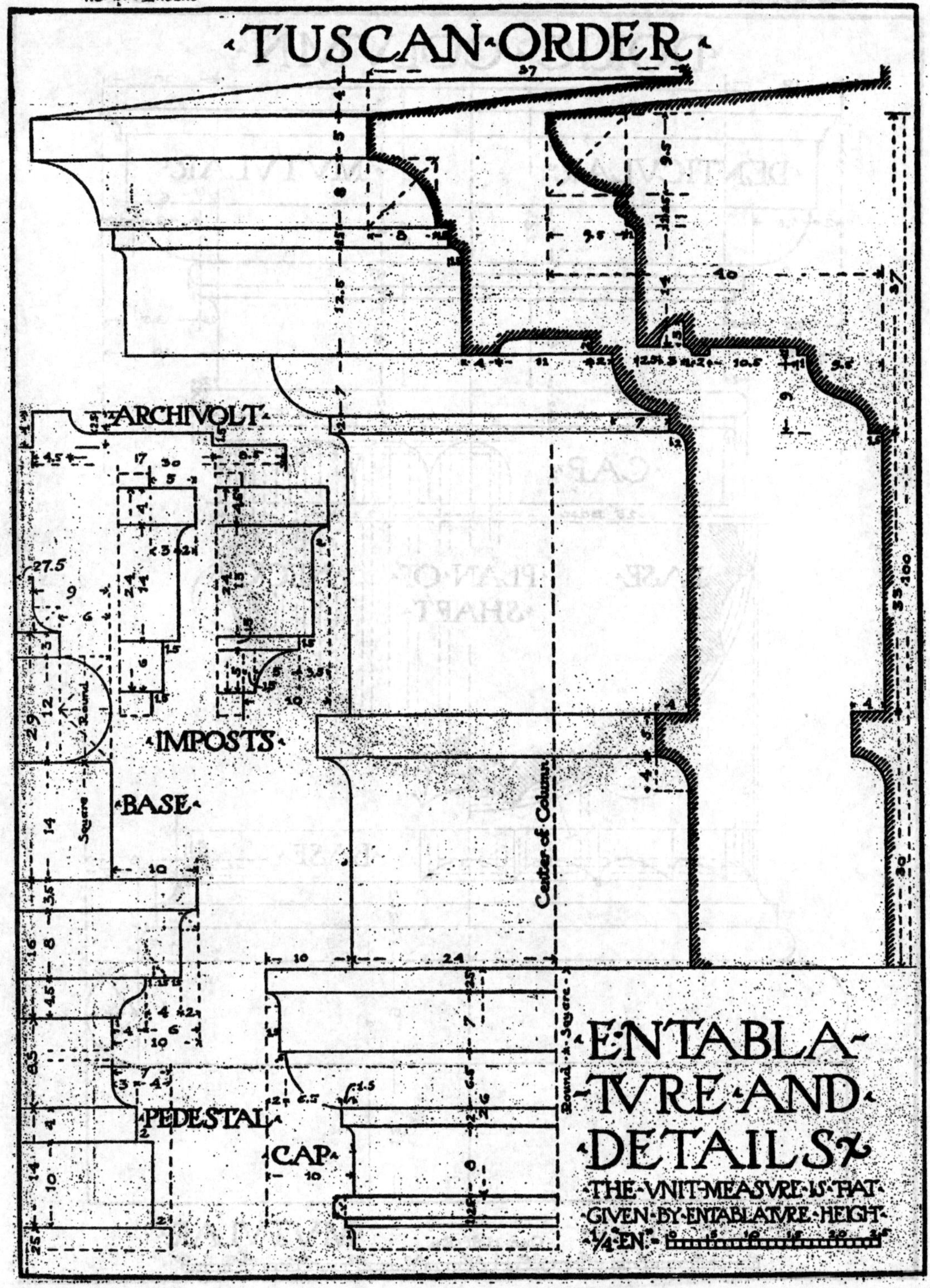
TUSCAN ORDER
ARCHIVOLT
IMPOSTS
BASE
PEDESTAL
CAP
Center of Column
ENTABLATURE AND DETAILS
THE UNIT MEASURE IS THAT GIVEN BY ENTABLATURE HEIGHT
1/4 EN.

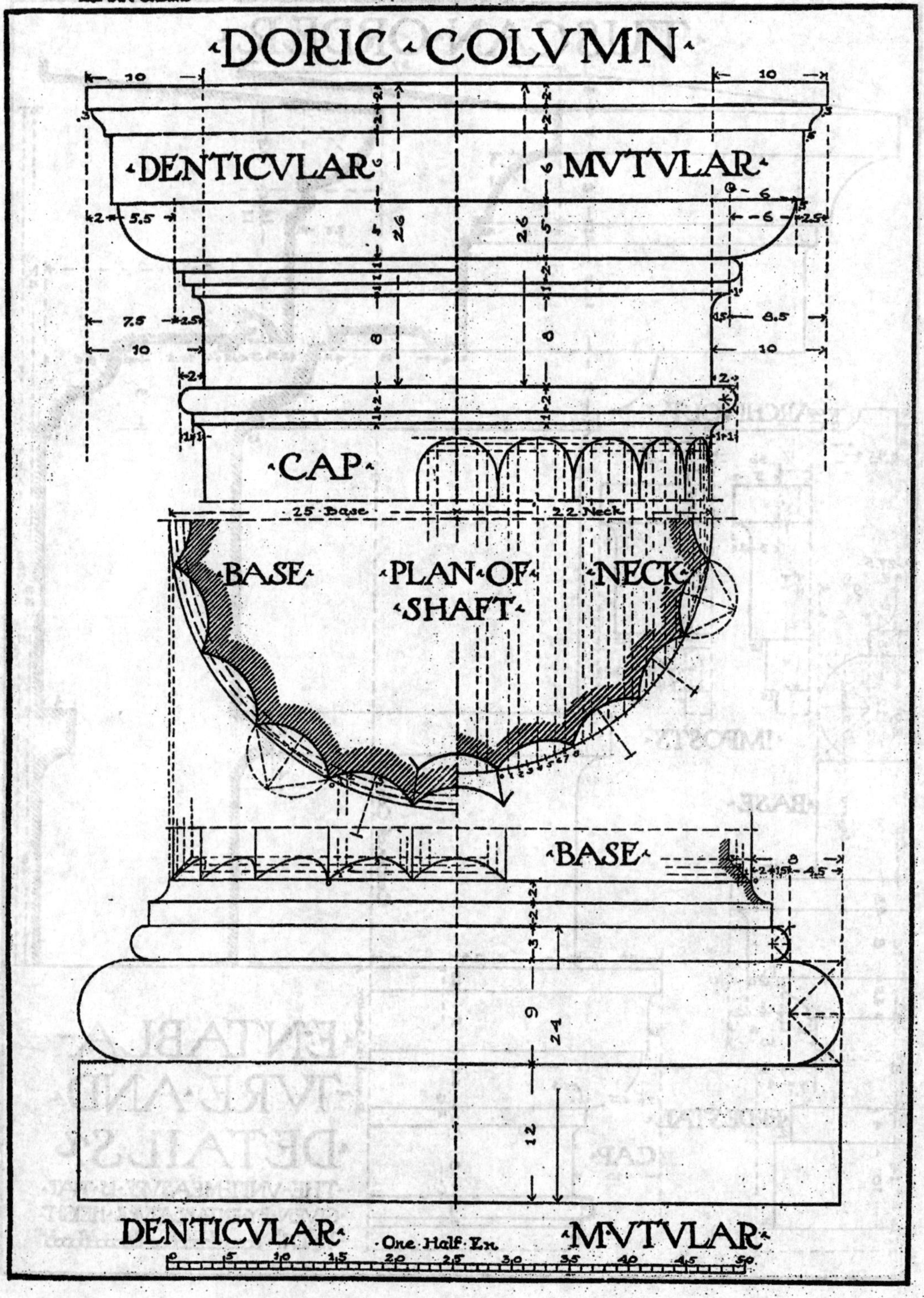
DORIC COLVMN
DENTICVLAR
MVTVLAR
CAP
25 Base
22 Neck
BASE
PLAN OF SHAFT
NECK
BASE
DENTICVLAR
MVTVLAR
One Half Ex.

23394

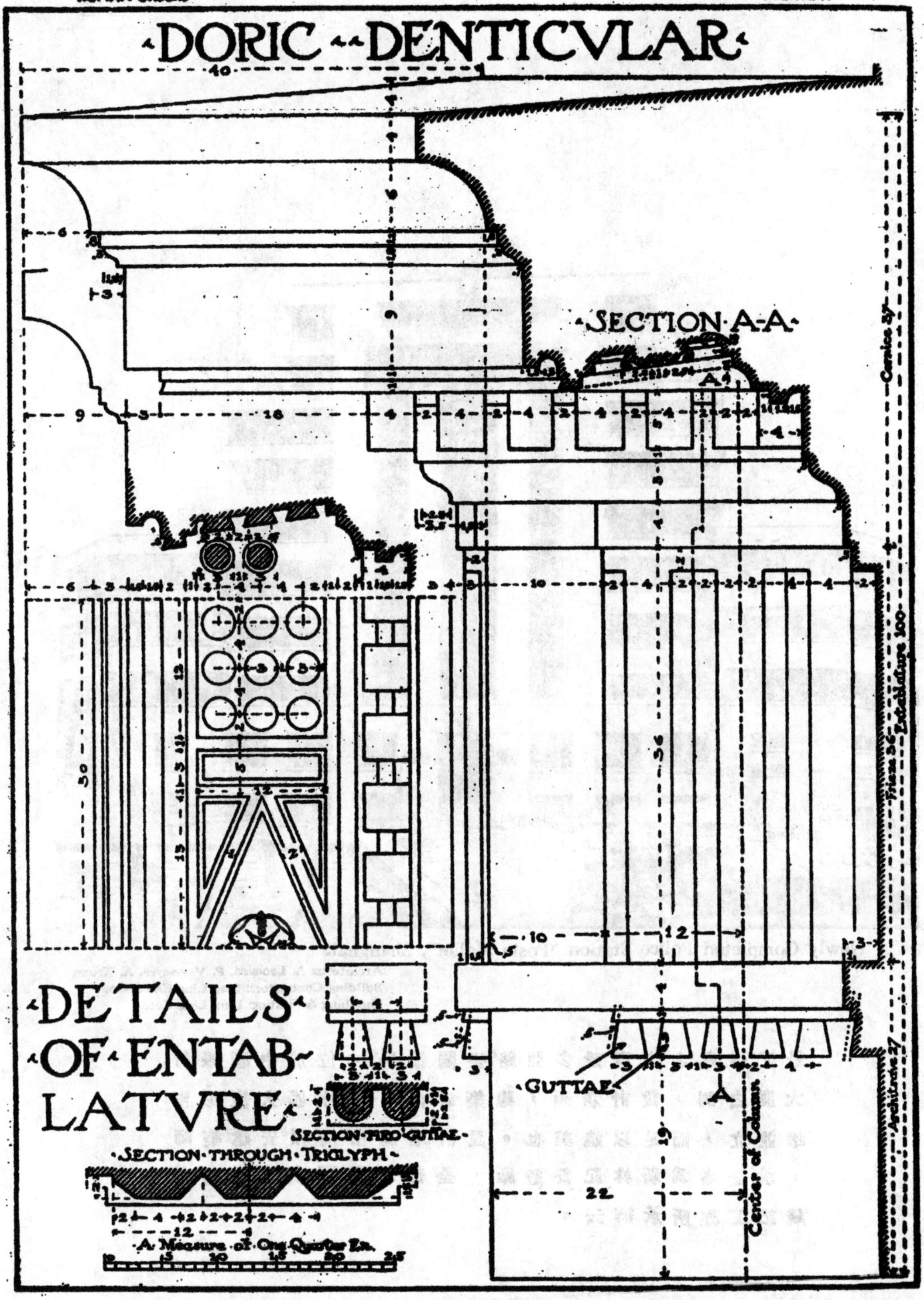
DORIC DENTICVLAR
SECTION A-A
DETAILS OF ENTABLATVRE
GUTTAE
SECTION THRO GUTTAE
SECTION THROUGH TRIGLYPH
A Measure of One Quarter En.
Center of Column
Cornice 27
Frieze 36
Entablature 100
Architrave 27

23395

Newly Completed Police Station "Poste Mallet", Shanghai.

Architects: A. Leonard, P. Veysseyre, A. Kruze.
Building Contractors: Sing Ling Kee & Co.
Plumbing & Heating: Liou Ling Kee.

最近落成之上海愛多亞路"麥蘭捕房"，位於中滙銀行太廈之側，設計新穎，建築雄偉，與中滙大廈似兩雄並立，而足以媲美也。設計者爲法商賴安建築師，承造者爲新林記營造廠，全部水電暖氣工程則爲麟記工程所承辦云。

建築史(二)

杜彥耿譯

埃及建築之風度

主要之特點

二十、金字塔及柱形建築　埃及人民對於人死後依舊存在之觀念，可於埃及式之藝術作品中尋求之。例如金字塔之構造，實爲埃及式建築最早之代表。其建金字塔或紀念墓之要點，是在其形體之巨大，恃久不滅之工程，與雄偉嚴肅之觀感。因此種偉大工程之引誘，遂復引起以後彫鑿石室，構建廟宇及坟墓等之工程。

二十一、最早之柱形建築，可於埃及之古廟見之。因大廳開間遼闊，故石梁銜接之處，自需柱子或墩子支柱之。在蘭西姆或其他廟宇中之柱子，係立於深厚之甎作基礎者，其深度達十英尺之巨。石作工程之琢鑿，其精粗工細與否，均視屋中之地位而異。有數處之石工，組疊不用灰沙，而藉上面石工之堆壓。然大部份之石工接搭處，係用灰沙膠黏者。因牆間極少突出或空戶之工作，故於任何臥置或立置之石工，尖銳之角亦不多覩。要之其銳角之形成也，在於外牆之接壘處，而於其豎直之接縫處，尤多花飾之點綴；而此花飾爲一圓形之線脚，是謂圓線。尙有台口一種，其設計甚佳，係於凹線之上，冠一方線，殊爲簡潔合式。此種台口大都用以冠蓋牆頂者。於數處破屋斷垣中，曾經發現拱圈工作。因查此種拱圈工作，初未見於偉大之古墓中者，而覺得之於並不重要之殘屋中，深以爲異；然不獨此也，卽人工與材料之設施，亦有失之不當者也！

埃及建築之模範

坟墓及廟宇

二十二、金字塔　在各種埃及式建築中，有二種型式實佔優越之地位者，爲帝皇之坟墓，及各種式樣之廟宇建築。在埃及國境中，共有金字塔六十至七十座，其中三座在奇士(Gizeh)左近，爲尼羅河畔最偉大之建築。(見圖一)在此三座之中，最大最古而推爲世界上雄偉工程者，允推芝浦斯(Cheops)大金字塔，(見圖二)此塔建於第四朝芝浦斯王之時。王亦與其國中人民同樣

〔附圖一〕奇士之金字塔

〔附圖二〕芝浦斯之大金字塔

借仰坟墓係為死者之家室，故須善加佈置，以適死體之安置。更將停放石棺之石室，處於不易為人覺得之地位焉。

從金字塔外面大門往下斜行（見圖三a）長三一七英尺，高四英

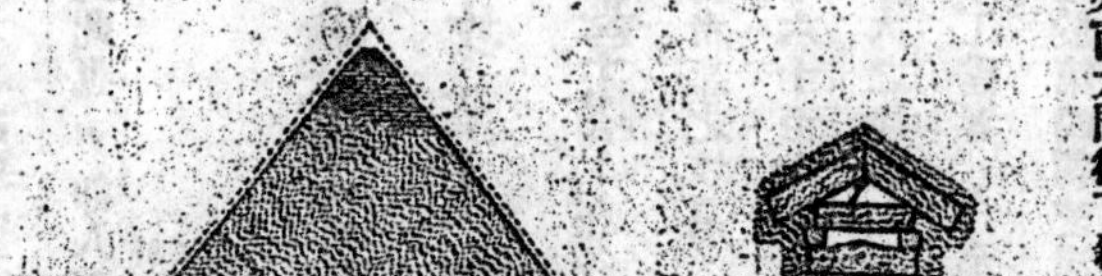

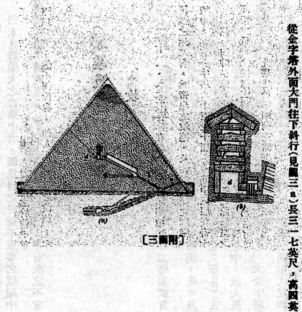

〔附圖三〕

尺，闊三英尺半，直下至一未完成之石室，係自石層中鑿出者，位於金字塔正中底下，但此底下之石室，恐係疑室，以愚欲行破壞王陵者。然其真實之陵寢，在塔之正中核心，係由正門取第三圖中a字斜道而入，約距六十二英尺，折向b字之坡道。b字坡道分兩條支線，一條平行至c字石室，係王后停靈之處，位於塔之中央，而其高度與正門口大致相齊。另一支線為繼續上升之坡道，長一四八英尺，高二十八英尺。在此道之端，經過短促之平行道而至隔室。更越隔室進至王之陵穴，如圖d，係花崗石之石室。室之上面為平頂。室長三十二英尺，寬十七尺高十九尺。隔室與陵寢均用花崗石舖設。石工極佳，舖砌亦甚謹嚴

二十三、為防上面巨大之重量壓下甬道及石室起見，故築

壓，並架石梁跨越之。如石疑平頂之上，架五道橫梁，（見圖e）f係指橫梁間之空隙，如此一梁之上更加一梁，藉以保護平頂及平頂下之石室，而使上面重壓分散。

大金字塔原有之尺寸，因年代久遠，故稍有減損。塔之底盤長七六〇英尺，高度自地至頂，計四八〇尺。大門開於北面，計高四十七尺。

第二金字塔與大金字塔比肩。其底盤之面積爲四〇七尺。第三座金字塔卽孟加拉(Menkaura)，其面積約及大金字塔之半。

二十四、麥斯他倍斯

其他紀念坟墓之於明斐斯大墓地者，阿剌伯人呼之爲麥斯他倍(Mastabas)，意謂平台及四角形，是曾爲有階級官長之坟墓。其內部佈置，與上文所述者相同，蓋埃及人均具人死後尙存於世之觀念也。麥斯他倍斯之外表，其形一如截去頂尖之金字塔；因外牆之立面向上斜進，而下脚拋出者。普通一直斜上，然間亦有逐層向上收縮，以至平屋面者，麥斯他倍斯係爲埃及第十二朝代時期之建築物。

其他亦有式樣完全各異者。如坟之從石窟中開出，而祇有一室，並無建築藝術之表演者。但於皮尼海山(Beni-Hassan)之石坟中，其出面部份有石柱石梁及石台口等，頗具建築型式者（見圖四）。

〔附圖四〕 皮尼海山之石坟

二十五、廟宇

因埃及人民對於美術及科學之別具幹才也，故對廟堂建築，實足稱許，其最早之廟內，闢一長方之室，或稱聖殿，祗許僧侶入內。殿中陳設神桌，並供奉神像。通殿之門，祗有房屋正中一處。

後期之廟宇建築，自較早期爲複雜，如於聖殿周圍，毘接多數小屋，以之存儲供品與物料之用。此外更有一處或數處柱支大廳。大廳之後，闢出列柱行列之庭院，僧侶及信徒咸集於此。相近中央大門，其兩傍矗立塔形之建築物，謂之拜龍(Pylon)意卽門房。然此門房之義，祗用於截去頂尖金字塔形之門房而言（見圖五）。

〔附圖五〕

一條寬濶之長道，兩邊排列人面獅身之物像，直抵外院。有時亦有祗用一個門坊之建築，以替門房變面之有塔樓者，名曰撲羅拜龍。

(Propylon) 此等建築，於近期較諸遠期爲多。(見圖六)

〔附圖六〕

高聳之圍牆，每將整列之廟宇圍繞者，因每代帝皇喜於其先人所造廟宇之前，爲虔敬起見，而添築富麗堂皇之室屋，與費用浩大之門房及廊廡等。是故圍牆之繞築，遂爲不可少之工程矣。

二十六、愛浦利拿浦利斯梅娜(Apollinopolis Magna)或稱愛特福(Edfou)廟，位於埃及上游。(如圖七及八)雖係他里敉時代之建築物，然其建築之典型與部序之位置，實與埃及早期之作物相類。第七圖係指門房之從廟外觀看之景。第八圖指在內部庭心中對望門房之景。

〔附圖七〕 愛特福廟之外觀

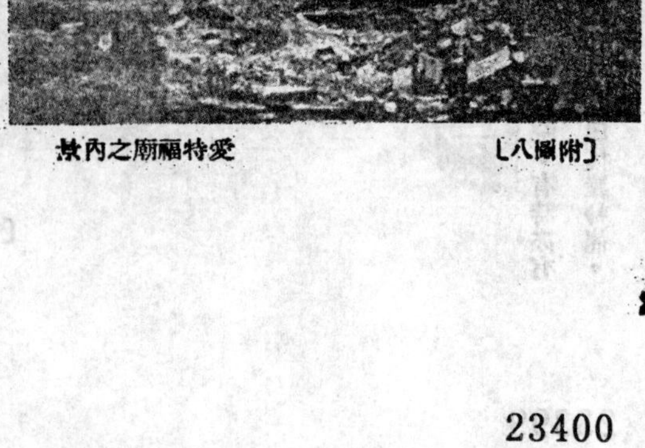

〔附圖八〕 愛特福廟之內景

第九圖爲萊茵姆廟之平面圖，構造巍峨，包含門房e，往中央大門入至廣大方形之天井d，於天井之兩傍排列廊廡兩行。經第一天井直入爲內天井c。內天井之四週發立高大之柱子及方體墩子。在b字爲大廳。其屋面係由柱子支撐者，名曰列柱廳。

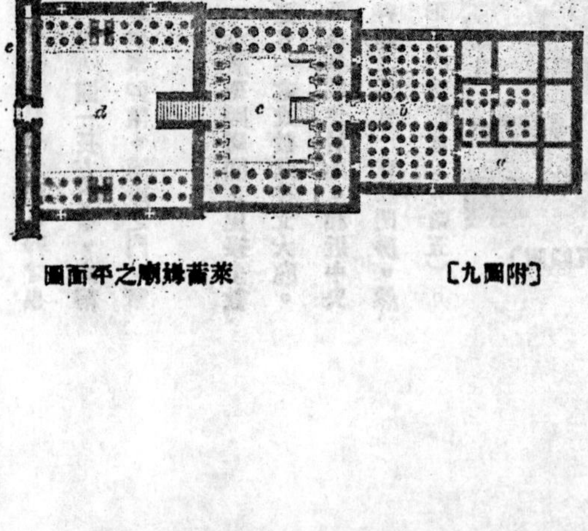

〔附圖九〕 萊茵姆廟之平面圖

(Hypostyle Hall)；此廳與別處相類之廳同樣排列各種大小不同之柱子。在中間部份之柱子，較諸兩傍者特高，而成一高層，名曰氣樓(Clerestory)。氣樓開闢窗戶，俾光線與空氣得以通入中間大廳。廳後係聖殿，殿連各室。室之用途現在尚無確實證明。但廟之建築，係為帝室之祈祀上蒼，與人民之膜拜帝皇者。蓋因帝皇係半屬僧侶，半屬君主。君主為上帝派在下界之代表，故此附接聖殿之各室，或即為帝皇之行宮。

二十七、普通列柱廳之佈置，可於第十圖中見之，極為明瞭。此為卡乃克廳(Karnak Hall)之模型。圖中a字指列柱之支托氣樓屋頂，b係橫架柱子頂顚之梁，以之聯接各柱，並担受平屋面c者。其較小之柱子d由e字過梁，牽制進深之大梁f。此大梁f為托支下層屋面g者。此屋面之低於中央部份者，藉使h窗戶之透光，兼亦適應建築之典式者。故凡重要之廟宇，咸循此制。他如石堵中鑿出之廟宇，亦有多處遵循此式者。

〔附圖十〕 卡乃克廳之模型

二十八、華表　埃及式之華表，係由整塊石料鑿成者。四角形，底盤大，向上漸收小。其頂尖形如金字塔，坐於四方之柱頂。此種華表均係成對分立拜龍或門房兩邊。其高度大概比其底盤大約十倍。四面均刻象形文字。第十一圖示一華表之影，高六十八尺。此華表前曾豎立於海利亞波利斯(Heliopolis)廟前。羅克沙(Luxor)廟前者高七十五尺，但其最高者係在卡乃克(Karnak)地方哈希浦蘇王后之華表，高逾一〇九尺，是為高於一切華表者。

〔附圖十一〕 海利亞波利斯廟前之華表

二十九、人面獅身獸及彫像　人面獅身獸係皇族之象徵，分為三種：甲，男首獅身者，名Ardro Sphinx；乙，羊首獅身者，名Crio Sphinx；丙，鷹首獅身者，名Hieracö Sphinx。在奇士金字塔前之獅身獸。(見圖十二)亦為一男首獅身之彫刻

〔附圖十二〕 奇士金字塔前之獅身獸

物。在其兩巨爪之中間，有一小廟，係用獨塊花崗石作成者。獅之全身，除兩前腿用石拚成者外，餘係用一整塊巨石所作成，是可見其工程之甚大矣。

許多埃及帝皇之彫像，殊爲巨大。例如闌茜姆王之坐像，高達六十尺；敏農王像，其高亦達五十三尺。(見圖十三)

〔附圖十三〕敏農王之坐像

埃及房屋之詳解

牆，屋面，柱子及花飾

三十、平面圖　埃及房屋之平面圖，大概均係長方形者。其他在幾何圖上，有圓形或六角形，均在摒棄不用之列。但均用直線之佈置平面圖，而其直線亦有殊不整齊，形成彎曲者，然牆角必屬正方角相對者。其廟宇之佈置，不僅注意外觀之雄偉，並考究內部堂室之神祕化，處身屋中，雖在白日，亦感陰氣森森之恐怖也。加之廟之外部，如獅身獸之排列甬道兩側，偉大高聳之華表，塔狀之門樓，列柱形之廊廡；空氣陰沉，在在使人感到內中如有神祕莫測之恐怖存在也！

三十一、牆垣　花崗石，普通石及煉甎，是爲埃及人用以建築牆垣之主要材料。牆垣之構砌極厚，石之面部，其石工之彫鑿，如甚精巧，而其堆叠接搭，亦頗靈敏。

三十二、屋面　普通屋頂係石板舖成之平屋面。若其面積較大，則屋面係由梁架支托。梁架係花崗石或其他石料，而此石料之梁架，係擱置於牆垣之上者。然若遇必需之處，中間尙有柱子或墩子之支撑也。

三十三、窗檯門戶　牆間留置之空檔。藉使窗檯或門戶之開闢者。其門或窗之上部，均屬方形，而其建築格式亦甚簡單，除非門頭之上有台口線者，其線脚稍向牆外突出。

三十四、線脚　線脚亦卽爲從牆面突出之線條，以之調劑大塊平面牆面之單調者。於古埃及建築用之極少；有之亦惟外牆角會合處之胖肚線，與台口線之凹檔，上口冠以一條方線。此卽古埃及式建築所用線脚，或已盡於斯矣。

三十五、柱子及其他支托物　柱子或墩子有用獨塊石料，或花崗石鑿成者，例如獅身獸神廟之獨塊大石墩子。其有用多塊石料拚成之柱子或墩子，其石塊並不整齊，以備粉刷，而使視之如一整塊之石柱。將一四方平面之墩子，欲使之成一美觀之埃及式柱子者，其手續係將四角鑿去而成八角形，再由八角形鑿成十六角形，而使筋肋微起，成凹圓形。柱子頂端冠一方塊石頂，如陶立克式柱頂之帽盤。埃及式之柱子，大別之有下列數種：

甲、方墩子或柱子；
乙、多角柱，平面或凹圓形；
丙、甃頂形柱子；
丁、蓮花瓣頂柱子；
戊、鐘鼎形柱子；
巳、神像帽盤柱子。

綜此數種柱子，其甲種柱子之垂直面，每有象形文字之刻載。乙種柱子有施油漆或施花飾者。丙種柱子如圖十四a字，卽爲此柱之標本。然此亦有三種分別：其最古者如在倬尼海山(Beni Hassan)，包含四根莖幹，背肋形圓，上面脛部係用帶形線脚束縛。在雷倍林斯(Labyrinth)查席姆斯第三(Thothmes III)廟前者柱含八個幹莖，而背肋鋒銳。胖肚形之柱根，飾以葉瓣。在近期時代，柱子之身段祗一圓形，幹莖並無節肋者。

三十六、蓮花帽盤柱子之身幹，如圖十五b字，普通係光面，或施花飾，或刻文字，亦有如以衆柱集於一處之形者。古時柱之身幹下脚成凹形，以嚮柱子之坐盤。但在他里牧之時期，胖肚形之柱幹，極少發見。圍繞愛特福(Edfou)廟第一天井之柱子，自底下坐盤聳起。其柱身之頂顚收句，用方形之帶線相叠

〔附圖十四〕

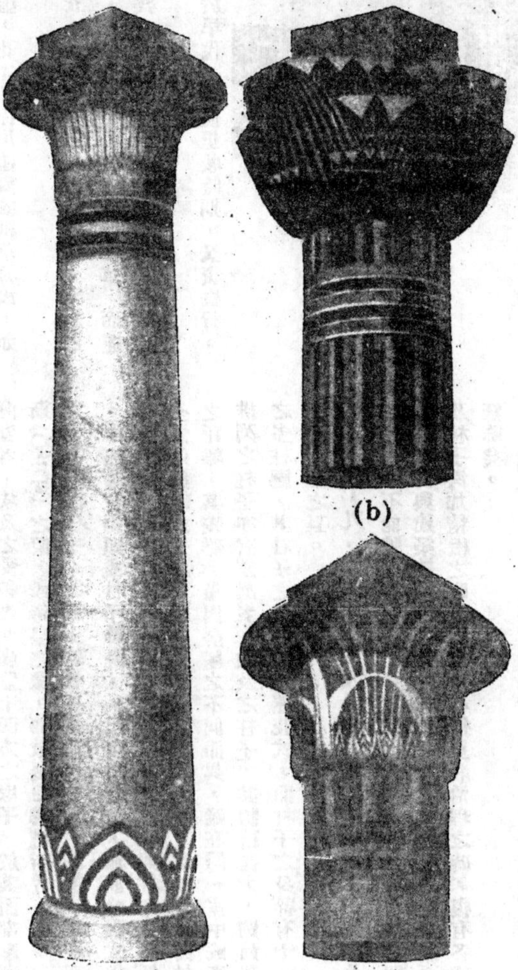

〔附圖十五〕

。遂花柱子之項上，均戴一方盤，花帽頭係用蓮瓣或紙草叠成，如圖十五b字。

三十七、圖十四b及十五a均係鐘形花帽頭之柱子。其應加以注意者，此種花帽頭之來源，其形式實脫胎於棕櫚及紙草，而蓮花狀之花帽頭，做效蓮瓣之堆叠。在他里牧時代，此花帽頭花葉層叠，其形猶如花鑑也。神像花帽頭之柱子，已行於早代。迨他里牧時期，又復盛行。

〔附圖十六〕 但第勒之海查廟

第十六圖係在但第勒(Denderah)海查廟(Hathor)之一部份。圖十六及十七柱子之柱身，與蓮花花帽頭之柱子身幹相同，無其他特殊獨立之式別。帽頭分成兩截方盤，其在上面之一塊，於四邊各刻拜龍，亦即進廟之大門；而在下面之一塊，於四面刻海查(Hathor)之首；

〔附圖十七〕

海查者，埃及之愛神也。帽盤下四方之墩子，於其面部彫刻亞雪禮斯(Osiris)之像，或帝皇之像，而做照亞雪禮斯者。

三十八、關於上述各項埃及式柱子，並無一定確切之尺寸。故無論花帽頭或柱子幹身，其尺度之勻配，無如希臘式或羅馬式之有一定高度及圓徑之規則者。花帽頭之大小與柱身之高低尺寸，全憑建築師或營造者視其建築上之需要而定。更如柱子與柱子中間之距離，其差雜非僅因房屋之不同而異，雖在同一室中或廳中，其排列之柱子亦有差異者。埃及之柱子，其體積甚大，例如在卡乃克之多柱廳，其柱子之花帽頭係蓮花式，而柱子之身幹有十一尺及十二尺對徑之巨。

三十九、花飾　埃及最早之廟宇，初無象形文字及彫刻之設施，亦不能臆斷其文明之程度。迨第四朝時質啓埃及文明之曙光。其美術與建築技術，亦發軔於斯。此後則重要建築之牆面，墩子及柱子均加精緻之彫刻。更後在他里牧治理之時，復有各種裝璜及修飾矣。

四十、　埃及藝術之基礎，實得之於自然物，尤以植物爲甚

〔附圖十八〕

。如(a)荷花(如圖十八)，係一種生於水面之美麗花朵，王尙取此

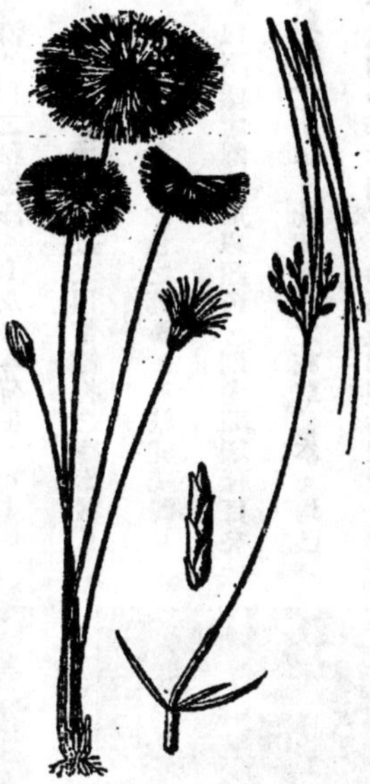

附圖十九

花以供天神者。(b)紙草(如圖十九)，爲光而細長之草莖，自根際生起，埃及人用之以製紙者。及(c)係一種棕櫚樹。更有用生物爲美術之基點者，如甲蟲，蛇，鳥，毛羽及翼膀等之形狀，取作藝術之典型，而用之於裝飾圖案。

花飾圖案之特殊盛行者，爲一中間一圓塊，而左右兩翼伸展者

附圖二〇

，(如圖二十)中間圓塊，以代表日球；佐以兩蛇，而翅遂從茲開展者，是以太陽活動之象徵，甲蟲飾(如圖二十一)係一有翼之甲蟲

附圖二十一

，前足捧一圓球，而後足捧一小球，以象徵旭日之漸升。其他花飾亦有任意採取者(如圖二十二)。

附圖二十二

四十一、牆及平頂之裝飾　象形文字及圖案之載於史籍而重現於牆飾者，可於埃及公私諸墓見之。私人之墓壁，有將一生事業刻諸壁上者，比比皆是。間亦有人與神之關係之圖案，刻於廟牆者。其最特殊者，如王之於神，埃及人民視一代君主猶天授之者，故王之任何殘暴動作，咸認爲天意如此，不敢違抗阻撓。更將其行動刻於壁垣者，如被殺者之行刑狀態也，提壺灌酒也，激怒之情態也等等，在在均足表現其美術之深刻化。

平頂有漆深色者，並綴以五角之黃星。在他里牧時代，有繞黃道帶於平頂，以象天文。迨希臘之形式傳入，遂有天文學與本有之象天星斗混合平頂。

四十二、　任何彫刻或油漆之花飾(如圖二十二)，係常因襲陳法而設置者。若係雕刻，則在古時雕刻頗深(如圖二十三)，但於後代其彫刻之施於牆面，較諸古代尤深，而形物均凸起於牆面者(

如圖二十四）倚有牆面雕飾，襲取荷花紙草及其他植物為藍本（如圖二十五）。圖中之a及b，係為浪波形之鑲邊飾。f及g為荷花，cde及h均係普通幾何畫之用作飾物之圖案者。

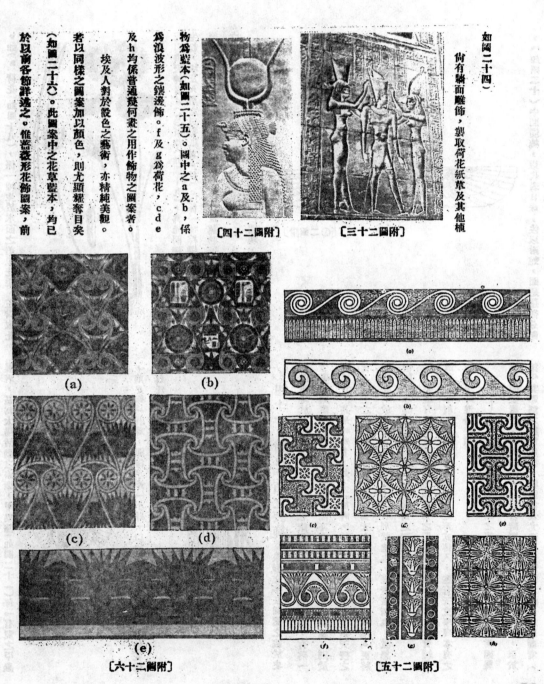

埃及人對於設色之藝術，亦精純美觀。者以同樣之圖案加以顏色，則尤顯耀奪目矣（如圖二十六）。此圖案中之花草藍本，均已於以前各節詳述之。惟藍蓮形花飾圖案，前

〔附圖二十三〕

〔附圖二十四〕

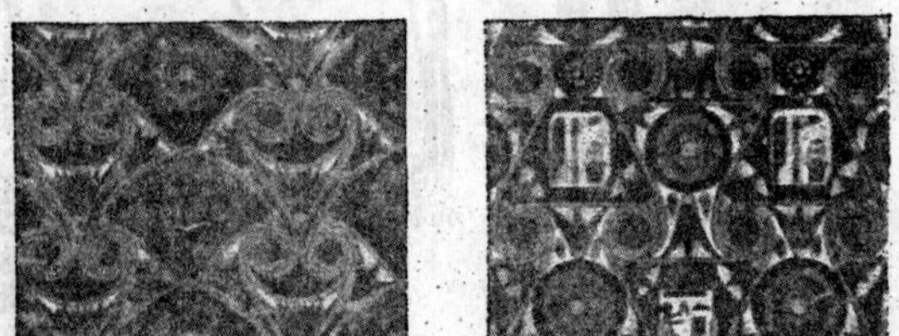

〔附圖二十六〕

〔附圖二十五〕

飾尙未提及（如圖二十七）a至c爲埃及花飾圖案中恒用之者。然此

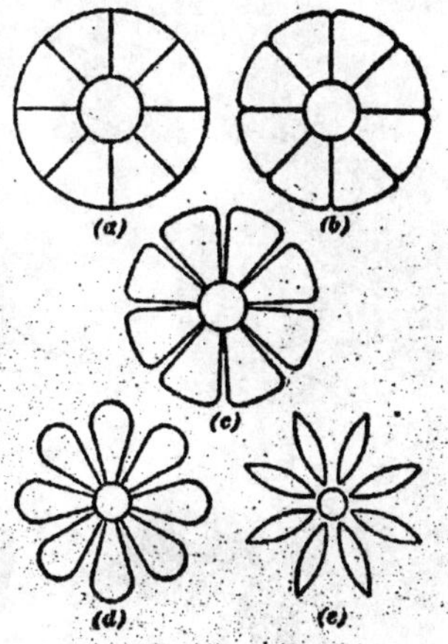

〔附圖二十七〕

葉之圖形，恐埃及人採之於延命菊(Daisy)者。

四十三、　埃及花飾圖案，除上面所述者外，尙有菱形一種。亦爲主要圖案之一。他如幾何圖畫等，均係施於牆飾者。埃及人於牆面施飾油畫，往往有以歷史宗教作背景者。如圖二十八所示，

〔附圖二十八〕

爲其宗教重要儀式之一斑。此種牆飾可名之爲油畫與牆飾兼施者。埃及人初於牆面彫刻形物，迨完竣後復施油畫於上者也。

（本文埃及部份完）

補遺

上期本文脫落第十二，十三兩段，今補錄如下：

十二、藝術科學及手藝　埃及爲文明之先進者，亦爲人類之第一導師，故其美術文化及科學，在在值得後人贊賞者也。彼輩對於美術之智能與手工之技巧，尤爲超特，於埃及紀念塔及墳墓牆上所刻之彫像等觀之，咸各奕奕如生。從可知若輩技藝之超神入化巧奪天工也。自雕像壁飾觀之，更可推知埃及當時之社會狀況。有數幅關於各種農作之圖案，如犂田播種及收穫等，更有藝植葡萄與採收葡萄之石刻等，其他又如美術及手工藝，其手工藝如描寫油漆之施工，雕刻，建築，石工，木工，陶工，鐵工，製革，紡織，玻璃，燒磁及金工等等，是皆精心摹繪，描寫逼真之美術品也。

十三、政體　埃及政體爲絕對之君主專制。其君主操特無上之權威，而其君權擬係天授者，斯可於其墓中壁畫窺其大概。人民崇戴君主，若太陽之神爲民族之首領，軍隊之將帥，審判之主宰，立法之樞紐，而君主之任何意志，政府各級機關自當奉行唯謹者也。其權位之次於君主者爲僧人。僧人爲國中博學多能之士，而居於領導之地位，故凡美術與科學均爲若輩所把持，因之僧人亦即爲律師，醫生，彫刻師，建築師，及編訂國史之大師也。統領軍隊之長官爲世襲職，而軍隊之組織，其間亦有僧人與軍官混合組織者。長官有封疆食邑之需，故長官於其被封區域內有統治之權，並得徵兵徵役，驅使操作公共建築等工程之權也。

人造石牆飾

漸

用人造石即磨石子水泥(Terrazzo)來舖地，是極尋常的，但用作牆飾，則實不多見。有之惟美國紐傑賽州電話公司新屋川堂內牆上的一大塊畫壁。華葛君(Mr. Walker)曾召致名畫家福勞傑爾(Alfred E. Floegel)，願出重價託爲代擬人造石壁飾的圖案多種。結果在數種圖案中，選用如左圖(見第一圖)所云者。福君的圖案係用彩色所繪，圖案的尺寸係依照所需壁飾的大小，交付製造人造石者依樣精製。(製成後之影見第三圖)承製人造石者爲台爾脫古兄弟公司(Del Turco Brothers)。川堂牆壁係用粉紅色雲石舖砌。下座係古色，地面灰色。此一方壁飾的環境已如上述，所以顏色的配置，務使能與傍邊與地面的色調相和諧，實屬是一件煞費苦心的事。

第一圖 人造石壁飾圖案

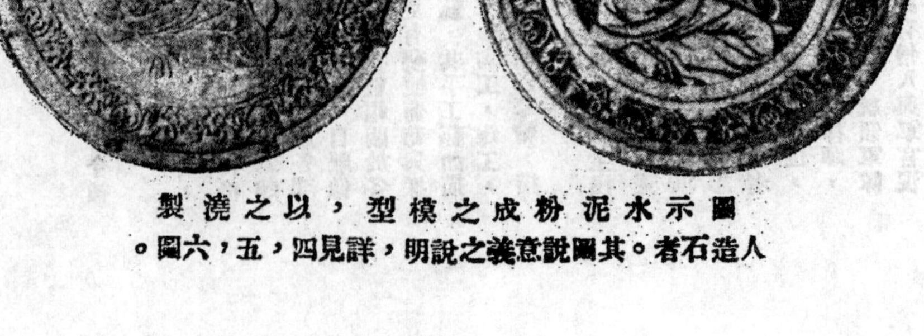

第二圖

圖示水泥粉成之模型，以之澆製人造石者。其圖說意義之說明，詳見四，五，六圖。

第三圖　完成後之人造石壁飾

地球上陸地部份爲牛黃，海洋部份爲深紅。而代表電話精神之人像爲乳油色背襯綠灰色，電話線與柱子係將背襯分格者，亦爲深紅色。上面的雲彩，係由深紅色漸變粉紅色，烘托中國金黃色的實星。

第四圖

圖示火災恐慌時使用電話之情狀

中間的分隔線與地面所用者，同樣係爲銅條。惟地面銅條的厚度大都半分，至厚一分。但此則有厚二分，竟有厚半寸者。其法將銅條彎曲加焊，以適合圖案中的弧形。人造石的材料，係用雲石石子與顏色水泥混拌粉製，隨後磨光。

因了這次用人造石作壁飾的成功，遂知尚有更可發展的可能，其主要點是在覓取各種顏色的雲石耳！

第五圖

圖示地震恐慌時使用電話之情狀

第六圖

圖示病時使用電話之情狀

營造學（七）

杜彥耿

第二章

第二節　甎作工程（續）

防止潮濕從外牆面透進　防止潮濕從外牆面透進之法有三，曰：粉以水泥，蓋釘石板片，或砌空心牆。

粉水泥　露於外面之外牆面，如欲防止潮濕之透進牆垣，而致室內發生潮潤者，可粉二塗水泥。水泥之成份，應以一份青水泥，與二份清潔而有銳角之黃沙爲妥。

蓋釘石板片　外牆面因欲避水而蓋釘石板片或瓦片者，其材料應與蓋於屋頂者同。先用木條子釘於牆中之木甎或木榫上，每一石片或瓦片用釘二枚釘於木條。用此方法，則牆面與石片或瓦片之中間，自必留有空隙，因之熱炎或冷氣不能直逼室中。故凡石片或瓦片後之牆垣，祇需單薄之木筋磚牆或單壁可矣。

空心牆　空心牆之築砌，普通外層之牆祇半塊磚之厚度，中間留二寸半至三寸之孔衖。孔衖之後爲實牆；而實牆與外層薄牆用鐵器鈎搭，如圖一七三。此項鐵器，應加彎曲，俾免雨水由茲沿入內牆。鐵鈎之設置每間三尺，置放一個；而高低則每高十八寸，設置一皮。如是則在每一方碼中，有二個鐵鈎，同圖中之用鋼絲鈎牽內外兩牆，其設置之法與上同。木裝修如外面門窗，其上帽頭須用青鉛包釘。兩牆間之留空衖，係防潮濕之由外牆引入內牆者；爲應使衖中之溫度平均，故於牆之上下須留置出風洞，以資調節空氣；而出風洞應用生鐵鐵柵，柵上有孔，孔之大小以小鼠或其他小動物不能竄入爲適度。

（附圖一七三）

防上潮濕之由上流下　將避潮層蓋於牆頂之上，或直接置於壓頂石之下。蓋於牆頂上者，如圖一六一。壓頂石兩邊挑出牆外，至少二寸；而壓頂石挑口之下端鑿有滴水綫者，凡雨水滴下不及於牆，故如欲用避潮層，則蓋於壓頂石之上面。避潮層之置於壓頂石下者，如圖一六〇，將兩塊石板片或瓦片用水泥舖窩，石片應較牆闊每邊突出約二寸至二寸半，俾雨水向外滴去，不致沿流牆身。再考究之甎作工程，其牆頂之六皮甎工，全用水泥砌者。

法圈 法圈或稱拱圈，係以楔狀之甎塊，互相擠軋而依用之集合體也。法圈之形如弓背而支於兩邊圈脚者，此種法圈係砌於空堂之上，俾擔受空堂上之重量，而轉傳之兩旁圈脚後牆身。搆築法圈之主要點，分述如下：

一、圈脚或墩子不因法圈之推撑力而動搖，確能擔受重量及强力之控制。

二、法圈之弧形，應使適度，則其剖面上所受之擠力重心，不致偏出中央三分之一，庶無發生拉力之危險。圈拱受有平均分布重量時，則其彎曲線應爲拋物線形；但此拋物線形之曲度，須依照載重量之分别而異。因之凡一圈拱，應用計算之方式以求得適切之弧形曲度。如因計算方式之麻煩不便，而事實上亦難將每一拱圈逐加推算時，故莫如用簡捷方法，以求適度之圈拱弧線曲度；法以圈脚對圈脚間之跨度八分之一，是爲圈心之高，故圈脚山頭常成六十度左右之角度，是爲最適當之曲度。

三、圈拱之剖面面積，務使之能抵拒互相擠軋力之消長，而臻於安全。例如單塊磚厚——或稱十寸厚之牆垣，其圈拱之厚度，固不能超過牆之厚度；故欲增厚圈之强力時，應將圈面增高之。

四、圈拱之灰縫線，均應與圈拱弧形切線成直角形。如一七四圖。

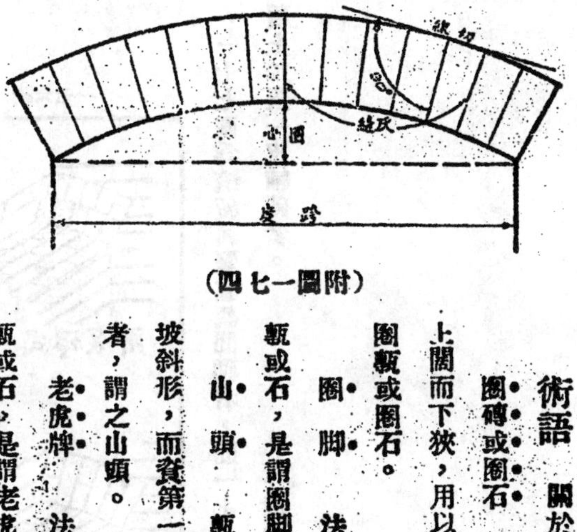

(附圖一七四)

術語 關於法圈上之術語如下：

圈磚或圈石 凡磚與石之形體，上闊而下狹，用以疊砌法圈者，均謂之圈甎或圈石。

圈脚 法圈最末或最下之一塊甎或石，是謂圈脚。

山頭 甎或石之起自墩子，成坡斜形，而養第一塊圈脚磚或石之起砌者，謂之山頭。

老虎牌 法圈最中心向外凸出之甎或石，是謂老虎牌。其形體猶如人家門上釘以鎮壓風水之虎頭形牌，故有是名。其有平面不凸出者，謂之圈頂甎或圈頂石。

圈底 法圈之底面謂圈底。

圈頂 法圈之上部弧形線謂圈頂。

聯環圈 一排聯環之法圈，由墩子或柱子支起，担任上部重量之壓制者，曰聯環圈，如一七五圖。

墩子 支任聯環法圈而位於外邊或中間之支柱（如一七五圖），謂之墩子。英文名稱，外邊與中間之墩子各異；外邊者曰 Abutment，中間者曰 Pier。惟在吾國建築界中，素無此種分别，均稱墩子。或曰，中間與外邊之墩子，名稱相同，頗易混渾，應瓶立新名，以示區别。茲姑以 Abutment 之在房屋建築者，曰『邊墩子』；而在橋工者，曰『橋座』。Pier之於房屋建築者，曰『墩子』；在橋工者，曰『橋墩』。

花帽頭　在柱子頂端之一節，雕鑿花飾或形成線脚者，曰花帽頭。見一七五圖。

帽盤　在花帽頭上之方盤，用以蓋壓花帽頭，一面任法圈或過梁之擱置，如一七五圖。

挑頭　連環圈最末一個法圈之圈脚，有時適遇橫過之大牆，致無地位設置柱子或墩子，而圈脚亦不能砌進牆去；蓋既不美觀，又不能對向外擠力予以抗衡；故勢須於牆面挑出挑頭，以資擱置圈脚之用。如一七五圖。

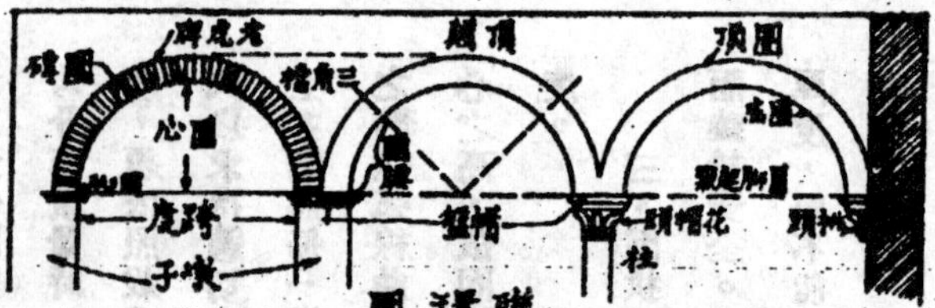

(附圖一七五)

圈脚起點　在法圈弧形之起點處，見圈拱之立面圖。

跨度　圈脚與圈脚之中間平行距離。

頂巔　法圈圈頂之最高點。

圈心　自圈脚以至圈底最高點間之垂直距離，如一七五圖。

圈腰　自圈脚以至圈頂之腰段以下稱圈腰。圈腰，甎作工人稱之謂『七寸頭』。

三角檔　兩法圈相接處之三角面，例如兩圈相接之尖點，以至圈頂線平之一塊三角面，如一七五圖。

圈甎皮數　圈甎之鑲砌，依照法圈之弧形者。然每一法圈之甎，其高度與式別，自各不同。如一七六圖所示者為兩滾甎式法圈，一七七圖為滾甎與豎直甎間砌者，而一七八圖所示則為兩滾甎圈頂上加蓋一皮輔磚者。（待續）

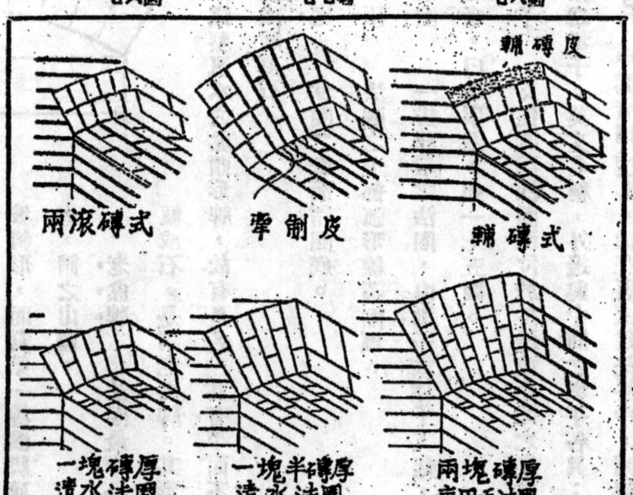

日本神社建築圖之一

出雲大社本殿正面圖

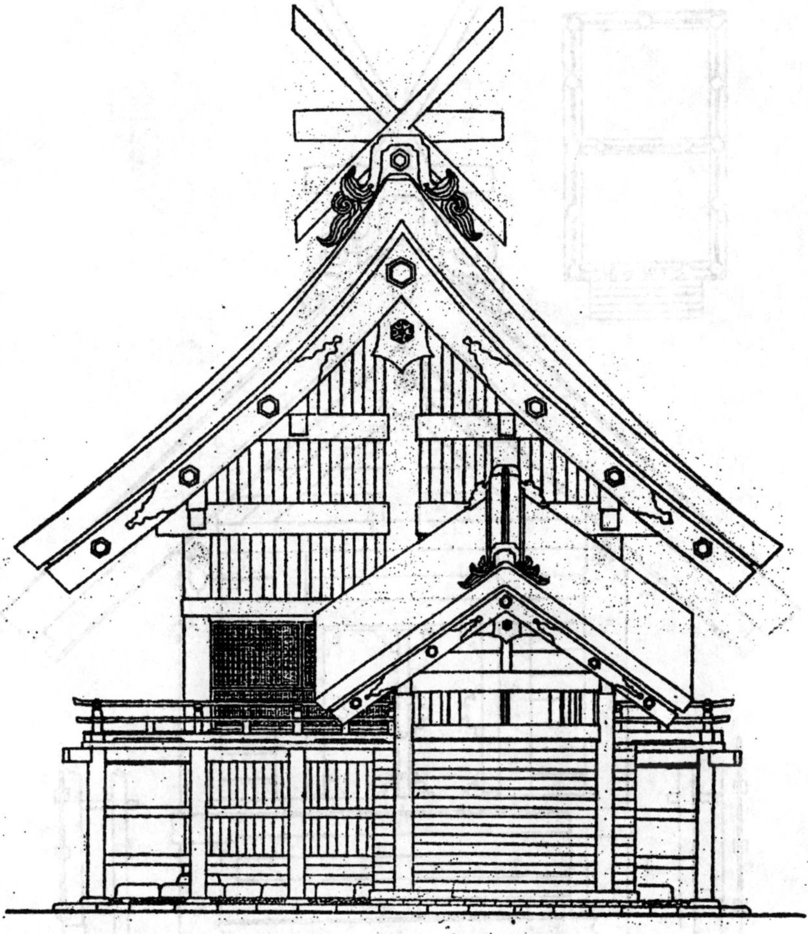

The Japanese Shrine (I)

日本神社建築圖之二

住吉神社本殿正面圖

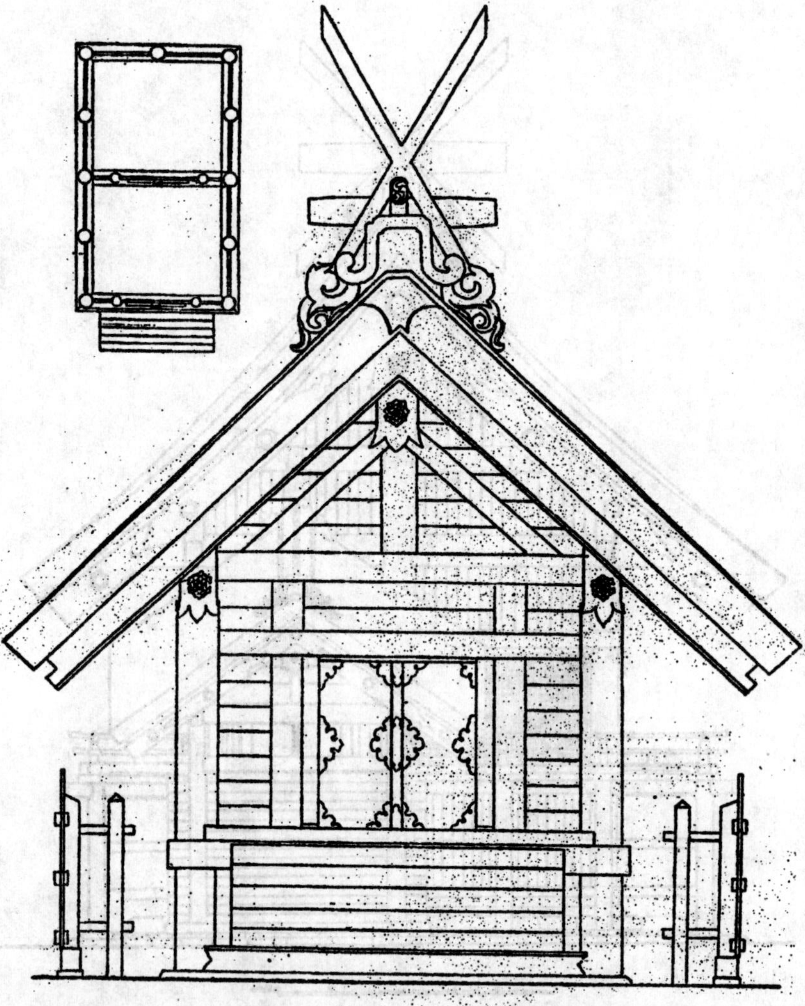

The Japanese Shrine (II)

日本神社.建築圖之三

春日神社本殿正面圖

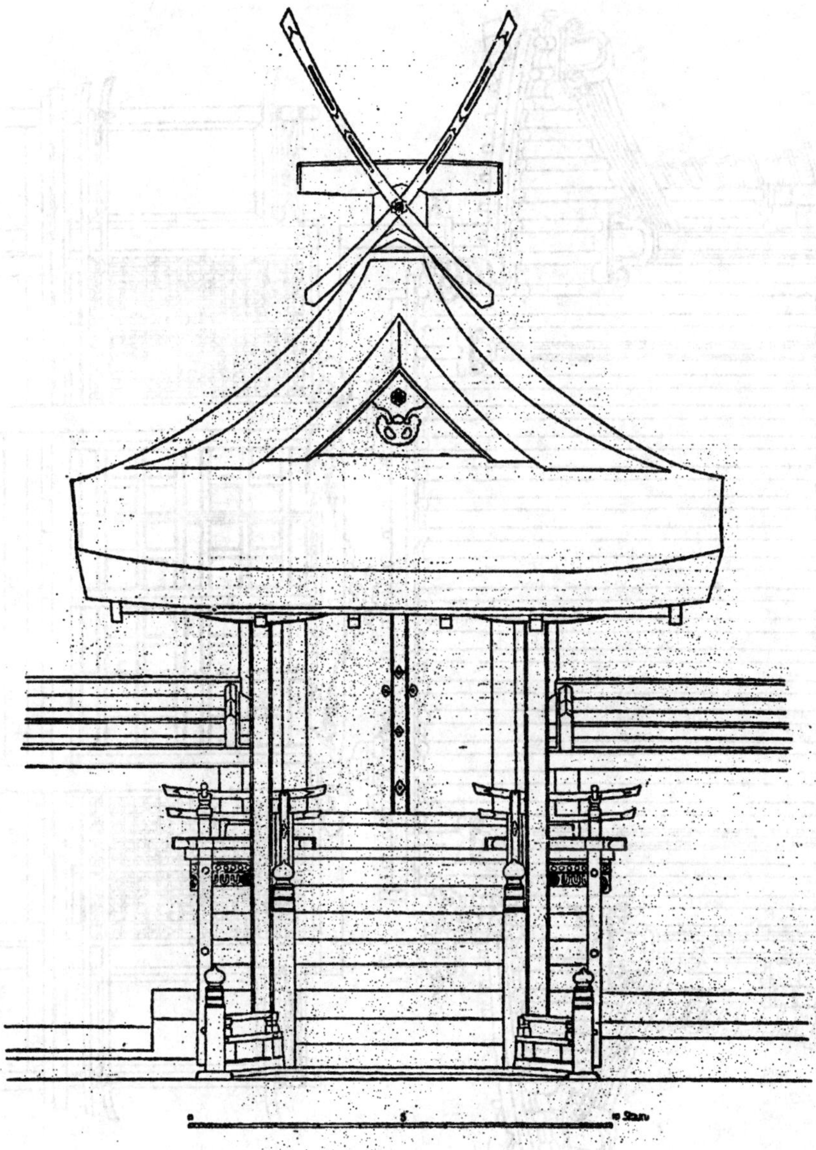

The Japanese Shrine (III)

日本神社建築圖之四

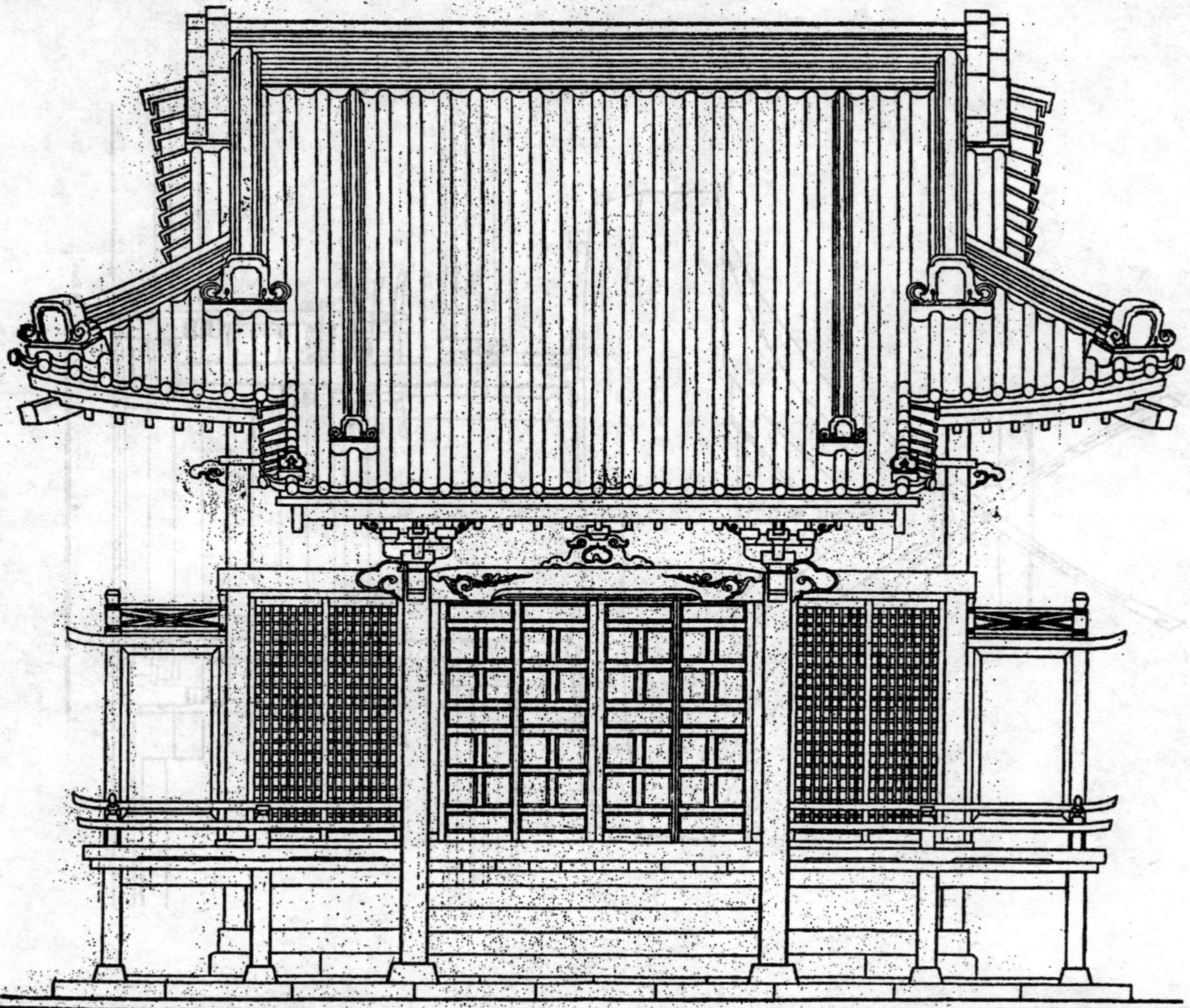

社殿權現造拜殿正面圖

The Japanese Shrine (IV)

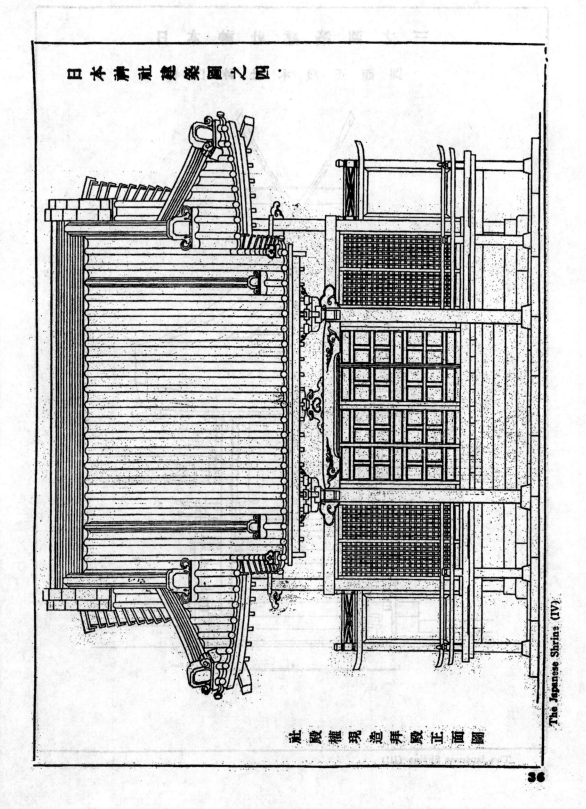

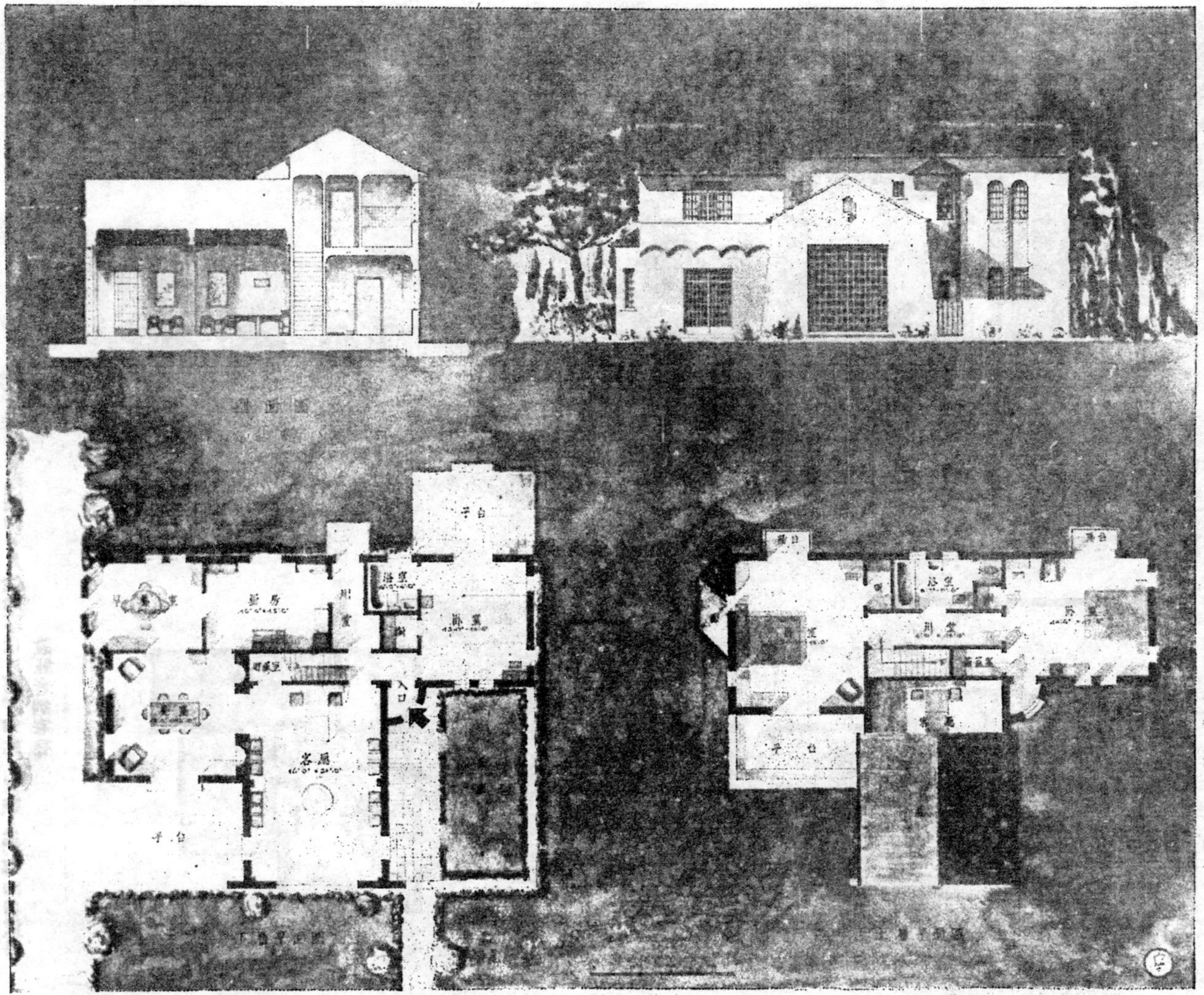

A Spanish style house with Chinese Reception Hall in the front. Designed by C. S. Liu

西班牙式住宅，中置客廳，採中國式畫棟雕飾，盡富麗堂皇的能事。這所中西合璧的住宅，讀者也有這胃口去建造一所麽！

設計者劉家聲

蒼老的樹下駛着一輛新式汽車，伴襯出一所摩登建築物。人生的享用，應當如此，但願人們都向着這目標趨去！

設計者劉宗華

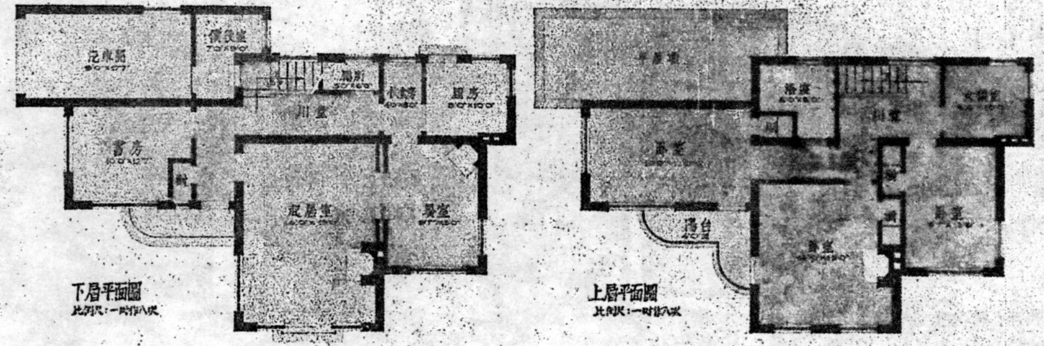

A Modern Residence.　　Designed by C. S. Liu

23418

鐵門

黑白影社 王明哲攝

Iron Gate

Photo by Wang Min-Chien

Highway Construction

Photo by Loo Foo

江西南昌之建設公路忙

黑白影社 盧馥攝

鄉村建築

黑白影社 張景瑛攝

Rural Construction

Photo by C. T. Chang

中國之建設

錢塘江大橋工程近況

杭州錢塘江橋自開工以來，其最近進展情形，撮要紀之如次：

㈠正橋部份，橋墩計十五座，位置均在江中，爲全部工程中之最艱巨者，前由康益公司承包。興工以來，至本年五月間，靠北岸第一墩，及靠南岸第十四十五兩墩，均已築成鋼板樁圍堰，並分別在圍堰內建築沉箱及預備打基樁工作。第二號至第十三號橋墩沉箱，亦開始在南岸工場製造；詎因六月間，雨水過多，上游山洪暴發，橋址一帶水位激漲，江流甚速，江底被刷深二丈餘，致將第十四十五兩號圍堰沖陷，江底鋼板樁，大半被流沙覆沒；繼設法打撈，因工作困難，尚未完全取出。至於靠北岸第一墩工事進行，尚屬順利，鋼筋混凝土墩腳，現已築成一節，壓氣機件及氣管等，亦經安裝完畢。現預備用壓氣法將在沉箱內挖土下沉。第二至第十三號橋墩之鋼筋混土沉箱，在上游南岸沉箱工場製造，業已造成三具，現正在建築臨時碼頭軌道，伸出江面，準備用起重機將沉箱吊起，放入江中，駛至各橋墩適當地點放下，然後再灌壓氣入內，挖土下沉。此項沉箱每具重六百餘噸，以之吊起駛放江中，實非易事。此種艱巨工程，在中國尚屬初次試辦。

㈡北岸引橋由東亞工程公司承包。該部份橋墩大小凡千座，形式不一，基礎深淺亦各有不同，故建築基礎方法，亦因之而異。有祇用開掘法，將基礎直接建築於岩石層上者；有須打木樁長自五十呎至九十呎始達石層者；又有用開口沉箱法挖土下沉五六十呎以達石層者。現爲次第開工，有數墩已完正，預備上層鋼筋混凝土工作，亦有正在打樁挖土者，工作頗爲緊張。

㈢南岸引橋由新亨營造廠承包。此部份工程，比北岸引橋基礎工作，較爲繁難。橋墩雖五座，但地基不良，岩石層甚深，故須先打長至一百呎之木樁，始能建築基礎。靠江岸兩座，因基礎甚深，挖掘不易，故須先打鋼板樁圍堰，又因地質係鐵板沙鋼板樁不易打入，現用射水機以助打樁工作，南岸一帶，打樁機，起重機，員工宿舍以及一切材料工具，星羅棊布，與上游正橋沉箱工場遙遙相對，益以運料船隻麕集，江濱浙贛鐵路亦以此爲尾閭，形成一種新工業區模樣。

㈣正橋鋼梁由道門朗公司承辦，現正在英國製造。引橋鋼料，由西門子洋行承辦，在德國製造，其第一批均已在來華途中。

本市市中心區工務建設近況

本市自市中心區開闢後，各種建築物，均次第興建。惟該區地勢較低，每有建設，須先塡土，是以塡土工程甚鉅，約計一萬餘立方公尺。二次領地及市府職員領地共一千餘畝，可排三十公分至九十公分總溝，共計長一萬七千餘公尺。通路方面，除新開政均東路外，其餘各路已逐步改進，以期日臻完善，如市光路，市興路，民北路，民府路等均先後改鋪煤屑，及砂石路面。至於翔殷路自水電路至公安局市中心區分局一段，原係澆柏油路面，寬度則自四公尺至六公尺不等，更以日久失修，損壞殊甚，經路面用冷柏油拓寬至九公尺，旁築水泥側石，整理人行道，路面平廣，煥然一新。所有公共建築方面，除運動場游泳池體育館小學校等工程，業已全部完竣外。圖書館博物館市立學院等，不久亦將先後完工。

浙十里荒山 測量現已完竣

浙建廳開墾十里荒山，工程積極進行，現因農民秋收正值忙碌之期，公路決於農事稍閒之冬令趕築完成，以利交通。至水利工程，日來測量業告竣事，鑿井開塘挖渠等，即須動工。原有之測量隊，已由水利局調往衢縣擔任測量吾平壩工程。

粵當局計劃 建設瓊崖環海鐵路

粵省軍政當局，為發展瓊崖實業，鞏固海防，特擬與築瓊崖環海鐵路，以資貫通全瓊交通，及建築海口碼頭，以便上下客貨，經令飭瓊崖實業局長朱赤霓擬具計劃呈復察核。茲查關於此項鐵路建設計劃，業由該局長會同荷蘭治港公司工程師在地時妥為擬具，呈請總部省府核辦。該計劃內容，認定海口港碼頭與環海鐵路之建築，必須同時並進，同為不可分離之部份。因該地之海運交通，當以海口碼頭為其樞紐，聯貫內地，當以環海鐵路為其總幹，使之與各屬公路貫通啣接。環海鐵路之建築，擬分為三期辦理云。

浙贛路 南玉段通橫峯

浙贛路南玉段九月二十四日已由上饒通橫峯，惟現僅開工程車，未開客車。

平漢鐵路 七年計劃

平漢鐵路為溝通南北重要幹線，在國內各路中向居首位。顧近十餘年來，迭受軍事影響，軌道失修，車輛缺乏，收入短絀，負債日增。路況已瀕危境，整理不容再延。經該局詳細研究，擬定「七年計劃」。計劃內容，分為工務，機務，車務，財務四項，茲將工務計劃批露如後：

該路鋼軌枕木素半磨損朽敗，橋樑屢經軍事炸燬，行車速率，常受限制，安全尤屬可慮。茲擬分年抽換枕木五十萬根，購置鋼軌五千五百餘噸，各站岔道亟須改造抽換。擬購第十號轉轍器七十件，岔道枕木七十付，以資應用。全路橋樑除紆樂馮村大橋亟須改建外，其餘按形勢緩急，分為五個時期辦理：㈠漢口至信陽，㈡信陽至郾城，㈢郾城至黃河南岸，㈣石家莊北平，㈤黃河北岸至石家莊。其間黃河鐵橋，久逾保險期限，每年一值水季，河流湍急，橋基即岌岌可危，誠屬該路嚴重問題。其重要設計，為新橋之地址，跨度之長短，橋礅之式樣，鋼梁之種類，均經多數專家，詳加研究。

積極建設中之 蘇省公路網鳥瞰

近兩年來，蘇省公路建設，積極猛進，比較任何建設為優。茲將已經完成之公路，及正擬興築之公路，分誌於後：

錫滬路

錫滬路自無錫起，經常熟，太倉，嘉定而達上海，約長一百三十公里。其無錫至常熟一段，即為七省公路宜興常熟線之錫常段；常熟以次，則為京滬幹線之常滬段。當其同時施工，故併稱錫滬路。該路所經區域，河流縱橫，橋樑特多，工程異常艱鉅。自去年四月中開工以來，經積極進行，橋涵路面各項工程，已於本年七月中全部完成。

蘇常路 該路為常熟嘉興線之一段，北起常熟，南迄蘇州，與已成之蘇嘉段相接，長凡三十九公里强。該路亦於去年四月中開工，工程亦以橋樑為多。現各項工程，已於六月底，全部完成。

蘇滬路 蘇滬路自蘇州起，經唯亭，正儀，崑山，夏駕橋，安亭，黃渡，至南翔與錫滬路相接，長七十三公里有零。自夏駕橋至南翔一段，由上海市工務局擔任建築。自夏駕河西迄蘇州，則由建廳辦理。於本年二月中，開始勘測，並籌備一切，至三月初，路基橋涵同時開工，至五月底，完成土路通車，當即繼續舖築煤屑路面，亦已於七月初完成，至滬段則里程較短，五月中即已告成。

揚浦路 揚浦路由揚州經儀徵，六合，而至浦口，全長九十六公里。其中揚州至六合一段，原名六揚路，現因六合至浦口間一段，亦已接通，故併稱揚浦路六揚段。於二十二年十二月開始勘測，旋即分別由沿線各縣徵工修築路基，並由工程處修建橋樑涵洞，均早經完竣。惟滁運兩河，以航運關係，建築平轉式活動橋樑，當將運河一座先行修建，現在橋墩橋座，以及固定部份之橋面，均已完成，惟活動部份，以近日運河水漲，無法工作，一俟水落，即將繼續動工，至滁河一座，現因經費關係故設船渡，亦已完成。至六浦段，前因浦鎮有橋樑一座，未經築成，全段未能通行，現亦經工程處補築，並將路基修整完竣。現在該路自揚州運河西岸起至浦鎮，已先後通車。

六滁路 該路由六合經大營集入皖，與津浦鐵路交會於滁州，蘇省境內一段，長約二十二公里。於去年春間開始籌備，至七月中橋涵各項工程，先後開工，早經完竣。至路基工程，因農忙關係，直至本年春間，始行由縣政府征工興築，現亦大致完成。

蘇木路 蘇木路為江陰，蘇州支線之一段，一端起於蘇州，一端止於木瀆，計長約十二公里。係由商人投資興築，惟工程仍由建廳主辦，於去年十月開工，現已全部完成。

崇陳路 崇陳路，起自崇明縣治，經浜鎮，新開河，北堡，向化至陳家鎮，計長四十三公里。歷年經該縣陸續興築，前已通車至向化，自向化至陳家鎮，亦於去年由縣政府計劃辦理，因經費關係，分為兩步施工。第一步修築及涵洞，第二步修築橋樑，均已先後完成。惟路面工費艱窘，暫未興築。

揚靖路 揚靖路自揚州起，經仙女廟，口岸，泰興，而達靖江，長約一百零三公里。為浦口啟東線之一段。去年即有興築計劃，故七月間組隊勘測，當年即令飭沿線各縣徵築路基，一方面由建廳設立工程處負責進行。該路揚州至仙女廟間，有大橋四座，長度均在一百公尺以上，最大者萬福橋，長達四百五十六公尺，均經詳細計劃。現在大橋工程，以及其他普通橋樑涵洞等，均已開工。至路基工程，靖江縣內業已完成，泰興境內亦將竣工，江都段進行較緩，僅及四分之一。

青滬路 青滬路自青浦經崧澤村，趙巷，方家窰而達上海，長約二十三公里。橋涵土基，前已完成。嗣有該縣商人，組織齊滬長途汽車公司，投資興築路面，經建廳核准，當即由縣政府組設工程事務所，負責進行。現路面工程，業由廳方核定，承包人即可簽訂合同，開工興築。

松泗路

松泗路自松江至泗涇鎮，長約十二公里有半。橋樑涵洞，業於去年完成，本年乃繼續路基修整，並添設水管四十道，現路基水管兩項，業已竣工。路面材料，亦已運齊，正在積極舖築中。

豫省建築

洛潼公路近況

豫建設廳修築之洛潼公路，自今春興工以來，積極進行。茲悉其近況如下：㊀洛甯段，自洛陽至洛甯，路綫共長八八・〇公里，路寬七・五公尺，土基已全部完成，計土方二〇〇・〇〇〇・〇公方。橋梁涵洞工程，除沙亭河原係木橋，現因平時無水，改建為塊石爬河便道外，計磚墩木面，及木墩木面橋梁十七座，均已完成，合計長度八一二・〇公尺，磚墩木面箱式涵洞計八十道，亦於本年七月間修築竣工。㊁閿潼段，自閿鄉至潼關，路綫共長四〇・〇公里，路寬七・五公尺，全部路基土方一一四・五八五・〇公方，已經完成。全路橋梁二座，共計長度五〇・四公尺，已完成一八・八公尺一座。尚有一座，亦已完成百分之四十。磚墩木面箱式涵洞七座，及洋灰水管十道，已全部完竣。㊂甯盧段，自洛甯至盧氏，路綫共長七五・五公里，路寬六・五公尺，已成土基約百分之十，計土方數一三〇〇〇〇公方，橋梁涵洞工程，尚在設計中。全路石方，業已招標，由大興公司承包開鑿，計包價一三七・四三・三四元。洛甯至長水一段，橋涵石堤工程，業已由振豫公司承包，計價二七三五四・四六元。㊃盧閿段，自盧氏至閿鄉，路綫共長九七・五公里，路寬六・五公尺，全部土方業已完成，計共一・五五〇・〇〇〇・〇公方。石方工程由大興公司承包，計包價一五三・七三〇・三四元，開工後迄今，已開鑿石方一七八〇〇〇公方，綱便管十七座，包價三〇七一〇・六五元，三合土水管包價一七六四四・〇九元，均為合興成建築公司承造。鋼筋洋灰混凝土涵洞四十餘座，由義通建築公司承造，計包價八一七五四・二七元。以上三項工程，均為最近招標，現已分別開工。

閩西各公路

年底可完成

閩省公路網，除閩南各幹線均已完成，閩東因有特殊情形尚未興築外，當局現在推進之築路工作厥為閩西閩北二線：

閩北・・之延平浦城至一線，因有軍事關係，去年即已完成通車。沙永一段，亦於六月底完成。現在正趕築中，為延平經過順昌將樂邵武接至贛邊一線，由四十五師兵工担任建築，九月底亦可竣工。

閩西・・方面，龍汀一線，自龍巖至朋口一段，去年攻汀之際，雖草草通車；惟朋口至長汀間，因松毛嶺工程甚鉅，以致延限。查該段路線，坡路甚峻。應大加掘低，而路面之下，大部又皆為岩石，此次開工，迄今已有半月之久，每日工作人數在三百名以上，以現在工程估計，約需一月後方能通車。何田之木橋，前被水冲損，現亦重修，其橋身加長，橋基亦增高，在水漲時，可免再有傾倒之虞。至巖峯段早經興築，現路基已大部完成；惟橋樑涵洞石方，因限於財力，多未動工。此次建廳長陳體誠特向南洋鉅商胡文虎商借五萬元，為完成閩西公路專欵後，各段工作又復緊張，據該路工程處人員云：十月底可以行車。至杭峯段刻亦積極測量中，大約本年底閩西各段公路工程，可全部完成。

漢甯公路測竣

漢甯公路自建廳委定黃度慈爲總工程師後，對於工務進行即積極擬具實施計劃。現漢甯公路全線業經朱隊長宗金率領工程人員測量竣事，工程進行路線刻已決定。至全線工程預算最低限度需在九十五萬元左右，計全路石工共三十萬方，每方二元計算，亦須六十萬元。全路土工須十萬元，橋工五處，每橋以五萬元計，亦須二十萬元。其餘工程人員辦理公費約需萬餘元，共計已在九十萬元以上。原計劃之工程預算八十萬元恐不敷分配，現上項預算完全以此次實測結果爲準則。全線工程現決定分兩大段即動工修築云。

晉全省公路建築情形

山西物產豐富。煤鐵而外，如晉南之麥棉，雁北之皮毛，均堪爲地方輸出物品。人民天然富源，徒以交通阻塞，運輸不便，以致剩餘物產，無法暢銷，而輸入各貨價值昂貴，現在農村經濟枯竭，人民生計艱窮，原因固多，而交通不便，實爲其最大主因。故省政十年建設計劃案規定，人民義務服役修路標準，由省縣村同時進行修築。蓋以交通關係重要，非如此辦理，難期費用省而成功速也。茲將本省歷年修築情形，分誌於下：

㈠省路以往修築情形，民國九年黃河以北各省同被旱災，本省災情尤重，因利用工賑及兵工修築太原至大同，太原至運城，平定至遼縣，太原至軍渡，各汽車路共長二千一百十二里。以後繼續進展，截至十八年止，復先後完成者，有侯馬至河津，運城至風陵渡，祁縣白圭鎮至晉城，忻縣至五台河邊村，汾陽至平遙，介林至汾陽等汽車路共長一千五百三十八里。現在已成各路，共有三千六百五十里。此後未再增築。

㈡省路管理情形，本省各段汽車路完成後，於民國十一年七月，共劃爲十二段，計晉南四段，晉北三段，晉西二段，白晉二段，平遼一段，每段設一段長，辦理修路及收捐事宜。二十一年五月，爲整理各省汽車路便利商人見起，將已成各汽車路包歸專商專利行駛，取消各段段長，改組汽路臨時管理委員會專司修路之責。至二十二年復將管理委員取消，另設汽路管理局接辦修路事宜，歸建設廳管轄。至修路費用原預算十六萬元，至二十一年度按七成扣發實領十一萬二千元，因本省環境皆山，已成汽路多係依山修築，每屆夏秋雨季，山洪之暴發不時，汽路之損壞頻仍，工程浩繁，需款極多，前項修理費，撙節開支，僅足敷用。

㈢省路現在擬修情形，本省汽車營業，晉南較爲發達，共有客貨汽車二百四十七輛，每年營業收入，約有七十餘萬元，佔全省汽車營業收入二分之一。自同蒲鐵路通車後，客貨多改由鐵路，該路汽車營業，日見銷減，現在已有一落千丈之勢。現正計劃修築晉城至曲沃，及黎城東陽關至臨汾兩汽車路，藉資救濟。再晉西現因防務吃緊，爲便利軍運起見，擬將岢嵐至山陰岱岳鎮及五寨三岔鎮至河曲之汽路，提前修築，現亦從事勘測，一俟計劃完畢，即照進行。此外擬修省路，尚有一萬餘里。

本刊所載材料價目，力求正確；惟市價瞬息變動，漲落不一，集稿時與出版時難免出入。讀者如欲知正確之市價者，希隨時來函詢問，本刊當代爲探詢詳告。

磚　瓦

(一)　空心磚

十二寸方十寸六孔	每千洋二百三十元
十二寸方九寸六孔	每千洋二百十元
十二寸方八寸六孔	每千洋一百八十元
十二寸方六寸六孔	每千洋一百三十五元
十二寸方四寸四孔	每千洋九十元
十二寸方三寸三孔	每千洋七十二元
九寸二分方六寸六孔	每千洋七十二元
九寸二分方四寸半三孔	每千洋五十五元
九寸二分方三寸三孔	每千洋四十五元
四寸半方九寸二分四孔	每千洋三十五元
九寸二分四寸半三寸二孔	每千洋二十二元
九寸三分‧四寸半‧二寸半‧二孔	每千洋廿一元
九寸三分‧四寸半‧二寸‧二孔	每千洋廿元

(二)八角式樓板空心磚

十二寸方八寸八角四孔	每千洋二百元
十二寸方六寸八角三孔	每千洋一百五十元
十二寸方四寸八角三孔	每千洋一百元

(三)　深淺毛縫空心磚

十二寸方十寸六孔	每千洋二百五十元
十二寸方八寸半六孔	每千洋二百十元
十二寸方八寸六孔	每千洋二百元
十二寸方六寸六孔	每千洋一百五十元
十二寸方四寸四孔	每千洋一百元
十二寸方三寸三孔	每千洋八十元
九寸二分方四寸半三孔	每千洋六十元

(四)　實心磚

九寸四寸三分二寸半紅磚	每萬洋一百四十元
八寸半四寸一分二寸半紅磚	每萬洋一百三十三元
十寸‧五寸‧二寸紅磚	每萬洋一百二十七元
九寸四寸三分二寸紅磚	每萬洋一百〇六元
九寸四寸三分二寸三分紅磚	每萬洋一百廿元
九寸四寸三分二寸三分拉縫紅磚	每萬洋一百八十元

(五)　瓦

一號紅平瓦	每千洋六十五元
二號紅平瓦	每千洋六十元
三號紅平瓦	每千洋五十元
一號青平瓦	每千洋七〇元
二號青平瓦	每千洋六十五元
三號青平瓦	每千洋五十五元
西班牙式紅瓦	每千洋五十元
西班牙式青瓦	每千洋五十三元
英國式灣瓦	每千洋四十元
古式元筒青瓦	每千洋六十五元

(以上統係外力)

(以上統係連力)

新三號青放	每萬洋五十三元
新三號老紅放	每萬洋六十三元

以上大中磚瓦公司出品

輕硬空心磚

		每塊重量
十二寸方十二寸四孔	每千洋二六八元	卅六磅
十二寸方十寸四孔	每千洋二三六元	廿六磅
十二寸方八寸二孔	每千洋一七七元	十九磅半
十二寸方六寸二孔	每千洋一三三元	十七磅
十二寸方四寸二孔	每千洋八十九元	十四磅

十二寸方三寸二孔	每千洋七十元	十二磅半
九寸二分方八寸三孔	每千洋九十三元	十二磅
九寸二分方六寸三孔	每千洋七十元	九磅半
九寸二分方四寸半三孔	每千洋五十四元	八磅二五
九寸二分方三寸二孔	每千洋五十元	七磅二五

硬磚

二寸二分四寸五分九寸半	每萬洋一〇五元	六磅
二寸二分四寸一分八寸半	每萬洋八十五元	四磅半

以上長城磚瓦公司出品

鋼條

四十尺二分光圓	每噸一一八元
四十尺二分半光圓	每噸一一八元
四十尺三分光圓	每噸一一八元
四十尺三分圓竹節	每噸一一六元
(以上德國或意國貨)	
四十尺普通花色	每噸一〇七元
	(自四分至一寸方或圓)
盤圓絲	每市擔四元六角

泥灰石子

象牌 水泥	每桶洋六元三角
泰山 水泥	每桶洋六元三角五分
馬牌 水泥	每桶洋六元五角
扻灰	每擔洋一元二角
黃沙	每噸洋三元
石子	每噸洋三元半

(二) 木材

洋松八尺至卅二尺再長照加	每千尺洋七十八元
一寸洋松	每千尺洋八十元
寸半洋松	每千尺洋八十一元
洋松二寸光板	每千尺洋六十四元
四尺洋松條子	每萬根洋一百四十五元
一寸四寸洋松一號企口板	每千尺洋九十元
一寸四寸洋松副頭號企口板	每千尺洋八十二元
一寸四寸洋松二號企口板	每千尺洋七十二元
一寸六寸洋松一號企口板	每千尺洋一百元
一寸六寸洋松副頭號企口板	每千尺洋八十七元
一寸六寸洋松二號企口板	每千尺洋七十七元
一二五四寸洋松一號企口板	每千尺洋一百三十二元
一二五四寸洋松二號企口板	每千尺洋九十二元
一二五六寸洋松一號企口板	每千尺洋一百四十二元
一二五六寸洋松二號企口板	每千尺洋九十七元
柚木(頭號)僧帽牌	每千尺洋五百元
柚木(甲種)龍牌	每千尺洋四百三十元
柚木(乙種)龍牌	每千尺洋四百元
柚木(旗牌)	每千尺洋四百元
柚木(盾牌)	每千尺洋三百八十元
硬木	每千尺洋一百五十元
硬木(火介方)	每千尺洋一百四十元
柳安	每千尺洋一百八十五元
紅板	每千尺洋一百十元
抄板	每千尺洋一百四十五元
十二尺三寸六八皖松	每千尺洋六十六元
十二尺二寸皖松	每千尺洋五十六元
一二五四寸柳安企口板	每千尺洋一百七十六元
一寸六寸柳安企口板	每千尺洋一百七十六元
一二五四寸企口紅板	每千尺洋一百三十六元
二寸一半建松片	市尺每千尺洋五十二元
九尺四分建松板	市尺每丈洋三元六角
九尺八分建松板	市尺每丈洋六元五角
六尺半五分青山板	市尺每丈洋三元

木松毛板	市尺每塊洋二角二分
木松企口板	市尺每塊洋二角四分
六尺半二分杭松板	市尺每丈洋一元四角
七尺半二分甌松板	市尺每丈洋一元四角
六尺半八分皖松板	市尺每丈洋四元
九尺八分皖松板	市尺每丈洋五元
六尺半五分皖松板	市尺每丈洋三元六角
台松板	市尺每丈洋三元
七尺半四分坦戶板	市尺每丈洋二元二角
七尺半三分坦戶板	市尺每丈洋二元
六尺二分機鋸紅柳板	市尺每丈洋二元一角
六尺三分毛邊紅柳板	市尺每丈洋二元一角
六尺二分俄松板	市尺每丈洋一元八角
六尺半二分俄松板	市尺每丈洋二元
七尺半毛邊二分坦戶板	市尺每丈洋一元四角
六尺半五分機介杭松	市尺每丈洋三元一角
六分一寸俄紅松板	每千尺洋七十八元
一寸二分四寸俄紅松板	每千尺洋七十四元
六分一寸俄白松板	每千尺洋七十六元
一寸二分四寸俄白松板	每千尺洋七十二元
俄紅松方	每千尺洋一百十五元
一寸四寸俄紅松企口板	每千尺洋七十九元
一寸六寸俄白松企口板	每千尺洋七十九元
俄麻栗方	每千洋一百三十元
俄啞克方	每千洋一百三十元
六分一寸俄黃花松板	每千尺洋七十八元
一寸二分四寸俄黃花松板	每千尺洋七十四元
四尺俄條子板	每萬根洋一百三十元

五 金

(一) 釘

美方釘	每桶洋十六元〇九分
平頭釘	每桶洋十六元八角
中國貨元釘	每桶洋六元五角

(二) 牛毛毡

五方紙牛毛毡		每捲洋二元八角
半號牛毛毡	(馬牌)	每捲洋二元八角
一號牛毛毡	(馬牌)	每捲洋三元九角
二號牛毛毡	(馬牌)	每捲洋五元一角
三號牛毛毡	(馬牌)	每捲洋七元

(三) 其他

鋼絲網	(27"×96" 2¼lbs.)	每方洋四元
鋼版網	(8"×12" 六分一寸半眼)	每張洋卅四元
水落鐵	(每根長二十尺)	每千尺五十五元
牆角線	(每根長十二尺)	每千尺九十五元
踏步鐵	(每根長十尺或十二尺)	每千尺五十五元
鉛絲布	(闊三尺長百尺)	每捲二十三元
綠鉛紗	(同上)	每捲十七元
銅絲布	(同上)	每捲四十元

水木作工價

木作	(包工連飯)	每工洋六角三分
水作	(同上)	每工洋六角
水木作	(點工連飯)	每工洋八角五分

中華郵政特准掛號認為新聞紙類

建築月刊
THE BUILDER

內政部登記證警字第二五五四號

第三卷第八號

民國二十四年八月發行

刊務委員會 江長庚 陳松齡 竺泉通

主編 杜彥耿

廣告 藍克生 (A. O. Lacson)

發行 上海市建築協會 南京路大陸商場六二〇號 電話九二〇〇九

印刷 新光印書館 上海聖母院路聖達里三一號 電話七四六三五

定價

每月一冊 全年十二冊

訂購辦法	價目	郵費 本埠	外埠及日本	香港澳門	國外
零售	五角	二分	五分	一角八分	三角
預定全年	五元	二角四分	六角	二元一角六分	三元六角

廣告刊例
Advertising Rates Per Issue

地位 Position	全面 Full Page	半面 Half Page	四分之一 One Quarter
底封面外面 Outside back cover.	七十五元 $75.00		
封面及底面之裏面 Inside front & back cover	六十元 $60.00	三十五元 $35.00	
封面裏面及底面裏面之對面 Opposite of inside front & back cover.	五十元 $50.00	三十元 $30.00	
普通地位 Ordinary page	四十五元 $45.00	三十元 $30.00	二十元 $20.00

小廣告 每期每格 一寸高洋四元 三寸半闊
Classified Advertisements 1 $4.00 per column

廣告概用白紙黑墨印刷，倘須彩色，價目另議；鑄版彫刻，費用另加。
Designs, blocks to be charged extra.
Advertisements inserted in two or more colors to be charged extra.

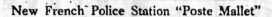

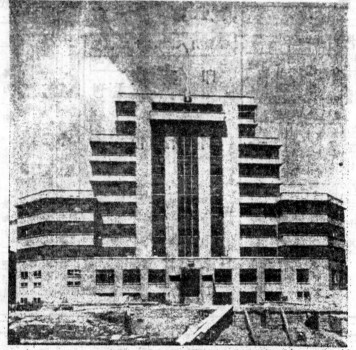

雖一物之微

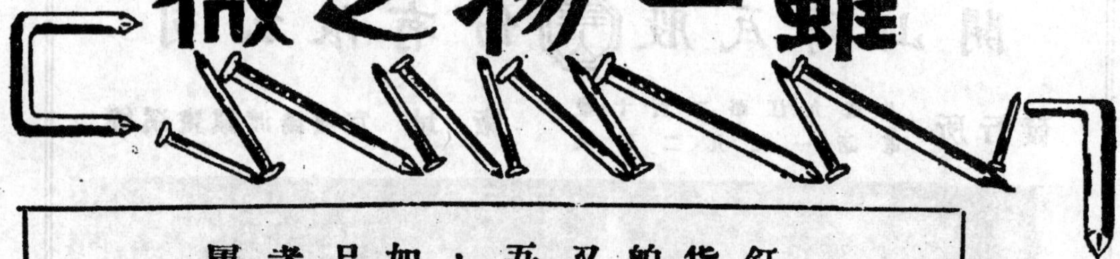

吾人必須根究其來源

吾國製釘工業述要

釘之為物，種類繁多，圓釘一項，建築必需，用途甚廣，依照實業部中華國貨審查標準，可列入必需品。

舶來洋釘，法國首先用機器製造，其輸入吾國也，亦以法國為最早，故洋釘又稱法西釘。

吾國機製圓釘之仿製，上海公勤鐵廠，實肇其始，慘淡經營，規模粗具，行銷遍及全國，現有釘機壹百拾九座，每年充量產額，可達念萬担，其他如鞋釘，花鐵釘，刺網釘，雙尖釘，屋頂釘，地板釘，以及方釘等，均有出品，凡用戶中有向別處不易購到之各式釘類，或因數量過巨，一時難買現貨者，惟有公勤廠常常可以應付裕如，近年來洋釘進口，幾至絕跡，其功誰屬歟！

廠址　上海楊樹浦臨青路

23433

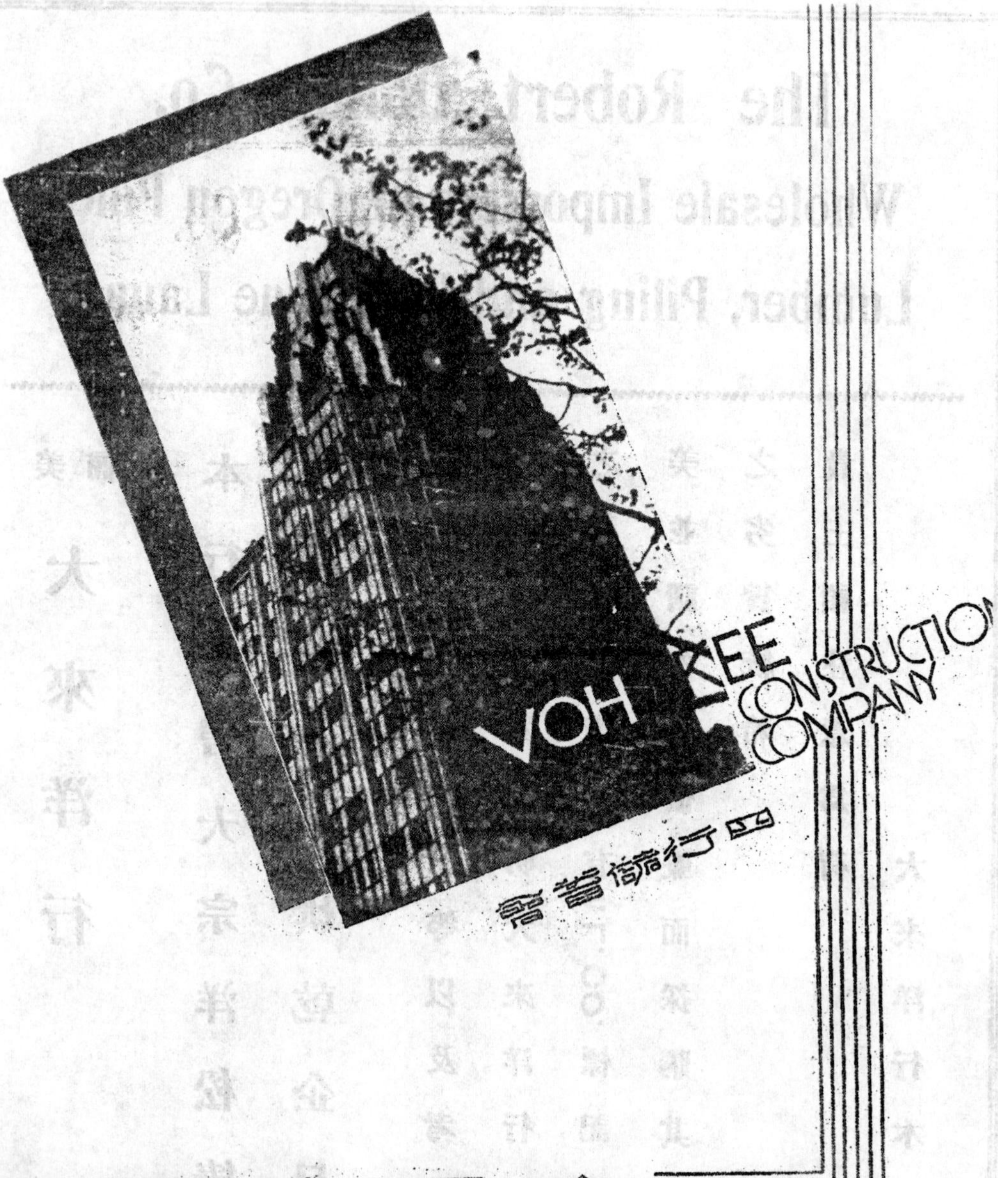

馥記營造廠

總事務所

分事務所

分廠

等處

長城機製磚瓦
股份有限公司
註冊商標
TRADE MARK
價比普通磚廉
貨品較任何機器磚高
總公司製造廠 騰越路一四四號 電話五一二七九
事務所 牛莊路七四二號 電話九〇九八〇
出品
堅韌硬磚
輕硬空心磚
瀉水瓦片
如蒙垂詢價格及索閱貨樣請電話通知即當送奉
證明
壓力、吸水量、耐久性
均經上海工部局
詳細化驗負責証明
成績超越一切磚瓦
合作五金
股份有限公司
出品
優點
精確 美觀 堅固 價廉
出品
門鎖 抽屜鎖 拉手 文具 鉸鏈
TRADE MARK
MARCH

23435

本會服務部

代
營造廠撰中英文文件
建築師印繪各種圖樣

取費極廉

如蒙委託毋任歡迎

建業營造廠

JAY EASE & CO.

GENERAL BUILDING CONTRACTORS

本廠承造之南京總理陵園藏經樓

本廠最近承造工程之一覽

- 英工部局西人監牢A/B……上海華德路
- 英工部局西人監牢R/D……上海華德路
- 招商局鋼骨水泥貨棧一二三號……廣州
- 宋漢章先生住宅……上海金神父路
- 中央大學農學院……南京
- 新住宅區關園合作社第一部工程……南京
- 張治中先生住宅……南京
- 中國銀行經理住宅……南京
- 總理陵園藏經樓……南京
- 西北農林專科學校大樓……陝西武功
- 中國旅行社西京招待所……西京

總事務所 上海九江路一一三號 電話一四八八四號 電報掛號二一四四號

分廠 南京 西安 廣州 電報掛號二一四四號

中華郵政特准掛號認爲新聞紙類
內政部登記證警字第二五五四號

建築月刊

THE BUILDER

VOL. 3, NOS. 9 & 10 第三卷 第九十期 合刊

50¢

HARDIVILLIERS & CIE.

668 Szechuen Road
Gallia Building
Tel. 13045

AGENTS
for
Wendel Steel Works
Davum Steel Works
Bethlehem, New York

Structural Steel
Concrete Bars
Plates
Steel Tubes
Railway Materials
Pumps

Sheet Pilings
Corrugated Bars
Universal Plates
Window Sections
Motors

敝行係上列各大名廠駐華總代銷處專營五金機器材料如輕重鋼軌橋樑鋼板鋼條鋼管窗料以及馬達帮浦鐵板椿等舉凡建築及各種工程用品無不應有盡有倘蒙、賜顧毋任歡迎

上海四川路六六八號 **德威洋行** 電話一三〇四五

英商開能達有限公司

Callender's Cable & Construction Co., Ltd.

40 Ningpo Road
Shanghai

Tel. 14378, 15365
P. O. Box 777

代客設計承攬

敷設電話電力綫路工程

製造

一應輸電設備材料及屋內裝置最上等橡皮綫鉛皮綫等

經售

英國佛蘭梯 Ferranti 各種方棚電錶電鐘電爐及無線電材料

英國福開森潘林 Ferguson & Pailin 各種發電機電上應用鋼売電氣管理總開關

最近首都電廠由本公司供給

鍋爐間及抽水間所用最高容量壹萬開維愛之鋼売電氣管理總開關念壹副

新街口輸電總站所用最高容量拾柒萬五千開維愛與壹萬五千伏爾次電壓之鋼売電氣總開關玖副

卸甲甸輸電站所用最高容量念五萬開維愛與壹萬伍千伏爾次電壓之鋼売電氣開關捌副及壹萬叁千捌百伏爾次方棚叁具

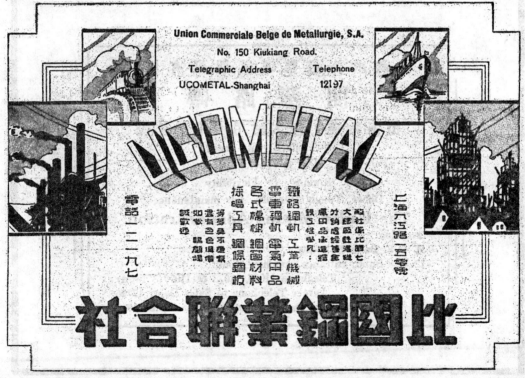

ELGIN AVENUE BRITISH CONCESSION
TIENTSIN
SURFACED WITH K.M.A. PAVING BRICKS

欲求街道整潔美觀惟有用

開灤路磚

價廉物美，經久耐用，平滑乾燥

A Modern City needs

K. M. A Paving Brick

Rigidity & Flexibility

Dense, Tough, Durable, low maintenance

The Kailan Mining Administration

3rd Floor.
H. & S. Bank Building.
12 The Bund, entrance Foochow Road.
Telephone 11070, 11078 & 11079 (3 lines)
Direct Telephone to Sales Dept. 17776.
Direct Telephone to Agent's Private Office 19304.

本公司承造一切大小鋼骨水泥房屋工程各項人員無不經驗豐富工作認真如蒙委託承造或估價竭誠歡迎

本廠承造工程一斑

沙遜大樓	南京路
漢彌爾登大廈	江西路
都城飯店	江西路

新仁記營造廠

總賬房 愛文義路一四二三號 電話二〇五三一

事務所 江西路一七〇號二樓二五()號 電話一〇()()九

23445

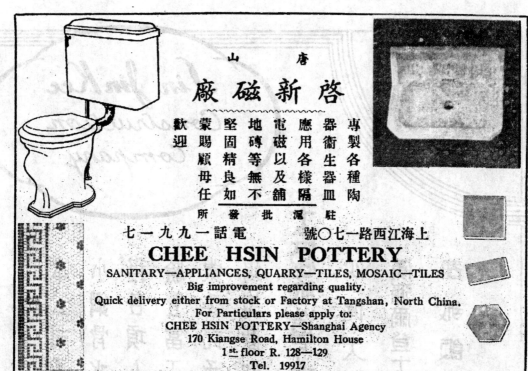

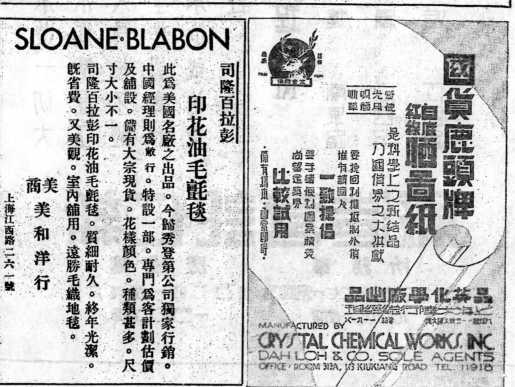

長城機製磚瓦
股份有限公司
註冊商標
TRADE MARK
價比普通磚廉
質品較任何機器磚高
總公司 製造廠 騰越路一四四號 電話五一二七九
事務所 牛莊路七四二號 電話九〇九八〇
証明
壓力、吸水量、耐久性
均經上海工部局
詳細化驗負責証明
成績超越一切磚瓦
出品
堅韌硬磚
輕硬空心磚
瀉水瓦片
如蒙垂詢價格及索閱價様請電話通知即當送奉

合作五金
股份有限公司
出品
優點
精確 美觀 堅固 價廉
出品
門鎖 插銷 拉手 文具 鉸鏈
CMC TRADE MARK
K.T.C.H.C. L TRADE MARK
MARCH

23447

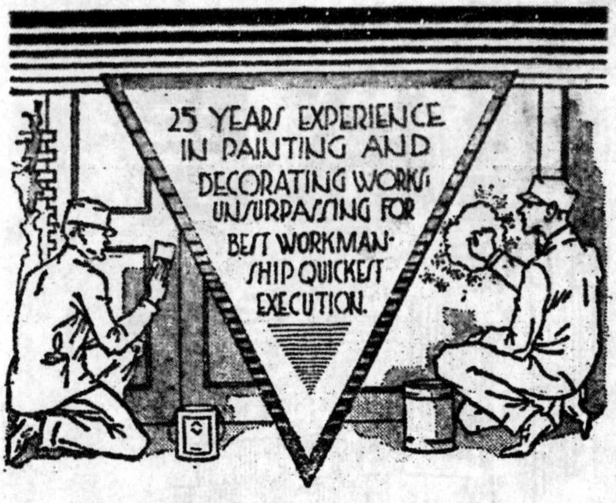

本公司專門承辦油漆工程及裝璜設計有二十五年之宏富經驗是以工作精良辦事迅捷有口皆碑倘蒙

賜顧毋任歡迎之至

信孚裝璜油漆公司

愛多亞路1429號

電話三一七三八

Guarantee Painting & Decorating Co.

1429 Avenue Edward VII

Phone 31738

君處可是生有白蟻

……使所有居屋木器等，聽憑各種毀壞性之昆蟲棲留與侵蝕，而無法除滅乎。如其然也。請讀下文。『余在此間之居宅。各處均有白蟻滋生。因無法可以去之。乃購備「阿脫拉司A」護木水兩桶。將地板及木器等。盡以此水塗之。於是所有白蟻，完全絕跡。且至今絕未重見。』由此觀之，「阿脫拉司A」護木水之效力高强。使此君之房屋等，得以保護。則于君何獨不然。該水除使一切木器免受白蟻之患，及驅除各種昆蟲外。並能預防木材之乾腐，及木耳之滋生。蓋其能使木材堅實如鑄鐵，且能抵禦火災。至其施用，則殊為簡單而經濟也。此水毫無氣味。凡塗過之木材表面。均可再行任意漆飾。請勿遲疑，可即來信探詢詳情也。

阿脫拉司A防腐劑有限公司獨家製造

愛立士　康德　英格蘭

中國經理處　孔士洋行　上海四川路一一〇號

ATLAS·A

Powerful WOOD PRESERVATIVE

裝聽：一分一加侖及五加侖兩種

水質濃厚　十分經濟

利源建築公司

LEE YUEN & CO.

GENERAL BUILDING CONTRACTORS

280 Peking Road--Phone: 17770

資本充足
工作精美

建築界先進

二十年經驗

最近落成之PICARDIE公寓大廈
由本公司承造

專營新式偉大工程
解決一切建築問題

地址：北京路二八〇號……電話一七七七〇

目錄

插圖

論著

(第三卷第九十號合刊)

廣告索引

上海市建築協會
建築月刊部緊要啓事

本刊茲為符合每卷規定期數起見決於本年度內出版合訂本兩大即第三卷九十期合訂為一冊及十一十二期合訂為一冊俾成全帙內容除力求充實外售價每冊國幣五角並不加價凡預定本刊諸君均照全年十二冊之數分別補足特此聲明諸希 諒鑒

掙扎風雲中之和平神

THE CENOTAPH　　Photo by Mr. Loo Yoh

黑白影社　盧毓攝

「中國建築界應有之責任」

十一月三日下午七時，本會恭請上海市工務局長　沈君怡博士演講，題爲「中國建築界應有之責任」。主席本會常委陳松齡先生，略謂舉辦建築學術演講會，在本會會章早經規定，遲至今日始得實現。我人感覺建築界之從業人員　因終日忙於職務，故尋求知識研究學術之機會實感太少。竊以學識爲事業之原動力，缺乏資金，尚可設法籌措，缺乏學力，實難應付；若臨渴掘井，亦爲事實所不許。且時代不息前進，一切事業亦隨之變化；我人欲適合環境，應付變化，非有新時代的學識去解決不可。且知識之根苗，日在滋苗，圍守一隅，抱持僻見，決難與時俱進，獲得事業上之成功。本會舉辦演講會，其目的卽在敦請建築先進，工程專家，對於建築學術多多予以指教，藉此並啓發研究的興趣，對於新的知識有正確之認識。今承　沈局長蒞會演講，謹代本會全體會員表示謝意云。

繼由　沈局長演講，畧謂承邀演講，固辭不獲。初請杜彥耿先生擬題，爲「黃河水利問題」。鄙人當以水利問題，與建築關係尙少，故更定爲「中國建築界應有之責任」，祇以鄙人爲工程師，對於建築學術頗少研究，所幸此爲第一次演講，且把這次所講的當做開場白，作爲一種楔子。

吾國從前所謂士農工商，國之四維，這是任何人所知道的。但處今之世，在士農工商的頭上，都得加上一個國字，成爲國士國農國工國商。這是說士要有士的節氣。讀書人通常稱士，但儘有很多人參加於不利國家的政治運動，此卽不能稱爲國士，僅能稱士。農爲農夫，國農者，試觀糧食每年進口數額，至堪驚人。爲國農者，便應有抵制之策，設法改進種子，增加生產，以調整國內的需要。此外國工國商，均可依此類推，不以私人着想，而以國家的福利爲前題。

從事建築者爲工，然則大家都要勉勵做國工。建築界在工商界佔着極重要的地位，故應具世界的眼光，國家的觀念。在建築上尤應盡量採用國貨，藉塞漏巵，以盡國工國商的責任。並須要養成服務的道德，顧全公衆的利益。建築師爲業主設計房屋，力求經濟實用，不論私人公家，均應撙節，但此非卽指偷工減料之謂也。政府之公帑，取自民衆，點滴累積，遂成巨額。近時口號有建設廉潔的政府，這便是在說政府應怎樣廉隅自矢地去使用取自民衆的汗血金錢。但好的政府須以好的社會爲基礎，若整個社會並不健全，欲求健全的政府，實不可能。所以吾人應反觀自己，責人先責己，各級均能反省改過，則國勢之強盛，不難指日可待了！

曾文正公在「原才」一篇文字裏曾說，「風俗之厚薄奚自乎？自乎一二人之心之所嚮而已」。此一二人並不專指上級人員。如工場的領班，努力工作，朝氣蓬然，此卽爲一二人；無論在何方面以身作則，在一環境內便成養成良好的風氣。這工場裏的一二人，祇要他能心之所嚮，便有移風轉俗的能力。再如以巨石投池，池中之水受其波盪，水波便濺得很大，但總不能波及全池。這好比最高當局一二人的振作，他的感動力雖然大，但終不能波及整個的社會。故我們不如以小石各處拋投，使任何邊僻之區，都能波及，這便是說用各個力量去感動社會，改造社會，他的力量自屬可觀了！故建築界中之建築師工程師營造商材料商等，都應盡力在他的一部份範圍內，做着改良風氣的倡導者。

他如建築之關於發揚本國文化精神，建築之須求經濟，建築之與國防等，均屬不可忽略。例如建築物之不宜密集，以避敵機的轟炸，與易於散播毒瓦斯的吹襲等；這都是建築界亟須討論的問題。從知建築界所負的責任實甚重大，社會對他期望亦切。希望建築界能好自爲之，庶幾達到國工國商的目的！

英國皇家建築師學會總會新會所

英國皇家建築師學會，近建總會新會所，設計之精密，實無切當之辭足以形容之。建築圖樣係於一九三二年間公開競選而得，全部設計，長濶合度，高低適宜，壯嚴偉大，不同凡響。獲獎圖樣，實使評判員目眩傑構：不暇擊節，所謂大匠之門無棄材，甄錄之作，宜其震驚賽字，為建築界發一曙光也。全屋計分四層，每層有一攔層。底層為會議廳，攔層有進門穿堂與辦事室等，二樓為主要接待室，攔層有委員室與會員室。四樓有圖書館，專藏期刊及館員辦事室；攔層則有理事室等。茲為求明晰起見，特分部述之如下：

穿堂

穿堂之面積雖僅30'×28'，但其設計似有神幻莫測之概，蓋吾人置身其間，但覺其地位綽然有餘，固不嫌其狹隘不當也。牆上彫刻歷任會長姓名及獲皇家金質獎章者之姓氏，以資點飾，並留紀念。牆面用Perrycot石灰石磨光。附牆有兩椅，舖以緋紅色之皮，既可休息，又和色調。天花板之粉刷極為單純，光線之配置頗稱合宜。穿堂向左為電梯，右則為詢問處，以備來賓之諮詢也。

總梯階

總梯階向上通至各層，向下則為會議廳。每一步階，設計精美，令人戀棧。梯階為全部建築之中心，一如人身之脊髓，神經之中樞，盤旋曲折，直上圖書館，下經會議廳，而入於發熱室。梯之四大鋼質支柱，使梯階連續不斷，增加美觀，並使整個建築之部份更為分明。

紀念堂

新建築內之主要部份，厥為佛勞倫思紀念堂(Henry Florence Memorial Hall)，係為紀念該會前副會長佛氏者。此堂之設計，專供接待，議會，展覽，考試，舞蹈等而用，典麗喬皇，自可想見。置身其間，徒覺建築師，彫刻師，及技藝專家等合力佈置，功績至偉。牆之北面及南面開闢巨大窗戶，使陽光得以深入內部。東面有強水雕鏤花紋之巨大玻窗，使西面牆上所懸之簾幙，相互映輝。由此紀念堂，可盤旋樓梯，入至較小之接待室。此室亦可用以為較小之展覽室，故牆上完全舖砌槙木，地板係為柚木，圍以大理石。此室之鑲接等工程，極為精細，煞費心思者也。

會議室

由大門入口，下走數步，即為底層，有會議室在焉。是室係紀念茄維斯氏(Henry Jarvis)者。茄氏係為該會會員，曾捐多金，以助該會。由大步梯直下至廣大之遊廊，則好華德爵士(Lord Howard)所安置之基石在焉。會議室有兩門，內可容三百五十人，但必要時可增添一百五十位置。牆上繪有大壁畫，圖中象徵該會之活躍。室內對於音學方面特別注意。天花板係用白硬灰粉，聲光均可返射，然光線係間接照射，以護眼目，此外如演講員休息室及廁所太平門等均備。

委員室

委員室位於大樓梯之上之主要夾層內，中央主要一室，名為韋伯委員室(Aston Webb Committee Room)，係紀念韋白爵士者。室內一切佈置，由韋氏子女捐贈。此室較層內其他各室略高，佈置亦十分精美。韋氏之像即懸於南面牆上。此層之南端，為會員室，光線充足，裝飾精美。有一長窗，面臨洋臺，可眺視偉馬街(Weymouth Street)。

在新廈之四樓，有圖書館在焉。此館規模宏大，藏書四萬卷，並有圖樣數千幅。藏書室書架之搆置，於必要時在建築上可不更動，增加書籍百分之四十。圖書館之佈置，將重要中心，集於一處。館內之分配頗為簡單，為一總書庫，借書室，查閱目錄室，及期刊與圖樣室等。大門入口之對面，為一辦公桌。辦事員得以主持全室事宜，而編目之抽屜，則隱藏於牆內。書架均屬鋼製，塗以琺瑯。架之設計投出，形成壁龕，下則閱書報之檯椅在焉。期刊閱覽室，則可不必經過主要之圖書室，而由電梯或樓梯直上。該會會刊之編輯室，則附設於圖書館之北，地位亦頗寬敞。

理事室

最後為理事室，在屋之最上層。此室木工雕刻之精，實屬罕見。室之兩端掛以簾帷，並吸音器等，平光之天花板，使台口內之光線及聲波，均得反射。當吾人自底層升至最高層，不論電梯或樓梯，所見者均為悅目之設計，壯嚴之金屬工程，灰粉模型，及使人注意之時計及指路牌等，均覺其一事一物之佈置，無不和諧平勻，匠心獨造者也。

英國皇家建築師學會總會新會所概觀

THE NEW HEADQUARTERS OF THE R. I. B. A., PORTLAND PLACE, W. General View.

英國皇家建築師學會總會新會所二樓穿堂攝影

THE NEW HEADQUARTERS OF THE R. I. B. A., PORTLAND PLACE, W.

Staircase Hall, First Floor.

英國皇家建築師學會總會新會所

理事室

THE COUNCIL CHAMBER

圖書館

THE LIBRARY

THE NEW HEADQUARTERS OF THE R. I. B. A., PORTLAND PLACE, W.

英國皇家建築師學會總會新會所

休憩室與會議室中間之台座雕飾

Partition Between Foyer And Meeting Room, Showing Decorative Panel.

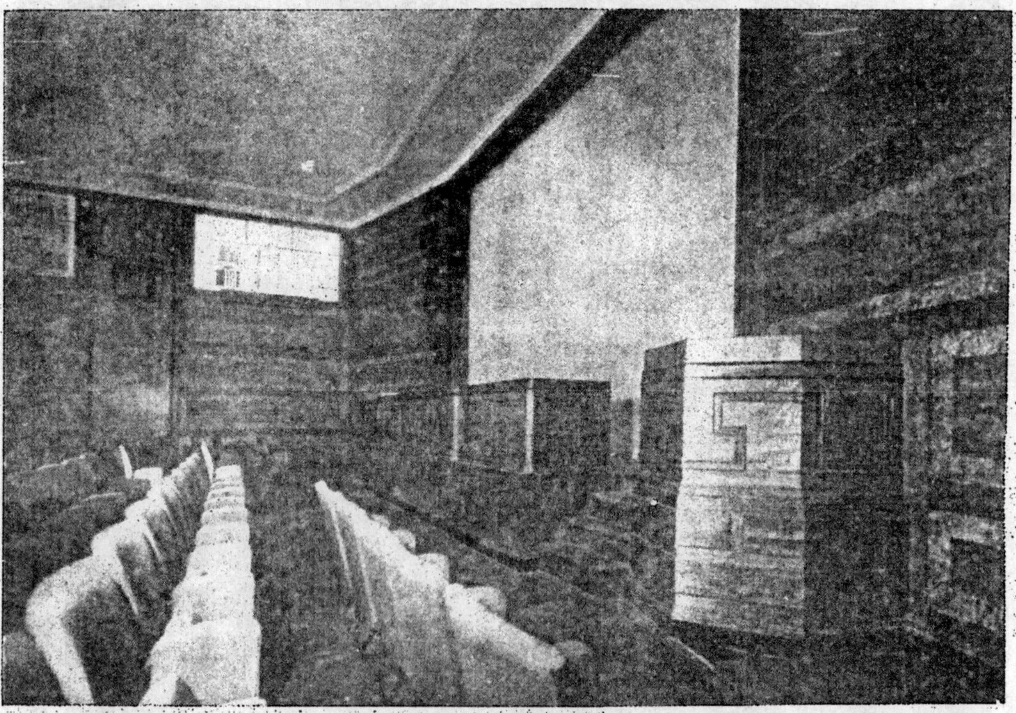

演講壇之近景

View of Rostrum.

THE NEW HEADQUARTERS OF THE R. I. B. A., PORTLAND PLACE, W.

英國皇家建築師學會滙會新會所

接待室

Reception Room.

佛勞倫思紀念堂

Henry L. Florence Memorial Hall.

THE NEW HEADQUARTERS OF THE R. I. B. A., PORTLAND PLACE, W.

英國皇家建築師學會總會新會所

佛勞倫思紀念堂內之台度雕飾

THE NEW HEADQUARTERS OF THE R. I. B. A., PORTLAND PLACE, W.

Decorative Panel in Henry L. Florence Memorial Hall.

英國皇家建築師學會總會新會所

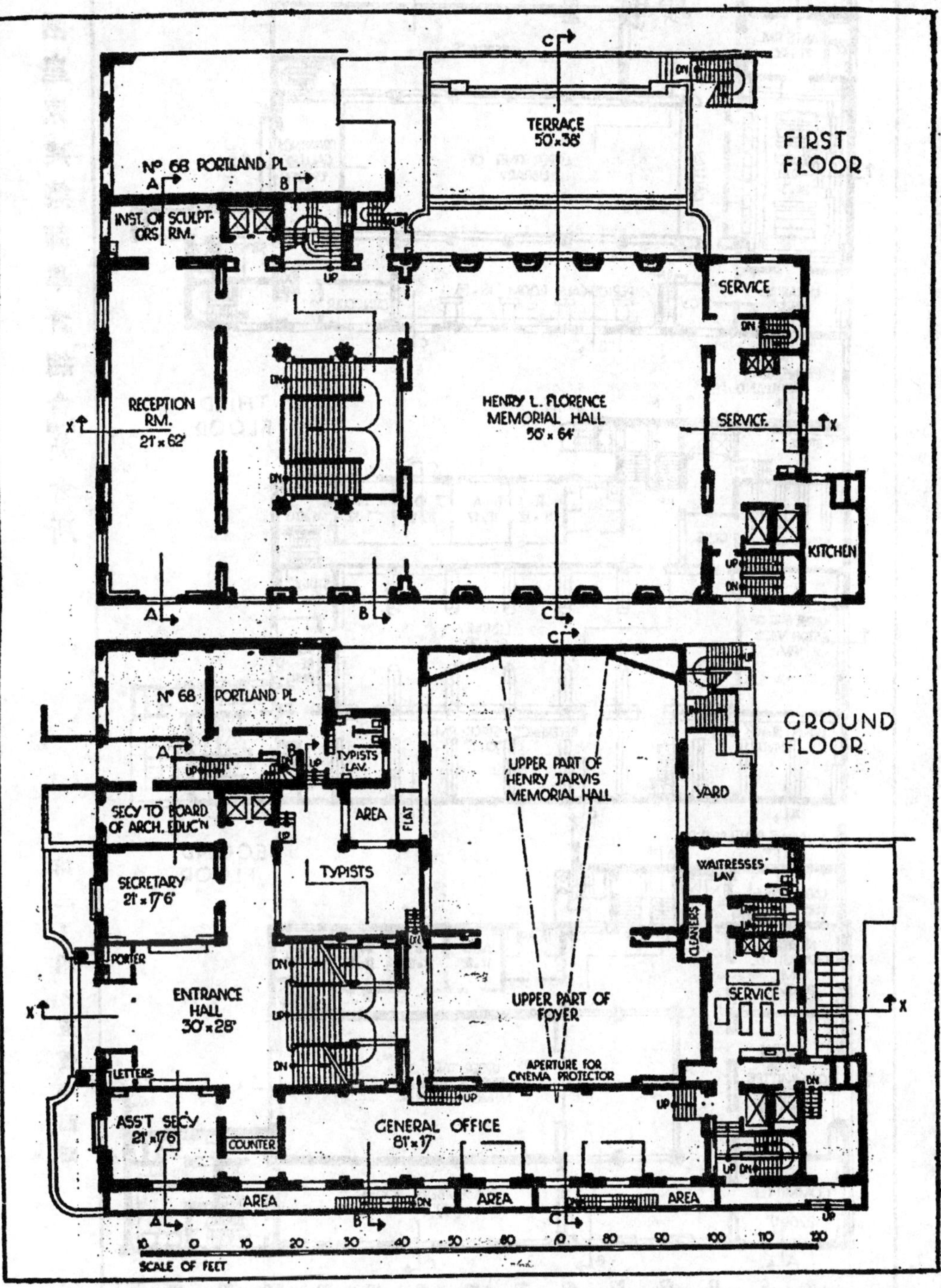

第一層及二層平面圖

THE NEW HEADQUARTERS OF THE R. I. B. A., PORTLAND PLACE, W.

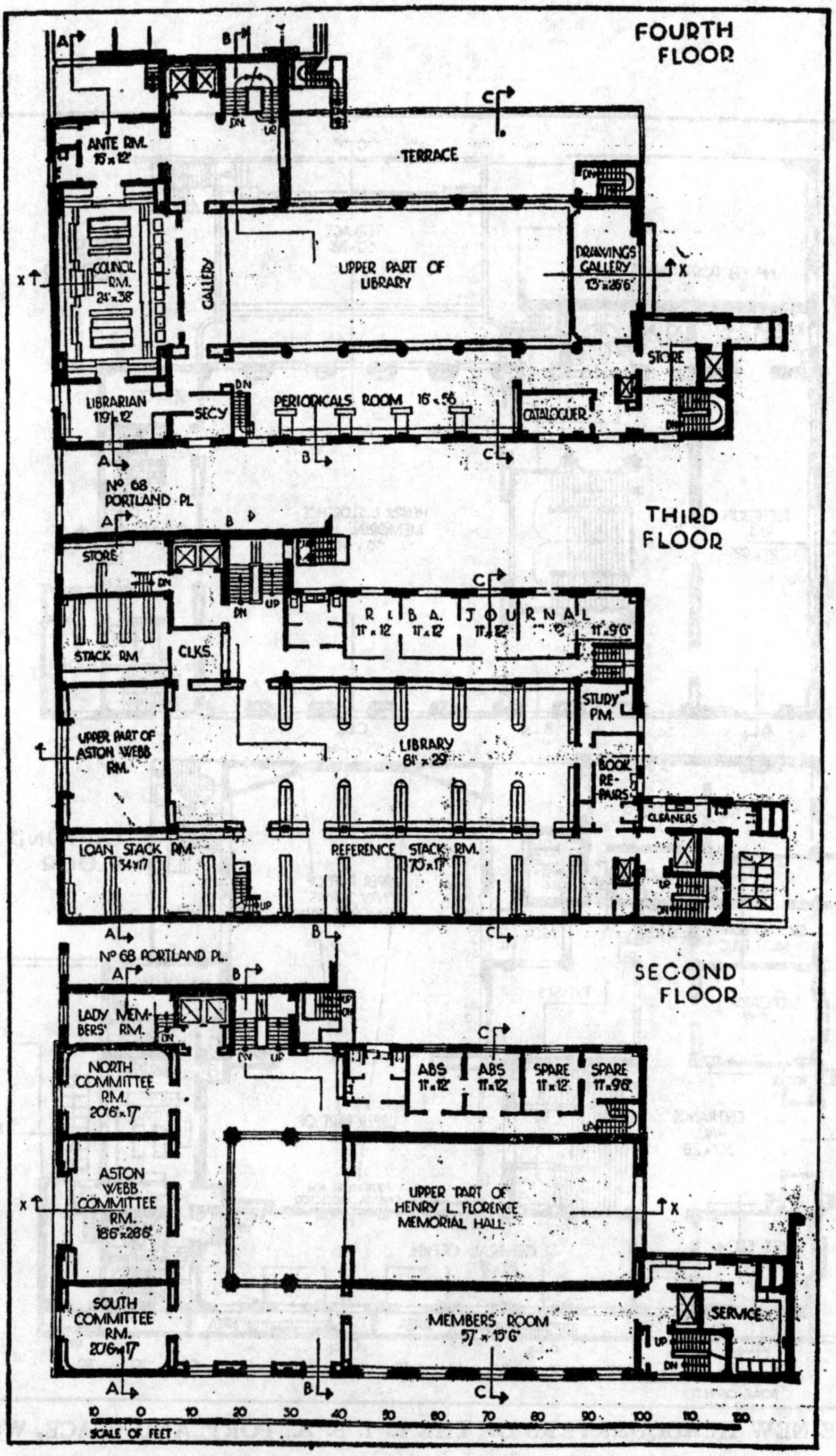

英國皇家建築師學會總會新會所

第三，四，五樓平面圖

THE NEW HEADQUARTERS OF THE R. I. B. A., PORTLAND PLACE, W.

英國皇家建築師學會總會新會所

剖面圖及地層平面圖

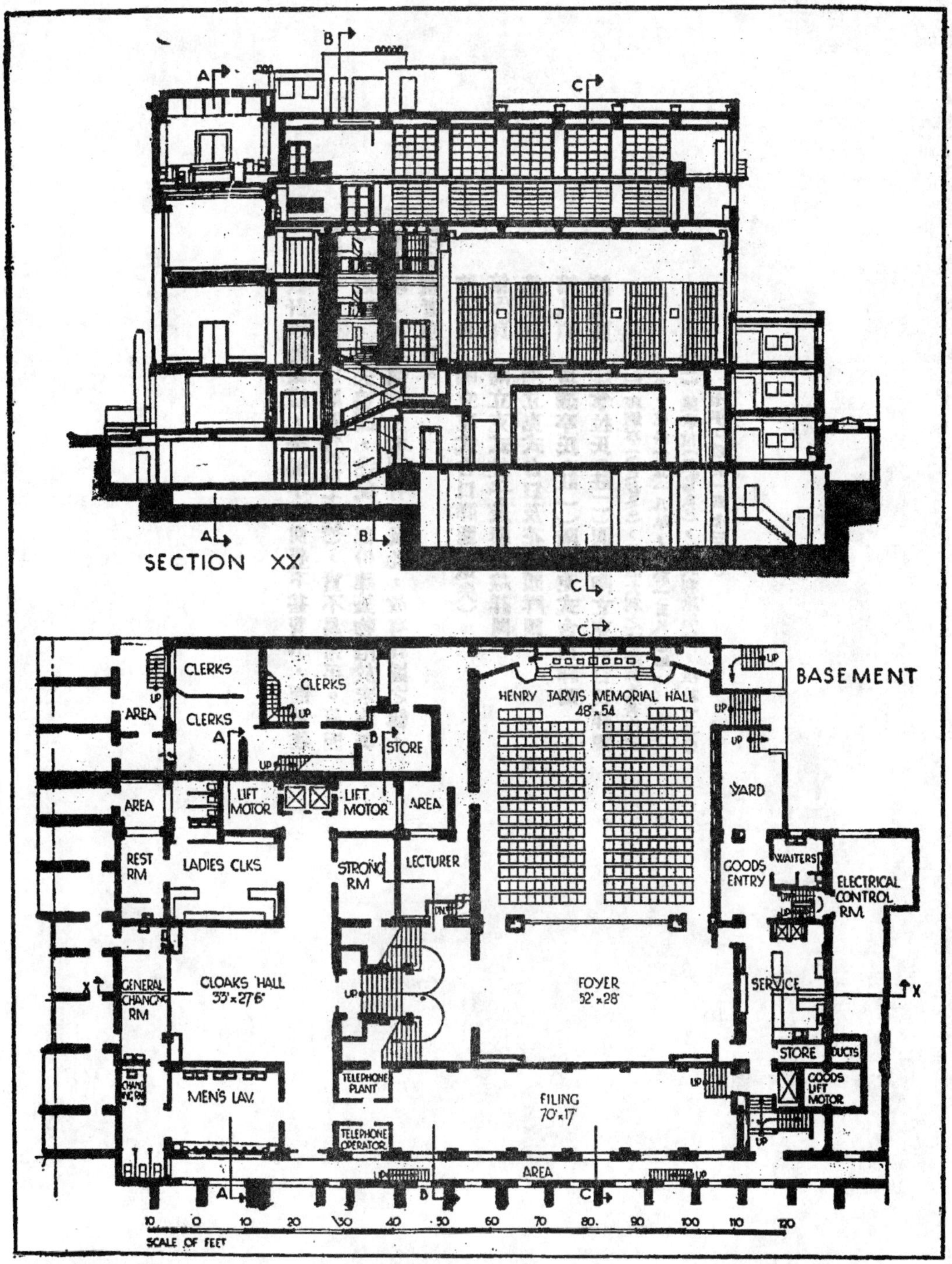

THE NEW HEADQUARTERS OF THE R. I. B. A., PORTLAND PLACE, W.

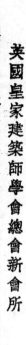

設計建築圖樣，全部小樣倘覺不甚費事，而於建築物每一部份之詳圖（或稱大樣），實不易措手。蓋因一線之差，即失協調，遂使一部份建築物陷於未臻美善之境，可不慎歟！本刊有鑒及此，故有詳圖之輯，以供讀者參攷。

第五頁　陶立克式台口詳圖（遺失）

第六頁　陶立克式柱子及壓頂線詳圖

第七頁　陶立克式台口及花帽頭詳圖

第八頁　斑爛亭氏（註一）陶立克式台口詳圖

第九頁　維拿拉氏（註二）圓餅陶立克式台口詳圖

〔註一〕斑爛亭（*Palladio*），係意大利之建築師及著作家，生於一五一八年，歿於一五八〇年。

〔註二〕維拿拉（*Vignola*），意大利建築師，生於一五〇七年，歿於一五七三年。

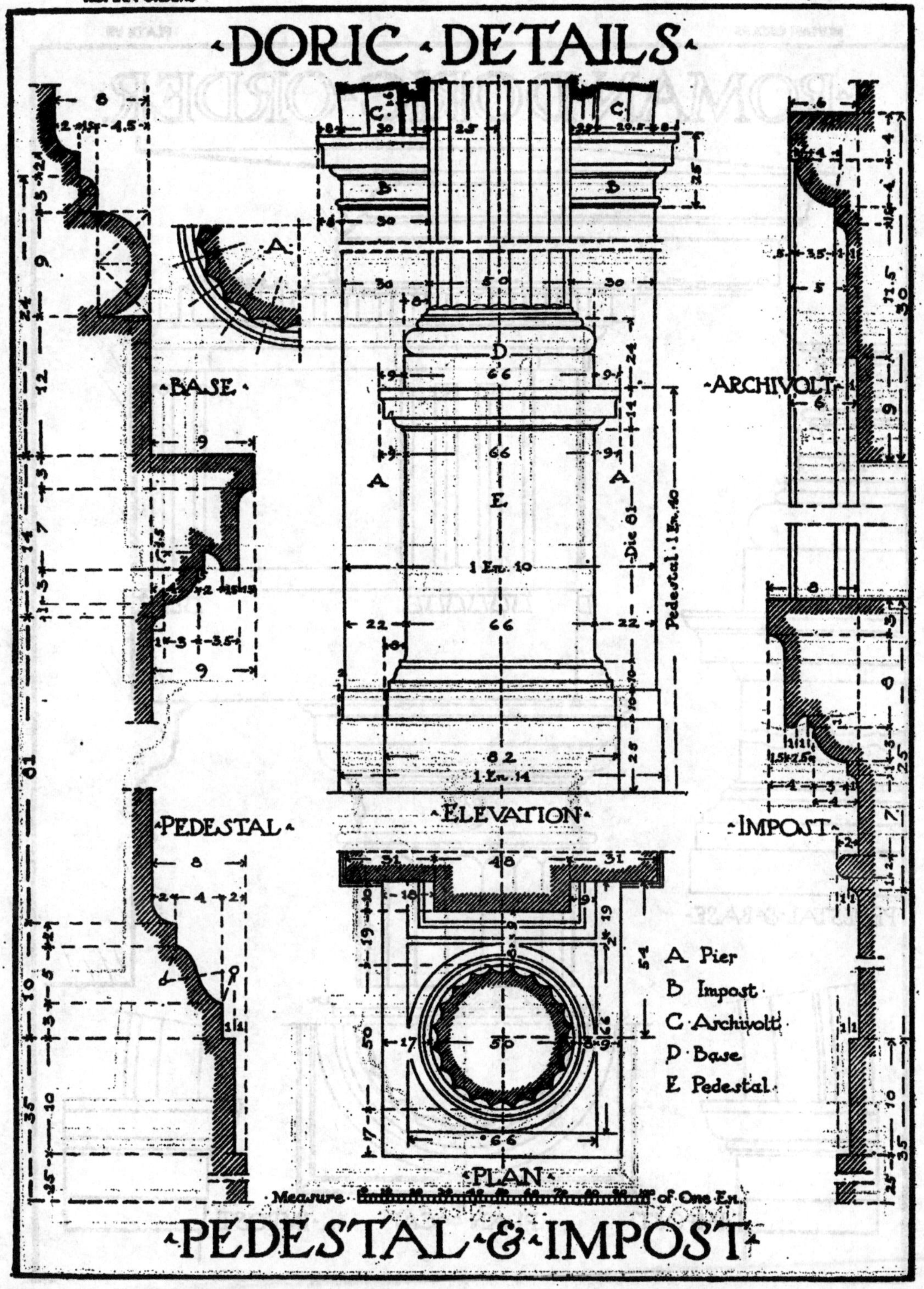
DORIC DETAILS
BASE
ARCHIVOLT
PEDESTAL
ELEVATION
IMPOST
PLAN
A Pier
B Impost
C Archivolt
D Base
E Pedestal
Measure of One En.
PEDESTAL & IMPOST

23465

·ROMAN·DORIC·ORDER·

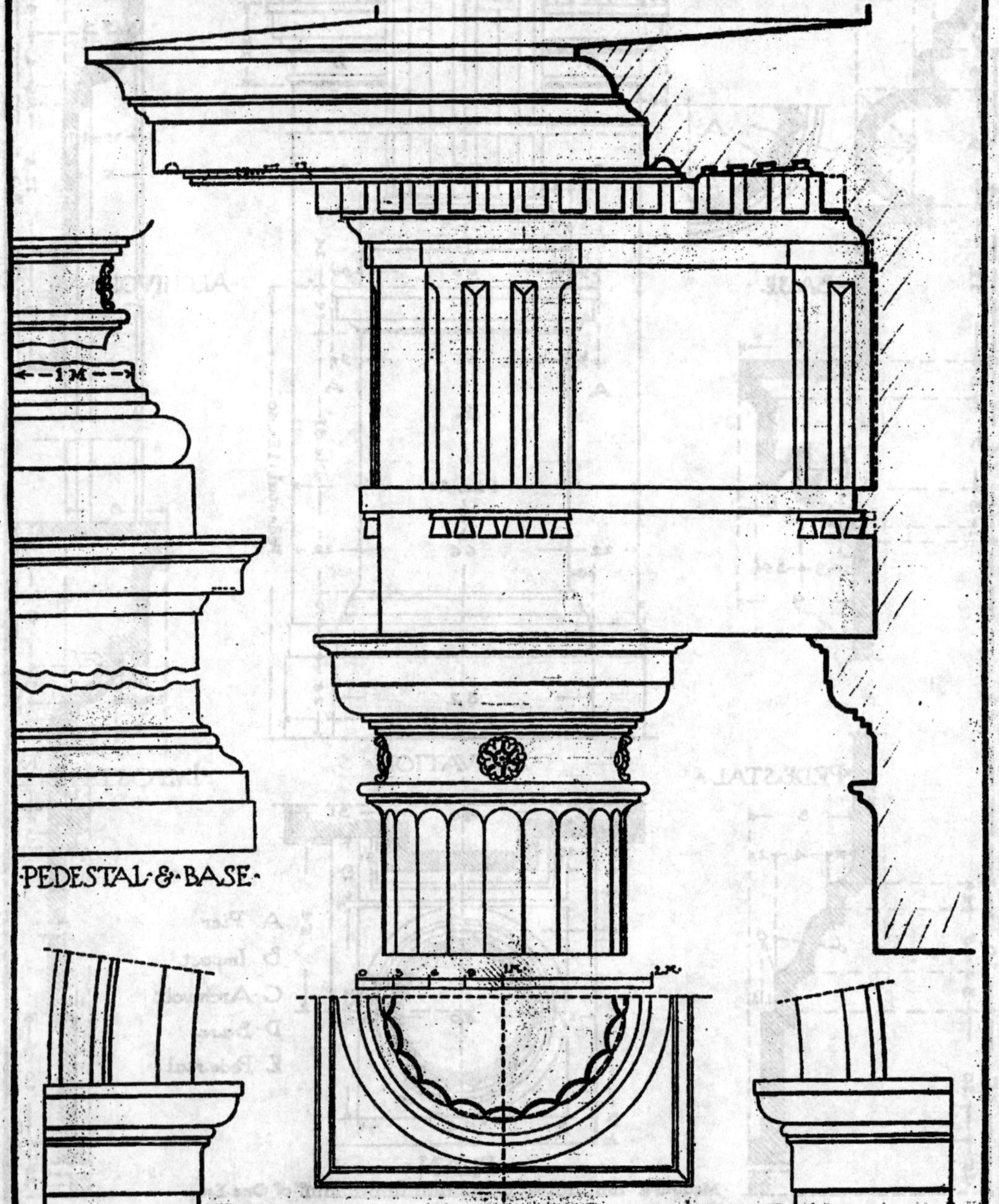

23466

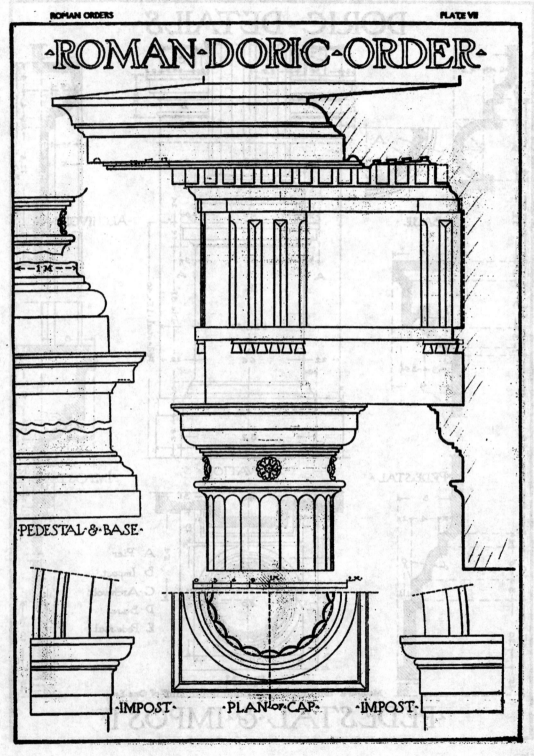

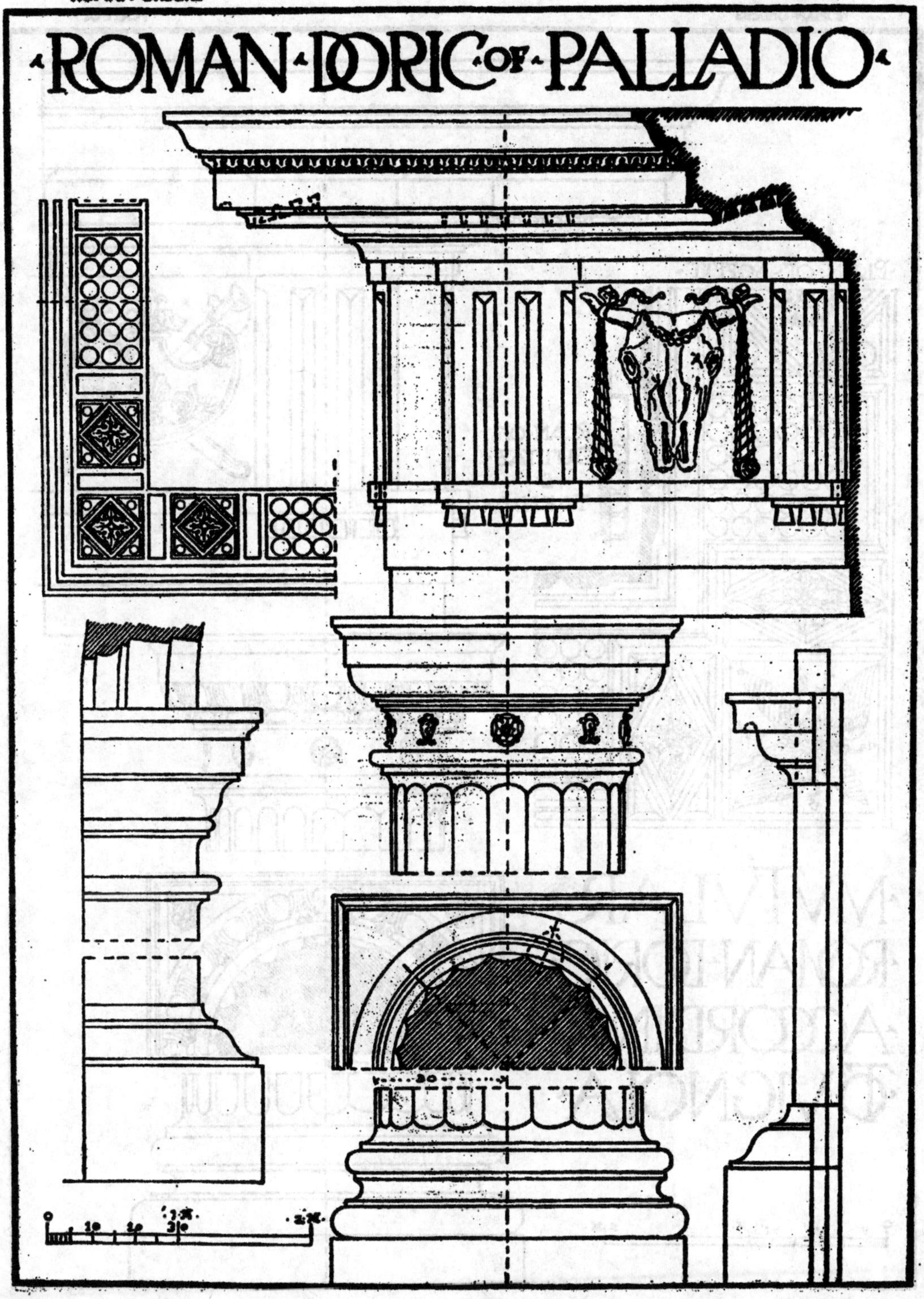
ROMAN DORIC OF PALLADIO
0 10 20 30

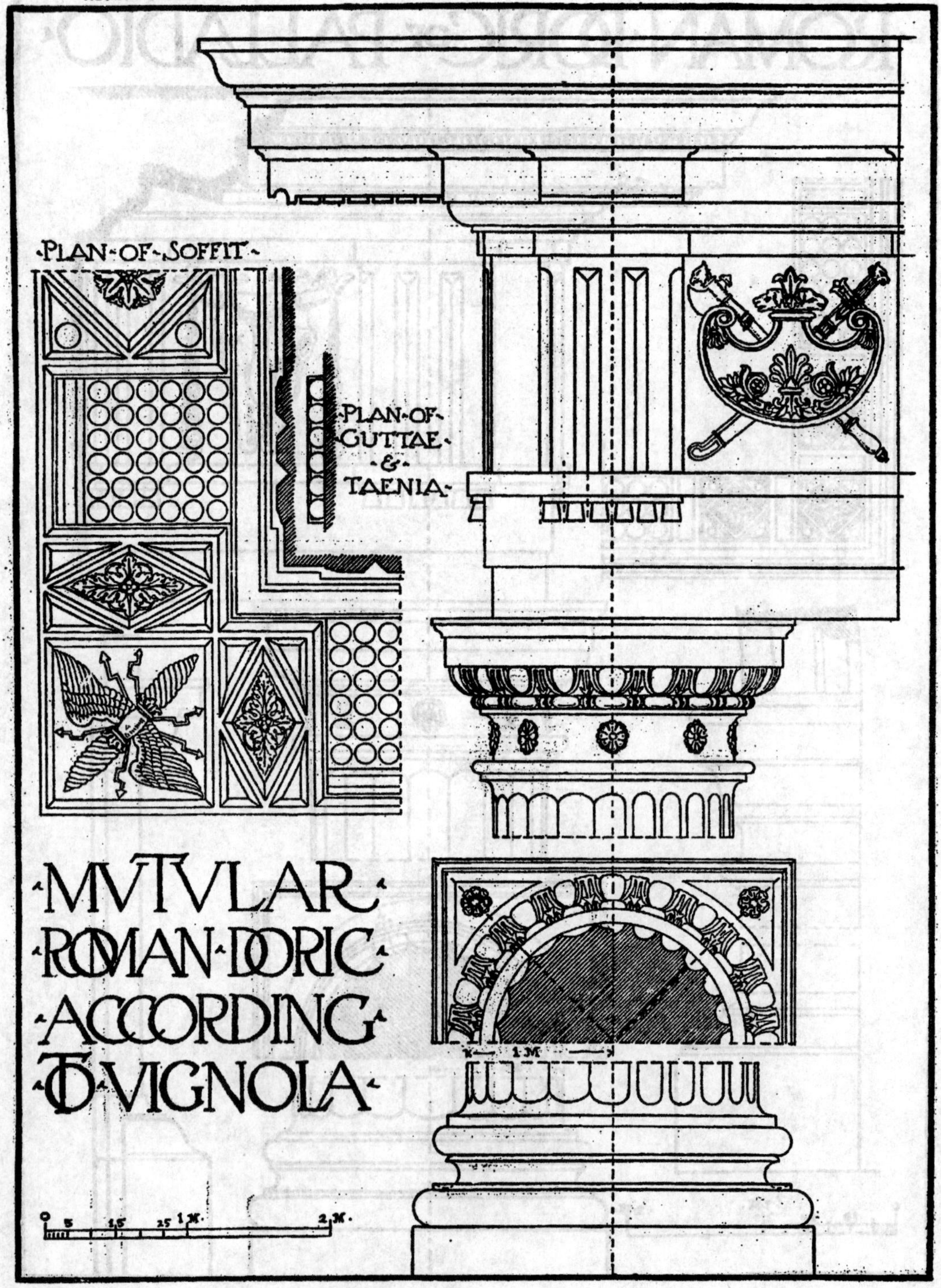
PLAN OF SOFFIT
PLAN OF GUTTAE & TAENIA
MUTULAR ROMAN DORIC ACCORDING TO VIGNOLA
1 M.
0 5 15 25 1 M. 2 M.

23468

計算特種連架

林同棪

Analysis of Miscellaneous Frames　　By T. Y. Lin

第一節　緒論

用動率分配法計算連架，每可避免聯立方程式。但如連架之交點能左右或上下動移者，其動移之數量與所生之動率，勢須另用聯立方程以解之。例如第一圖之連架，A,B兩點動移之數量，均爲未知數，(因不計直接應力所生之變形，故A_1,A_2之動移與A同；B_1,B_2與B同；而A,B均無上下之動移)故須用二次聯立方程以解之。第二圖亦然(C點之動移數量，可由A,B兩點之動移算出；故只有兩未知數)。第三圖爲四次聯立方程(A之左右動移，B, C, D, 之上下動移)。第四圖爲三次，(A之上下動移，B,C之左右動移)。餘類推。

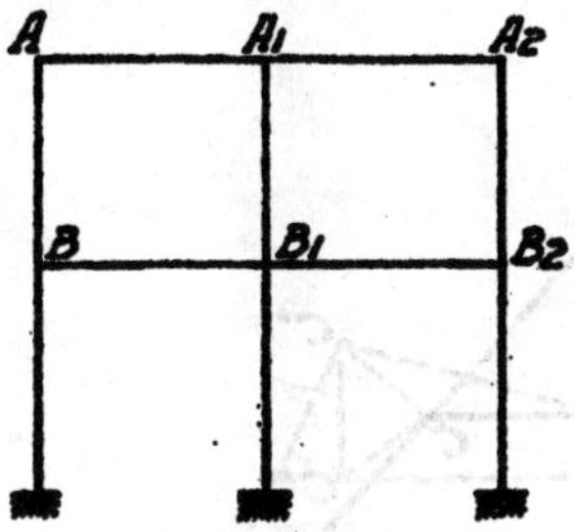

第一圖

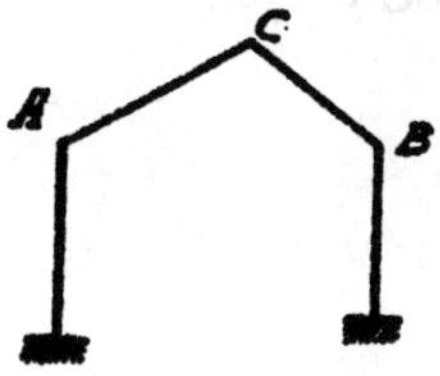

第二圖

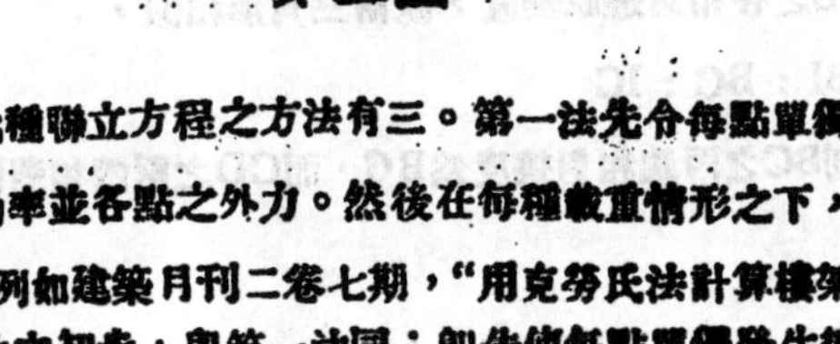

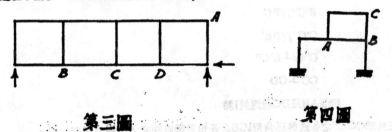

第三圖

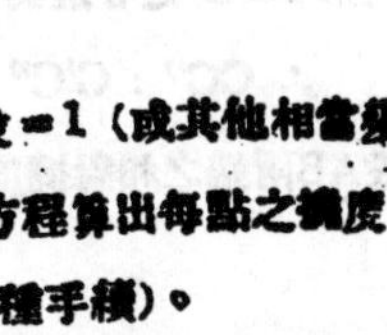

第四圖

解決此種聯立方程之方法有三。第一法先令每點單獨發生撓度=1 (或其他相當變形亦可)而求各桿端動率並各點之外力。然後在每種載重情形之下，用聯立方程算出每點之撓度，而得各桿端動率。(例如建築月刊二卷七期，"用克勞氏法計算樓架"之第一種手續)。

第二法之初步，與第一法同；即先使每點單獨發生撓度，而求各桿端動率並各點之外力。此後再用聯立方程，以算出每點外力=1 之各點撓度以及各桿端動率。此後無論任何外力，均可用疊法加法算出，無須再解聯立方程矣。(例如"連拱計算法"之能氏第二種手續，建築月刊三卷一期，第四五頁）。

第三法係用連續近似之手續，將動率之分配與外力之改變，互換進行，如Cross and Morgan "Continuous Frames of Reinforced Concrete"，第二二九頁。或再簡化之，如"用克勞氏法計算樓架"之第二種手續。

本文舉例祇第一，二法說明之如下。

第二節　桿件兩端相對撓度之圖解法

設連架ABCD如第五圖(各桿件之長度均不變)，B點發生撓度 BB'，求B與C及C與D之相對撓度 $C'C''$ 及 CC'。

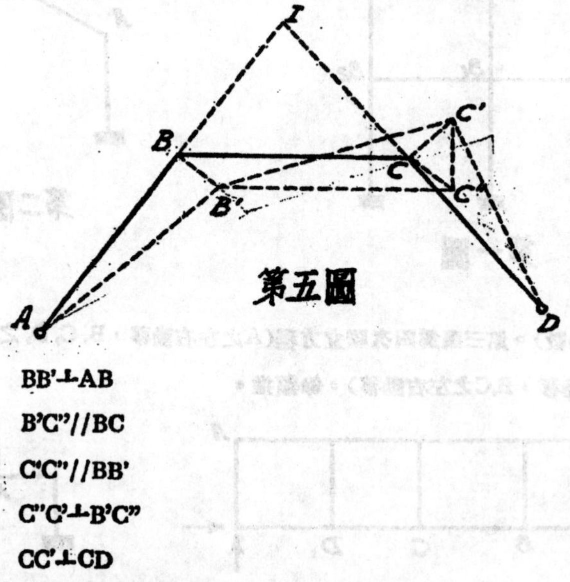

第五圖

作下列各線：　$BB' \perp AB$

$B'C'' // BC$

$C'C'' // BB'$

$C''C' \perp B'C''$

$CC' \perp CD$

延長AB及DC相遇於I點

因三角形 $CC'C''$ 之各邊與三角形ICB之各相對邊成垂直，故兩三角形相似，

$$\therefore CC'' : C'C'' : CC' = BI : BC : IC$$

故如設AB兩端之相對撓度為BI，則BC之兩端相對撓度為BC，而CD之兩端相對撓度為CI。

第三節　例一

設連架如第六圖。用直接動率分配法求其R, Km, Cm, 如第七圖。（參閱建築月刊二卷九期

23470

“直接動率分配法”），用下列各公式：

$$R=\frac{\Sigma Km+K}{K}$$

$$Km=K\left(1-\frac{1}{4R}\right)$$

$$Cm=C\left(\frac{R-1}{R-¼}\right)$$

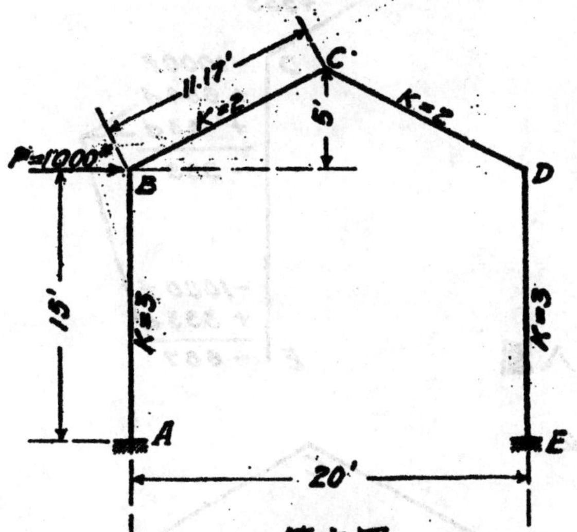

第六圖

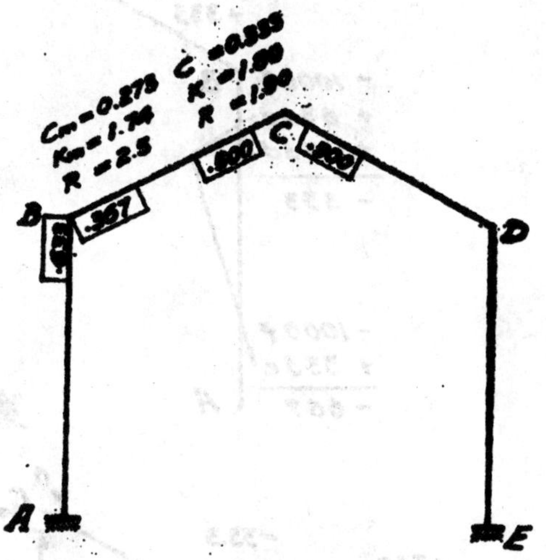

第七圖

本連架之兩半相同，故只須求其一半，

桿件BC，B端之$R=\frac{3+2}{2}=2.5$

C端之$Km=2\left(1-\frac{1}{4\times 2.5}\right)=1.80$

$Cm=½\left(\frac{2.5-1}{2.5-.25}\right)=0.333$

C端之$R=\frac{1.8+2}{2}=1.9$

B端之$Km=2\left(1-\frac{1}{4\times 1.9}\right)=1.74$

$Cm=½\left(\frac{1.9-1}{1.9-.25}\right)=0.273$

桿件CD與CB相同。BA之B端K=3，故其分配動率時之係數為$\frac{3}{2+1.74}=0.633$；而BC之B端為0.367。

設本連架在B點受外力P=1000，求各桿端動率。

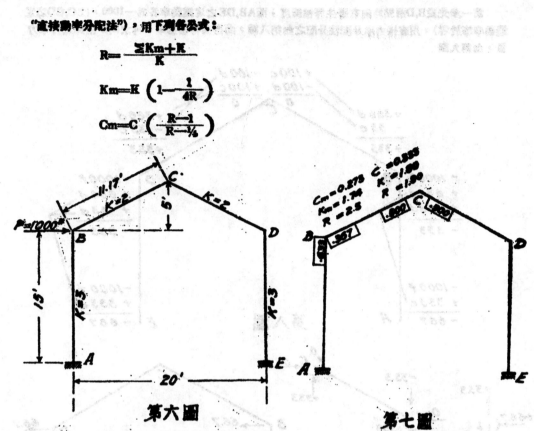

第一步先設B,D兩點均向右發生等相撓度；而AB,DE之定端動率各爲−1000，(BC,CD之定端動率等於零)。用直接力率分配法分配之如第八圖，而得其桿端動率。再求B,D兩點之外來力量，如第九圖

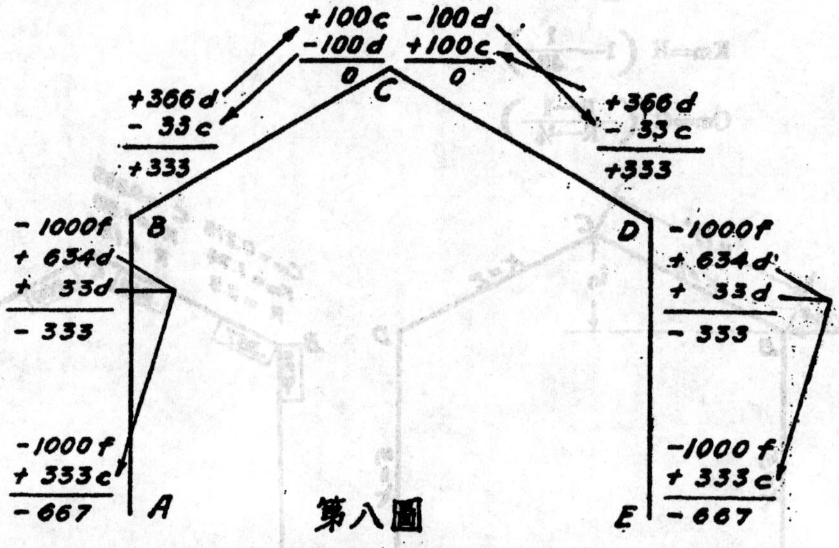

第八圖

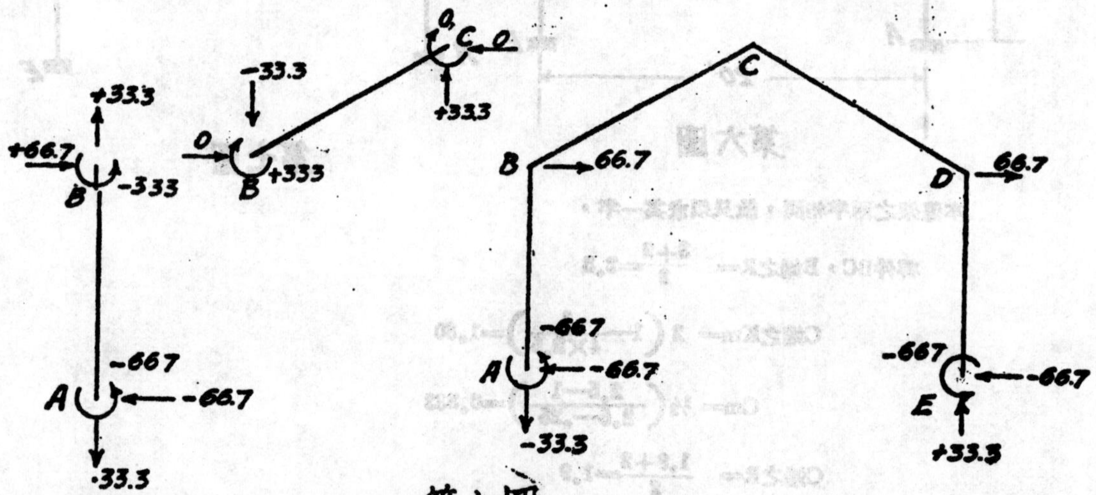

第九圖

第二步設B點向右，D點向左發生相等撓度而AB之定端動率爲−1000．DE爲＋1000。則BC之定端動率爲

$$1000\frac{2.234\times 2\div 11.17}{1\times 3\div 15}=2000$$

蓋每桿件兩端相對撓度D所生之定端動率，

$$F \backsim \frac{DK}{L}，\qquad F_1\frac{D_2\times K_2\div L_2}{D_1\times K_1\div L_1}=F_2，$$

而BC相對撓度爲AB之2.234倍也，(在第十圖，C點只有上下之動移，故可作水平線CI使成BIC

三角形如第五圖爲者)。用直接動率分配法算出各桿端動率如第十一圖。再求各外力如第十二圖。

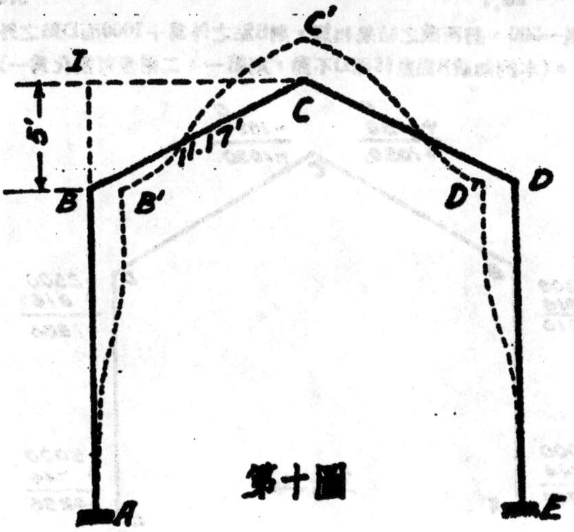

第十圖

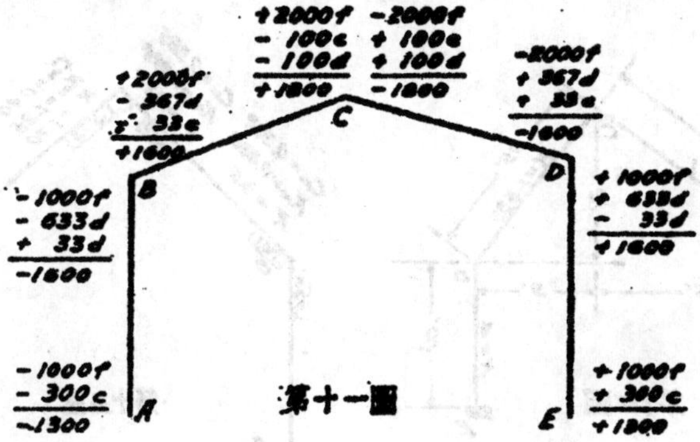

第十一圖

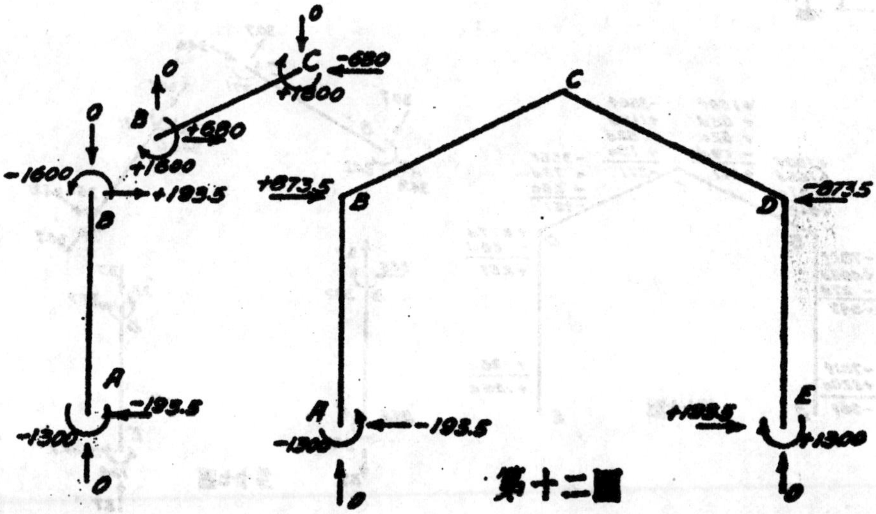

第十二圖

第三步將第九圖乘以$\frac{500}{66.7}$，則B,D兩點之外力當為500；將第十二圖乘以$\frac{500}{818.5}$，則B,D兩點之外力當為＋500及—500，將所乘之結果相加，則B點之外為＋1000而D點之外力為零；各桿端彎率，當如第十三圖。(本例如設B點移動而D不動，則第一，二兩步可簡化為一)

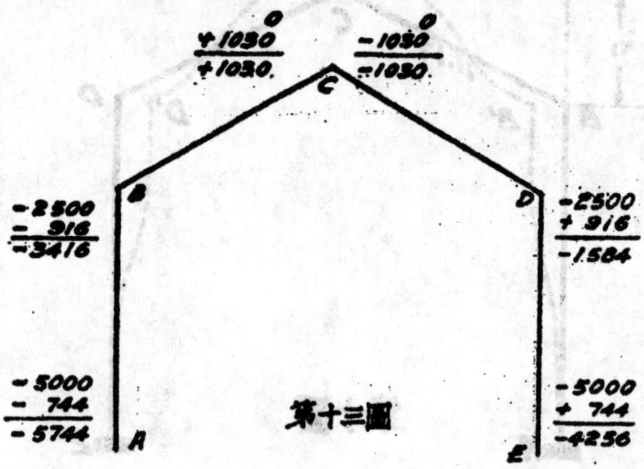

第十三圖

第四節 例二

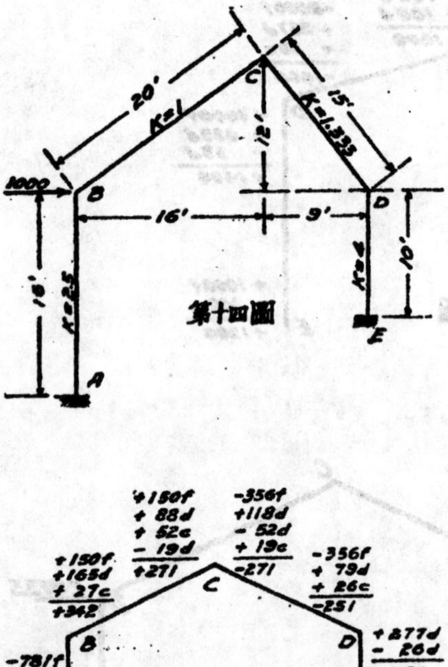

第十四圖

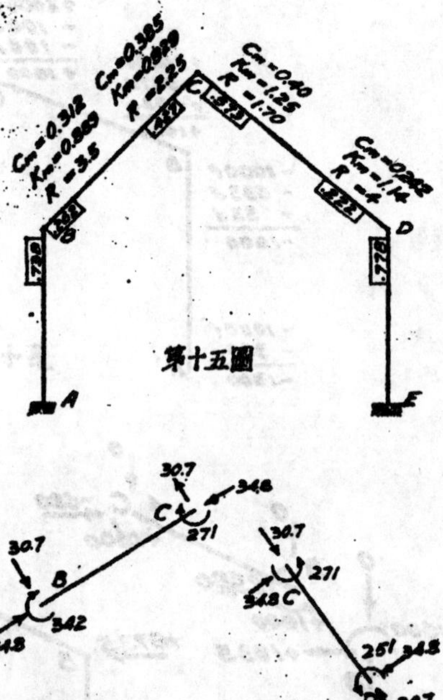

第十五圖

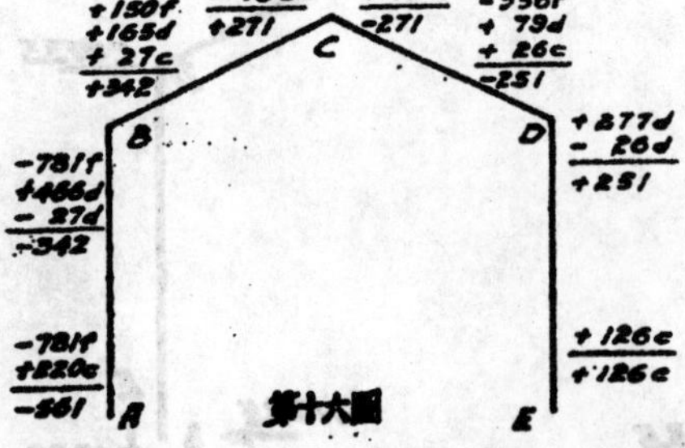

第十六圖

第十七圖

設連架如第十四圖，在B點加以水平力＝1000，求其各桿端動率。

第一步，用直接力率分配法求各K_m，C_m如第十五圖。設D點無動移，而B點向右動移使AB發生定端動率

$$=\frac{D}{L}K=\frac{5000}{16}2.5=781$$

用第二節之法，可求出BC之"D"為3000，CD為4000；故其定端動率為，

$$BC,\quad \frac{3000}{20}1=150$$

$$CD,\quad \frac{4000}{15}1.333=356$$

分配之如第十六圖。求各桿件及全架之外力如第十七，十八圖。

再設B點無動移，而D點向右動移使DE發生定端動率

$$\frac{D}{L}K=\frac{5000}{10}4=2000,$$

此時BC,CD之定端動率仍如前。分配之如第十九圖。求各桿件及全架之外力如第二十，二十一圖。

第二步。如B點之外力為1000，而D點無外力，則兩點之動移數設D_A,D_B可由下列聯立方程式算出，

$$102.7D_A-83.9D_B=1000$$
$$83.9D_A-267.4D_B=0$$
$$\therefore D_B=4.11,$$
$$D_A=13.10$$

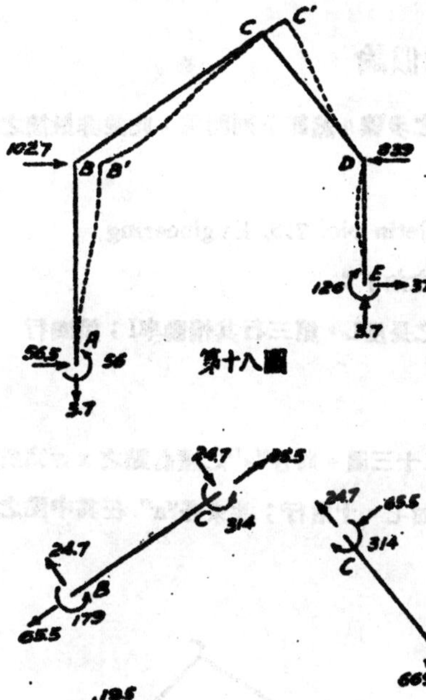

第十八圖

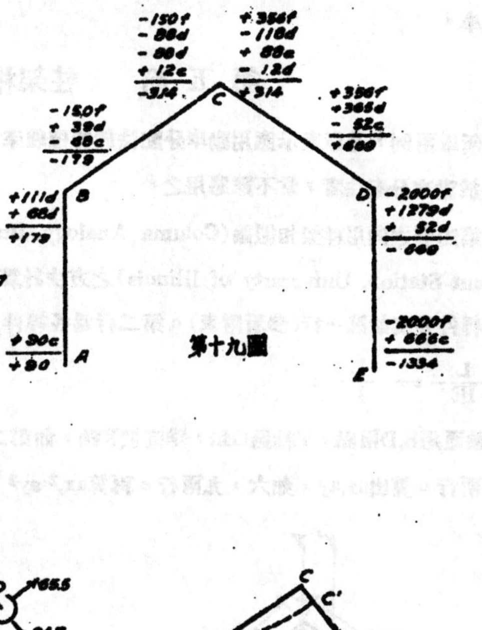

第十九圖

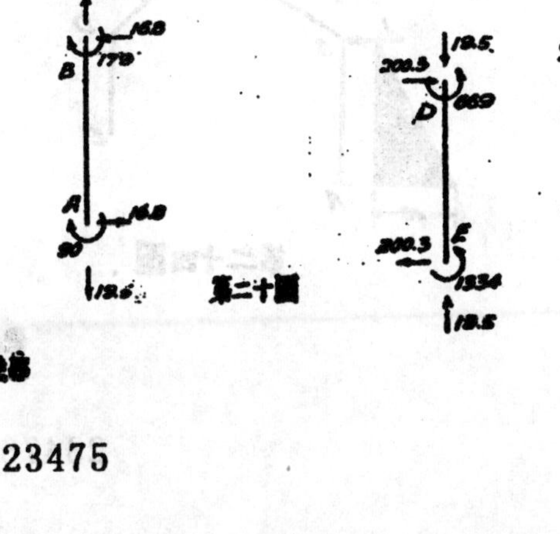

第二十圖

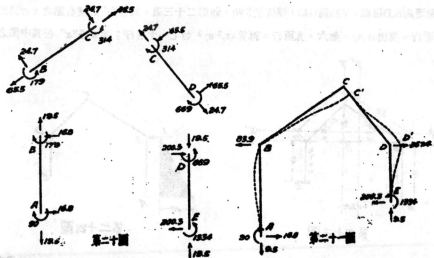

第二十一圖

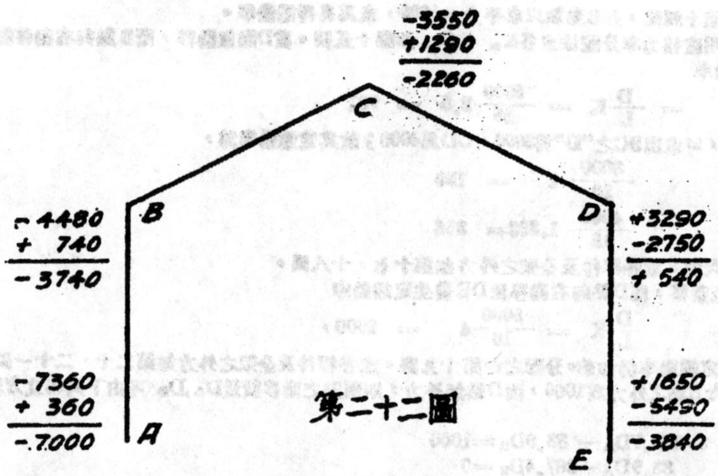

第二十二圖

將第十八圖乘以13.10 ，第二十一圖乘以4.11。加之可得第二十二圖，卽B 點受力1000時之各桿端動率。

第五節　柱架相似論

以上所舉兩例，乃以表示應用動率分配法於特種連架之步驟。然卽上列而言，此並非最簡之法。惟熟於動率分配法者，當不難應用之。

茲將第四節之例用柱架相似論(Column Analogy, Bulletin No. 215, Engineering Experiment Station, University of Illinois)之方法計算之如下：

將各桿件分寫如第一行(參看附表)。第二行爲各桿件之長度L，第三行其惰動率I；第四行

$$a = \frac{L}{IE} = \frac{L}{I}。$$

設X軸通過B,D兩點，Y軸過C點，垂直於X軸，如第二十三圖。將各"a"之重心點之x,y寫於第五，八兩行。算出ax,ay，如六，九兩行。再算ax^2, ay^2 如七，十兩行；並求各"a" 在其中點之

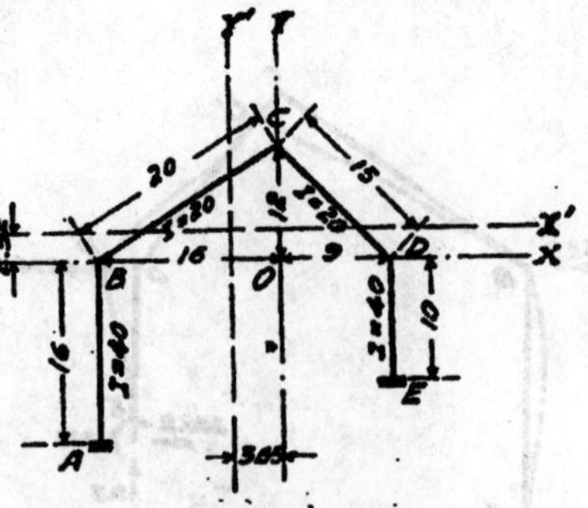

第二十三圖

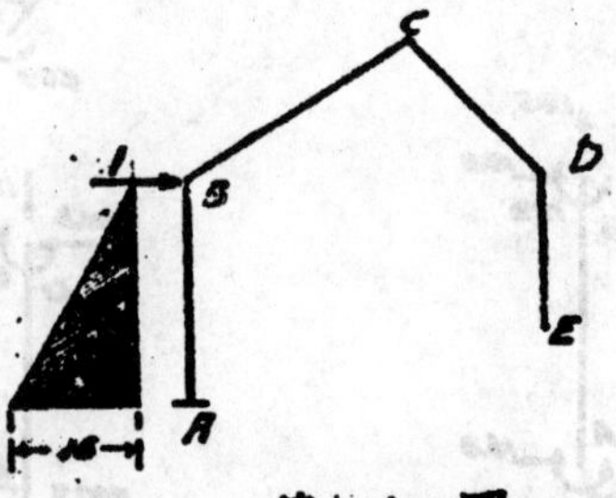

第二十四圖

23476

1	2	3	4	5	6	7	8	9	10	11	12	13	14
桿 件	L	I	a	X	ax	ax^2+ix	y	ay	ay^2+iy	$axy+iy$	P	Mx	My
AB	16	40	0.40	—16	—6.4	102.4 0	—8	—3.2	25.6 8.55	+51.2 0	3.2	—51.2 0	—25.6 — 8.5
BC	20	20	1.00	—8	—8.0	64.0 21.33	+6	+6.0	36.0 12.0	—48.0 +16.0	0	0	0
CD	15	20	0.75	+4.5	+3.375	15.2 5.05	+6	+4.5	27.0 9.0	+20.2 — 6.8	0	0	0
DE	10	40	0.25	+9	+2.25	20.25 0	—5	—1.25	6.25 2.08	—11.25 0	0	0	0
Σ			2.40	—3.65	—8.77	228.23 32.00	+2.52	+6.05	126.48 15.25	+21.35 —22.10	3.2	—51.2 —11.7	—34.1 + 8.1
改至X¹	Y¹ 兩軸					196.23 16.95 179.28			111.23 9.58 101.65	+43.45		—39.5 —16.5 —23.0	—42.2 — 8.8 —33.4

惰動率ix，iy；寫之於ax^2,ay^2之下。再算各axy及ixy(Products of inertia)如第十一行。

求四，六，七，九，十，十一，各行之各總數。"a"之總重心點之x,y當爲

$$x_1=\frac{\Sigma ax}{\Sigma a}=\frac{-8.77}{2.40}=-3.65$$

$$y_1=\frac{\Sigma ay}{\Sigma a}=\frac{6.05}{2.40}=+2.52$$

通過此重心點作X¹,Y',兩軸如圖。求$\Sigma(ax'^2+ix)$，$\Sigma(ay'^2+iy)$，$\Sigma(ax'y'+ixy)$等，例如，

$$\Sigma(ax^2+ix)=\Sigma(ax^2+ix)-ax_1{}^2$$
$$=228.23-2.40\times3.65^2$$
$$=228.23-32.00$$
$$=196.23$$

再求出，

$$196.23-\frac{43.45^2}{111.23}=193.23-16.95$$
$$=179.28$$

$$111.23-\frac{43.45^2}{196.25}=111.23-9.58$$
$$=101.65$$

設在B點加以水平力=1，可求各點之動率如下。先假設E點無支座，則只AB受動率如第二十四圖。A點之動率爲16，第十二行之P爲，

$$\frac{\frac{MAL}{2}}{IE}=\frac{MAa}{2}=\frac{16\times0.4}{2}=3.2$$

第十三，十四行之Mx，My爲

$$3.2\times-16=-51.2$$
$$3.2\times-8=-25.6$$

又在AB重心點之My爲

$$3.2\times\frac{-16}{6}=-8.5$$

將Mx，My改至X^1，Y^1如下：

$$-51.2-(3.2\times3.65)=-51.2-(-11.7)$$
$$=-39.5$$
$$-34.1-(3.2\times2.52)=-42.2$$

再求出

$$-39.5-\left(-42.2\frac{43.45}{111.23}\right)=-39.5-(-16.5)$$
$$=-23.0$$
$$-42.2-\left(-39.5\frac{43.45}{196.23}\right)=-42.2-(-8.8)$$
$$=-33.4$$

由以上各數可得因E點固定支座所生之動率，

$$Mi=\frac{3.2}{2.4}+\frac{-23.0}{179.28}x^1+\frac{-33.4}{101.65}y'$$
$$=1.33-0.1282x^1-0.329y^1$$

點	x	y	x'	y	Mi	原有之動率 m	眞正動率
A	−16	−16	−12.35	−18.52	+9.01	+16.00	+6.99
B	−16	0	−12.35	−2.52	+3.75	O	−3.75
C	0	12	+3.65	+9.48	−2.26	O	+2.26
D	+9	0	+12.65	−2.52	+0.54	O	−0.54
E	+9	−10	+12.65	−12.52	+3.83	O	−3.83

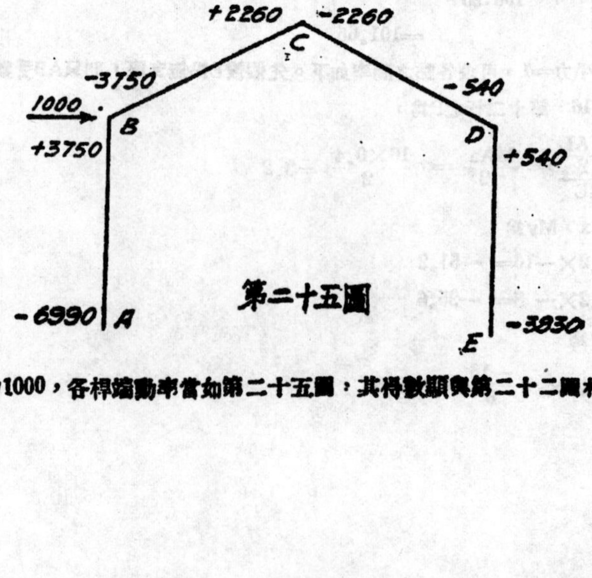

第二十五圖

所以B點受力1000，各桿端動率當如第二十五圖，其得數顯與第二十二圖相同。

第六節　結　論

以上係將較簡之特種連架，舉例說明，以示應用之步驟。讀者如能明其原理，則第三，四，兩圖之連架，均可如法算出。

變惰動率之桿件，除兩端之K,C不同，及定端動率略較難算外（參閱建築月刊二卷二期，"桿件各性質C,K,F,之計算法"），其他方法，一概相同。因剪力或伸縮所生之動率，亦可如法求之。

讀者如欲以克勞氏法或簡化克勞氏法(參閱建築月刊二卷六期第九頁)代替本文所用之直接動率分配法，亦無不可。要在明瞭其原理，則變化自無窮矣。

建築與燈光

現代建築師對於燈光之觀點已不專在於其實用矣。今日之建築師將燈光視爲建築上之一種要素，彼以燈光作爲建築之重要部份。此種建築化燈光卽爲中和燈泡公司出品之亞司令及飛利浦新式長管形燈泡。各處裝用此種燈泡者，如旅館，銀行，酒樓，戲院等等，爲數頗多；對於直線形之燈光，均非常滿意。以現代戶內設備而言，該公司亞司令及飛利浦方長管形燈泡實爲一種空前之改革，因直線形之燈光裝於現代木器上，匹配無比，例如：世界最大郵船諾曼底(Normandie)號完全裝置此種新式長管形燈泡。

家庭照明祇需應用若干長管形燈泡卽能獲得最佳之效果，尤如用火紅色者，具有現代化裝飾之特點。此種燈泡可作爲字形之特殊照明，又可作爲最有效之宣傳工具，因各種宣傳文字均可精寫於燈泡上，且字跡極易洗淨，故隨時可以更換之。此種燈泡更宜作爲戶外照明之用，如酒吧，旅館，店舖等等均可藉此而得最佳之裝飾。各種顏色，均不透水；泡面平滑，絕無染塵之虞。

亞司令及飛利浦長管形燈泡有下列各種式樣：

直形圓管　一公尺及半公尺長

直形方管　半公尺長

曲形(八隻合一圓圈)

曲形(四隻合一圓圈)

其種類有白奶及磨砂玻璃或噴漆成紅，黃，火紅，綠，藍等等顏色。此種燈泡可直接與電路接合，祗須用特殊之燈頭而已，且無需燈罩；故於經濟上亦頗可取也。

建築史（三）

杜彥耿譯

西部亞細亞之建築

巴比侖及亞西利亞

地理，歷史及社會

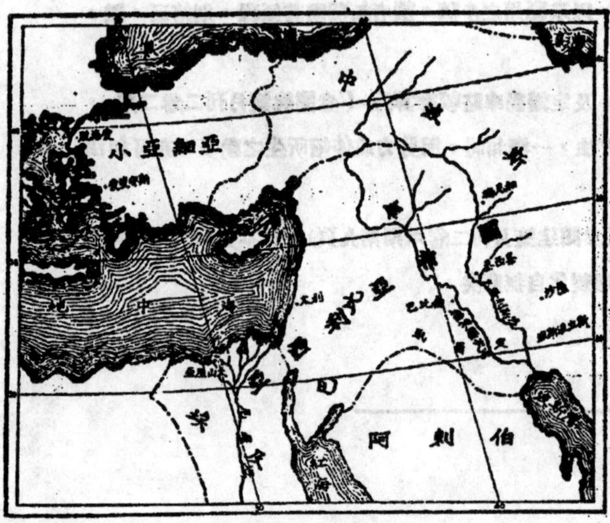

〔附圖二十九〕

四十四、地理　在太格利斯與猶罘臘次 (Tigris and Euphrates) 兩河之間（如圖二十九），有一長形之山凹，為久無人煙之荒蕪區域，南隣阿剌伯北部之沙漠，北屏米田羣山(Median mountains)，而結鄰波斯之西陲。雖然，此漫無人跡之棄地，殊不知其在古代，即為世界文明之中心，及各地人士薈萃之區之米索帕達密故都也。至今尚有古代城市之遺跡存留，可資探攷。

四十五、地質　地之南部，係由太格利斯與猶罘臘次兩河所挾持，而其平原之形成，實由於兩河自亞米尼亞(Armenian)高原通至波斯灣帶下浮泛於水中之泥，及細土沉澱累積而成之陸地。間復導闢運河，藉以灌漑，故遂成為繁殖肥沃之平原矣。

四十六，歷史　有亞開特(Akkads)族者，為佔居米索帕達密最早之開化民族。此族似係黃種或蒙古種，故與亞西利亞及其他閃族，無血統上之關係。此亞開特或稱凱爾定族(Chaldean)，遂於此建立大巴比侖帝國，而展佈其文明矣。

凱爾定族者，具發明之天才，與愛好美術之種族也。故於古代文化之開展，自有其不可磨滅之史蹟。彼等建造城市，發明楔形文字，創造宗教與科學及美術之傳播等。關於巴比侖最初在大江下流創立帝室者，究係何人，至今尚少知者。但當第二朝時（紀元前一九三六至一五六八年），太格利斯河上游，有國名亞西利亞，係自巴比侖遷來者；若輩攜其知識，美術及習慣，涖此新址，獨立自成一區域，以後逐漸成為强大帝國，建都於太格利斯河畔之亞蘇爾

(Asshur)地方，是爲亞西利亞之第一都會。後爲梅尼和(Nineveh)所佔。

四十七、紀元前十四世紀時，亞西利亞起而抵抗巴比侖，且覆滅之，而另組閃族之國家於巴比侖故都米索帕達密。遂總攬兩大江之富庶而有之。關於巴比侖與亞西利亞兩族鬥爭之歷史，互延數世紀之長。惟亞西利亞常爲有國者，而巴比侖則常爲叛逆。後經巴比侖與米田(Media)訂立同盟之條約，聯合雄師，遂握亞西利亞而有天下，復立巴比侖帝國，時爲紀元前六二五年。

拿巴泊來薩(Nabopolassar)者，巴比侖第十代之君主也，曾佐米田之賽格塞爾斯 (Cyaxares) ，傾覆亞西利亞而有西部亞西利亞數省，猶罘腊汝山凹，敍利亞，福尼細及巴拉士丁。(Syria, Phoenicia and Palestine) 迨拿巴泊來薩之尼善却尼豺(Nebuchadnezzar) 接位，造成巴比侖帝國之鼎盛時代；但於紀元前五五五年納婆納海(Nabunahid)君主時，巴比侖被大波斯之雪羅斯(Cyrus of Great Persia)攻敗，並擄其君，王儲倍爾歇豺(Belshazzar)率軍抗禦，戰死城陷。從茲巴比侖遂淪爲波斯之一部落；昔日繁榮之區，而今成爲瓦礫場所，而騁鶩一時之巴比侖帝國，至是亦惟隨太格利斯與猶罘臘汝兩大江之濁水，滾滾流向波斯灣去，與紀元前六〇八年燬滅之梅尼和，同遭荒蕪湮沒，徒留歷史上之陳蹟，可不悲已！時在紀元前五三八年。

四十八、約在梅尼和燬滅後之二百年，當波斯稱霸西亞之時，太子雪羅斯(Cyrus)叛其長兄亞達克射克斯 (Artaxerxes)，思竊帝位，乃召集兵馬，隊中有希臘軍一萬三千人；不幸爲政府軍擊敗於巴比侖左近，此時附和之希臘軍，祗剩一萬，退至猶克新(Euxine)，爲歷史上有名之一萬敗軍。

愛克斯腦豐(Xenophon)者，希臘軍中之儒將也。愛曾將其經歷，詳爲紀載。自謂一日爲波斯軍追逼，與其少數隊伍，逃至太格利斯河畔；彼等於此發現湮沒已久之古城名拉利薩 (Larissa) 。此城係圓形，週圍七英里，城高百英尺。越一日，行軍至處，又發現一荒蕪之城堡，名米斯關拉(Mespila) 。此兩廢墟，均爲以前亞西利亞之重鎮，凱利及梅尼和 (Kaleh & Nineveh) 也。此等名城，不料於燬滅二百年後，已湮沒無聞矣。

四十九、溯自愛克斯腦豐之敗軍，曾踐此殘墟外，中間經越數世紀，迄無人跡重履其地；一任低矮之土阜，累累之荒城，與夫荆棘叢生之宮殿與廟宇，屹立大地，幾成爲荒涼淒絕之死城。迨十九世紀之曙光初啟，遂將巴比侖殘墟，開始作初度之搜掘；由是梅尼和與其他亞西利亞古城，亦相繼發掘。發掘之結果，遂使吾人獲得古代文化啓發最早地之藝術，文字，法律，宗教及習俗等，咸有詳實之認識焉。

五十、巴比侖之荒墟任海拉(Hillah)區者，面積殊大，於猶罘腊汝河東岸，有土阜三長條，舉凡重要房屋，均在其間；而在江北度爲古時密羅塔(Tower of Belus) 之遺址。該塔曾經尼倍却尼豺(Nebuchadnezzar) 重建者，蓋江之南即爲帝皇之宮室也。三長條土阜中之第三土阜，係最古者，是爲最初之宮殿，其歷史之遙遠，幾與巴比侖同，名亞姆陵(Amran)。猶罘腊汝河之對岸，爲白爾斯門羅特(Birs-Mimrud)，係與濕雪柏(Borsippa)地方之七星廟，爲同樣性質之廟宇建築，亦爲尼倍却尼豺時代復興建築之一也。

考柴傑克及尼皮宇納斯(Koyunjik and Nebbi-Yunus)土阜，爲梅尼和之商業市區，亦爲亞西利亞最繁盛之區域，散內路來白(Sennacherib)在考柴傑克之宮邸，建築富麗，廳殿與臥室之壁間，均有雕刻石版之陳飾。其他殘墟中，如考爾薩倍特與門羅特(Khorsabad and Nimrud)兩處宮殿壁間，滿舖雕刻石版，上錄當此屢者之生活與執政之詳情，成爲巴比侖與亞西利亞歷史上極有價值之一頁紀載。

自經此種奇蹟發現，始將久已湮沒之古國文化，獲得切實之效證；然此尚不足稱道，殊不知於考柴傑克土阜亞休賓義匹爾(Asshurbainpal)宮中之覓得，更予人以不可思議之愉快；蓋舉凡關於國史之記載，私人之文書，與科學，教育及宗教等等，無不在搜羅中也。

在茲名貴之亞西利亞宮中，有兩樣大小之兩室焉，其構造與配置之別緻，其一如藏書樓，另一則如倉庫，內貯國家檔案，帝室大量古玩，書籍，紀錄等，共有一萬件之多。其中有紀事之甎，甎面刻載楔形文字，爲古時亞開特族(Akkad)之紀載也。關於此種彌足珍貴之無價寶藏，試分別言之：如宗教，算學，科學及天文學等，又如巴比侖與亞西利亞每代帝皇，均有造像與紀事，刻諸壁間。他如地理，畜牧，與許多文字組織及字典。關於公私文件，如帝皇之法令，外藩之報告，買契與抵押契及借款契約等文件。

五十二、宗教　巴比侖與亞西利亞兩國之宗教，大致完全相同，惟巴比侖信仰多神，亞素爾(Asshur)爲亞西利亞之國神，爲該國無上之神靈；雖太陽神，月神，星神，不能取而代之。在巴比侖尙有地方神，如城隍土地等神，均爲人民所信仰者。間或雜有崇仰卜占星宿等神者。此兩國咸屬暴君之政，一代君主，無不認爲一時代產生之神主，故非特獨攬一國政治軍事之權威，兼握宗教之神權於一身矣。

五十三、商業　藉天富之聰敏，技藝與科學，米索帕達密特產優美之地毯。巴比侖之刺繡，亦殊工細，曾博得各國之贊許與盛譽。桌與椅之式樣美觀，工作精巧。尙有施工於雕刻，其雕刻之圖案如獅爪等，至今依然沿用。無論硬石與軟石，米索帕達密人，均能用以雕鐫精美之圖章。而其淺浮之雕刻，有採石膏或玄武石以爲材料者。彼等更嫻玻璃與燒磁之工藝，故有花磁甎及磁器等出品。巴比侖與亞西利亞兩族之刺繡，金屬製造物，手飾及象牙雕刻等，在工藝上，均爲臻於上乘之作品，而毫無瑕疵可責也。

（待續）

建築說明書補遺

石灰．水泥．與灰粉

朗琴

撰擬說明書者對於建築工程所需各種材料，自當具有概括之常識；如材料之來源，製造之方法，及其最適宜之用途等。次要者卽爲磚與石，此爲磚石工程之所由構築，亦爲膠黏兩物體之質料，作爲粗糙磚石牆垣之內外層者也

最初磚石工程，僅係堆砌牆垣，不着水分，亦不用灰沙。迨後磚石用粘土起砌，卽近時邊僻落後之區，亦仍使用此法者也。第一次使用以黏兩物體之質料爲石灰。此爲鈣之養化物，普通名之爲「快燥石灰」(Quicklime)。此係熱石灰之炭酸鹽而成，將鉛粉，雲石，石灰石等之不潔成份未超過百分之十者，以華氏八百度之高熱度，燒至朱赤色時，炭酸氣盡除，由炭化鈣變成養化鈣。除上述材料外，美國先期居民，並常以螺壳製造石灰，此則爲純粹之炭化鈣矣。

熱度對於快燥石灰並無若何影響，但經極高熱度後，能使水分與石灰緊密化合，而將養化鈣變爲水化鈣，成爲一種黏質白漿矣。石灰經水化合後，卽作灰沙之用。或待冷後，用爲粉刷材料。灰沙吸收炭酸氣後，其質卽硬。普通名之爲炭酸，源於空氣，而歸宿於石灰之炭酸鹽。但如何或何時及何地發見石灰，未經人知，後經偶然將石灰石燒至相當熱度後，卽變成快燥石灰，產生撥水石灰(Slaked Lime)，知其具有膠黏及聯合性者也。

以石灰爲粉刷材料，在文化史中佔時極早，吾人同知米索帕達密亞(Mesopotamia)在紀元前三千年及三千五百年前，早已使用之也。根據漢林教授(Prof. Hamlin)之說，膠黏式之建築源於亞西利亞(Assyrians)與凱爾定(Chaldean)之居民，由此可知其實爲初次使用石灰以爲膠合材料者也。自此遠古，以迄近今，石灰在灰沙，粉灰，與清水灰粉中，無不用作膠合之材料者也。

水化之石灰係爲鈣之水化物，將新鮮之快燥石灰和以水份，適度而止，使其不可成爲水漿。結果則成爲乾塊之粉團，不受空氣之影響焉。水化之石灰較快燥石灰爲優之點，因其不需在工程地撥水化合，而可延長一星期或較久之時間，直接與沙拌合，配合水份，卽可應用矣。且和水於石灰，工人無需技巧，均能爲之；至於水化之石灰，旣用科學方法拌成，其質料自可一律。灰沙之使用爲時已久，各種工程均可圓滿應用，但因石灰係爲不含水之成份，遇水卽不能堅硬，故地下層及極度潮濕之處不能使用石灰也。再因石灰經空氣吸收炭養化物而堅硬，故在築砌極厚度之牆垣時，不宜使用灰沙，蓋因空氣不能穿越，將石灰養化也。將一定成份之漿質或水化石灰，和於水泥之中，可以增加在沙之膠黏聯合之力。且因平滑細膩之故，使灰沙較純水泥易於流播，便利工作。且石灰和入水泥後，能使水份不致透入灰沙，因其能塡塞空隙，且使灰沙更爲緊密也。

石灰用爲粉刷之材料，最少已有四千年，甚或過之。在埃及，米索帕達密亞，與傍具(Pompeii)等處斷瓦殘垣中，均可發見粉灰之

痕跡。自今日言之，粉灰(Plaster)似專指建築物內牆之粉刷而言，外牆之粉刷則統稱之為清水灰粉(Stucco)。此名初用之於裝飾粉灰之工程而言，如羅馬與文藝復興時代之"Stucco duro"是。此可保證而言者，即日後雖經過百年，石灰將永為唯一之粉刷材料也。所引以為缺憾者，僅在使用時必須攙水堆積，適合天時，始能應用。此則在現時迅速完成建築工程之方法時，實屬延時佔地，而有考慮之必要者，而其堅性又不若石膏粉灰之速者也。

粉灰在有種建築工程中，實為唯一之有用材料。最著者為教堂，戲院講堂等，因其具有吸收聲浪之功，而石膏粉灰因堅硬過甚，易生回聲，故對建築上之音波，影響殊大也。

清水灰粉使用之悠久，與石灰粉相同。此蓋將建築物內外層之粗糙牆面，先塗以石灰粉，自昔如此，相沿成習。此殆普天之下，難免其例，實際上各國無有不用石灰者也。至於清水灰粉之持久性與耐風雨剝蝕之特性，祇須吾人一觀英國老式塗以清水灰粉之屋，有塗於亞克條板上者，歷三四十年，亦經久不壞。混凝土亦有攙入少量水化之石灰，以謀改進者，據美國當局負責者之報告，若和合適當，並未減低混凝土之堅性。因其性質平淨膠黏，故使混凝土更為黏密，易於工作。更能使混合物緊合不致分散，所有隙漏無空不入，故可使潮濕不致透過。且因混凝土中之粒塊經潤滑後，在槽中流動自如，絕少阻礙。惟關於混凝土之歷水槽而下，吾人有不得已於言者，即見大量之水泥，嘗從槽中發溢而出，或黏附於槽中者。

水硬膠灰(hydraulic lime)由石灰石而產生，而石灰石含有百分之十至二十之粘土質者也。此與一般石灰同樣燃燒，亦用水和化，但所不同者則遇水始硬而已。水硬膠灰在英國絕無製造，但在水泥之製造未完美以前，僅進口少許而已，初名塔兒石灰(Lime of Tiel)，因大部在法國之塔兒與雪梨(Scilly)製造也。此處所以對水硬膠灰特別提及者，蓋其與水泥有關，而下文將加述及者也。

就我人所知，最初之水泥實為羅馬之帕查蘭娜(Puzzuolana)，亦稱帕查蘭(Puzzolan)。據今所知，此實非科學化之水泥，但為和水之石灰與火山之灰燼，而使灰沙遇水變硬而已。此種製造水泥之法雖未失傳，但已忽略，蓋所以不能行於西歐與英倫者，因火山之灰燼，實無固定之供給也。最初英國之磚石工程，堆砌之磚瓦有時和以灰沙，使其水化。英國最初之水化水泥(hydraulic cement)，係就海濱所得之黏質石灰石小塊燃燒而成，名為羅馬水泥，但與羅馬之帕查蘭娜則不同。此種水泥質料惡劣，自經發見青水泥(Portland cement)之成功後，材料之供給亦受限制。現用水泥之製造，係將固定成份之石灰之炭酸鹽與黏土拌合，用火燒成灰燼，然後磨成粉末即得。此法係於一八二四年由約克州(Yorkshire)之製磚匠阿斯匹定(Joseph Aspdin)所發明。阿氏在試驗時，係以鋪路之碎石，和以磚瓦牆所用之粘土，而於磚窰中燒之。所謂波蘭水泥，(Port'and Cemeut)取名之由來，非因製造地在波蘭，或原料之成份取自該處，實因其酷似波蘭石也。而用途最廣之石灰石，係採自地望州(Devonshire)附近之波蘭島者也。

最初水泥之製造，純用手工，不習科學方法，故至一八四三年，倫敦尚未使用水泥。迨一八四五年，華德氏父子(J. B. White and Sons)專用改良方法，從事製造水泥，在商業上始告成功。華氏之水泥，初次入於美國，時在一八六五年，其用途以工程方面為多，迨後漸被德貨水泥所淘汰，蓋因其製造精良，遠勝華氏出品。德貨把持美國市場，至二十世紀初美貨水泥亦臻完美，於是德貨始告絕跡焉！美國最初製造水泥者，為一八七四年本薛凡尼州之賽樂氏(David O. Saylor)雖未完全成功，但實則日後此業趨於成就之基礎。現則美國水泥之品質，已佔全球第一，此蓋因製造方法既屬科學化，而出品復經久試驗，精益求精，此則美國材料試驗會 (American Society for the Testing of Materials) 實有助其成者也。

水泥在建築工業中，實為不可少之品。無此則混凝土無以形成，無混凝土則不能建造現代之房屋矣。當磚石工程沾受大量潮氣，欲在築砌之時，必須使用化水灰沙，而青水泥實為唯一之化水水泥也。在事實上言，近二十五年水泥用途之演進，已較前倍屣矣。最顯著之進步，為一種白水泥，此實為直正之水泥，與灰色水泥不同之點，在其所用之石灰石與粘土，與所燃燒之煤絕無鐵之雜質除此之外，對於窰火之息滅，亦有種種秘密方法，以增加出品之白色也。

白水泥因無鐵質之養化物，故不著色，可用於築砌石灰石，大理石及花崗石等。此為清水灰粉之絕好材料，若需彩色，頗為著染，使極美觀。在美國現若列舉清水泥，可不必指定任何牌號，祇須該水泥曾經美國材料試驗會加以試驗者，即可合於標準。昔時採用水泥舉加牌號者，實因品質各異，不合標準化也。

水泥界最近之出品，名名「勒彌尼」水泥(Lumnite Cement)。此亦為水硬膠灰，主要之原料為鐵礬土(bauxite) 或鋁鑛等。此種水泥在澆置時不若普通水泥之速，但一經澆置，其硬頗速，在二十四小時內即全部堅硬，普通者須為時二十八小時始硬也。查此項水泥之發明，不得不歸功於前次之世界大戰。時法國工程師鑒於建造炮台底基，求其速硬，故屢經試驗，發明此種水泥，本日一經澆置，次日即可應用。在美國往往有混凝土橋一經澆置，在二十六小時後撤去者。又如混凝土之橋，在築成後四十八小時行駛火車或裝載貨物之運輸汽車者。因此種水泥在數小時內能凝結變硬，故可避免凍裂之虞。且因堅硬頗速，故生一種熱力之化學作用，藉以抵抗凍結。但此種水泥不能在世間普遍採用者，實因鐵礬土之產量極少，此種水泥之代價，實較尋常者昂貴三倍也！惟有種急迫之工程，因節省時間所得，實足償付此種水泥之代價也。在一八二三年間，紐約歐爾斯脫州(Ulster County)之羅瑯台鄉(Rosendale)因尚未發見現在所用之青水泥，而採用天然水泥為建築材料者，如第一次用於地拉威(Delaware)與赫德生(Hudson)運河是。此種天然水泥之製造，係取自石灰石之含有百分之二十至四十之粘土者。石灰石在華氏一千度高熱度下，煆之成灰，研成粉末即是。此雖因地而得羅瑯台水泥，但美國各地製者極多，在一八九六年間，天然水泥之製造廠，各地有六十處之多。但原料之來源，半數產於歐爾斯脫州，其餘來自喔海喔河印第那(Indiana)州等處者。此種天然水泥質料殊異，有者凝放極速，是為其顯然之缺點。但亦有將此種水泥用於重要工程者，最著者為勃羅克林橋(Brooklyn Bridge)之近道；然清水泥之品質究屬高其一等，故該項天然水泥終無立足之地也。

美國現在市上有水泥名「磚塊水泥」者，此種水泥既非天然水泥之燃燒含有黏土之岩石而得，而具有一定之公式與經過嚴格之實驗，以保證出品之一致性者；亦非天然水泥之混合固定成份之水化水泥者。據云此種不同之水泥較普通青水泥為肥沃，在拌和時不用石灰，故拌和之工作簡單，堆砌之費用亦省。此種水泥試用之結果，據聞尚稱滿意，一經澆置，堅硬頗速。採用此種水泥之較大建築，為紐約之平衡大廈(Equitable Building) 羅斯福旅社(Roosevelt Hotel)，及紐約泰晤士報添建房屋等；在費城有佛蘭克林旅社等。除此特種水泥之外，尚有渣滓水泥(Slag Cement)，此亦列為帕查蘭水泥之一種，係研磨爐煤之渣與水化石灰而成，或於煤渣尚熱時，用水淋濕，然後和以小量之水化石灰，再行研磨亦可。美國現時製造渣滓水泥之廠家，全國僅一二家，採用者雖屬不廣，但用以築砌石灰石等，實頗合宜，蓋其並不染污者也。現有將此種水泥用於水閘，貯水池中之溢水道等，平均約以一袋渣滓水泥和於四袋清水泥，蓋以其避水也。

其他特種水泥為「拉發其」水泥(Lafarge Cement)，製造於法國之塔兒。（上海立興洋行經理）(Tiel) 此為水化石灰煆成灰燼時之副產品。此亦為絕無玷染之水泥，與清水泥有同樣之堅力，多數用於築砌石灰石，花崗石，大理石等。美國第一次採用拉發其水泥者，為一入八二年亨德君(Richard Movvis Hunt)用於建築約克鎮 (Yorktown)之戰爭紀念碑者。

吾人今知灰粉為石膏之產物。石膏岩之自然形式，為石灰之水化硫酸鹽。此種岩石研成粉末後，煆於華氏三百六十度之低熱度下，如是則原有百分之八十之潮氣，得以烘乾。此種煆成粉末之出品，世均稱為巴黎灰粉。(Plaster of Paris)。煆成之石膏，與水有極大之化合力，因結晶之故，故砌置極速。此種灰粉可分數等 為塑型灰粉(moulding Plaster)用以粉刷裝飾，及台口線等者；範鑄灰粉(Casting Plaster)，用以範鑄，彫刻等之用；試樣灰粉(Ganging Plaster)，係和以石灰油灰，或水化石灰等。用以粉刷或塗白者。此均為煆成粉末之灰粉，所不同者僅為砌置之時間耳。有所謂硬牆灰粉者(Hard wall Plaster)，亦由煆灰之石膏製成，另和以障礙物(retarder)，其質略為樹膠之類，無此則煆灰之石膏不易在牆面流佈也。

第一次使用煆成之石膏，不得而知；但據美國當局者言，埃及人民曾加採用，此或可能，吾人均知英國在十八世紀亦經採用，而埃及之採用較英國早若千年，則不得而知矣。巴黎灰粉在建築中固有各種用途，但在初亦僅用以為裝飾及試樣之用。此種石膏灰粉亦可用於內部之大理石工程，避火夾板之石膏瓦及地磚等。塗牆石膏前曾盛行一時，因其拌合較易，工作便利，故頗宜用於巨大之建築工程。因較石灰灰粉為硬，故用於展露之硬性工程，更為適合也。

金氏水泥，亦為特種水泥之一種，係一八三八年英國倫敦之金氏(R. W. Keene) 所發明，並取得專利權，於一八八七年開始製造。此種水泥亦製自石膏灰粉，但在煆成粉末時，其所需之熱度較一般灰粉為高。少量之潮氣既經驅除，使其受接觸作用而分解之，大都係用強烈性之明礬，然後再行燃燒。此為英國最初之製造方法。至於金氏水泥之優點，則其不受潮濕之影響，若再煆煉，亦不受損。經舖澆後，其質堅如大理石，可以磨光。金氏水泥大都用於硬灰粉之工程，及範鑄等工程，一如灰粉也。

（譯自美國筆尖雜誌）

計算鋼骨水泥改用度量衡新制法

（續三卷七期）

王　成　熹

表七至表九爲正方形，圓形，或八角形鋼骨水泥柱之抵力，表中數值係根據公式：

抵力$=f_c[A+(n-1)A_s]$所算出，

式中：

f_c =水泥之安全抵壓力

A=水泥柱之有效剖面面積，即在鋼箍以內之面積（普通八角形柱其鋼箍亦紮成圓形，故計算其抵力時亦與圓形柱相同）

n=鋼骨與水泥彈性率之比

A_s =豎直鋼骨之剖面面積

該式適用於柱之載重絕無偏向者，即載重均佈於柱之剖面上，而無彎轉量之發生，表中第一豎項爲柱之有效邊長或直徑，即柱中豎直鋼骨中心至中心之距離，第二，三，四各項即柱之抵力，以公斤爲單位，第五項爲根據第六項p之值而得。

表十爲計算正方形柱基時灣轉量之常數，係由公式，

$$\text{彎轉量}=\frac{(b-a)^2(2b+a)}{24b^2}\times\text{總載重}=\text{常數}\times\text{總載重}$$而得式中，

b=正方形柱基一邊之闊

a=正方形柱之一邊之闊

p=柱身之總載重

例如題：—26公分×26公分之水泥柱，其總載重爲14,000公斤，規定基地泥土載重爲8000公斤/平方公尺，試計算該柱柱基之彎轉量。

解：—　柱身總載重=14000公斤

10%柱基重= 1400公斤

15400公斤

基地上載重面積$=\frac{15400}{8000}$=1.925方公尺可用1.40公尺×1.40公尺之正方形柱基其面積爲1.96方公尺，較求出者大.035方公尺，故已甚安全。再由表十中第一豎項（即柱邊闊26公分之一項）中，至柱基邊闊1.40公尺之橫項相交處，其值爲8.45，以之與柱身總載重相乘即得彎轉量，如下式：

柱基之彎轉量=常數×柱身總載重

=8.45×14000=118300公分公斤

23487

表七：一 方,圓,及八角形鋼骨水泥柱之抵力

d	f_c = 40公斤/平方公分 方 抵力(公斤)	圓 抵力(斤公)	f_c = 45公斤/平方公分 方 抵力(公斤)	圓 抵力(公斤)	f_c = 50公斤/平方公分 方 抵力(公斤)	圓 抵力(公斤)	應用鋼骨面積 方 平方公分	圓 平方公分	$p=\frac{A_s}{A}$
	n = 15								
	14,470	11,606	16,620	13,057	18,468	14,500	3.24	2.55	0.010
	15,680	12,318	17,641	13,857	19,602	15,397	4.86	3.82	0.015
	16,590	13,029	18,662	14,657	20,736	16,286	6.48	5.09	0.020
18	17,496	13,740	19,683	15,458	21,870	17,175	8.10	6.36	0.025
	18,400	14,457	20,703	16,260	23,004	18,071	9.72	7.64	0.030
	20,217	15,885	22,744	17,870	25,272	19,856	12.96	10.19	0.040
	22,032	17,307	24,786	19,471	27,540	21,634	16.20	12.73	0.050
	18,240	14,324	20,520	16,115	22,800	17,906	4.00	3.14	0.010
	19,360	15,204	21,780	17,104	24,200	19,005	6.00	4.71	0.015
	20,480	16,083	23,040	18,093	25,600	20,104	8.00	6.28	0.020
20	21,600	16,962	24,300	19,082	27,000	21,203	10.00	7.85	0.025
	22,720	17,841	25,560	20,071	28,400	22,302	12.00	9.42	0.030
	24,960	19,605	28,080	22,056	31,200	24,507	16.00	12.57	0.040
	27,200	21,364	30,600	24,034	34,000	26,705	20.00	15.71	0.050
	24,122	18,726	27,137	21,112	30,153	23,458	5.29	4.12	0.010
	25,606	19,914	28,807	22,403	32,008	24,893	7.94	6.17	0.015
	27,084	21,063	30,470	23,701	33,856	26,335	10.58	8.23	0.020
23	28,566	22,221	32,136	24,999	35,707	27,777	13.23	10.29	0.025
	30,047	23,369	33,803	26,290	37,559	29,212	15.87	12.34	0.030
	33,009	25,676	37,136	28,886	41,262	32,096	21.16	16.46	0.040
	35,972	27,978	40,468	31,475	44,965	34,973	26.45	20.57	0.050
	28,500	22,384	32,063	25,182	35,625	27,980	6.25	4.91	0.010
	30,253	23,762	34,034	26,732	37,816	29,702	9.38	7.37	0.015
	32,500	25,134	36,000	28,276	40,000	31,417	12.50	9.82	0.020
25	33.753	26,512	33,753	29,826	42,191	33,139	15.63	12.28	0.025
	35,500	27,884	39,938	31,369	44,375	34,854	18.75	14.73	0.030
	39,000	30,633	43,875	34,462	48,750	38,291	25.00	19.64	0.040
	42,500	33,379	47,813	37,552	53,125	41,724	31.25	24.55	0.050
	35,750	28,080	40,219	31,590	44,688	35,100	7.84	6.16	0.010
	37,946	29,804	42,689	33,530	47,432	37,255	11.76	9.24	0.015
	40,141	31,529	45,158	35,470	50,176	39,411	15.68	12.32	0.020
28	42,336	33,254	47,628	37,411	52,920	41,567	19.60	15.40	0.025
	44,531	34,979	50,098	39,351	55,664	43,723	23.52	18.48	0.030
	48,922	38,428	55,037	43,232	61,152	48,035	31.36	24.64	0.040
	53,312	41,872	59,976	47,106	66,640	52,340	39.20	30.79	0.050
	41,040	32,234	46,170	36,263	51,300	40,292	9.00	7.07	0.010
	43,560	34,216	49,005	38,493	54,450	42,770	13.50	10.61	0.015
	46,080	36,193	51,840	40,717	57,600	45,241	18.00	14.14	0.020
30	48,600	38,175	54,675	42,947	60,750	47,719	22.50	17.68	0.025
	51,120	40,152	57,510	45,171	63,900	50,290	27.00	21.21	0.030
	56,160	44,111	63,180	49,625	70,200	55,139	36.00	28.28	0.040
	61,200	48,070	68,850	54,078	76,500	60,088	45.00	35.35	0.050
	49,658	39,002	55,866	43,877	62,073	48,752	10.89	8.55	0.010
	52,710	41,397	59,300	46,571	65,888	51,746	16.34	12.83	0.015
	55,757	43,788	62,726	49,262	69,696	54,735	21.78	17.10	0.020
33	58,809	46,185	66,160	51,958	73,511	57,731	27.23	21.38	0.025
	61,855	48,582	69,587	54,654	77,319	60,727	32.67	25.66	0.030
	67,954	53,370	76,448	60,041	84,942	66,712	43.56	34.21	0.040
	74,052	58,163	83,309	65,434	92,565	72,704	54.45	42.77	0.050
	55,860	43,872	62,843	49,356	69,825	54,840	12.25	9.62	0.010
	59,293	46,565	66 704	52,386	74,116	58,206	18.38	14.43	0.015
	62,720	49,259	70,560	55,416	78,400	61,573	24.50	19.24	0.020
35	66,153	51,952	74,422	58,446	82,691	64,940	30.63	24.05	0.025
	69,580	54,646	78,278	61,477	86,975	68,307	36.75	28.86	0.030
	76,440	60,033	85,995	67,537	95,550	75,041	49.00	38.48	0.040
	83,300	65,426	93,712	73,604	104,125	81,782	61.25	48.11	0.050

表八：— 方,圓,及八角形鋼骨水泥柱之抵力

n = 15

d	f_c = 40公斤/平方公分 方 抵力(公斤)	圓 抵力(公斤)	f_c = 45公斤/平方公分 方 抵力(公斤)	圓 抵力(公斤)	f_c = 50公斤/平方公分 方 抵力(公斤)	圓 抵力(公斤)	應用鋼骨面積 方 平方公分	圓 平方公分	$p=\frac{A_s}{A}$
	65,846	51,714	74,077	58,179	82,308	64,643	14.44	11.34	0.010
	69,890	54,890	78,625	61,751	87,362	68,612	21.66	17.01	0.015
	73,932	58,065	83,174	65,323	92,416	72,581	28.88	22.68	0.020
38	77,976	61,800	87,723	69,525	97,470	77,250	36.10	28.35	0.025
	82,019	64,415	92,271	72,467	102,524	80,519	43.32	34.02	0.030
	90,105	70,766	101,368	19,611	112,632	88,457	57.76	45.36	0.040
	98,192	77,122	110,466	86,762	122,740	96,402	72.20	56.71	0.050
	72,960	57,294	82,080	64,467	91,200	71,631	16.00	12.57	0.010
	77,440	60,821	87,120	68,424	96,800	76,027	24.00	18.85	0.015
	81,920	64,338	92,160	72,380	102,400	80,423	32.00	25.13	0.020
40	86,400	67,860	97,200	76,343	108,000	84,826	40.00	31.42	0.025
	90,880	71,377	102,240	80,299	113,600	89,222	48.00	37.70	0.030
	99,840	78,416	112,320	88,218	124,800	98,021	64.00	50.27	0.040
	108,800	85,450	122,400	96,131	136,000	106,813	80.00	62.83	0.050
	84,314	66,219	94,853	24,496	105,393	82,774	18.49	14.52	0.010
	89,394	70,284	100,681	79,070	111,868	87,856	27.74	21.78	0.015
	94,668	74,350	106,502	83,644	118,336	92,938	36.98	29.04	0.020
43	99,848	78,421	112,329	88,224	124,811	98,027	46.23	36.31	0.025
	105,023	82,487	118,151	92,798	131,279	103,109	55.47	43.57	0.030
	110,203	90,618	123,978	101,945	137,754	113,273	64.72	58.09	0.040
	125,732	98,749	141,448	111,093	157,165	123,437	92.45	72.61	0.050
	96,489	75,783	108,550	85,256	120,612	94,729	21.16	16.62	0.010
	101,414	80,437	115,216	90,491	128,018	100,546	31.74	24.93	0.015
	108,339	85,090	121,881	95,727	135,424	106,363	42.32	33.24	0.020
46	114,264	89,744	128,548	100,962	142,830	112,180	52.90	41.55	0.025
	120,172	94,398	135,194	106,197	150,216	127,997	63.48	49.86	0.030
	132,038	103,705	148,543	116,668	165,048	129,631	84.64	66.84	0.040
	143,888	113,012	161,874	127,138	179,860	141,265	105.80	83.10	0.050
	105,062	77,958	118,195	87,703	131,328	97,448	23.04	17.10	0.010
	111,513	82,740	125,452	93,083	139,392	103,426	34.56	25.64	0.015
	117,964	87,528	132,710	98,469	147,456	109,411	46.08	34.19	0.020
48	124,416	92,316	139,968	103,856	155,520	115,396	57.60	42.74	0.025
	130,867	93,104	147,225	109,242	163,584	121,381	69.12	51.29	0.030
	143,769	106,675	161,740	120,009	179,712	133,344	92.16	68.38	0.040
	156,672	116,251	176,256	130,782	195,840	145,314	115.20	85.48	0.050
	114,000	89,538	128,250	100,730	142,500	111,923	25.00	19.64	0.010
	121,000	95,032	136,125	106,911	151,250	118,790	37.50	29.45	0.015
	128,000	100,531	144,000	113,097	160,000	125,664	50.00	39.27	0.020
50	135,000	106,030	151,875	119,284	168,750	132,538	62.50	49.09	0.025
	142,000	111,529	159,750	125,470	177,500	139,412	75.00	58.91	0.030
	156,000	122,522	175,500	137,837	195,000	153,153	100.00	78.54	0.040
	170,000	133,520	191,250	150,210	212,500	166,901	125.00	98.18	0.050
	128,130	100,601	144,146	113,176	160,163	125,751	28.09	22.06	0.010
	135,958	106,783	152,953	120,131	169,948	133,479	42.14	33.10	0.015
	143,820	112,966	161,798	127,086	179,776	141,207	56.18	44.14	0.020
53	151,688	119,148	170,649	134,041	189,611	148,935	70.23	55.18	0.025
	159,551	125,330	179,485	140,997	199,439	156,663	84.27	66.22	0.030
	175,281	137,684	197,191	154,894	219,102	172,105	112.36	88.28	0.040
	191,012	150,021	214,888	168,774	238,765	187,526	140.45	110.31	0.050
	137,940	108,339	155,182	121,881	172,425	135,424	30.25	23.76	0.010
	146,412	114,992	164,714	129,366	183,016	143,740	45.38	35.64	0.015
	154,880	121,644	174,240	136,850	193,600	152,056	60.50	47.52	0.020
55	163,352	128,297	183,771	144,334	204,191	160,372	75.63	59.40	0.025
	171,820	134,950	193,297	151,819	214,775	168,688	90.75	71.28	0.030
	188,760	148,250	189,855	166,781	235,950	185,313	121.00	95.03	0.040
	205,700	161,556	231,412	181,750	257,125	201,945	151.25	118.79	0.050

表九：一 方,圓,及八角形鋼骨水泥柱之抵力

n = 15

d	f_c =40公斤/平方公分 方 抵力(公斤)	f_c =40公斤/平方公分 圓 抵力(公斤)	f_c =45公斤/平方公分 方 抵力(公斤)	f_c =45公斤/平方公分 圓 抵力(公斤)	f_c =50公斤/平方公分 方 抵力(公斤)	f_c =50公斤/平方公分 圓 抵力(公斤)	應用鋼骨面積 方 平方公分	應用鋼骨面積 圓 平方公分	$p=\frac{A_s}{A}$
	153,398	120,478	172,573	140,386	191,748	150,598	33.64	26.42	0.010
	162,817	127,876	162,817	143,860	203,522	159,845	50.46	39.63	0.015
	172,236	135,274	193,766	152,183	215,296	169,093	67.28	52.84	0.020
58	181,656	142,671	204,363	160,505	227,070	178,339	84.10	66.05	0.025
	191,075	150,069	214,959	168,827	238,844	187,586	100.92	79.26	0.030
	209,913	164,864	236,152	185,472	262,392	206,080	134.56	105.68	0.040
	228,752	179,659	257,346	202,117	285,940	224,574	168.20	132.10	0.050
	164,160	128,928	184,680	145,044	205,200	161,161	36.00	28.27	0.010
	174,240	136,847	196,020	153,953	217,800	171,059	54.00	42.41	0.015
	184,320	144,765	207,360	162,861	230,400	180,957	72.00	56.55	0.020
60	194,400	152,688	218,700	171,774	243,000	190,860	90.00	70.69	0.025
	204,480	160,596	230,040	180,671	255,600	200,746	108.00	84.82	0.030
	224,640	176,433	252,720	198,487	280,800	220,542	144.00	113.10	0.040
	244,800	188,271	275,400	211,805	306,000	235,339	180.00	141.37	0.050
	180,986	142,145	203,600	159,913	226,233	177,681	39.69	31.17	0.010
	192,102	150,875	216,115	169,735	240,128	188,594	59.54	46.76	0.015
	203,212	159,606	228,614	179,556	254,016	199,507	79.38	62.35	0.020
63	214,328	168,330	241,119	189,372	267,911	210,413	99.23	77.93	0.025
	225,439	177,061	253,619	199,193	281,799	221,326	119.07	93.52	0.030
	247,665	196,916	278,623	221,530	309,582	246,145	158.76	124.69	0.040
	269,292	211,971	303,628	238,468	337,365	264,964	198.45	155.86	0.060
	198,633	156,005	223,462	175,506	248,292	185,007	43.56	34.21	0.010
	210,830	165,581	237,184	186,279	263,538	206,977	65.34	51.31	0.015
	223,027	175,163	250,905	197,058	278,784	218,954	87.12	68.42	0.020
66	235,304	184,744	264,717	207,827	294,130	230,931	108.90	85.53	0.025
	259,420	194,326	278,348	218,617	309,276	242,908	130.68	102.64	0.030
	271,814	213,484	305,791	240,169	339,768	266,855	174.24	136.85	0.040
	296,208	232,641	333,234	261,721	370,260	290,802	217.80	171.06	0.050
	210,854	165,577	237,211	186,274	263,568	206,971	46.24	36.31	0.010
	215,801	175,746	242,776	197,715	269,752	219,683	69.36	54.47	0.015
	236,748	185,910	266,342	209,149	295,936	232,388	92.48	72.62	0.020
68	249,696	196,080	280,908	220,590	312,120	245,100	115.60	90.78	0.025
	262,643	206,244	295,473	232,024	328,304	257,805	138.72	108.93	0.030
	275,590	226,578	310,039	254,900	344,488	283,222	161.84	145.24	0.040
	314,432	246,911	353,736	277,775	393,040	308,639	231.20	181.55	0.050
	229,869	186,138	258,603	209,405	287,337	232,673	50.41	39.59	0.010
	243,987	191,620	274,485	215,573	304,984	239,526	75.62	59.38	0.015
	258,099	202,708	290,361	228,047	322,624	253,386	100.82	79.18	0.020
71	272,216	213,796	306,243	240,521	340,271	267,246	126.03	98.98	0.025
	286,328	224,884	322,119	252,995	357,911	281,106	151.23	118.78	0.030
	314,558	247,055	353,878	277,937	393,198	308,819	201.64	158.37	0.040
	342,788	269,215	385,636	302,878	428,485	336,532	252.06	197.96	0.050
	243,002	190,852	273,377	214,708	303,753	238,565	53.29	41.85	0.010
	257,926	202,572	290,167	227,894	322,408	253,216	79.94	62.78	0.015
	275,364	214,293	309,785	241,080	344,206	267,867	106.58	83.71	0.020
73	287,768	226,014	324,739	254,266	359,711	282,518	133.23	104.64	0.025
	302,687	237,729	340,523	267,445	378,359	297,162	159.87	125.56	0.030
	332,529	261,171	374,095	293,817	415,662	326,464	213.16	167.42	0.040
	362,372	284,607	407,668	320,183	452,965	355,759	266.45	209.27	0.050
	263,385	206,860	296,308	232,717	329,232	258,575	57.76	45.36	0.010
	279,558	219,566	314,503	247,013	349,448	274,458	86.64	68.05	0.015
	295,731	232,267	332,697	261,301	369,664	290,334	115.52	90.73	0.020
76	311,904	244,934	350,892	275,551	389,880	306,168	144.40	113.35	0.025
	328,076	257,641	369,086	289,846	410,096	322,051	173.28	136.04	0.030
	360,422	283,042	405,475	318,423	450,528	353,803	321.04	181.40	0.040
	392,768	308,478	441,864	347,037	490,960	385,592	288.80	226.82	0.050

表十：一 正方形柱基彎轉量之常數

彎轉量＝常數×總重

柱基一邊之闊（公尺） \ 柱邊闊（公分）	26	31	36	41	46	51	56	61	66	71	76
.60	1.95	1.46									
.70	2.73	2.21	1.73	1.29							
.80	3.53	3.00	2.47	2.00	1.55	1.16					
.90	4.32	3.75	3.22	2.72	2.24	1.80	1.40	1.04			
1.00	5.16	4.58	4.03	3.50	3.00	2.51	2.07	1.66	1.28	0.95	
1.10	5.98	5.40	4.83	4.28	3.75	3.25	2.77	2.32	1.90	1.52	1.18
1.20	6.80	6.21	5.63	5.07	4.53	4.01	3.51	3.03	2.58	2.16	1.77
1.30	7.63	7.03	6.45	5.88	5.32	4.79	4.27	3.77	3.29	2.84	2.42
1.40	8.45	7.86	7.27	6.69	6.12	5.57	5.04	4.52	4.03	3.55	3.10
1.50	9.30	8.68	8.09	7.52	6.93	6.37	5.83	5.30	4.78	4.29	3.81
1.60	10.11	9.51	8.91	8.32	7.74	7.17	6.62	6.08	5.55	5.04	4.55
1.70	10.94	10.34	9.78	9.14	8.56	7.98	7.42	6.87	6.38	5.81	5.30
1.80	11.77	11.17	10.56	9.96	9.37	8.80	8.23	7.67	7.09	6.59	6.06
1.90	12.60	12.00	11.40	10.79	10.19	9.61	9.04	8.47	7.92	7.37	6.84
2.00	13.44	12.82	12.22	11.61	11.02	10.43	9.85	9.28	8.72	8.16	7.62
2.10	14.27	23.65	13.04	12.44	11.84	11.25	10.70	10.09	9.52	8.96	8.41
2.20	15.10	14.47	13.90	13.30	12.70	12.07	11.50	10.90	10.33	9.78	9.21
2.30	15.93	15.32	14.70	14.10	13.50	12.90	12.30	11.72	11.17	10.60	10.01
2.40	16.74	16.15	15.53	15.00	14.31	13.72	13.13	12.54	12.00	11.39	10.82
2.50	17.60	16.98	16.36	15.75	15.15	14.55	13.95	13.36	12.78	12.20	11.63
2.60	18.43	17.81	17.20	16.59	15.98	15.37	14.78	14.19	13.60	13.01	12.44
2.70	19.26	18.64	18.03	17.42	16.81	16.20	15.60	15.00	14.42	13.83	13.25
2.80	20.09	19.47	18.86	18.24	17.63	17.03	16.42	15.83	15.23	14.65	14.07
2.90	20.93	20.31	19.69	19.07	18.46	17.86	17.25	16.65	16.06	15.47	14.88
3.00	21.76	21.14	20.52	19.91	19.30	18.68	18.08	17.48	16.88	16.29	15.70

新村建設

新近上海寶樂安路因了一個日本水兵被人鎗殺，遂致謠言譌起，人心惶惶，大有一二八前夕恐慌的模樣；因此住在閘北和北四川路等處的人，都感覺不安，莫不遷地爲良，避向彼等認爲安全的地方去住。官廳方面雖是闢謠和拘捕造謠滋事的人，但是搬家的依然絡繹於途，甚至在午夜以後及微雨濛濛中，搬塲汽車，卡車，小車，黃包車，都裝滿着箱籠，不斷的由閘北一帶向南搬移。

在這情形之下，就有人批評這次因謠言而發生的搬塲行動，斥爲庸人自擾。也有人說：這次的搬塲，是因懸於一二八事件的變起倉卒，以致不及遷避，身罹浩刼者，不知凡幾。因此身爲家長的，便得權衡輕重，假若這次謠言幸而不成爲事實，則搬塲所費究屬有限，萬一固持鎮靜，發生事變，那就無以對一家老小。況且家中婦女大半膽怯，見了人家搬塲，自已心中不由也要害怕起來。故對此次搬家，祗能予以同情與憫惻，嗟嘆人民在亂世的不幸吧了。

讀墨子：『見染絲者而嘆曰：染於蒼則蒼，染於黃則黃。』因而感到這次的搬家，小部份固然由於謠言的蠱惑，大部份却是被流行的搬家病菌傳染着，所以便大搬特搬。譬如在一個里衖裏，祗要有幾家聽信謠言，便行搬家，其餘的本很鎮定，臨了見人家在那裏搬動，自已不免也疑慮起來，更經不起家人的一陣催促，便決意搬家了。如此越搬越多，迨市府派警阻止時，却已十室九空。所以謠言尙不足畏，那傳染才是可怕。

因爲傳染性的重要，所以擇隣最爲主要。可是居住在鬧市裏的人們，根本談不到此；試觀里弄中的孩子，混在一起，良莠不齊，天資聰穎的孩子，易染惡習。若關在家裏，勢所不能，兒童本來應當有空曠的塲地給他們玩，現在反把他們囿於弄中，這鬧市已是把他們應享的大自然剝削去了，如何再關在家裏呢！這是關於孩子方面的缺點。尙有大人方面的是：鎭日聚集鄰里中人打牌閒逛，把家事都交付傭人，是很普遍的現象。在這樣的環境裏，養成了一辈習氣奢侈澆薄的人，他們的靈魂，在這不知不覺的中間早都消失了，剩下的祗是一具軀壳。所以現在最重要的工作，是挽救靈魂；欲挽救靈魂，必先與不良的環境隔絕，創造一個新的天地。

新天地者何？曰，建設新村。這裏所謂新村，並不是像銀行或地產商投資在市區較遠的地方，劃出一片田地，建造起許多火辣辣的洋房、招人購買，並訂定分期付款辦法的那種新村。也不是什麽村呀，邨呀，出租給人居住的那種里弄房屋。更不是頂着建設新村的名目，在鄉區裏購進一片土地，計劃成了各種建築圖樣，叫人去選擇任何一種房屋，預先繳付定洋或先付造價百分之幾定造住宅，造成之後完全付淸，或分期拨付。但結果定戶方面的錢是收了，建築也着手進行了，終至承攬建築者收不到款，而宣告停頓。定戶到期欲住新屋，但房屋祗有一個牆框，框上架着一個屋頂的那種新村。

說文村本作邨，音豚，屯聚之意也。俗讀『此尊切』，又變字爲村。又辭源：樸野者謂之村。如此說來人在樸野裏屯聚起來，便形成村落了。這便是村的定義、因此在塵市裏屯聚着的里弄，名之曰

23492

村或郊，實在不相稱。所以現在乘塵市中不稱的郊，而來談樸野的郊能。吾國以農立國，所以農村到處散處在原野裏。這農村二字叫起來多麼響亮，試聽現在有一輩士大夫不是在高聲喊着往農村去的口號嗎？故我也套着這句口號，喊起向村野去建設新村！

異議的人說：農村裏的生活，不是極苦的麼？加之近年來農村的破產，以致每年有成千累萬的農民向着都市裏奔走謀生。因此一般人喊到農村去的口號，全是空談，有誰真的去實行呢？但天下的事，沒有絕對的是，也沒有絕對的非。當然，鄉村有鄉村的苦處，但也有鄉村的樂處。城市中的表面，雖則異常的歡樂，但精神上所受的痛苦，非常的深刻呢！何況我所說的建設新村，唯一的目標是救濟靈魂，我們不但要捨鄉村中的苦，取鄉村中的樂，且要把村內與村外隔成一個世外桃源，住在這村裏的人，祇有快樂，沒有痛苦。

所以我希望負有改進人類居住責任的建築界，把目光轉移，向建設新村的大道邁進，來籌謀取人類居住幸福的使命。

吾國度量衡古制攷

自南京實業部與教育部徵詢全國各學術團體對於統一度量衡名稱之意見後，各團體之主張，分成三類：曰，贊成法定名稱者；曰，贊成中國物理學會所提單位名稱者；曰，其他。因攷查吾國度量衡古制，始見於書經：舜典曰『歲二月東巡守，至於岱宗。柴，望秩于山川。肆覲東后，協時月，正日，同律度量衡。』按巡守者，天子適諸侯也，亦卽巡所守也。歲二月，當巡守之年二月也。岱宗卽泰山；柴，燔柴以祀天；望，望秩以祀山川。秩者，其牲幣祝號之次第。如五岳視三公，四瀆視諸侯，其餘視伯子男。東后，東方之諸侯。時，謂四時。月，謂月之大小。日，謂之甲乙。諸侯之國，其有不齊者，則協而正之。律，謂十二律，卽黃鍾，大簇，姑洗，蕤賓，夷則，無射，大呂，夾鍾，仲呂，林鍾，南呂，應鍾是也。六爲律，六爲呂，凡十二管，皆徑三分有奇，空圍九分。而黃鍾之長九寸，大呂以下律呂相間，以次而短。至應鍾而極矣。以之制樂而節聲音，則長者聲下，短者聲高，下者則重濁而舒遲，上者則長輕淸而剽疾，以之審度長度短，則九十分黃鍾之長，一爲一分，十分爲寸，十寸爲尺，十尺爲丈，十丈爲引，以之審量而量多少。則黃鍾之管其容子穀秬黍中者，一千二百以爲龠，十龠爲合，十合爲升，十升爲斗，十斗爲斛，以之平衡而權輕重。則黃鍾之龠，所容一千二百黍，其重十二銖，兩龠則二十四銖爲兩，十六兩爲斤，三十斤爲鈞，四鈞爲石。

營造學（八）

杜彥耿

第二章

第二節 甎作工程（續）

蘭蕊圈。圈拱之用滾甎組砌而間雜以豎直甎者，如一七七圖。使用此種法圈之主旨，為使圈甎之互擠力，愈形平均分散耳。

補甎 一皮平砌之蓋甎，加於圈頂之上者，如一七八圖。

〔附圖一八二至一八五〕

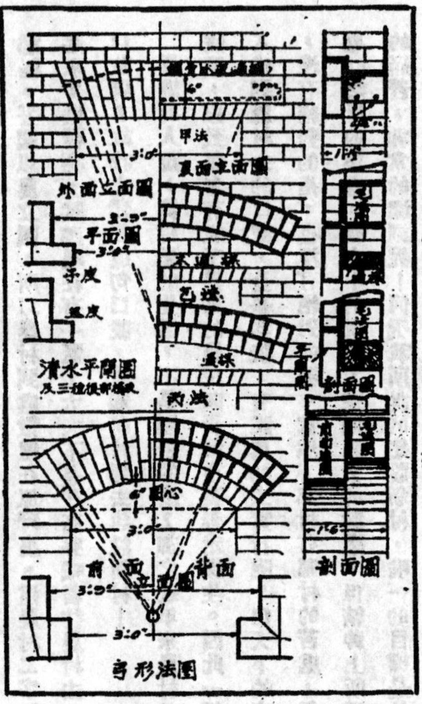

一八二圖 一八三圖 一八四圖 一八五圖

此項補甎，普通與圈面相平；亦有自圈面外突，並施與圈甎各殊之線脚或顏色。其自圈面突出之作用，藉使雨水自挑出之甎口滴落，不致沿及圈面。

拱圈之分類 圈可分為兩種，即清水法圈與毛法圈是。

毛法圈 一八二至一八五各圖之法圈，係均用未經刮刨，使厚薄均勻，上闊下狹之楔狀整列之毛甎所砌，故曰毛法圈。因甎之形為長方，故將灰縫作成楔狀。毛法圈之甎，均係側砌，無立砌者；除非蘭蕊式法圈，滾甎間以立砌之豎直甎。關於毛法圈之使用，其目的全以構建之故，觀瞻方面，則並不注重也。其他如毛法圈襯於清水法圈之後，及砌於過梁之上者。毛法圈之築砌，有用圈架子者，或用圈心板者，或於過梁之上先砌圈心者。

千斤法圈 亦係毛法圈之一種，砌於牆壁火爐之前，火坑肚與千斤擱柵之間，俾資支托火坑底者。容後於樓板類中詳述之。

倒法圈 拱圈之形體倒置，藉資屋頂及樓板之重量分佈於牆間各個墩子上；而墩子之底盤，亦即坐於倒圈之圈根上，而使重量

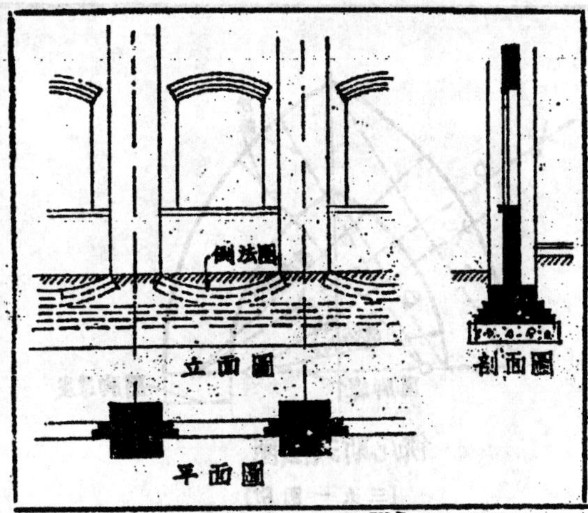

［附圖一八六］

平均分傳至房屋底礎。如倒圈受均佈重時，其山頭之坡度，應為六十度，而兩個山頭之引長線之相交點，即為該倒圈弧形之中心。（見一八六圖）

清水法圈法 圈之圈甎，做成一定尺寸或形狀者。其方法有二，即「斬」與「刨」是也。（見一八二及一八五圖）

法圈之種類 法圈者，弧形之甎工也。法圈之弧形體，或高或低，式類頗多。如圖一八七至二〇一所示之半圓形，高脚形，尖頂形，相對弧線尖頂形，二中心尖形，三個中心，四個中心，S形，龐簡式，三瓣葉形，踏鐙形，以及意大利之佛尼斯式及福露闌頂等等法圈之弧度求法。除意大利之佛尼斯式及福露闌頂式外，其餘各種法圈之圖示弧度畫法，讀者當不難明瞭，但佛尼斯式法圈則較為複雜。其弧形求法，可參閱下節說明。

佛尼斯法圈 圈底之弧度，普通均為對稱圓形，但間或雜以他種弧形。其圓頂弧形之求法及步驟如下：

（甲）圈底弧形既得，乃決定圈脚處之厚度。

（乙）自圈底之圈脚點引一直線，至圈底之頂巔。

（丙）自圈頂之圈脚點引一直線，與B線平行。

（丁）在C線之對分點，引一線與C線垂直；其與圈脚線相交點，即圈頂弧形之中心。

從可知法圈弧形外線之組成，共有中心四個，此種法圈以清水圈為多。故其圈甎頭灰縫應與圈頂有同樣之弧形。（如一九三圖）

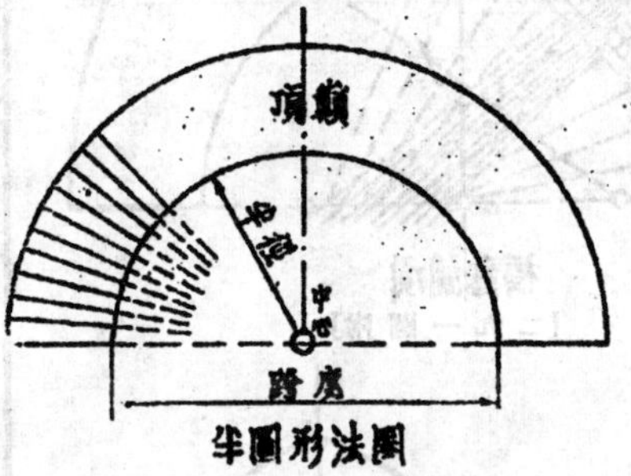

半圓形法圈

［附圖一八八］

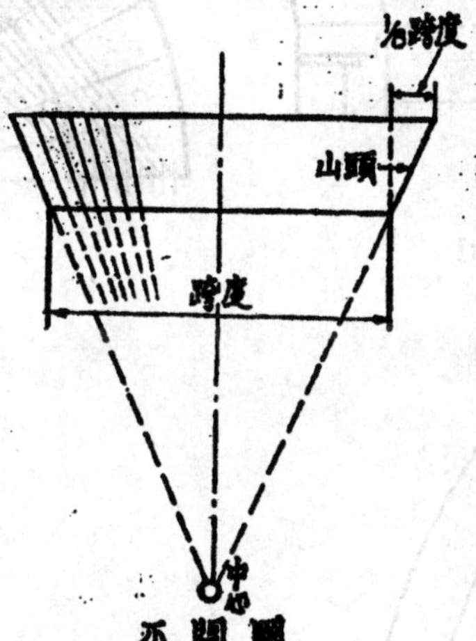

平闊圈

［附圖一八七］

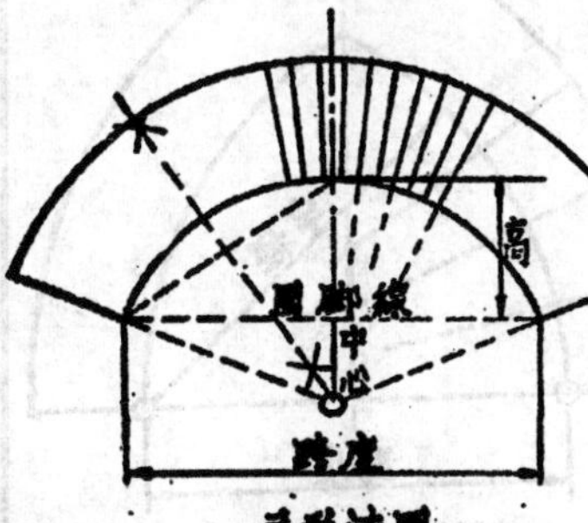

弓形法圈

［附圖一八九］

23495

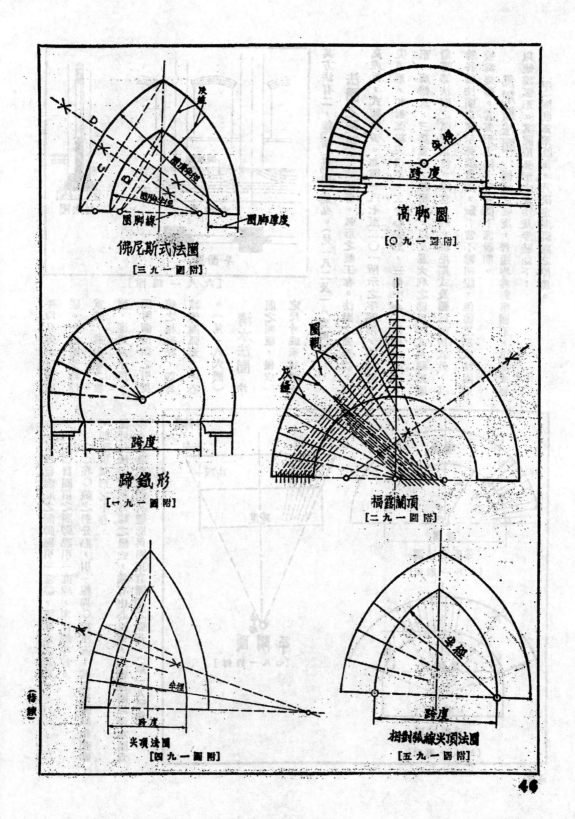

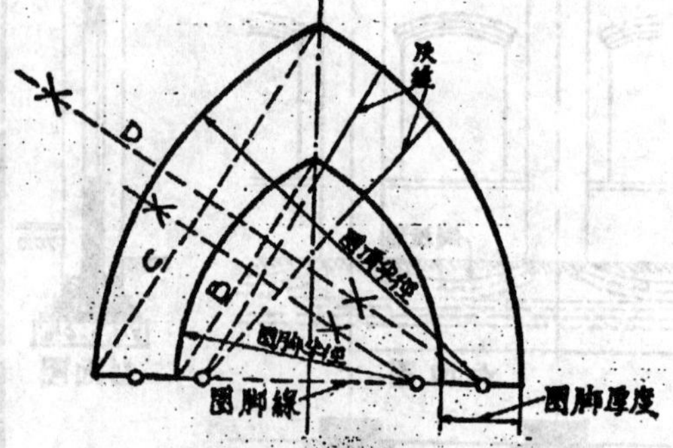

佛尼斯式法圖

[三九一圖附]

高脚圈

[〇九一圖附]

蹄鐵形

[一九一圖附]

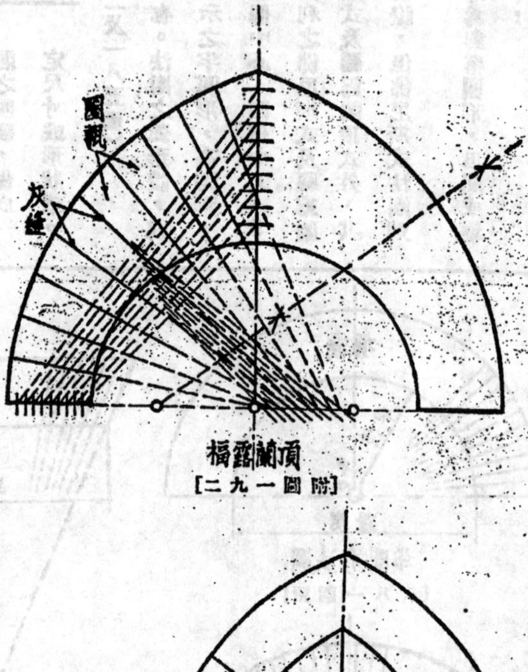

福露舖頂

[二九一圖附]

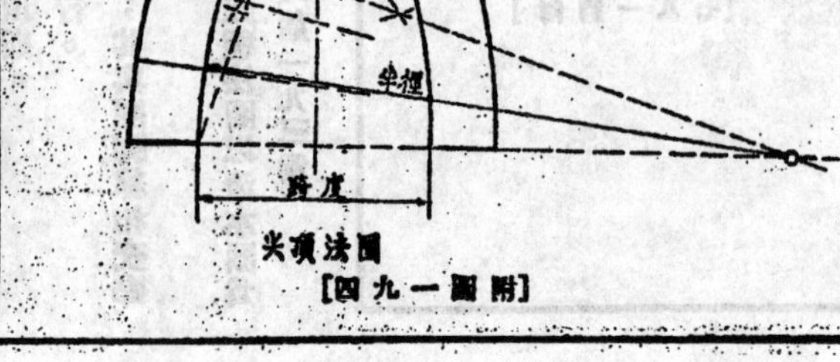

尖頂法圖

[四九一圖附]

相對弧線尖頂法圖

[五九一圖附]

(待續)

23496

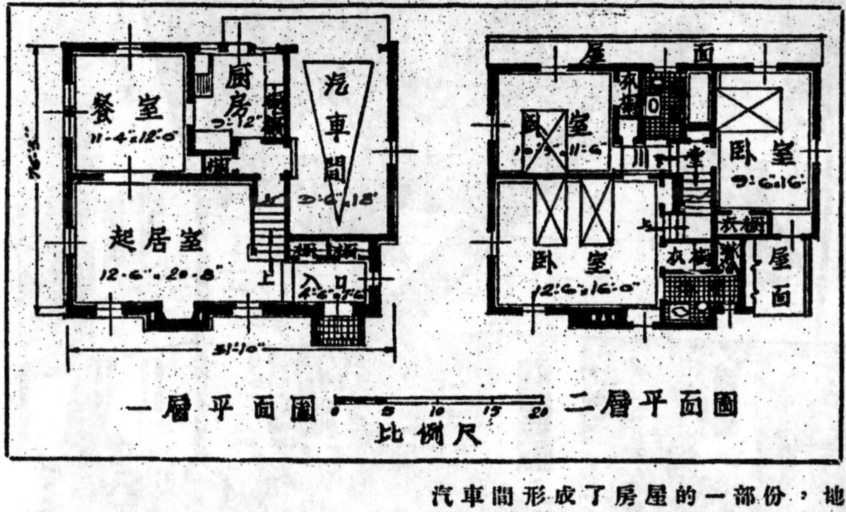

汽車間形成了房屋的一部份，地板的舖置是十分合式與講究。起居室，扶梯及穿堂的設計均盡善盡美，雖覺地位寬敞，却不處處浪廢。房屋的面積雖僅26'3"×31'10"，但也備置着三所臥室與二處浴室。

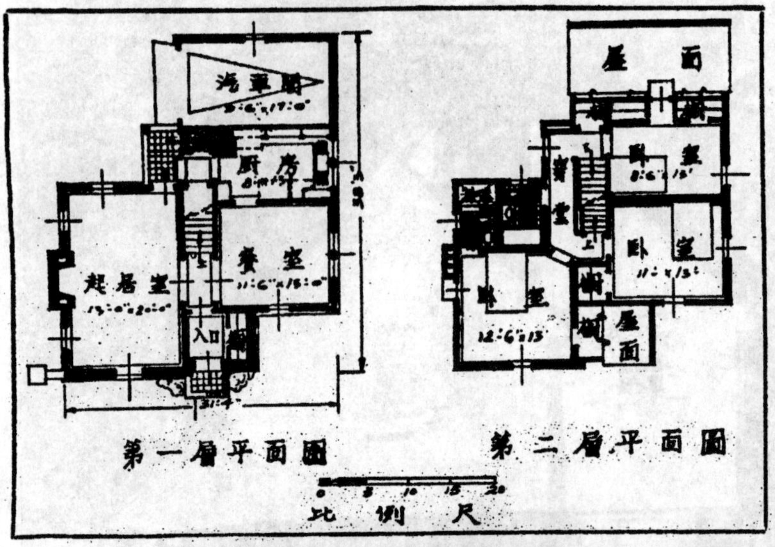

這所房屋是普通石料，石棉瓦，與淸水灰粉組成的。廣大的起居室。三面有窗，光線極充足，洗盥室隔離廚房，亦是很好的一種現象。

傢具與裝飾

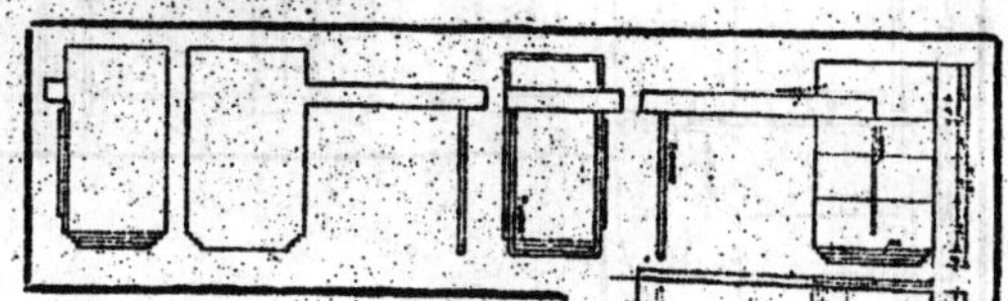

此室內之桌面以 Harewood 製成，抽僱拉手爲一長條式，漆以玫瑰色，桌底噴以銀漆，用克羅咪桿支柱桌之右面，爲最時新最簡單之傢俱也。

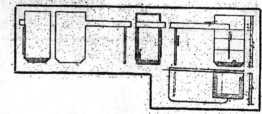

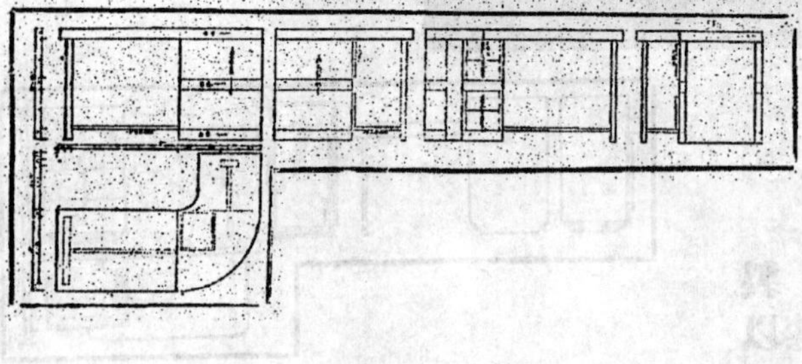

此為辦公室內部之佈置
．牆用柚木鑲製，寫字
台亦係柚木．桌之上中
下圍以烏木濶條，顏色
顯着，莊嚴美觀，為寫
字台最佳之設計也．

中國之建設

積極進展中之 錢塘江大橋工程

杭州的錢塘江大橋，自去歲歲尾興工以來，幾乎成了人們街談巷議的資料：當然這一方面是由於該橋地位的重要，另一方面却是由於工程的浩大和艱難。年來進展情形如何，人們是都似乎願感興趣的。

氣壓沉箱

錢塘江底，年前曾於每一橋墩處做過一個鑽洞，發現淤泥細沙甚厚，石層傾斜，自北而南，有低達吳淞零點下一百五六十呎者，最高處也在五十呎左右，所以正橋橋墩的設計，極饒趣味。在北岸附近，石層較高，橋墩自可擱置於石層上，十五座橋墩的靠北六座就是這麼設計的。南岸石層低下，那九座要是同樣建築的話，則非徒工作困難，費用也太不經濟了。於是設計路綫，將來倫使橋墩深入江底冲刷綫下十餘呎，而承之以九十呎到一百呎的木樁。這些木樁脚抵石層，自然也就沒有下沉的危險了；不過這十五座橋墩却有一種共同的大工程，那就是現正工作中的氣壓沉箱。

橋梁基礎的工作，在江水不深，石層很淺的地方，我們可以在橋墩處起建圍堰，採用普通開掘，就地澆築的方法。即使石層較低的話，如果流沙甚少，我們還可以在圍堰內澆築開口沉箱，隨挖隨沉；可是錢塘江底泥沙既厚，流沙又多，普通開掘，則泥水上滲，施工上是極其危險的。所以該橋橋墩的底脚，都採用氣壓沉箱法。

構造情形

氣壓沉箱的構造形狀，頗像一隻沒有蓋的大衣箱，把牠反轉來蓋在江底，上承橋圓柱，下抵石層或樁頂，長五十八呎，寬三十七呎，高二十呎，全部用鐵筋混凝土築成。箱裏留有高約七呎的空隙，箱頂備有進出的竅隙，施工的時候，——就是說沉箱在準確的墩處，掘土下沉時——箱裏日夜不息地打進適當高度的氣壓，一方面阻止泥水的滲入，一方面又可以避免沉箱的猛突下陷，工人們就在這樣的氣壓裏掘土取出，掘到相當的深度時，把氣壓逐漸降低一次，沉箱也就因自身的重量逐漸下沉一次。這麼循環進行，一直到石層或樁頂為止。但在掘土下沉的期間，隨時要澆築箱上墩柱，使之高出水面，因為墩柱的空心，連接箱頂的竅隙，就是進出沉箱和施用氣壓的控道。至於氣壓的高度，則視沉箱下沉的深度而異，要能抵制箱外的水力，自然是越深越高。

築岸橋墩，因為河底較高，水深不到二十呎，沉箱是就地澆築的。先用鋼板樁築成了圓圍堰一圈，繼將堰內之水抽乾，稍去浮土，本實之後，即起建沉箱，沉箱之上澆築墩柱，墩柱的空心裏裝着鐵氣管，下連箱頂的竅隙，上接變氣櫃，人們由此進出，氣壓和掘取的泥沙也由此進出，墩柱加高，柱裏的鐵管也可以接長，變氣櫃隨着裝高，沉箱下沉的工作在兩個月前已經開始進行。起初是開門下挖，七天後始用氣壓，那時不過較大氣壓高出四磅，（大氣壓是十四·七磅）每天掘出泥沙約二英方，平均每天下沉二三寸不等，以後沉箱逐漸深入，氣壓也就逐漸加高。兩月來氣壓已經加高到三十多磅了。現在每天掘出泥沙約十英方，平均每天可以下沉六七寸，沉箱已深入江底，墩柱也有十餘尺高出水面，全部下沉幾及二十五呎了。

氣壓來源

至於氣壓的來源則發自氣壓機，康益洋行在北岸作場已經裝有新氣壓機三座，氣壓即由鋼管輸入沉箱，鋼管是由岸上綫便橋接到橋墩的。

所謂便橋者，並不是新橋旁邊有過一座小橋了，那是臨時建築物，爲了輸送材料是方便，他們擬自南北兩岸陸續接造便橋，直達江心各墩處，這便橋也就是一件不小的工程。

在高度的氣壓裏工作，自然是非常吃力的，而且工作時間不能過久，否則就是點傷害身體。可是，在這種情形下還是唯一的方法，我們希望以後能研究出另一種法子，完全不需要人工的工作。

贛省興建翠微峯紀念塔

贛省府撥五千元，建甯都翠微峯紀念塔一座，紀念二十二年與匪鏖戰之死難民衆。

浙贛鐵路最大橋樑告成

浙贛鐵路，在南昌梁家渡地方有一千七百英尺鋼橋一座，上通鐵路軌道二條，公路路線二條，爲中國第一鐵路與公路合併橋樑，完全由中國工程師設計及建築，於上年十一月間勵工，刻已完全竣工。一俟該路鋪軌完竣，即可駛行列車。該橋造價爲八十六萬餘元，承包者爲上海大昌建築公司，以各墩座挖掘極深關係，在本年江西大水期內，該公司與路局工程師，曾經過各種工程上特殊困難，始底於成。大橋工程完全爲國人自造者，當以此橋爲嚆矢云。

粵漢鐵路定明年底全線通車

粵漢鐵路爲溝通南北之一大路線，自前清光緒二十四年開始修築，全線共長一千〇九十六公里。由廣州至韶州一段爲二百二十三公里，已於民國四年通車。由武昌徐家棚至湘省之株州一段爲四百一十七公里，亦於民國七年通車，中間由株州至韶州一段，長四百五十六公里，以工艱款鉅，停頓多年，迄民國十八年中央決定以庚款作該路建築費，乃成立株韶段工程局於廣州，先築韶州至樂昌之一段，計五十公里，十九年開工至二十二年六月完成通車，是年九月工程局由粵遷移湘省衡陽，積極工事計劃，至南北中三段，同時進行，原限四年完成，旋奉令縮短半年，限民國二十五年年底完成通車

劃段施工

工程局爲施工便利計，復劃爲七個總段：第一總段自韶州至樂昌五十公里（已完成通車），第二總段自樂昌至羅家渡四十六公里有奇，（已完成），第三總段自羅家渡至水頭洞六十六公里有奇，第四總段自水頭洞至高亭市五十九公里有奇（正在趕修），第五總段自高亭市至觀音橋七十五公里（完成三分之二），第六總段自觀音橋至豐塘六十七公里有奇（完成三分之一），第七總段自豐塘至株州九十公里（完成十分之八九），總計全部工程約完成百分之七十六。

鋪軌情形

南段自樂昌向北展鋪，中段自衡州境耒河南岸向南鋪設，北段自株州向南鋪設，因淥河橋尚未完工，越淥河向南展鋪，計南段自樂昌向北本年九月已鋪達坪石。預計明年八月底展鋪至湘粵省界與中段接軌。中段自耒河南向本年八月中旬到達耒陽預計明年二月到達郴州，八月與南段接軌，北段自株州南向，已於本年到達淥口。再由淥口南進，本月底可達石灣衡山，預計明年六月可達耒河北岸與中段接軌。

橋樑隧道

全線經過淥洣耒三支流建築鋼橋三座，長度均在三四公尺以上。又有五大拱橋，計新岩下橋六拱長一百九十公尺，碓硿沖橋三拱一百〇五公尺，省界橋三拱長一百〇五公尺，風吹口橋三拱，長八十八公尺，燕塘橋二拱，長七十五公尺。所以工程內均已完十分之六七。又南段有隧道十七個，最長者四百餘公尺，最短者四十六公尺，現均已完工。

積極建設中之皖省公路最近狀況

皖省中南部各幹路早經先後完成通車，且與毗連之蘇浙贛等省互相連貫。皖北方面亦完成三千餘公里，惟尚未加鋪石子路面，故每遇陰雨，即不能行車，各縣間之支路，有已完成者，有正在興築者，有查勘計劃者，工作進行，甚爲緊張。最近建設廳統計全省各公路印製成表，其情形如次：

完成各路全部工程

全部工程完成鋪有石子路面之公路，多在皖南中一帶：計爲京蕪路，皖段五四公里。蕪屯路二七〇公里。宣長路皖段七五公里，京建路皖段三七公里。屯淳路皖段三七公里。杭徽路皖

段六一公里。安合路安舒段一二八公里。殷屯路青屯段二一〇公里。屯景路屯祁段七〇公里。屯景路祁業段二〇公里。上述各路，均已先後通車。其中除京蕪路皖段，杭徽路皖段，係由商人組織公司，承租行車營業外，餘均由省公路局自行派員辦理行車事宜。

土路通車多在皖北

土路通車，各路多在皖北方面：計為安合路舒合段，高潛支線潛太，合巢，合六，烏巢，六葉，六霍，舒霍，霍諸，青獨，六石，石流，山毛，桃三，滁和，來滁，泗固，臨正，靈宿，懷鳳，渦鳳，阜鳳，蒙太，阜鍋，阜方，阜油，渦阜，阜地，宿阜，臨方，臨艾，臨周，霍葉，滁定鳳永路皖段，太河路皖段，歸六路皖段，蚌鹿路皖段，宿永路皖段，阜固路皖段，店睢路皖段，正固路皖段，阜周路皖段，殷屯路殷貴段，屯景路業椎段，省殷舒六，東松，其中除與豫境啣接外多屬縣與縣鎮與鎮間之支路，共長三千九百一十三公里。

未完工及勘測各路

正在修築尚未完工之路為公景路至石段，滁六路皖段共計一百四十六公里。曾經勘測各路為廣蔣，明蔣，滁浦路皖段，蕪青，太宿，方立路皖段，蕪廉路皖段，立南，葉立，巢劉，青九，屯婺路皖段，太叢路皖段，共計八百四十四公里，內有太宿路自太湖至宿松為京川幹線一段，已由建廳派員會同全國經濟委員會工程師勘定路線。蕪青路自蕪湖經南陵至青陽為本省聯絡路線，東接京蕪，西達省殷屯，可自安慶直達首都，滬杭及屯景諸地，已由公路局派員勘定路線。

現正查勘計劃興修

現正查勘計劃與修之各路，多在江北岸各縣境內，蓋以本省大江以北，交通向稱不便，現在各處幹線，既告完成，支路實有積極興修之必要，已經決定者為來盱路和縣，至江邊路，采石至江邊路，東梁山聯絡路線，自江邊大信河口經大信鎮下渡口，至大橋鎮啣接，京蕪公路西梁山聯絡綫，自西梁山村莊緣江岸經白渡橋三板橋至和縣啣接京陝幹線，白渡橋至裕溪鎮公路，自白渡橋經前劉村至裕溪。以上各路，業經建廳派員分別查勘，里程尚未確定，一俟勘報核定，即行測修。

湘省境內修築公路之統計

浙省修築公路，十有餘年，茲當局已將截至昨十月份止，各年所完成之路，列表統計，用錄於次：㈠民國十一年至十七年完成京黔幹線：湘潭至邵陽三百里，完成洛韶幹線，長沙至湘潭八十七里，衡陽至郴縣二百五十五里九三，（共三百四十二里九三）完成省道線，常德至桃源六十一里，醴陵至皇圖嶺六十二里三（共一百二十三里三）。㈡十八年完成京黔幹線：邵陽至桃花坪九十一里五，完成洛韶幹線，長沙至甯鄉七十六里七二，完成省道線，皇圖嶺至攸縣七十八里〇四。㈢十九年完成洛韶幹線：湘潭至衡陽二百三十六里八三，甯鄉至德山二三八里三（共四五七里一三）完成滬桂幹線，衡陽至泉湖五七里二。㈣二十年完成京黔幹線，五十四里七，完成新黃支線，黃華市至瞿家堖十一里六。㈤二十一年完成滬桂幹線，郴縣至宜章八八里五二，完成滬桂幹線，泉湖至洪橋三十八里，完成新黃支線，瞿家堖至高橋四十九里二，完成省道線，攸縣至巴集五十一里一一。㈥二十二年完成省道線，柴花坪至安仁五十二里二二，巴集至茶陵一三里一二，（共六十五里三四）㈦二十三年完成京黔幹線，永安市至騎邊東峯一百三十七里四，完成洛韶幹線，宜章至粵邊小塘一十六里，常德至澧縣一百四十里八六，（共一五六里八六）滬桂幹線，完成茶陵至贛邊界化隴六十九里六六，完成新黃支線，高橋至平江九十六里，完成省道線，澧縣至津市一九里五八，魯塘坳至永興三十五里，（共五四里五八）㈧二十四年，完成京黔幹線，桃花坪至洞口九十五里九五，完成洛韶幹線，澧縣至鄂邊東岳廟，五十八里六六，完成滬桂幹線，洪橋至桂邊粟山舖二百五十七里四八，完成湘黔線，德山至黔邊鮎魚舖七百九十八里五七。完成省道線，茶陵至萍溪墟五十五里九，耒陽至安仁一百一十六里一六，平江至贛邊龍門一百四十六里三五，總計完成三千九百四十六里〇九云。

本刊所載材料價目，力求正確；惟市價漲落不一，集稿時與出版時難免出入。讀者如欲知正確之市價者，希隨時來函詢問，本刊當代爲探詢評告。

磚 瓦

(一) 空心磚

十二寸方十寸六孔 每千洋二百三十元

十二寸方九寸六孔 每千洋二百十元

十二寸方八寸六孔 每千洋一百八十元

十二寸方六寸六孔 每千洋一百三十五元

十二寸方四寸四孔 每千洋九十元

十二寸方三寸三孔 每千洋七十二元

九寸二分方六寸六孔 每千洋七十二元

九寸二分方四寸半三孔 每千洋五十五元

九寸二分方三寸三孔 每千洋四十五元

四寸半方九寸二分四孔 每千洋三十五元

九寸二分四寸半三寸二孔 每千洋二十二元

九寸三分・四寸半・二寸半・二孔 每千洋廿一元

九寸三分・四寸半・三寸・三孔 每千洋廿元

(二) 八角式樓板空心磚

十二寸方八寸八角四孔 每千洋二百元

十二寸方六寸八角三孔 每千洋一百五十元

十二寸方四寸八角三孔 每千洋一百元

(三) 深淺毛縫空心磚

十二寸方十寸六孔 每千洋二百五十元

十二寸方八寸半六孔 每千洋二百十元

十二寸方八寸六孔 每千洋二百元

十二寸方六寸六孔 每千洋一百五十元

十二寸方四寸四孔 每千洋一百元

十二寸方三寸三孔 每千洋八十元

九寸三分方四寸半三孔 每千洋六十元

(四) 實心磚

九寸四寸三分二寸半紅磚 每萬洋一百四十元

八寸半四寸一分二寸半紅磚 每萬洋一百三十元

十寸・五寸・二寸紅磚 每萬洋一百二十七元

九寸四寸三分二寸紅磚 每萬洋一百〇六元

九寸四寸三分二寸三分紅磚 每萬洋一百廿元

九寸四寸三分二寸三分拉縫紅磚 每萬洋一百八十元

(以上統保外力)

(五) 瓦

一號紅平瓦 每千洋六十五元

二號紅平瓦 每千洋六十元

三號紅平瓦 每千洋五十元

一號青平瓦 每千洋七〇元

二號青平瓦 每千洋六十五元

三號青平瓦 每千洋五十五元

西班牙式紅瓦 每千洋五十元

西班牙式青瓦 每千洋五十三元

英國式灣瓦 每千洋四十元

古式元筒青瓦 每千洋六十五元

(以上統保達力)

新三號青放 每萬洋五十三元

新三號老紅放 每萬洋六十三元

以上大中磚瓦公司出品

輕硬空心磚

		每塊重量
十二寸方十二寸四孔	每千洋二八八元	卅六磅
十二寸方十寸四孔	每千洋二三六元	廿六磅
十二寸方八寸二孔	每千洋一七七元	十九磅半
十二寸方六寸二孔	每千洋一三三元	十七磅
十二寸方四寸二孔	每千洋八十九元	十四磅

十二寸方三寸二孔	每千洋七十元	十三磅半
九寸三分方八寸三孔	每千洋九十三元	十二磅
九寸三分方六寸三孔	每千洋七十元	九磅半
九寸二分方四寸半三孔	每千洋五十四元	八磅三五
九寸二分方三寸二孔	每千洋五十元	七磅三五

硬磚

二寸二分四寸五分九寸半	每萬洋一〇五元	六磅
二寸二分四寸一分八寸半	每萬洋八十五元	四磅半

以上長城磚瓦公司出品

鋼條

四十尺四分普通花色	每噸一四〇元
四十尺五分普通花色	每噸一二六元
四十尺六分普通花色	每噸一三二元
四十尺七分普通花色	每噸一三六元
四十尺一寸普通花色	每噸一三六元
盤圓絲	每市擔六元六角

泥灰石子

象牌水泥	每桶洋六元三角
泰山水泥	每桶洋五元七角
馬牌水泥	每桶洋六元五角
拔灰	每擔洋一元二角
黃沙	每噸洋三元
石子	每噸洋三元半

木材

洋松八尺至卅二尺再長照加	每千尺洋九十五元
一寸洋松	每千尺洋九十七元
寸半洋松	每千尺洋九十八元
洋松二寸光板	每千尺洋八十一元
四尺洋松條子	每萬根洋一百六十元
一寸四寸洋松一號企口板	每千尺洋一百〇五元
一寸四寸洋松副頭號企口板	每千尺洋九十五元
一寸四寸洋松二號企口板	每千尺洋八十五元
一寸六寸洋松一號企口板	每千尺洋一百十五元
一寸六寸洋松副頭號企口板	每千尺洋一百元
一寸六寸洋松二號企口板	每千尺洋九十元
一二五四寸洋松一號企口板	每千尺洋一百五十元
一二五四寸洋松二號企口板	每千尺洋無市
一二五六寸洋松一號企口板	每千尺洋一百六十元
一二五六寸洋松二號企口板	每千尺洋無市
柚木(頭號)僧帽牌	每千尺洋六百元
柚木(甲種)龍牌	每千尺洋五百五十元
柚木(乙種)龍牌	每千尺洋五百元
柚木(旗牌)	每千尺洋五百三十元
柚木(盾牌)	每千尺洋四百八十元
硬木	每千尺洋一百六十元
硬木(火介方)	每千尺洋一百五十五元
柳安	每千尺洋一百八十元
紅板	每千尺洋一百三十五元
抄板	每千尺洋一百五十五元
十二尺六三寸八皖松	每千尺洋五十六元
十二尺二寸皖松	每千尺洋五十六元
一二五四寸柳安企口板	每千尺洋一百八十五元
一寸六寸柳安企口板	每千尺洋一百八十五元
一二五四寸企口紅板	每千尺洋一百四十六元
二寸一半建松片	市尺每千尺洋五十二元
九尺四分建松板	市尺每丈洋三元六角
九尺八分建松板	市尺每丈洋六元五角
六尺半五分青山板	市尺每丈洋三元

23505

本松毛板	市尺每塊洋二角四分
本松企口板	市尺每塊洋二角六分
六尺半二分杭松板	市尺每丈洋一元七角
七尺半二分甌松板	市尺每丈洋一元七角
六尺半八分皖松板	市尺每丈洋四元二角
九尺八分皖松板	市尺每丈洋五元二角
六尺半五分皖松板	市尺每丈洋三元六角
台松板	市尺每丈洋三元
七尺半四分坦戶板	市尺每丈洋二元二角
七尺半三分坦戶板	市尺每丈洋二元
六尺二分機鋸紅柳板	市尺每丈洋三元三角
六尺三分毛邊紅柳板	市尺每丈洋三元三角
六尺二分俄松板	市尺每丈洋二元
六尺半二分俄松板	市尺每丈洋二元二角
七尺半毛邊二分坦戶板	市尺每丈洋一元四角
六尺半五分機介杭松	市尺每丈洋三元三角
白松方	每千尺洋九十元

紅松方	每千尺洋一百十元
麻栗方	每千洋一百三十元
啞克方	每千洋一百三十元

五金

(一) 釘

美方釘	每桶洋二十元〇九分
平頭釘	每桶洋二十元八角
中國貨元釘	每桶洋六元五角

(二) 牛毛毡

五方紙牛毛毡		每捲洋二元八角
半號牛毛毡	(馬牌)	每捲洋二元八角
一號牛毛毡	(馬牌)	每捲洋三元九角
二號牛毛毡	(馬牌)	每捲洋五元一角
三號牛毛毡	(馬牌)	每捲洋七元

(三) 其他

鋼絲網	(27"×96" 2¼lbs.)	每方洋四元
鋼版網	(8"×12" 六分一寸半眼)	每張洋卅四元
水落鐵	(每根長二十尺)	每千尺五十五元
牆角線	(每根長十二尺)	每千尺九十五元
踏步鐵	(每根長十尺或十二尺)	每千尺五十五元

鉛絲布	(闊三尺長百尺)	每捲二十三元
綠鉛紗	(同　上)	每捲洋十七元
銅絲布	(同　上)	每捲四十元

水木作工價

木作	(包工連飯)	每工洋六角三分
水作	(同　上)	每工洋六角
水木作	(點工連飯)	每工洋八角五分

23507

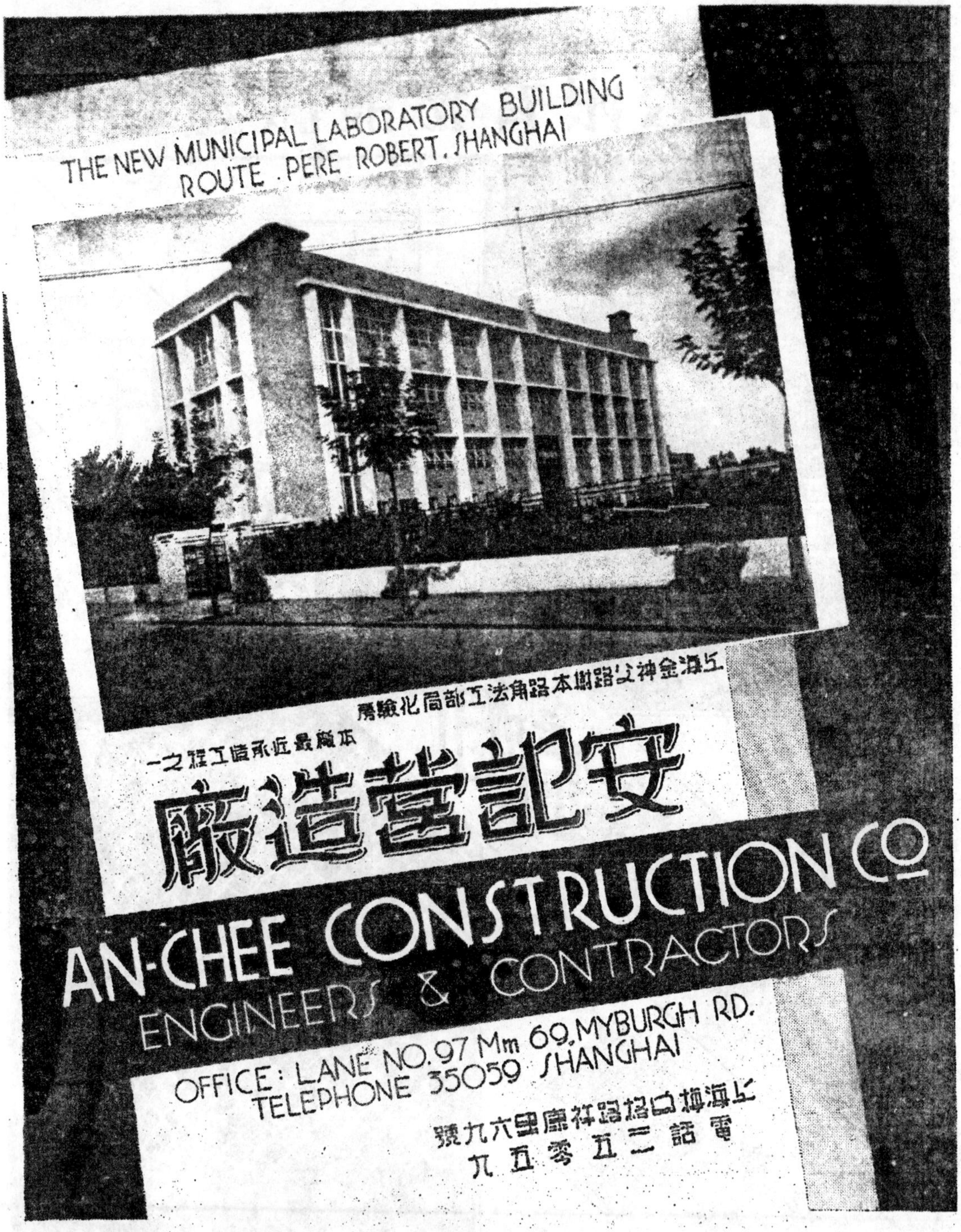
THE NEW MUNICIPAL LABORATORY BUILDING
ROUTE . PERE ROBERT, SHANGHAI
上海金神父路樹本路角法工部局化驗房
本廠最近承造工程之一
安記營造廠
AN-CHEE CONSTRUCTION Co
ENGINEERS & CONTRACTORS
OFFICE: LANE NO. 97 Mm 69, MYBURGH RD.
TELEPHONE 35059 SHANGHAI
上海梅白格路祥康里六九號
電話三五零五九

馥記營造廠

總事務所

電話 上海 四川路

分事務所 南京

總廠

分廠

等處

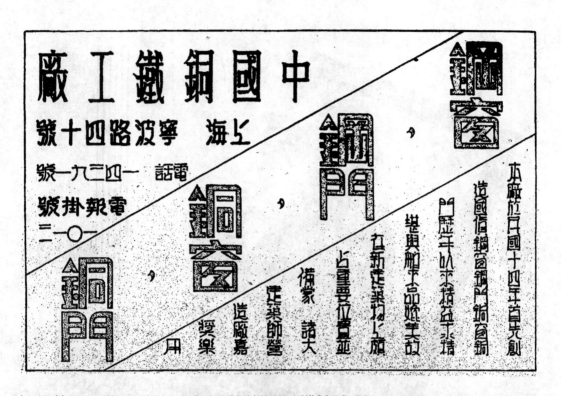

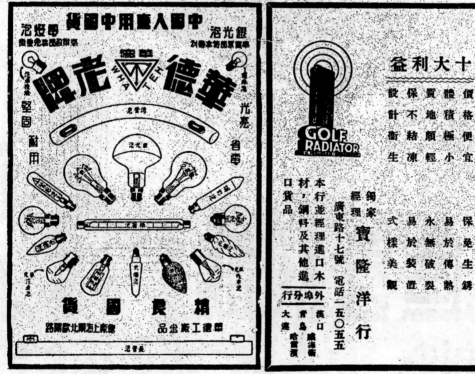

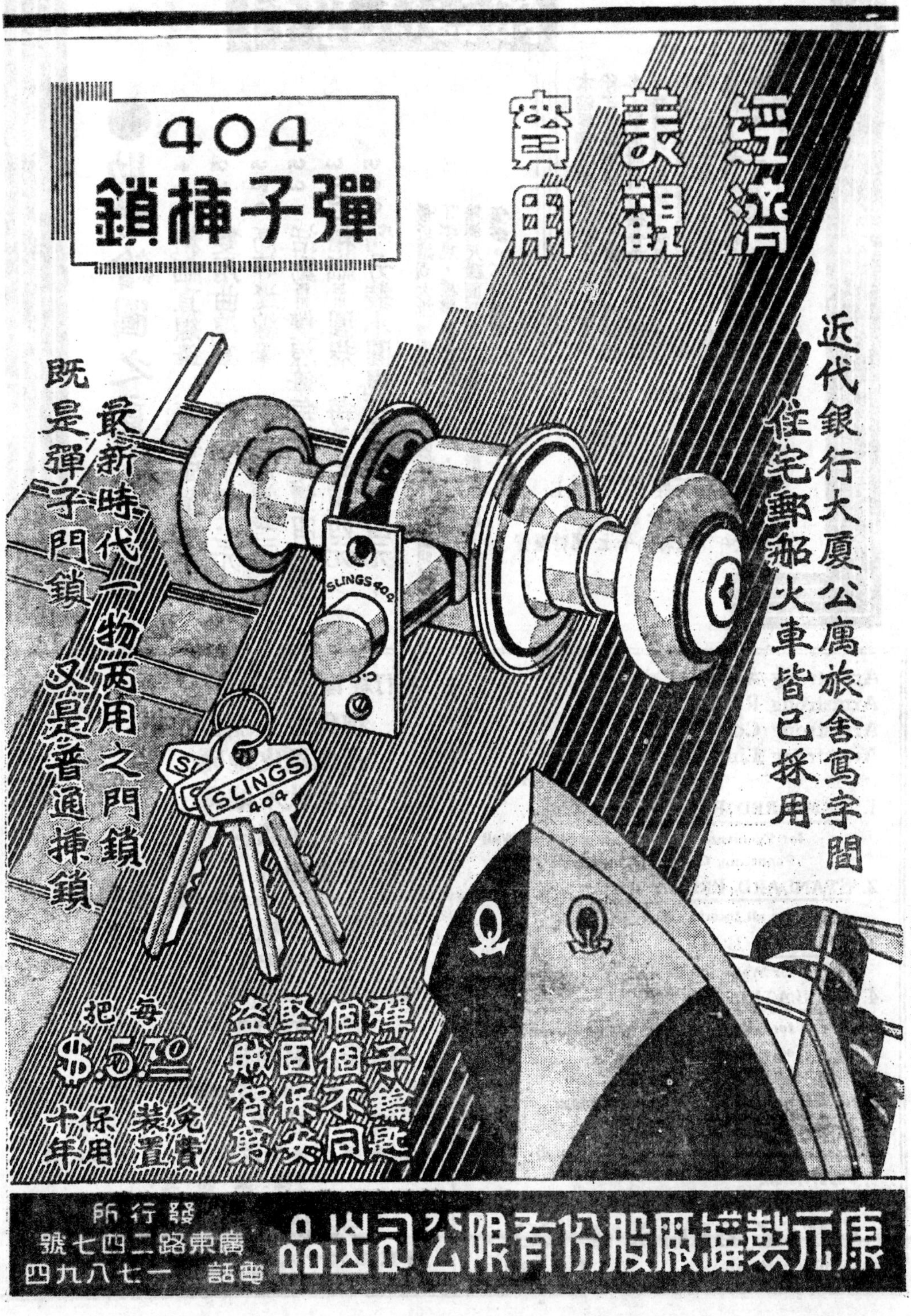
404
彈子棒鎖
經濟
美觀
實用
近代銀行大廈公寓旅舍寫字間
住宅郵船火車皆已採用
最新時代一物兩用之門鎖
既是彈子門鎖
又是普通揷鎖
SLINGS 404
SLINGS 404
彈子鑰匙
個個不同
堅固保安
盜賊智窮
每把
$5.70
免費裝置
保用十年
康元製罐廠股份有限公司出品
發行所
廣東路二四七號
電話 一七八九四

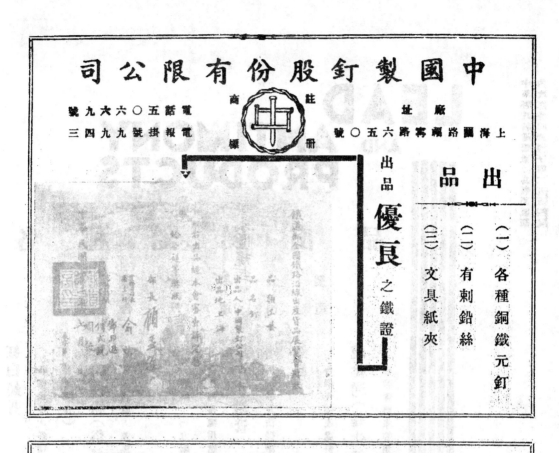

中華郵政特准掛號認爲新聞紙類
內政部登記證警字第二伍伍四號

23516